「從昨天翻開這本書的第一頁開始，我就停不下來了！於是我把它帶到
讀、笑個不停，這本書超酷的，它不僅有趣、涵蓋許多層面，也切中要

— **Erich Gamma，IBM 傑出工程師、《設計模式》四人幫**
其他三位成員是 Richard Helm、Ralph Johnson 與 John Vlissides

「《深入淺出設計模式》結合有趣的、令人捧腹大笑的元素、深刻的見解和技術，以及實用的建議，是一本有趣且引人深思的讀物。無論你對設計模式一無所知，還是已經使用它們好幾年了，你都可以在物件村裡面學到一些東西。」

— **Richard Helm，《設計模式》四人幫作者之一，**
其他三位成員是 Erich Gamma、Ralph Johnson 與 John Vlissides

「這本書彷彿從我的腦海卸下一千磅重的書本。」

— **Ward Cunningham，維基百科的發明者，Hillside Group 的創始人**

「這本書近乎完美，因為它可以在提供專業知識的同時，維持高度的易讀性，行文兼具權威與優雅，是我認為不可或缺的少數幾本軟體書籍之一（除了它之外大概只有 10 本吧）。」

— **David Gelernter，耶魯大學電腦科學系教授，**
《*Mirror Worlds*》與《*Machine Beauty*》作者

「在設計模式的王國裡，複雜的東西變得簡單，但是簡單的東西也有可能變得複雜。本書帶你快速融入這個王國，我認為 Eric 與 Elisabeth 是最好的導遊。」

— **Miko Matsumura，產業分析師，**
曾經在 Sun Microsystems 擔任中介軟體公司首席 Java 傳道者

「它深深打動我，讓我歡笑，也讓我哭。」

— **Daniel Steinberg，java.net 主編**

「我的第一反應是笑得在地上打滾，平復心情之後，我才意識到，這本書不僅十分精確地講解技術面，也是我讀過的設計模式書籍中，最簡單易讀的一本。」

— **Timothy A. Budd 博士，俄勒岡大學的電腦科學系副教授，**
十餘本書籍的作者，包括《*C++ for Java Programmers*》

「雖然 Jerry Rice 是美式足球聯盟最擅長跑位（run pattern）的接球員，但是他連 Eric 與 Elisabeth 的車尾燈都看不到。說實在的…這本是我看過的軟體設計書籍中，最有趣、最有智慧的一本。」

— **Aaron LaBerge，ESPN 技術與產品開發部資深副總裁**

更多對本書的讚譽

「優秀的程式設計首重優秀的資訊設計，程式設計師的工作是教電腦做某件事，所以，知道怎麼教電腦的老師，往往也是知道怎麼教程式員的好老師。本書條理分明、幽默風趣、真材實料，是一本非常實用的書籍，甚至可以幫助非程式員思考問題的解決之道。」

— Cory Doctorow，Boing Boing 的合作編輯，
《*Down and Out in the Magic Kingdom*》與
《*Someone Comes to Town, Someone Leaves Town*》作者

「在電腦和電玩業界有一句老生常談（嗯，其實也沒多老啦，畢竟這些學科說不上歷史悠久）：設計即生活。這句話有趣的地方在於，即使到了今天，電玩從業者對於遊戲的「設計」到底是什麼還沒有共識，遊戲的設計者是軟體工程師嗎？還是藝術總監？劇本設計師？架構師？或建構師？他是竭力勸說者，還是發表遠見者？他要參與以上所有工作嗎？其實，最重要的是，誰 %$!#%* 在乎設計者是誰！

有人說，互動娛樂界的「設計者」頭銜相當於製片界的「導演」頭銜，這種觀點根本是將一種最具爭議性、言過其實、傲慢的表揚風格及其 DNA 引入商業藝術界。互助合作？如果「設計即生活」是真的，或許我們該花一些品質控制週期（quality cycle），認真地思考「設計」究竟是什麼了。

在《**深入淺出設計模式**》中，Eric Freeman 與 Elisabeth Robson 為我們大膽地掀開遮住程式碼的帷幕，我不知道他們是否關心 PlayStation 和 Xbox，但是他們的確相當坦率地闡述設計的概念，所以，企圖證明自己才華洋溢的人最好不要在這裡挖掘真相，這裡不是狡辯或爭論的地方。新世代的讀書人啊，記得拿著你的筆！」

— Ken Goldstein，Disney Online 執行協理兼管理總監

「這篇推薦文實在不好寫，因為 Eric 與 Elisabeth 是我很久以前的學生，我不希望讓人覺得自賣自誇，但是，這本書真的是最適合學生的設計模式書籍。證據？自從它出版以來，我不停地使用它，無論是在我的研究所課程中，還是大學課程中，也無論是在軟體工程課程中，還是高級程式設計課程中。自它問世以來，我就拋棄四人幫與它的所有對手了！」

— Gregory Rawlins，印第安納大學

「本書結合了令人莞爾的幽默、超棒的例子，深度的設計模式知識，讓學習的過程饒富趣味。好萊塢原則和家庭電影院門面模式等內容深深地吸引著身處娛樂技術產業的我。了解設計模式不僅可以幫助我們製作容易使用與維護的高品質軟體，也可以幫助我們強化解決問題的技巧，無論問題來自哪個領域。這是所有電腦專家和學生都必讀的一本書。」

— Newton Lee，ACM Computers in Entertainment（acmcie.org）創始人與主編

「我太喜歡這本書了，事實上，我甚至在太座面前親吻這本書。」

— Satish Kumar

「《**深入淺出** ***HTML* 與 *CSS***》以現代的方式，詳盡且前瞻性地介紹網頁標記和表示法的實踐法。它精準地預測讀者的疑惑，並及時解決它們。它用大量的圖片和漸進式的做法，準確地說明學習這項技術的最佳手段：稍微修改一下，然後在瀏覽器裡觀察結果，從而了解每一個新項目的意義。」

— Danny Goodman，《*Dynamic HTML: The Definitive Guide*》作者

「如果世界上每一位寫過 HTML 的人都先看這本書，這個世界會美好許多。」

— L. David Baron，版面設計 & CSS 技術主管，Mozilla 公司
http://dbaron.org

「我太太把這本書偷走了，她沒有做過網頁設計，所以需要像《**深入淺出** ***HTML* 與 *CSS***》這樣的書從零開始帶領她，現在她有一系列想要建構的網頁，包括為兒子的班級、我們家建構的網頁…要是我夠幸運，等她看完之後，我會把書拿回來。」

— David Kaminsky，IBM 發明大師

「這本書為你揭露 JavaScript 的幕後花絮，並帶著你深入了解這種非凡的程式語言是如何運作的。好希望我剛開始學習時，就有這本《**深入淺出** ***JavaScript*** **程式設計**》啊！」

— Chris Fuselier，工程顧問

「《**深入淺出**》叢書運用現代學習理論的元素（包括建構論）來讓讀者快速地跟上進度。作者已經用這本書證明，專業級的內容是可以用快速且高效的方式來傳授的。本書絕對是一本正經的 JavaScript 書，但是讀起來也很有趣！」

— Frank Moore，網頁設計師與開發者

「你想要找一本可以維持你的興趣（並戳中你的笑點），也可以教你正經的程式設計技術的書嗎？看《**深入淺出** ***JavaScript*** **程式設計**》就對了！」

— Tim Williams，軟體企業家

Eric Freeman 與 Elisabeth Robson 的其他 O'Reilly 書籍

Head First Learn to Code

Head First JavaScript Programming

Head First HTML and CSS

Head First HTML5 Programming

O'Reilly 的其他相關書籍

Head First Java

Learning Java

Java in a Nutshell

Java Enterprise in a Nutshell

Java Examples in a Nutshell

Java Cookbook

J2EE Design Patterns

深入淺出
設計模式

要是設計模式書比看牙醫更
有趣，比國稅局的表單更容
易了解，那該有多好！唉，
這應該只是一場白日夢吧…

Eric Freeman
Elisabeth Robson

賴屹民　編譯

Beijing • Boston • Farnham • Sebastopol • Tokyo

獻給四人幫，他們描述和傳達設計模式的見解和專業知識永遠改變了軟體設計的風貌，也改善了全球開發者的生活。

但說真的，第二版到底什麼時候問世？畢竟，我們等了~~十~~年了。

二十五

深入淺出設計模式的作者

對於 **Eric**，《**深入淺出**》系列的另一位作者 Kathy Sierra 說他是「極少數精通各種領域的語言、實踐法和文化的人之一，他涉及的領域包括文青駭客、企業協理、工程師和智庫。」

在教育訓練方面，Eric 是一位電腦科學家，獲得耶魯大學的博士學位。在職業方面，Eric 曾經是華德迪斯耐公司旗下的 Disney Online & Disney.com 的 CTO。

現在 Eric 是《**深入淺出**》系列的協助指導，並致力於建立 WickedlySmart 的印刷品和影片內容，遍布主流的教育頻道。

Eric 寫過的《**深入淺出**》系列包括《**深入淺出設計模式**》、《**深入淺出 *HTML & CSS***》、《**深入淺出 *JavaScript* 程式設計**》、《**深入淺出 *HTML5* 程式設計**》，以及《**深入淺出學會編寫程式**》。

Eric 現居於德州，奧斯汀。

Elisabeth 是軟體工程師、作家和訓練師。她在耶魯大學就學時就對科技充滿熱情，並且在那裡獲得電腦科學碩士學位。

她是 WickedlySmart 的創辦人之一，目前在那裡負責創作書籍、文章、影片…等。她在 O'Reilly Media 擔任特別專案主管時，曾經舉辦各種技術的現場研討會和線上課程，進而愛上創造學習體驗來協助人們了解技術。

如果 Elisabeth 不在電腦的前面，她會出外散步、騎自行車、划船、植花蒔草，通常帶著相機。

《深入淺出》叢書的開創者

Kathy 自從為 Virgin、MGM 和 Amblin' 設計遊戲，以及在 UCLA 教導新興媒體創作以來，一直對學習理論很有興趣。她曾經是 Sun Microsystems 的 Java 高級訓練師，並且創辦了 JavaRanch.com（現在成為 CodeRanch.com），讓她在 2003 年與 2004 年獲得 Jolt Cola Productivity 獎。

在 2015 年，她因為創造熟練用戶以及建構可持續社群方面的成就，獲得電子前鋒基金會的前鋒獎。

Kathy 最近的工作重點是尖端運動科學和技術訓練，也就是生態動力學，或稱為「Eco-D」。她利用 Eco-D 來訓練馬匹，開創了更人道的馬術訓練方式，讓一些人感到開心（可悲的是，也讓一些人驚惶失措）。使用 Kathy 的方法來訓練的幸運（自主的！）馬兒比傳統的馬匹更快樂、更健康，而且運動表現更好。

你可以在 Instagram 追隨 Kathy：@pantherflows。

在 **Bert** 成為作家之前，他是一位開發者，專門研發老式 AI（大部分是專家系統）、即時 OS，以及精密的排程系統。

Bert 與 Kathy 在 2003 年寫了《**深入淺出 *Java***》，並開創了《**深入淺出**》系列。從那時候起，他寫了許多其他的 Java 書籍，也成為 Sun Microsystems 與 Oracle 的許多 Java 認證考試的顧問。他也曾經指導上百位作者和編輯如何寫出教學效果良好的書籍。

Bert 會下圍棋，他在 2016 年目睹 AlphaGo 打敗李世石，令他感到既驚恐又著迷。最近他正在使用 Eco-D（生態動力學）來改善他的高爾夫球技術，以及訓練他的鸚鵡 Bokeh。

Bert 與 Kathy 有幸在 16 年前認識 Beth 與 Eric，使得《**深入淺出**》系列相當幸運地將他們視為主要貢獻者。

你可以在 CodeRanch.com 聯繫 Bert。

目錄（精要版）

目錄（詳實版）

簡介

讓你的大腦專注於設計模式。當你試著學習一些東西時，你的大腦卻在幫倒忙，讓你無法記住那些東西。你的大腦在想：「還是把空間留給更重要的事情吧，例如注意出沒的野獸，還有，光著身子滑雪不太好吧！」該怎麼讓大腦認為設計模式是攸關生死的大事？

設計模式入門

1 設計模式歡迎您！

有人已經解決你的問題了。在這一章，你會學到為什麼要利用其他開發者的智慧和經驗，以及如何利用它們。那些開發者都遇過同樣的問題，也曾經順利地解決過它們。在本章結束前，我們會看看設計模式的用途和優點，以及一些重要的物件導向（OO）設計原則，並且透過一個範例來了解設計模式是怎麼運作的。使用模式最好的辦法是：「把模式放入你的腦中，然後在你的設計和應用程式裡認出哪裡可以運用它們。」運用設計模式並非重複使用程式碼，而是重複使用經驗。

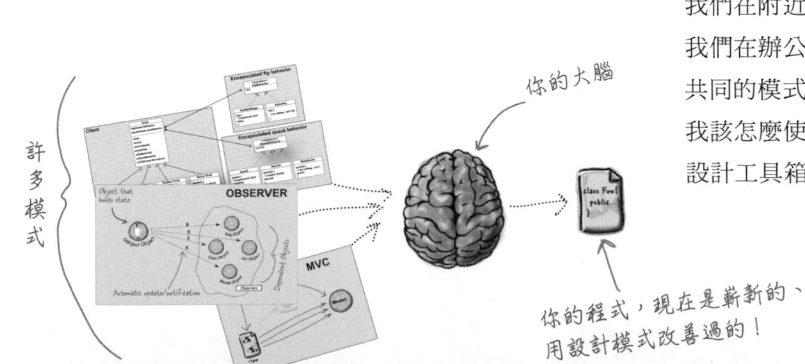

觀察者模式

讓你的物件掌握現況

2

你不想要錯過有趣的事情，不是嗎？有一種模式可以幫助物件掌握現況，在它們感興趣的事情發生時立刻知道：觀察者模式。這種模式是最常見也很好用的設計模式之一。你將了解觀察者模式的各種有趣層面，例如一對多關係以及鬆耦合。知道這些概念之後，你怎麼捨得不和模式長相廝守呢？

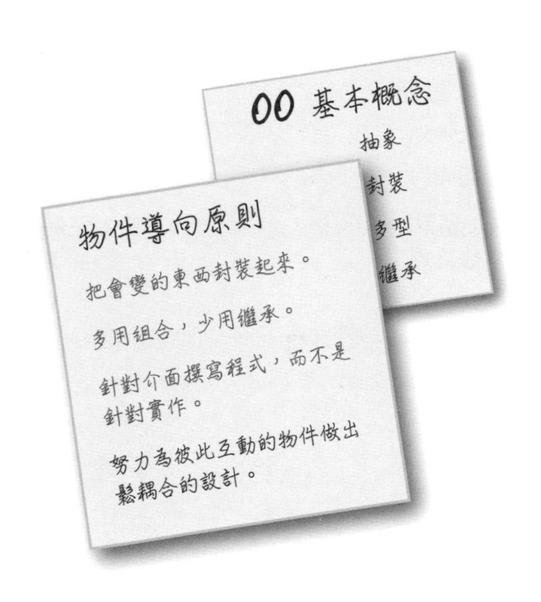

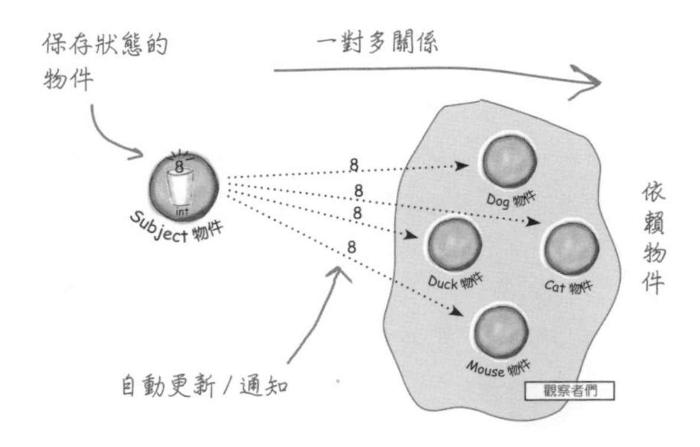

裝飾器模式

3 裝飾物件

這一章可以稱為「為愛用繼承的人設計一對眼睛」。 我們將檢討典型的繼承濫用狀況，你將學會如何使用物件組合，在執行期裝飾類別。為什麼要這樣做？因為熟悉裝飾技巧之後，你不需要修改底層類別的任何程式就可以賦予你的（或別人的）物件新的職責。

我本來以為真男人就該繼承一切，後來我發現執行期的擴展比編譯期的擴展厲害多了，我現在是不是超 man 的？

工廠模式

4 烘焙 OO 的精華

我們要開始烘焙一些鬆耦合的 OO 設計了。要製作物件，除了使用 **new** 運算子之外，你還要考慮很多事情。你將學到，「實例化」有時不應該公開進行，你也會學到，它通常會導致耦合問題。我們都不喜歡它吧？這一章會告訴你，工廠模式如何幫助你逃離令人困窘的依賴關係。

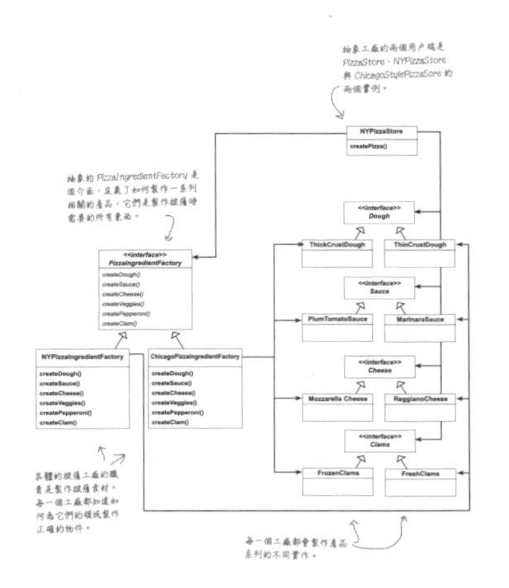

單例模式

5 獨一無二的物件

我們的下一站是單例模式，它的目的是建立獨一無二的、永遠只有一個實例的物件。告訴你一個好消息，從類別圖來看，單例模式是所有模式中最簡單的一種，事實上，它的類別圖只有一個類別！但是不要高興得太早，雖然從類別設計的角度來看，它很簡單，但是在實作時，你需要更深入地思考物件導向設計。所以，繫好安全帶，出發！

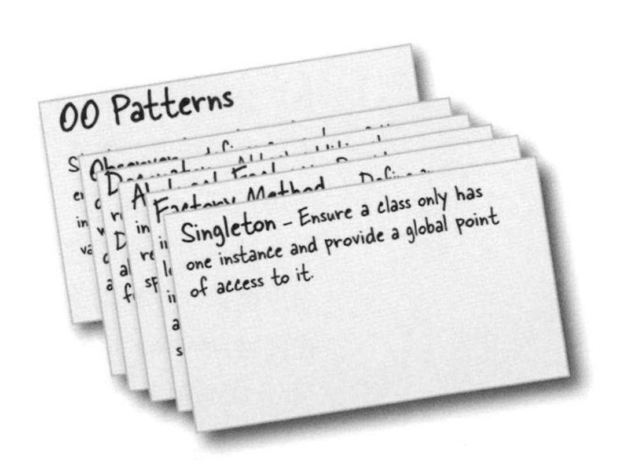

命令模式

封裝呼叫

6

在這一章，我們要將封裝提升至全新的境界：將方法的呼叫（invoke）封裝起來。 沒錯，藉著封裝方法的呼叫，我們可以將計算程式包裝成形，讓呼叫那個計算的物件不必理會工作如何進行，只要使用成形的方法即可。這些封裝成形的方法呼叫也可以做一些聰明的事情，例如做記錄（logging），或是藉著重複使用它來進行復原（undo）。

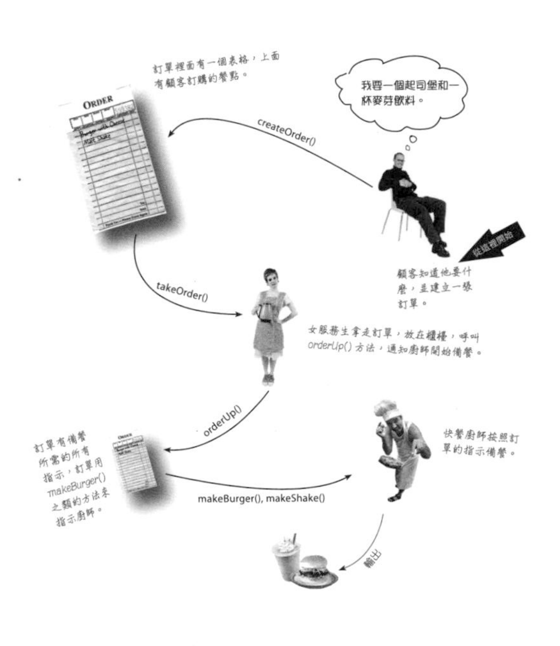

轉接器與門面模式

7 隨機應變

在這一章，我們要做一些不可能的任務，簡直就像是將方塊放入圓洞那麼難。聽起來難如登天？設計模式可以幫助我們。還記得裝飾器模式嗎？當時，我們**將物件包裝起來**是為了賦予它們新的職責，但是現在是為了不一樣的目的而包裝它們：讓它們的介面看起來與原本的不一樣，為什麼要這樣做？因為如此一來，我們就可以調整原本針對某個介面設計出來的東西，讓它可以和實作了不同介面的類別對接，不僅如此，我們也要探討另一種模式，它可以將物件包裝起來，以簡化其介面。

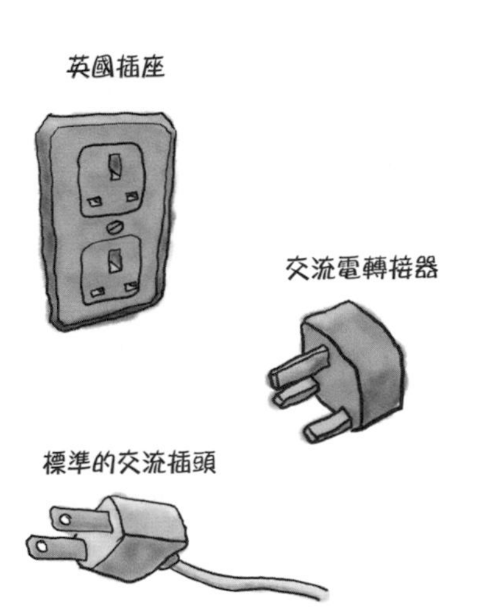

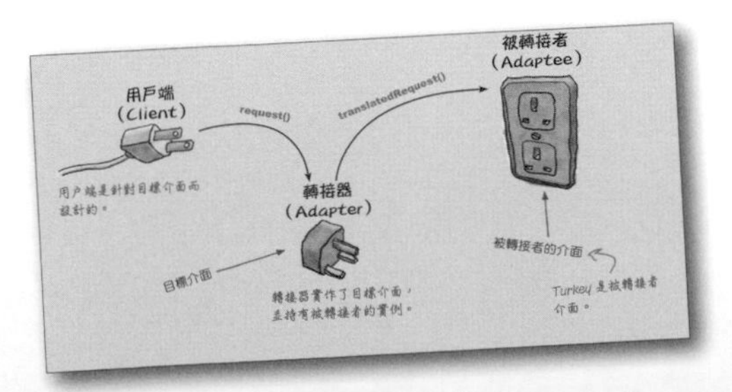

樣板方法模式

8 封裝演算法

我們已經封裝了物件的建立、方法的呼叫、複雜的介面、鴨子、披薩…接下來要封裝什麼？我們要深入研究如何封裝演算法元素，好讓子類別可以隨時將自己掛接至運算的流程中。你也會在這一章學會一條被好萊塢啟發的設計原則。讓我們看下去…

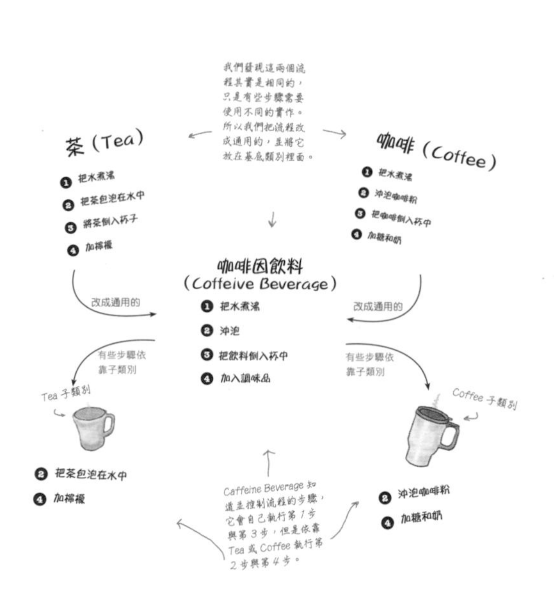

迭代器與組合模式

9 井然有序的集合

你可以用很多種方法把物件組成一個集合。例如，把它們放入陣列（Array）、堆疊（Stack）、串列（List）與雜湊表（hash map），看你想怎麼做。這些結構本身有其優缺點。但有時，用戶端想要遍歷這些物件，此時，你願意讓它們看到你的實作碼嗎？當然不！這太不專業了。沒關係，你不需要擔心丟掉工作，這一章會告訴你如何讓用戶端迭代你的物件，但是又不會將你儲存物件的手法洩漏出去。你也會學到如何建構物件的超集合，讓你一口氣跳過那些令人望而生畏的資料結構。意猶未盡嗎？你還會學到一些關於物件職責的知識。

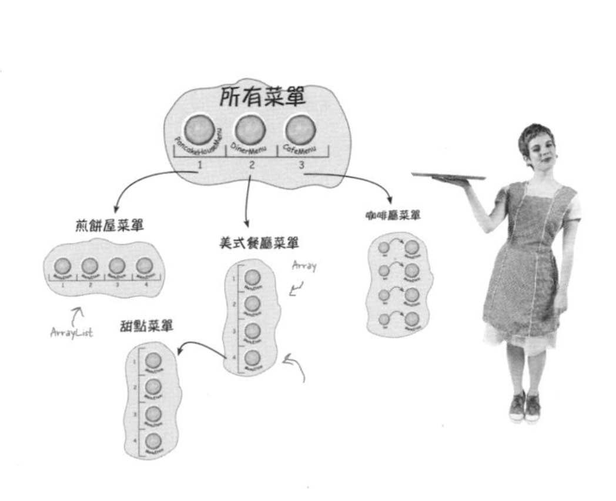

狀態模式

10 事物的狀態

告訴你一條八卦：策略模式與狀態模式是剛出生就各分東西的雙胞胎。 你可能以為它們過著相似的生活，但策略（Strategy）模式是透過可以調換的演算法開創成功的事業，狀態（State）則是選擇比較高尚的方式，藉著改變物件的內部狀態，來幫助物件控制自己的行為。儘管它們選擇不一樣的做法，但是，在它們的背後，你可以發現幾乎一模一樣的設計。那ㄟ安捏？你將看到，Strategy 與 State 的目的有很大的差異。我們會先研究狀態模式到底是怎麼一回事，在本章結束時，再回來探索它們之間的關係。

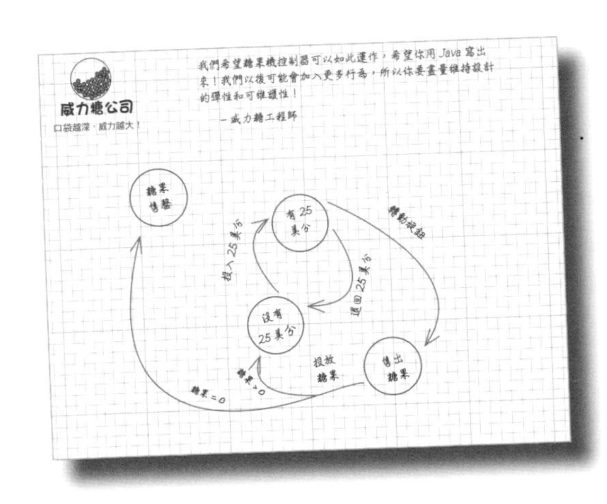

11 代理模式

控制與物件的接觸

玩過扮白臉、扮黑臉的遊戲嗎？你是白臉，提供優質且友善的服務，但你不想讓所有人都可以要求你服務，所以用黑臉來限制他們的接觸，這正是代理的作用：控制與管理接觸。你將看到，代理可以用很多種方式來頂替它們所代表的物件。在網際網路上面，代理可以為它們所代表的物件執行整個方法的呼叫，也可以代替懶惰的物件做一些事情。

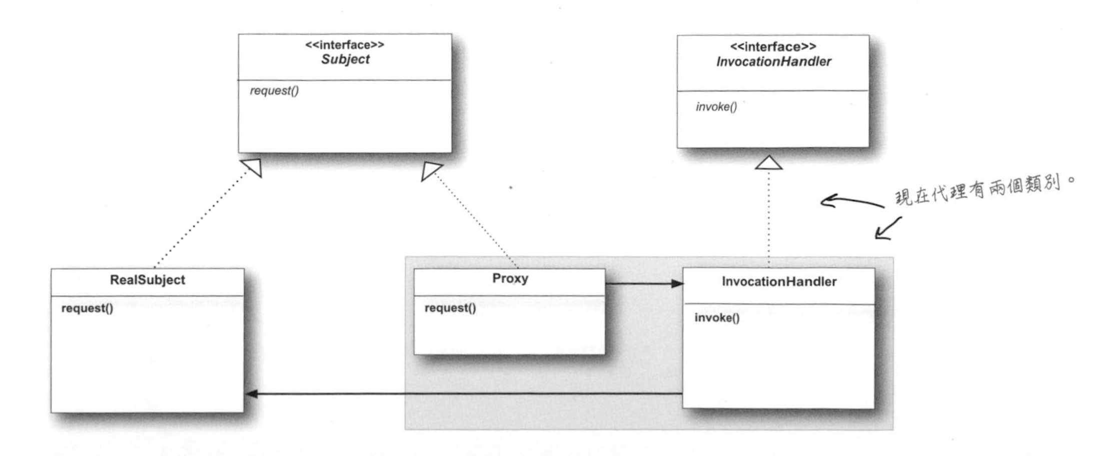

複合模式

在模式中的模式

12

誰料得到，不同的模式居然可以攜手合作？你曾經目睹火爆的火線話題（其實原本還有一篇「模式殊死戰」的，但是場面實在太暴力了，所以編輯要求我們刪除它了），誰料得到，不同的模式居然可以攜手合作？信不信由你，有一些強大的 OO 設計同時使用了多種設計模式，準備將你的模式技術提升到下一個等級吧，是時候認識複合模式了！

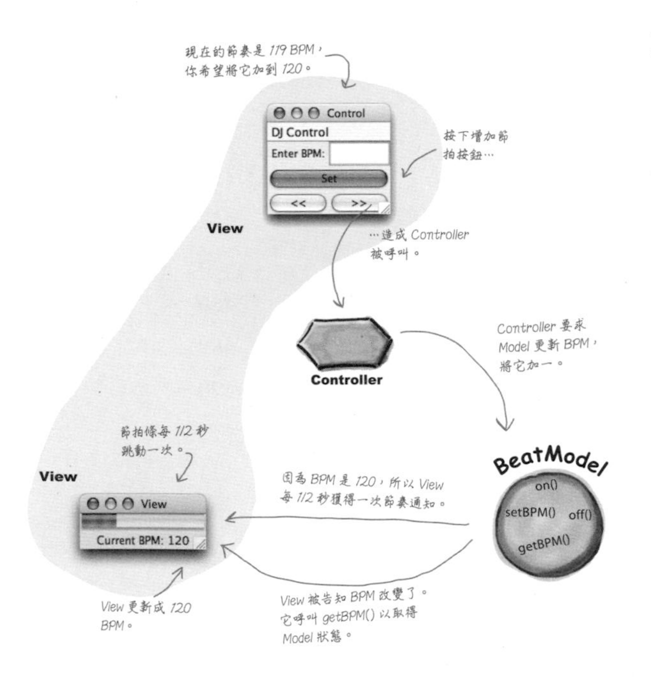

與模式融洽相處

13 真實世界的模式

你已經做好準備，即將迎接一個到處都有設計模式的新世界了。 但是在你打開機會大門之前，我們想讓你知道真實世界的一些細節，沒錯，外面的世界比物件村來得複雜一些。來吧，為了幫助你渡過適應期，我們將提供一些錦囊妙計…

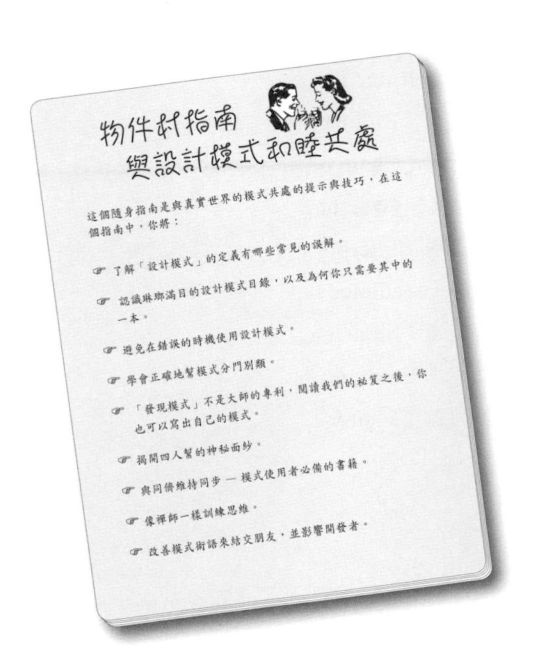

物件村指南
與設計模式和睦共處

這個隨身指南是與真實世界的模式共處的提示與技巧，在這個指南中，你將：

- 了解「設計模式」的定義有哪些常見的誤解。
- 認識琳瑯滿目的設計模式目錄，以及為何你只需要其中的一本。
- 避免在錯誤的時機使用設計模式。
- 學會正確地幫模式分門別類。
- 「發現模式」不是大師的專利，閱讀我們的祕笈之後，你也可以寫出自己的模式。
- 揭開四人幫的神秘面紗。
- 與同儕維持同步 — 模式使用者必備的書籍。
- 像禪師一樣訓練思維。
- 改善模式術語來結交朋友，並影響開發者。

14 附錄：遺珠之憾

不是每一種模式都那麼熱門。25 年來，物換星移，自從《***Design Patterns: Elements of Reusable Object-Oriented Software***》問世以來，書中的模式已經被開發者運用成千上萬次了，雖然這篇附錄介紹的模式都是成熟的、典型的、四人幫的官方模式，但是它們不像我們討論過的模式那麼常用。不過這些模式也有可取之處，所以在適當的情況下，你也要毫不遲疑地使用它們。這個目錄的目的，是讓你在比較高的層次上，了解這些模式的意義。

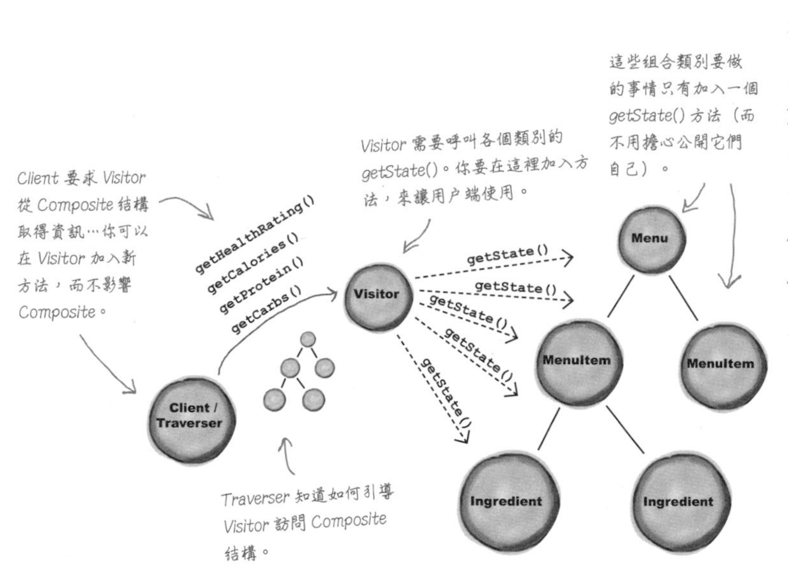

如何使用本書

序

在這一節，我們要回答一個火線問題：「他們**到底**為什麼要把那些不正經的東西放到這本設計模式書裡？」

誰適合這本書？

如果對你來說，這些問題的答案都是「肯定」的：

1. 你會寫 **Java**（不需要到達大師等級）或其他的物件導向語言嗎？
2. 你想要**學習**、**了解**、**記住**和**應用**設計模式，包括設計模式底層的 OO 設計原則嗎？
3. 你喜歡**刺激性的晚餐聊天風格**，而不是枯燥乏味的學術口吻嗎？

那這本書就是你要的。

本書的所有範例都是用 Java 寫成的，但是如果你會寫其他的物件導向語言，你應該也能夠了解本書的主要概念。

誰應該像燙手山芋一樣，放下這本書？

如果對你而言，以下任何問題的答案是「肯定」的：

1. 你完全沒有學過**物件導向程式設計**？
2. 你是頂尖的物件導向設計師 / 開發者，而且想要找一本**參考書**？
3. 你是架構師，正在尋找**企業**設計模式？
4. 你**害怕嘗試不一樣的東西**？你是不是寧願被牙醫抽神經，也不想要穿蘇格蘭花格裙？你是不是認為，把物件導向概念擬人化的技術書籍根本是旁門左道？

那這本書就不是你要的。

[行銷單位備注：別聽他的，只要你有信用卡，這本書就適合你。]

我們知道你在想什麼

「這怎麼可能是正經的程式書？」

「這一堆圖片在搞什麼鬼？」

「這樣真的可以讓我學到東西嗎？」

也知道你的大腦在想什麼

你的大腦渴望新奇的事物，它總是在搜尋、掃描，及期待不尋常的事物。你的大腦生來如此，也正因為如此，它才可以幫你活下去。

現在我們不太可能被老虎吃掉，但是你的大腦仍然在注意身旁有沒有老虎，只是你自己沒有意識到而已。

那麼，如果在你面前的是一成不變、平淡無奇的事物，你的大腦又作何反應？它會用盡一切手段阻止那些事情干擾它真正的工作，也就是記錄真正要緊的事情。它不會費心儲存無聊事，絕不會讓它們通過「這顯然不重要」的過濾機制。

你的大腦究竟怎麼知道哪些事情才重要？假設有一頭老虎在你郊遊時跳到你面前，你的大腦和身體裡面有什麼反應？

你的神經元會觸發，激起猛烈的情緒，分泌化學物質。

這就是大腦「知道」的方式…

這絕對很重要，不要忘記喔！

然而，想像你在家裡或圖書館，燈光好、氣氛佳，而且沒有老虎出沒。你正在用功讀書、準備考試，或研究某項技術難題，你的老闆認為它們只要一週，或者頂多十天，就能夠完成。

但是，有個問題。你的大腦試著幫你忙，它試著確保這件顯然不重要的事不會干擾你的有限資源。畢竟，資源最好用來儲存真正的大事，像是噬人老虎、風災水患，像是你打死都不會再穿短褲滑雪了。

而且，你沒辦法用一種簡單的方法告訴大腦：「大腦呀！甘溫啊…不管這本書多麼無聊，多麼催眠，求求你把裡面的內容全部都記下來。」

我們認為《深入淺出》系列的讀者想要學習

那要怎麼學習呢？你必須先理解它，再確保不會忘記它。我們不會用填鴨的方式對待你，認知科學、神經生物學、教育心理學的最新研究顯示，幫助你學習的東西絕對不是只有書中的文字。我們知道如何幫助你的大腦「開機」。

「深入淺出」學習守則：

視覺化。圖片遠比文字容易記憶，可讓學習更有效率（可將記憶力和舉一反三能力提升 89% 之多）。圖片也能讓事情更容易理解，**將文字放入相關圖片或放在它旁邊**，而不是把文字放在頁腳或下一頁，可以讓學員解決問題的機率翻倍。

我必須呼叫伺服器裡面的方法

伺服器執行遠端的方法

doCalc()

return value

使用對話式與擬人化的風格。根據一些研究，與正經八百的敘述方式相較之下，以第一人稱的角度、談話式的風格直接與讀者對話，可以將學員課後測驗的成績提升達 40% 。以故事代替論述;以輕鬆的口語取代正式的演說。別太嚴肅，想一下伴侶在晚宴上的耳邊細語比較能夠吸引你，還是課堂上的死板演說？

身為抽象方法真的有夠膏，我沒有身體！

讓學員更深入地思考。換句話說，除非你積極的刺激神經元，否則大腦不會發揮太多作用。我們必須刺激讀者，讓他們投入其中、好奇、受啟發，進而解決問題，得出結論，並且形成新知識。為了達成這個目的，我們要用一些問題和活動來挑戰你、讓你練習，刺激你的思考，讓你同時運用左右腦，充分利用多重感知。

「浴缸」IS-A「浴室」合理嗎？「浴室」IS-A「浴缸」呢？還是說，它們之間的關係是 HAS-A？

```
abstract void roam();
```

它沒有方法主體！它的結尾是個分號。

引起並維持讀者的注意力。我們都有這樣的經驗：『我真的很想學會這個東西，但是還沒看完第一頁就開始昏昏欲睡了』。你的大腦只會注意特殊、有趣、怪異、引人注目、以及超乎預期的東西。新穎、困難、技術性的主題不一定要用乏味的方式來呈現，引發興趣，大腦的學習效率就可以大幅提升。

觸動心弦。我們已經知道，記憶的效率大大仰賴情感與情緒。你會記得你在乎的事，當你心有所感時，你就會記住事情，我說的不是靈犬萊西與牠的小主人的那段感人肺腑的事跡，我說的是驚奇、好奇、有趣、「搞什麼鬼？」…等情緒，還有解決謎題或學會別人覺得很難的事情時的優越感，或是發現你比曾經向你嗆聲「我的技術比你強」的工程部同事更厲害時的滿足感。

超（meta）認知：「想想」如何思考

如果你真的想要學習，而且想要學得更快速、更深入，那就注意一下你是如何「注意」的，「想想」你是怎麼「想事情」的，學習你是怎麼學習的。

大多數人在成長過程中，都沒有修過超認知（metacognition）或「學習理論」，雖然師長期望我們學習，但是他們沒有教導我們如何學習。

既然你在看這本書了，我們認為你想要學好設計模式，應該不想花太多時間，而且想要記住你讀過的內容，並且應用它們。為此，你必須充分理解它。若要從這本書（或者任何書籍與學習經驗）得到最多利益，你就必須讓大腦負起責任，讓它好好注意這些內容。

祕訣在於：讓你的大腦認為你正在學習的新知識**真的很重要**，攸關你的生死存亡，就像噬人的老虎一樣。否則，你會不斷陷入苦戰：想要記住那些知識，卻老是記不住。

那怎麼讓大腦認為設計模式和老虎一樣重要？

方法有又慢又無聊的，也有又快又有效的。慢的辦法就是多讀幾次，你知道的，勤能補拙，只要重複的次數夠多，再乏味的知識都能被你學會並記住，你的大腦認為：「雖然這些東西感覺起來不重要，但是這傢伙卻一而再，再而三地苦讀，所以我想，它們應該很重要吧！」

比較快的方法則是做**任何促進大腦活動的事情**，特別是不同類型的大腦活動。上一頁提到的事情是解決辦法的一大部分，已被證實有助於大腦運作。比方說，研究顯示，將文字放在它所描述的圖片裡面（而不是書頁的其他地方，比如圖片的說明或內文），可以幫助大腦嘗試將兩者連結起來，進而觸發更多神經元。觸發更多神經元可以讓大腦更有機會，將那些內容視為值得關注的資訊，並且盡可能地記下來。

對話式的風格也很有幫助，當人類認為自己處於對話情境時，他們會更專心，因為他們必須豎起耳朵，注意整個對話的進行，跟上雙方的節拍與內容。神奇的是，你的大腦根本不在乎那是你與書本之間的「對話」！另一方面，如果書本的寫作風格既官腔且枯燥，你的大腦會以為你是在一場演講裡面的被動聽眾，所以根本不需要保持清醒。

然而，圖片與對話式的風格，只不過是開端。

這是我們的做法

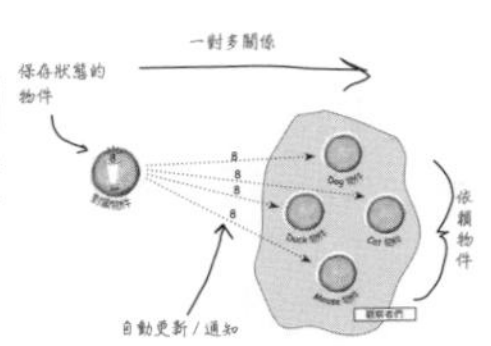

我們使用**圖片**，因為你的大腦是視覺性的，不是文字性的。對你的大腦來說，一張圖勝過千言萬語。我們將文字嵌入圖片，因為將文字放在它所屬的圖片裡面時（而不是在圖片旁邊的說明，或埋在內文某處），大腦的運作比較有效率。

我們會**重複呈現**相同內容，以不同的表現方式、不同的媒介、多重的感知敘述相同的事物。這是為了增加機會，將內容烙印在大腦的不同區域。

我們以**出人意外**的方式使用概念和圖片，讓你的大腦覺得新鮮有趣。我們使用多少帶有一點**情緒性**的圖片與想法，讓你的大腦覺得感同身受。讓你心有所感的事物自然比較容易被記住，那些感覺不外乎**好笑**、**驚訝**、**有趣**…等。

設計模式大師

我們使用擬人化、**對話式風格**，因為當大腦相信你正處於對話之中，而不是被動地聆聽演說時，它會更專心，即使交談對象只是一本書，也就是說，即使你其實是在閱讀，大腦還是會如此。

我們加入大量的**活動**，因為當你在**做**事情，而不是在讀東西時，大腦會學得更多，記住更多。我們讓謎題與程式練習具有挑戰性，卻又不至於太難，因為多數人都喜歡這樣。

我們使用**多重學習風格**，因為你可能比較喜歡逐步前進，有些人喜歡先瞭解大局，有些人喜歡直接看範例，然而，不管你是哪一種人，你都可以從本書以各種方式表現同樣內容的風格中受益。

本書的設計同時考慮**你的左右腦**，因為讓越多腦細胞參與，你就越有可能學會並記住事情，並保持更長久的專注。因為只使用一半大腦，通常代表另一半大腦有機會休息，這樣你就可以學得更久、更有效率。

我們也運用**故事**和練習，呈現**多重觀點**，因為，當大腦被迫進行評估與判斷時，會學得更深入。

本書也有很多**挑戰**和練習，還有一些不一定很簡單的**問題**，因為我們想讓大腦參與其中，學得更多、記得更牢。想想看一光是看別人在健身房運動無法雕塑自己的身材。但是，我們會盡力確保你的努力都用在正確的事情上。你**不會花費額外的腦力**去處理難以理解的範例，或是試圖理解充斥術語、困難的，或過度精簡的論述。

我們在故事、範例、圖像中，到處使用**人物**，因為你也是人！你的大腦對人比對事物更有興趣。

我們使用 ***80/20*** 法則。我們假設，如果你想要攻讀軟體設計博士學位，你應該不會只看這本書，所以，內容不會包山包海，只會討論你真正需要的事情。

馴服大腦的方法

好了！我們善盡我們的職責了，剩下的就靠你了。下面有一些小技巧，但它們只是開端，你應該傾聽大腦的聲音，看看哪些對你的大腦有效，哪些無效。記得嘗試新東西！

沿虛線剪下，用小七送的公仔磁鐵貼在冰箱上。

① **放慢腳步，你理解的內容越多，需要死背的就越少。**

不要只是讀書，記得停下來，好好思考。當本書問你問題時，不要不加思索就直接看答案。你要想像真的有人問你問題，你越強迫大腦深入思考，你就越有機會學習並記住更多知識。

② **勤做練習，寫下心得。**

我們在書中安排練習，如果我們幫你完成那些練習，那就相當於叫別人幫你練身體，不要光看不練。**使用鉛筆作答**。大量證據顯示，在學習的同時讓身體動起來可以提升學習的效果。

③ **認真閱讀「沒有蠢問題」單元**

仔細閱讀所有的「沒有蠢問題」，那可不是可有可無的說明，而是**核心內容的一部分**！千萬別跳過。

④ **將閱讀本書當成睡前最後一件事，至少當成睡前最後一件有挑戰性的事。**

有一部分的學習過程是在放下書本之後才發生的，尤其是將知識轉化成長期記憶更是如此。你的大腦需要自己的時間，進行更多的處理。如果你在這個處理期胡亂塞進新知識，你就會忘掉一些剛學到的東西。

⑤ **喝水，喝大量的水。**

大腦必須泡在豐沛的液體中才有很棒的效率，脫水（往往在你感覺口渴之前就發生了）會降低認知能力。

⑥ **唸出聲來，大聲地唸出來。**

唸書可以觸發大腦的各種部位，如果你想要了解某件事情，或增加記憶，那就大聲唸出來。更好的做法是大聲解釋給別人聽，這樣你會學得更快，甚至冒出默默讀書時不知道的新想法。

⑦ **傾聽大腦的聲音。**

注意你的大腦是不是精疲力竭了，如果你發現自己開始漫不經心，或者過目即忘，那就是該休息的時候了。當你錯過某些重點時，放慢腳步，否則你將失去更多。

⑧ **用心感受！**

你必須讓大腦知道這一切都很重要，讓自己融入情境，在插圖旁邊寫下你自己的說明，就算是抱怨笑話太冷，都比毫無感覺來得好。

⑨ **設計一些東西！**

把這些知識用在你正在設計的新作品上面，或是重構舊的專案。反正就是做一些除了本書的練習和活動之外的事情，來獲得更多經驗。你只需要一隻筆，還有一個有待解決的問題…一個或許可以用一或多個設計模式來改善的問題。

讀我

這是一段學習體驗，不是一本參考書，本書已經排除可能妨礙學習的所有因素了，當你第一次閱讀時，必須從頭開始看起，因為本書假設讀者具備某些知識背景。

我們使用比較簡單的、修改版的UML。

Director
getMovies getOscars() getKevinBaconDegrees()

我們會使用類似 UML 的簡單圖表。

雖然你極可能已經接觸過 UML 了，但本書不會介紹它，它也不是看這本書的先決條件。如果你沒看過 UML，別擔心，在過程中，我們會提供一些提示，也就是說，你不必同時掛心設計模式與 UML。我們的圖表是「類似 UML」的，雖然我們會盡量採用原始的 UML，但有時會改一下規則，通常是出於我們自認為的美術因素。

我們不會討論已被創做出來的每一種設計模式。

設計模式的數量很多，包括原始的基本模式（稱為四人幫（GoF）模式）、企業 Java 模式、架構模式、遊戲設計模式，族繁不及備載。但是，我們不希望讓這本書的重量超過讀者的體重，所以不會討論所有的模式。我們的重點是四人幫的物件導向模式之中，*最重要的*核心模式，以確保你真正深入理解如何使用它們，以及何時使用它們。我們也會在附錄簡單地介紹一些其他的模式（它們是你不太可能用到的）。無論如何，看完《*深入淺出設計模式*》之後，你就可以快速地理解並運用任何一種模式了。

書中的活動不是可跳過的。

書中的練習和活動不是可有可無的裝飾品，它們也是本書的核心內容。這些單元有些可以幫助記憶，有些可以幫助了解，有些可以幫助你運用所學。**不要跳過練習**，只有填字遊戲不是*必須的*，但它們可以幫助大腦想起出現在各種上下文的單字。

我們說的「組合（composition）」是指一般的 OO 概念，它比嚴謹的 UML 所使用的「組合」更靈活。

我們所說的「將一個物件與另一個物件組合起來」是指它們之間有 HAS-A 關係。這種用法正是這個術語的傳統用法，也是四人幫的書裡採取的用法（你很快就會知道那是什麼了）。最近，UML 已經改善這個術語，將它定義成多種型態的組合了。如果你是 UML 專家，你依然可以閱讀這本書，而且你應該可以在閱讀時，將「組合」想成比較精確的術語。

重複的內容是故意的，也是必要的。

《深入淺出》系列最明顯的特點之一在於我們希望你真的學到東西，我們也希望你看完這本書之後，能夠記得看過的內容，但是大部分的參考用書並非以此為目標。本書把重點放在學習，所以為了加深你的印象，有些重要的內容會一再出現。

使用簡潔的範例程式。

有讀者告訴我們，他們很討厭在 200 多行程式裡面尋找兩行需要了解的程式碼。本書盡可能地使用簡短的範例程式，讓你一目了然地看到你需要學習的部分。不要期望它們是強固的程式，有些程式甚至不完整—這些範例是為了教學而撰寫的，不一定有完整的功能。

有時我們不會寫上所有必要的 import 陳述式，我們假設，如果你會寫 Java 程式，你就會知道（舉例）`ArrayList` 在 java.util 裡面。如果我們 import 的東西不屬於一般的核心 JSE API，我們會特別說明。我們也會把所有的原始碼放在網路上，供你下載，它們在 *http://wickedlysmart.com/head-first-design-patterns*。

此外，為了把焦點放在程式碼的學習面，我們不會把我們的類別放入程式包（package）裡（換句話說，它們都在 Java 的預設程式包裡面）。我們不建議在真實的情況下這樣做，當你下載本書的範例程式時，你會發現所有的類別都在程式包裡面。

「動動腦」練習沒有答案。

有些「動動腦」練習沒有一定的答案，有些則是為了讓你自行判斷答案是否正確，或何時才是正確的。有些「動動腦」練習會提供提示，幫你指出正確的方向。

技術校閱

Jef Cumps

Valentin Crettaz

Barney Marispini

Ike Van Atta

HFDP 極限校閱團隊的無畏領袖

Johannes deJong

Jason Menard

緬懷 Philippe Maquet，1960 – 2004。你精湛的技術、孜孜不倦的熱情、對學員的深切關懷，將永遠激勵我們。

Philippe Maquet

Mark Spritzler

Dirk Schreckmann

技術校閱，第二版

致謝

第一版

致 O'Reilly：

僅向 O'Reilly 的 **Mike Loukides** 致上最大的謝意，感謝他啟動這一切，並將《深入淺出》概念打造成一系列的書籍。非常感謝《深入淺出》背後的推手，**Tim O'Reilly**。感謝聰明的《深入淺出》「系列之母」**Kyle Hart**、「設計之王」**Ron Bilodeau**、搖滾明星 **Ellie Volkhausen** 卓越的封面設計、**Melanie Yarbrough** 的製作指導、**Colleen Gorman** 與 **Rachel Monaghan** 辛苦地審稿，以及 **Bob Pfahler** 大幅改善我們的索引。最後，感謝 **Mike Hendrickson** 與 **Meghan Blanchette** 對本書的支持，以及為我們建立團隊。

致勇敢的校閱：

非常感謝我們的技術校閱主任 **Johannes deJong**，你是我們的英雄，Johannes。我們也深深地感謝 **Javaranch** 校閱團隊共同管理者的貢獻。已故的 **Philippe Maquet**，你用一己之力照亮了成千上萬名開發者的人生，永遠影響他們的（與我們的）生活。**Jef Cumps** 非常擅長在草稿中找出問題，並且再次為本書帶來巨大的變化。謝了，Jef！**Valentin Cretazz**（專門搞 AOP 的人）從第一本《深入淺出》書籍就開始跟著我們，總是適時地提供我們需要的技術專長和真知灼見，你真的很行，Valentin。

HF 校閱團隊的兩位新人負責挑出本書的毛病，**Barney Marispini** 與 **Ike Van Atta**，他們提供了嚴酷的回饋，感謝你們的加入。

我們也從 Javaranch 的主持人 / 大師 **Mark Spritzler**、**Jason Menard**、**Dirk Schreckmann**、**Thomas Paul** 與 **Margarita Isaeva** 那裡得到很棒的協助。一如往常，特別感謝 javaranch.com Trail 的老闆，**Paul Wheaton**。

感謝 Javaranch 的「選出《深入淺出設計模式》封面」比賽的決賽入圍者。這場比賽的贏家是 Si Brewster，他提供了一篇文章，說服我們選出封面上的那位女生。其他的決賽入圍者還有 Andrew Esse、Gian Franco Casula、Helen Crosbie、Pho Tek、Helen Thomas、Sateesh Kommineni，以及 Jeff Fisher。

在 2014 年的更新中，我們也感謝下列的技術校閱：George Hoffer、Ted Hill、Todd Bartoszkiewicz、Sylvain Tenier、Scott Davidson、Kevin Ryan、Rich Ward、Mark Francis Jaeger、Mark Masse、Glenn Ray、Bayard Fetler、Paul Higgins、Matt Carpenter、Julia Williams、Matt McCullough 與 Mary Ann Belarmino。

致謝

第二版

致 O'Reilly：

首先，**Mary Treseler** 是讓這一切得以成真的超能力者，我們永遠感謝她為 O'Reilly、《深入淺出》，以及作者們所做的一切。**Melissa Duffield** 與 **Michele Cronin** 為第二版排除許多出版障礙。**Rachel Monaghan** 完成了出色的文案編輯，讓我們的文章散發新的光采。**Kristen Brown** 讓這本書看起來很漂亮，無論是電子書還是實體書。**Ellie Volckhausen** 施展她的魔法，為第二版設計了很棒的新封面。謝謝你們！

致第 2 版的校閱：

非常感謝第 2 版的技術校閱在 15 年之後願意接手這項任務。**David Powers** 是我們的主力校閱（他是我們的人，別想叫他校閱你的書），因為什麼事都逃不出他的法眼。因為 **George Heineman** 出人意表的詳細評論、建議和回饋，我們頒給他這一版的技術 MVP 獎項。**Trisha Gee** 與 **Julian Setiawan** 提供了寶貴的 Java 經驗，協助我們避免那些令人尷尬和難堪的 Java 錯誤。謝謝你們！

特別感謝

特別感謝 **Erich Gamma**，他校閱本書的程度遠遠超出他的職責（他甚至帶著草稿去渡假）。Erich，你對這本書的興趣鼓舞了我們，你仔細的校閱大大地改善了這本書。感謝四人幫的支持和關注，以及他們在物件村裡面的友情客串。我們還要感謝 **Ward Cunningham**，以及創造 Portland Pattern Repository 的設計模式社群，它是我們寫這本書時不可或缺的資源。

非常感謝 **Mike Loukides**、**Mike Hendrickson** 與 **Meghan Blanchette**。Mike L. 一直陪伴我們，Mike，你具備洞察力的回饋協助我們完成這本書，你的鼓勵也讓我們不斷前進。Mike H.，感謝你五年來一直敦促我們寫一本設計模式書，我們終於做到了，很開心我們一直在等待《深入淺出》。

寫一本技術類書籍需要很多人的幫助：**Bill Pugh** 與 **Ken Arnold** 提供關於單例模式的專家級建議。**Joshua Marinacci** 提供了 Swing 的小技巧和建議。**John Brewer** 的「Why a Duck?」論文啟發了 SimUDuck（我們很開心他也喜歡鴨子）。**Dan Friedman** 啟發了小單例範例。**Daniel Steinberg** 是我們的「技術聯絡人」與情感支援網路。感謝 Apple 的 **James Dempsey** 讓我們使用他的 MVC 歌曲。也感謝 **Richard Warburton** 確保這本新版書籍裡面的新 Java 8 程式碼都達到最好的程度。

最後，我個人要感謝 **Javaranch 校閱團隊**的頂尖校閱和熱情支持。你們對本書的貢獻遠比你們想像的更多。

寫這本《深入淺出》書籍就像在兩位偉大導遊的帶領之下，來一趟瘋狂之旅：**Kathy Sierra** 與 **Bert Bates**。和 Kathy 與 Bert 共事，你會拋開所有寫書習慣，進入一個充滿故事、學習理論、認知科學和流行文化的世界，在那裡，讀者總是主宰一切。

設計模式歡迎您！

有人已經解決你的問題了。在這一章，你會學到為什麼要利用其他開發者的智慧和經驗，以及如何利用它們。那些開發者都遇過同樣的問題，也曾經順利地解決過它們。在本章結束前，我們會看看設計模式的用途和優點，以及一些重要的物件導向（OO）設計原則，並且透過一個範例來了解設計模式是怎麼運作的。使用模式最好的辦法是：「*把模式放入你的腦中，然後在你的設計和應用程式裡認出哪裡可以運用它們。*」運用設計模式並非重複使用程式碼，而是重複使用經驗。

我們從一個簡單的 SimUDuck app 看起

Joe 的公司做出一個超夯的鴨子池塘模擬遊戲，稱為 *SimUDuck*。遊戲裡面有各種鴨子品種，牠們會一邊游泳，一邊鳴叫。當初設計這個系統的人使用了標準的物件導向技術，並且建立一個 Duck 超類別，來讓所有其他的鴨子品種可以繼承。

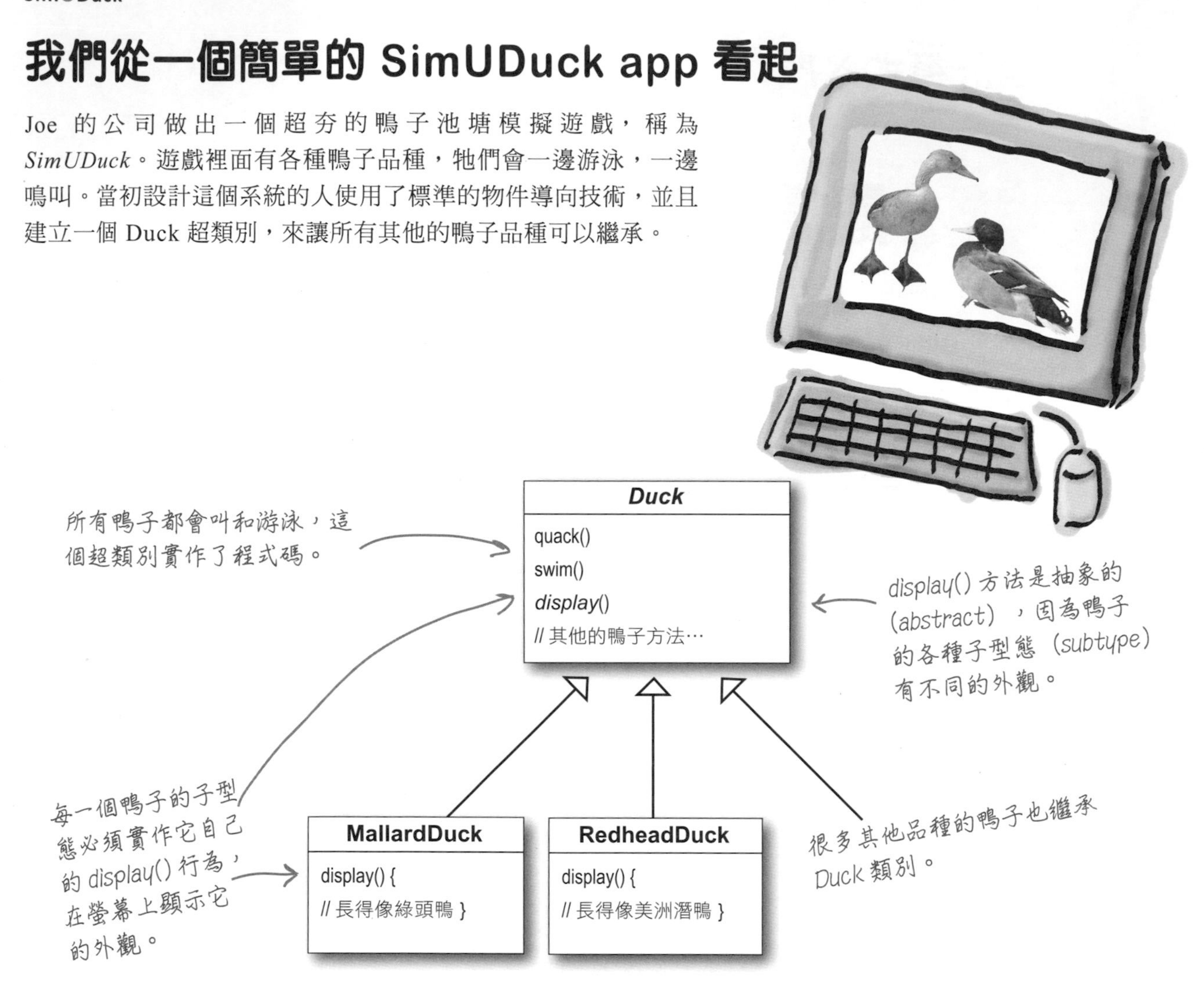

但是公司在去年遇到強大的競爭對手，在為期一週的高爾夫假期兼腦力激盪會議之後，公司高層認為該創新了，他們打算在下週的茂宜島股東大會上，展示一些真的令人印象深刻的東西。

現在我們要讓鴨子飛起來

公司高層認為，會飛的鴨子就是打敗競爭對手的大絕招。Joe 的主管向高層們拍胸脯保證，Joe 只要一個星期就可以搞定這件事。「畢竟，」Joe 的經理說「他是物件導向程式員…這個工作很難嗎？」

我只要在 Duck 類別加入一個 fly() 方法讓所有鴨子繼承就可以了，展現我的物件導向才華的時候到了。

我們要的。

Joe

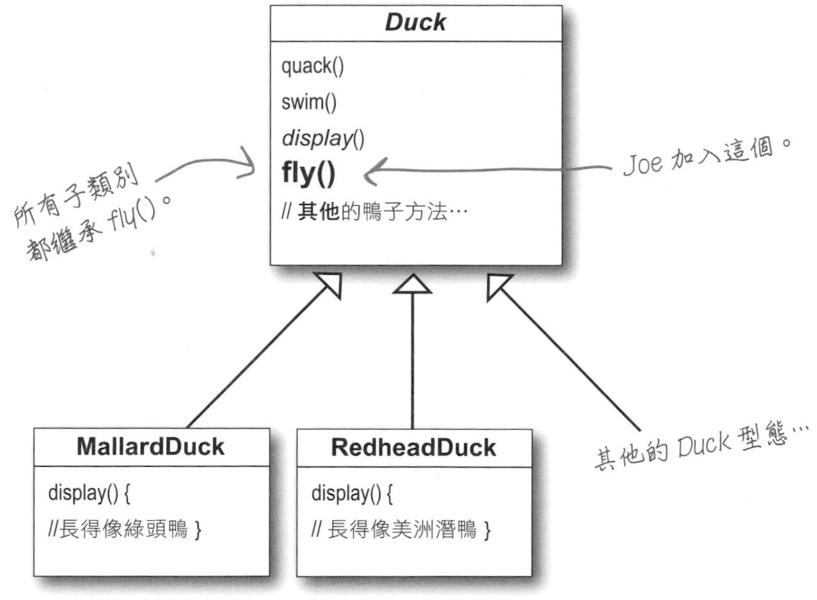

Duck

quack()
swim()
display()
fly()
// **其他**的鴨子方法…

所有子類別都繼承 fly()。

Joe 加入這個。

MallardDuck

display() {
//長得像綠頭鴨 }

RedheadDuck

display() {
// 長得像美洲潛鴨 }

其他的 Duck 型態…

但是，可怕的問題出現了…

Joe，我在股東大會，有一隻橡皮鴨在展示畫面上飛來飛去，你在搞笑嗎？

為什麼會這樣？

Joe 忽略一件事：並非 Duck 的子類別都會飛。Joe 在 Duck 超類別加入新行為也會幫不適合該行為的 Duck 子類別加入那個行為，現在可好，在 SimUDuck 程式裡面，有一個會飛的無生命物件。

局部修改程式碼，卻造成非局部性的影響（會飛的橡皮鴨）！

好吧，看來我的設計有一個小缺失，為什麼那些人不把它視為一種「功能」就好了？其實它蠻可愛的啊…

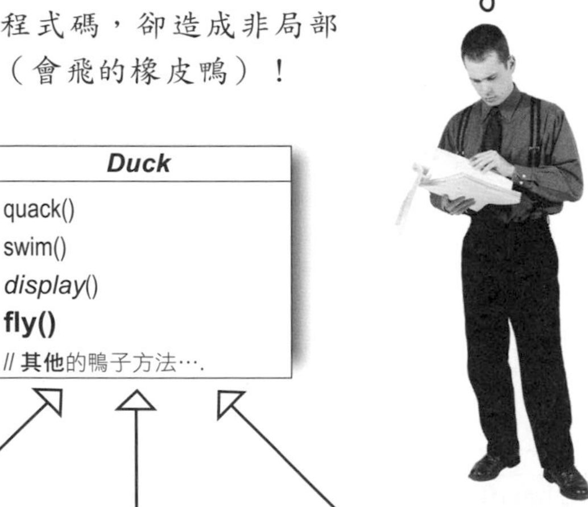

Joe 認為善用繼承可以重複使用程式碼，但是這種做法卻造成維護方面的問題。

他在超類別裡面加入 fly() 讓所有的鴨子都有飛行的能力，包括不能飛的。

Duck

quack()
swim()
display()
fly()
// 其他的鴨子方法….

MallardDuck

display() {
// 長得像綠頭鴨
}

RedheadDuck

display() {
// 長得像美洲潛鴨
}

RubberDuck

quack() {
// 覆寫成 Squeak
}
display() {
// 長得像橡皮鴨
}

還有，橡皮鴨不會發出鴨叫聲，所以 quack() 被覆寫成「Squeak（啾啾叫）」。

Joe 想到繼承…

我可以在 RubberDuck 裡面覆寫 fly() 方法就好了，和處理 quack() 方法時一樣…

RubberDuck

quack() { // squeak}
display() { // 橡皮鴨 }
fly() {
// 覆寫成不做任何事情
}

但是，在程式中加入木製的誘餌鴨時會怎樣？它們既不會飛，也不會叫…

DecoyDuck

quack() {
// 覆寫成不做任何事情
}
 	
display() { // 誘餌鴨}
 	
fly() {
// 覆寫成不做任何事情
}

這是在繼承階層裡面的另一個類別，注意，它與 RubberDuck 一樣不會飛，但是它也不會叫。

削尖你的鉛筆

用繼承來提供 Duck 的行為有哪些缺點？（多選題）

- ❏ A. 在子類別裡面有重複的程式碼。
- ❏ B. 在執行期很難改變行為。
- ❏ C. 無法讓鴨子跳舞。
- ❏ D. 很難知道所有鴨子行為。
- ❏ E. 無法讓鴨子一邊飛，一邊鳴叫。
- ❏ F. 修改一個地方可能會不小心影響其他的鴨子。

那麼，使用介面如何？

Joe 意識到繼承應該不是解決問題的辦法，因為他收到一張備忘錄，上面說高層決定每六個月就更新一次產品（但是怎麼更新還不知道）。Joe 知道規格會經常改變，所以，每當有新的 Duck 子類別加入時，他就要檢查 fly() 與 quack()，並且視情況覆寫它們…這簡直是無止盡的惡夢。

所以，他要用更清楚的方法，只讓一些（不是全部）鴨子類型可以飛或叫。

我可以把 Duck 超類別裡面的 fly() 拿出來，製作一個 **Flyable() 介面**，把 fly() 方法放在它裡面。如此一來，我只要讓會飛的鴨子實作那個介面，以取得 fly() 方法就好了…也許還要製作 Quackable，因為不是所有的鴨子都會叫。

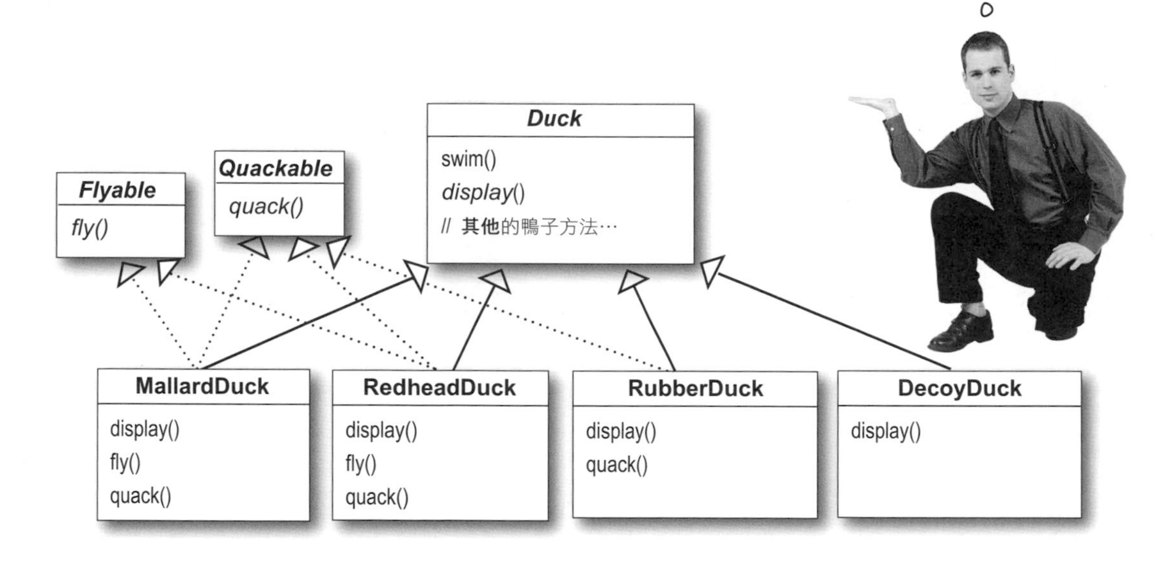

你覺得這個設計怎麼樣？

這簡直是最愚蠢的想法，**可不可以跟著我講一遍「重複的程式碼」**？你認為覆寫幾個方法不是好事，那如果你想要稍微修改「飛」這個行為呢…難道你想要修改全部的 48 個會飛的 Duck 子類別？！

如果你是 Joe，你會怎麼做？

我們知道，並非所有的子類別都必須有飛或叫的行為，所以繼承不是正確的答案。雖然讓子類別實作 Flyable 或 Quackable 可以解決部分的問題（會飛的橡皮鴨不會出現了），但是它會造成這些行為的程式碼無法重複使用，這只是從一個維護惡夢跳入另一個維護惡夢。而且，會飛的鴨子絕對不會只有一種飛行行為…

此時，你應該已經開始期待設計模式會像超人一樣現身，把你從水深火熱中救出來，但是，直接讓你知道答案有什麼樂趣？我們接下來要用一種老方法來找出解決方案－藉著運用優良的物件導向軟體設計原則。

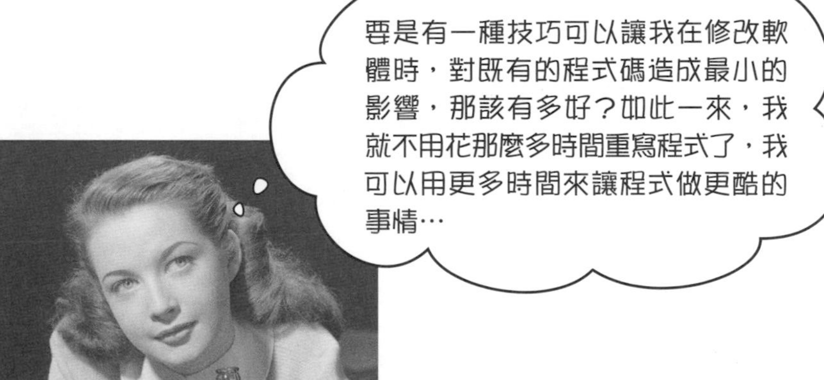

軟體開發的不變真理

OK ！在軟體開發裡面，哪件事一定是對的？

無論你在哪裡工作、你在建構什麼東西、你使用哪種程式語言，與你永遠形影不離的不變真理是什麼？

（用鏡子來看答案）

無論你的應用程式設計得多好，一段時間之後，它一定需要成長並改變，否則它就會死亡。

削尖你的鉛筆

驅動改變的因素很多，有哪些因素曾經讓你改變應用程式碼？把它寫下來（我們列出一些我們的原因，幫你起個頭）。先比對你的答案與本章結尾的答案，再翻到下一頁。

我們的顧客或用户要求別的東西，或是想要新功能。

公司決定採用另一種資料庫產品，並且向另一家供應商購買資料，但是那些資料使用不同的格式，唉！

把問題歸零…

我們已經知道繼承的效果不太好了，因為在子類別裡面的鴨子行為會不斷改變，而且讓所有子類別都擁有那些行為並不恰當。使用 Flyable 與 Quackable 介面乍看之下還不賴（需要飛的鴨子才需要使用 Flyable），但是 Java 的介面裡面通常沒有實作碼，所以無法重複使用程式碼。當你需要修改某種行為時，無論採取哪種做法，通常你都要在定義該行為的所有子類別裡面檢查並修改那個行為，況且，一不小心還會寫出新的 bug！

幸運的是，有一種設計原則可以處理這種情況。

設計原則

找出應用程式中會變的部分，把它們和不會變的部分隔開。

這只是諸多設計原則裡面的一條，這本書會用更多時間來討論它們。

換句話說，當你的程式碼有某些部分會變（例如每當有新的需求出現時），你就有一個需要拉出來並且和其他不變的部分分開的行為了。

你可以用另一種方式來看待這條原則：**把會變的部分封裝起來，如此一來，你就可以修改或擴展會變的部分，同時不會影響不變的部分。**

這個簡單的概念幾乎是所有設計模式的基礎。所有模式都提供一種方式來讓系統的某個部分可以改變，卻又不影響任何其他的部分。

好，是時候把鴨子行為從 Duck 類別裡面拉出來了！

把會變的部分「封裝」起來，讓它不會影響其餘的部分。

這有什麼效果？它可以減少修改程式造成的意外後果，也可以讓系統更靈活！

把會變的部分和不變的部分分開

我們該從何處下手？我們知道，除了 fly() 與 quack() 的問題之外，Duck 類別還算正常，其他的地方看起來都不需要經常改變或修改。所以，除了一些小改變之外，我們不打算對 Duck 類別做太多的處理。

為了分開「會變的部分與不變的部分」，我們要建立兩組類別（完全和 Duck 分開），一個是用來飛的，一個是用來鳴叫的。每一組類別都會實作各自的行為。舉例來說，我們可能在一個類別中實作叫聲，在另一個類別中實作啾啾叫，在第三個類別中實作不出聲。

我們知道，在 Duck 類別裡面的 fly() 與 quack() 會隨著鴨子的不同而改變。

為了把這兩個行為與 Duck 類別分開，我們把它們抽出 Duck 類別，並建立一組類別來代表那些行為。

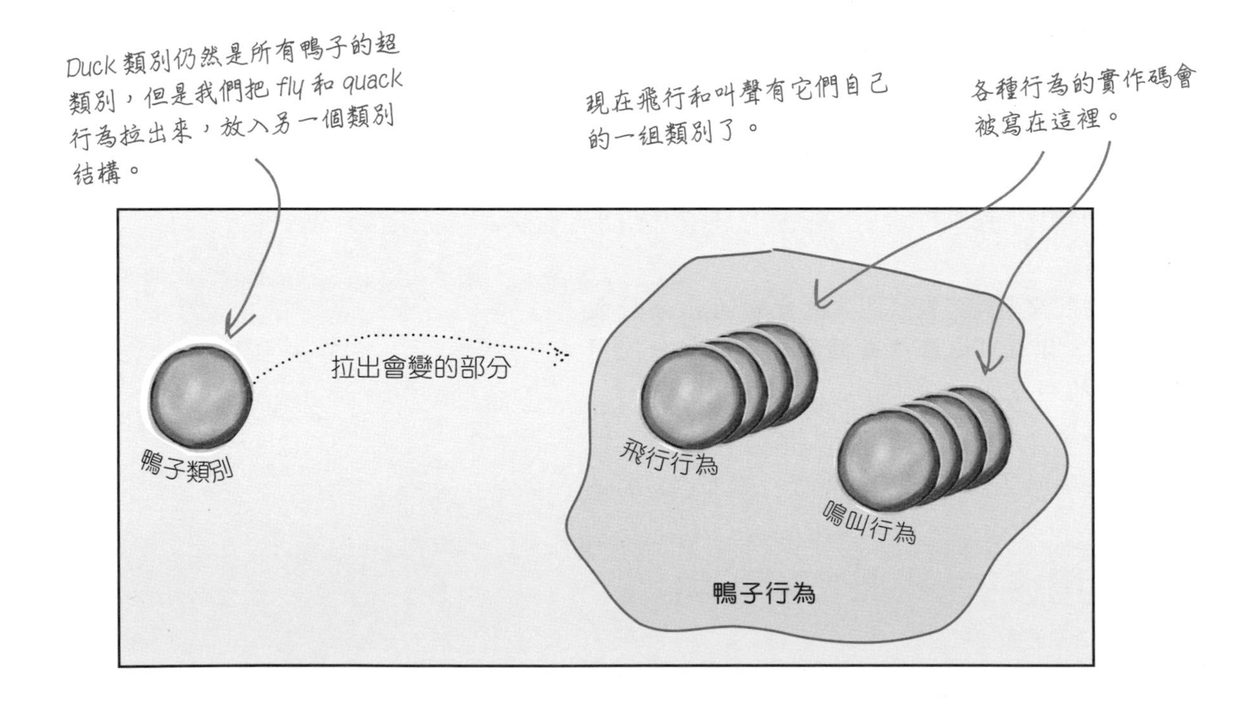

設計鴨子的行為

如何設計一組類別，並且用它們來實作飛行和鳴叫行為？

我們想要保持彈性，畢竟，當初讓我們陷入困境的禍首，就是不靈活的鴨子行為。我們想要將行為指派給 Duck 的實例，例如，也許我們可以實例化一個新的 MallardDuck 實例，並且用特定的飛行行為型態來將它初始化。既然如此，何不順便讓我們可以動態地改變鴨子的行為？也就是在 Duck 類別裡面加入行為設定方法，如此一來，我們就可以在執行期改變 MallardDuck 的飛行行為了。

設定這些目標之後，我們來看一下第二條設計原則：

設計原則

針對介面寫程式，而不是針對實作寫程式。

從此之後，Duck 的行為會被放在分開的類別裡面，該類別實作了特定的行為介面。

如此一來，Duck 類別就不需要知道自己的行為的實作細節了。

我們將使用介面來代表各種行為，例如 FlyBehavior 與 QuackBehavior，而且實作每一種行為的程式都必須實作其中的一個介面。

所以，現在不是讓 *Duck* 類別實作飛行和鳴叫介面了，我們用一組專門的類別來代表行為（例如「鳴叫」），並且讓行為類別實作行為介面，而不是讓 Duck 類別實作它們。

這種做法與之前不一樣，之前的行為來自超類別 Duck 裡面的具體實作，或是在子類別裡面量身打造的實作。無論如何，它們都依靠一個實作，那個特定的實作讓我們動彈不得，沒有改變行為的餘地（除非寫更多程式）。

在新設計中，Duck 子類別會使用介面所代表的行為（FlyBehavior 與 QuackBehavior），所以行為的實作（也就是為了實作 FlyBehavior 或 QuackBehavior 而在類別裡面編寫的具體行為）不會被綁死在 Duck 的子類別裡面。

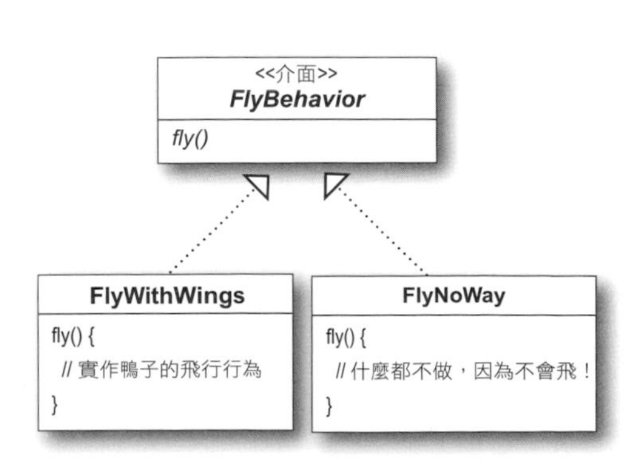

「針對介面寫程式」的意思其實是「針對超型態（supertype）寫程式」。

介面這個字有很多種用法，它可以代表介面這個概念，也可以代表 Java 的介面結構。不使用 Java 的介面也可以針對介面寫程式。重點在於藉著「針對超型態寫程式」來利用多型，如此一來，執行期的物件就不會被鎖死在程式碼裡面了。我們可以將「針對超型態寫程式」這句話改成「用來宣告變數的型態應該是超型態」（超型態通常是抽象類別或介面），如此一來，那一個變數就可以設成那一個超型態的任何一個具體物件，這意味著，宣告該變數的類別不需要知道實際的物件型態是什麼！」

你應該早就知道這些事情了，重述它們只是為了確保我們說的是同一件事，舉一個使用多型型態的例子－假如有一個抽象類別 Animal，它有兩個具體實作，Dog 與 Cat。

抽象的超型態（可能是抽象類別，**或是**介面）。

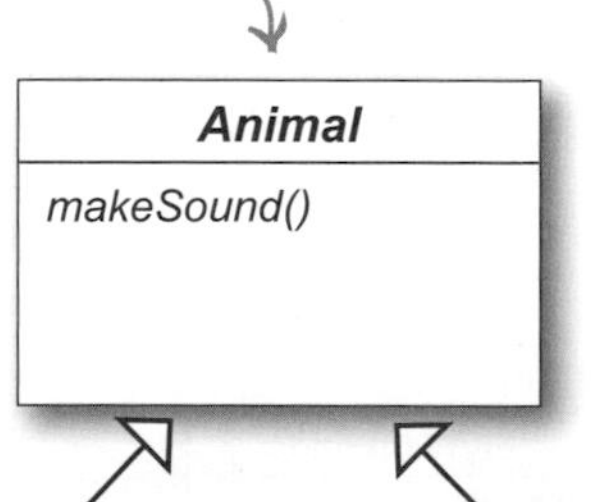

具體實作

Dog	Cat

makeSound() {
bark();
}
bark() { // 汪！ }
	makeSound() {
	meow();
	}
	meow() { // 喵~ }

針對實作寫程式是：

```
Dog d = new Dog();
d.bark();
```

將變數「d」宣告成 Dog 型態（Animal 的具體實作）讓我們針對具體實作寫程式。

針對介面 / 超型態寫程式則是：

```
Animal animal = new Dog();
animal.makeSound();
```

我們知道它是 Dog，但是現在我們使用多型的 animal 參考。

更好的寫法是**在執行期指派具體的實作物件**，而不是用固定的程式來實例化子型態（例如 new Dog()）：

```
a = getAnimal();
a.makeSound();
```

我們不知道 animal 子型態到底是什麼…只知道它曉得如何回應 makeSound()。

實作 Duck 行為

現在有兩個介面：FlyBehavior 與 QuackBehavior，以及實作具體行為的類別：

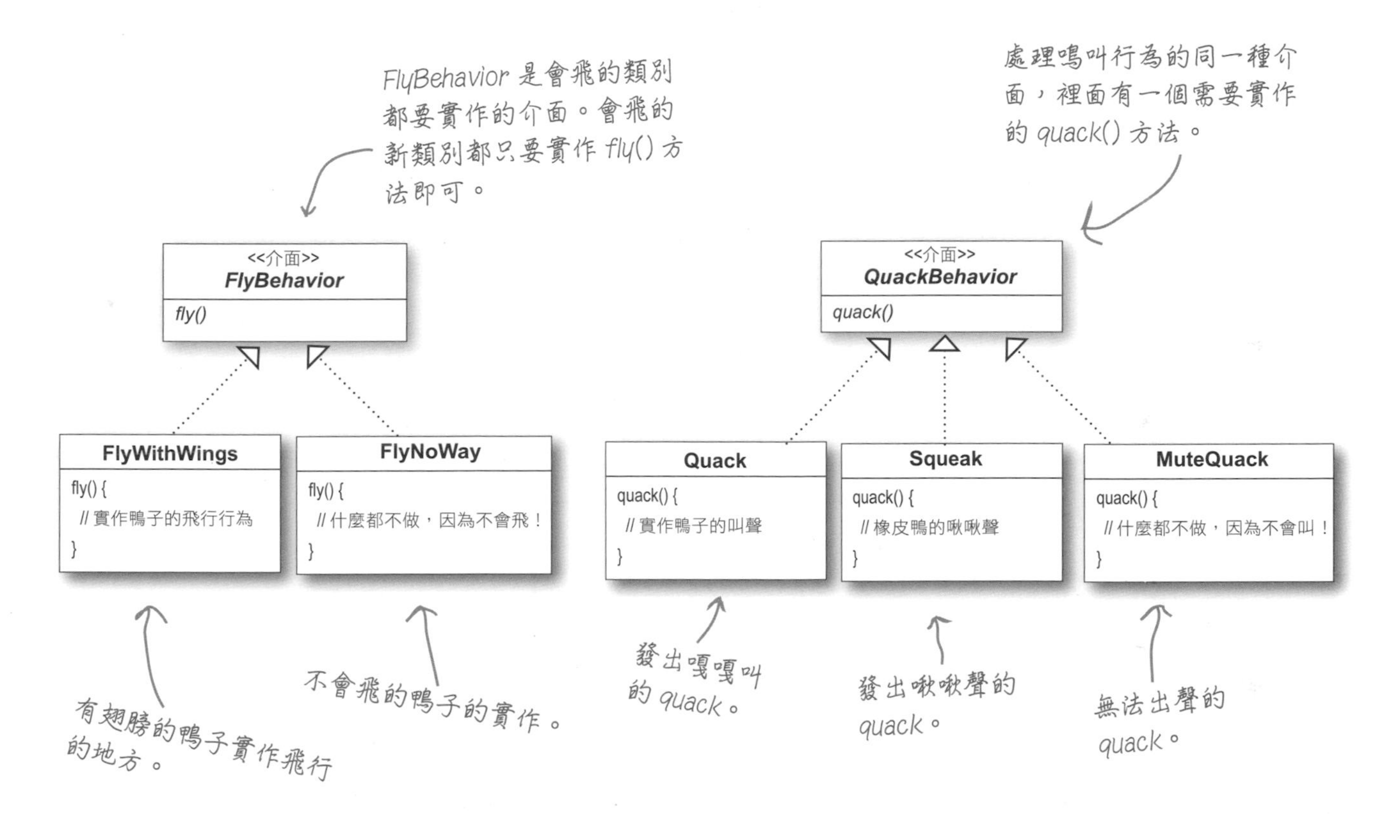

使用這種設計可讓其他的物件型態重複使用飛行和鳴叫行為，因為這些行為沒有被埋在 Duck 類別裡面了！

我們也可以加入新行為，而且不需要修改既有的行為類別，或修改使用飛行行為的 Duck 類別。

如此一來，我們不僅獲得重複使用的好處，也免除繼承帶來的所有負擔。

問：我一定要先寫好應用程式，看看哪些地方會改變，再回過頭來隔離並封裝會變的地方嗎？

答：不一定，在設計應用程式時，通常你可以預料哪些部分會改變，並提前加入處理它的彈性機制。你將發現，設計原則和模式可以在開發週期的任何階段運用。

問：我們是不是也要把 Duck 做成介面？

答：在這個例子不需要。把所有部分組合起來之後，你會看到，不把 Duck 做成介面，並且讓具體的鴨子（例如 MallardDuck）繼承共同的屬性和方法是有好處的。我們已經把 Duck 的繼承機制之中會變的部分移開，並且獲得這個結構帶來的好處了，所以不需將 Duck 設計成介面。

問：只有一個行為的類別有點奇怪，類別不是用來表示某一種「東西」的嗎？它應該擁有狀態與行為，不是嗎？

答：在物件導向系統中，你說得對，類別通常代表兼具狀態（實例變數）與方法的東西，在這個例子裡，那個東西碰巧是一種行為。但是，行為同樣有狀態與方法，飛行行為可能用實例變數來代表飛行行為的屬性（每分鐘揮動幾下翅膀、最大飛行高度、速度…等）。

1. 如何使用新設計，在 SimUDuck app 裡面加入火箭動力的飛行行為？

2. 除了鴨子之外，你能不能想到其他使用 Quack 行為的類別？

答案：

1) 建立 FlyRocketPowered 類別，讓它實作 FlyBehavior 介面。

2) 例如鴨鳴器（一種可以發出鴨叫聲的器具）。

整合 Duck 的行為

重點整理：現在 Duck 將它的飛行和鳴叫的行為委託（*delegate*）出去，而不是在 Duck 類別（或子類別）裡面定義鳴叫或飛行的方法。

做法是：

❶ **加入型態為 FlyBehavior 與 QuackBehavior 的實例變數**—我們稱之為 flyBehavior 與 quackBehavior。在執行期，每個具體的鴨子物件都會將特定的行為指派給那些變數。

我們也將 Duck 類別的（和它的任何子類別的）fly() 與 quack() 方法移除，因為這些行為已經被搬到 FlyBehavior 與 QuackBehavior 類別裡面了。

我們把 Duck 類別裡面的 fly() 與 quack() 換成類似的方法，稱為 performFly() 與 performQuack()，接下來你會看到它們是如何運作的。

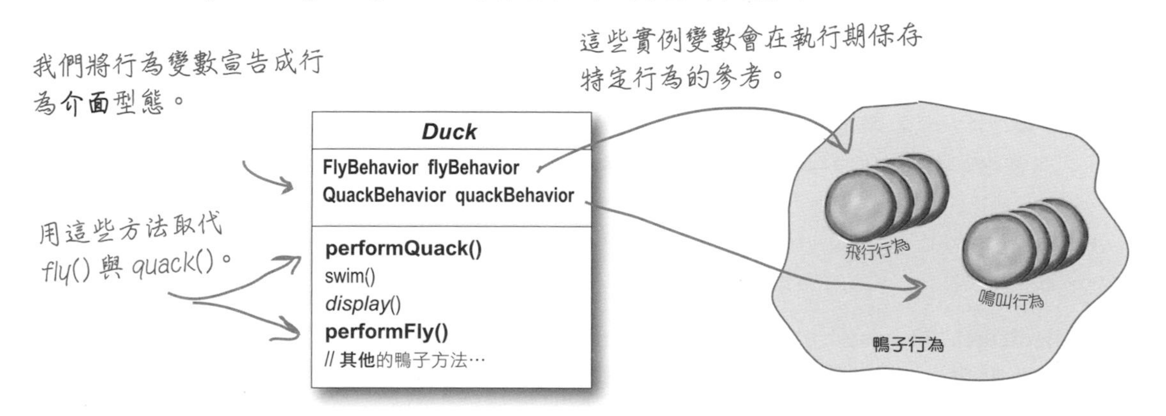

❷ **實作 performQuack()：**

```
public abstract class Duck {
    QuackBehavior quackBehavior;
    // 其他程式碼

    public void performQuack() {
      quackBehavior.quack();
    }
}
```

每一個 Duck 都保存一個參考，指向實作了 QuackBehavior 介面的東西。

Duck 物件不是自己鳴叫，而是將這個行為委託給 quackBehavior 所參考的物件。

很簡單吧？當 Duck 需要鳴叫時，只要請 quackBehavior 參考的物件幫它鳴叫就即可。在這部分的程式裡，我們不在乎具體 Duck 是哪一種物件，**只在乎它知道怎麼 *quack()* ！**

更多的整合…

❸ OK，是時候關心**如何設定** flyBehavior 與 quackBehavior 實例變數了。看一下 MallardDuck 類別：

```
public class MallardDuck extends Duck {

    public MallardDuck() {
        quackBehavior = new Quack();
        flyBehavior = new FlyWithWings();
    }

    public void display() {
        System.out.println("I'm a real Mallard duck");
    }
}
```

MallardDuck 使用 Quack 類別來處理它的叫聲，所以當你呼叫 performQuack() 時，鳴叫的工作會被委託給 Quack 物件，讓你得到真實的叫聲。

別忘了，MallardDuck 的 quackBehavior 與 flyBehavior 實例變數是從 Duck 類別繼承來的。

它也將 FlyWithWings 當成 FlyBehavior 型態。

MallardDuck 的 quack 是貨真價實的鴨子**嘎嘎聲**（**quack**），不是**啾啾聲**（**squeak**），也不是**默不出聲**（**mute quack**）。MallardDuck 被實例化時，它的建構式會將 quackBehavior 實例變數設成 Quack 型態的新實例，Quack 是 QuackBehavior 的具體實作類別。

鴨子的飛行行為也一樣—MallardDuck 的建構式會將繼承來的 flyBehavior 實例變數設成 FlyWithWings 型態的實例，FlyWithWings 是 FlyBehavior 的具體實作類別。

等一下，你不是說，我們**不應該**針對實作寫程式嗎？但是你在那個建構式裡面做什麼？你製作了一個 Quack 具體實作類別的新實例！

好眼力，我們的確這樣做…但是這只是暫時的。

在本書稍後，我們的工具箱還有其他的模式可以修正它。

不過，請注意，雖然我們的確把行為設成具體類別（實例化一個行為類別，例如 Quack 與 FlyWithWings，並將它指派給行為參考變數），但我們可以在執行期輕鬆地改變它。

所以，目前的做法仍然有很大的彈性，只不過是用不靈活的方式將實例變數初始化罷了。話說回來，因為 quackBehavior 實例變數是介面型態，所以我們可以在執行期運用神奇的多型，動態地指派各種不同的 QuackBehavior 實作類別。

花一點時間想一下如何寫出可以在執行期改變行為的鴨子（幾頁之後，你就會看到做這件事的程式了）。

測試 Duck 程式碼

1. 輸入下面的 Duck 類別（Duck.java）還有兩頁之後的 MallardDuck 類別（MallardDuck.java），並編譯它們。

```
public abstract class Duck {

    FlyBehavior flyBehavior;
    QuackBehavior quackBehavior;
    public Duck() { }

    public abstract void display();

    public void performFly() {
        flyBehavior.fly();
    }

    public void performQuack() {
        quackBehavior.quack();
    }

    public void swim() {
        System.out.println("All ducks float, even decoys!");
    }
}
```

宣告兩個行為介面型態的參考變數。在同一個程式包裡面的鴨子子類別都會繼承它們。

委託給行為類別。

2. 輸入 FlyBehavior 介面（FlyBehavior.java）與兩個行為實作類別（FlyWithWings.java 與 FlyNoWay.java），並編譯它們。

```
public interface FlyBehavior {
    public void fly();
}
```

讓所有飛行行為類別實作的介面。

```
public class FlyWithWings implements FlyBehavior {
    public void fly() {
        System.out.println("I'm flying!!");
    }
}
```

飛行行為的實作，這是讓**會**飛的鴨子使用的…

```
public class FlyNoWay implements FlyBehavior {
    public void fly() {
        System.out.println("I can't fly");
    }
}
```

飛行行為的實作，這是讓**不會**飛的鴨子使用的（例如橡皮鴨與誘餌鴨）。

測試 Duck 的程式碼，續…

3. 輸入 QuackBehavior 介面（QuackBehavior.java）與三個行為實作類別（Quack.java、MuteQuack.java 與 Squeak.java），並編譯它們。

```
public interface QuackBehavior {
   public void quack();
}
```

```
public class Quack implements QuackBehavior {
   public void quack() {
      System.out.println("Quack");
   }
}
```

```
public class MuteQuack implements QuackBehavior {
   public void quack() {
       System.out.println("<< Silence >>");
   }
}
```

```
public class Squeak implements QuackBehavior {
   public void quack() {
       System.out.println("Squeak");
   }
}
```

4. 輸入測試類別（MiniDuckSimulator.java）並編譯它。

```
public class MiniDuckSimulator {
   public static void main(String[] args) {
      Duck mallard = new MallardDuck();
      mallard.performQuack();
      mallard.performFly();
   }
}
```

它會呼叫 *MallardDuck* 繼承來的 *performQuack()* 方法，那個方法會將工作委託給物件的 *QuackBehavior*（呼叫鴨子繼承來的 *quackBehavior* 所參考的 *quack()*）。

我們也讓 *MallardDuck* 繼承來的 *performFly()* 方法做同樣的事情。

5. 執行程式！

```
File  Edit  Window  Help  Yadayadayada
%java MiniDuckSimulator
Quack
I'm flying!!
```

動態地設定行為

為鴨子設計這些動態機制卻不使用它真的很可惜！假設我們想用 Duck 類別的 set 方法來設定鴨子的行為，而不是在鴨子的建構式裡面將它實例化。

1 在 Duck 類別裡面加入兩個新方法：

```
public void setFlyBehavior(FlyBehavior fb) {
    flyBehavior = fb;
}

public void setQuackBehavior(QuackBehavior qb) {
    quackBehavior = qb;
}
```

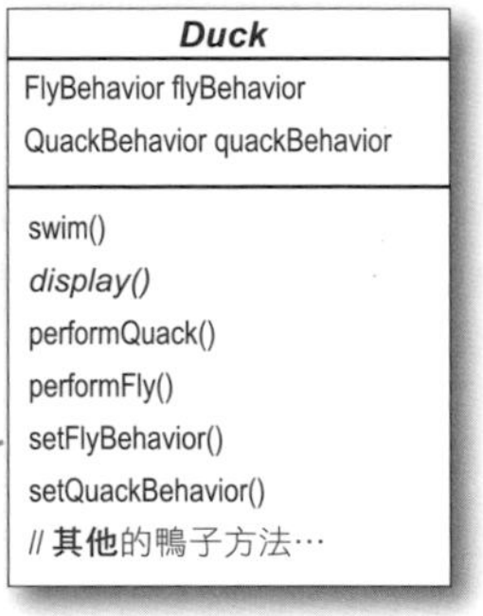

Duck
FlyBehavior flyBehavior QuackBehavior quackBehavior
swim() *display()* performQuack() performFly() setFlyBehavior() setQuackBehavior() // **其他**的鴨子方法…

接下來，我們就可以隨時呼叫這些方法，動態（on the fly）地改變鴨子的行為了。

編注：這是多此一舉的雙關語，改一下

2 製作新的 Duck 型態（ModelDuck.java）。

```
public class ModelDuck extends Duck {
    public ModelDuck() {
       flyBehavior = new FlyNoWay();
       quackBehavior = new Quack();
    }

    public void display() {
       System.out.println("I'm a model duck");
    }
}
```

我們的模型鴨在一開始是陸棲的…它不會飛。

3 製作新的 FlyBehavior 型態（FlyRocketPowered.java）。

沒關係的，我們建立以火箭驅動的飛行行為。

```
public class FlyRocketPowered implements FlyBehavior {
    public void fly() {
       System.out.println("I'm flying with a rocket!");
    }
}
```

❹ 修改測試類別（MiniDuckSimulator.java），加入 ModelDuck，並且幫 ModelDuck 裝上火箭。

```
public class MiniDuckSimulator {
    public static void main(String[] args) {
        Duck mallard = new MallardDuck();
        mallard.performQuack();
        mallard.performFly();

        Duck model = new ModelDuck();

        model.performFly();

        model.setFlyBehavior(new FlyRocketPowered());

        model.performFly();

    }
}
```

之前

第一次呼叫 performFly() 時，我們將工作委託給在 ModelDuck 建構式裡設定的 flyBehavior 物件，它是個 FlyNoWay 實例。

這會呼叫 model 繼承來的行為 setter（設定方法），然後…哇！model 突然可以用火箭來飛行了！

之後

成功的話，模型鴨可以動態地改變飛行行為！將實作放在 Duck 類別裡面的話，就不能這樣做了。

❺ 執行程式！

```
File Edit Window Help Yabbadabbadoo
%java MiniDuckSimulator
Quack
I'm flying!!
I can't fly
I'm flying with a rocket!
```

要在執行期改變鴨子的行為，你只要呼叫鴨子的行為的 setter 即可。

綜觀封裝行為

深入研究鴨子模擬器的設計之後，我們該探出水面，呼吸一下新鮮空氣了，我們來看看整體的設計。

下面是重新設計後的類別結構，裡面有你可以預期的所有東西：鴨子們繼承了 Duck，飛行行為實作了 FlyBehavior，鳴叫行為實作了 QuackBehavior。

請注意，我們用稍微不同的方式來描述這個設計。現在我們不是將鴨子的行為當成一組行為了，而是將它們當成一個演算法家族。試想，在 SimUDuck 設計裡面，演算法代表鴨子會做的事情（各種叫聲或飛行的方式），但是，我們也可以讓其他的類別組合使用同樣的技術，輕鬆地為每一州實作不同的州營業稅計算法。

特別注意類別之間的關係。拿一隻筆，在類別圖裡面的每一個箭頭上面寫下適當的關係（IS-A（是…）、HAS-A（有…）以及 IMPLEMENTS（實作…））。

你一定要做這件事。

用戶端使用封裝起來的演算法家族來實作飛行和叫聲。

用戶端

Duck
FlyBehavior flyBehavior
QuackBehavior quackBehavior
swim()
display()
performQuack()
performFly()
setFlyBehavior()
setQuackBehavior()
// 其他的鴨子方法⋯..

MallardDuck
display() {
// 長得像綠頭鴨 }

RedheadDuck
display() {
// 長得像美洲潛鴨 }

RubberDuck
display() {
// 長得像橡皮鴨 }

DecoyDuck
display() {
// 長得像誘餌鴨 }

封裝起來的飛行行為

<<介面>>
FlyBehavior
fly()

FlyWithWings
fly() {
// 實作鴨子的飛行行為
}

FlyNoWay
fly() {
// 什麼都不做，因為不會飛！
}

你可以把每一組行為視為一個演算法家族。

封裝起來的鳴叫行為

<<介面>>
QuackBehavior
quack()

Quack
quack() {
// 實作鴨子的叫聲
}

Squeak
quack() {
// 橡皮鴨的啾啾聲
}

MuteQuack
quack() {
// 什麼都不做，因為不會叫！
}

這些~~行為~~「演算法」是可以調換的。

HAS-A 有時比 IS-A 還要好

HAS-A 是一種有趣的關係：每隻鴨子都有 FlyBehavior 與 QuackBehavior，鴨子會將飛行和鳴叫委託給它們。

像這樣把兩個類別結合起來就是**組合（composition）**。鴨子的行為不是繼承來的，而是透過和行為物件組合起來獲得的。

這是很重要的技術，事實上，它是第三條規則的基礎：

設計原則

多用組合，少用繼承。

如你所見，用組合建立的系統有很大的彈性，它不僅可以將一系列的演算法封裝成各自的類別，也可以讓你**在執行期改變行為**，只要你所組合的物件實作了正確的行為介面即可。

很多設計模式都利用組合，你將在本書看到組合的許多優缺點。

鴨鳴器是獵人用來模仿鴨鳴（嘎嘎聲）的器具。如何不繼承 Duck 類別，寫出你自己的鴨鳴器？

大師和門徒…

大師：徒兒，你在物件導向之道學到什麼。

門徒：師父，我學到物件導向之道承諾「重複使用」。

大師：繼續說下去…

門徒：師父 ，繼承可以讓我們重複使用任何一種好用的東西，進而大幅減少開發時間，就像我們在竹林裡利落地砍竹子一般。

大師：徒兒，你認為完成開發**之前**，還是完成開發**之後**，花在程式碼上面的時間比較多？

門徒：完成開發**之後**。維護和修改軟體花掉的時間一定比最初的開發還要多。

大師：既然如此，我們是不是應該把精力放在「重複使用」**上面**，而不是讓程式更容易維護和擴展？

門徒：師父，我認為正是如此。

大師：看來你還有很多東西要學，希望你再好好研究繼承，如你所見，繼承有它自己的問題，我們還可以用其他的辦法做到重複使用。

說到設計模式…

恭喜你完成第一個
模式了！

你剛才已經運用第一種設計模式了，它是**策略（STRATEGY）**模式。沒錯，你已經用策略模式來改寫 SimUDuck app 了。多虧這個模式，模擬器可以好整以暇地承接公司高層將來在茂宜島會議中討論出來的決策了。

我們花了不少篇幅介紹這個模式，下面是這個模式的正式定義：

> **策略模式**可以定義和封裝一系列的演算法，並且讓它們是可替換的。這個模式可以讓你在不影響用戶端的情況下獨立改變演算法。

如果你想要讓朋友留下深刻的印象，或是影響重要的主管，你可以朗讀**這一段**定義。

設計謎題

下面隨機擺放了一個動作冒險遊戲的類別和介面，你可以在裡面看到遊戲角色的類別，以及那些角色可以使用的武器行為類別。每一位角色一次只能使用一種武器，但是可以在遊戲的過程中隨時更換武器。你的工作是把它們整理好…

（答案在本章的結尾）

你的工作是：

1. 排好類別。
2. 找出一個抽象類別，一個介面，以及八個類別。
3. 畫出類別之間的箭頭。
   a. 用這種箭頭來代表繼承（「extend」）。
   b. 用這種箭頭來代表介面（「implement」）。
   c. 用這種箭頭來代表 HAS-A。
4. 把 setWeapon() 方法放入正確的類別。

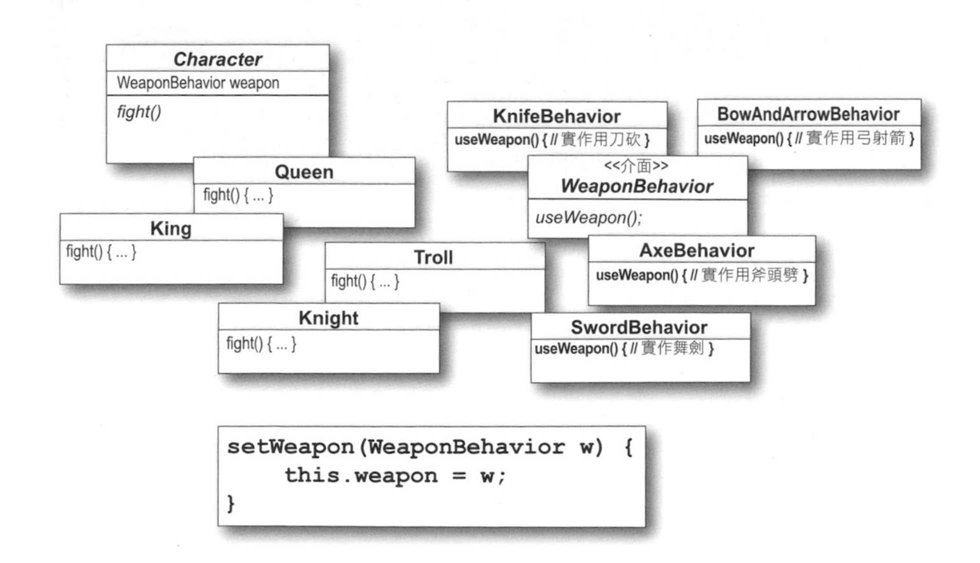

我們在附近的美式餐廳聽到…

這兩個人點的東西有什麼不同？毫無差別！它們是同一份菜單，只是 Alice 用兩倍的單字，考驗不耐煩的快餐店廚師的耐心。

什麼東西是 Flo 有，但 Alice 沒有的？答案是 Flo 和廚師的**共同術語**，那些術語不但可以讓 Flo 更容易和廚師溝通，也可以讓廚師少記一些東西，因為他已經知道所有的點餐模式了。

設計模式就是你和其他開發者的共同術語。知道術語可以方便你和其他的開發者交流，以及鼓勵不了解模式的人開始學習它們。設計模式也可以讓你**在模式的高度上**思考架構，而非僅僅停留在瑣碎的物件層面上。

我們在辦公室無意中聽到…

我設計出這個廣播類別，它可以知道監聽它的物件，每次有新的資料出現時，它就會通知每一個監聽者。最酷的是，監聽者可以隨時加入這個廣播系統，甚至可以隨時退出。這種設計非常動態，而且是鬆耦合的！

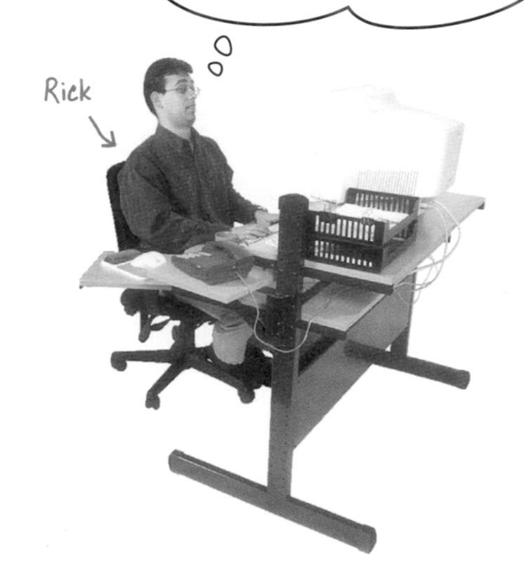

動動腦

除了物件導向設計和點餐之外，你可以想到其他的共同術語嗎（提示：想一下修車師傅、木工、大廚、航空管理員）？用術語來溝通的品質如何？

你能不能想到物件導向設計有哪些層面可以用模式名稱來溝通？「策略模式」是不是傳神的溝通方式？

Rick，其實你只要說，你正在使用**觀察者模式**就可以了。

對厚，用模式來溝通可以讓其他的開發者清楚地知道你說的是哪一種設計。但是也不要沒有分寸，變成「模式病」…如果你連 Hello World 這種簡單的程式都可以扯上模式，那就代表你中毒太深了…

共同的模式術語的威力

用模式來溝通不僅僅是使用共同的術語而已。

共同的模式術語非常厲害。當你用模式和其他的開發者或開發團隊溝通時，你們交流的不僅僅是模式名稱，也包含那個模式所代表的品質、特性和限制。

「我們使用策略模式來實作各種鴨子行為。」這句話的意思是，鴨子的行為已經被封裝成它們自己的類別，而且那些類別可以輕鬆地擴展和修改，在必要時，甚至可以在執行期這麼做。

模式可以讓你用更精簡的語言，做更充分的溝通。當你用模式來對談時，其他的開發者可以快速且準確地知道你心目中的設計是什麼。

在模式層面上溝通，可以讓你們待在「設計層面上」久一點。用模式來討論軟體系統可以讓你們的對談停留在設計層面上，而不是陷入瑣碎的物件和類別實作細節。

回想一下，在多少次設計會議中，你曾經在無意間開始談論瑣碎的實作細節？

共同的術語可以讓開發團隊快速成長。精通設計模式的團隊可以敏捷地採取行動，而且不容易誤解彼此。

當你的團隊開始利用模式來分享設計想法和經驗時，你就建立一個愛用模式的社群了。

共同的術語可以幫助菜鳥快速成長。菜鳥會向老鳥看齊。如果老鳥使用設計模式，菜鳥就有學習它們的動力。把你的組織打造成愛用模式的社群吧！

考慮在你的組織裡面成立一個模式學習會，說不定在學習的過程中，你就開始得到回報了…

我該怎麼使用設計模式？

我們都用過現成的程式庫和框架，我們會先取得它們，針對它們的 API 寫一些程式，將它們編譯到我們的程式裡，受惠於別人寫好的程式。想想 Java API 與它們提供的所有功能：網路、GUI、IO …等。程式庫與框架長久以來都朝著開發模型的方向前進，讓我們可以從中選擇元件，立刻將它們插入使用，但是…它們無法協助我們架構應用程式，讓應用程式更容易理解、更容易維護，以及更有彈性。這就是設計模式的用途。

設計模式不是拿來直接放入程式的，而是要先放入你的**大腦**。先在大腦裡放入設計模式的知識之後，你就可以在新設計裡面運用它們，也可以在舊程式劣化成僵化的大泥團時重新編寫它。

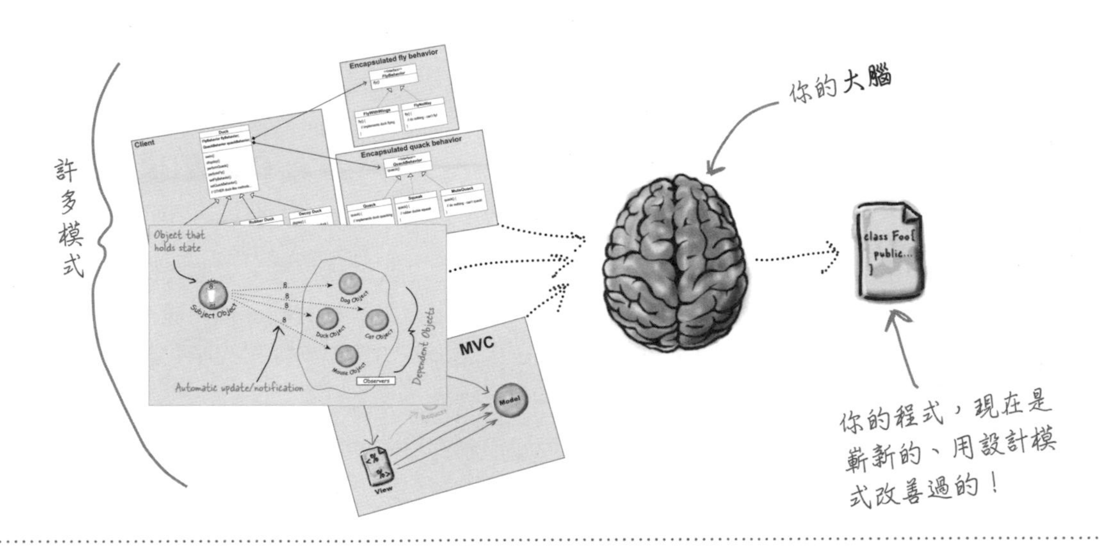

沒有蠢問題

問：既然設計模式那麼好，為什麼沒有人把它們做成程式庫，為我們節省那些工作？

答：設計模式的層次比程式庫還要高。設計模式告訴我們：「如何建構類別和物件來解決某些問題」，我們必須自己調整那些設計，讓它符合我們的應用程式。

問：程式庫和框架不是設計模式嗎？

答：框架與程式庫不是設計模式，它們提供特定的實作，來讓我們可以放入程式碼。但是，有時程式庫和框架也會在它們的實作裡面使用設計模式。這是好事，因為了解設計模式可以讓你更容易了解用設計模式來建構的 API。

問：所以你的意思是，世界上沒有「設計模式程式庫」這種東西囉？

答：沒有，但是等一下你會看到模式目錄，裡面有可以在應用程式裡面使用的模式清單。

懷疑的開發者

仁慈的模式大師

開發者：嗯…但是這些模式豈非只是好的物件導向設計嗎？我的意思是，只要我願意遵守封裝原則，並且知道抽象、繼承與多型，我還要考慮設計模式嗎？使用設計原則不是更直接嗎？難道我不是為了那些原則才去參加那些物件導向課程的？我認為，不了解物件導向設計的人，才需要設計模式。

大師：很多人都這樣子誤解物件導向開發：只要知道物件導向的基本知識，自然就會製作靈活、可重複使用、容易維護的系統了。

開發者：不是這樣嗎？

大師：還真的不是！具備那些屬性的物件導向系統不一定那麼容易建構，事實上，唯有透過努力實踐才能成功設計出來。

開發者：我好像懂了…有人將這些有時看不太出來的物件導向系統建構法收集起來…

大師：…沒錯，整理成所謂的「設計模式」。

開發者：所以，知道這些模式可以讓我跳過辛苦的過程，直接做出必然可行的設計？

大師：在一定程度上可以這麼說，但切記，設計是一門藝術，在過程中必然有捨有得。但是，當你採用這些經過深思熟慮，而且經歷時間考驗的設計模式時，你就已經贏在起跑點了。

開發者：萬一我找不到模式呢？

光是知道抽象、繼承與多型等概念無法讓你成為優秀的物件導向設計者。設計大師關心的是如何做出靈活的設計，使它容易維護，而且可以應付變動。切記，切記！

大師：模式的背後都有一些物件導向原則，知道它們可以幫助你在無法找到適當的模式時解決問題。

開發者：原則？你是指除了抽象、封裝，和…

大師：對，要建立容易維護的系統，祕訣就是考慮它們將來會如何改變，那些原則可以解決這些問題。

設計工具箱裡面的工具

你即將完成第 1 章了！現在你已經在物件導向工具箱裡面放入一些工具，在進入第 2 章之前，我們先將它們一一列出。

OO 基本概念

抽象

封裝

多型

繼承

我們假設你已經知道抽象、封裝、多型與繼承等物件導向基本概念了，如果你幾乎忘記它們了，請先找出你最喜歡的物件導向書籍，好好複習，然後重新讀一遍第一章。

物件導向原則

把會變的東西封裝起來。

多用組合，少用繼承。

針對介面撰寫程式，而不是針對實作。

我們會在後續的內容中更詳細地討論這些原則，也會在這個清單加入一些其他原則。

物件導向模式

策略模式：定義一系列的演算法，將每一個演算法都封裝起來，並且讓它們是可對調的。這個模式可以讓你在不影響用戶端的情況下獨立改變演算法。

在你閱讀這本書的過程中，好好想一下各種模式是如何運用這些物件導向基本概念和原則的。

我們完成一個模式了，接下來還有很多模式！

重點提示

- 知道物件導向的基本概念不會讓你變成優秀的物件導向設計者。
- 好的物件導向設計是可重複使用的、可擴展的、容易維護的。
- 模式可以告訴你如何做出優質的物件導向設計。
- 模式是行之有效的物件導向設計經驗。
- 模式不提供程式碼，而是提供通用的解決方案，幫你處理設計問題。你要在你的應用程式中運用它們。
- 模式不是被發明出來的，而是被發現的。
- 大部分的模式與原則都是為了處理軟體的變動。
- 大部分的模式都可以讓系統的某個部分獨立於其他部分進行改變。
- 我們通常會將系統中會變的部分封裝起來。
- 模式提供共同的語言，可以讓開發者之間的溝通產生最大的價值。

設計模式填字遊戲

動動你的右腦。

這是標準的填字遊戲，所有的單字都可以在這一章找到。

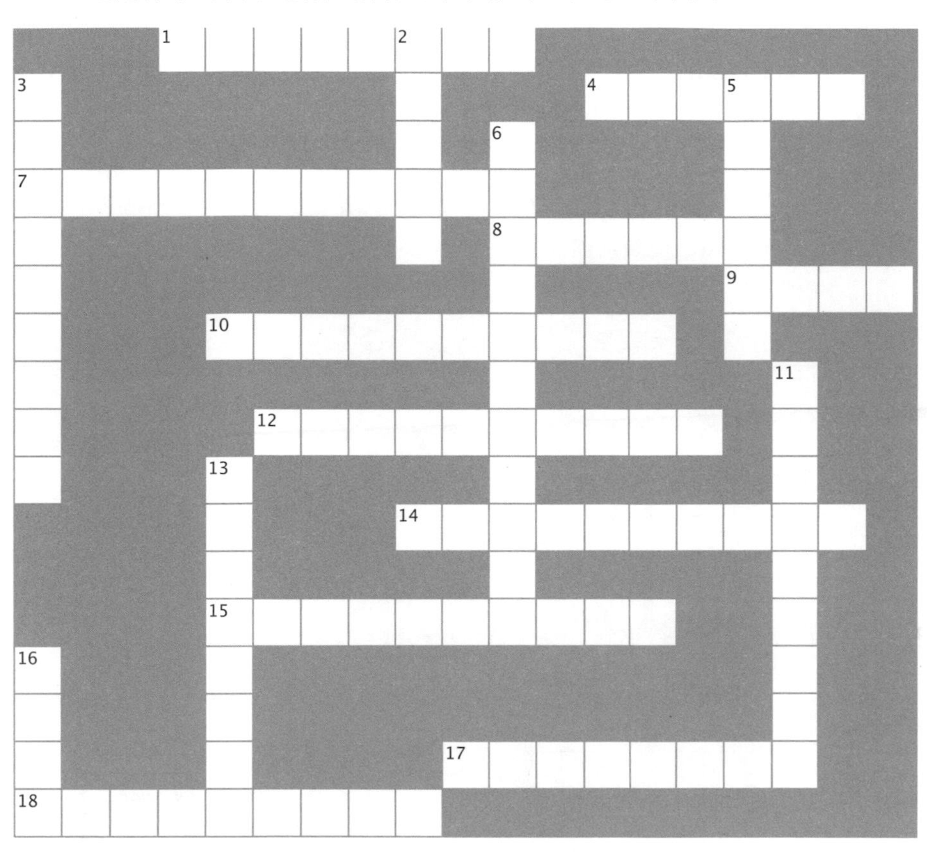

橫向

1. 模式可以幫助我們建構 ________ 應用程式。
4. 你可以將策略 __________。
7. 多用 __________，少用繼承。
8. 在開發時，不變的是 __________。
9. Java 的 IO、網路連接、聲音。
10. 大部分的模式都遵守物件導向 _________。
12. 設計模式是共同的 __________。
14. 高階程式庫。
15. 從別人的 ___________ 中學習。
17. 我們用什麼模式來修正模擬器？
18. 針對它寫程式，而不是針對實作。

縱向

2. 把模式放入你的 _______。
3. 不會叫的鴨子。
5. 橡皮鴨是怎麼叫的？
6. 把會變的 ________ 起來。
11. 火烤起司培根三明治的術語是什麼？
13. Rick 想使用這種模式。
16. 公司高層在哪裡展示鴨子？

設計謎題解答

Character 是所有其他角色（King、Queen、Knight 與 Troll）的抽象類別，而 WeaponBehavior 是讓所有武器行為實作的介面。所以，所有實際的角色與武器都是具體類別。

為了更換武器，每一位角色都要呼叫 setWeapon() 方法，它是在 Character 超類別裡面定義的。在戰鬥時，角色會設定目前要使用的武器，並呼叫 useWeapon() 方法，讓另一個角色受傷。

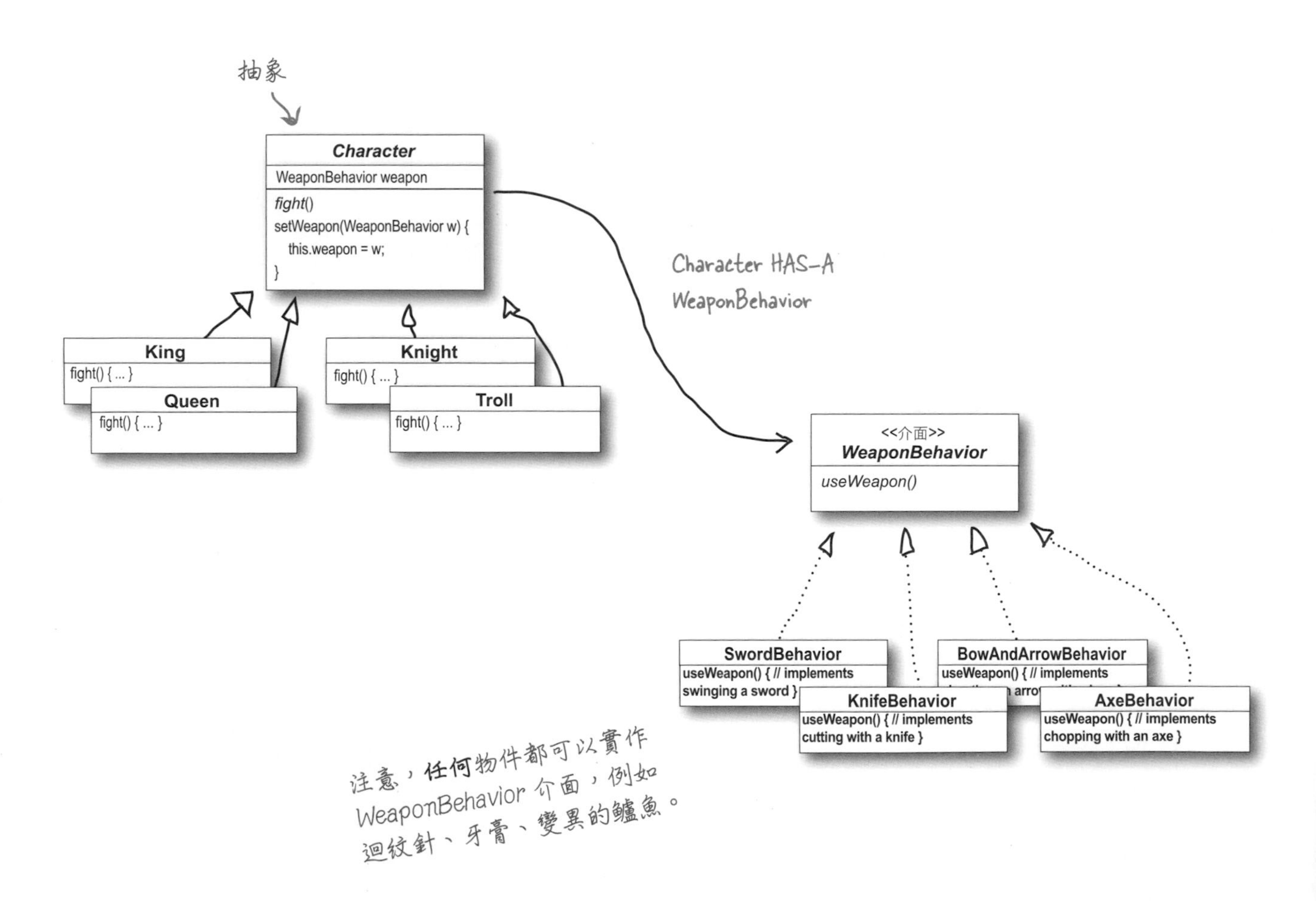

使用繼承來提供 Duck 的行為有哪些缺點？（多選題）這是我們的答案。

- ☑ A. 在子類別裡面有重複的程式碼。
- ☑ B. 在執行期很難改變行為。
- ☐ C. 無法讓鴨子跳舞。
- ☑ D. 很難知道所有鴨子行為。
- ☐ E. 無法讓鴨子一邊飛，一邊鳴叫。
- ☑ F. 修改一個地方可能會不小心影響其他的鴨子。

削尖你的鉛筆 解答

讓應用程式改變的因素有哪些？這是我們的答案，不過，你的答案可能會與我們的不同。有沒有覺得似曾相識？

我們的顧客或用户要求別的東西，或是想要新功能。

公司決定採用另一種資料庫產品，並且向另一家供應商購買資料，但是那些資料使用不同的格式，唉！

技術不一樣了，我們必須更新程式來使用新的協定。

我們已經學會足夠的系統建構知識了，想要回去把它做得更好。

設計模式填字遊戲解答

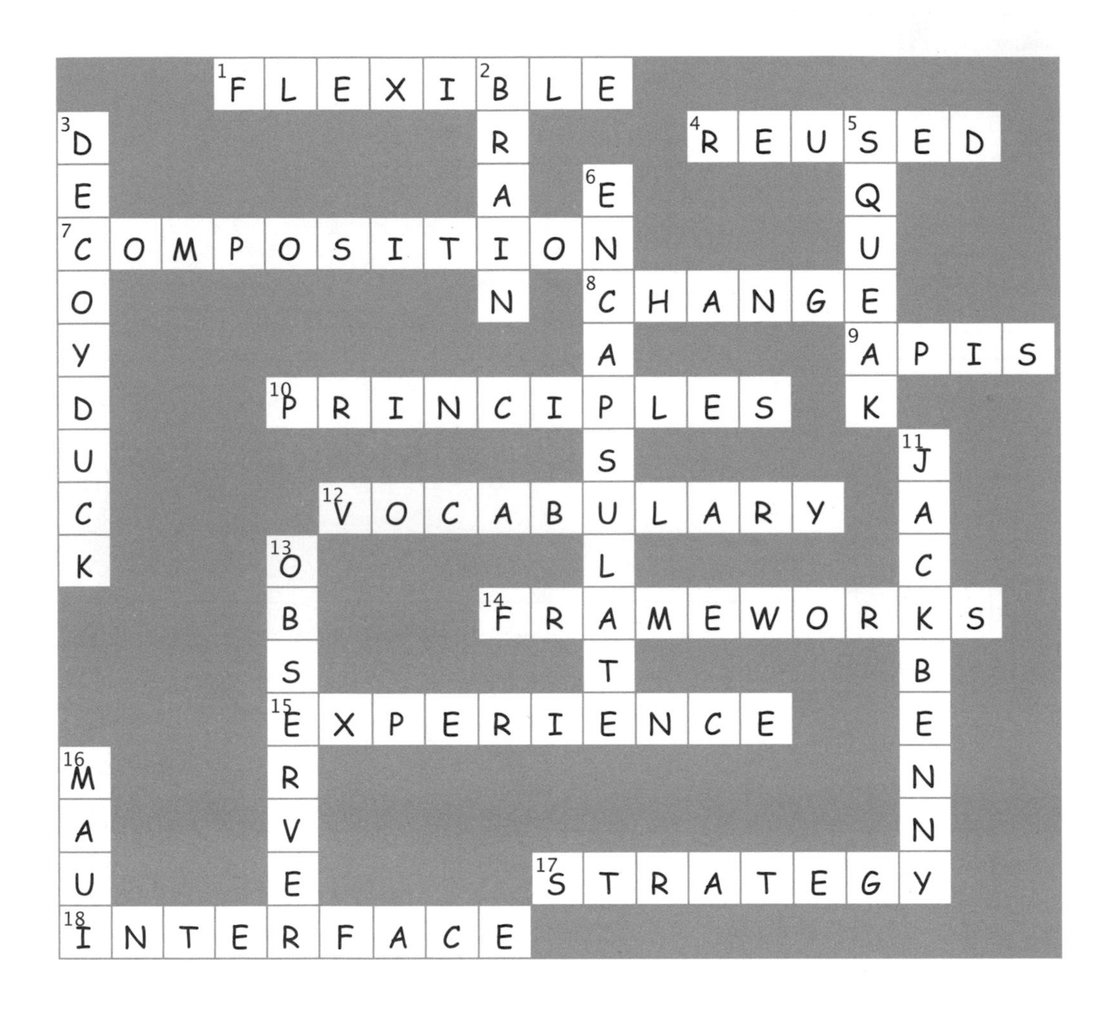
1 FLEXIBLE
2 BRAIN
3 DECOYDUCK
4 REUSED
5 SQUEAK
6 ENCAPSULATE
7 COMPOSITION
8 CHANGE
9 APIS
10 PRINCIPLES
11 JACKBENNY
12 VOCABULARY
13 OBSERVE
14 FRAMEWORKS
15 EXPERIENCE
16 MAU
17 STRATEGY
18 INTERFACE

2 觀察者模式

讓你的物件掌握現況

你不想要錯過有趣的事情，不是嗎？有一種模式可以幫助物件掌握現況，在它們感興趣的事情發生時立刻知道：觀察者模式。這種模式是最常見也很好用的設計模式之一。你將了解觀察者模式的各種有趣層面，例如一對多關係，以及鬆耦合。知道這些概念之後，你怎麼捨得不和模式長相廝守呢？

恭喜你！

你的團隊剛剛簽下一張合約，將為 Weather-O-Rama 公司建構下一代的網際網路氣象觀測站。

Weather-O-Rama, Inc.
100 Main Street
Tornado Alley, OK 45021

工作合約

恭喜貴公司獲選，將為敝公司建構下一代的網路氣象觀測站！

這個氣象觀測站必須使用目前正在申請專利的 WeatherData 物件來建構，這個物件可以追蹤目前的天氣狀況（氣溫、濕度、氣壓）。我們希望貴公司建立的應用程式可以顯示三個訊息：目前的天氣狀況、氣象統計數據，以及簡單的天氣預測，這些訊息都必須在 WeatherData 物件測量到最新的數據時即時更新。

另外，這是可擴展的氣象站，Weather-O-Rama 希望其他的開發者也可以撰寫自己的氣象畫面，並將畫面插入這個應用程式，我們希望那些新的畫面可以輕鬆地插入。

Weather-O-Rama 有很棒的商業模式，一旦顧客習慣使用這個程式，我們就會讓他們付費使用每一個畫面。告訴你一個好消息，我們會支付你股票選擇權。

期待看到你的設計，以及 alpha 版本。

真摯的

Johnny Hurricane

Johnny Hurricane, CEO

P.S. 附件是 WeatherData 原始碼檔案！

氣象監測應用程式概要

我們來看一下這個氣象監測應用程式，包括 Weather-O-Rama 給我們的，以及我們要建構或擴展的。這個系統有三大組件：氣象站（取得實際氣象資料的實體設備）、WeatherData 物件（記錄氣象站送過來的資料，並更新畫面），以及顯示目前天氣狀況的畫面：

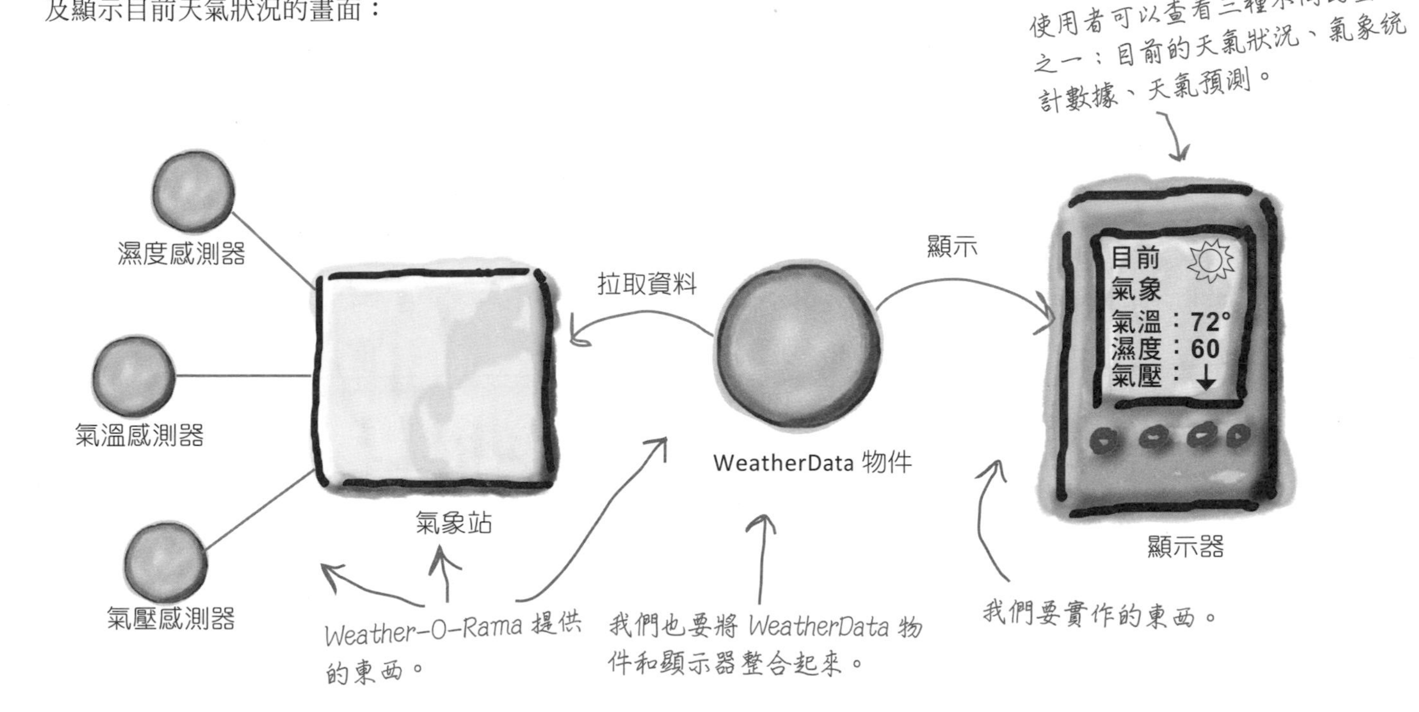

WeatherData 物件是 Weather-O-Rama 寫好的，它知道如何與實體氣象站溝通，來取得最新的氣象資料。我們要修改 WeatherData 物件，讓它知道如何更新畫面。希望 Weather-O-Rama 的原始碼會提示我們該怎麼做這件事。切記，我們負責實作三種不同的顯示元素：目前的天氣狀況（顯示氣溫、濕度、氣壓）、氣象統計數據，以及簡單的天氣預測。

所以，如果我們接受這項工作，我們就要建立一個 app，讓它使用 WeatherData 物件來更新目前的狀況、氣象統計數據，以及天氣預測的畫面。

看一下 WeatherData 類別

我們來看看 CEO Johnny Hurricane 寄過來的原始碼附件。先從 WeatherData 類別看起：

這是我們的 WeatherData 類別。

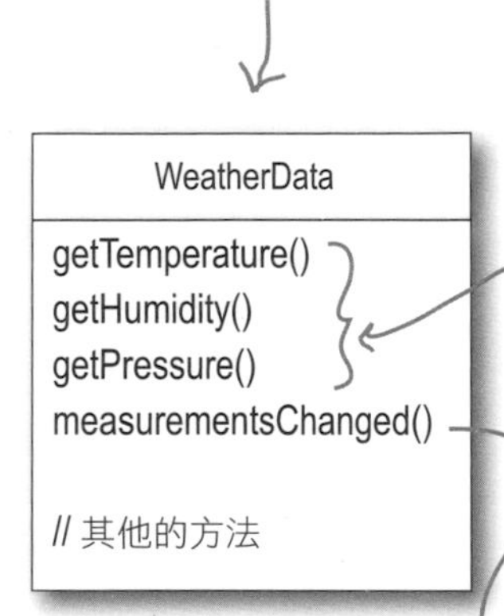

這三個方法會回傳最近的氣象測量數據，分別是氣溫、濕度，以及氣壓。

我們目前不在乎它是**怎麼**取得這些資料的，我們只知道 WeatherData 物件可以從氣象站取得最新的資訊。

注意，一旦 WeatherData 取得最新的值，measurementsChanged() 方法就會被呼叫。

```
/*
 * 當氣象測量數據
 * 更新時，這個方法
 * 就會被呼叫
 *
 */
public void measurementsChanged() {
    // 把你的程式寫在這裡
}
```

WeatherData.java

我們看一下 measurementsChanged() 方法，同樣地，每次 WeatherData 取得新的氣溫、濕度、氣壓值的時候，它就會被呼叫。

Weather-O-Rama 用註解來告訴我們要在這裡加入程式碼。也許這裡就是更新畫面的地方（當我們實作畫面之後）

我們即將實作的畫面。

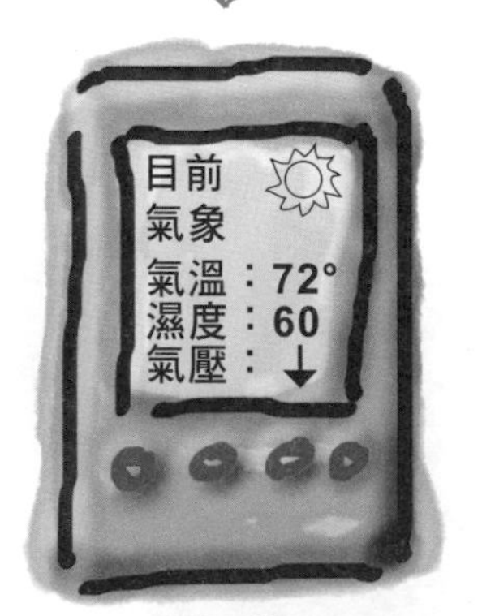

顯示器

所以，我們的工作是修改 measurementsChanged() 方法，讓它更新目前的天氣狀況、氣象統計數據、天氣預測等三個顯示畫面。

我們的目標

據我們所知，我們要實作一個畫面，每當 WeatherData 取得新值時，就更新那個畫面，也就是每次 measurementsChanged() 方法被呼叫時。但是該怎麼做？我們來釐清一下目標：

- 我們知道，WeatherData 類別有 getter 方法可以取得三種測量值：氣溫、濕度與氣壓。
- 我們知道，每次有新的氣象測量資料時，measurementsChanged() 方法就會被呼叫（我們不知道也不在乎這個方法是怎麼被呼叫的，只知道它會被呼叫）。
- 我們要使用氣象資料來製作三種顯示元素：**目前的天氣狀況畫面、統計數據畫面，以及天氣預測畫面**。當 WeatherData 有新的測量數據時，這些畫面就必須更新。
- 為了更新畫面，我們要在 measurementsChanged() 方法加入程式碼。

畫面一

畫面二

畫面三

延伸目標

不過，我們也要未雨綢繆一還記得在軟體開發裡，不變的是什麼嗎？是改變。我們猜，一旦氣象站取得成功，畫面將不只三個，那麼，何不幫額外的畫面製作市集呢？所以，我們可以這樣做：

- 擴展性一其他的開發者可能想要製作自訂的新畫面。何不讓用戶在應用程式中加入（或移除）任何數量的顯示元素呢？雖然我們已經知道最初的**三種**顯示類型了（目前的天氣狀況、統計數據，以及天氣預測），但是我們預計將來會有一個充滿活力的新畫面市集。

未來的畫面

我們先來看一個錯誤的氣象站寫法

這是第一種寫法－正如我們討論過的，我們在 WeatherData 類別的 measurementsChanged() 方法裡面加入程式碼：

```
public class WeatherData {

    // 宣告實例變數

    public void measurementsChanged() {

        float temp = getTemperature();
        float humidity = getHumidity();
        float pressure = getPressure();

        currentConditionsDisplay.update(temp, humidity, pressure);
        statisticsDisplay.update(temp, humidity, pressure);
        forecastDisplay.update(temp, humidity, pressure);
    }

    // 其他的 WeatherData 方法
}
```

這是 measurementsChanged() 方法。

這是我們加入的程式碼…

我們先呼叫 WeatherData 的 getter 方法來抓取最新的測量數據，將每一個值指派給適當命名的變數。

然後更新每一個畫面…

…做法是呼叫它的 update 方法，並將最新的測量數據傳給它。

削尖你的鉛筆

在第一版程式中，下面哪些說法成立？（多選題）

- ❑ A. 我們是針對具體實作寫程式，而不是針對介面。
- ❑ B. 每出現一個新畫面，我們就要修改這段程式碼。
- ❑ C. 我們無法在執行期加入（或移除）顯示元素。
- ❑ D. 顯示元素沒有實作共同的介面。
- ❑ E. 我們沒有把會變的部分封裝起來。
- ❑ F. 我們侵犯了 WeatherData 類別的封裝。

我們的寫法到底錯在哪裡？

回想第 1 章的概念和原則，我們違反了其中的哪些？沒有違反哪些？特別想一下修改程式造成的影響。我們來一邊檢查程式碼，一邊思考：

```
public void measurementsChanged() {

    float temp = getTemperature();
    float humidity = getHumidity();
    float pressure = getPressure();

    currentConditionsDisplay.update(temp, humidity, pressure);
    statisticsDisplay.update(temp, humidity, pressure);
    forecastDisplay.update(temp, humidity, pressure);
}
```

我們再看一次…

看起來它們是會改變的地方，我們要封裝它們。

至少我們使用共同的介面來與顯示元素溝通…它們都有 update() 方法，而且該方法接收 temp、humidity 與 pressure 值。

寫成具體實作之後，我們就無法在不修改程式的情況下，加入或移除其他的顯示元素了。

如果我們想要在執行期加入或移除畫面呢？這看起來是寫死的。

雖然我是新來的，但是既然這一章介紹的是觀察者模式，我們要不要開始使用它了？

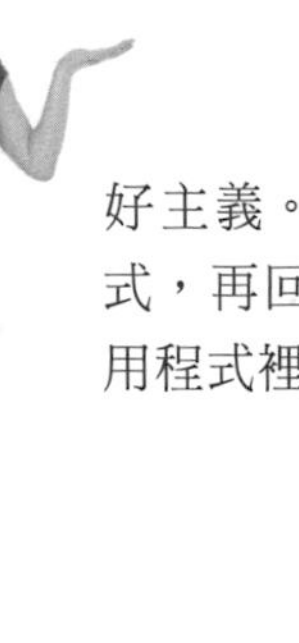

好主義。我們先來看一下觀察者模式，再回來想想如何在氣象監測應用程式裡面使用它。

認識觀察者模式

我們來看看報紙和雜誌是怎麼訂閱的：

❶ 有一家報社開始營業，並且開始出版報紙。

❷ 你向報社訂報，有新報紙出版時，它就會被送到你府上。只要你持續訂閱，你就會一直收到新報紙。

❸ 當你不想看報紙並退訂之後，他們就不會送新報紙了。

❹ 只要報社繼續營業，民眾、旅館、航空公司和其他公司都會向他們訂報或退訂。

發布者 + 訂閱者 = 觀察者模式

了解訂報流程之後，你就知道觀察者模式是怎麼回事了，只不過，我們將發布者稱為**對象**（***SUBJECT***），將訂閱者稱為**觀察者**（***OBSERVER***）。

讓我們仔細研究這個模式：

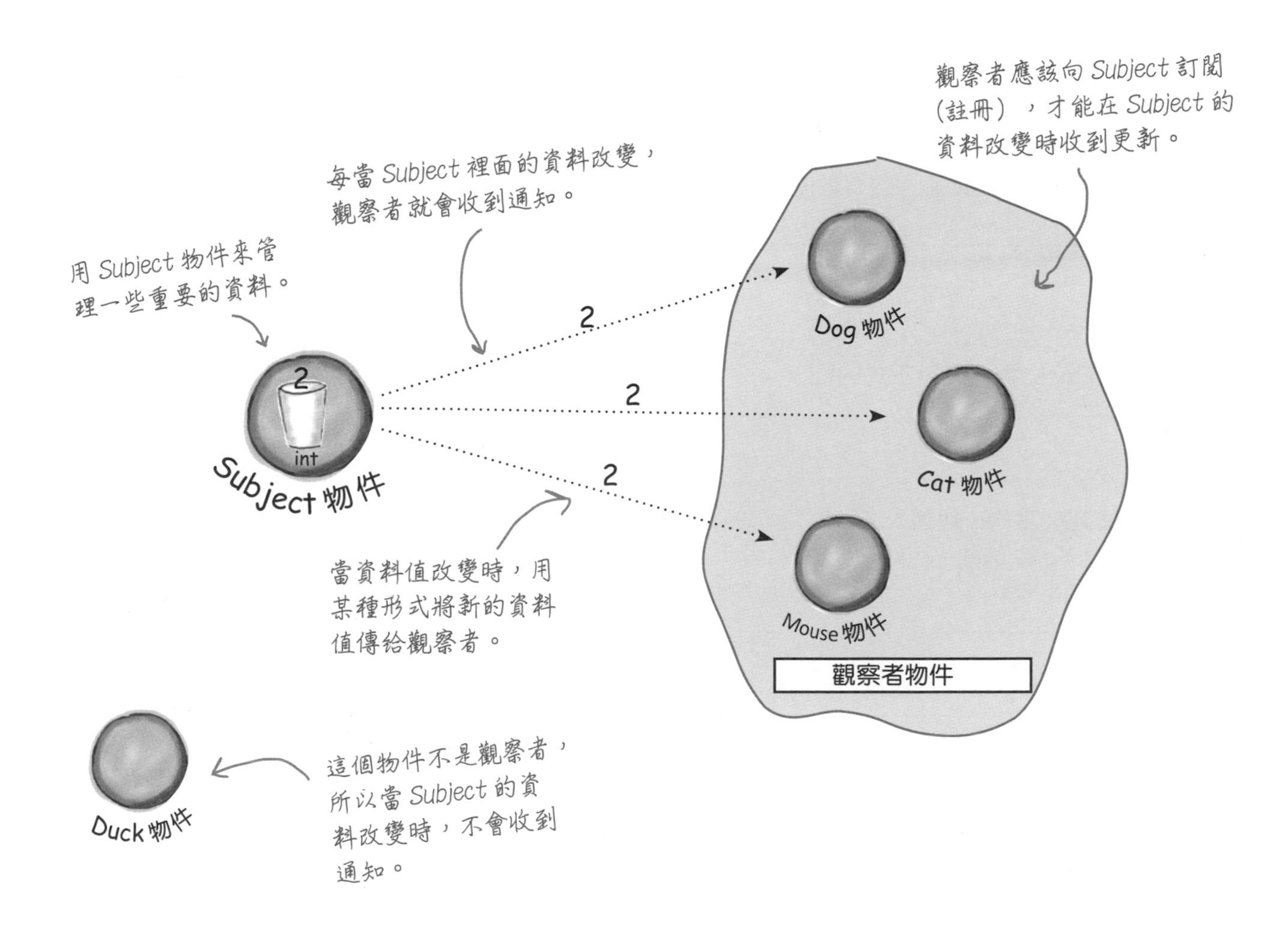

譯注：因為「對象」在中文的內容中容易造成混淆，所以在本書中，觀察者模式裡面的 Subject 一律使用原文 Subject，Observer 則使用中文「觀察者」。

觀察者模式的一天

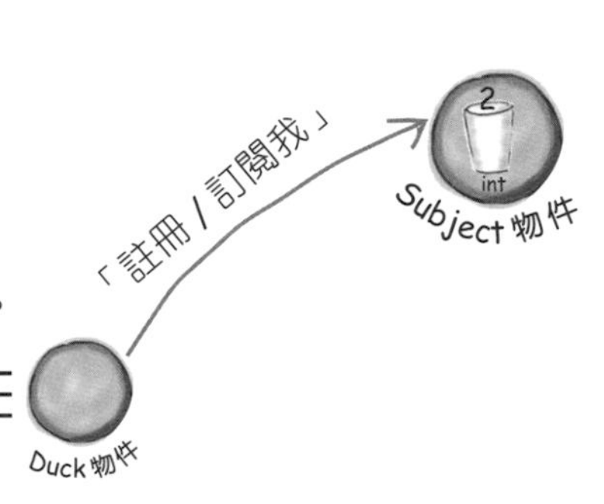

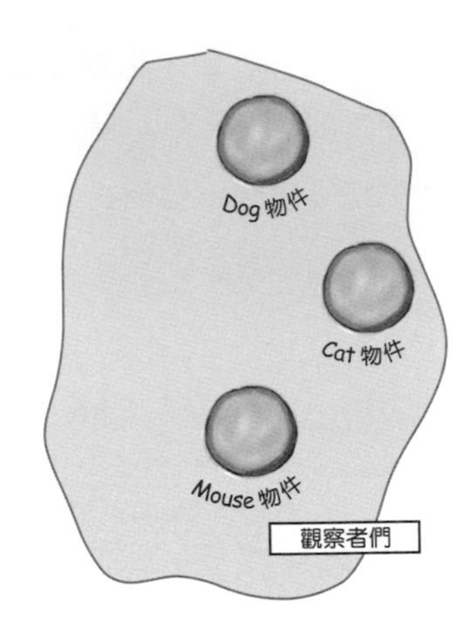

有一個 Duck 物件跑過來，告訴 Subject，它想要成為觀察者。

Duck 渴望加入：Subject 在狀態改變時送出來的 int 似乎很有趣…

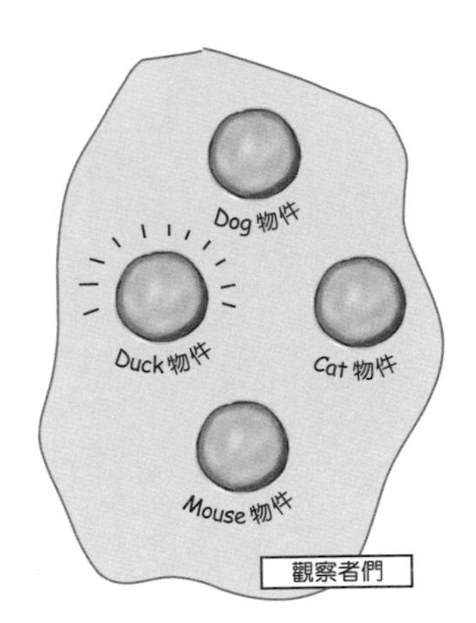

現在 Duck 物件成為正式的觀察者了。

Duck 超興奮的…他加入了，期待收到下一個通知，屆時它就可以得到 int 了。

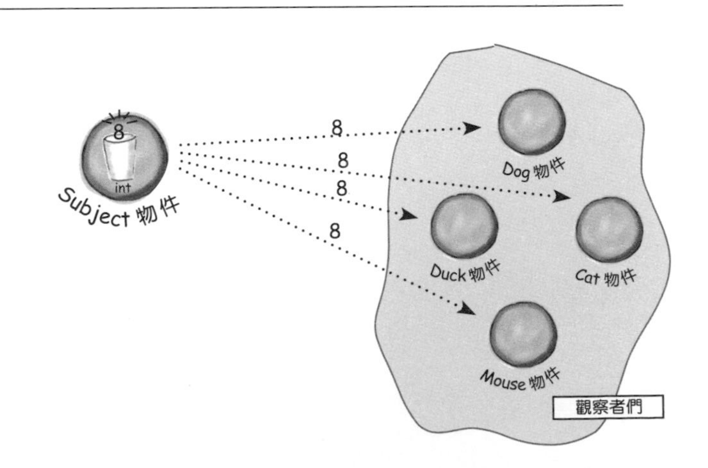

Subject 得到新的資料值了！

現在 Duck 與其他的觀察者都收到 Subject 已經改變的通知。

Mouse 要求退出觀察者。

收到 int 一段時間之後，Mouse 物件膩了，不想做觀察者了。

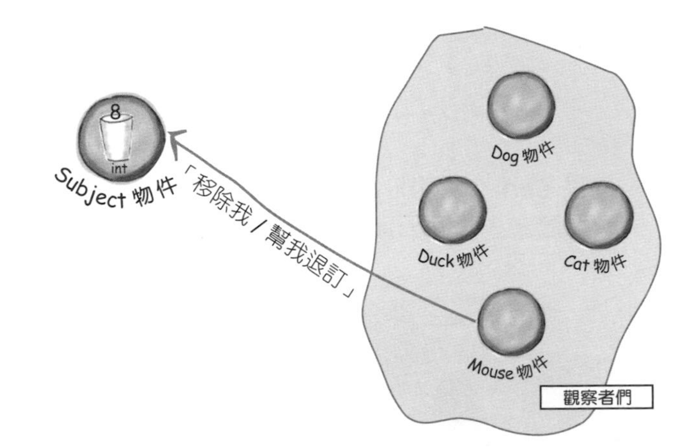

Mouse 離開了！

Subject 接受 Mouse 的請求，並將它移出觀察者小組。

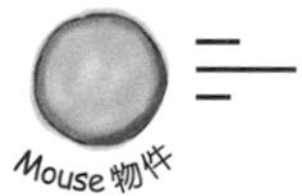

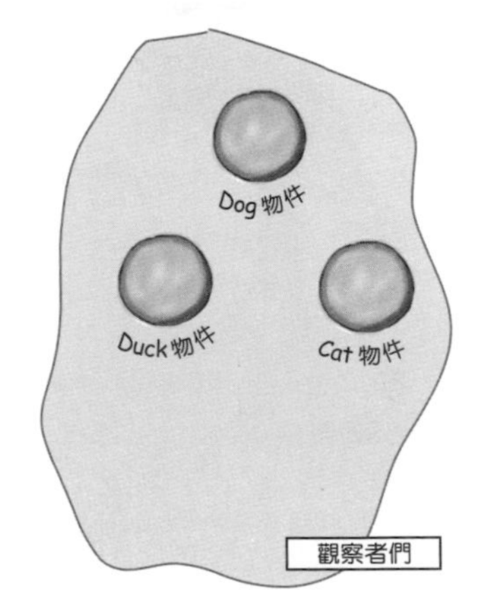

Subject 有另一個新的 int。

除了退出的 Mouse 之外，所有的觀察者都會收到另一個通知。噓！不要告訴別人。但是 Mouse 私下很想念這些 int…也許它會再次要求成為觀察者。

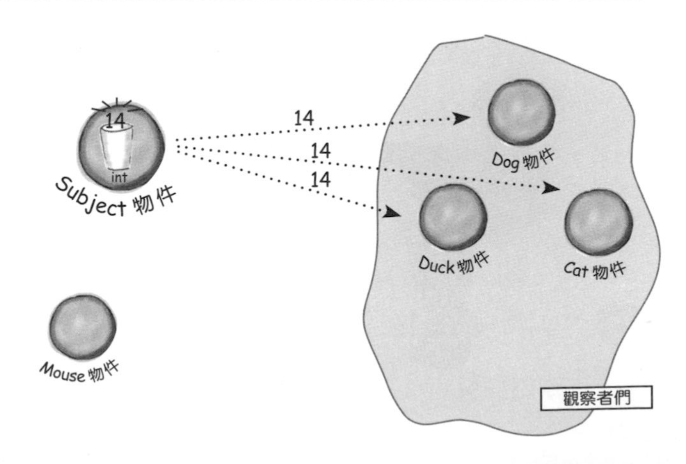

五分鐘短劇：被觀察的 Subject

在今天的短劇中，有兩位具有創業精神的軟體開發者遇到一位獵人頭的…

我是 Lori，我想找 Java 開發職缺。我有五年的經驗，而且…

1

軟體開發者 1 號

噢，好的，寶貝，我把你寫入我的 Java 開發者名單裡面了，不用打給我了，我會打給你的！

2

獵人頭的 / Subject

喂，我是 Jill，我寫過很多企業系統，我對任何 Java 開發工作都有興趣。

3

軟體開發者 2 號

我會把你加入名單，你會收到我的通知，和別人一樣。

4

Subject

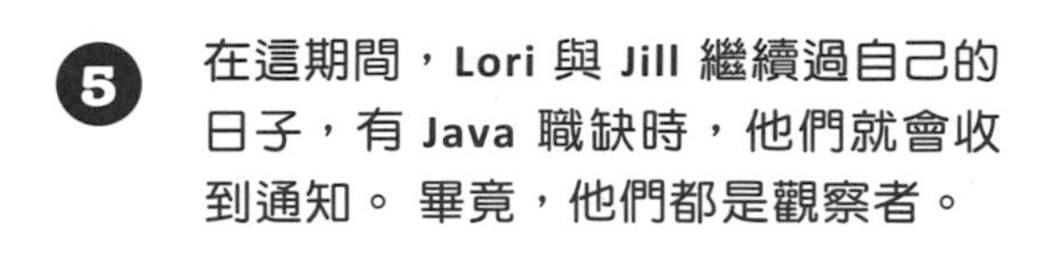

5 在這期間，Lori 與 Jill 繼續過自己的日子，有 Java 職缺時，他們就會收到通知。畢竟，他們都是觀察者。

6 Subject

7 觀察者

觀察者

Jill 自己找到工作了！

8 觀察者

9 Subject

兩週後…

Jill 熱愛她的現況，而且不是觀察者了。她也領到豐厚的簽約金，因為公司不需要支付介紹費給獵人頭的。

但是親愛的 Lori 過得怎樣？聽說，她用自己的方式，把獵人頭的打得落花流水，她不僅還是觀察者，現在也有自己的電話名單，也會通知她自己的觀察者。Lori 既是 Subject，也是觀察者。

觀察者模式的定義

訂閱報紙（包含發布者和訂閱者）很適合用來描述觀察者模式。

但是，在真實的世界中，觀察者模式通常是這樣定義的：

> **觀察者模式**定義物件之間的一對多依賴關係，當一個物件改變狀態時，依賴它的物件都會自動收到通知與更新。

觀察者模式定義一組物件之間的一對多關係。

我們用這個定義來回顧一下之前的例子：

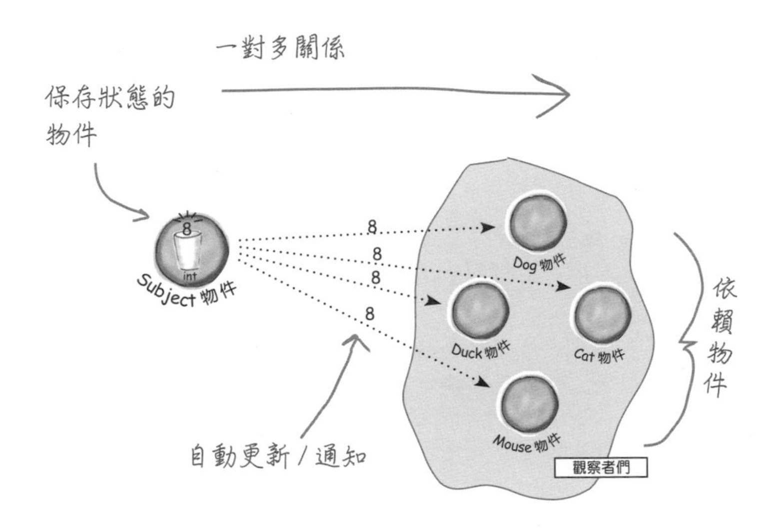

一旦其中一個物件的狀態改變了，它的所有依賴物件都會收到通知。

Subject 與觀察者定義了一對多關係。我們有一個 *Subject*，只要它裡面有東西改變了，它就會通知許多觀察者。觀察者都依賴 Subject，當 Subject 的狀態改變時，觀察者就會收到通知。

你以後會發現，觀察者模式有各種不同的實作方式，但是大多數都圍繞著包含 Subject（對象）以及 Observer（觀察者）介面的類別設計。

觀察者模式：類別圖

我們來看一下觀察者模式的結構，以及它的 Subject 和 Observer 類別。下面是它的類別圖：

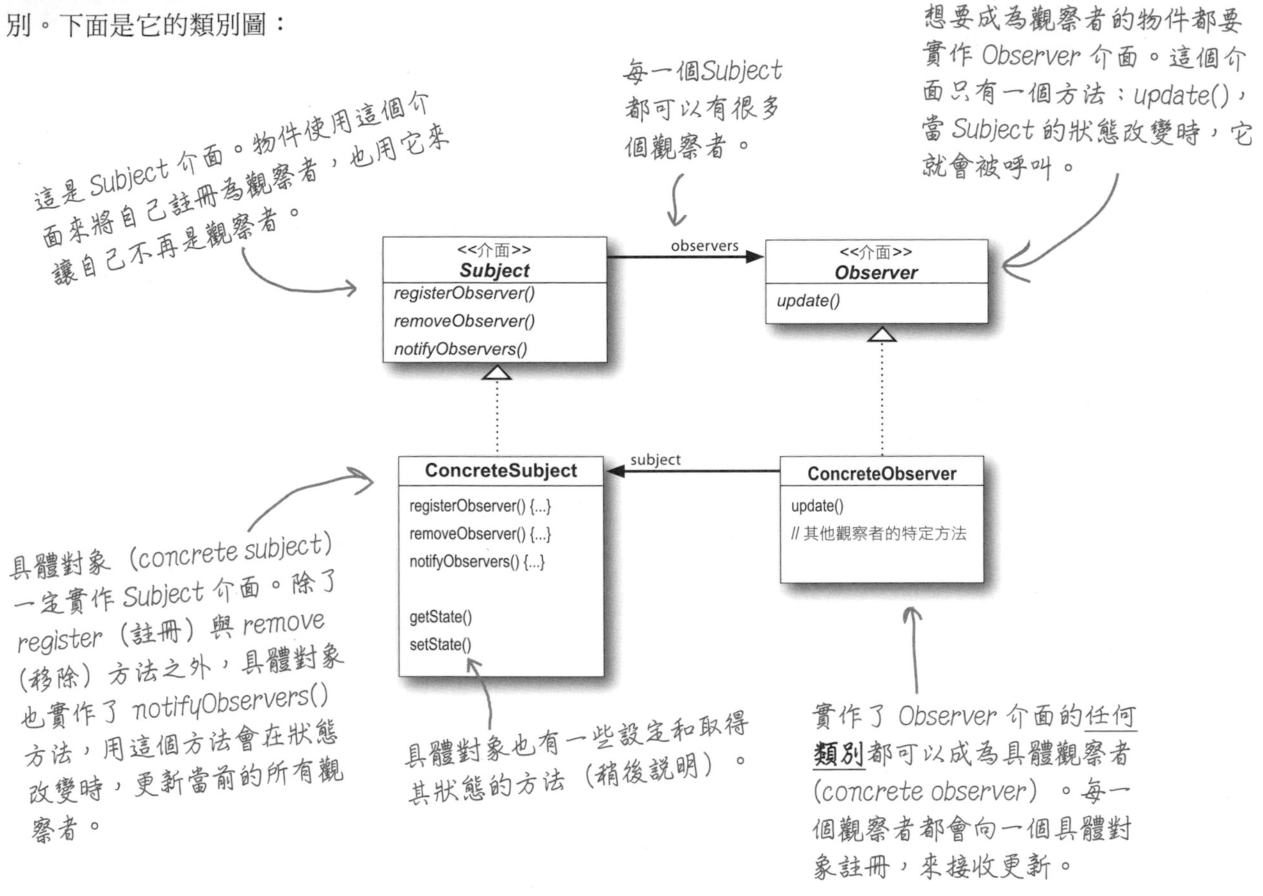

沒有蠢問題

問：這種模式與「一對多關係」到底有什麼關係？

答：在觀察者模式中，Subject（對象）是持有並控制狀態的物件。因此，擁有狀態的 Subject 有**一個**。另一方面，觀察者使用狀態，但它們不擁有狀態。觀察者有很多個，它們依賴 Subject 告訴它們狀態改變了。所以它們之間有**一個** Subject 與**多個**觀察者的關係。

問：它的依賴關係是怎麼產生的？

答：因為 Subject 是唯一擁有資料的物件，觀察者都依賴 Subject 在資料改變時更新它們。這種物件導向設計比使用許多物件來控制同一筆資料更簡潔。

問：我聽過 Publish-Subscribe（發布 / 訂閱）模式，它是觀察者模式的另一種說法嗎？

答：不是，但是它們是相關的。發布 / 訂閱模式是比較複雜的模式，它可以讓許多訂閱者表達對於各種訊息類型的興趣，並且進一步把發布者和訂閱者分開。它通常在中介軟體（middleware）系統裡面使用。

大師和門徒…

大師：我有教過鬆耦合嗎？

門徒：師父，好像沒有。

大師：編得很緊的籃子是僵硬的，還是有彈性的？

門徒：僵硬的，師父。

大師：僵硬的籃子和有彈性的籃子哪一種比較不容易破裂？

門徒：有彈性的籃子比較不容易破裂。

大師：如果在軟體裡，物件沒有被緊密地綁在一起，這種設計是不是比較不容易破裂？

門徒：師父，徒兒明白了，但是「物件沒有被緊密地綁在一起」是什麼意思？

大師：我們喜歡將它稱為鬆耦合（loosely coupled）。

門徒：啊！

大師：如果一個物件沒有過度依賴另一個物件，我們就說那個物件沒有和別的物件緊密地耦合。

門徒：所以鬆耦合的物件不能依賴其他的物件？

大師：自然界的生物都互相依賴，同樣地，任何物件都依賴其他物件，但是鬆耦合的物件不太知道（或不太在乎）其他物件的細節。

門徒：但是師父，聽起來，這不像優質的做法，「不知道」一定不會比「知道」好啊！

大師：雖然你很認真，但是你要學的還很多。當你不需要知道太多其他物件的事情時，你的設計就可以妥善地處理改變，這種設計更靈活，和不緊的籃子一樣。

門徒：徒兒相信師父是對的，能不能舉一個例子？

大師：今天就先說到這裡吧。

鬆耦合的威力

雖然兩個彼此間鬆耦合的物件可以互動，但是它們不太知道彼此的事情。我們很快就會看到，鬆耦合的設計通常可以提供很多彈性（稍後說明），事實上，觀察者模式是很棒的鬆耦合典範。我們來看看這個模式是怎麼實現鬆耦合的：

首先，Subject 只知道觀察者實作了某個介面（Observer 介面）。Subject 不需要知道觀察者的具體類別、它的功能是什麼，還有關於它的其他事情。

我們可以隨時加入新的觀察者。因為 Subject 需要的東西只有實作了 Observer 介面的物件的清單（list），所以我們可以隨時加入新的觀察者。事實上，我們可以在執行期將任何觀察者換成其他的觀察者，在此同時，Subject 仍然可以持續運作。我們也可以隨時移除觀察者。

如果我們要加入新的觀察者類型，我們完全不需要修改 Subject。假如我們想要讓一個新的具體類別成為觀察者，我們不需要為了加入新的類別型態而修改 Subject 的任何程式碼，只要在新類別裡實作 Observer 介面，並將它註冊為觀察者即可。Subject 不在乎觀察者的型態，它會將通知傳給實作了 Observer 介面的任何一個物件。

你可以在這裡找出幾種修改方式？

我們可以重複使用 Subject 或觀察者，又不會影響對方。如果我們想要以另一種用法來使用 Subject 或觀察者，我們也可以輕鬆地重複使用它們，因為它們兩者之間不是緊耦合的。

以任何方式修改 Subject 或觀察者都不會影響另一方。因為它們兩者是鬆耦合的，所以我們可以放心地修改任何一方，只要物件仍然善盡它們義務，實作 Subject 或 Observer 介面即可。

設計原則

努力為彼此互動的物件做出鬆耦合的設計。

看！又有一條新的設計原則了！

鬆耦合的設計可以讓我們做出靈活的、可以處理變動的物件導向系統，因為它可以將物件之間的相互依賴性降到最低。

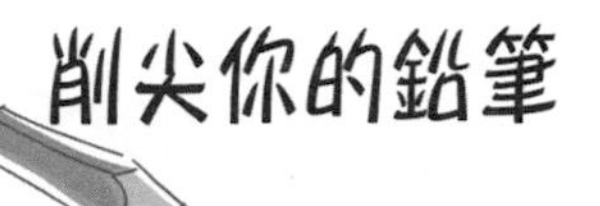

在繼續看下去之前，先試著畫出製作氣象站所需的類別，包括 WeatherData 類別，和它的顯示元素。務必用圖表來展示所有元件是如何搭配的，並且畫出其他的開發者如何實作自己的顯示元素。

如果你需要協助，可先閱讀下一頁，在那裡，同事們已經開始討論如何設計氣象站了。

在辦公室隔間裡的談話

回到氣象站專案，你的同事已經在思考這個問題了…

Mary：知道我們要使用觀察者模式很有幫助。

Sue：的確…但是怎麼使用它？

Mary：嗯…我們再看一次定義：

觀察者模式定義物件之間的一對多依賴關係，當一個物件改變狀態時，依賴它的物件都會自動收到通知與更新。

Mary：仔細想想，這其實很有道理，WeatherData 類別是「一」，「多」則是使用氣象測量數據的各種顯示元素。

Sue：沒錯。WeatherData 類別確實有狀態…也就是氣溫、濕度和氣壓，而且它們必然會改變。

Mary：對啊，而且當這些測量數據改變時，我們要通知所有的顯示元素，讓它們可以用那些數據來做該做的事情。

Sue：酷！我大概知道怎麼在氣象站裡面使用觀察者模式了。

Mary：但是，我可能還要想一些事情，因為我不確定是不是真的了解它了。

Sue：比如？

Mary：有一個問題是：怎麼把氣象測量數據傳給顯示元素？

Sue：你可以回去看一下觀察者模式的圖表，如果我們把 WeatherData 物件做成 Subject，把顯示元素做成觀察者，那麼，顯示元素就要向 WeatherData 物件註冊，以便取得它們想要的資訊，對不對？

Mary：嗯…一旦氣象站認識顯示元素之後，它就可以呼叫一個方法，來讓顯示元素知道測量數據了。

Sue：我們必須記得，顯示元素可能彼此不同…這就是為什麼要使用一個共同的介面，即使每一個元件都有不同的型態，但它們都要實作同一個介面，這樣 WeatherData 物件才知道如何將測量數據傳給它們。

Mary：明白，所以每一個畫面都要有一個 update() 之類的方法，來讓 WeatherData 呼叫。

Sue：而且那個 update() 必須在共同的、讓所有元素實作的介面裡面定義…

設計氣象站

你的圖表和這張圖表一樣嗎？

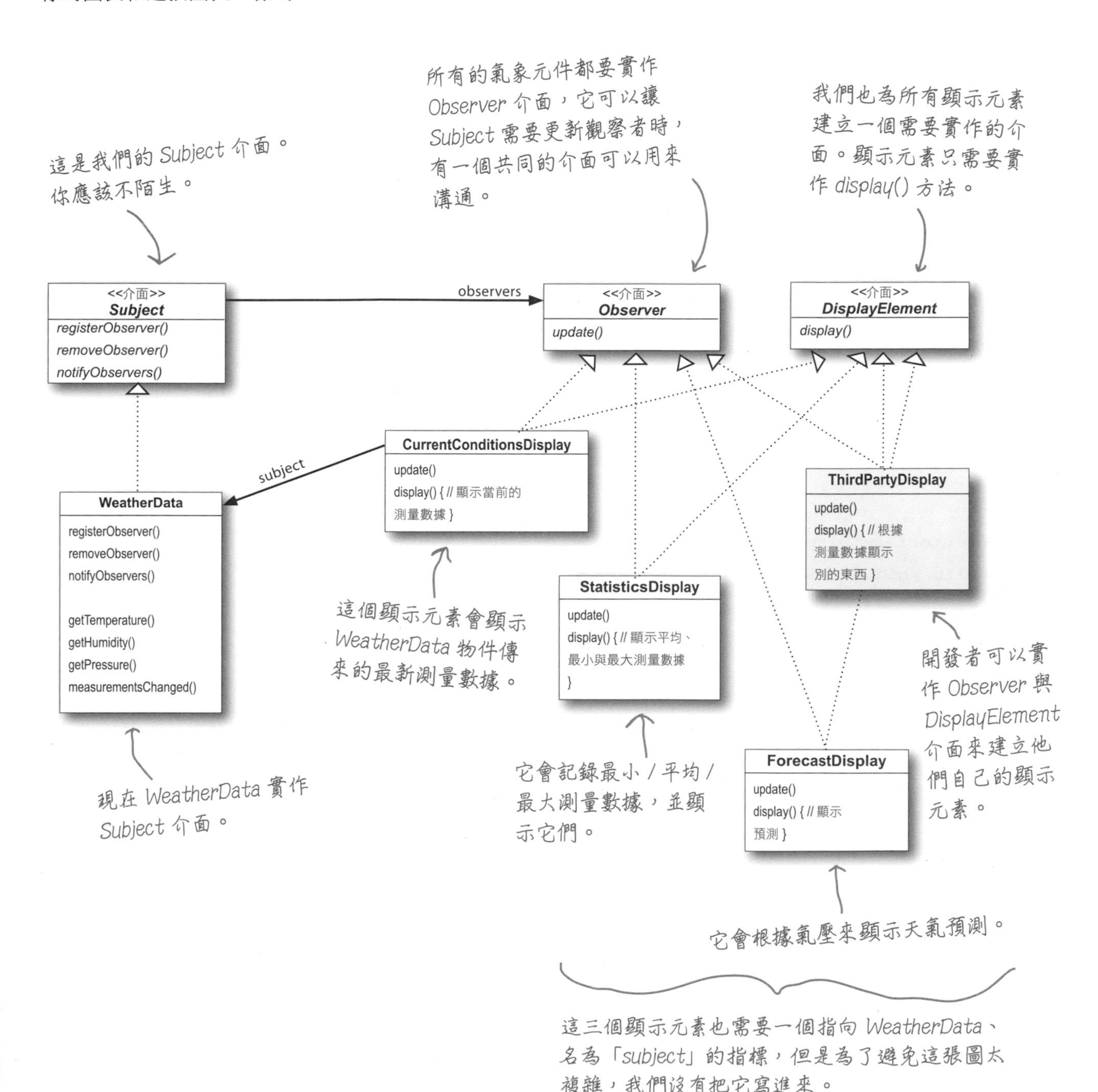

實作氣象站

很好，Mary 與 Sue 提供了一些很棒的想法（在一兩頁之前），我們也畫出一張詳細的類別結構圖了，我們來實作氣象站吧，我們從介面開始寫起：

```
public interface Subject {
    public void registerObserver(Observer o);
    public void removeObserver(Observer o);
    public void notifyObservers();
}
```

這兩個方法都接收 Observer 引數，它就是準備註冊或移除的 Observer。

當 Subject 的狀態改變時，這個方法會被呼叫，藉以通知所有的觀察者。

```
public interface Observer {
    public void update(float temp, float humidity, float pressure);
}
```

這些是當測量數據改變時，Observers 從 Subject 取得的狀態值。

這個 Observer 介面是讓所有觀察者實作的，所以它們都要實作 update() 方法。我們按照 Mary 與 Sue 的想法，將測量數據傳給觀察者。

```
public interface DisplayElement {
    public void display();
}
```

DisplayElement 介面只有一個方法，display()，當我們想要顯示顯示元素時，就會呼叫它。

動動腦

Mary 與 Sue 認為，將測量數據直接傳給觀察者來更新狀態是最直截了當的做法。你認為這是明智的做法嗎？提示：這個部分將來可能會改變嗎？如果它會改變，那麼會變的部分有沒有被妥善地封裝起來？還是將來修改時，也會動到許多其他部分？

你能不能想到其他的做法，可以處理「將最新的狀態傳給觀察者」這個問題？

別擔心，我們在完成第一版的實作之後，就會回來討論這個設計決策。

在 WeatherData 裡面實作 Subject 介面

切記：為了節省篇幅，在程式碼裡面沒有 import 和 package 陳述式。你可以到 https://wickedlysmart.com/head-first-design-patterns 取得完整的原始碼。

還記得本章的開頭是怎麼實作 WeatherData 類別的嗎？你可以去回顧一下。現在，我們要用觀察者模式來實作了：

```
public class WeatherData implements Subject {
    private List<Observer> observers;
    private float temperature;
    private float humidity;
    private float pressure;

    public WeatherData() {
        observers = new ArrayList<Observer>();
    }

    public void registerObserver(Observer o) {
        observers.add(o);
    }

    public void removeObserver(Observer o) {
        observers.remove(o);
    }


    public void notifyObservers() {
        for (Observer observer : observers) {
            observer.update(temperature, humidity, pressure);
        }
    }

    public void measurementsChanged() {
        notifyObservers();
    }

    public void setMeasurements(float temperature, float humidity, float pressure) {
        this.temperature = temperature;
        this.humidity = humidity;
        this.pressure = pressure;
        measurementsChanged();
    }

    // 其他的 WeatherData 方法
}
```

現在 WeatherData 實作 Subject 介面。

我們加入 ArrayList 來保存 Observers，並且在建構式裡面建立 ArrayList。

我們在這裡實作 Subject 介面。

每次有觀察者註冊時，我們就把它加入 list 的最後面。

同樣地，有觀察者想要退出時，只要將它從 list 移除即可。

好玩的來了，我們在這裡把最新狀態傳給所有的觀察者。因為它們都是 Observers，所以它們都實作了 update()，所以我們知道怎麼通知它們。

當我們從氣象站取得最新的測量數據時，就會通知 Observers。

我們想要隨書附贈精巧的氣象站給讀者，但是出版社不肯，所以，我們使用這個方法來測試顯示元素，而不是從真正的設備讀取氣象資料。

接下來，我們來建構這些顯示元素

搞定 WeatherData 類別之後，我們要來建構顯示元素了。Weather-O-Rama 指定三種畫面：目前天氣狀況畫面、氣象統計數據畫面，天氣預測畫面。我們來看一下目前的天氣狀況畫面；一旦你了解這種顯示元素之後，你就可以在原始碼目錄裡面自行查閱氣象統計數據和天氣預測的畫面了，你會看到它們非常相似。

這個畫面實作了 Observer 介面，所以它可以從 WeatherData 物件收到變更。

它也實作了 DisplayElement，因為我們的 API 規定所有的顯示元素都要實作這個介面。

```
public class CurrentConditionsDisplay implements Observer, DisplayElement {
    private float temperature;
    private float humidity;
    private WeatherData weatherData;

    public CurrentConditionsDisplay(WeatherData weatherData) {
        this.weatherData = weatherData;
        weatherData.registerObserver(this);
    }

    public void update(float temperature, float humidity, float pressure) {
        this.temperature = temperature;
        this.humidity = humidity;
        display();
    }

    public void display() {
        System.out.println("Current conditions: " + temperature
            + "F degrees and " + humidity + "% humidity");
    }
}
```

我們將 weatherData 物件 (Subject) 傳給建構式，並使用這個物件來將畫面註冊為觀察者。

當 update() 被呼叫時，我們就儲存氣溫和濕度，並呼叫 display()。

display() 方法只會印出最新的氣溫與濕度。

沒有蠢問題

問：update() 真的是最適合呼叫 display() 的地方嗎？

答：對這個簡單的範例而言，在數值改變時呼叫 display() 是合理的做法。但是，你的懷疑是有道理的，我們可以用更好的方式來設計資料的顯示方式。我們會在討論 Model-View-Controller 模式時說明。

問：為什麼要儲存 WeatherData Subject 的參考？在建構式之外的程式都沒有使用它啊？

答：的確如此，但是將來我們可能會退出觀察者，持有 Subject 的參考的話，將來也許可以派上用場。

加強氣象站

❶ 首先，我們來建立一個測試工具。

氣象站差不多完成了，我們只要用一些程式來把所有元件組在一起即可。我們以後會加入其他的畫面，並且將程式寫得更通用一些。這是我們的第一次嘗試：

```
public class WeatherStation {

    public static void main(String[] args) {
        WeatherData weatherData = new WeatherData();

        CurrentConditionsDisplay currentDisplay =
            new CurrentConditionsDisplay(weatherData);
        StatisticsDisplay statisticsDisplay = new StatisticsDisplay(weatherData);
        ForecastDisplay forecastDisplay = new ForecastDisplay(weatherData);

        weatherData.setMeasurements(80, 65, 30.4f);
        weatherData.setMeasurements(82, 70, 29.2f);
        weatherData.setMeasurements(78, 90, 29.2f);
    }
}
```

首先，建立一個 WeatherData 物件。

如果你不想要下載程式，你可以把這兩行改成註解，並執行它。

建立三個畫面，並將 WeatherData 物件傳給它們。

模擬新的氣象測量數據。

❷ 執行程式，讓觀察者模式大顯身手。

```
File Edit Window Help StormyWeather
%java WeatherStation
Current conditions: 80.0F degrees and 65.0% humidity
Avg/Max/Min temperature = 80.0/80.0/80.0
Forecast: Improving weather on the way!
Current conditions: 82.0F degrees and 70.0% humidity
Avg/Max/Min temperature = 81.0/82.0/80.0
Forecast: Watch out for cooler, rainy weather
Current conditions: 78.0F degrees and 90.0% humidity
Avg/Max/Min temperature = 80.0/82.0/78.0
Forecast: More of the same
%
```

削尖你的鉛筆

Johnny Hurricane（Weather-O-Rama 的 CEO）剛才來電告知，他們還要加入酷熱指數畫面元素才可以出貨。細節如下：

酷熱指數是結合氣溫和濕度，用來代表體感溫度（實際感覺多熱）的指數。為了計算酷熱指數，你要先取得氣溫 T，以及相對濕度 RH，並使用這個公式：

heatindex =

$$
\begin{aligned}
&16.923 + 1.85212 * 10^{-1} * T + 5.37941 * RH - 1.00254 * 10^{-1} * \\
&T * RH + 9.41695 * 10^{-3} * T^{2} + 7.28898 * 10^{-3} * RH^{2} + 3.45372 * \\
&10^{-4} * T^{2} * RH - 8.14971 * 10^{-4} * T * RH^{2} + 1.02102 * 10^{-5} * T^{2} * \\
&RH^{2} - 3.8646 * 10^{-5} * T^{3} + 2.91583 * 10^{-5} * RH^{3} + 1.42721 * 10^{-6} \\
&* T^{3} * RH + 1.97483 * 10^{-7} * T * RH^{3} - 2.18429 * 10^{-8} * T^{3} * RH^{2} \\
&+ 8.43296 * 10^{-10} * T^{2} * RH^{3} - 4.81975 * 10^{-11} * T^{3} * RH^{3}
\end{aligned}
$$

認命打字吧！

開玩笑的啦！別擔心，你不需要輸入這個公式，只要建立自己的 *HeatIndexDisplay.java* 檔案，並且將 *heatindex.txt* 裡面的公式複製過去即可。

你可以從 wickedlysmart.com 取得 heatindex.txt。

這個公式是怎麼來的？你可以參考《深入淺出氣象學》，或問一下在國家氣象局工作的人（或是搜尋網路）。

完成程式之後，你的輸出會是這樣：

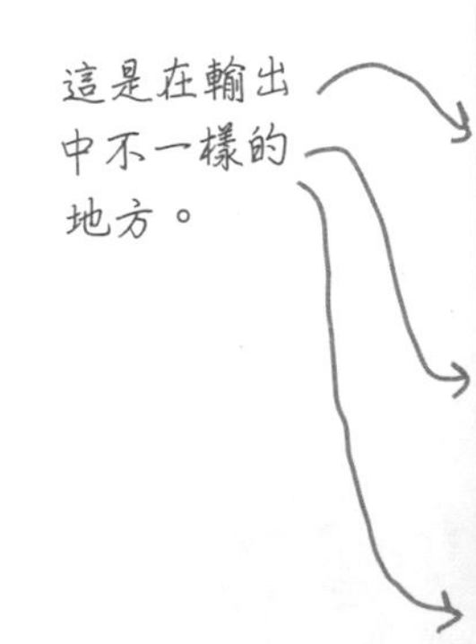


```
File  Edit  Window  Help  OverDaRainbow
%java WeatherStation
Current conditions: 80.0F degrees and 65.0% humidity
Avg/Max/Min temperature = 80.0/80.0/80.0
Forecast: Improving weather on the way!
Heat index is 82.95535
Current conditions: 82.0F degrees and 70.0% humidity
Avg/Max/Min temperature = 81.0/82.0/80.0
Forecast: Watch out for cooler, rainy weather
Heat index is 86.90124
Current conditions: 78.0F degrees and 90.0% humidity
Avg/Max/Min temperature = 80.0/82.0/78.0
Forecast: More of the same
Heat index is 83.64967
%
```

今夜話題：**Subject 與觀察者激烈地爭論如何將狀態資訊正確地傳給觀察者。**

Subject：
很開心我們終於可以面對面討論這個話題了。

觀察者：
是喔？我以為你根本不在乎我們這群觀察者咧！

Subject：
喂，我已經把該做的都做了吧？我每一次都會告訴你們最新的狀況…沒錯，我不認識你們，但這不代表我不在乎你們。況且，我知道一件最重要的事情一你們都實作了 Observer 介面。

觀察者：
那個介面只是我的一小部分而已，無論如何，我對你的了解比你對我的了解還要多…

Subject：
是嗎？比如？

觀察者：
比如說，你一定會把你的狀態傳給我們這些觀察者，讓我們可以知道你內部的情況，有時你真的很煩…

Subject：
喔，啊不就很歹勢！因為我必須送出我的狀態的通知，好讓你們這些懶惰的觀察者知道發生了什麼事啊！

觀察者：
咳！等等，Subject 先生，首先，我們並不懶，在你那些「超級重要」的通知沒有送來的時候，我們有別的事情要做。還有，為什麼你要把狀態送給所有人，而不是讓我們主動向你索取？

Subject：
嗯…這樣應該也行啦，但是如此一來，我就要門戶洞開，讓你們這些觀察者登堂入室，取得你們需要的狀態，這樣太危險了。我不能讓你們進來大肆窺探所有的東西。

觀察者：

為什麼你不寫一些公用的 getter 方法，讓我們取得我們需要的狀態就好了？

Subject：

沒錯，我的確可以讓你們**拉取**我的狀態，但是如此一來，對你們來說不是反而更不方便嗎？如果每次你需要某個東西時就來找我，你可能要發出好幾次方法呼叫才能取得你需要的所有狀態。這就是為什麼我比較喜歡用**推送的**…如此一來，只要透過一個通知，你就可以得到所有東西了。

觀察者：

真會推銷！我們觀察者有很多種類，你根本無法預知我們需要的一切。你應該讓我們去找你拿我們需要的狀態才對，如此一來，你就不會強迫只需要少數狀態的人收到一大堆狀態了，這種做法也可以讓事情更容易修改。例如，你可能會擴展你自己，加入更多狀態，如果狀態是用拉的，我們就不需要修改每一個觀察者的狀態更新呼叫式了，你只要修改你自己，加入更多 getter 方法，來讓我們讀取額外的狀態就好了。

Subject：

就像我常說的，別打給我，我會打給你！不過我會考慮一下的。

觀察者：

不期不待。

Subject：

天曉得，或許哪天太陽會從西邊出來。

觀察者：

我懂，你最聰明…

Subject：

真的。

在野外尋找觀察者模式

觀察者模式是最常用的模式之一，你可以在許多程式庫和框架裡面找到它們。例如，Java Development Kit（JDK）的 JavaBeans 與 Swing 都使用觀察者模式。這種模式也不是只有 Java 在用，JavaScript 的事件（event）以及 Cocoa 與 Swift 的 Key-Value Observing 協定都使用它，族繁不及備載。認識設計模式的好處是，你可以在你喜歡的程式庫裡，快速地認出它，並了解其設計動機。我們來看看 Swing 程式庫如何使用觀察者。

如果你想看 JavaBeans 裡面的觀察者模式，可以觀察 PropertyChangeListener 介面。

Swing 程式庫

你應該已經知道，Swing 是 Java 的使用者介面 GUI 工具組了。JButton 類別是這種工具組的基本元件之一。你可以在 JButton 的超類別 AbstractButton 裡面發現，它有許多加入和移除監聽者（listener）的方法。那些方法可以讓你加入和移除觀察者（或是用 Swing 的說法，監聽者），來監聽 Swing 元件發生的各種事件。例如，ActionListener 可讓你「監聽」按鈕可能發生的動作，例如按下按鈕。你可以在整個 Swing API 裡面找到各式各樣的監聽者。

讓你改變人生的小 app

好，我們的 app 非常簡單。你有一個按鈕，上面顯示「Should I do it?」，當你按下這個按鈕時，監聽者（觀察者）可以任意回答這個問題。我們已經實作兩個這種監聽者了，它們分別是 AngelListener（天使監聽者）與 DevilListener（惡魔監聽者）。這是應用程式的動作：

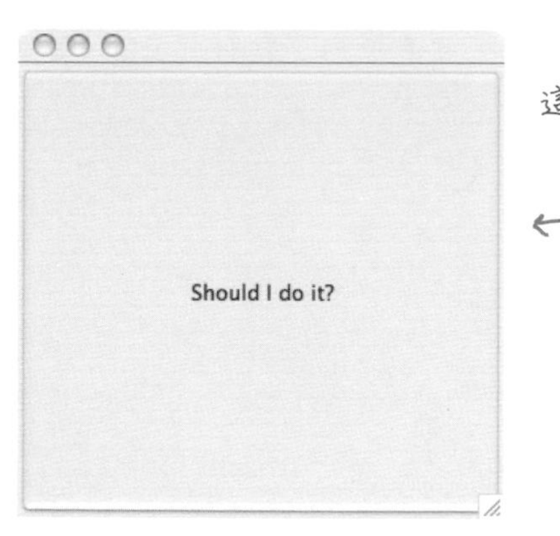

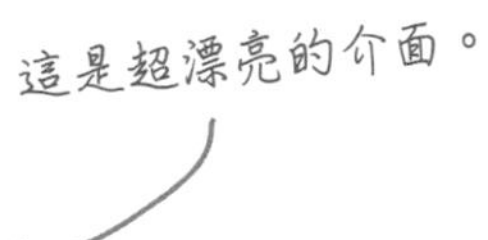

這是超漂亮的介面。

這是當按鈕被按下時的輸出。

File Edit Window Help HeMadeMeDoIt

```
%java SwingObserverExample
Come on, do it!
Don't do it, you might regret it!
%
```

惡魔的答案

天使的答案

編寫改變人生的 app

這個改變人生的 app 只需要少量的程式碼。我們只要製作一個 JButton 物件，把它加入 JFrame，再設定監聽者即可。我們將使用內部類別（inner class）來製作監聽者，這是常見的 Swing 程式設計技術。如果你還不熟悉內部類別或 Swing，你可能要先 複習一下你最喜歡的 Java 參考指南的 Swing 章節。

```
public class SwingObserverExample {
    JFrame frame;
    public static void main(String[] args) {
        SwingObserverExample example = new SwingObserverExample();
        example.go();
    }
    public void go() {
        frame = new JFrame();

        JButton button = new JButton("Should I do it?");
        button.addActionListener(new AngelListener());
        button.addActionListener(new DevilListener());

        // 在這裡設定框架的屬性
    }

    class AngelListener implements ActionListener {
        public void actionPerformed(ActionEvent event) {
            System.out.println("Don't do it, you might regret it!");
        }
    }

    class DevilListener implements ActionListener {
        public void actionPerformed(ActionEvent event) {
            System.out.println("Come on, do it!");
        }
    }
}
```

這個簡單的 Swing app 只需要建立一個框架，並且在裡面加入一個按鈕。

製作按鈕的惡魔（devil）與天使（angel）物件監聽者（觀察者）。

這裡是設定框架的程式。

這是觀察者的類別定義，我們將它定義成內部類別（但不一定要這樣寫）。

在 Subject（在這個例子是按鈕）裡面的狀態改變時，我們呼叫 actionPerformed() 方法，而不是 update()。

認真地寫程式

lambda 運算式是在 Java 8 加入的。如果你不熟悉它們，先別擔心，你可以繼續將 Swing 觀察者寫成內部類別。

如何用更進階的方式來使用觀察者模式？用 lambda 運算式來取代內部類別，可以省略建立 ActionListener 物件的步驟。我們可以使用 lambda 運算式來建立函式物件，而函式物件就是觀察者。當你將函式物件傳給 addActionListener() 時，Java 可以確保它的特徵標記（signature）符合 actionPerformed()，也就是在 ActionListener 介面裡面的那個方法。

之後，當按鈕被按下時，按鈕物件會通知其觀察者（包括 lambda 運算式建立的函式物件）它已經被按下了，並呼叫各個監聽者的 actionPerformed() 方法。

我們來看看如何使用 lambda 運算式來製作觀察者，以簡化之前的程式：

使用 lambda 運算式修改後的程式：

```
public class SwingObserverExample {
    JFrame frame;
    public static void main(String[] args) {
        SwingObserverExample example = new SwingObserverExample();
        example.go();
    }
    public void go() {
        frame = new JFrame();

        JButton button = new JButton("Should I do it?");
        button.addActionListener(event ->
            System.out.println("Don't do it, you might regret it!"));
        button.addActionListener(event ->
            System.out.println("Come on, do it!"));

        // 在這裡設定框架的屬性
    }
}
```

我們將 AngelListener 與 DevilListener 物件換成 lambda 運算式，用這種運算式來實作與之前一樣的功能。

當你按下按鈕時，lambda 運算式建立的函式物件會收到通知，它們實作的方法也會執行。

使用 lambda 運算式可以大幅簡化這段程式。

我們完全移除兩個 ActionListener 類別了（DevilListener 與 AngelListener）。

請參考 Java 文件來進一步了解 lambda 運算式。

問：**Java 應該有 Observer 與 Observable 類別吧？**

答：你的直覺很準！ Java 曾經提供 Observable 類別（Subject）與 Observer 介面，可以讓你將觀察者模式整合到程式裡面。Observable 類別有一組方法可以讓你加入、刪除和通知觀察者，讓你不需要寫那些程式。Observer 介面與我們的介面很像，裡面有一個 update() 方法。但是這些類別在 Java 9 被捨棄了。大家發現在自己的程式裡面寫基本的觀察者模式比較簡單，有時他們想要寫出更強固的程式，所以 Observer/Observable 類別被淘汰了。

問：**Java 有沒有為 Observer 提供其他的內建支援，以取代這些類別？**

答：JavaBeans 透過 PropertyChangeEvent 提供內建的支援，當 Bean 改變特定種類的屬性時，就會產生 PropertyChangeEvent，並通知 PropertyChangeListener。在 Flow API 裡面也有發布者 / 訂閱者元件，用來處理非同步資料流。

問：**有沒有辦法讓 Subject 按照特定的順序將通知傳給它的 Observer 們？**

答：由於 Java 實作 Observer 的方式，JDK 開發者特別建議你**不要**依靠特定的通知順序。

我還在思考前面說的推送與拉取，如果讓畫面從 **WeatherData** 物件拉取它們的資料的話，程式碼不是可以更通用一些嗎？如此一來，以後加入新畫面就更容易了，不是嗎？

這是個好主意。

目前的氣象站設計會將三種資料都推送給畫面裡面的 update() 方法，即使並非所有畫面都需要每一種值。雖然這種做法不會造成問題，但是如果 Weather-O-Rama 又加入其他的資料值呢？例如風速？此時，我們就要修改所有畫面的 update() 方法，即使它們大部分都不需要風速資料。

「將資料推送到 Observer」或是「讓 Observer 用拉的」是實作的細節，但是在許多情況下，與其透過 update() 方法來將越來越多資料傳給各個 Observer，比較正確的做法是讓 Observer 拉取它們自己需要的資料。畢竟，在一段時間之後，這是一個可能改變，而且越來越複雜的領域。而且，我們知道 CEO Johnny Hurricane 打算擴展氣象站並販賣更多畫面，所以我們再來檢查一次設計，看看能不能讓它更容易擴展。

修改氣象站程式來讓 Observer 拉取它們需要的資料很容易做到，我們只要確保 Subject 有提供資料的 getter 方法，然後修改各個 Observer，讓它們用 getter 來拉取它們需要的資料即可，我們來做吧。

與此同時，在 Weather-O-Rama

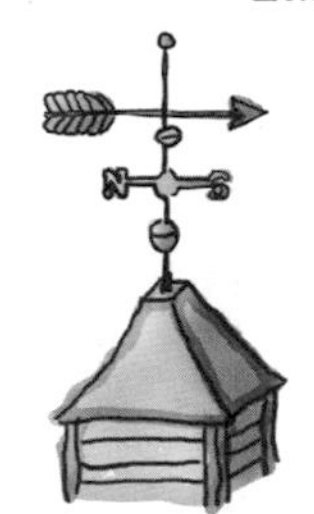

我們可以用另一種方式來處理 Subject 裡面的資料：讓 Observer 視需求從 Subject 拉取它。目前，當 Subject 的資料改變時，我們會將新的氣溫、濕度和氣壓值傳給 update() 呼叫式，來將它們推送給所有的 Observer。

我們來修改一下程式，讓 Observer 在收到改變的通知時，呼叫 Subject 的 getter 方法來拉取它需要的值。

為了改成拉取資料，我們稍微修改既有的程式碼。

修改傳送通知的 Subject…

1. 我們修改 WeatherData 的 notifyObservers() 方法，讓它呼叫 Observer 的 update() 方法，而且不傳遞引數：

```
public void notifyObservers() {
        for (Observer observer : observers) {
            observer.update();
        }
}
```

修改接收通知的 Observer…

1. 然後，我們修改 Observer 介面的 update() 方法的特徵標記，讓它沒有參數：

```
public interface Observer {
        public void update();
}
```

2. 最後，我們修改各個具體的 Observer 裡面的 update() 方法的特徵標記，並且使用 WeatherData 的 getter 方法，從 Subject 取得氣象資料。這是 CurrentConditionsDisplay 類別的新程式：

```
public void update() {
        this.temperature = weatherData.getTemperature();
        this.humidity = weatherData.getHumidity();
        display();
}
```

我們在這裡使用 Weather-O-Rama 提供的 WeatherData 的 Subject 程式碼的 getter 方法。

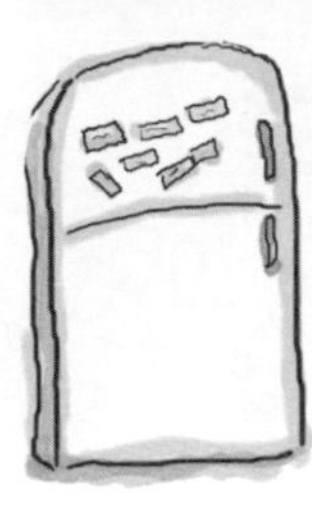

程式磁貼

冰箱上面的 ForecastDisplay 類別磁貼被弄亂了，你能不能將程式碼磁貼重新排列，讓它正常動作？有一些大括號掉下來了，因為它們太小，暫時找不到，所以你可以視需求隨意加入它們！

```
public ForecastDisplay(WeatherData
weatherData) {
```

```
display();
```

```
weatherData.registerObserver(this);
```

```
public class ForecastDisplay implements
Observer, DisplayElement {
```

```
public void display() {
    // 在這裡寫畫面程式
}
```

```
lastPressure = currentPressure;
currentPressure = weatherData.getPressure();
```

```
private float currentPressure = 29.92f;
private float lastPressure;
```

```
this.weatherData = weatherData;
```

```
public void update() {
```

```
}
```

```
private WeatherData weatherData;
```

測試新程式

OK，你有一個畫面需要更新，它是 Avg/Min/Max 畫面，現在就來顯示它！

為了確保正確，執行新程式碼…

```
File  Edit  Window  Help  TryThisAtHome
%java WeatherStation
Current conditions: 80.0F degrees and 65.0% humidity
Avg/Max/Min temperature = 80.0/80.0/80.0
Forecast: Improving weather on the way!
Current conditions: 82.0F degrees and 70.0% humidity
Avg/Max/Min temperature = 81.0/82.0/80.0
Forecast: Watch out for cooler, rainy weather
Current conditions: 78.0F degrees and 90.0% humidity
Avg/Max/Min temperature = 80.0/82.0/78.0
Forecast: More of the same
%
```

這是我們要得到的結果。

看！我們剛才收到的！

Weather-O-Rama, Inc.
100 Main Street
Tornado Alley, OK 45021

哇！

你的設計實在太棒了。你不但快速地完成我們指定的三種畫面，也做出一種通用的設計，可讓所有人建立新的畫面，甚至可以讓用戶在執行期加入與移除畫面！

太精巧了！

期待下一次的合作。

Johnny Hurricane

設計工具箱裡面的工具

歡迎來到第 2 章的結尾，你已經在物件導向工具箱裡面加入一些新工具了…

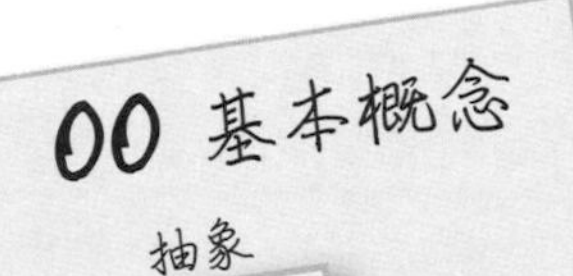

物件導向原則

把會變的東西封裝起來。

多用組合，少用繼承。

針對介面撰寫程式，而不是針對實作。

努力為彼此互動的物件做出鬆耦合的設計。

這是你的新原則，切記，鬆耦合的設計更靈活、更能適應變化。

物件導向模式

策略
一個
可對
用户

觀察者—定義物件之間的一對多依賴關係，當一個物件改變狀態時，依賴它的物件都會自動收到通知與更新。

這個新模式可以用鬆耦合的形式，向一組物件傳遞狀態。我們還沒有看到最終版本的觀察者模式，稍安勿躁，你會在討論 *MVC* 時看到它！

重點提示

- 觀察者模式定義了物件之間的一對多關係。
- Subject 會用共同的介面來更新觀察者。
- 任何一種具體型態的觀察者都可以加入這種模式，只要它們有實作觀察者介面即可。
- 觀察者是鬆耦合的，因為 Subject 對它們一無所知，只知道它們都實作了觀察者介面。
- 在這種模式中，你可以從 Subject 推送資料，或是讓觀察者拉取資料（一般認為推送比較「正統」）。
- Swing 大量使用觀察者模式，許多 GUI 框架也是如此。
- 你也會在許多其他地方看到這種模式，包括 RxJava、JavaBeans 與 RMI，以及其他的語言框架，例如 Cocoa、Swift 與 JavaScript 事件。
- 觀察者模式與發布 / 訂閱模式有關，後者是在比較複雜的情況下使用的，它有更多 Subject 與（或）多種訊息類型。
- 觀察者模式是常用的模式，我們還會在學習 Model-View-Controller 的時候遇到它。

設計原則挑戰

在每一條設計原則旁邊，寫下觀察者模式是如何使用那一條原則的。

設計原則
找出應用程式中會變的部分，把它們和不會變的部分隔開。

設計原則
針對介面寫程式，而不是針對實作寫程式。

設計原則
多用組合，少用繼承。

這一題比較難。提示：想一下觀察者和 *Subject* 是如何合作的。

設計模式填字遊戲

又到了讓右腦動起來的時候了！所有的單字都來自第 1 章與第 2 章。

橫向

1. 一個 Subject 喜歡和 ________ 觀察者對談。
3. Subject 最初想要將所有資料 __________ 給觀察者。
6. CEO 差點忘了 _________ 指數畫面。
8. CurrentConditionsDisplay 實作這個介面。
9. 有許多觀察者的 Java 框架。
11. Subject 類似 ___________。
12. 有新的事情發生時，觀察者喜歡被 ____________。
15. 如何讓自己從通知者名單退出。
16. Lori 既是觀察者，也是 __________。
18. Subject 是一種 _______。
20. 你要讓耦合是 _________ 的。
21. 針對 ___________ 寫程式，而不是針對實作。
22. Devil 與 Angel 都在 __________ 按鈕。

縱向

1. 他不想要獲得 int 了，所以把自己移除。
2. 氣溫、濕度，與 ___________。
4. Weather-O-Rama 的 CEO 的名字與這種風暴一樣。
5. 他說你不應該做那件事。
7. Subject 不需要知道關於 ______ 的太多事情。
10. WeatherData 類別 ___________ Subject 介面。
13. 不要仰賴通知的 ______。
14. 觀察者 _______ Subject。
17. 實作這個方法才可以收到通知。
19. Jill 為自己找到 ______。

在第一版程式中，下面哪些說法成立？（多選題）

- ☑ A. 我們是針對具體實作寫程式，而不是針對介面。
- ☑ B. 每出現一個新畫面，我們就要修改這段程式碼。
- ☑ C. 我們無法在執行期加入（或移除）顯示元素。
- ❑ D. 顯示元素沒有實作共同的介面。
- ☑ E. 我們沒有把會變的部分封裝起來。
- ❑ F. 我們侵犯了 WeatherData 類別的封裝。

設計原則

找出應用程式中會變的部分，把它們和不會變的部分隔開。

在觀察者模式裡，會變的是 Subject 的狀態，以及觀察者的數量和型態。在這種模式中，當你改變依賴 Subject 狀態的物件時，不需要改變Subject。這種做法稱為未雨綢繆！

設計原則

針對介面寫程式，而不是針對實作寫程式。

Subject 和觀察者都使用介面。Subject 會記住實作了觀察者介面的物件，而觀察者會向 Subject 介面註冊，並且收到它的通知。正如我們所看到的，這種做法可以讓程式井井有條，並且保持鬆耦合。

設計原則

多用組合，少用繼承。

觀察者模式使用組合來將任何數量的觀察者與它們的 Subject 組合起來。這些關係不是用繼承階層來安排的，而是在執行期用組合來設置的！

程式磁貼解答

冰箱上面的 ForecastDisplay 類別磁貼被弄亂了，你能不能將程式碼磁貼重新排列，讓它正常動作？有一些大括號掉下來了，因為它們太小，暫時找不到，所以你可以視需求隨意加入它們！這是我們的答案。

```
public class ForecastDisplay implements
Observer, DisplayElement {
    private float currentPressure = 29.92f;
    private float lastPressure;
    private WeatherData weatherData;

    public ForecastDisplay(WeatherData
    weatherData) {
        this.weatherData = weatherData;
        weatherData.registerObserver(this);
    }

    public void update() {
        lastPressure = currentPressure;
        currentPressure = weatherData.getPressure();

        display();
    }

    public void display() {
        // 在這裡寫畫面程式
    }
}
```

設計模式填字遊戲解答

1 MANY
1 MOUSE
2 PRESSURE
3 PUSH
4 HURRICANE
5 DEVILLISTENER
6 HEAT
7 OBSERVER
8 OBSERVER
9 SWING
10 IMPLEMENT
11 PUBLISHER
12 NOTIFIED
13 ORDER
14 DEPENDENT
15 REMOVEOBSERVER
16 SUBJECT
17 UPDATE
18 INTERFACE
19 JOB
20 LOOSE
21 INTERFACE
22 LISTENING

3 裝飾器模式

裝飾物件

我本來以為真男人就該繼承一切，後來我發現執行期的擴展比編譯期的擴展厲害多了，我現在是不是超 man 的？

這一章可以稱為「為愛用繼承的人設計一對眼睛」。我們將檢討典型的繼承濫用狀況，你將學會如何使用物件組合，在執行期裝飾類別。為什麼要這樣做？因為熟悉裝飾技巧之後，你不需要修改底層類別的任何程式就可以賦予你的（或別人的）物件新的職責。

歡迎光臨星巴茲咖啡

星巴茲咖啡是一家快速擴張的咖啡連鎖店，當你在街角看到一家星巴茲時，你也會在對街看到另一家。

他們的擴張速度太快了，所以他們得不斷更新點餐系統，以符合他們提供的飲料。

他們在剛創業時，是這樣設計類別的…

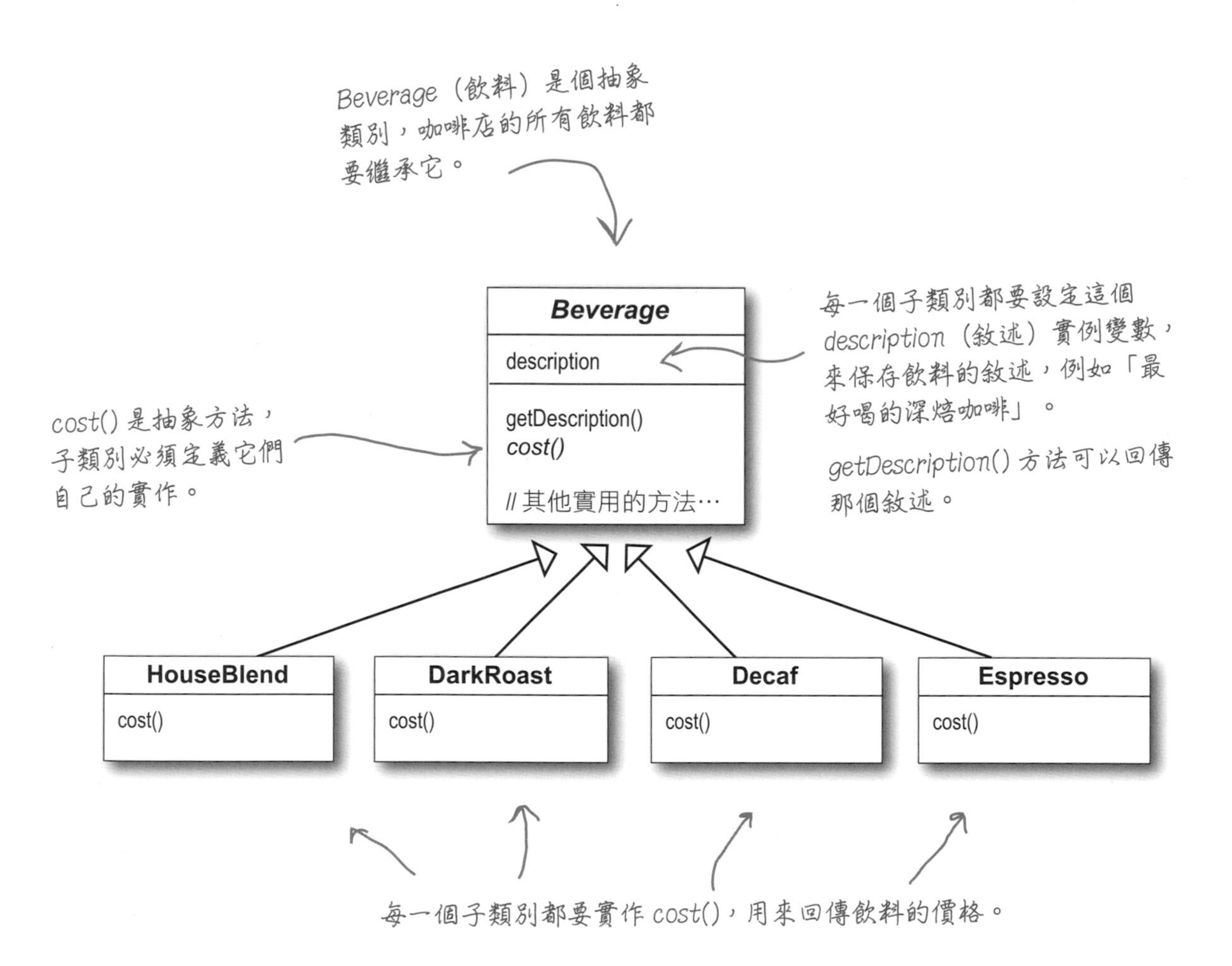

在購買咖啡時，你也可以要求加入調味品，例如牛奶、豆漿、摩卡（也就是巧克力），或是奶泡。星巴茲會根據調味品加收不同的費用，所以點餐系統必須考慮這個因素。

這是我們的第一次嘗試…

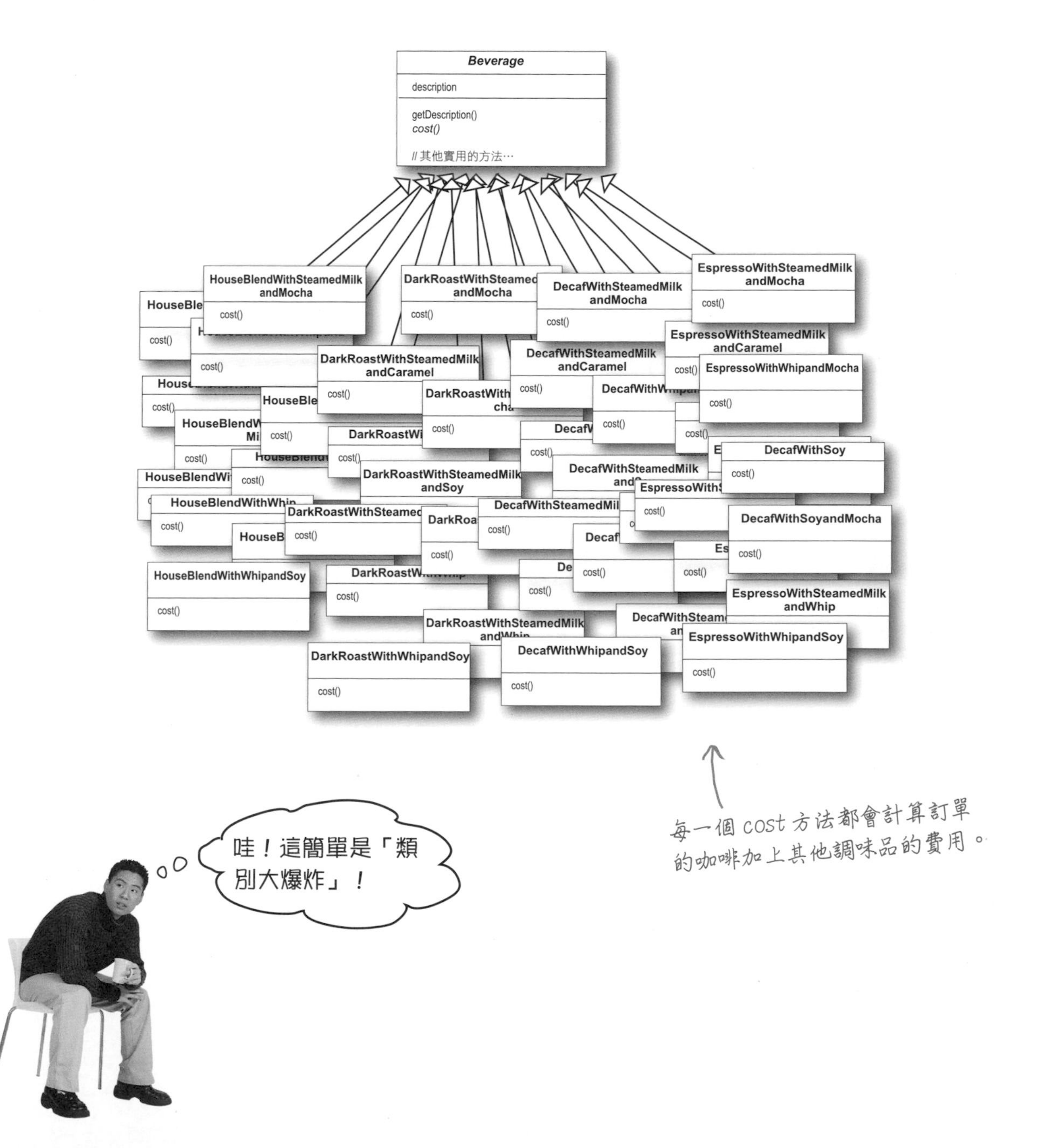

動動腦

顯然星巴茲讓自己陷入一場維護惡夢，萬一牛奶漲價呢？當他們想要加入新的焦糖奶泡時，該怎麼辦？

撇開維護問題不談，他們違反了目前介紹過的哪些設計原則？

提示：他們嚴重違反了兩條原則！

這種設計有夠蠢，需要這麼多類別嗎？我們不能在超類別裡面使用實例變數與繼承來記錄調味品嗎！

好，我們來試試看。我們先用一個 Beverage 基底類別，並加入實例變數來代表是否加上各種調味品（牛奶、豆漿、摩卡和奶泡…）。

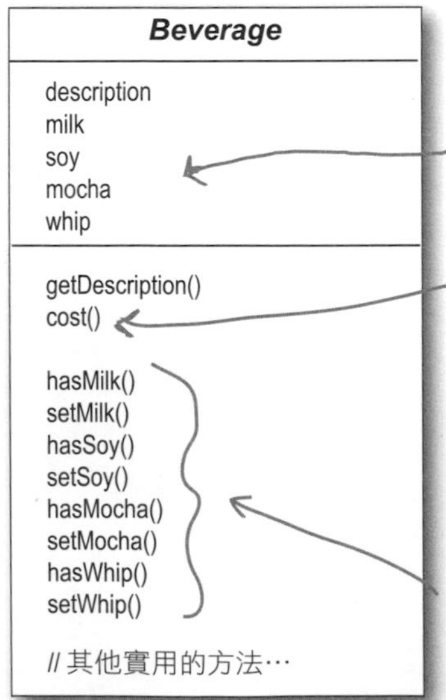

接著加入子類別，在飲料單上面的每一種飲料都有一個類別：

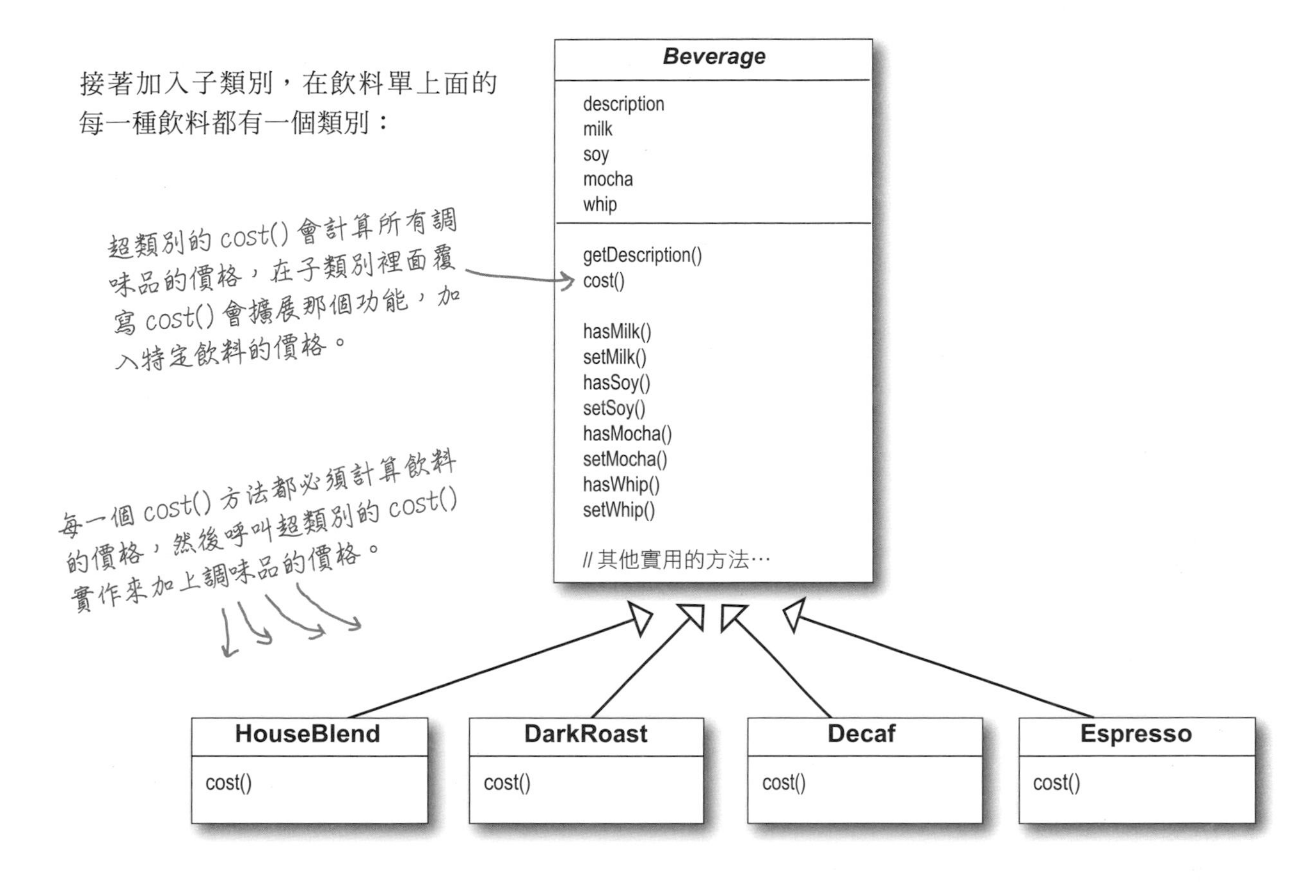

削尖你的鉛筆

為下面的類別編寫 cost()（可以使用虛擬 Java）：

```
public class Beverage {
    public double cost() {




    }
}
```

```
public class DarkRoast extends Beverage {

    public DarkRoast() {
        description = "Most Excellent Dark Roast";
    }
    public double cost() {




    }
}
```

削尖你的鉛筆

哪些需求或可能改變的因素會影響這種設計？

調味品的價格變化將迫使我們修改既有的程式碼。

一旦出現新的調味品，我們就必須加入新的方法，以及修改超類別裡的 cost 方法。

我們可能推出新的飲料。有一些飲料（例如冰茶）可能不適合某些調味品，但是 Tea 子類別仍然必須繼承 hasWhip() 之類的方法。

第 1 章告訴我們，這是很差勁的做法。

萬一顧客想要加兩份摩卡呢？

輪到你了：

大師和門徒…

大師：徒兒，有一段時間沒看到你了，你有沒有好好地鑽研繼承？

門徒：師父，有。雖然繼承有強大的功能，但是我發現它不一定可以做出最靈活或最容易維護的設計。

大師：沒錯，你有進步了。徒兒，告訴我，如何在不使用繼承的情況下，重複使用程式？

門徒：師父，我學到，組合和委託可以在執行期實現「繼承」行為。

大師：很好，很好，繼續說下去…

門徒：如果我藉著製作子類別來繼承行為，那個行為在編譯期就固定下來了，此外，所有的子類別都會繼承同一種行為。但是，如果用組合來擴展物件的行為，我可以在執行期動態地擴展行為。

大師：很好，你已經開始看到組合的威力了。

門徒：對啊，我可以用這項技術來為物件加入多個新職責，甚至包括超類別的設計者沒有想到的職責，而且我不需要動到它們的程式碼！

大師：你認為組合對維護程式碼有什麼影響？

門徒：我正打算說這個，藉著動態地組合物件，我可以透過撰寫新程式來加入新功能，而不需要修改既有的程式。因為不需要修改既有的程式，所以在既有的程式引入新的 bug 或造成意外副作用的機會將大幅減少。

大師：非常好，今天先談到這裡。希望你更深入鑽研這個主題…切記，程式碼應該像蓮花那樣，在夜晚合起來（拒絕改變），在清晨盛開（接受擴展）。

開放 / 封閉原則

這是最重要的設計原則之一：

設計原則

類別應該歡迎擴展，但拒絕修改。（譯注）

歡迎光臨，我們營業了（*open*）。你可以用你喜歡的任何新行為來擴展我們的類別。如果你的需求改變了（我們知道這是一定會發生的），那就自行擴展吧。

抱歉，我們打烊了（*closed*）。是的，我們花了很多時間編寫這段程式，並且讓它沒有 bug，所以不能讓你修改既有的程式。這段程式絕對不能被修改，如果你不喜歡這樣，請向經理投訴。

我們的目標是讓類別容易擴展，藉以納入新行為，但是不能修改既有的程式碼。實現這個目標有什麼好處？這種設計不但有因應改變的韌性，也有足夠的彈性，可以接納新功能，來滿足不斷改變的需求。

譯注：在此採意譯。原文是 Classes should be open for extension, but closed for modification，直譯的話，是「類別應該對擴展開放，對修改封閉」，所以稱為開放 / 封閉原則。

問：歡迎擴展，拒絕修改？聽起來很矛盾！怎麼做出兩者兼具的設計？

答：問得好，乍看之下，這句話的確很矛盾。畢竟，越難修改的東西就越難擴展，不是嗎？但是，事實上，有一些聰明的物件導向技術可以讓我們不需要修改系統底層的程式碼就能擴展它。回想一下觀察者模式（第 2 章）…我們可以隨時加入新的觀察者來擴展 Subject，不需要在 Subject 裡面加入新的程式碼。你接下來還會看到如何使用其他的物件導向設計技術來擴展行為。

問：OK，我已經了解觀察者模式了，有沒有一體適用的做法，可以設計出既容易擴展，又拒絕修改的程式？

答：許多模式都是經過時間考驗的設計，它們都提供一些擴展的手段來避免程式碼被修改。在這一章，你會看到一個很棒的例子，它使用裝飾器模式來實現開放 / 封閉原則。

問：該怎麼讓設計的每一個部分都遵守開放 / 封閉原則？

答：這通常不可能做到。讓物件導向設計既靈活，又可以在不修改既有程式的情況下擴展需要花費許多時間和精力。一般來說，我們沒有那麼多資源可以把設計的每一個細節都做成這樣（就算做得到，可能也只是浪費資源）。遵守開放 / 封閉原則通常會引入新一層的抽象，讓程式更複雜。你應該把注意力放在最有可能改變的地方，並且在那裡實施這些規則。

問：如何知道哪些會變的地方比較重要？

答：這需要物件導向系統的設計經驗，以及你對工作領域的了解程度。參考其他的範例可以協助你學習辨識設計中會變的地方。

雖然這條原則看起來很矛盾，但是有一些技術可以在不修改程式碼的情況下擴展它。

請謹慎地選擇需要擴展的部分，**到處**採用開放 / 封閉原則不但浪費，也沒必要，甚至可能寫出複雜的、難以理解的程式。

夠了，你們這群「物件導向設計俱樂部」的傢伙，快來解決真正的問題吧！還記得我們嗎？星巴茲咖啡！你認為這些設計原則真的派得上用場嗎？

認識裝飾器模式

好了，我們已經知道繼承不適合用來表示飲料和調味品了，因為它會造成類別爆炸和僵化的設計，或是迫使我們在基底類別加入不適合某些子類別的功能。

所以，我們打算先做出飲料，然後在執行期使用調味品來「裝飾」它。例如，當顧客想要一杯深焙咖啡（Dark Roast）加上摩卡（Mocha）與奶泡（Whip）時，我們會：

1. **先做出 DarkRoast 物件。**
2. **用 Mocha 物件來裝飾它。**
3. **用 Whip 物件來裝飾它。**
4. **呼叫 cost() 方法，並且用委託來加上調味品的價格。**

OK，那要怎麼「裝飾」物件？還有，要怎麼委託？提示：你可以把裝飾器物件想成「包裝」。 我們來看一下怎麼做…

用裝飾器（Decorator）來建構飲料訂單

❶ 先做出 DarkRoast 物件。

❷ 顧客想要 Mocha，所以我們建立一個 Mocha 物件，並且用它來將 DarkRoast 包起來。

❸ 顧客也想要 Whip，所以我們建立一個 Whip 裝飾器，並且將 Mocha 包在它裡面。

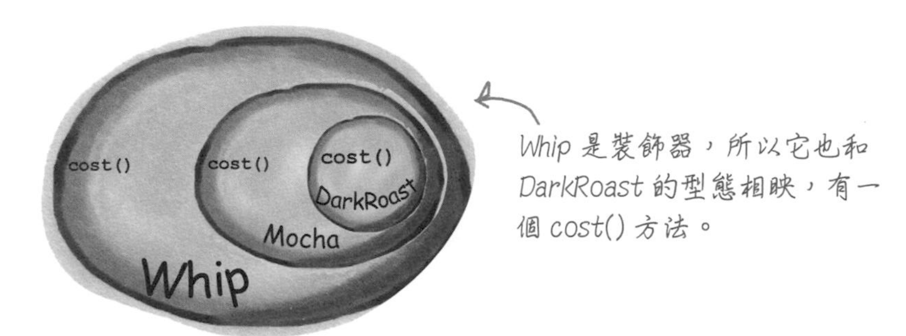

所以，被包在 Mocha 與 Whip 裡面的 DarkRoast 仍然是 Beverage，我們可以用它來做可用 DarkRoast 來做的任何事情，包括呼叫它的 cost() 方法。

❹ **現在是幫顧客結帳的時候了，為此，我們呼叫最外面的裝飾器 Whip 的 cost()，Whip 會將價格的計算工作委託給被它裝飾的物件，以此類推。我們來看看這是怎麼一回事：**

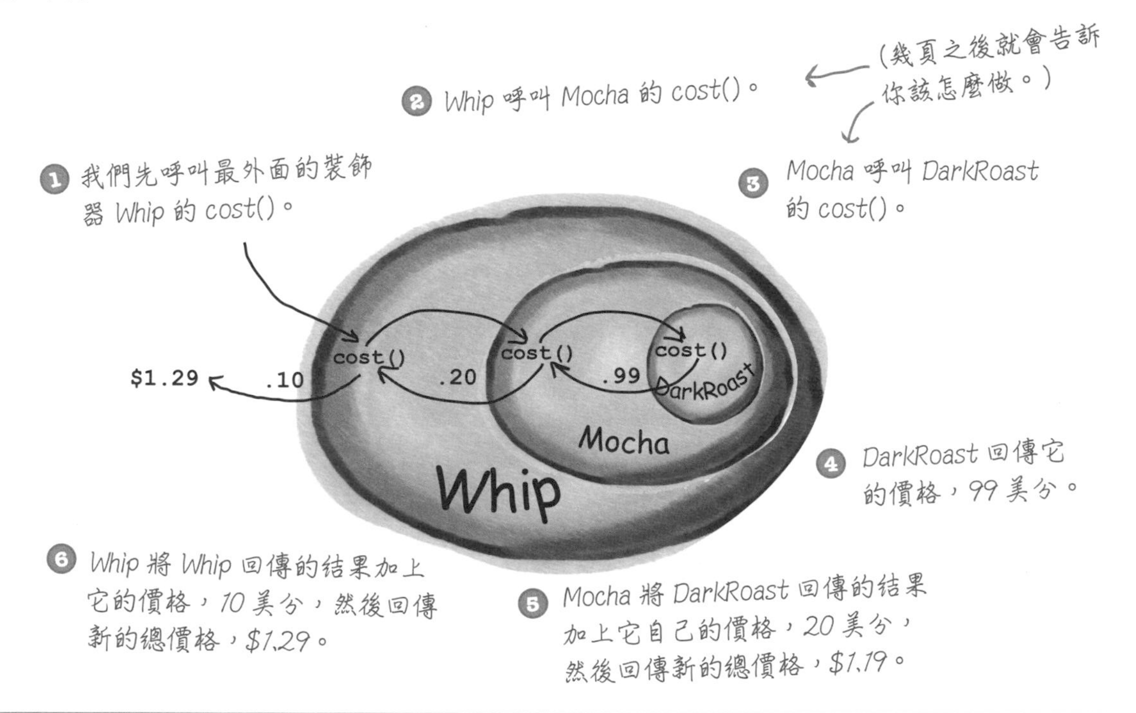

OK，我們目前認識的裝飾器是這樣的…

- 裝飾器的超型態與被它裝飾的物件一樣。
- 你可以使用一個或多個裝飾器來包裝一個物件。
- 因為裝飾器的超型態與被它裝飾的物件一樣，所以我們可以用裝飾好的物件來取代原始的（被包裝的）物件來傳遞。
- 裝飾器在將工作委託給被它裝飾的物件之前與（或）之後可以加入它自己的行為。

重點！

- 物件可以在任何時刻裝飾，所以你可以在執行期使用任何數量的裝飾器來動態地裝飾物件。

接下來，我們來看一下裝飾器模式的定義，並且寫一些程式，來了解實際的動作。

裝飾器模式的定義

我們先來看一下裝飾器模式（Decorator Pattern）的說明：

> **裝飾器模式**可以動態地為物件附加額外的職責。使用裝飾器來擴展功能比使用繼承更有彈性。

雖然這些敘述說明裝飾器模式的作用，卻沒有說明如何在自己的程式中使用這種模式。看看類別圖可以讓你更明白（下一頁會使用同一種結構來處理飲料問題）。

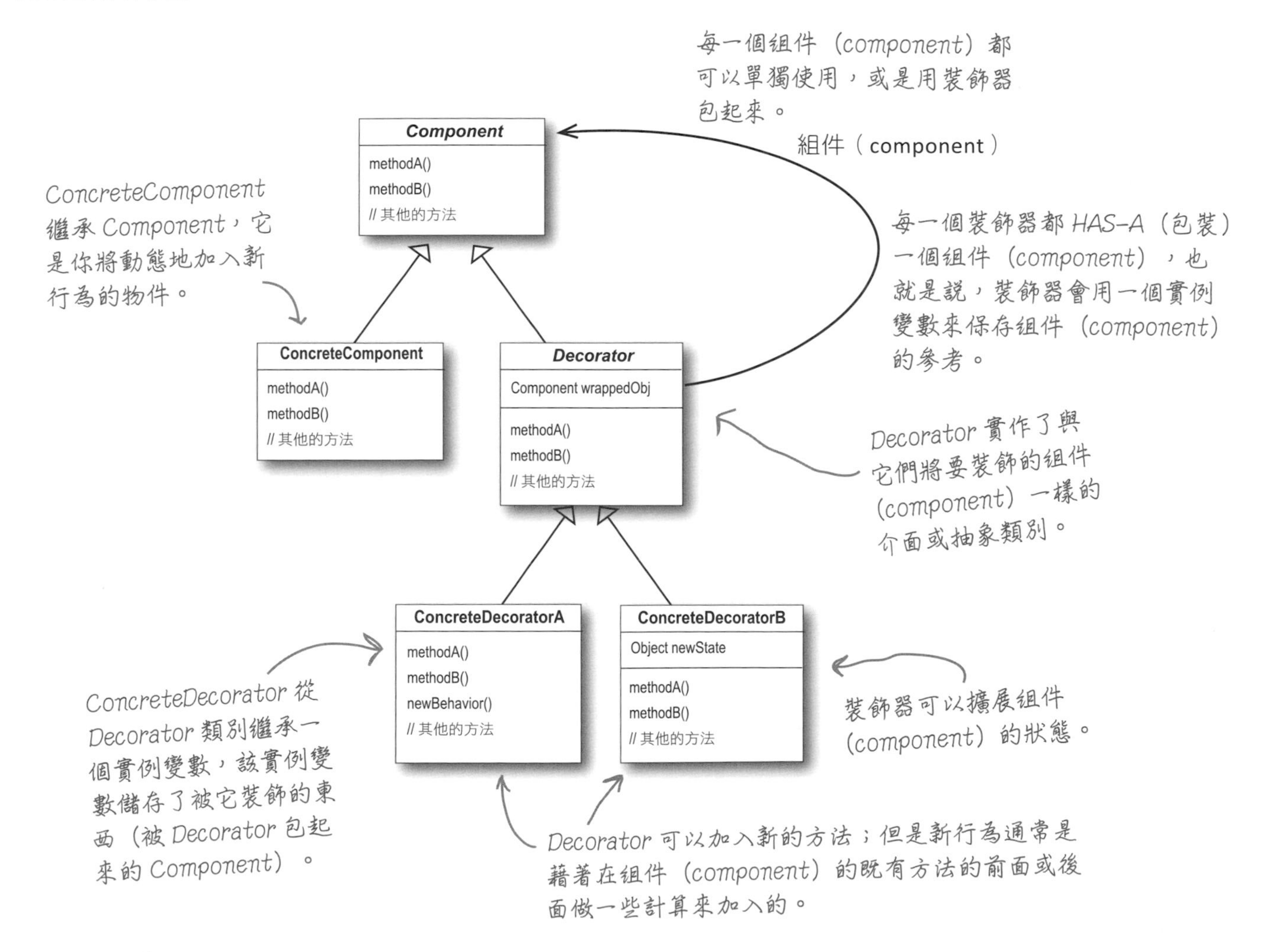

裝飾我們的飲料

用裝飾器模式來修改星巴茲的飲料…

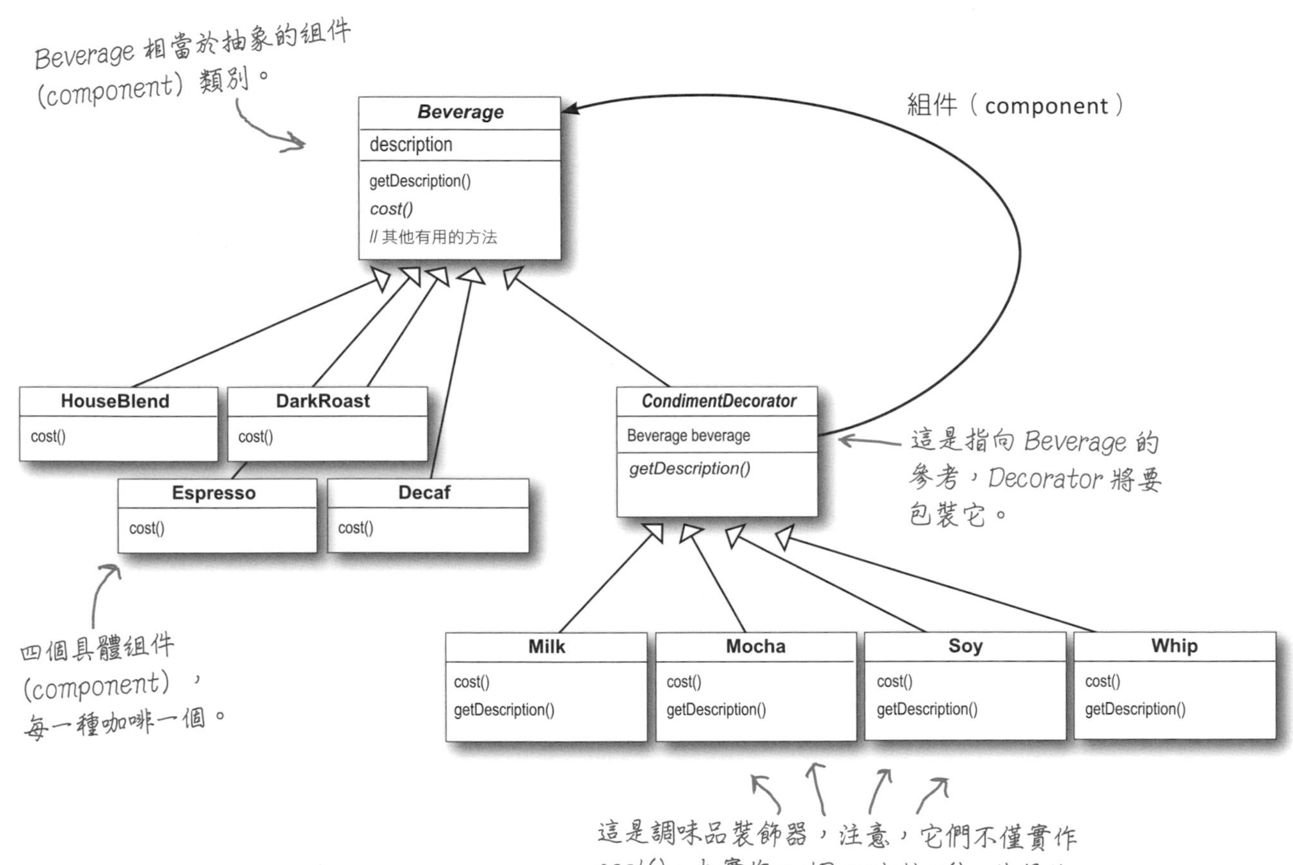

動動腦

在繼續翻到下一頁之前，先想一下怎麼實作咖啡和調味品的 cost() 方法，並且想一下怎麼實作調味品的 getDescription() 方法。

在辦公室隔間的談話

關於繼承與組合的一些疑惑。

OK，我不太懂…我以為這個模式不會使用繼承？我以為我們會改用組合，不是嗎？

Sue：什麼意思？

Mary：看一下類別圖。CondimentDecorator 繼承 Beverage 類別，這是繼承關係，不是嗎？

Sue：沒錯，我認為這樣做是為了讓裝飾器與被它裝飾的物件有相同的型態，所以在這裡使用繼承來讓它們有相同的型態，但是這裡的繼承不是為了獲得行為。

Mary：好，我可以理解裝飾器的「介面」必須與被它包裝的組件（component）一樣，因為它們需要替代組件。但是行為又是怎麼加入的？

Sue：當我們將裝飾器和組件組在一起時，我們就加入新的行為了。我們不是藉著繼承超類別來獲得新行為，而是藉著將物件組合起來。

Mary：了解，所以繼承 Beverage 抽象類別是為了獲得正確的型態，而不是為了繼承它的行為。行為是藉著將裝飾器和基底組件以及其他的裝飾器組合起來獲得的。

Sue：沒錯。

Mary：我懂了！而且因為我們使用物件組合，所以可以更靈活地混合及搭配飲料和調味品，超級方便的。

Sue：對啊，如果我們依靠繼承，行為就只能在編譯期決定，並且固定不變。換句話說，我們只會得到超類別提供的行為，或是我們覆寫的行為。組合可以讓我們隨意混合及搭配裝飾器，而且是在執行期。

Mary：我懂了，我們可以隨時實作新的裝飾器來加入新行為。如果我依靠繼承，每當我想要新行為時，就要修改既有的程式碼。

Sue：確實如此。

Mary：最後一個問題：既然需要繼承的只有組件的型態，為什麼不把 Beverage 類別設計成介面，而是設計成抽象類別？

Sue：這個嘛，別忘了，當我們拿到這些程式時，星巴茲已經有一個抽象的 Beverage 類別了。傳統的裝飾器模式使用抽象的組件，但是在 Java 裡，我們當然也可以使用介面，但是我們通常避免修改既有的程式碼，所以不會在抽象類別沒有任何問題的時候「修正」它。

新咖啡師特訓

畫出訂單寫著「雙份摩卡豆漿拿鐵加奶泡」時的情況。使用飲料單來算出正確的價格，並且用之前的格式（在幾頁之前）來畫圖：

OK，我想點一杯「雙份摩卡豆漿拿鐵加奶泡」。

❶ 我們先呼叫最外面的裝飾器 Whip 的 cost()。

❷ Whip 呼叫 Mocha 的 cost()。

❸ Mocha 呼叫 DarkRoast 的 cost()。

cost() cost() cost()

$1.29 .10 .20 .99

DarkRoast Mocha Whip

❹ DarkRoast 回傳它的價格，99 美分。

❺ Mocha 將 DarkRoast 回傳的結果加上它自己的價格，20 美分，然後回傳新的總價格，$1.19。

❻ Whip 將 Whip 回傳的結果加上它的價格，10 美分，然後回傳新的總價格，$1.29。

這張圖是「深焙摩卡奶泡」飲料。

削尖你的鉛筆

把圖畫在這裡。

星巴茲咖啡

咖啡	
綜合	.89
深焙	.99
低咖啡因	1.05
濃縮	1.99
調味品	
牛奶	.10
摩卡	.20
豆漿	.15
奶泡	.10

編寫星巴茲程式

該將這個設計寫成真正的程式了。

首先是 Beverage 類別，我們不需要修改星巴茲的原始設計：

```
public abstract class Beverage {
    String description = "Unknown Beverage";

    public String getDescription() {
        return description;
    }

    public abstract double cost();
}
```

Beverage 是抽象類別，它有兩個方法，getDescription() 與 cost()。

getDescription 已經寫好了，但是cost() 要在子類別裡面實作。

Beverage 很簡單，接下來要實作 Condiment（Decorator）的抽象類別：

首先，為了可以和 Beverage 互換，我們繼承 Beverage 類別。

```
public abstract class CondimentDecorator extends Beverage {
    Beverage beverage;
    public abstract String getDescription();
}
```

這是各個 Decorator 將要包裝的 Beverage。注意，我們使用 Beverage 超型態來引用 Beverage，好讓 Decorator 可以包裝任何一種飲料。

我們也要讓調味品裝飾器都重新實作 getDescription() 方法。你很快就會知道原因…

編寫飲料程式

完成基礎類別之後，我們要實作一些飲料了，我們從 Espresso 開始做起。別忘了，我們要為具體的飲料設定 description，並且實作 cost() 方法。

先繼承 Beverage 類別，因為它是一種飲料。

```
public class Espresso extends Beverage {

    public Espresso() {
        description = "Espresso";
    }

    public double cost() {
        return 1.99;
    }
}
```

我們在類別的建構式裡面設定 description。別忘了，description 實例變數是從 Beverage 繼承來的。

最後計算 Espresso 的價格。我們不需要在這個類別裡面加上調味品，只要回傳 Espresso 的價格 $1.99 即可。

```
public class HouseBlend extends Beverage {
    public HouseBlend() {
        description = "House Blend Coffee";
    }

    public double cost() {
        return .89;
    }
}
```

OK，這是另一個 Beverage。我們只要設定適當的 description，即「House Blend Coffee」，然後回傳正確的價格 89¢ 即可。

你可以用一模一樣的方式建立其他兩個 Beverage 類別（DarkRoast 與 Decaf）。

星巴茲咖啡

咖啡	.89
綜合	.99
深焙	1.05
低咖啡因	1.99
濃縮	
調味品	.10
牛奶	.20
摩卡	.15
豆漿	.10
奶泡	

編寫調味品

再看一下裝飾器模式的類別圖，你會發現我們已經完成抽象組件（Beverage）、具體組件（HouseBlend）和抽象裝飾器（CondimentDecorator）了。接下來要製作具體裝飾器。這是 Mocha 的：

Mocha 是裝飾器，所以我們繼承 CondimentDecorator。

別忘了，CondimentDecorator 繼承 Beverage。

```
public class Mocha extends CondimentDecorator {

    public Mocha(Beverage beverage) {
        this.beverage = beverage;
    }

    public String getDescription() {
        return beverage.getDescription() + ", Mocha";
    }

    public double cost() {
        return beverage.cost() + .20;
    }
}
```

我們用 Beverage 的參考來實例化 Mocha。

記住，這個類別繼承了 Beverage 實例變數，用它來保存被包裝的飲料。

我們將這個實例變數設成被包裝的物件。我們在這裡將被包裝的飲料傳給裝飾器的建構式。

我們希望 description 不僅包含飲料（例如「Dark Roast」），也包含裝飾那個飲料的每一個項目（例如「Dark Roast, Mocha」）。所以我們先委託被裝飾的物件，取得它的 description，然後幫那個 description 加上「, Mocha」。

現在要計算添加 Mocha 的飲料的價格。我們先進行委託，呼叫被裝飾的物件，讓它計算價格，然後為結果加上 Mocha 的價格。

下一頁會實例化飲料，並且用它的所有調味品（裝飾器）來包裝它，不過在那之前…

請先撰寫並編譯 Soy 與 Whip 調味品的程式碼，你需要它們才能完成與測試應用程式。

供應咖啡

恭喜你，是時候舒服地坐下來，點幾杯咖啡，好好讚嘆你用裝飾器模式來建構的靈活設計了。

這是測試下單的程式碼*：

```
public class StarbuzzCoffee {

    public static void main(String args[]) {
        Beverage beverage = new Espresso();
        System.out.println(beverage.getDescription()
                + " $" + beverage.cost());

        Beverage beverage2 = new DarkRoast();
        beverage2 = new Mocha(beverage2);
        beverage2 = new Mocha(beverage2);
        beverage2 = new Whip(beverage2);
        System.out.println(beverage2.getDescription()
                + " $" + beverage2.cost());

        Beverage beverage3 = new HouseBlend();
        beverage3 = new Soy(beverage3);
        beverage3 = new Mocha(beverage3);
        beverage3 = new Whip(beverage3);
        System.out.println(beverage3.getDescription()
                + " $" + beverage3.cost());
    }
}
```

訂購 espresso、無調味品，並印出它的敘述和價格。

製作 DarkRoast 物件。

用 Mocha 來包裝它。

用第二個 Mocha 來包裝它。

把它包在 Whip 裡面。

最後，來一杯 HouseBlend，加入 Soy、Mocha 與 Whip。

* 我們會在介紹工廠和建造者模式時，告訴你怎麼用更好的方式來裝飾物件。建造者模式在附錄介紹。

看一下我們收到的訂單：

```
File Edit Window Help CloudsInMyCoffee
% java StarbuzzCoffee
Espresso $1.99
Dark Roast Coffee, Mocha, Mocha, Whip $1.49
House Blend Coffee, Soy, Mocha, Whip $1.34
%
```

問：**我有點擔心測試某個具體組件來做某件事的程式，例如測試 HouseBlend 來進行打折，因為當我將 HouseBlend 包在裝飾器裡面之後，那種程式就失效了。**

答：確實如此，當程式依賴具體的組件型態時，裝飾器會破壞那段程式，但是只要你只針對抽象組件型態撰寫程式，那麼裝飾器對你的程式碼來說仍然是透明的，然而，一旦你針對具體的組件寫程式，你就要重新思考應用程式的設計，以及裝飾器的使用了。

問：**飲料的用戶端會不會很容易取得不是在最外面的裝飾器？打個比方，如果有一杯加上 Mocha、Soy 與 Whip 的 DarkRoast，我們會不會很容易寫出取得 Soy 的參考，而不是 Whip 的參考的程式？我的意思是，訂單可能會遺漏 Whip。**

答：沒錯，在使用裝飾器模式時，你必須管理更多物件，所以更容易寫錯程式，並且造成這個問題。但是，我們通常會用其他的模式來製作裝飾器，例如工廠和建造者模式。當我們討論這些模式時，你將看到用建立具體組件和它的裝飾器的做法是「妥善封裝的」，不會造成這種問題。

問：**裝飾器能不能知道旁邊的裝飾器？假如我想要讓 getDescription() 方法印出「Whip, Double Mocha」而不是「Mocha, Whip, Mocha」，最外面的裝飾器就必須知道被它包起來的所有裝飾器了。**

答：裝飾器的目的是幫它裡面的物件加上行為，一旦你企圖窺視一組裝飾器裡面的每一個裝飾器時，你就開始讓裝飾器違背它們初衷了。但是，你的要求並非無法做到，你可以用一個 CondimentPrettyPrint 裝飾器來解析最終的 decription，將「Mocha, Whip, Mocha」印成「Whip, Double Mocha」，此外，讓 getDescription() 回傳一個 decription ArrayList 可以讓這件事更簡單。

削尖你的鉛筆

星巴茲的朋友們決定在飲料單裡面加入飲料的大小，讓顧客可以訂購 tall、grande 和 venti 大小的咖啡（分別代表小杯、中杯和大杯），星巴茲認為大小是咖啡類別必備的部分，所以在 Beverage 類別裡面加入兩個方法：setSize() 與 getSize()。他們也想要根據飲料的大小來決定調味品的價格，例如，在小、中、大杯咖啡裡面加入豆漿分別要價 10¢、15¢ 與 20¢。下面是新的 Beverage 類別。

如何修改裝飾器類別，來處理這種需求的改變？

```
public abstract class Beverage {
        public enum Size { TALL, GRANDE, VENTI };
        Size size = Size.TALL;
        String description = "Unknown Beverage";
        public String getDescription() {
                return description;
        }
        public void setSize(Size size) {
                this.size = size;
        }
        public Size getSize() {
                return this.size;
        }
        public abstract double cost();
}
```

真實世界的裝飾器：Java I/O

在 java.io 程式包裡面的類別簡直是…多如牛毛。如果你初次（還有第二次和第三次）看到這些 API 時忍不住發出「哇」的一聲，你並不孤單。但是既然你已經認識裝飾器模式了，那些 I/O 類別對你來說應該不是什麼大問題，因為 java.io 程式包重度使用裝飾器。下面這個典型的物件組合使用裝飾器來加入功能，從檔案讀取資料：

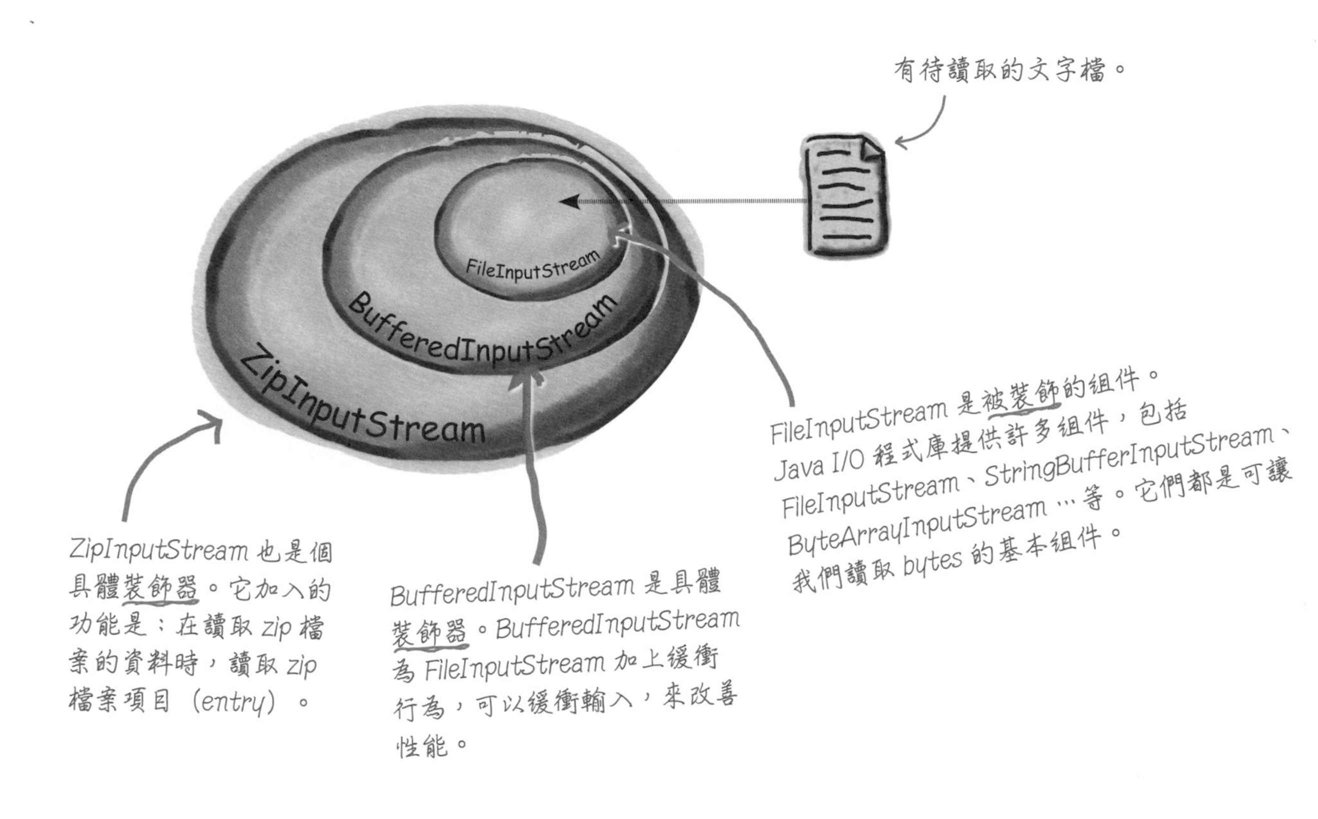

裝飾 java.io 類別

BufferedInputStream 與 ZipInputStream 都繼承 FilterInputStream，FilterInputStream 則繼承 InputStream。InputStream 是抽象裝飾器類別：

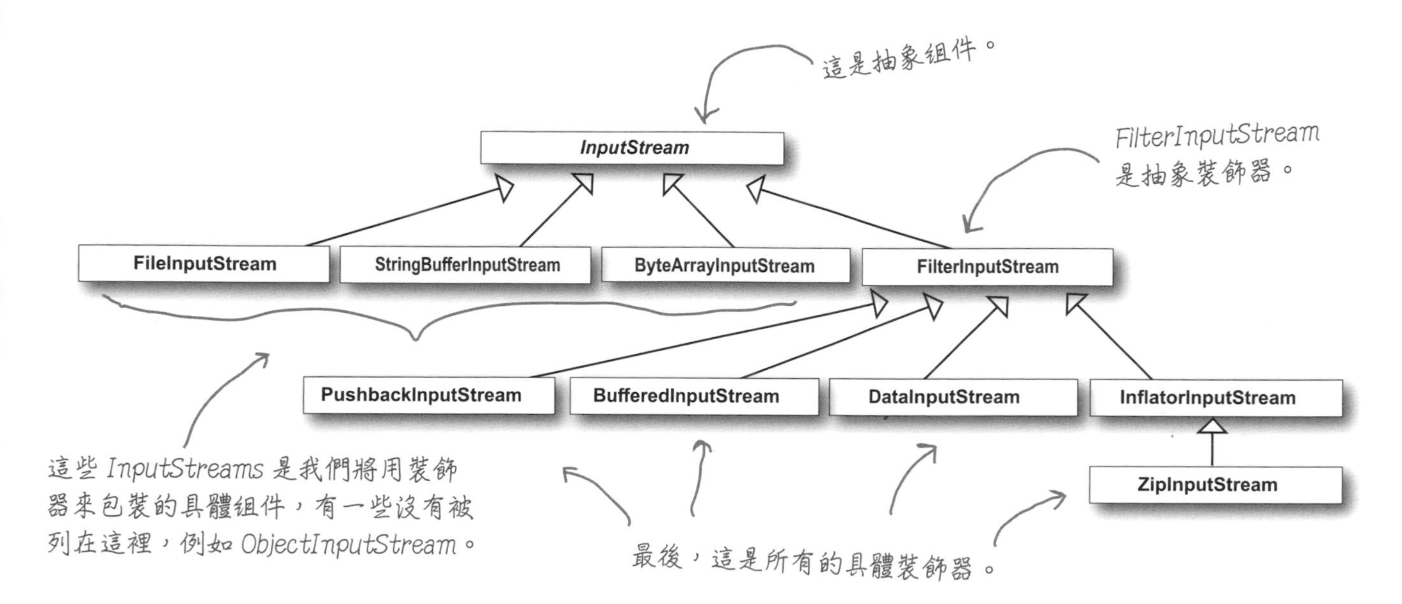

你可以看到它與星巴茲的設計沒有多大的不同。現在你應該能夠好好閱讀 java.io API 文件，並且幫各種輸入資料流套上裝飾器了。

輸出資料流也採取同一種設計。你應該已經發現，Reader/Writer 資料流（處理字元資料的）與資料流類別的設計非常相似（有一些差異，但相似程度已經足以讓你理解它的意思了）。

Java I/O 也突顯裝飾器模式的一種缺點：使用這種模式的設計通常會產生大量的小類別，可能會讓裝飾器 API 的使用者吃不消。但是你已經知道裝飾器模式如何運作了，所以你可以正確看待事物，而且當你使用包含大量裝飾器的 API 時，你可以理解它們的類別是怎麼組織的，並且輕鬆地使用包裝，來做出你想要的行為。

編寫你自己的 I/O 裝飾器

OK，你已經知道裝飾器模式，也看過 I/O 類別圖了，現在你應該可以編寫自己的輸入裝飾器了。

你覺得這個建議怎麼樣：編寫一個裝飾器來將輸入資料流的所有大寫字元轉換成小寫。也就是說，當我們讀入「I know the Decorator Pattern therefore I RULE!」時，要用裝飾器將它轉換成「i know the decorator pattern therefore i rule!」。

沒問題。我只要繼承 FilterInputStream 類別，並覆寫 read() 方法就好了。

別忘了 import java.io...（這裡省略它）。

先繼承 FilterInputStream，也就是所有 InputStream 的抽象裝飾器。

```
public class LowerCaseInputStream extends FilterInputStream {

    public LowerCaseInputStream(InputStream in) {
        super(in);
    }

    public int read() throws IOException {
        int c = in.read();
        return (c == -1 ? c : Character.toLowerCase((char)c));
    }

    public int read(byte[] b, int offset, int len) throws IOException {
        int result = in.read(b, offset, len);
        for (int i = offset; i < offset+result; i++) {
            b[i] = (byte)Character.toLowerCase((char)b[i]);
        }
        return result;
    }
}
```

接下來要實作兩個讀取方法。它們接收一個 byte（或一個 byte 陣列），並將各個 byte（代表一個字元的）轉換成小寫，如果它是大寫字元的話。

切記：為了節省篇幅，這裡的程式沒有列出 import 和 package 陳述式。你可以到 https://wickedlysmart.com/head-first-design-patterns 下載完整的原始碼。

測試新的 Java I/O 裝飾器

寫一些簡單的程式來測試 I/O 裝飾器：

```
public class InputTest {
    public static void main(String[] args) throws IOException {
        int c;

        try {
            InputStream in =
                new LowerCaseInputStream(
                    new BufferedInputStream(
                        new FileInputStream("test.txt")));

            while((c = in.read()) >= 0) {
                System.out.print((char)c);
            }

            in.close();
        } catch (IOException e) {
            e.printStackTrace();
        }
    }
}
```

設定 FileInputStream，並裝飾它，先使用 BufferedInputStream，再使用全新的 LowerCaseInputStream 過濾器。

```
I know the Decorator Pattern therefore I RULE!
```

test.txt 檔

你要製作這個檔案。

只使用資料流（stream）來讀取字元，並在過程中列印出來，直到檔案結束。

執行它：

File Edit Window Help DecoratorsRule

```
% java InputTest
i know the decorator pattern therefore i rule!
%
```

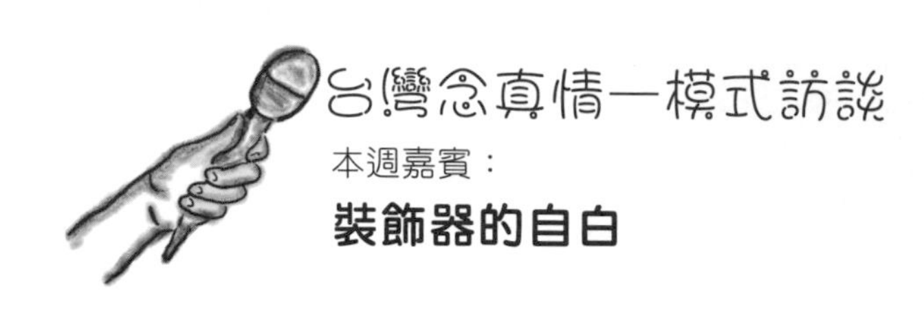

本週嘉賓：

裝飾器的自白

深入淺出主持人：歡迎裝飾器模式，聽說你最近情緒有點低落？

裝飾器：是啊，我知道大家認為我是個很有魅力的設計模式，但是你知道嗎？我也有自己的困擾，和大家一樣。

深入淺出主持人：能不能分享一下你的困擾是什麼？

裝飾器：當然。你知道我可以為設計注入彈性，雖然這是毋庸置疑的，但是我也有黑暗面。有時我會讓設計增加大量的小類別，讓人不容易理解設計。

深入淺出主持人：能不能舉個例子？

裝飾器：以 Java I/O 程式庫為例，眾所周知，第一次接觸它的人通常很難理解它，但是如果他們知道很多類別其實都只是包在 InputStream 外面的包裝，一切就簡單多了。

深入淺出主持人：這聽起來沒那麼嚴重啊，你仍然是個偉大的模式，只要教導一下大家，這種情況就可以改善了，不是嗎？

裝飾器：恐怕不只如此，我也有型態定義方面的問題。當用戶端程式依賴特殊型態的時候，有些人會魯莽地使用裝飾器。我的優點在於，*我可以讓人們透明地插入裝飾器，用戶端完全不知道它正在和裝飾器互動*，但是，正如我剛才說的，有些程式依賴特定的型態，當你加入裝飾器的時候，碰！不好的事情就發生了！

深入淺出主持人：關於這個嘛，我認為大家都知道，在插入裝飾器的時候必須很小心，這應該不是你的錯。

裝飾器：這我知道，我也試著不這麼想。我還有一個問題，就是使用裝飾器可能會讓「將組件實例化」的程式更複雜。當你使用裝飾器之後，你不但要實例化組件，也要用許多裝飾器來包裝它，天曉得會用到多少個裝飾器。

深入淺出主持人：我會在下週訪問工廠和建造者模式，聽說它們很擅長處理這種問題？

裝飾器：的確如此，我應該經常和他們聊聊。

深入淺出主持人：我們都認為你是很棒的模式，可以做出靈活的設計，並遵守開放 / 封閉原則，所以開心一點，保持正面！

裝飾器：我盡量，謝謝你。

設計工具箱裡面的工具

現在你已經完成另一章，並且在工具箱裡加入新的原則和模式了。

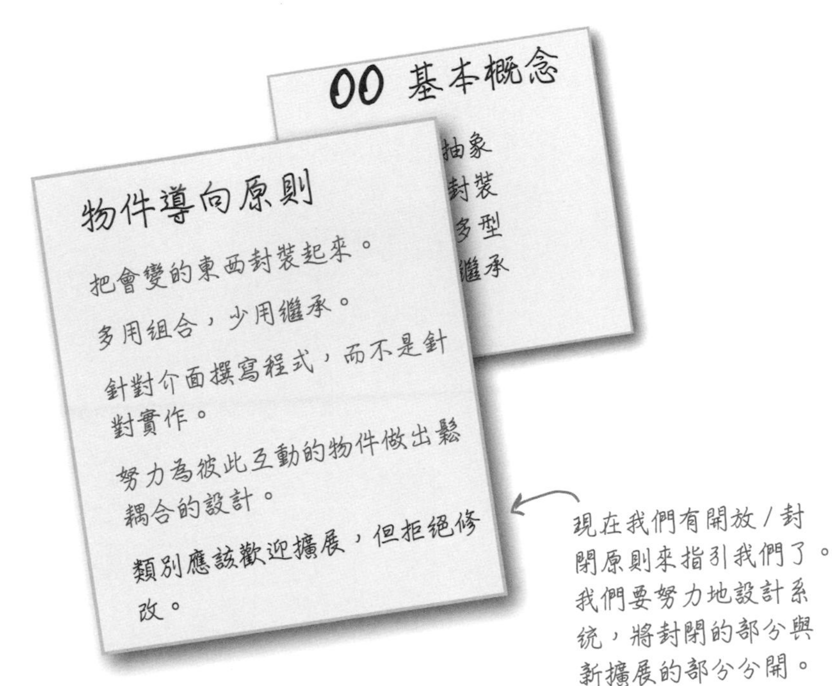

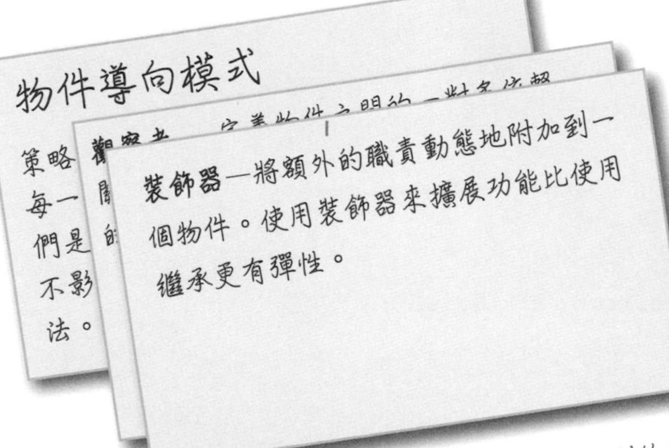

重點提示

- 繼承是一種擴展的形式，但不一定是實現靈活設計的最佳手段。
- 在設計中，我們應該讓行為可以在不必修改既有程式的情況下擴展。
- 我們可以經常使用組合與委託，在執行期加入新行為。
- 除了繼承之外，裝飾器模式也可以用來擴展行為。
- 裝飾器模式使用一組裝飾器類別來包裝具體組件。
- 裝飾器類別的型態與被它們裝飾的組件的型態相映（事實上，它們的型態與被它們裝飾的組件的型態一樣，也許是透過繼承，也許是透過介面實作）。
- 裝飾器改變組件行為的做法是在呼叫組件的方法之前或之後加入新功能（甚至取代那個方法）。
- 你可以用任意數量的裝飾器來包裝組件。
- 裝飾器對組件的用戶端來說通常是透明的，除非用戶端依賴組件的具體型態。
- 裝飾器可能讓設計有許多小物件，濫用它會讓設計變複雜。

為下面的類別編寫 cost()（可以使用虛擬 Java）。
這是我們的答案：

```
public class Beverage {

// 為 milkCost、soyCost、mochaCost
// 與 whipCost 宣告實例變數，
// 並為 milk、soy、mocha 與 whip
// 宣告 getter 與 setter。

public double cost() {

        double condimentCost = 0.0;
        if (hasMilk()) {
            condimentCost += milkCost;
        }
        if (hasSoy()) {
            condimentCost += soyCost;
        }
        if (hasMocha()) {
            condimentCost += mochaCost;
        }
        if (hasWhip()) {
            condimentCost += whipCost;
        }
        return condimentCost;
    }
}


public class DarkRoast extends Beverage {

    public DarkRoast() {
        description = "Most Excellent Dark Roast";
    }

    public double cost() {
        return 1.99 + super.cost();
    }
}
```

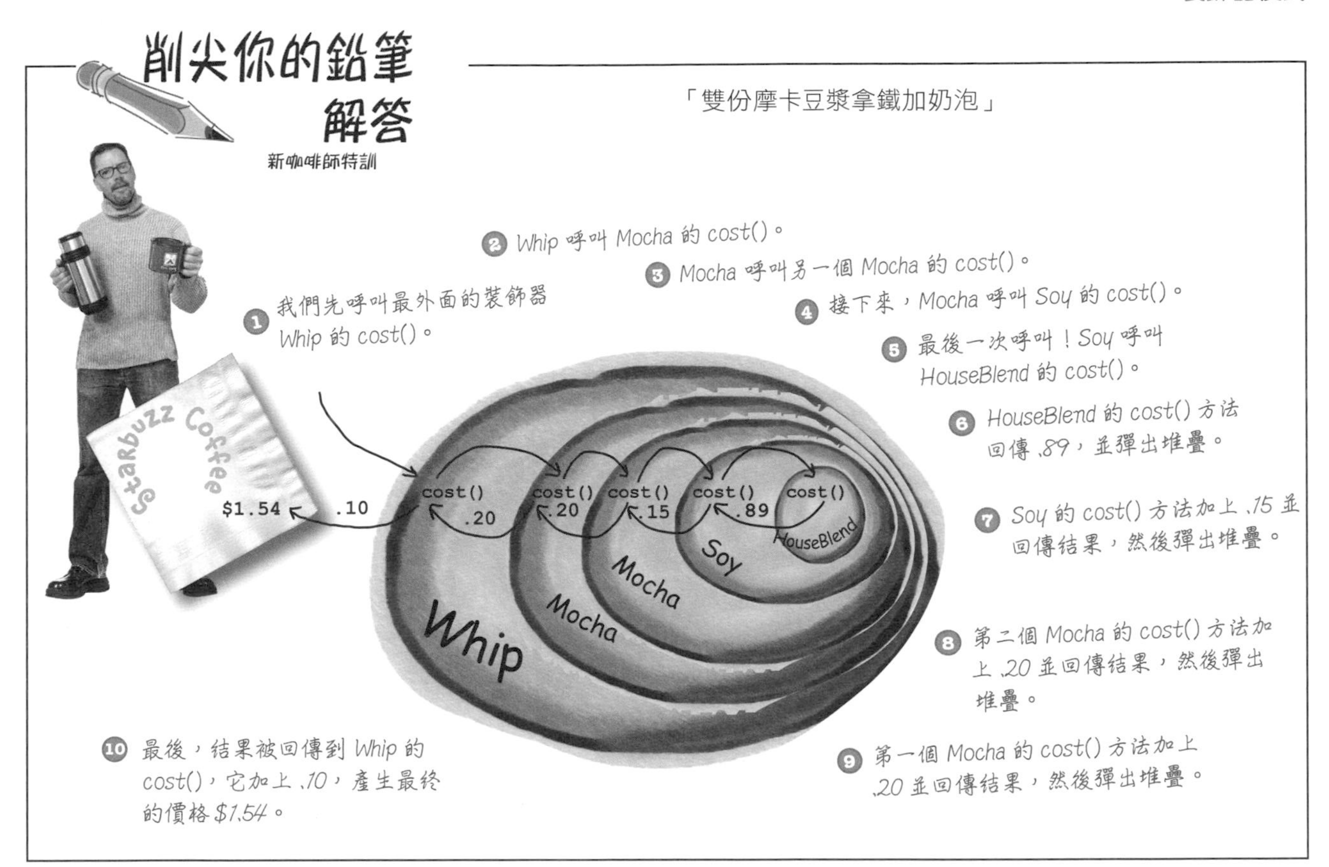
削尖你的鉛筆
解答
新咖啡師特訓
「雙份摩卡豆漿拿鐵加奶泡」
1 我們先呼叫最外面的裝飾器 Whip 的 cost()。
2 Whip 呼叫 Mocha 的 cost()。
3 Mocha 呼叫另一個 Mocha 的 cost()。
4 接下來，Mocha 呼叫 Soy 的 cost()。
5 最後一次呼叫！Soy 呼叫 HouseBlend 的 cost()。
6 HouseBlend 的 cost() 方法回傳 .89，並彈出堆疊。
7 Soy 的 cost() 方法加上 .15 並回傳結果，然後彈出堆疊。
8 第二個 Mocha 的 cost() 方法加上 .20 並回傳結果，然後彈出堆疊。
9 第一個 Mocha 的 cost() 方法加上 .20 並回傳結果，然後彈出堆疊。
10 最後，結果被回傳到 Whip 的 cost()，它加上 .10，產生最終的價格 $1.54。
cost()
.20
.15
.89
.10
$1.54
Whip
Mocha
Soy
HouseBlend
Starbuzz Coffee

削尖你的鉛筆 解答

星巴茲的朋友們決定在飲料單裡面加入飲料的大小，讓顧客可以訂購 tall、grande 和 venti 大小的咖啡（分別代表小杯、中杯和大杯），星巴茲認為大小是咖啡類別必備的部分，所以在 Beverage 類別裡面加入兩個方法：setSize() 與 getSize()。他們也想要根據飲料的大小來決定調味品的價格，例如，在小、中、大杯咖啡裡面加入豆漿分別要價 10¢、15¢ 與 20¢。

如何修改裝飾器類別，來處理這種需求的改變？這是我們的答案。

```
public abstract class CondimentDecorator extends Beverage {
    public Beverage beverage;
    public abstract String getDescription();

    public Size getSize() {
        return beverage.getSize();
    }
}
```

為回傳飲料大小的裝飾器加入 getSize() 方法。

```
public class Soy extends CondimentDecorator {
    public Soy(Beverage beverage) {
        this.beverage = beverage;
    }

    public String getDescription() {
        return beverage.getDescription() + ", Soy";
    }

    public double cost() {
        double cost = beverage.cost();
        if (beverage.getSize() == Size.TALL) {
            cost += .10;
        } else if (beverage.getSize() == Size.GRANDE) {
            cost += .15;
        } else if (beverage.getSize() == Size.VENTI) {
            cost += .20;
        }
        return cost;
    }
}
```

我們在這裡取得大小（它會一路傳播到具體的飲料），然後加上適當的價格。

4 工廠模式

烘焙 OO 的精華

我們要開始烘焙一些鬆耦合的 OO 設計了。 要製作物件，除了使用 **new** 運算子之外，你還要考慮很多事情。你將學到，「實例化」有時不應該公開進行，你也會學到，它通常會導致耦合問題。我們都不喜歡它吧？這一章會告訴你，工廠模式如何幫助你逃離令人困窘的依賴關係。

喂，已經三章了，你還沒有回答那個關於 new 的問題。你說我們不應該針對實作寫程式，但是每次使用 new 時，就是在做這件事，不是嗎？

看到「new」就要想到「具體」。

沒錯，使用 **new** 運算子就是在實例化一個具體類別，所以它當然是個實作，而不是介面。而且你的觀點很好：將程式碼和具體類別綁在一起會讓設計更脆弱、更不靈活。

```
Duck duck = new MallardDuck();
```

我們希望用抽象型態來讓程式碼更靈活。

但是我們又不得不建立具體類別的實例！

當我們有一整組彼此相關的具體類別時，我們通常會寫出這種程式：

```
Duck duck;

if (picnic) {
    duck = new MallardDuck();
} else if (hunting) {
    duck = new DecoyDuck();
} else if (inBathTub) {
    duck = new RubberDuck();
}
```

我們有一堆不同的 duck 類別，但是在執行期之前，我們不知道需要實例化哪一個。

這段程式有幾個具體類別需要實例化，但究竟要實例化哪一個，是在執行期根據一組條件來決定的。

當你看到這種程式時，你就可以知道，到了需要修改或擴展程式時，你就必須重新打開這段程式，檢查需要加入（或刪除）哪些東西。這種程式通常會在整個應用程式的好幾個地方出現，讓你難以維護和更新程式，且更容易犯錯。

但是，我們總是要建立物件吧，而且 Java 只提供一種建立物件的方式，不是嗎？那還有什麼好說的？

「new」錯在哪裡？

在技術上，**new** 運算子沒有什麼不對，畢竟它是現代的物件導向語言的基本元素。真正的罪魁禍首是我們的老朋友**會變**，以及變動如何影響 **new** 的使用。

針對介面寫程式可以將你自己和將來可能在系統上發生的更改隔離開來，為什麼？如果程式是針對介面編寫的，它可以和透過多型來實作那一個介面的任何一種新類別互動。但是，如果你讓程式使用許多具體類別，那就等於自找麻煩，因為每次有新的具體類別加入時，你就可能要修改那段程式。換句話說，你的程式不是「拒絕修改」的，為了用新的具體型態來擴展程式，你必須重新開放它。

切記，設計應該「歡迎擴展，拒絕修改。」複習一下第 3 章吧！

所以該怎麼辦？遇到這種問題時，你要回去檢討物件導向設計原則，從中尋找線索。別忘了，第一條原則處理的是變動，指引我們找出會變的層面，將它們和保持不變的部分分開。

動動腦

在你的應用程式裡面，如何將每一個實例化具體類別的部分和其餘的部分分開，或封裝起來？

找出會變的層面

假如你開了一家披薩店，身為物件村的龍頭披薩店店主，你可能會寫出這種程式：

```
Pizza orderPizza() {
        Pizza pizza = new Pizza();

        pizza.prepare();
        pizza.bake();
        pizza.cut();
        pizza.box();
        return pizza;
}
```

為了更有彈性，我們其實想要把它寫成抽象類別或介面，遺憾的是，抽象類別或介面都無法直接實例化。

但是你需要很多種披薩…

所以你要加入更多程式碼來決定正確的披薩種類，以便製作披薩：

```
Pizza orderPizza(String type) {
        Pizza pizza;

        if (type.equals("cheese")) {
            pizza = new CheesePizza();
        } else if (type.equals("greek") {
            pizza = new GreekPizza();
        } else if (type.equals("pepperoni") {
            pizza = new PepperoniPizza();
        }

        pizza.prepare();
        pizza.bake();
        pizza.cut();
        pizza.box();
        return pizza;
}
```

現在我們把披薩的種類傳入 *orderPizza*。

根據披薩的種類來實例化正確的具體類別，並將它指派給 *pizza* 實例變數。注意，這裡的每一種披薩都要實作 *Pizza* 介面。

有了 *Pizza* 之後，我們做一些準備工作（揉麵皮、放上醬料和佐料），烘烤它、切開它、把它放到盒子裡！

每一個 *Pizza* 子型態（*CheesePizza*、*GreekPizza*…等）都知道怎麼準備它自己。

但是增加更多披薩種類造成壓力

你發現所有競爭對手都在菜單裡加入一些流行的披薩口味：Clam Pizza（蛤蜊披薩）和 Veggie Pizza（素食披薩）。為了維持競爭力，顯然你必須在菜單裡面加入這些品項。而且最近 Greek 批薩賣得不太好，所以你要把它從菜單移除：

```
Pizza orderPizza(String type) {
        Pizza pizza;

        if (type.equals("cheese")) {
            pizza = new CheesePizza();
        } else if (type.equals("greek") {
            pizza = new GreekPizza();
        } else if (type.equals("pepperoni") {
            pizza = new PepperoniPizza();
        } else if (type.equals("clam") {
            pizza = new ClamPizza();
        } else if (type.equals("veggie") {
            pizza = new VeggiePizza();
        }

        pizza.prepare();
        pizza.bake();
        pizza.cut();
        pizza.box();
        return pizza;
}
```

這段程式**並未**拒絕修改。每次披薩店改變披薩品項，我們就要打開這段程式來修改。

這是會變的部分。你會隨著披薩品項不斷改變而反覆修改這段程式。

這是我們認為不變的部分，因為多年來，準備、烘烤、包裝披薩的動作都沒有變過。所以，我們認為這段程式不會改變，會變的只有它處理的披薩。

很明顯地，「決定該將哪些具體類別實例化」的部分讓 orderPizza() 方法一團亂，並且讓它無法拒絕修改。但是既然現在我們知道什麼會變、什麼不會變了，那就該把它封裝起來了。

封裝物件的建立

現在我們知道必須把建立物件的程式移出 orderPizza() 方法了，但是該怎麼做？這個嘛，我們打算把建立物件的程式移到另一個單純負責建立披薩的物件裡面。

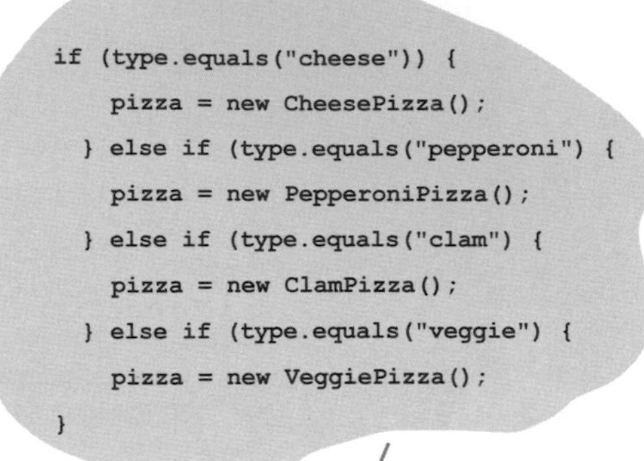


```
Pizza orderPizza(String type) {
        Pizza pizza;



        pizza.prepare();
        pizza.bake();
        pizza.cut();
        pizza.box();
        return pizza;
}
```

首先，我們把 orderPizza() 方法裡面建立物件的程式拿出來。

這裡要補上什麼？

然後把那段程式放入一個單純負責建立披薩的物件裡面。如果有物件想要建立披薩，找它就對了。

我們幫這個新物件取一個名字：工廠（Factory）。

工廠可以處理建立物件的細節。完成 SimplePizzaFactory 之後，orderPizza() 方法就變成它的用戶端了，每次它需要披薩時，它就會要求披薩工廠製作一個。orderPizza() 方法需要認識 Greek vs. Clam 披薩的日子已經過去了，現在它只要知道「它收到一個實作了 Pizza 介面的披薩，讓它可以呼叫 prepare()、bake()、cut() 與 box()」即可。

我們還有一些細節需要補充，例如，在 orderPizza() 方法裡面，原本建立物件的部分要換成什麼？我們來為披薩店實作一個簡單的工廠，看看答案是什麼…

建構簡單的披薩工廠

我們先來製作工廠本身。我們將定義一個類別，用它來封裝建立披薩物件的行為：它長這樣…

這是我們的新類別 SimplePizzaFactory，它只有一項工作：為用戶端建立披薩。

我們先在工廠裡定義 createPizza() 方法，用戶端都會使用這個方法來實例化新物件。

```
public class SimplePizzaFactory {

    public Pizza createPizza(String type) {
        Pizza pizza = null;

        if (type.equals("cheese")) {
            pizza = new CheesePizza();
        } else if (type.equals("pepperoni")) {
            pizza = new PepperoniPizza();
        } else if (type.equals("clam")) {
            pizza = new ClamPizza();
        } else if (type.equals("veggie")) {
            pizza = new VeggiePizza();
        }
        return pizza;
    }
}
```

這些是從 orderPizza() 方法拉出來的程式。

這段程式仍然使用披薩種類參數，與原本的 orderPizza() 方法一樣。

問：這樣做有什麼好處？看起來，你只是把問題搬到另一個物件裡面而已。

答：別忘了，SimplePizzaFactory 可能有許多用戶端，雖然目前只有 orderPizza() 方法，但是我們可能還有 PizzaShopMenu 類別會使用這個工廠來取得披薩，用來顯示披薩的說明和價格。我們可能也會使用 HomeDelivery 類別，採取和 PizzaShop 不一樣的方式來處理披薩，它也是工廠的用戶端。

所以，將建立披薩的程式封裝成一個類別之後，在處理變動時，我們只需要修改一個地方。

而且，別忘了，我們也幫用戶端拿掉具體實例化的程式碼。

問：有些類似的設計將工廠定義成靜態（static）方法，它們有何不同？

答：將簡單的工廠定義成靜態方法是常見的技術，通常稱為靜態工廠，為什麼要使用靜態方法？因為如此一來，你就不需要為了使用 create（建立）方法而進行物件實例化了，但是這種做法也有一項缺點－你無法繼承並修改 create 方法的行為。

修改 PizzaStore 類別

接下來我們要修改用戶端程式。我們打算讓工廠為我們建立披薩，這是改好的程式：

我們先給 PizzaStore 一個指向 SimplePizzaFactory 的參考。

PizzaStore 在建構式裡面接收傳來的工廠。

```
public class PizzaStore {
    SimplePizzaFactory factory;

    public PizzaStore(SimplePizzaFactory factory) {
        this.factory = factory;
    }

    public Pizza orderPizza(String type) {
        Pizza pizza;

        pizza = factory.createPizza(type);

        pizza.prepare();
        pizza.bake();
        pizza.cut();
        pizza.box();

        return pizza;
    }

    // 其他的方法
}
```

orderPizza() 方法將訂單的種類傳給工廠，用它來建立披薩。

注意，我們將 new 運算子換成 factory 物件的 createPizza 方法了。這裡沒有具體實例化了！

動動腦

我們知道，物件組合可以在執行期動態地改變行為（還有做很多其他事情），因為我們可以替換不同的實作。如何在 PizzaStore 裡面使用它？有哪些工廠實作可以讓我們自由替換？

不知道你想到什麼，但我想到紐約、芝加哥、加州風格的披薩工廠（噢，別忘了紐哈芬市）。

定義簡單工廠

簡單工廠（Simple Factory）其實不是設計模式，它比較像習慣寫法。但是它很常見，所以我們決定表揚它，頒給他「深入淺出榮譽模式獎」。有些開發者誤以為這種習慣寫法是工廠模式，下一次你聽到有人這樣說時，你可以善巧地說明你所知道的事情，千萬不要盛氣凌人地告訴他們兩者的區別。

雖然簡單工廠不是真正的模式，但我們還是要了解一下它的用法。我們來看一下新的 Pizza Store 的類別圖：

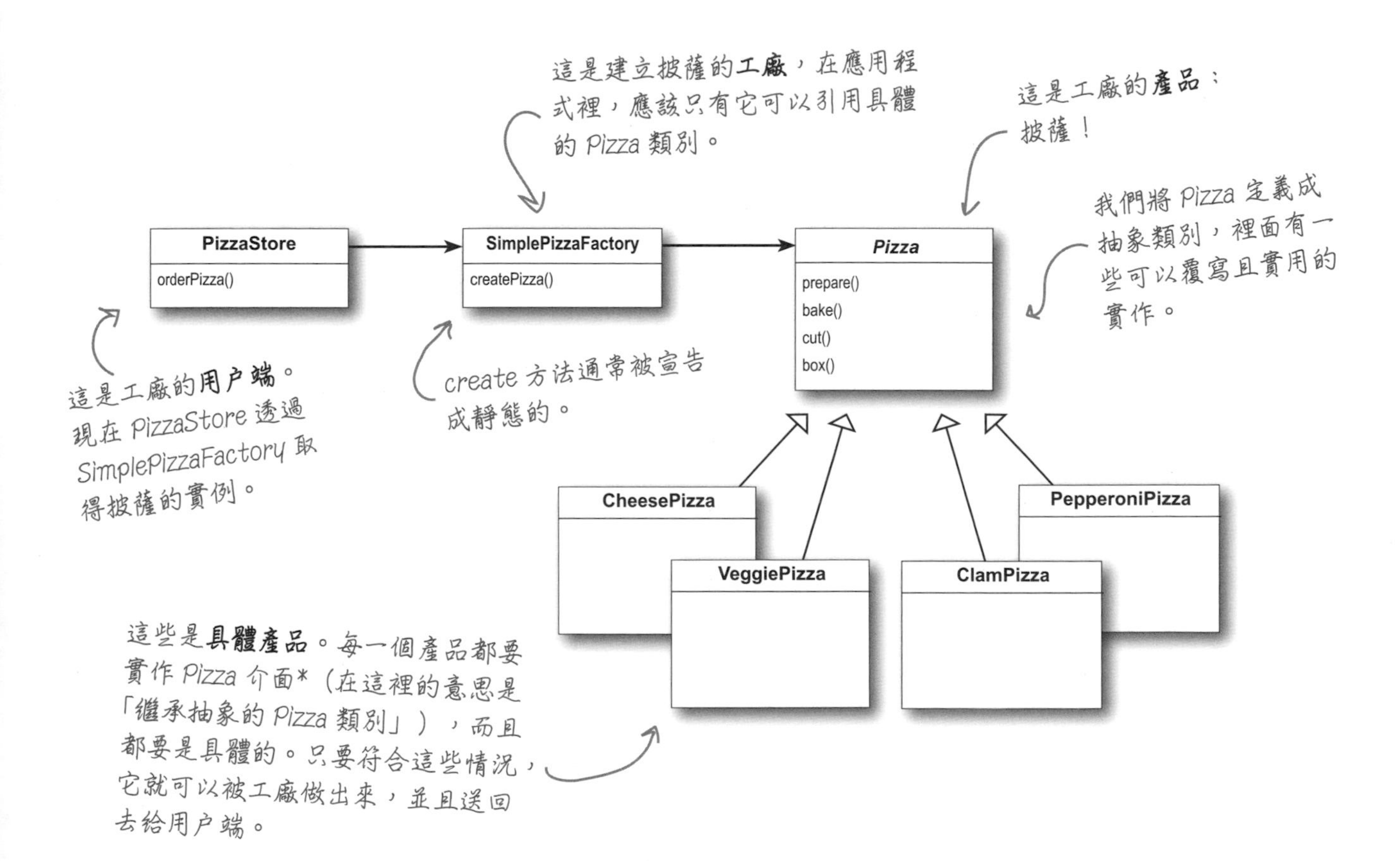

你可以把簡單工廠當成暖身，接下來，我們要研究兩種重量級的工廠模式。但是別擔心，未來還會有更多披薩！

* 再提醒一次：在設計模式裡，「實作介面」這句話**不一定**代表「在類別宣告式裡面使用『implements』來編寫一個實作了 Java 介面的類別」。廣義來說，讓一個具體的類別實作超型態（可能是抽象類別**或是**介面）的方法仍然可以視為「實作」那個超型態的「介面」。

加盟披薩店

你的物件村披薩店業績蒸蒸日上，打敗了競爭對手，現在大家都希望你在他家附近開一家披薩店。身為連鎖企業，你想要確保連鎖店都有優良的品質，所以想要讓他們使用經過時間考驗的程式碼。

但是要怎麼處理地域差異？加盟店可能想要根據連鎖店的位置，以及該地區的口味，提供不同種類的披薩（紐約、芝加哥、加州…等）。

沒錯，美國各地區的披薩風格大異其趣，從芝加哥的超厚披薩，到紐約的薄皮披薩，到加州的薄脆披薩（有人說加州的特點是加上水果和堅果）。

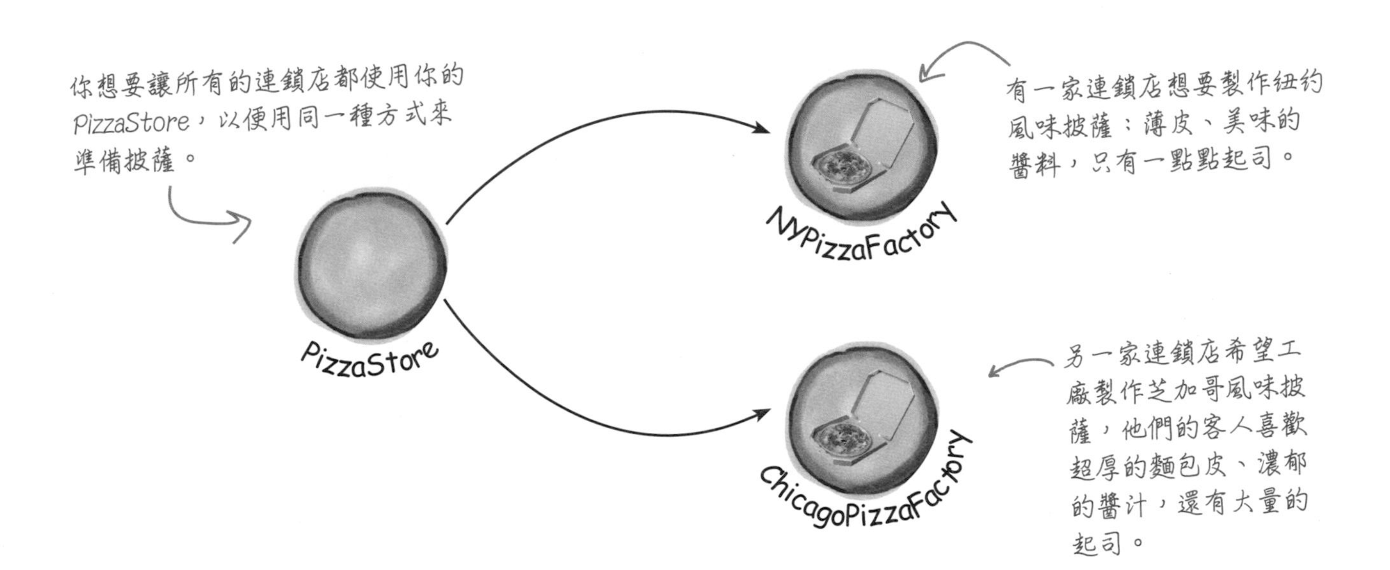

我們已經看過一種做法了…

如果我們拿掉 SimplePizzaFactory，並建立三種不同的工廠（NYPizzaFactory、ChicagoPizzaFactory 與 CaliforniaPizzaFactory），就可以將 PizzaStore 與適當的工廠組合起來，讓連鎖店開始使用了。這是一種做法。

我們來看看這樣做會怎樣…

```
NYPizzaFactory nyFactory = new NYPizzaFactory();
PizzaStore nyStore = new PizzaStore(nyFactory);
nyStore.orderPizza("Veggie");
```

建立一個製作紐約風格披薩的工廠。

然後建立一個 PizzaStore，並將指向紐約工廠的參考傳給它。

…製作披薩時，我們會得到紐約風味的披薩。

```
ChicagoPizzaFactory chicagoFactory = new ChicagoPizzaFactory();
PizzaStore chicagoStore = new PizzaStore(chicagoFactory);
chicagoStore.orderPizza("Veggie");
```

對芝加哥披薩店也是如此：我們建立芝加哥披薩的工廠，並建立一個 store，將它與芝加哥工廠組合起來。製作披薩時，我們會得到芝加哥風味的披薩。

但是你想要稍微更嚴格地控制品質…

所以你透過市場來測試一下 SimpleFactory 想法，你發現，雖然連鎖店的確使用你的工廠來製作披薩，但他們開始在其餘的程序採取自創的流程，他們會用稍微不同的方式烤披薩，也會忘記切開披薩，有的甚至使用別人的包裝盒。

稍微檢討一下這個問題之後，你意識到，你必須製作一個框架來將披薩店和披薩的製作綁在一起，同時也要保持一些彈性。

在 SimplePizzaFactory 之前的程式中，我們曾經將製作披薩的程式與 PizzaStore 綁在一起，但是它並不靈活。那麼，該如何既取得披薩，又能吃掉它呢？

我已經烤了好幾年的披薩了，我想要在 PizzaStore 程序裡，加入自己的「改良」…

優秀的連鎖店不該如此，你一定**不**想要知道他在披薩裡面放什麼。

為披薩店設計的框架

有一種做法可以在 PizzaStore 類別裡面將所有的披薩製作動作局部化（localize），同時讓連鎖店可以自由地製作地區風味。

我們的做法是把 createPizza() 方法放回去 PizzaStore，但是這次是將它做成抽象方法，然後為各個地區風味製作一個 PizzaStore 子類別。

我們先來看一下如何修改 PizzaStore：

現在 PizzaStore 是抽象的（等一下會說明原因）。

```
public abstract class PizzaStore {

    public Pizza orderPizza(String type) {
        Pizza pizza;

        pizza = createPizza(type);

        pizza.prepare();
        pizza.bake();
        pizza.cut();
        pizza.box();

        return pizza;
    }

    abstract Pizza createPizza(String type);
}
```

現在 createPizza 又恢復成呼叫 PizzaStore 裡面的方法，而不是 factory 物件的方法了。

這些看起來是相同的…

現在將工廠物件移到這個方法。

現在的「工廠方法」是在 PizzaStore 裡面的抽象方法。

現在我們有一個等著做出子類別的商店，我們會幫每一個地區型態（NYPizzaStore、ChicagoPizzaStore、CaliforniaPizzaStore）建立一個子類別，並且讓各個子類別決定如何製作披薩。我們來看一下這是怎麼動作的。

讓子類別做決定

別忘了，Pizza Store 的 orderPizza() 方法裡面已經有一個不錯的訂餐系統了，你想要確保它在所有的連鎖店裡面都是一致的。

各個地區的 Pizza Store 不一樣的地方在於它們的披薩口味，紐約披薩使用薄皮，芝加哥使用厚皮…等。我們等一下會將這些變化推送到 createPizza() 方法，讓它負責建立正確的披薩種類。我們的做法是讓 Pizza Store 的各個子類別定義 createPizza() 方法的樣子。所以，我們會有一些 Pizza Store 的具體子類別，每一個都有它自己的披薩風味，它們都屬於 Pizza Store 框架，並且仍然使用妥善調過的 orderPizza() 方法。

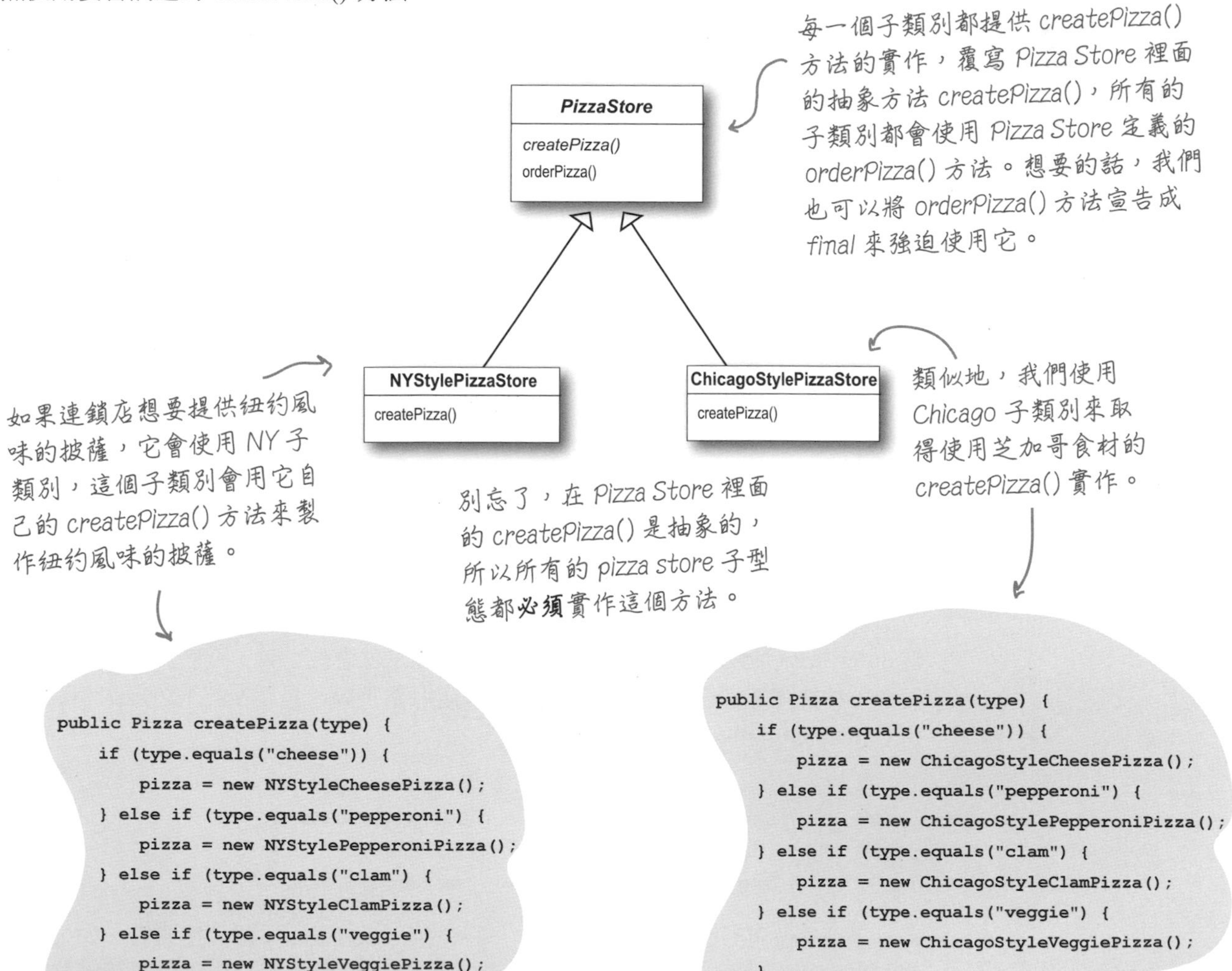

我不太懂，PizzaStore 的子類別都只是子類別，它們是怎麼決定任何事情的？我沒辦法在 NYStylePizzaStore 裡面找到任何做決定的程式碼…

關於這個問題，你要從 PizzaStore 的 orderPizza() 方法的觀點來思考：它是在抽象的 PizzaStore 裡面定義的，但是具體型態只會在子類別裡面建立。

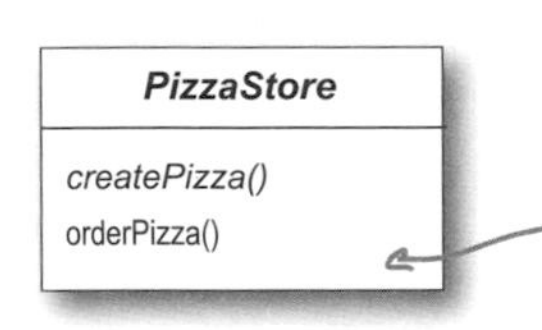

orderPizza() 是在抽象的 PizzaStore 裡面定義的，不是在子類別裡面。所以，這個方法不知道哪個子類別實際執行程式與製作披薩。

進一步看，orderPizza() 方法用 Pizza 物件做很多事情（例如準備、烘烤、切開、包裝），但是因為 Pizza 是抽象的，所以 orderPizza() 不知道有哪些實際的具體類別參與其中。換句話說，它是解耦合的！

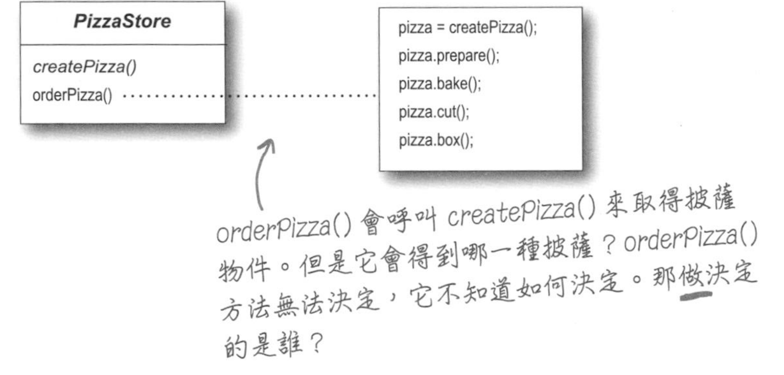

當 orderPizza() 呼叫 createPizza() 時，某個子類別就會被呼叫，用來製作一個披薩。做哪一種披薩？當然要看你向哪一家披薩店訂購披薩，是 NYStylePizzaStore，還是 ChicagoStylePizzaStore。

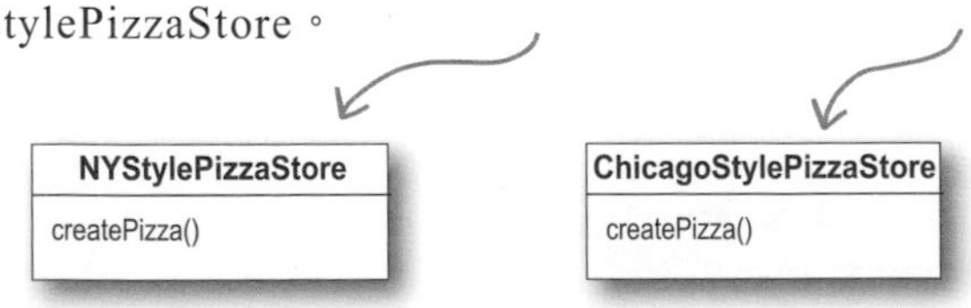

所以子類別做出即時的決定嗎？沒有，但是從 orderPizza() 的角度來看，如果你選擇 NYStylePizzaStore，決定做哪一種披薩的就是那個子類別。所以子類別其實沒有「做決定」，決定向哪一家訂餐的人是你，但是它們確實決定了做出來的是哪一種披薩。

我們來製作披薩店

加盟是有好處的，你會免費獲得所有的 PizzaStore 功能。各地區的連鎖店只要繼承 PizzaStore，並提供一個 createPizza() 方法來實作他們的風味就好了。我們要為連鎖店製作三大披薩風味。

這是紐約風味：

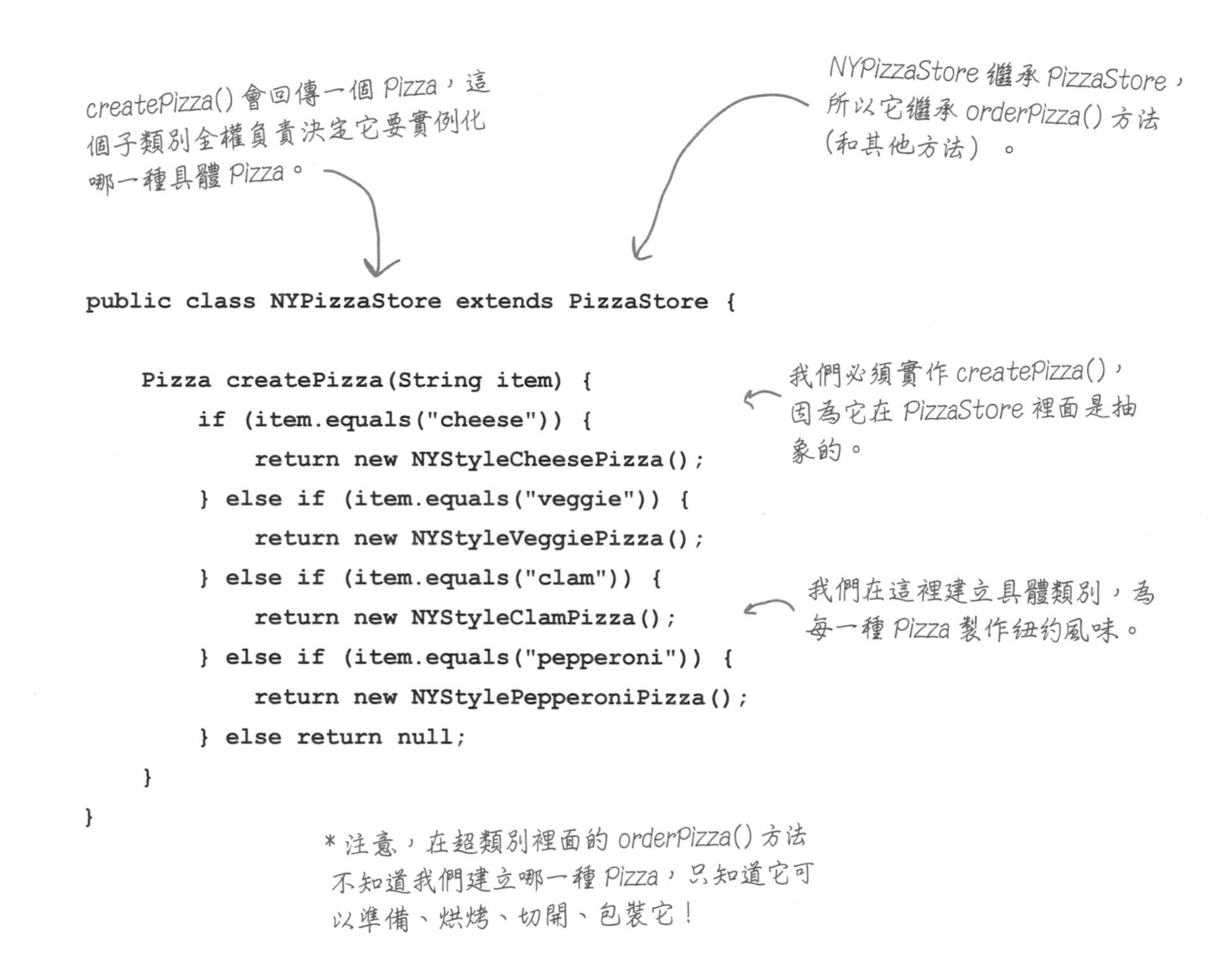


```java
public class NYPizzaStore extends PizzaStore {

    Pizza createPizza(String item) {
        if (item.equals("cheese")) {
            return new NYStyleCheesePizza();
        } else if (item.equals("veggie")) {
            return new NYStyleVeggiePizza();
        } else if (item.equals("clam")) {
            return new NYStyleClamPizza();
        } else if (item.equals("pepperoni")) {
            return new NYStylePepperoniPizza();
        } else return null;
    }
}
```

做好 PizzaStore 的子類別之後，我們要來訂購一兩份披薩，看看運作的情況了。但是在此之前，先在下一頁完成芝加哥風味和加州風味的披薩店！

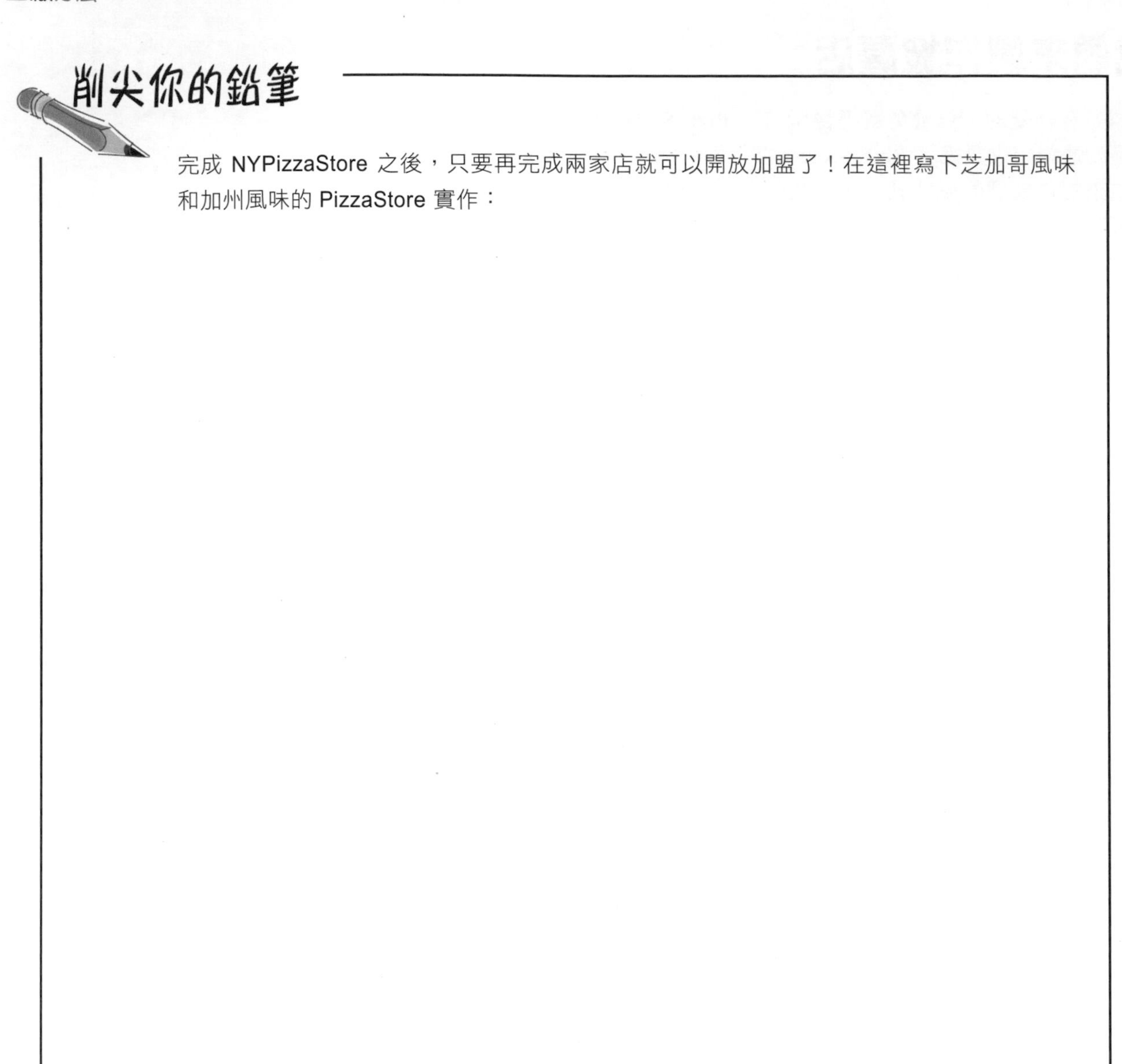

削尖你的鉛筆

完成 NYPizzaStore 之後，只要再完成兩家店就可以開放加盟了！在這裡寫下芝加哥風味和加州風味的 PizzaStore 實作：

宣告工廠方法

我們只要稍微修改 PizzaStore 類別，就可以將「使用一個物件來做具體類別的實例化」改成「用一組子類別來處理這項工作」。讓我們仔細研究這個模式：

```
public abstract class PizzaStore {

    public Pizza orderPizza(String type) {
        Pizza pizza;

        pizza = createPizza(type);

        pizza.prepare();
        pizza.bake();
        pizza.cut();
        pizza.box();

        return pizza;
    }

    protected abstract Pizza createPizza(String type);

    // 其他的方法
}
```

PizzaStore 的子類別在 createPizza() 方法裡面將我們要處理的物件實例化。

NYStylePizzaStore
createPizza()

ChicagoStylePizzaStore
createPizza()

實例化 Pizza 的職責都被移到扮演**工廠的方法**裡面了。

程式碼探究

工廠方法可以處理物件的建立，並將這項工作封裝在子類別裡面。它可以將超類別裡面的用戶端程式碼和子類別裡面的建立物件程式碼解耦合。

```
abstract Product factoryMethod(String type)
```

工廠方法可以使用參數（或不使用）來選擇各種產品。

這個工廠方法是抽象的，所以建立物件是子類別的職責。

這個工廠方法回傳 Product，通常在超類別定義的方法裡面使用。

這個工廠方法可讓用戶端（超類別的程式碼，例如 orderPizza()）不必知道實際建立的是哪一種具體 Product。

我們來看一下它是怎麼工作的：用披薩工廠方法來訂購披薩

他們該怎麼訂？

1. 首先，Joel 與 Ethan 需要一個 PizzaStore 實例。Joel 要實例化 ChicagoPizzaStore，Ethan 要實例化 NYPizzaStore。
2. 有了 PizzaStore 之後，Ethan 與 Joel 都呼叫 orderPizza() 方法，並將他們想要的披薩種類（起司、素食…等）傳給它。
3. 呼叫 createPizza() 方法來建立披薩，這個方法是在 NYPizzaStore 與 ChicagoPizzaStore 這兩個子類別裡面定義的。根據我們的定義，NYPizzaStore 會實例化紐約風味的披薩，ChicagoPizzaStore 會實例化芝加哥風味的披薩。無論使用哪一種，Pizza 都會被回傳給 orderPizza() 方法。
4. orderPizza() 方法不知道做出來的是哪一種披薩，但是它知道它是個披薩，所以它為 Ethan 和 Joel 準備、烘烤、切開並包裝它。

我們來看看這些披薩是怎麼根據訂單來製作的…

1 我們用 Ethan 的訂單來討論：首先，我們需要一個 NYPizzaStore：

```
PizzaStore nyPizzaStore = new NYPizzaStore();
```

建立一個 NYPizzaStore 的實例。

nyPizzaStore

2 有了商店之後，我們可以接收訂單了：

```
nyPizzaStore.orderPizza("cheese");
```

在這裡呼叫的是 nyPizzaStore 實例的 orderPizza() 方法（在 PizzaStore 裡面定義的方法）。

createPizza("cheese")

3 orderPizza() 方法呼叫 createPizza() 方法：

```
Pizza pizza  = createPizza("cheese");
```

別忘了，createPizza() 這個工廠方法是在子類別裡面實作的。在這個例子，它會回傳紐約風味的起司 Pizza。

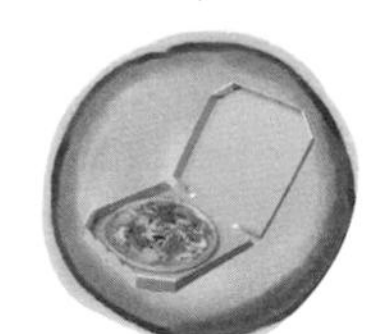

Pizza

4 最後，我們拿到尚未準備的披薩，orderPizza() 方法會把它準備好：

```
pizza.prepare();
pizza.bake();
pizza.cut();
pizza.box();
```

這些方法都是在 NYPizzaStore 定義的工廠方法 createPizza() 所回傳的特定披薩裡面定義的。

orderPizza() 方法取回 Pizza，但不知道它的具體類別。

我們漏掉一個東西了：披薩！

如果沒有披薩，我們的 Pizza Store 就不會爆紅，所以我們來實作它們

我們先寫出抽象類別 Pizza，以及從它衍生出來的所有具體披薩。

每一個 Pizza 都有一個名稱（name）、一種餅皮（dough）、一種醬料（sauce），以及一組配料（toppings）。

準備流程是一組有特定順序的步驟。

這個抽象類別為烘烤、切開、包裝提供基本的預設值。

```
public abstract class Pizza {
    String name;
    String dough;
    String sauce;
    List<String> toppings = new ArrayList<String>();

    void prepare() {
        System.out.println("Preparing " + name);
        System.out.println("Tossing dough...");
        System.out.println("Adding sauce...");
        System.out.println("Adding toppings: ");
        for (String topping : toppings) {
            System.out.println("   " + topping);
        }
    }

    void bake() {
        System.out.println("Bake for 25 minutes at 350");
    }

    void cut() {
        System.out.println("Cutting the pizza into diagonal slices");
    }

    void box() {
        System.out.println("Place pizza in official PizzaStore box");
    }

    public String getName() {
        return name;
    }
}
```

切記：為了節省篇幅，在程式碼裡面沒有 import 和 package 陳述式。你可以在 https://wickedlysmart.com/head-first-design-patterns 下載完整的原始碼。

如果你在書中一時找不到這個 URL，你可以在「簡介」小節快速地找到它。

只剩下一些具體的子類別要做了…我們來定義紐約和芝加哥風味的起司披薩怎麼樣？

```
public class NYStyleCheesePizza extends Pizza {

    public NYStyleCheesePizza() {
        name = "NY Style Sauce and Cheese Pizza";
        dough = "Thin Crust Dough";
        sauce = "Marinara Sauce";

        toppings.add("Grated Reggiano Cheese");
    }
}
```

紐約的披薩有它自己的紅醬和薄餅皮。

還有一種配料，瑞吉阿諾起司！

```
public class ChicagoStyleCheesePizza extends Pizza {

    public ChicagoStyleCheesePizza() {
        name = "Chicago Style Deep Dish Cheese Pizza";
        dough = "Extra Thick Crust Dough";
        sauce = "Plum Tomato Sauce";

        toppings.add("Shredded Mozzarella Cheese");
    }

    void cut() {
        System.out.println("Cutting the pizza into square slices");
    }
}
```

芝加哥披薩使用李子蕃茄醬，以及超厚的餅皮。

芝加哥風味的超厚披薩有許多莫札瑞拉起司！

芝加哥風味的披薩覆寫 cut() 方法，將披薩切成方塊狀。

久等了，我們來享用披薩吧！

```
public class PizzaTestDrive {

    public static void main(String[] args) {
        PizzaStore nyStore = new NYPizzaStore();
        PizzaStore chicagoStore = new ChicagoPizzaStore();

        Pizza pizza = nyStore.orderPizza("cheese");
        System.out.println("Ethan ordered a " + pizza.getName() + "\n");

        pizza = chicagoStore.orderPizza("cheese");
        System.out.println("Joel ordered a " + pizza.getName() + "\n");
    }
}
```

先建立兩個不同的披薩店。

用一家店來製作 Ethan 的單…

…用另一家店來製作 Joel 的。

```
File Edit Window Help YouWantMootzOnThatPizza?
%java PizzaTestDrive

Preparing NY Style Sauce and Cheese Pizza
Tossing dough...
Adding sauce...
Adding toppings:
   Grated Reggiano cheese
Bake for 25 minutes at 350
Cutting the pizza into diagonal slices
Place pizza in official PizzaStore box
Ethan ordered a NY Style Sauce and Cheese Pizza

Preparing Chicago Style Deep Dish Cheese Pizza
Tossing dough...
Adding sauce...
Adding toppings:
   Shredded Mozzarella Cheese
Bake for 25 minutes at 350
Cutting the pizza into square slices
Place pizza in official PizzaStore box
Joel ordered a Chicago Style Deep Dish Cheese Pizza
```

兩份披薩都準備好了，它們都已經加上配料、烘烤、切開，以及包裝好了。超類別絕對不需要知道細節，子類別藉著實例化正確的披薩來處理它們。

終於要和工廠方法模式見面了

所有的工廠模式都會將「物件的建立」封裝起來。工廠方法模式（Factory Method Pattern）藉著讓子類別決定想要建立的物件，來將物件的建立封裝起來。我們用類別圖來看看這個模式有哪些成員：

建立者（Creator）類別

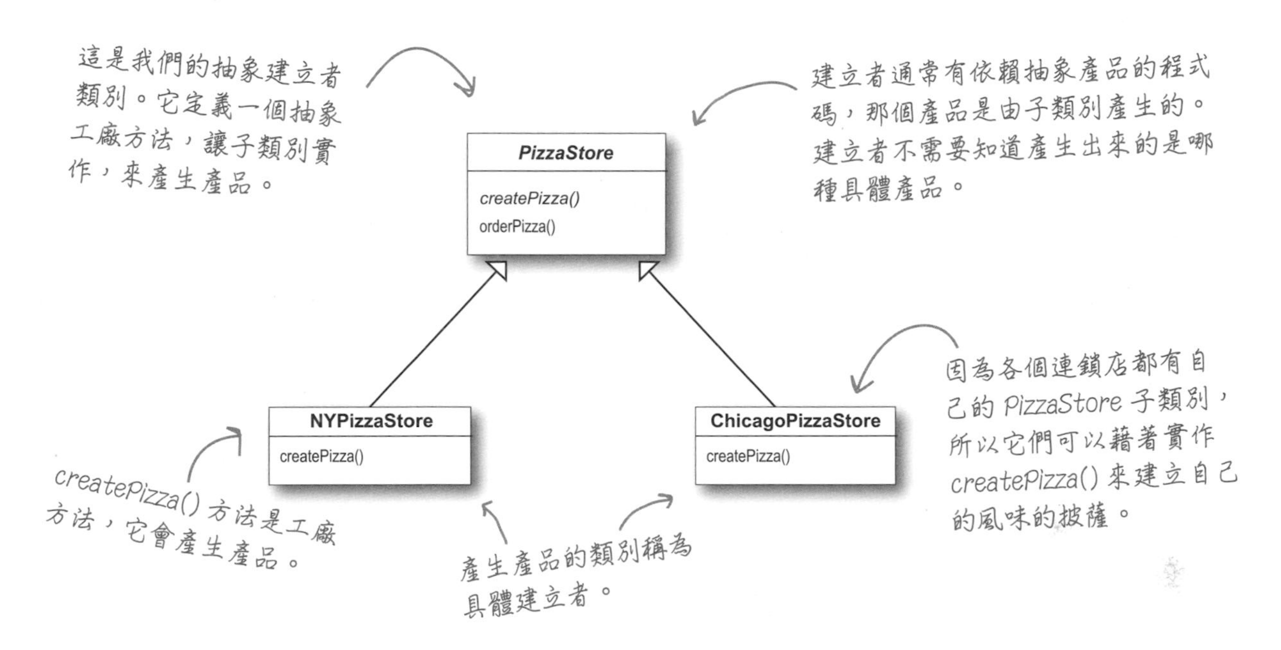

產品（Product）類別

工廠製作產品，在 PizzaStore 裡，產品是 Pizza。

Pizza

它們是具體產品，所有的披薩都是由我們的店產生的。

NYStyleCheesePizza
NYStylePepperoniPizza
NYStyleClamPizza
NYStyleVeggiePizza

ChicagoStyleCheesePizza
ChicagoStylePepperoniPizza
ChicagoStyleClamPizza
ChicagoStyleVeggiePizza

將建立者與產品視為平行的

每一個具體的建立者通常都有一組它要建立的產品。芝加哥披薩建立者會建立各種類型的芝加哥風味披薩，紐約披薩建立者會建立各種類型的紐約風味披薩，以此類推。事實上，我們可以將建立者類別和對應的產品類別視為平行的階層。

我們用兩個平行的類別階層來看一下它們之間的關係：

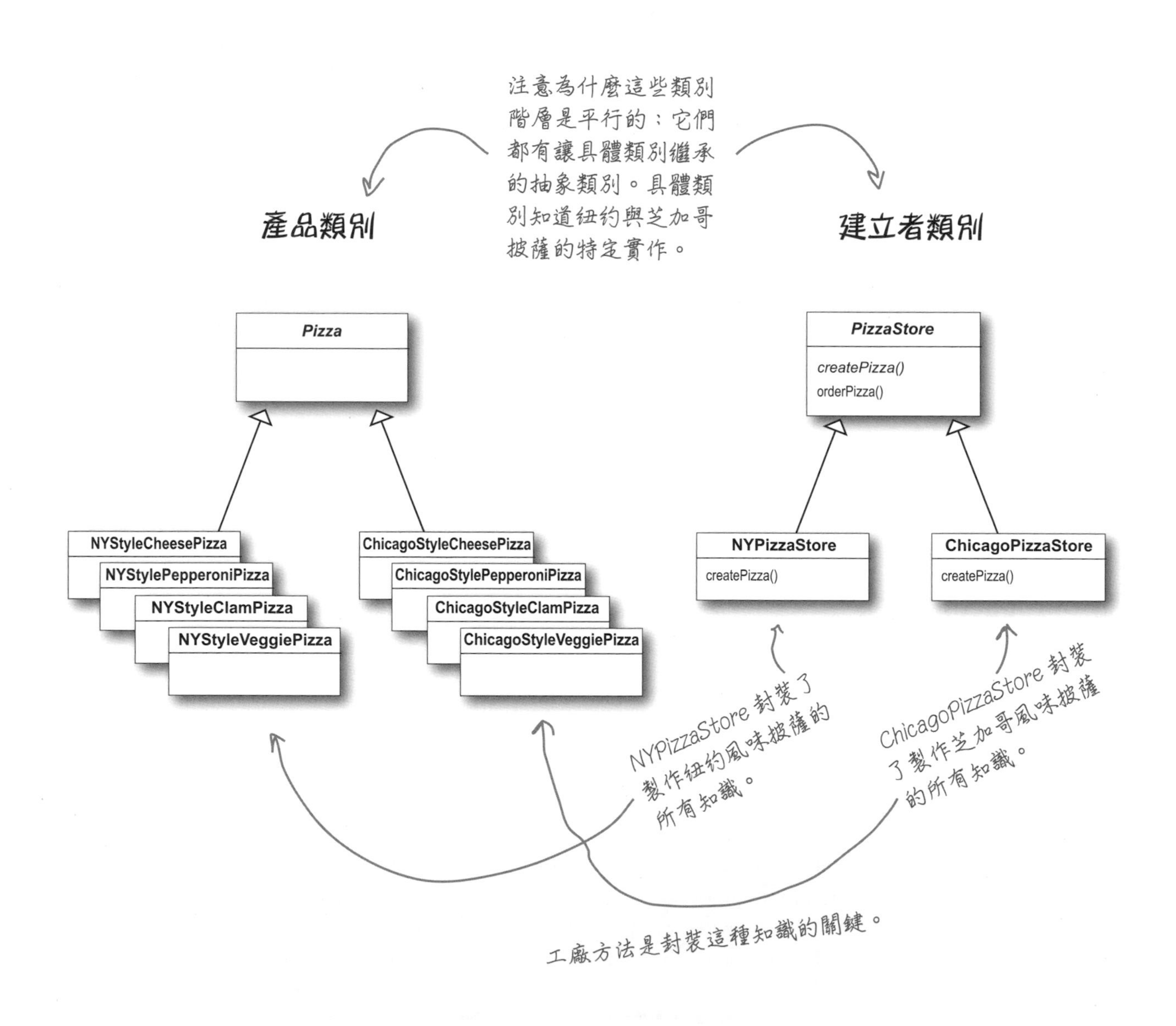

設計謎題

我們想要提供另一種披薩來滿足加州人瘋狂的需求（當然，這裡的瘋狂是好的一面）。畫出另一組平行的類別，將新的加州區域加入我們的 PizzaStore。

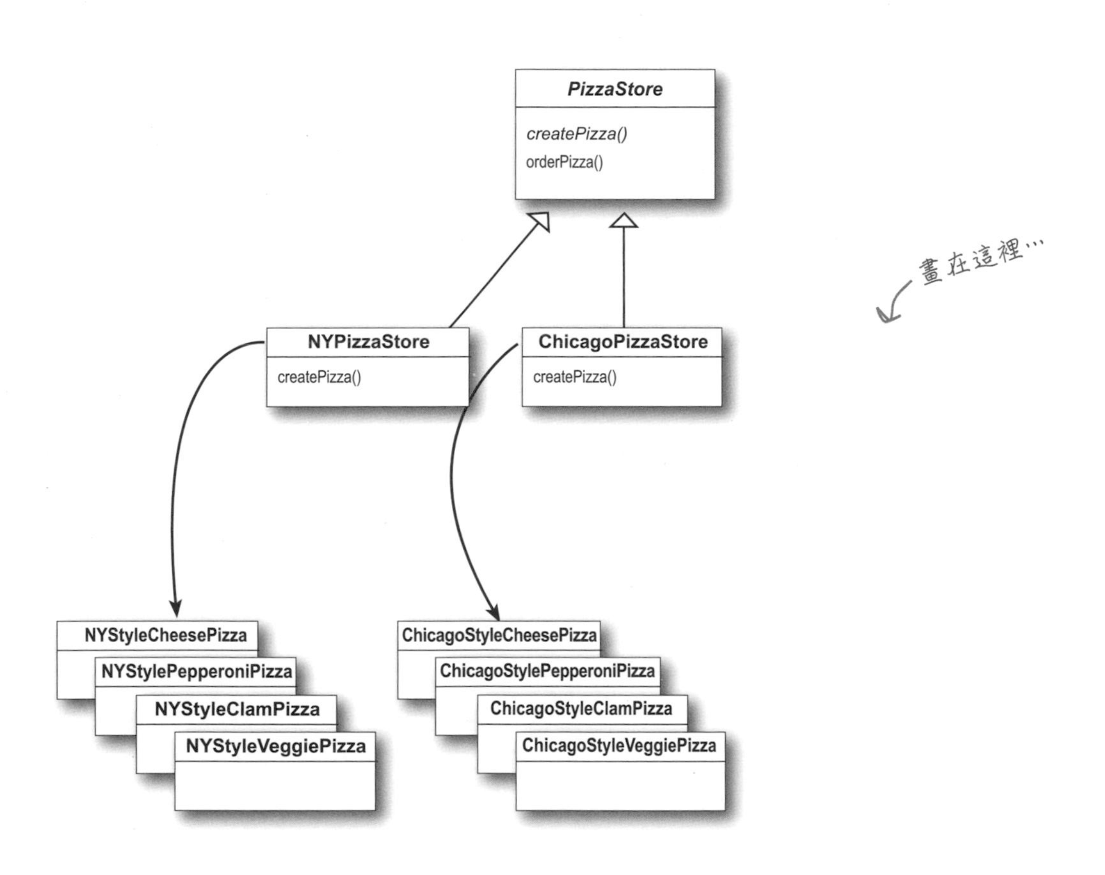

OK，現在發揮想像力，寫下五種你認為「最奇特」的披薩配料，然後，你就可以在加州開披薩店了！

____

____

____

____

____

定義工廠方法模式

是時候展示工廠方法模式的官方定義了：

> **工廠方法模式**定義了一個創建物件的介面，但是它讓子類別決定想要實例化哪一個類別。工廠方法可讓一個類別將實例化的動作推遲到子類別。

如同所有工廠，工廠方法模式可讓我們將具體型態的實例化封裝起來。在下面的類別圖中，你可以看到抽象的 Creator 類別提供一個介面，裡面有一個建立物件的方法，也稱為「工廠方法」。在抽象的 Creator 裡面實作的其他方法都是用來處理工廠方法生產出來的產品的。真正實作工廠方法與建立產品的是子類別。

正如同官方定義所說的，你通常會聽到開發者說：「工廠方法模式可以讓子類別決定想要實例化的類別。」因為我們在寫 Creator 類別時，不知道哪些產品會被建立出來，所以我們說的「決定」不是指這個模式可讓子類別本身做決定，而是指使用某個的子類別來建立產品這個決定。

你可以問他們「決定」是什麼意思，我敢打賭，你一定比他們更了解！

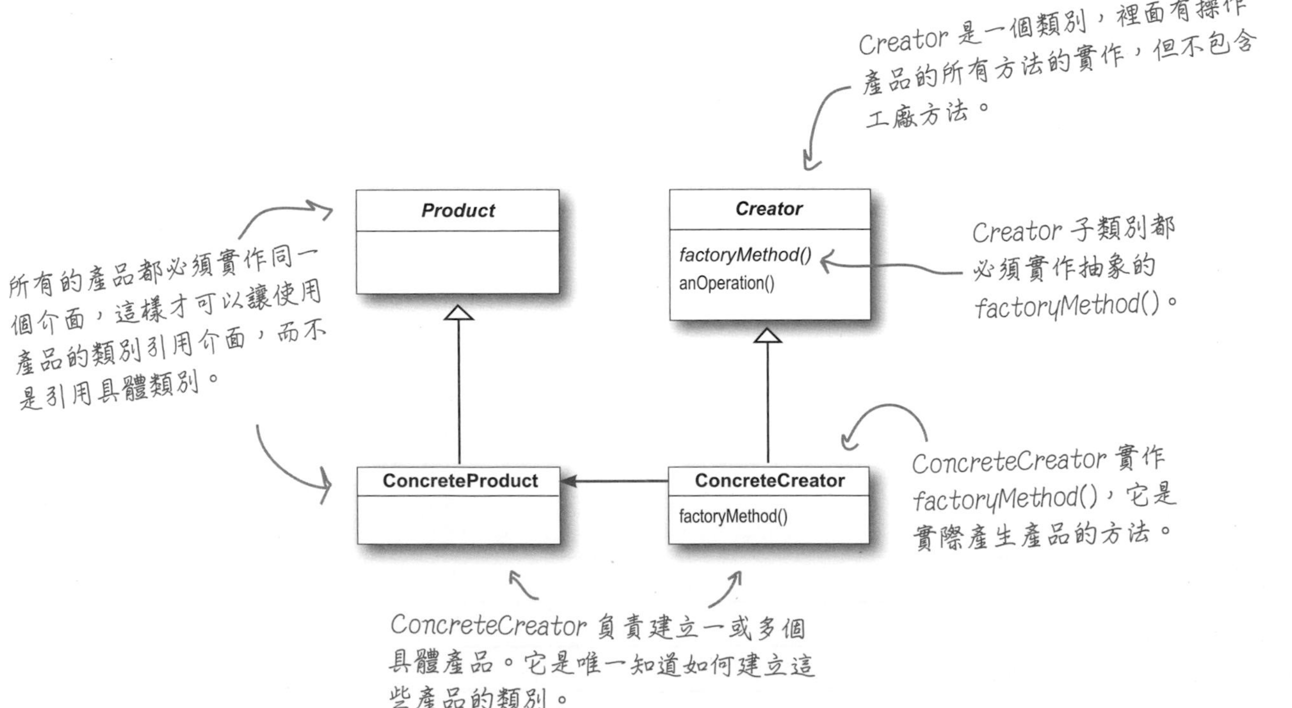

問：**ConcreteCreator 只有一個時，工廠方法模式有什麼好處？**

答：工廠方法模式在你只有一個具體建立者的時候很好用，因為你可以防止產品的實作和它的用法出現耦合。如果你需要加入額外的產品，或改變產品的實作，它不會影響你的 Creator（因為 Creator 沒有和任何 ConcreteProduct 緊密地耦合）。

問：**我們可以說，紐約和芝加哥店都是用簡單工廠（Simple Factory）實作的嗎？看起來似乎如此。**

答：雖然這兩種做法很像，但是用法不同。具體的披薩店實作看起來很像 SimplePizzaFactory，但別忘了，具體披薩店繼承的類別定義了一個抽象方法 createPizza()，createPizza() 方法的行為是由每一家店定義的。在簡單工廠裡，工廠是與 PizzaStore 組合在一起的另一個物件。

問：**工廠方法與 Creator 類別一定是抽象的嗎？**

答：不是，你可以定義預設的工廠方法來產生一些具體的產品。如此一來，即使 Creator 類別沒有任何子類別，你還是可以製作產品。

問：**每一家店都可以根據它收到的披薩類型，製作四種不同類型的披薩，所有具體的建立者都要製作多個產品嗎？還是有時可以只製作一個？**

答：我們製作的結構就是所謂的參數化工廠方法，它可以根據傳來的參數製作多個物件，就像你看到的那樣。但是，工廠通常只會製作一個物件，而且不使用參數。這兩種形式都是有用的模式。

問：**用 String 型態來傳遞參數似乎不太「安全」，萬一有人把 ClamPizza 寫錯了，變成要求「CalmPizza」呢？**

答：你說得對極了，而且這會造成業界所謂的「執行期錯誤」。你可以用一些更精密的技術來讓參數更「型態安全」，意思是，確保參數的錯誤可以在編譯期抓到。例如，你可以建立代表參數種類的物件、使用靜態常數，或使用 enum。

問：**我還是不太理解簡單工廠（Simple Factory）與工廠方法（Factory Method）有什麼不同，它們看起來很像，只不過在工廠方法裡，回傳披薩的類別是個子類別，可以再解釋一下嗎？**

答：工廠方法的子類別看起來的確很像簡單工廠，但是你可以把簡單工廠當成一次性的做法，工廠方法則是建立一個框架，可讓子類別決定要使用哪種實作。例如，在工廠方法模式裡面的 orderPizza() 方法是製作披薩的通用框架，它依靠工廠方法來建立具體的類別，用來製作實際的披薩，透過製作 PizzaStore 的子類別，你決定了 orderPizza() 回傳的披薩是由誰製作的。簡單工廠可以將物件的建立封裝起來，但是無法提供工廠方法的彈性，因為你無法改變你所建立的產品。

大師和門徒…

大師：徒兒，跟為師說一下你的修練成果。

門徒：師父，我更明白「封裝會變的東西」了。

大師：說下去…

門徒：我領悟到，我們可以把製作物件的程式封裝起來。將具體類別實例化的程式是經常改變的部分。我發現一種稱為「工廠」的技術可以用來封裝這種實例化行為。

大師：那這些「工廠」有什麼好處？

門徒：好處很多。把建立物件的程式碼都放在一個物件或方法裡面可以避免重複的程式，而且讓我只有一個地方需要維護。這也意味著用戶端只需要依賴介面，而不是依賴「將物件實例化的具體類別」。據我所知，這可以讓我針對介面寫程式，而不是針對實作，也可以讓程式更靈活、將來更容易擴展。

大師：很好，你的物件導向直覺進步了。有問題想要問為師嗎？

門徒：師父，我知道將物件的建立封裝起來，可以讓我針對抽象寫程式，並且讓用戶端程式碼和實際的實作不會耦合。但我的工廠程式碼仍然要使用具體類別來實例化真正的物件。這不是在自己的眼前蓋上一層羊毛嗎？（譯注：就是自我矇騙的意思。）

大師：建立物件是生命的本性，不建立物件就無法寫出 Java 應用程式，但是，既然你已經了解這個事實了，你可以把負責創建的程式都集中在一起，就像把你眼前的羊毛原本的主人圈養起來那樣。把負責創建的程式碼都圈起來之後，你就可以保護並照顧它們了。如果你任由負責創建的程式碼到處遊蕩，你就無法採集「羊毛」了。

門徒：師父，我懂了。

大師：很好，為師知道你有悟性。再去想想物件的依賴關係吧。

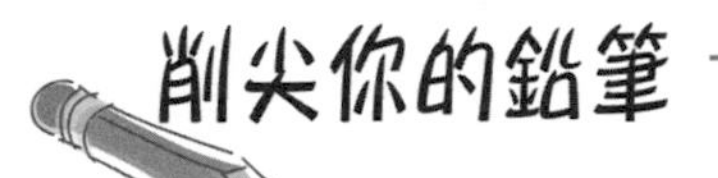

我們假裝你還不知道物件導向工廠。這是不使用工廠、具有「高度依賴關係」的 PizzaStore 版本。請計算這個類別依賴多少個具體的披薩類別。在這個 PizzaStore 裡面加入加州風味披薩之後，它又會依賴多少類別？

```
public class DependentPizzaStore {

    public Pizza createPizza(String style, String type) {
        Pizza pizza = null;
        if (style.equals("NY")) {
            if (type.equals("cheese")) {
                pizza = new NYStyleCheesePizza();
            } else if (type.equals("veggie")) {
                pizza = new NYStyleVeggiePizza();
            } else if (type.equals("clam")) {
                pizza = new NYStyleClamPizza();
            } else if (type.equals("pepperoni")) {
                pizza = new NYStylePepperoniPizza();
            }
        } else if (style.equals("Chicago")) {
            if (type.equals("cheese")) {
                pizza = new ChicagoStyleCheesePizza();
            } else if (type.equals("veggie")) {
                pizza = new ChicagoStyleVeggiePizza();
            } else if (type.equals("clam")) {
                pizza = new ChicagoStyleClamPizza();
            } else if (type.equals("pepperoni")) {
                pizza = new ChicagoStylePepperoniPizza();
            }
        } else {
            System.out.println("Error: invalid type of pizza");
            return null;
        }
        pizza.prepare();
        pizza.bake();
        pizza.cut();
        pizza.box();
        return pizza;
    }
}
```

處理所有的紐約風味披薩

處理所有的芝加哥風味披薩

在這裡寫下你的答案：

數量 ____________

____________ 加入加州風味之後的數量

了解物件的依賴關係

一旦你直接實例化一個物件，你依賴它的具體類別了。回去上一頁看一下依賴程度極高的 PizzaStore。它直接在 PizzaStore 類別裡面建立所有的披薩物件，而不是將這項工作委託給工廠。

我們可以把這個版本的 PizzaStore 和它依賴的所有物件畫出來：

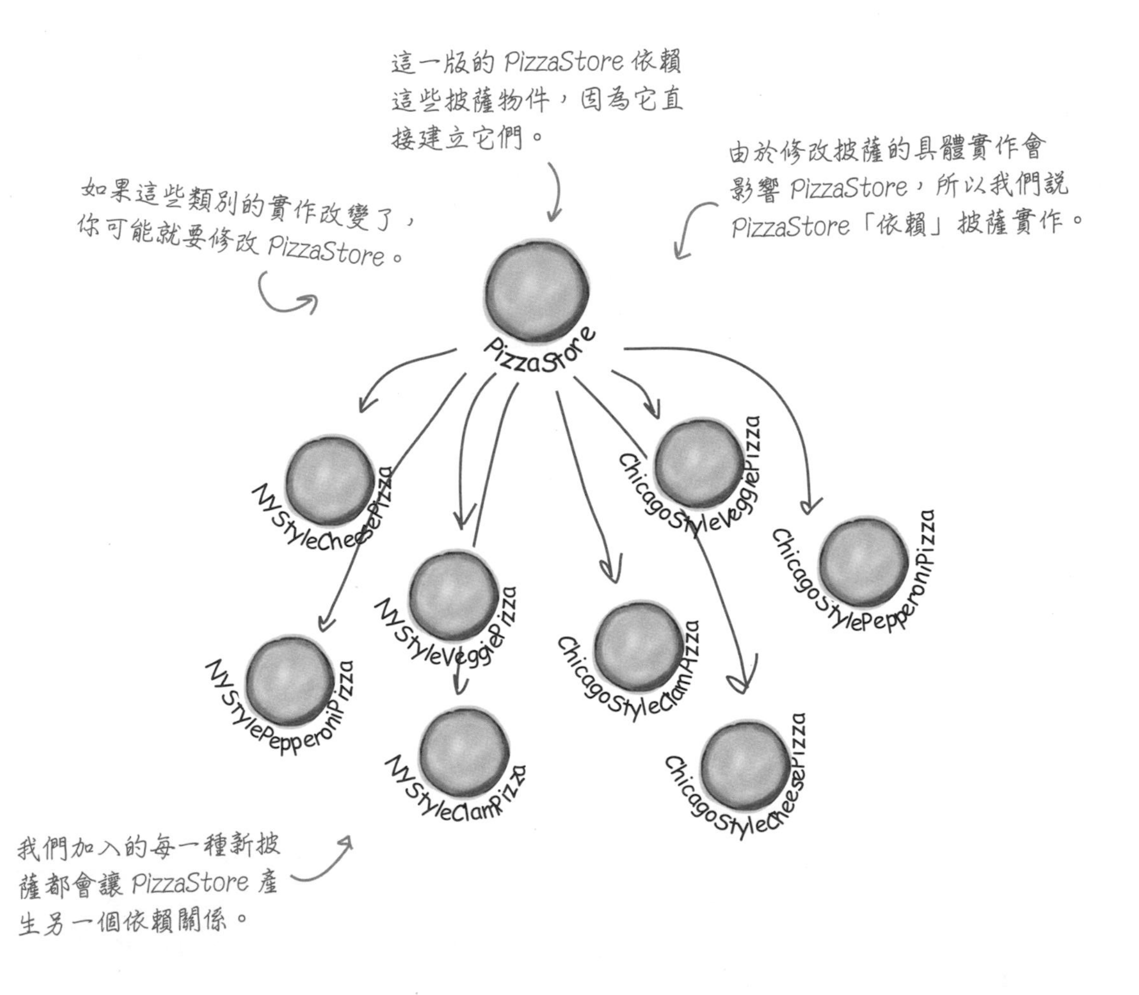

依賴反轉原則

顯然，在程式中，降低對於具體類別的依賴程度是一件「好事情」。事實上，有一條物件導向設計原則指出這一點，它甚至有一個既響亮又正式的名稱：依賴反轉原則（*Dependency Inversion Principle*）。

另一句可以讓你在會議室裡讓高層留下深刻印象的術語！你加薪幅度會超過本書的價格，你也會獲得其他開發者的讚賞。

通則如下：

設計原則

要依賴抽象，不要依賴具體類別。

首先，這條原則看起來是不是很像「針對介面寫程式，不要針對實作寫程式」？它們很像，但是依賴反轉原則更強調抽象。它提出高階的組件不應該依賴低階的組件，兩者都要依賴抽象。

但是這到底是什麼意思？

「高階」組件就是用其他的「低階」組件來定義行為的類別。

例如，*PizzaStore* 是高階組件，因為它的行為是用披薩來定義的－它會建立各種不同的披薩物件，並且準備、烘烤、切開、包裝它們，被它使用的披薩則是低階組件。

好，我們先來看一下上一頁的披薩店圖。PizzaStore 是「高階組件」，披薩實作是「低階組件」，顯然 PizzaStore 依賴具體的披薩類別。

這一條原則告訴我們，我們要讓程式依賴抽象，而不是具體的類別，對高階模組（module）和低階模組來說都是如此。

但是，該怎麼做？我們來想一下如何在依賴性很強的 PizzaStore 實作裡面運用這一條原則…

運用原則

依賴性極高的 PizzaStore 的主要問題是它依賴每一種披薩，因為它在 orderPizza() 方法裡面實際實例化具體型態。

雖然我們建立了一個抽象，Pizza，但是我們仍然建立許多具體的 Pizza，所以沒有從抽象得到太多的好處。

如何將 orderPizza() 方法裡面的這些實例化拿出來？我們都知道，工廠方法模式可以派上用場。

在運用工廠方法模式之後，圖表變成：

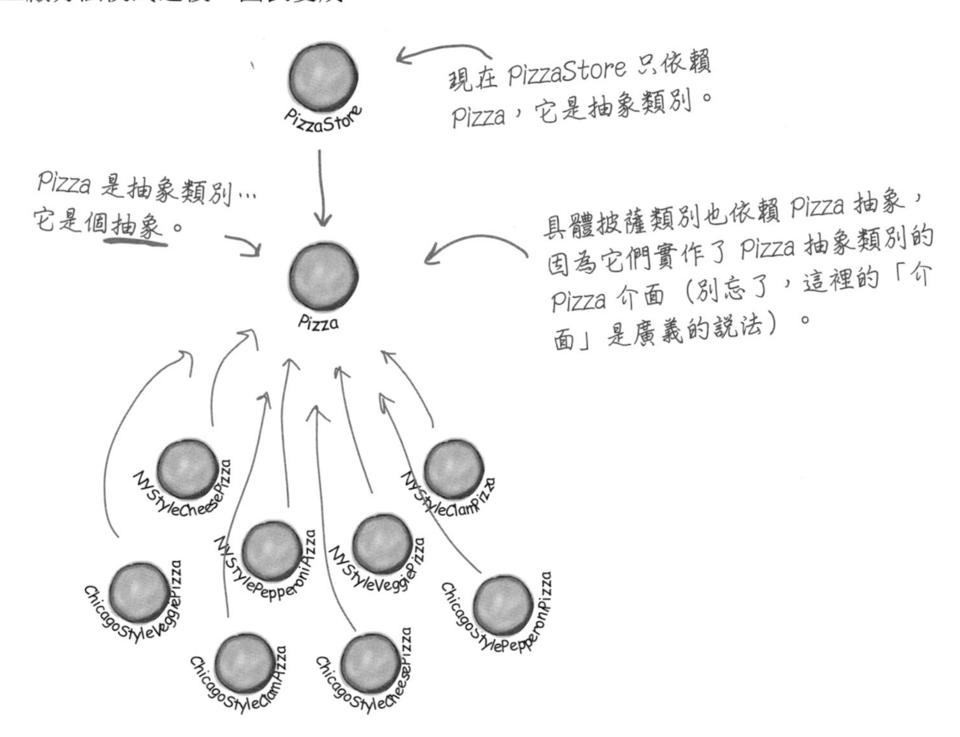

在採用工廠方法之後，你可以看到，高階組件（PizzaStore）與低階組件（披薩）都依賴 Pizza 抽象。遵守依賴反轉原則的技術不是只有工廠方法，但是它是比較強大的技術之一。

依賴反轉原則「反轉」了什麼？

在依賴反轉原則這個名稱裡面有「反轉」是因為它反轉了一般人所認為的物件導向設計。看一下上一頁的圖，注意，現在低階組件依賴一個高階的抽象，高階組件也連到同一個抽象。所以，在幾頁之前的那張由上到下的依賴關係圖已經反轉過來了，高階與低階的模組都依賴抽象。

接下來，我們來看一下典型的設計流程背後的思考模式，了解一下這一條原則怎麼反轉大家所認為的設計方式…

反轉你的思維…

OK，你要實作一間 Pizza Store 了，你想到的第一件事是什麼？

嗯… 披 薩 店（Pizza Store）要準備、烘烤、包裝披薩。所以，我的店必須製作許多不同的披薩：CheesePizza、VeggiePizza、ClamPizza…等

沒錯，你會從最上面開始做起，一路做到具體類別。但是，如你所知，你不想讓披薩店知道具體的披薩型態，因為如此一來，它會依賴所有的具體類別！

現在，我們將思考方式「反轉」過來…不要從最上面開始做起，而是從 Pizza 開始，想一下哪些東西可以抽象化。

好 的，CheesePizza 與 VeggiePizza 與 ClamPizza 都只是披薩，所以它們應該共用 Pizza 介面。

沒錯！你想到抽象的 Pizza。接下來，再回去想一下 Pizza Store 的設計。

有了 Pizza 抽象之後，我們可以開始設計 Pizza Store，不必關心具體的披薩類別了。

很接近了。但是為此，你要用一個工廠來將這些具體類別移出 Pizza Store。完成這件事之後，各種具體的披薩型態都只依賴一個抽象，你的披薩店也是如此。我們已經將原本依賴具體類別的披薩店設計裡面的依賴關係反轉過來了（還有你的思考方式）。

協助你遵守原則的幾條方針…

下面幾條方針可以避免你的設計違反依賴反轉原則：

- 任何變數都不應該保存具體類別的參考。

當你使用 new 時，你就會保存一個指向具體類別的參考，你可以使用工廠來避免。

- 任何類別都不應該從具體類別衍生出來。

如果你從具體類別衍生，你就依賴一個具體類別。從抽象衍生，例如介面或抽象類別。

- 任何方法都不應該覆寫基底類別的任何已實作的方法。

如果你覆寫已實作的方法，那就代表你的基底類別從一開始就不是真正的抽象。在基底類別裡面實作的方法是為了讓所有的子類別共用的。

等一下，這些方針根本不可能做到啊？遵守它們就無法寫出任何程式了！

你說得對極了！如同許多原則，它們是你要盡量遵守的原則，而不是不留餘地的死規則。顯然，有史以來的每一個 Java 程式都違反這些方針！

但是，當你內化這些指導方針，並且在設計程式的時候記得它們，你就可以在違反原則時立刻察覺，並且知道何時有充分的理由可以違反原則。例如，如果你有一個不會變的類別，而且你知道這件事，那麼，在程式裡面實例化那一個具體類別就不是世界末日。仔細想想，我們不是經常不假思索地實例化 String 物件嗎？這樣有沒有違反原則？有。可以這樣做嗎？可以。為什麼？因為 String 非常不可能改變。

另一方面，如果你寫的類別有可能改變，你可以用工廠方法之類的技巧來封裝改變。

回到披薩店…

Pizza Store 的設計已經慢慢成形了：它有一個靈活的框架，而且遵守設計原則。

物件村披薩的成功關鍵是提供新鮮、優質的食材，你發現，在使用新的框架時，連鎖店都遵守你的流程，但是有一些店用廉價的食材來降低成本，提升利潤。你必須處理這件事，因為長期來看，他們會損害物件村披薩的品牌形象！

流程就是烘烤、切開、包裝…等

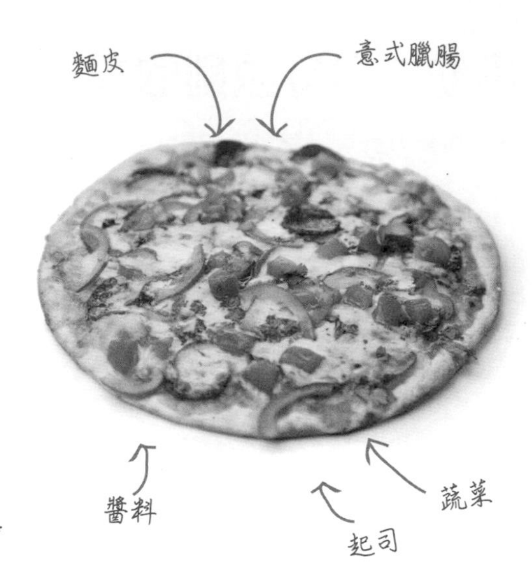

確保食材的一致

怎麼確保每一家連鎖店都使用優質的食材？你要建立一個工廠來製作它們，並將它們送到連鎖店！

但是這個計畫有一個問題：連鎖店開在不同的地區，而且紐約的紅醬與芝加哥的紅醬不一樣。所以，你要準備兩組不一樣的食材，一組送到紐約，一組送到芝加哥。讓我們仔細研究這個模式：

芝加哥
披薩菜單

起司披薩
梅子蕃茄醬、莫札瑞拉起司、帕瑪森起司、奧勒岡葉

素食披薩
梅子蕃茄醬、莫札瑞拉起司、帕瑪森起司、茄子、菠菜、黑橄欖

蛤蜊披薩
梅子蕃茄醬、莫札瑞拉起司、帕瑪森起司、蛤蜊

意式臘腸披薩
梅子蕃茄醬、莫札瑞拉起司、帕瑪森起司、茄子、菠菜、黑橄欖、義式臘腸

雖然我們使用相同的食材（麵皮、意式臘腸、醬料、起司、蔬菜、肉），但是實際做法因地區而異。

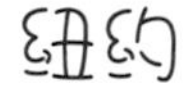

披薩菜單

起司披薩
紅醬、瑞吉阿諾起司、大蒜

素食披薩
紅醬、瑞吉阿諾起司、蘑菇、洋蔥、紅甜椒

蛤蜊披薩
紅醬、瑞吉阿諾起司、鮮蛤

意式臘腸披薩
紅醬、瑞吉阿諾起司、蘑菇、洋蔥、紅甜椒、義式臘腸

食材家族…

紐約使用一組食材，芝加哥使用另一組。由於物件村披薩大受歡迎，你很快就會往加州的另一個地區送出量身打造的食材了，下一個地區又是哪裡？奧斯汀嗎？

為此，你要想一下如何處理不同的食材家族。

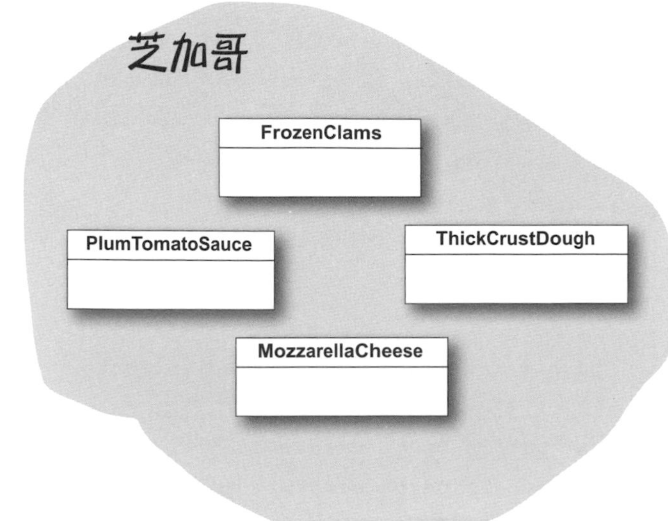

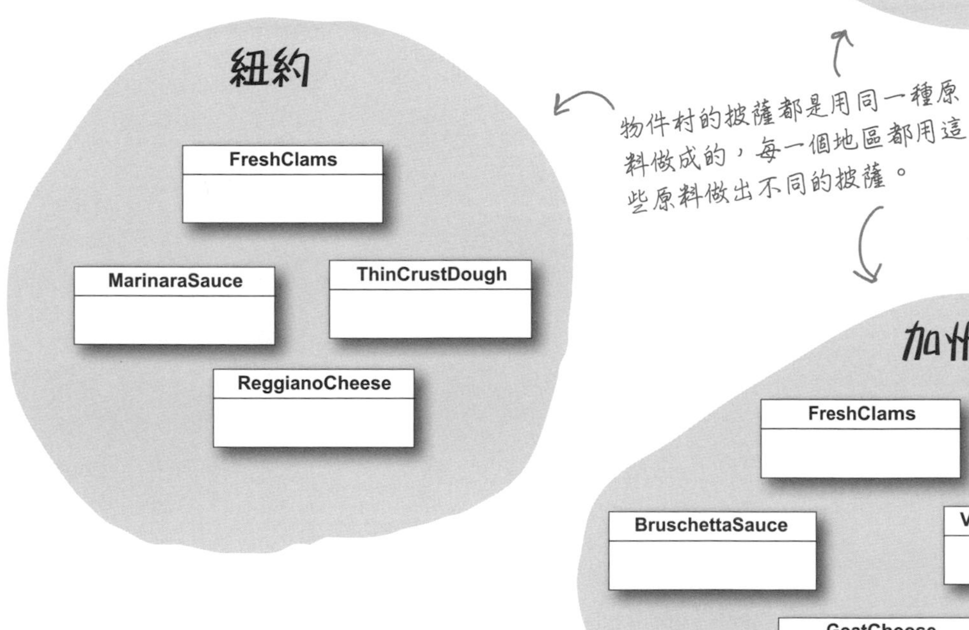

加州

FreshClams

BruschettaSauce

VeryThinCrustDough

GoatCheese

每一個家族都有一種餅皮、一種醬料、一種起司、一種海鮮配料（還有其他沒有列出來的，例如蔬菜和香料）。

整體來說，這三個地區組成多個食材家族，每一個地區都實作一個完整的食材家族。

建構食材工廠

接下來，我們要建構一個工廠來製作食材；這個工廠會負責製作食材家族裡面的各個食材。換句話說，這個工廠必須製作餅皮、醬料、起司…等。你很快就會看到我們如何處理地區性的差異了。

工廠將會製作所有的食材，我們先為工廠定義一個介面：

```
public interface PizzaIngredientFactory {

    public Dough createDough();
    public Sauce createSauce();
    public Cheese createCheese();
    public Veggies[] createVeggies();
    public Pepperoni createPepperoni();
    public Clams createClam();

}
```

在介面裡面，我們為每一種食材定義一個 create 方法。

這裡有很多新類別，每一種食材一個。

有了介面之後，接下來要做這些事情：

1. 為每一個地區建立一個工廠。為此，你將建立一個 PizzaIngredientFactory 的子類別，並且讓它實作每一個 create 方法。

2. 實作一組食材類別，例如 ReggianoCheese、RedPeppers、ThickCrustDough，與工廠搭配使用。需要的話，不同的地區可以共用這些類別。

3. 然後將新的食材工廠放入舊的 PizzaStore 程式裡面，將所有程式組合起來。

建立紐約食材工廠

OK，這是紐約食材工廠的實作。這個工廠專門製作 Marinara Sauce、Reggiano Cheese、Fresh Clams…等。

讓紐約食材工廠實作所有食材工廠的介面。

```
public class NYPizzaIngredientFactory implements PizzaIngredientFactory {

    public Dough createDough() {
        return new ThinCrustDough();
    }

    public Sauce createSauce() {
        return new MarinaraSauce();
    }

    public Cheese createCheese() {
        return new ReggianoCheese();
    }

    public Veggies[] createVeggies() {
        Veggies veggies[] = { new Garlic(), new Onion(), new Mushroom(), new RedPepper() };
        return veggies;
    }

    public Pepperoni createPepperoni() {
        return new SlicedPepperoni();
    }

    public Clams createClam() {
        return new FreshClams();
    }
}
```

我們為食材家族裡面的每一種食材建立紐約版本。

我們為蔬菜回傳一個 *Veggies* 陣列。這裡將蔬菜寫死，我們也可以採取更精巧的做法，但是為了方便你了解工廠模式，在這裡使用簡單的做法即可。

最棒的義式臘腸片。紐約和芝加哥都使用它。當你在下一頁自行實作芝加哥工廠時，務必使用它。

紐約靠海，所以它有鮮蛤。芝加哥只能使用冷凍的。

削尖你的鉛筆

寫下 ChicagoPizzaIngredientFactory 程式。你可以參考下面的類別來實作：

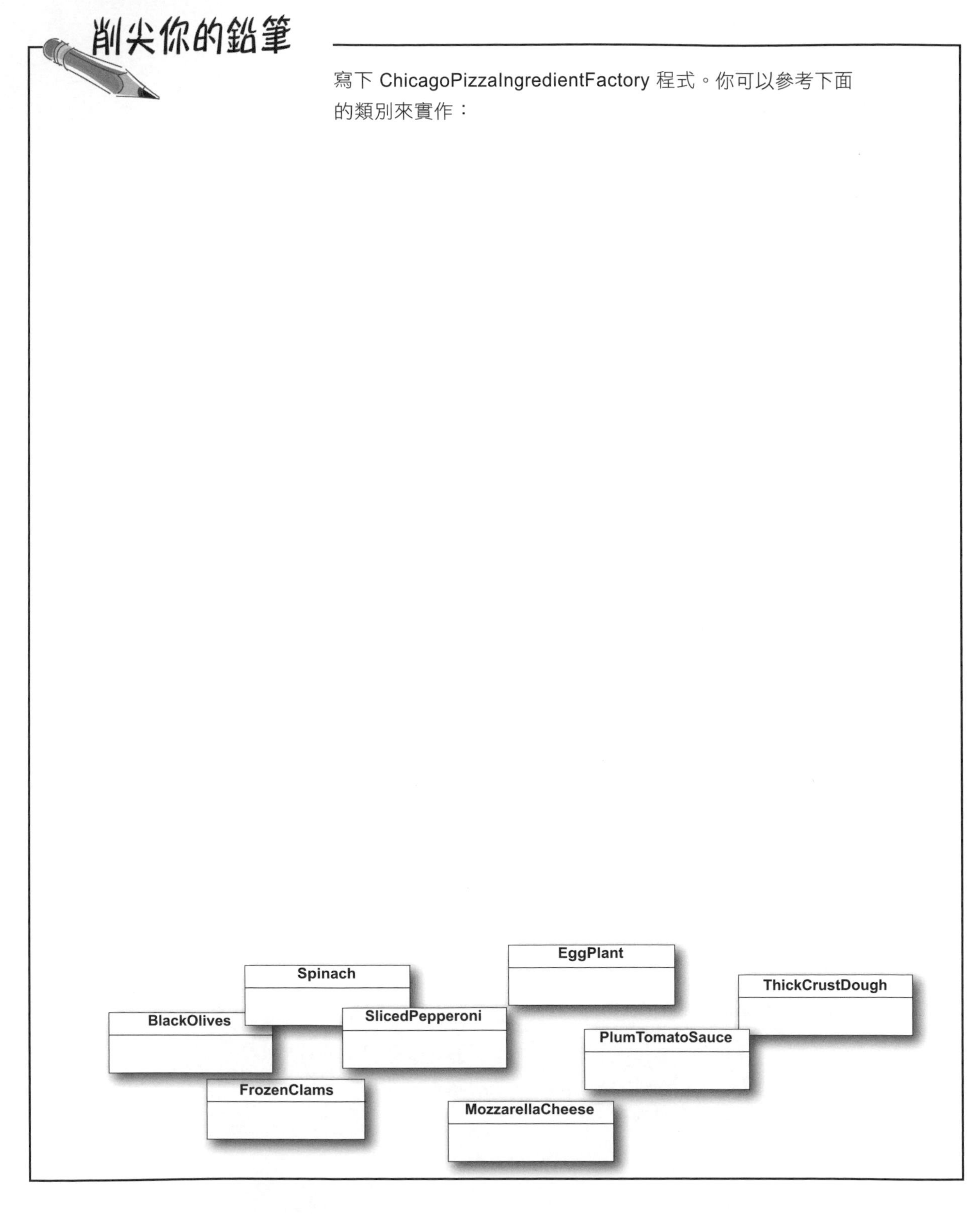

修改披薩…

我們的工廠已經就緒，準備生產優質食材了，現在只要修改 Pizzas，讓它們只使用工廠生產的食材即可。我們從抽象的 Pizza 類別開始處理：

```
public abstract class Pizza {
    String name;

    Dough dough;
    Sauce sauce;
    Veggies veggies[];
    Cheese cheese;
    Pepperoni pepperoni;
    Clams clam;

    abstract void prepare();

    void bake() {
        System.out.println("Bake for 25 minutes at 350");
    }

    void cut() {
        System.out.println("Cutting the pizza into diagonal slices");
    }

    void box() {
        System.out.println("Place pizza in official PizzaStore box");
    }

    void setName(String name) {
        this.name = name;
    }

    String getName() {
        return name;
    }

    public String toString() {
        // 這裡是印出披薩的程式
    }
}
```

每一個披薩都保存一組食材，在準備時使用。

現在把 prepare 宣告成抽象的。我們將在這裡收集披薩的食材，它們當然來自食材工廠。

除了 prepare 方法之外，其他的方法維持不變。

修改披薩，續…

有了抽象的 Pizza 類別之後，我們要來製作紐約和芝加哥風味的披薩了，不過，這一次，它們使用來自工廠的食材。偷工減料的日子結束了！

我們在撰寫 Factory Method 程式時，曾經使用 NYCheesePizza 與 ChicagoCheesePizza 類別，比較一下這兩個類別可以發現，它們的差異只有使用地區性食材的地方，披薩的做法是相同的（餅皮 + 醬料 + 起司）。其他的披薩也是如此，例如使用 Veggie、Clam…等。它們都有相同的準備步驟，只是使用不同的食材。

所以，你將看到，我們其實不需要設計兩個類別來處理不同的披薩，食材工廠會幫我們處理地區性的差異。

這是 CheesePizza：

```
public class CheesePizza extends Pizza {
    PizzaIngredientFactory ingredientFactory;

    public CheesePizza(PizzaIngredientFactory ingredientFactory) {
        this.ingredientFactory = ingredientFactory;
    }

    void prepare() {
        System.out.println("Preparing " + name);
        dough = ingredientFactory.createDough();
        sauce = ingredientFactory.createSauce();
        cheese = ingredientFactory.createCheese();
    }
}
```

為了製作披薩，我們需要一個工廠來提供食材。所以每一個 Pizza 類別都會在建構式接收一個工廠，並將它存入一個實例變數。

這是見證奇蹟的地方！

prepare() 方法會逐步建立起司披薩，每次它需要一個食材時，就會要求工廠產生它。

程式碼探究

Pizza 程式使用與它組合在一起的工廠來產生披薩的食材。食材的種類是工廠決定的，Pizza 不關心這件事，它只知道如何製作披薩，現在它已經和地區性食材的變動解耦合了，即使工廠是奧斯汀的、納什維爾的，還是其他地區的，我們都可以輕鬆地重複使用 Pizza。

```
sauce = ingredientFactory.createSauce();
```

我們設定 Pizza 的這個實例變數，來引用這種披薩使用的醬料。

這是食材工廠。Pizza 不在乎工廠是哪一個，只要它是食材工廠即可。

createSauce() 方法回傳這個地區使用的醬料。如果這是紐約食材工廠，我們會得到紅醬。

我們也來看一下 ClamPizza：

```
public class ClamPizza extends Pizza {
    PizzaIngredientFactory ingredientFactory;

    public ClamPizza(PizzaIngredientFactory ingredientFactory) {
        this.ingredientFactory = ingredientFactory;
    }

    void prepare() {
        System.out.println("Preparing " + name);
        dough = ingredientFactory.createDough();
        sauce = ingredientFactory.createSauce();
        cheese = ingredientFactory.createCheese();
        clam = ingredientFactory.createClam();
    }
}
```

ClamPizza 裡面也有一個食材工廠。

為了製作蛤蜊披薩，prepare() 方法會從它的本地工廠取得正確的食材。

如果它是紐約工廠，蛤蜊是新鮮的，如果它是芝加哥工廠，蛤蜊是冷凍的。

回顧披薩店

我們快完成了，只要再檢查一下連鎖店，確保他們使用正確的 Pizzas 即可。我們也要給他們一個指向他們的地區食材工廠的參考：

```
public class NYPizzaStore extends PizzaStore {

    protected Pizza createPizza(String item) {
        Pizza pizza = null;
        PizzaIngredientFactory ingredientFactory =
            new NYPizzaIngredientFactory();

        if (item.equals("cheese")) {

            pizza = new CheesePizza(ingredientFactory);
            pizza.setName("New York Style Cheese Pizza");

        } else if (item.equals("veggie")) {

            pizza = new VeggiePizza(ingredientFactory);
            pizza.setName("New York Style Veggie Pizza");

        } else if (item.equals("clam")) {

            pizza = new ClamPizza(ingredientFactory);
            pizza.setName("New York Style Clam Pizza");

        } else if (item.equals("pepperoni")) {

            pizza = new PepperoniPizza(ingredientFactory);
            pizza.setName("New York Style Pepperoni Pizza");

        }
        return pizza;
    }
}
```

紐約店與紐約披薩食材工廠搭配。它會被用來生產所有紐約風味披薩的食材。

現在我們將食材生產工廠傳給各個披薩。

回去看上一頁，確定你已經了解披薩與工廠是如何合作的！

我們為每一種 Pizza 實例化一個新的 Pizza，並將一個提供食材的工廠傳給它。

動動腦

比較一下這一版的 createPizza() 方法與之前的工廠方法實作有什麼異同。

我們做了什麼？

我們修改好多程式，到底我們做了什麼？

我們加入一種新的工廠，稱為**抽象工廠**（*Abstract Factory*），為披薩提供一種創造食材家族的手段。

抽象工廠提供一種介面來讓我們建立一個產品家族。使用這種介面可以讓程式碼與建立產品的實際工廠解耦合。這可讓我們製作各種工廠，為不同的背景（例如不同的地區、作業系統、外觀與感覺）生產不同的產品。

因為程式碼與實際的產品解耦合了，所以我們可以替換不同的工廠，來獲得不同的行為（例如取得紅醬而不是梅子蕃茄醬）。

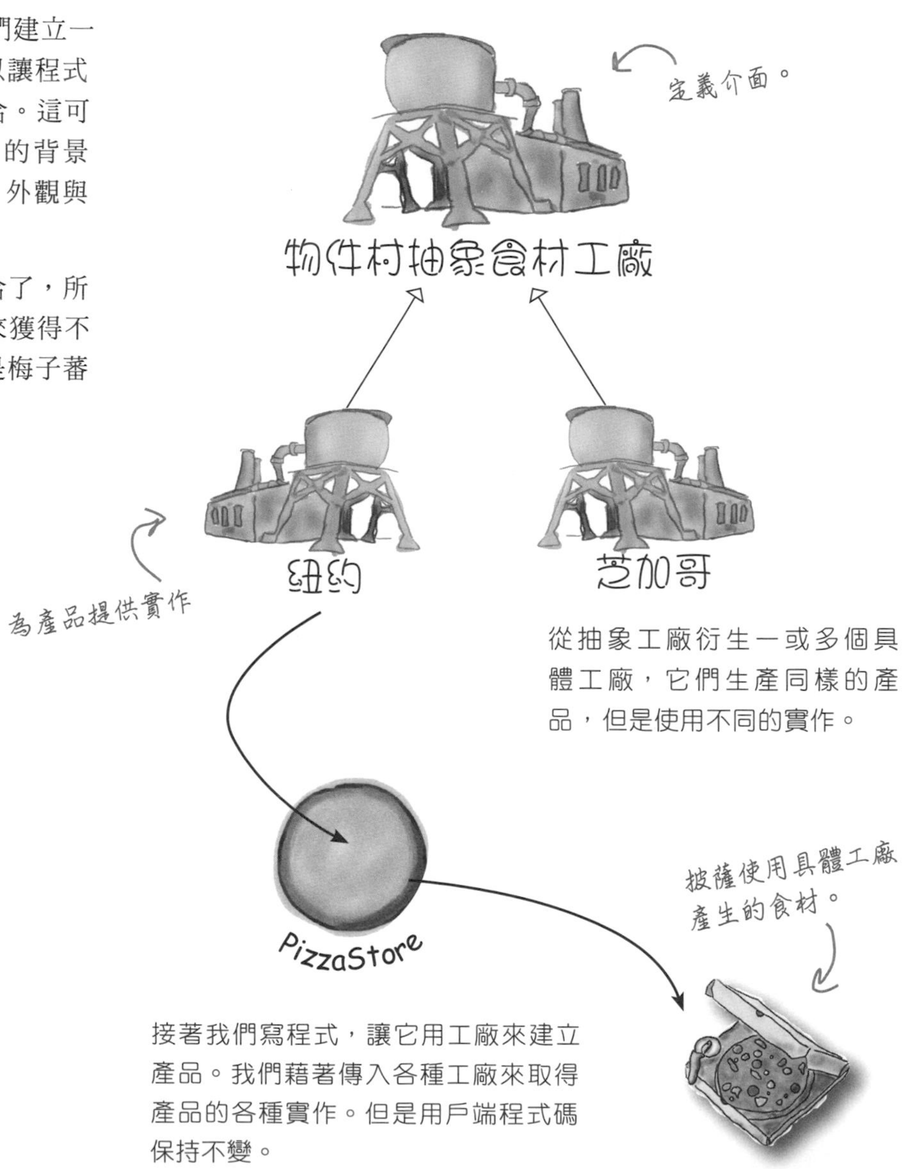

給 Ethan 與 Joel 更多披薩…

Ethan 與 Joel 愛死物件村披薩了！但是他們不知道的是，現在的訂單是用新的食材工廠來製作的。所以現在他們訂披薩時…

訂購流程的第一部分維持不變，我們再來看一下 Ethan 的訂單：

1 首先，我們需要一個 **NYPizzaStore**：

```
PizzaStore nyPizzaStore = new NYPizzaStore();
```

建立 NYPizzaStore 的實例。

2 有了商店之後，我們可以接收訂單了：

```
nyPizzaStore.orderPizza("cheese");
```

orderPizza() 方法是對著 nyPizzaStore 實例呼叫的。

3 **orderPizza()** 方法先呼叫 **createPizza()** 方法：

```
Pizza pizza  = createPizza("cheese");
```

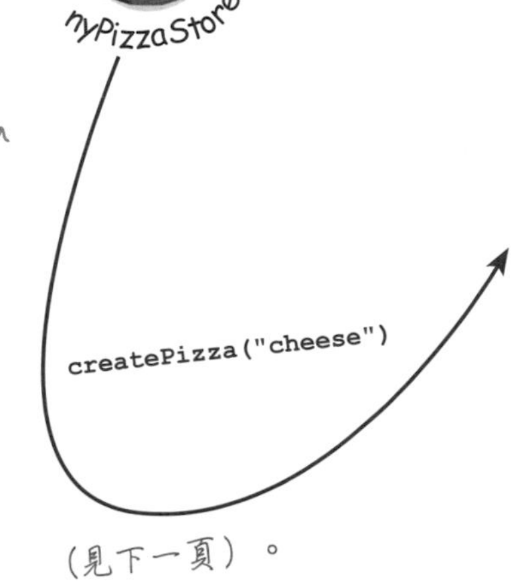

（見下一頁）。

從這裡開始，做法改變了，因為我們現在使用食材工廠

4 當我們呼叫 **createPizza()** 方法時，食材工廠就開始參與工作了：

我們在 PizzaStore 裡面選擇食材工廠，並將它實例化，然後將它傳給各個披薩的建構式。

```
Pizza pizza = new CheesePizza(nyIngredientFactory);
```

建立 Pizza 實例，它是用紐約食材工廠來組合的。

持有

nyIngredientFactory

Pizza

prepare()

5 接下來要準備披薩。當我們呼叫 **prepare()** 方法時，工廠就會受命準備食材：

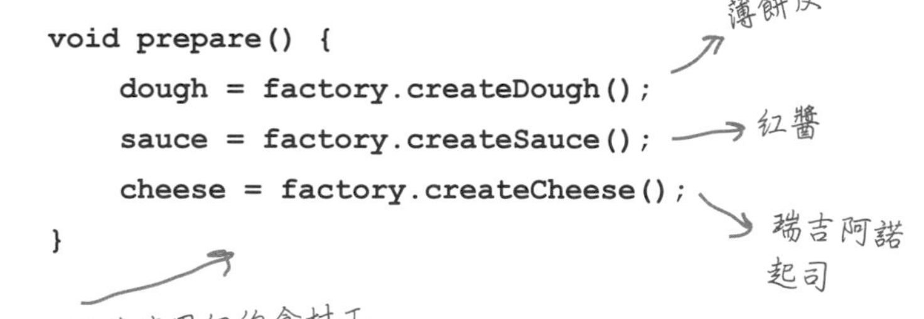

```
void prepare() {
    dough = factory.createDough();
    sauce = factory.createSauce();
    cheese = factory.createCheese();
}
```

薄餅皮

紅醬

瑞吉阿諾起司

Ethan 的披薩使用紐約食材工廠，所以我們會得到紐約食材。

6 最後，我們準備好披薩了，**orderPizza()** 方法接著烘烤、切開、包裝披薩。

抽象工廠模式的定義

我們在模式家族加入另一種工廠模式了，這種模式可以讓我們創造一系列的產品。我們來看看這種模式的官方定義：

抽象工廠模式提供一個介面來建立相關或相依的物件家族，而不需要指定具體類別。

我們已經看過，抽象工廠可以讓用戶端使用抽象介面來建立一組相關的產品，而不需要知道（或關心）實際的具體產品是什麼。如此一來，我們可以將用戶端與具體產品的任何細節解耦合。我們來看一下類別圖，以了解所有元素的關係：

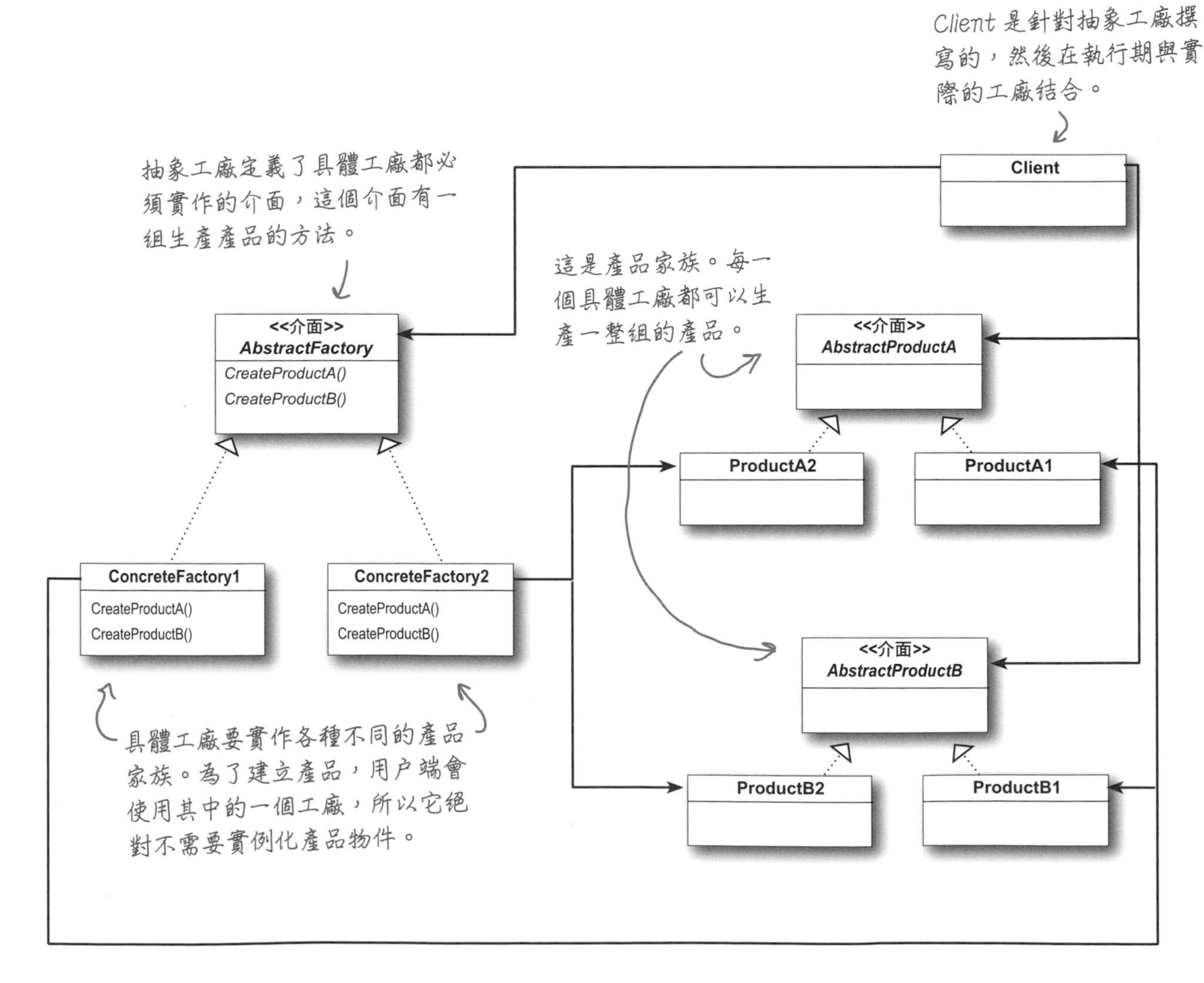

這是一張相當複雜的類別圖，我們從 PizzaStore 的觀點來看一下它：

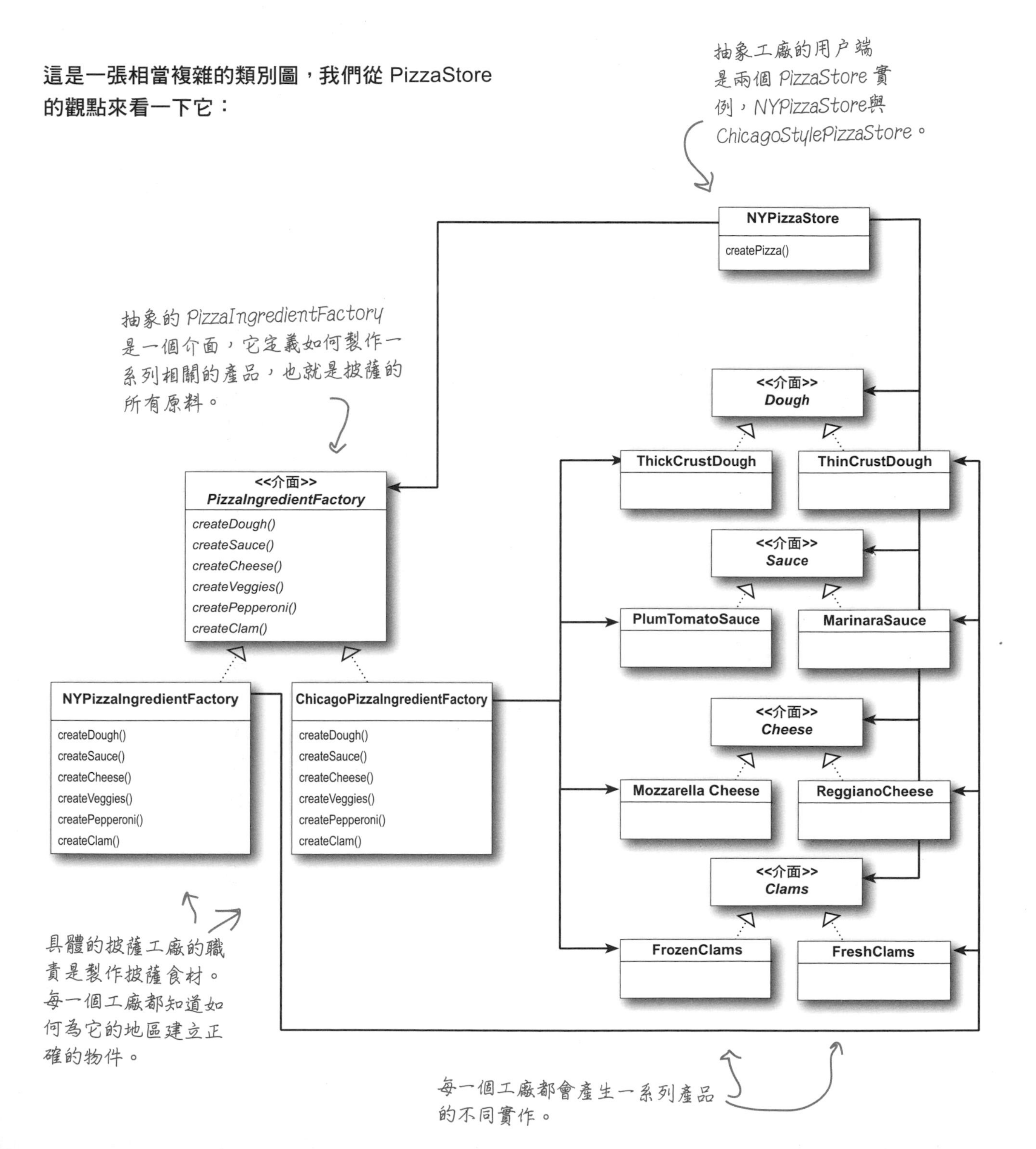

我發現在抽象工廠裡面的方法其實都很像工廠方法（createDough()、createSauce()…等）。每一個方法都被宣告成抽象的，讓子類別覆寫，來建立某個物件。它們是工廠方法嗎？

它們是不是藏在抽象工廠裡面的工廠方法？

好眼光！沒錯，抽象工廠的方法通常被做成工廠方法。這很有道理，不是嗎？抽象工廠的工作是定義一個介面，用它來建立一組產品。在那個介面裡面的每一個方法都負責建立一個具體產品，我們實作抽象工廠的子類別，來提供這些實作。所以，若要在抽象工廠裡面實作產品方法，使用工廠方法是很自然的做法。

台灣念真情─模式訪談

本週嘉賓：

工廠方法對決抽象工廠

深入淺出主持人：哇，今天實在太難得了，我們的節目史無前例地邀請到兩個模式！

工廠方法：呵！我不太喜歡被視為抽象工廠的同類，我們都屬於工廠模式沒錯，但是這不代表我們就不能單獨受訪。

深入淺出主持人：別生氣，同時採訪你們是為了幫讀者釐清你們誰是誰，你們的確有相似的地方，而且很多人經常把你們搞混了。

抽象工廠：真的，有人把我誤認為工廠方法，嘿！工廠方法，我知道你也有類似的困擾。我們都很擅長將應用程式與特定的實作解耦合，只是做法各有不同。所以我可以理解為什麼大家有時會把我們搞混了。

工廠方法：不過我還是不太爽，畢竟，我是用類別來創建，你是用物件，這根本是兩回事。

深入淺出主持人：工廠方法，你可以再解釋一下嗎？

工廠方法：當然可以。抽象工廠與我都會建立物件，那是我們的工作。但是我是用繼承來做的…

抽象工廠：…我是用物件組合來做的。

工廠方法：對，所以這意味著，為了用工廠方法來建立物件，你必須繼承類別來提供工廠方法的實作。

深入淺出主持人：那個工廠方法是做什麼的？

工廠方法：當然是建立物件！我的意思是，工廠方法模式其實只讓你用子類別來為你做建立的動作。採用那種做法時，用戶端只需要知道它們所使用的抽象型態，具體型態交給子類別去處理。換句話說，我可以將用戶端與具體型態解耦合。

抽象工廠：這我也可以做到，只是我是不一樣的做法。

深入淺出主持人：繼續說下去…你剛才提到物件組合？

抽象工廠：我提供一個用來建立一系列產品的抽象型態，讓這個型態的子類別負責定義產品是怎麼產生的。為了使用工廠，你要先實例化一個，再將它傳入針對抽象型態撰寫的程式碼，所以，和工廠方法一樣的是，我的用戶端可以和它們使用的實際具體產品解耦合。

深入淺出主持人：噢！我了解了，所以你的另一個優點是，你可以把一群相關的產品聚集在一起。

抽象工廠：沒錯。

深入淺出主持人：萬一你需要擴展那組相關的產品，比如說加入另一個產品的話，該怎麼辦？難道不需要改變介面嗎？

抽象工廠：那倒是，如果要加入新產品，我的介面就要修改，我知道大家不喜歡這樣做…

工廠方法：< 偷笑 >

抽象工廠：工廠方法，你在笑什麼？

工廠方法：拜託，這是很嚴重的事情！改變介面代表你必須修改每一個子類別的介面！這是繁重的工作。

抽象工廠：是啊，但是我需要一個很大的介面，因為我的用途可是建立一整個產品家族，你只能建立一個產品，所以你不需要很大的介面，只需要一個方法。

深入淺出主持人：抽象工廠，聽說你經常使用工廠方法來實作你的具體工廠？

抽象工廠：對，我承認這件事，我的具體工廠通常會實作一個工廠方法來建立它們的產品。不過對我來說，它們只是用來建立產品罷了…

工廠方法：…我通常在抽象的建立者（creator）裡面使用子類別建立的具體型態來實作程式。

深入淺出主持人：聽起來你們各擅勝場。我想，所有人都喜歡有選擇的餘地，畢竟，工廠如此好用，他們都想要在各種情況下使用它們。你們都會把物件的創建封裝起來，讓應用程式是鬆耦合的，並且比較不依賴實作，這是很棒的事情，無論使用的是工廠方法，還是抽象工廠。在節目結束之前，兩位要不要再說幾句話？

抽象工廠：謝謝。我是抽象工廠，當你需要建立一系列的產品，而且想要確保用戶端製作的產品屬於同一類時，你可以使用我。

工廠方法：我是工廠方法，你可以用我來將用戶端程式碼與需要實例化的具體類別解耦合，或者，如果你事先不知道你需要使用的具體類別時，也可以使用我。我的用戶端程式很簡單，你只要繼承我，並實作我的工廠方法即可！

比較工廠模式與抽象工廠

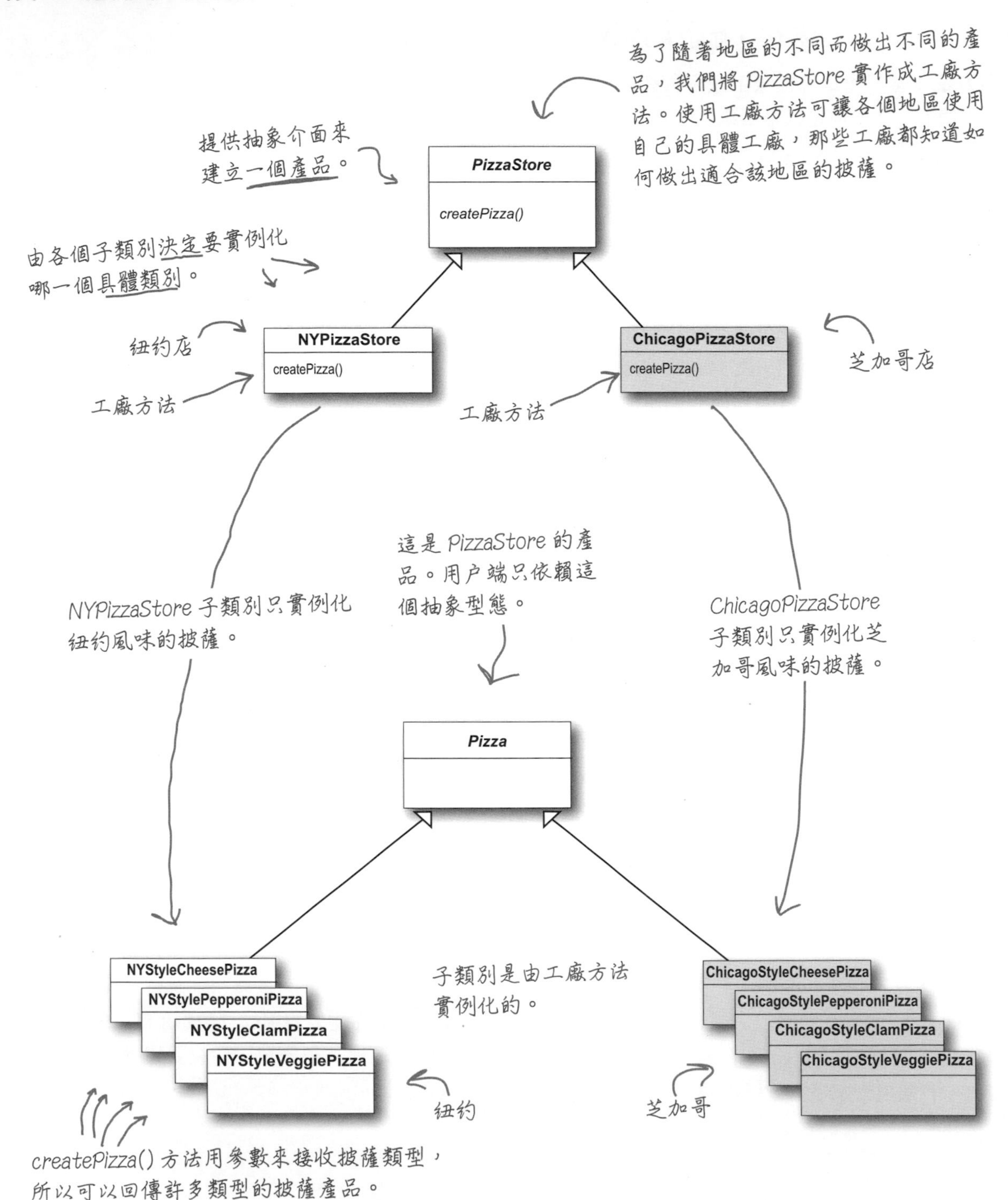

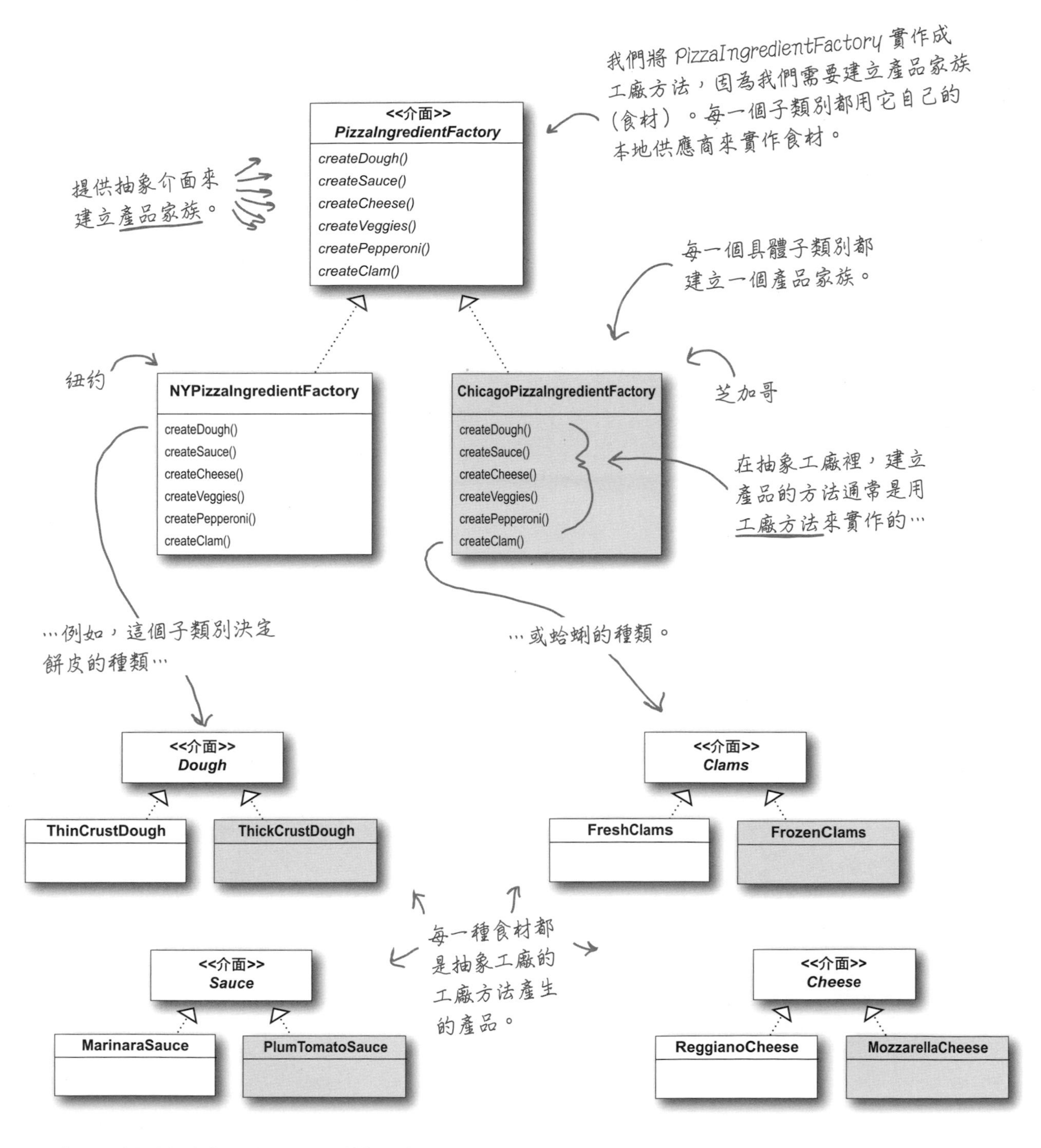

產品子類別會建立很多組平行的產品家族。這裡有紐約食材家族和芝加哥家族。

設計工具箱裡面的工具

這一章在工具箱裡加入兩種工具：工廠方法與抽象工廠。這兩種模式都將物件的創建封裝起來，可讓你將程式碼與具體型態解耦合。

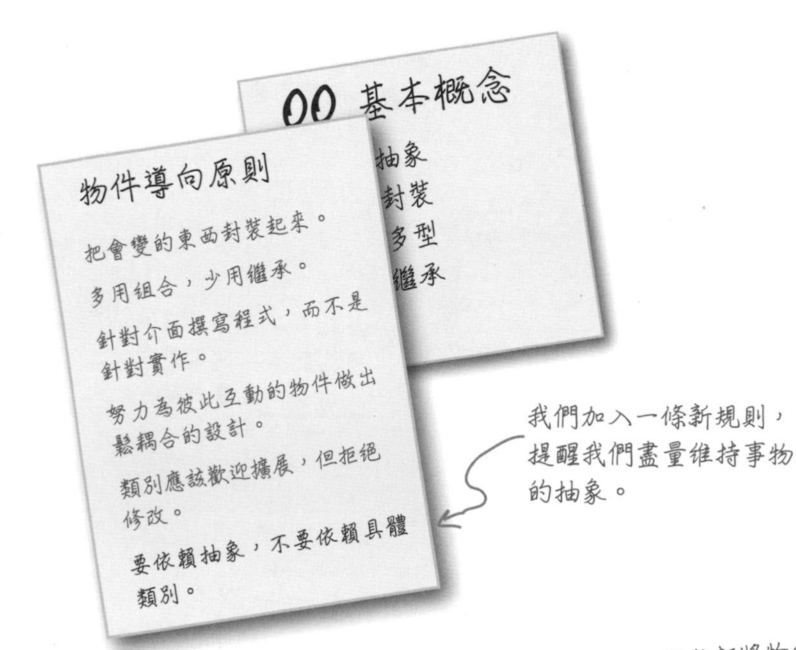

物件導向模式

抽象工廠—提供一個介面來建立相關或相依的物件家族，而不需要指定具體類別。

工廠方法—定義了一個創建物件的介面，但是它讓子類別決定想要實例化哪一個類別。工廠方法可讓類別將實例化的動作推遲到子類別。

這些新模式都將物件的創建封裝起來，以便做出更不耦合、更靈活的設計。

重點提示

- 所有工廠都封裝物件的創建。
- 簡單工廠不是真正的設計模式，但是可以將你的用戶端與具體類別解耦合。
- 工廠方法依靠繼承，它將物件的創建委託給子類別，由子類別實作工廠方法來建立物件。
- 抽象工廠依靠物件組合，物件的創建是在工廠介面公開的方法裡面實作的。
- 所有的工廠模式都藉著降低應用程式對具體類別的依賴程度來促進鬆耦合。
- 工廠方法的目的是讓類別將實例化的動作推遲到它的子類別。
- 抽象工廠的目的是建立一系列相關的物件，而不需要依靠它們的具體類別。
- 依賴反轉原則指引我們避免依賴具體型態，而是盡量依賴抽象。
- 工廠這種強大的技術可讓我們針對抽象寫程式，而不是針對具體類別。

設計模式填字遊戲

好長的一章！讓我們點一份披薩，好好休息，玩一下這個填字遊戲吧！遊戲的答案都是這一章用過的單字。

橫向

1. 在工廠方法裡面，每一個連鎖店都是一個 ________。
4. 在工廠方法裡面，決定要實例化哪一個類別的是誰？
6. PizzaStore 在工廠方法模式裡面扮演什麼角色？
7. 所有的紐約風味披薩都使用這種起司。
8. 在抽象工廠裡，每一個食材工廠都是一種 ________。
9. 一旦你使用 **new**，你就是在針對 ________ 寫程式。
11. createPizza() 是一種 ________。
12. Joel 喜歡這一種披薩。
13. 在工廠方法裡，PizzaStore 與具體 Pizzas 都依賴這一種抽象。
14. 當類別從具體類別實例化一個物件時，它就 ________ 那個物件了。
15. 所有工廠模式都讓我們 ________ 物件的創建。

縱向

2. 我們在簡單工廠與抽象工廠裡面使用 ________，在工廠方法裡面使用繼承。
3. 抽象工廠建立一個產品 ________。
5. 它不是真正的工廠模式，但很方便。
10. Ethan 喜歡這一種披薩。

削尖你的鉛筆 解答

完成 NYPizzaStore 之後，只要再完成兩家店就可以開放加盟了！在這裡寫下芝加哥風味和加州風味的 PizzaStore 實作：

這些店幾乎與紐約店一模一樣…不同的只是它們建立不同種類的披薩。

```
public class ChicagoPizzaStore extends PizzaStore {
    protected Pizza createPizza(String item) {
        if (item.equals("cheese")) {
            return new ChicagoStyleCheesePizza();
        } else if (item.equals("veggie")) {
            return new ChicagoStyleVeggiePizza();
        } else if (item.equals("clam")) {
            return new ChicagoStyleClamPizza();
        } else if (item.equals("pepperoni")) {
            return new ChicagoStylePepperoniPizza();
        } else return null;
    }
}
```

在芝加哥披薩店裡，只要確保它建立的是芝加哥風味的披薩…

```
public class CaliforniaPizzaStore extends PizzaStore {
    protected Pizza createPizza(String item) {
        if (item.equals("cheese")) {
            return new CaliforniaStyleCheesePizza();
        } else if (item.equals("veggie")) {
            return new CaliforniaStyleVeggiePizza();
        } else if (item.equals("clam")) {
            return new CaliforniaStyleClamPizza();
        } else if (item.equals("pepperoni")) {
            return new CaliforniaStylePepperoniPizza();
        } else return null;
    }
}
```

…在加州披薩店裡，建立加州風味的披薩。

設計謎題解答

我們想要提供另一種披薩來滿足加州人瘋狂的需求（當然，這裡的瘋狂是好的一面）。畫出另一組平行的類別，將新的加州區域加入我們的 PizzaStore。

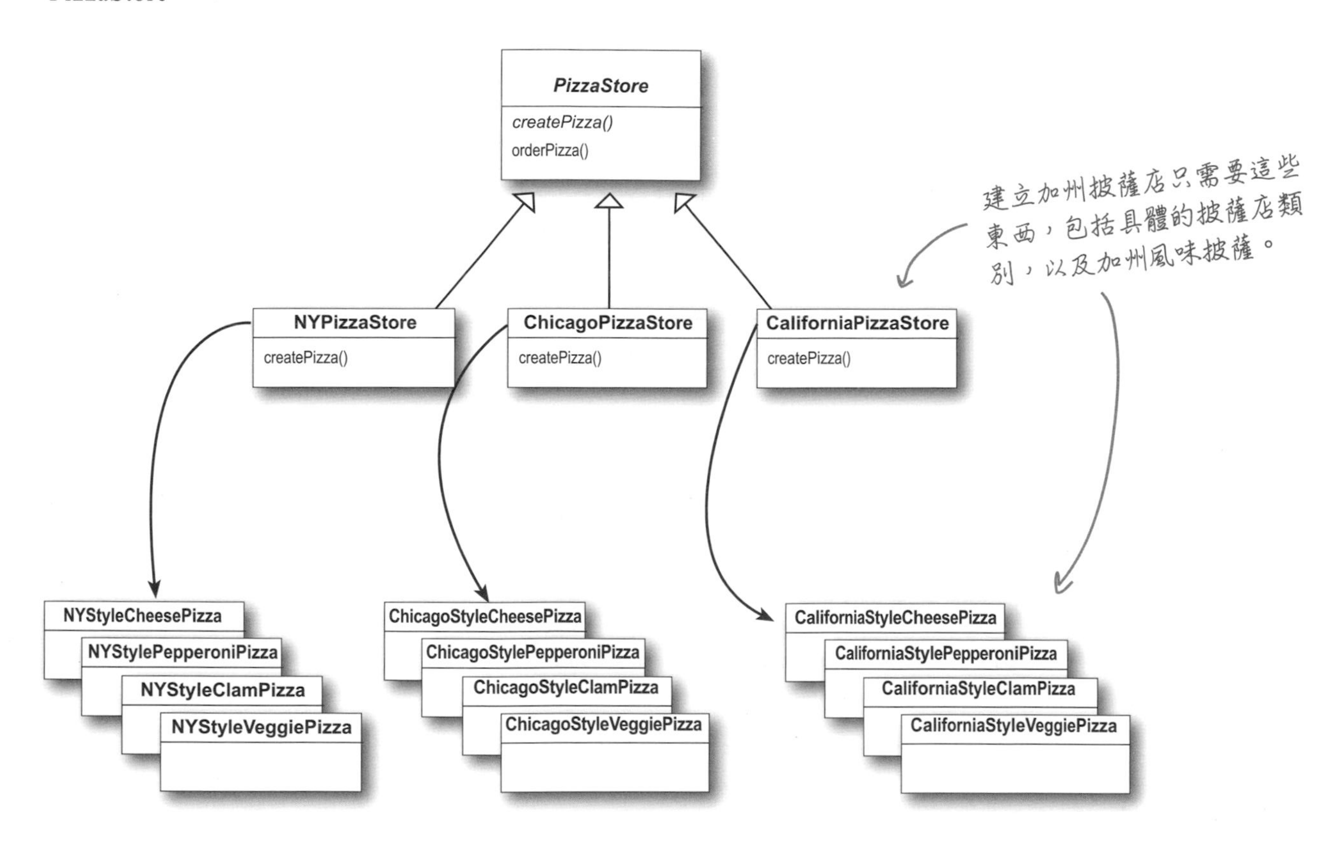

OK，現在發揮想像力，寫下五種你認為「最奇特」的披薩配料。然後，你就可以到加州開披薩店了！

我們的建議是…

馬鈴薯泥佐烤大蒜

烤肉醬

朝鮮薊心

M&M 巧克力

花生

我們假裝你還不知道物件導向工廠。這是不使用工廠、具有「高度依賴關係」的 PizzaStore 版本。請計算這個類別依賴多少個具體的披薩類別。在這個 PizzaStore 裡面加入加州風味披薩之後，它又會依賴多少類別？這是我們的答案。

```
public class DependentPizzaStore {

    public Pizza createPizza(String style, String type) {
        Pizza pizza = null;
        if (style.equals("NY")) {
            if (type.equals("cheese")) {
                pizza = new NYStyleCheesePizza();
            } else if (type.equals("veggie")) {
                pizza = new NYStyleVeggiePizza();
            } else if (type.equals("clam")) {
                pizza = new NYStyleClamPizza();
            } else if (type.equals("pepperoni")) {
                pizza = new NYStylePepperoniPizza();
            }
        } else if (style.equals("Chicago")) {
            if (type.equals("cheese")) {
                pizza = new ChicagoStyleCheesePizza();
            } else if (type.equals("veggie")) {
                pizza = new ChicagoStyleVeggiePizza();
            } else if (type.equals("clam")) {
                pizza = new ChicagoStyleClamPizza();
            } else if (type.equals("pepperoni")) {
                pizza = new ChicagoStylePepperoniPizza();
            }
        } else {
            System.out.println("Error: invalid type of pizza");
            return null;
        }
        pizza.prepare();
        pizza.bake();
        pizza.cut();
        pizza.box();
        return pizza;
    }
}
```

處理所有的紐約風味披薩

處理所有的芝加哥風味披薩

在這裡寫下你的答案： 8 數量　　12 加入加州風味之後的數量

削尖你的鉛筆 解答

寫下 ChicagoPizzaIngredientFactory，你可以參考下面的類別來實作：

```
public class ChicagoPizzaIngredientFactory
    implements PizzaIngredientFactory
{

    public Dough createDough() {
        return new ThickCrustDough();
    }

    public Sauce createSauce() {
        return new PlumTomatoSauce();
    }

    public Cheese createCheese() {
        return new MozzarellaCheese();
    }

    public Veggies[] createVeggies() {
        Veggies veggies[] = { new BlackOlives(),
                              new Spinach(),
                              new Eggplant() };
        return veggies;
    }

    public Pepperoni createPepperoni() {
        return new SlicedPepperoni();
    }

    public Clams createClam() {
        return new FrozenClams();
    }
}
```

設計模式填字遊戲解答

好長的一章！讓我們點一份披薩，好好休息，玩一下這個填字遊戲吧！遊戲的答案都是這一章用過的單字。解答在此。

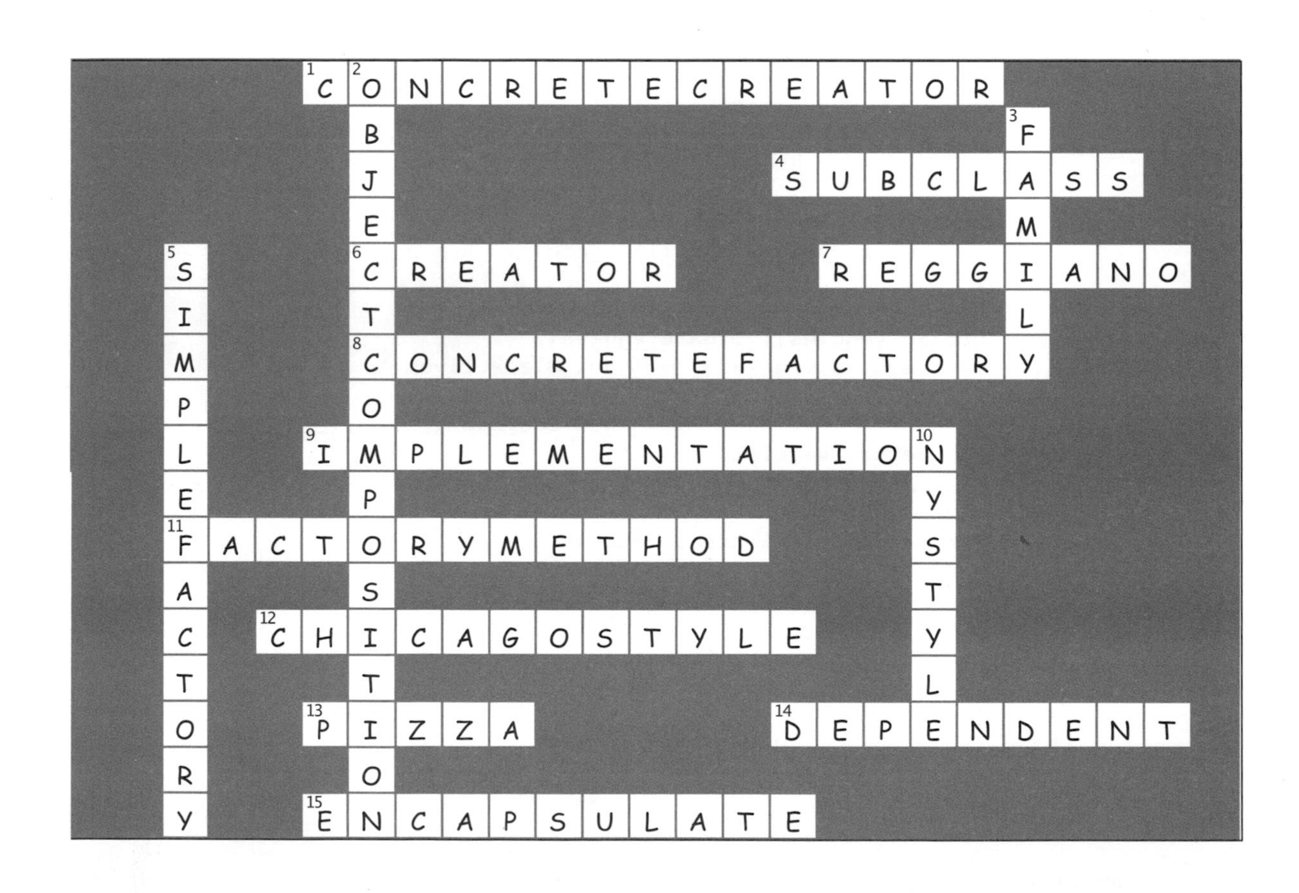

5 單例模式

獨一無二的物件

我們的下一站是單例模式，它的目的是建立獨一無二的、永遠只有一個實例的物件。告訴你一個好消息，從類別圖來看，單例模式是所有模式中最簡單的一種，事實上，它的類別圖只有一個類別！但是不要高興得太早，雖然從類別設計的角度來看，它很簡單，但是在實作時，你需要更深入地思考物件導向設計。所以，繫好安全帶，出發！

開發者：它有什麼用途？

大師：很多物件都只需要一個，例如執行緒池、快取、對話方塊、處理偏好設定與註冊設定的物件、做記錄（logging）的物件、印表機和顯示卡等設備的驅動程式。事實上，當你實例化不只一個那種物件時，你就會遇到各式各樣的問題，例如不正確的程式行為、過度使用資源，或產生錯誤的結果。

開發者：好吧，這麼說，確實有些類別只能實例化一次，但是真的需要用一整章來討論它們嗎？難道不能依靠程式員之間的約定，或使用全域變數？例如在 Java 裡，我可以用靜態變數來處理它。

大師：很多時候，單例模式就是一種約定，用來確保特定的類別只有一個物件被實例化出來。如果你的辦法比較好，大家當然樂意接受，但是別忘了，與所有模式一樣，單例模式是經歷時間考驗的方法，可確保只有一個物件被創建出來。單例模式也提供全域接觸點，它與全域變數一樣，但是沒有全域變數的缺點。

開發者：什麼缺點？

大師：舉例來說，如果你要將一個物件指派給全域變數，你應該會在應用程式開始執行的時候建立那個物件吧？如果那個物件占用很多資源，應用程式卻從來不使用它呢？你將看到，使用單例模式的話，我們可以在真正需要時才建立物件。

開發者：但是這聽起來也不是一件多麼困難的事情啊？

大師：如果你可以妥善地處理靜態類別變數與方法，以及存取修飾詞，這件事確實沒有多難。但是，不管使用哪一種做法，了解一下單例模式如何運作也是一件有趣的事情，而且，雖然單例模式聽起來很簡單，但把它寫好並不容易。你不妨問自己一個問題：如何防止物件被實例化超過一個？答案沒那麼簡單，不是嗎？

小小單例

蘇格拉底風格的誘導問答

如何建立一個物件？	`new MyObject();`
如果有另一個物件想要建立 MyObject 呢？它還可以對著 MyObject 使用 new 嗎？	當然可以。
所以，只要我們有一個類別，我們就一定可以將它實例化一次或多次嗎？	對，應該說，當它是公用（public）類別時才可以。
如果不是呢？	如果它不是公用類別，那就只有屬於同一個程式包（package）的類別才可以將它實例化。但是它們仍然可以將它實例化不只一次。

嗯，很有趣。

你知不知道你可以這樣做？

```
public MyClass {

   private MyClass() {}

}
```

不知道，我沒想過，但我認為這樣寫是有道理的，因為它是合法的定義。

怎麼說呢？	我認為它是無法被實例化的類別，因為它使用 private 建構式。
有任何物件可以使用這個 private 建構式嗎？	嗯，我想，在 MyClass 裡面的程式碼才可以呼叫它。但是這又不太合理。

為什麼不合理？

因為如此一來，我就要先做出一個類別實例才能呼叫它，但是我無法做出實例，因為其他的類別都無法將它實例化。這類似雞生蛋、蛋生雞的問題：雖然我可以透過型態為 MyClass 的物件來使用建構式，但是我無法實例化那個物件，因為其他物件都無法執行「new MyClass()」。

OK，剛才只是一種想法。

你認為這段程式是什麼意思？

```
public MyClass {

   public static MyClass getInstance() {
   }
}
```

在 MyClass 類別裡面有一個 static 方法。我們可以這樣呼叫那個 static 方法：

```
MyClass.getInstance();
```

為什麼你用 MyClass 來呼叫它，而不是使用某個物件名稱？

因為 getInstance() 是 static 方法，也就是說，它是個**類別**方法，所以你要用類別名稱來使用 static 方法。

有意思。如果我們把這些程式結合起來呢？

現在可不可以實例化 MyClass？

```
public MyClass {

    private MyClass() {}

    public static MyClass getInstance() {
        return new MyClass();
    }
}
```

哇，可以。

現在你可以想出第二種實例化物件的方式嗎？

```
MyClass.getInstance();
```

你可以完成程式，讓 MyClass 只能做出一**個**實例嗎？

嗯，應該可以吧…

（下一頁有這段程式）

解析經典的單例模式實作

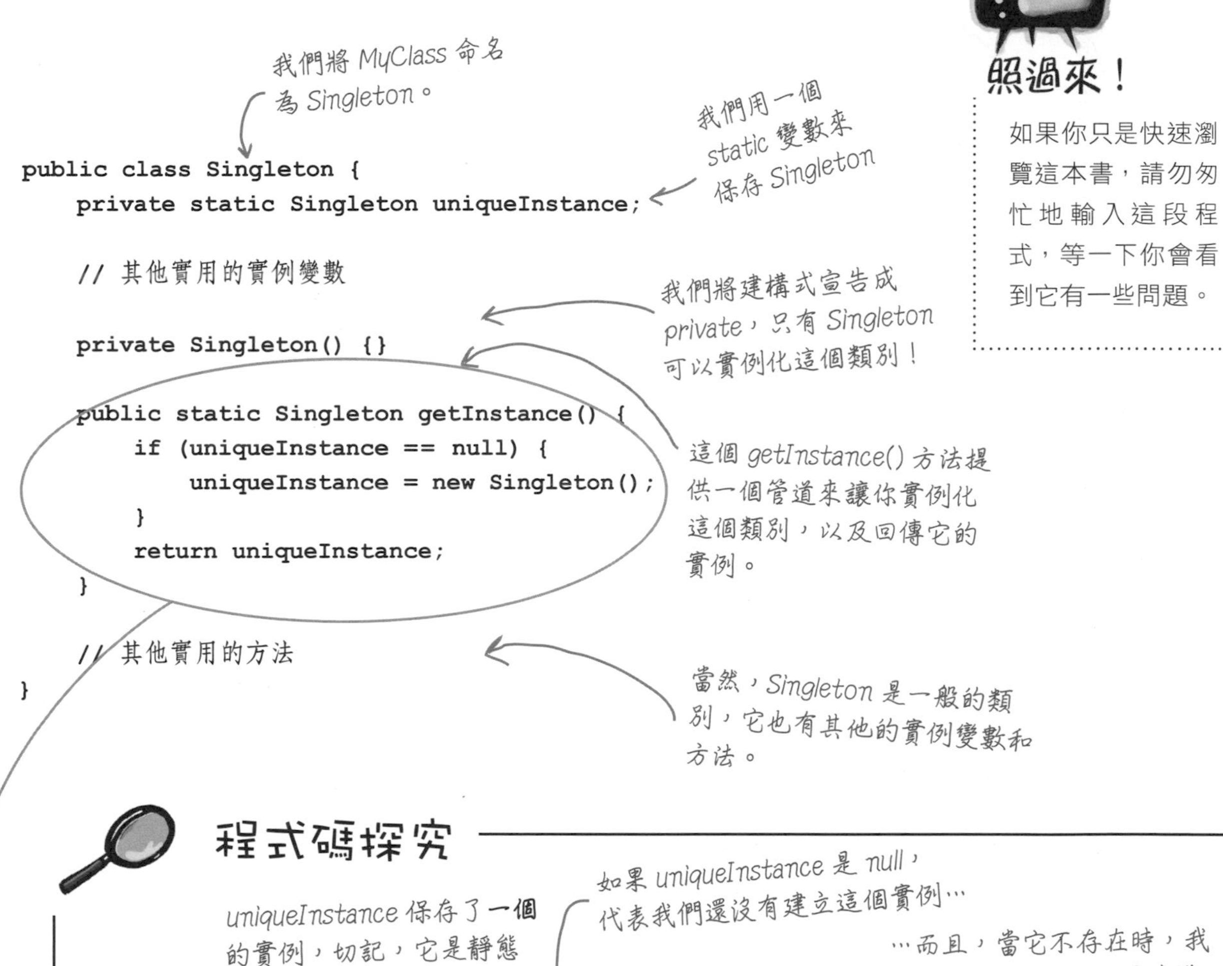

照過來！

如果你只是快速瀏覽這本書，請勿匆忙地輸入這段程式，等一下你會看到它有一些問題。

程式碼探究

```
if (uniqueInstance == null) {
    uniqueInstance = new Singleton();
}
return uniqueInstance;
```

uniqueInstance 保存了**一個**的實例，切記，它是靜態（static）變數。

如果 uniqueInstance 是 null，代表我們還沒有建立這個實例…

…而且，當它不存在時，我們用 Singleton 的私用建構式來將它實例化，並將它指派給 uniqueInstance。注意，如果我們用不到這個實例，它就不會被建立，這是一種惰性（lazy）實例化。

如果 uniqueInstance 不是 null，代表它已經被建立過了。我們直接執行下面的 return 陳述式。

執行到這段程式就代表有一個實例了，我們 return 它。

台灣念真情一模式訪談

本週嘉賓：

單例的真情告白

深入淺出主持人：很開心今天我們訪問到單例物件。可以請你簡單地介紹一下自己嗎？

單例：關於我，我只能說，我很獨特，獨一無二！

深入淺出主持人：獨一無二？

單例：沒錯，獨一無二。我是單例模式製造出來的，這種模式可以確保無時無刻都只有一個我的實例。

深入淺出主持人：這樣不浪費嗎？有人花時間開發了一個成熟的類別，卻只能用來製作一個物件？

單例：完全不浪費！「一」有很大的威力。如果你用一個物件來保存註冊設定，你一定不希望那個物件有很多副本，導致它的值四處流傳吧？那會造成一團混亂。使用像我這樣的物件，可以確保應用程式裡面的每一個物件都使用同一個全域資源。

深入淺出主持人：繼續說下去…

單例：喔，我擅長很多事情，你知道的，單身有時是有優點的，我經常被用來管理資源池，例如連結或執行緒池。

深入淺出主持人：但是，你的類別只有你一個人？聽起來很孤單。

單例：因為只有我一個人，所以我通常很忙，但是我希望有更多開發者認識我－有很多開發者因為不知不覺地讓多個物件副本四處遊蕩而導致 bug。

深入淺出主持人：可以問一下嗎，你怎麼確定只有一個你？說不定別人也會利用 new 運算子來創建一個「新的你」啊？

單例：這是不可能的！我是獨一無二的。

深入淺出主持人：該不會是因為每一位開發者都要發誓不能實例化超過一個你吧？

單例：當然不是。真相是…哎！不太想說這件事…其實…我沒有公用（public）建構式。

深入淺出主持人：什麼？沒有公用建構式？！ 呃，抱歉，沒有公用建構式？

單例：嗯，我的建構式被宣告成私用的（private）。

深入淺出主持人：這不會有問題嗎？那你**到底**是怎麼實例化出來的？

單例：單例物件不是實例化出來的，你必須「請求」得到一個實例，所以我的類別有一個稱為 getInstance() 的靜態方法，當你呼叫它時，我就會出現，隨時待命。事實上，當你發出請求時，我可能已經在協助其他的物件了。

深入淺出主持人：單例先生，看來這些機制需要相當的內涵才能正常運作。感謝你如此坦白，期待下次的見面！

巧克力工廠

大家都知道，現代的巧克力工廠都使用電腦控制的巧克力鍋爐。鍋爐的作用是將巧克力和牛奶融在一起，然後將它們送到下一個階段，製造巧克力棒。

這是 Choc-O-Holic 公司的工業級巧克力鍋爐的控制類別。從程式可以看到，他們小心翼翼地避免意外發生，例如排出 500 加侖未煮沸的混合物，或是鍋爐已經滿了卻繼續倒入原料，或是讓鍋爐空燒！

```
public class ChocolateBoiler {
    private boolean empty;
    private boolean boiled;

    public  ChocolateBoiler() {
        empty = true;
        boiled = false;
    }

    public void fill() {
        if (isEmpty()) {
            empty = false;
            boiled = false;
            // 將牛奶 / 巧克力混合物送入鍋爐
        }
    }

    public void drain() {
        if (!isEmpty() && isBoiled()) {
            // 排出煮沸的巧克力和牛奶
            empty = true;
        }
    }

    public void boil() {
        if (!isEmpty() && !isBoiled()) {
            // 將爐內的原料煮沸
            boiled = true;
        }
    }

    public boolean isEmpty() {
        return empty;
    }

    public boolean isBoiled() {
        return boiled;
    }
}
```

程式只會在鍋爐裡面沒有東西時執行！

在送入原料時，鍋爐必須是空的，當它被裝滿時，我們就設定 empty 與 boiled 旗標。

鍋爐必須是滿的（不是空的）而且是沸騰的，才能排出裡面的原料。排出原料之後，我們將 empty 設回 true。

鍋爐必須是滿的，而且還沒有沸騰，才能煮沸混合物。當它沸騰之後，我們就將 boiled 旗標設為 true。

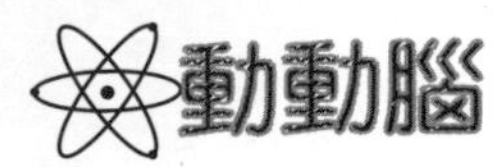

Choc-O-Holic 已經很稱職地避免災難發生了，是不？但是你或許會懷疑，如果有兩個 ChocolateBoiler 實例同時存在，可能會發生某些很嚴重的意外。

如果在應用程式裡面有超過一個 ChocolateBoiler 實例被建立出來，可能會發生哪些糟糕的事情？

削尖你的鉛筆

你可以將 ChocolateBoiler 類別改成單例，幫助 Choc-O-Holic 改善這個類別嗎？

```
public class ChocolateBoiler {
    private boolean empty;
    private boolean boiled;
    [                                        ]

    [        ] ChocolateBoiler() {
        empty = true;
        boiled = false;
    }
    [                                        ]

    public void fill() {
        if (isEmpty()) {
            empty = false;
            boiled = false;
            // 將牛奶 / 巧克力混合物送入鍋爐
        }
    }
    // 其餘的 ChocolateBoiler 程式…
}
```

單例模式的定義

你已經知道典型的單例實作了，現在是時候好好坐下來，享受一根巧克力棒，細細品味單例模式了。

我們從這個模式的簡要定義看起：

> **單例模式**可以確保一個類別只有一個實例，並且提供一個全域接觸點。

這個定義看起來很平凡，但是，讓我們更深入地探討：

- 這裡發生什麼事？我們讓一個類別自行管理它自己的一個實例，我們也防止任何其他類別自行建立新實例，但是你必須透過類別本身來取得一個實例。
- 我們也為實例提供一個全域接觸點：當你需要一個實例時，你只要向類別提出要求，它就會給你唯一的實例。如你所知，我們可以用惰性的方式來建立單例，對需要大量資源的物件來說，這一點特別重要。

OK，我們來看一下類別圖：

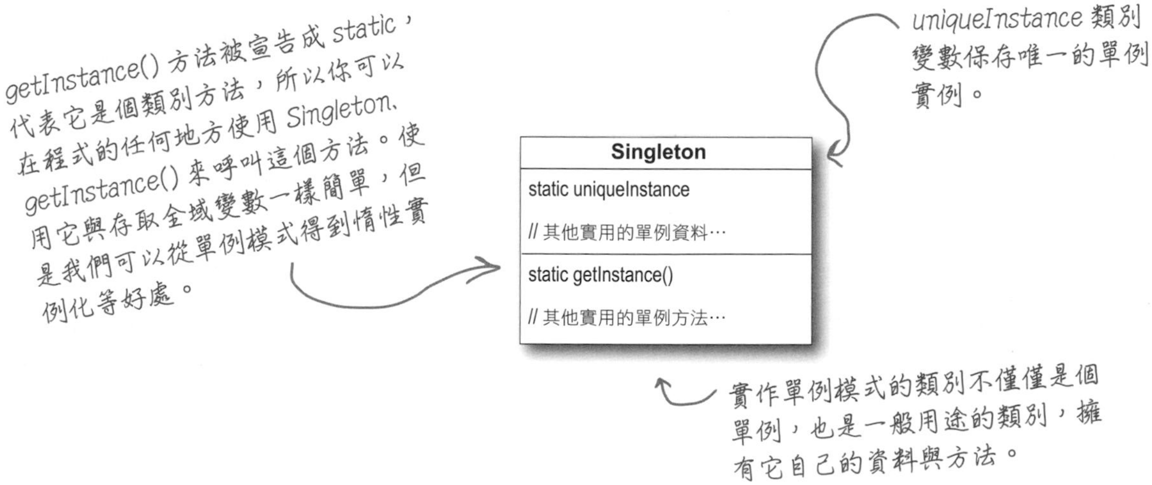

賓州好時巧克力公司 ~~休士頓~~，我們遇到麻煩了！

巧克力鍋爐似乎讓我們失望了；儘管我們用經典的單例模式來改善程式碼，但是不知為何，即使鍋爐裡面還有一批牛奶和巧克力正在沸騰，ChocolateBoiler 的 fill() 同樣會注入原料！這會讓 500 加侖的牛奶（和巧克力）溢出來！為什麼會這樣！？

這難道是加入執行緒造成的？將 uniqueInstance 變數設成 ChocolateBoiler 的唯一實例之後，呼叫 getInstance() 都會得到同一個實例，難道不是嗎？

冥想時間—我是 JVM

我們有兩個執行緒，它們分別執行這段程式。你的工作是扮演 JVM，判斷兩個執行緒是否可能取得不同的鍋爐物件。提示：你只要檢查 getInstance() 方法裡面的操作順序，以及 uniqueInstance 的值，看一下它們是否互相重疊即可。使用程式磁貼來研究為什麼程式碼會交錯建立兩個鍋爐物件。

```
ChocolateBoiler boiler =
        ChocolateBoiler.getInstance();
boiler.fill();
boiler.boil();
boiler.drain();
```

在繼續閱讀之前，先看看第 188 頁的答案。

```
public static ChocolateBoiler
      getInstance() {
  if (uniqueInstance == null) {
    uniqueInstance =
        new ChocolateBoiler();
  }
  return uniqueInstance;
}
```

執行緒一	執行緒二	uniqueInstance 的值

處理多執行緒

我們只要把 getInstance() 改成同步方法，幾乎就可以輕鬆地解決多執行緒造成的災難了：

```
public class Singleton {
    private static Singleton uniqueInstance;

    // 其他實用的實例變數

    private Singleton() {}

    public static synchronized Singleton getInstance() {
        if (uniqueInstance == null) {
            uniqueInstance = new Singleton();
        }
        return uniqueInstance;
    }

    // 其他實用的方法
}
```

為 getInstance() 加上 synchronized 關鍵字可以讓每一個執行緒都必須等到輪到它時，才可以進入這個方法。也就是說，兩個執行緒不能同時進入這個方法。

我同意這樣可以修正問題，但是同步的代價很高，這難道不是問題？

非常正確，而且它其實比你想像的還要糟糕：同步只有在第一次執行這個方法時派上用場。換句話說，當你將 uniqueInstance 設成單例實例之後，將這個方法同步化就沒有必要了。在第一次執行這個方法之後，同步就完全是一個累贅！

我們可以改善多執行緒嗎？

顯然在大多數的 Java 應用程式中，我們都要確保單例可以在使用多執行緒的情況下正常運作。但是將 getInstance() 方法同步化的代價很高，我們該怎麼做？

我們有幾個選項…

1. 如果 getInstance() 的性能對你的應用程式來說沒那麼重要，那就放著不管。

是的，如果呼叫 getInstance() 方法不會給應用程式帶來很大的負擔，那就忽略它吧。將 getInstance() 同步化既直觀又有效率。但是你要注意，將方法同步化可能會讓性能降低 100 倍，所以，如果有頻繁執行的部分開始使用 getInstance()，你可能就要重新考慮了。

2. 使用急性（eager）建立的實例，而不是惰性（lazy）建立的。

如果你的應用程式一定會建立並使用單例的實例，或是單例的建立和運行成本不高，你可以急性地建立單例模式，例如：

```
public class Singleton {
    private static Singleton uniqueInstance = new Singleton();

    private Singleton() {}

    public static Singleton getInstance() {
        return uniqueInstance;
    }
}
```

用靜態初始設定式來建立單例的實例。

這段程式絕對是執行緒安全的！

我們已經有實例了，直接回傳它。

我們利用這種做法，在類別載入時，依靠 JVM 建立唯一的單例實例。JVM 能確保這個實例可以在任何執行緒讀取靜態的 uniqueInstance 變數之前建立出來。

3. 使用「雙重檢查鎖」，在 getInstance() 中減少同步化。

在使用雙重檢查鎖的時候，我們會先檢查有沒有實例被創建出來，如果沒有，**才**進行同步。如此一來，我們只在第一次時同步，這正是我們要的效果。

我們來看一下程式碼：

```
public class Singleton {
    private volatile* static Singleton uniqueInstance;

    private Singleton() {}

    public static Singleton getInstance() {
        if (uniqueInstance == null) {
            synchronized (Singleton.class) {
                if (uniqueInstance == null) {
                    uniqueInstance = new Singleton();
                }
            }
        }
        return uniqueInstance;
    }
}
```

檢查有沒有實例，如果沒有，進入同步化的區塊。

注意，我們只在第一次時同步。

進入這個區塊之後，再次檢查，如果它還是 null，建立一個實例。

*當 uniqueInstance 變數被初始化成單例實例時，volatile 關鍵字可以確保多個執行緒正確地處理 uniqueInstance 變數。

如果在使用 getInstance() 方法時，性能是很重要的問題，那麼這一個實作單例的做法可以幫你大大地降低成本。

照過來！

雙重檢查鎖在 Java 1.4 或更早版本無法運作！

如果你使用舊版的 Java，很遺憾，在 Java 1.4 版和更早的版本中，許多具備 volatile 關鍵字的 JVM 在你使用雙重檢查鎖時都會容許不正確的同步。如果你必須使用 Java 5 之前的 JVM，請考慮用其他的做法來實作單例模式。

再度回到巧克力工廠…

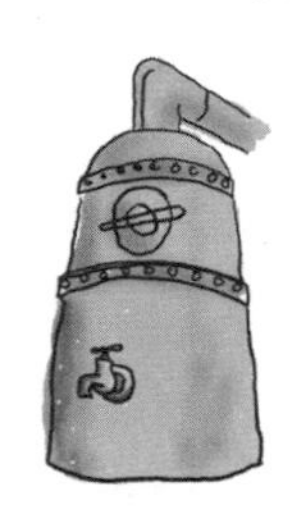

在我們診斷多執行緒問題的同時，巧克力鍋爐已經被清理乾淨，可以復工了。但是首先，我們必須修正多執行緒問題。我們有一些解決方案可用，它們各有優缺點，我們到底該使用哪一個？

削尖你的鉛筆

說出各種解決方案適不適合用來修正巧克力鍋爐程式：

將 getInstance() 方法同步化：

____

____

使用急性實例化：

____

____

使用雙重檢查鎖：

____

____

恭喜你！

現在巧克力工廠對你的服務很滿意，而且 Choc-O-Holic 很開心可以將一些專業知識用在他們的鍋爐程式上。無論你採取哪一種多執行緒解決方案，鍋爐都能順暢運作，再也不會發生事故了。恭喜你，你在這一章不但成功地避免 500 磅熱巧克力的威脅，也了解單例模式的所有潛在問題。

問：單例這種只有一個類別的簡單模式的問題似乎不少。

答：哎呀！我們只是事先告訴你那些問題，你不要因噎廢食。雖然正確地實作單例模式需要一些技巧，但是在看完這一章之後，你就會用正確的技術來建立單例模式了，當你需要控制建立出來的實例數量時，你也要使用那些技術。

問：難道不能建立一個類別，將它裡面的所有方法與變數都定義成 static 嗎？這樣不是與單例模式一樣？

答：如果你的類別是獨立且完善的，而且不依靠複雜的初始化，的確如此。但是，由於 Java 處理靜態初始化的方式，這種做法可能導致混亂，尤其是有許多類別牽涉其中時。這樣做經常會導致許多不易查覺的 bug，那些 bug 與初始化的次序有關。除非你絕對需要用這種方式來實作你的「單例」，否則待在物件的世界會好很多。

問：使用類別載入器（class loader）呢？聽說兩個類別載入器有可能各自建立它們自己的單例。

答：的確，每一個類別載入器都定義了自己的名稱空間。如果你有兩個以上類別載入器，你就有可能多次載入同一個類別（在每一個類別載入器裡面一次）。如果那個類別剛好是個單例，因為類別的版本不只一個，所以單例的實例也不只一個。所以，如果你同時使用多個類別載入器與單例，你就要小心了。處理這個問題的方法之一是自己指定類別載入器。

問：那使用反射（reflection）與序列化（serialization）/ 反序列化（deserialization）呢？

答：沒錯，反射與序列化 / 反序列化也會讓單例出問題。如果你是進階的 Java 使用者，並使用反射、序列化與反序列化，你要記住這一點。

問：之前說過鬆耦合原則，單例難道沒有違反這一條原則嗎？因為在我們的程式中，每一個依賴單例的物件都會與那一個物件緊密地耦合。

答：你說的沒錯，事實上，這是單例模式為人詬病的一點。鬆耦合原則說「努力為彼此互動的物件做出鬆耦合的設計」。單例很容易違反這一條原則：當你修改單例時，很有可能也要修改與它有關的每一個物件。

問：我經常看到別人說，一個類別應該做一件事，而且只做一件事，做兩件事的類別被視為不良的物件導向設計。單例是不是也違反這一點？

答：你說的是單一職責原則（Single Responsibility Principle），但是你沒錯：單例不但負責管理它的唯一實例（並提供全域性的接觸點），也在應用程式裡面扮演它的角色，所以說它承擔兩項責任也沒錯。儘管如此，我們不難發現，這個類別用一種機制來管理它自己的實例，這會讓整體的設計更簡單。此外，因為單例模式被廣泛使用，很多開發者都很熟悉它。話雖如此，確實有開發者認為應該將單例功能抽象化。

問：我想要用單例來製作子類別，卻遇到一些問題。我可以用單例來製作子類別嗎？

答：用單例來製作子類別的問題在於建構式是 private 的，你無法用 private 的建構式來繼承類別。所以，首先，你要將建構式改成 public 或 protected，但是如此一來，它就不是單例了，因為其他的類別可以將它實例化。

修改建構式還有一個問題，單例是以 static 變數為基礎來建構的，所以一旦你直接繼承，它的衍生類別都會共用同一個實例變數，你應該不想這樣。所以，為了繼承，你必須在基底類別實作註冊儲存體（registry）。

但是繼承單例究竟可以帶來什麼好處？如同大多數的模式，單例不一定是適合放入程式庫的解決方案。此外，在任何既有的類別加入單例程式都很簡單。最後，如果你在應用程式裡面使用大量的單例，你就要好好檢查你的設計了，單例不是讓你大量使用的。

問：我還是不明白，為何全域變數不如單例？

答：在 Java，全域變數基本上是物件的靜態參考，用這種方式使用全域變數有幾個缺點。我們已經提到一種了：惰性實例化 vs. 急性實例化的問題。但是我們要記住這一種模式的目的—確保類別只有一個實例，以及提供全域性的接觸。全域變數有第二種功能，但沒有第一種功能，而且，全域變數往往會引誘開發者使用許多小物件的全域參考，進而汙染名稱空間。雖然單例不會鼓勵這種現象，但是它可能被濫用。

噢，這個想法很好！

我們談過的許多問題（對同步的擔憂、類別載入問題、反射、序列化 / 反序列化問題）都可以藉著使用 enum 來建立單例並解決，做法是：

```
public enum Singleton {
    UNIQUE_INSTANCE;
    // 更多實用的欄位
}
public class SingletonClient {
        public static void main(String[] args) {
                Singleton singleton = Singleton.UNIQUE_INSTANCE;
                // 在這裡使用單例
        }
}
```

不要懷疑，這樣就可以了。這是有史以來最簡單的單例，對不對？你可能會質疑，為什麼要在前面建立一個包含 getInstance() 方法的單例類別，然後做同步…等事情？這是為了讓你真正了解單例是怎麼運作的。現在你知道了，你可以在需要使用單例模式的時候直接使用 enum，同時仍然可以在 Java 面試中正確地回答這種問題：「如何在不使用 enum 的情況下實作單例？」

而且當我們還在走路上學時，Java 還沒有 enum。

動動腦

你可以用 enum 來改寫 Choc-O-Holic 嗎？試一下。

設計工具箱裡面的工具

你又在工具箱裡加入一個模式了。單例提供另一種創建物件的方法，這一次，它是獨一無二的物件。

重點提示

- 單例模式可以確保應用程式的某個類別最多只有一個實例。
- 單例模式也提供那個實例的全域接觸點。
- Java 的單例模式實作使用 private 建構式、一個 static 方法，與一個 static 變數。
- 在編寫多執行緒應用程式時，請調查你的性能和資源限制，並謹慎地選擇適當的單例實作（我們也要假設所有的應用程式都是多執行緒的！）。
- 留意你的雙重檢查鎖程式，它在 Java 5 之前的版本不是執行緒安全的。
- 在使用多類別載入器時請小心，它可能會破壞單例實作，產生多個實例。
- 你可以使用 Java 的 enum 來簡化單例實作。

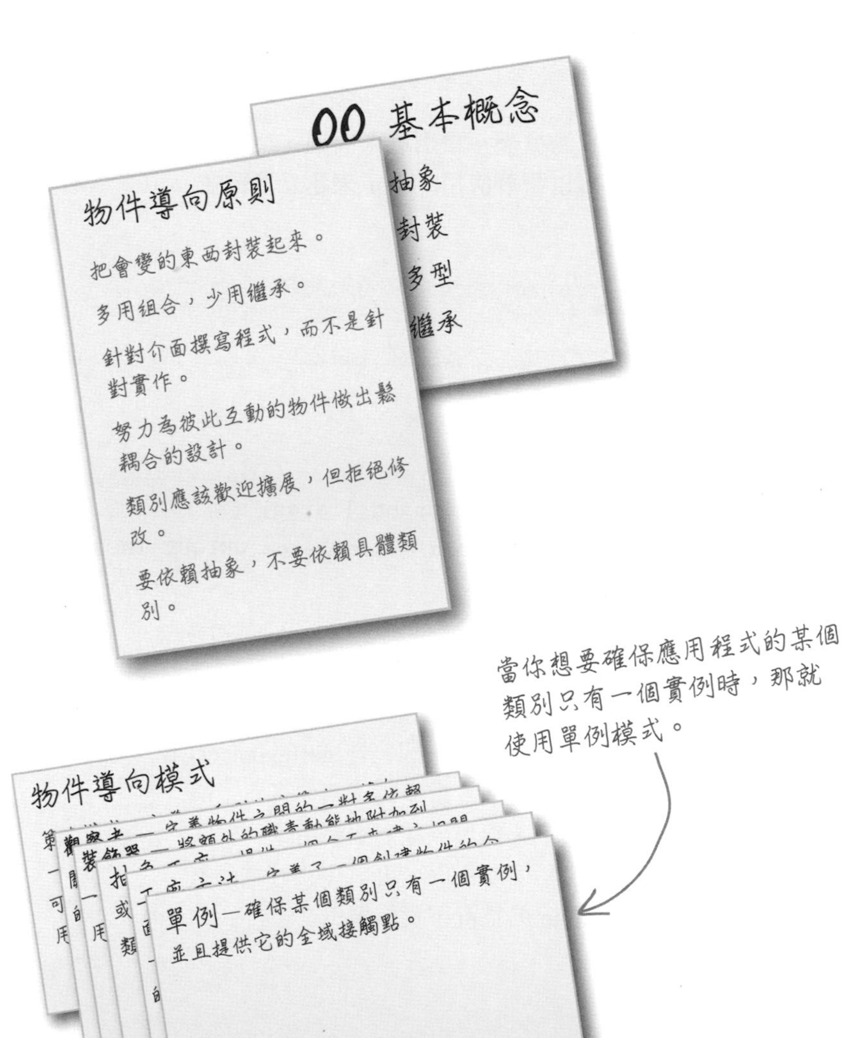

正如同你所看到的，雖然單例看起來很簡單，但是它的實作牽涉許多細節。但是，在看完這一章之後，你已經做好準備，可以在外面實際應用單例了。

設計模式填字遊戲

好好坐下來，打開你解決多執行緒問題之後收到的巧克力禮物，花一點時間做一下這個填字遊戲，它的答案都是這一章用過的單字。

橫向

3. 生產鍋爐的公司。
6. 不正確的實作導致它裡面的東西滿出來了。
7. 單例模式有一個。
10. 為了完全阻止 new 建構式執行，我們必須將建構式宣告成 ________。
12. 典型的實作無法處理這個。
13. 單例提供一個實例與 ________（五個中文字）。
14. 用 Java 建立單例的簡易做法。
15. 單例因為自己沒有公用的 ________ 而覺得不好意思。
16. 單例是一種管理 ________ 的實例的類別。

縱向

1. 與巧克力一起倒入鍋爐的東西。
2. 如果不使用 Java 5 或更新的版本，它就是有問題的做法。
3. 它是「獨一無二的」。
4. 多個 ________ 可能會造成問題（五個中文字）。
5. 當你不需要擔心惰性實例化時，你就可以 ________ 地建立你的實例。
8. 全域變數的好處之一：________ 創建。
9. 美國的巧克力公司。
11. 單例可以確保只有一個 ________。

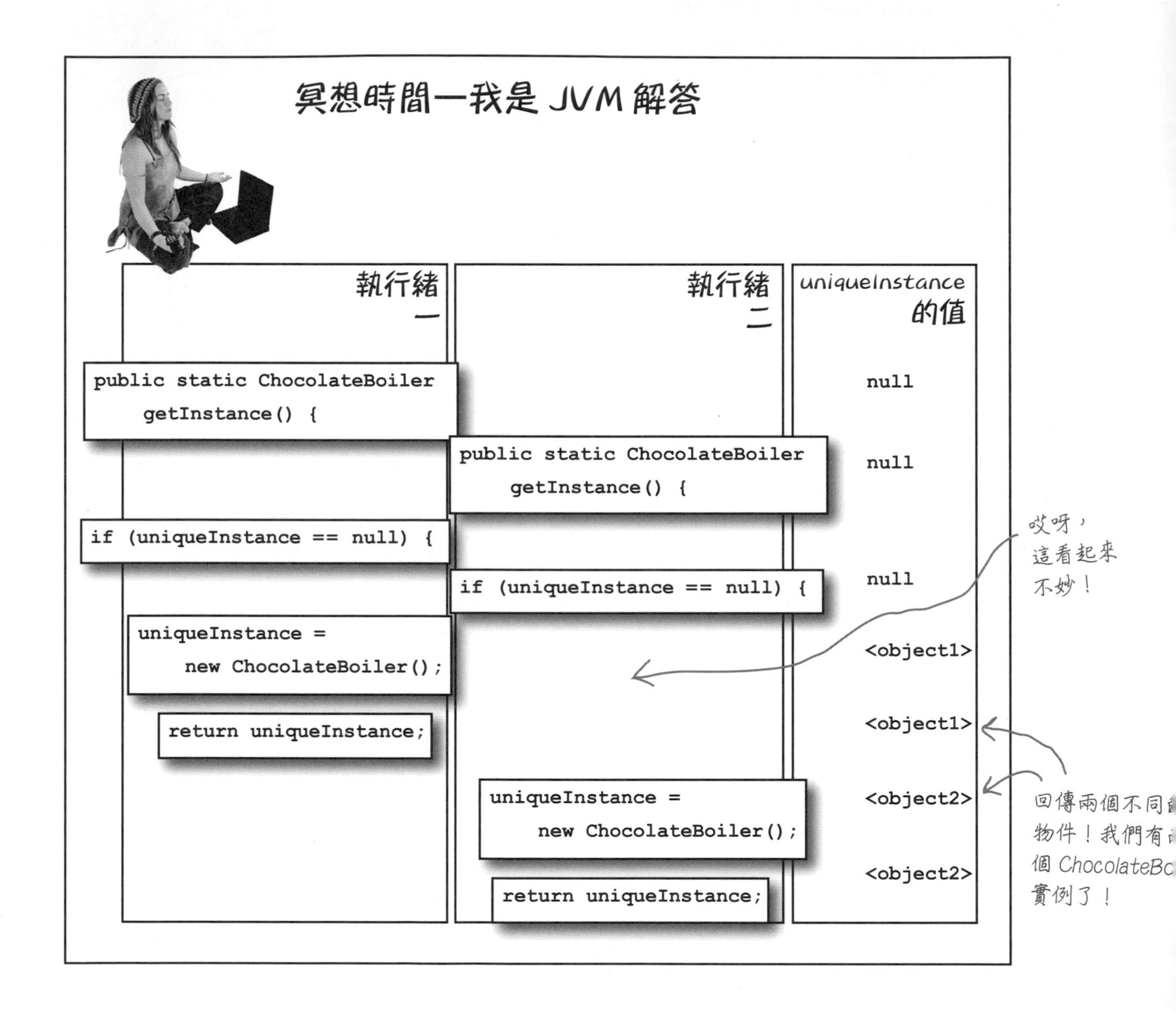
冥想時間－我是 JVM 解答
執行緒一
執行緒二
uniqueInstance 的值
public static ChocolateBoiler getInstance() {
null
public static ChocolateBoiler getInstance() {
null
if (uniqueInstance == null) {
if (uniqueInstance == null) {
null
哎呀，這看起來不妙！
uniqueInstance = new ChocolateBoiler();
<object1>
return uniqueInstance;
<object1>
uniqueInstance = new ChocolateBoiler();
<object2>
return uniqueInstance;
<object2>

削尖你的鉛筆 解答

你可以將 ChocolateBoiler 類別改成單例，幫助 Choc-O-Holic 改善這個類別嗎？

```
public class ChocolateBoiler {
    private boolean empty;
    private boolean boiled;

    private static ChocolateBoiler uniqueInstance;

    private ChocolateBoiler() {
        empty = true;
        boiled = false;
    }

    public static ChocolateBoiler getInstance() {
        if (uniqueInstance == null) {
            uniqueInstance = new ChocolateBoiler();
        }
        return uniqueInstance;
    }

    public void fill() {
        if (isEmpty()) {
            empty = false;
            boiled = false;
            // 將牛奶 / 巧克力混合物送入鍋爐
        }
    }
   // 其餘的 ChocolateBoiler 程式…
}
```

削尖你的鉛筆 解答

說出各種解決方案適不適合用來修正巧克力鍋爐程式：

將 getInstance() 方法同步化：

這是最直接的技巧，保證有效。巧克力鍋爐沒有任何性能方面的顧慮，所以這是很好的選項。

使用急性實例化：

我們一定會在程式碼裡面將巧克力鍋爐實例化，所以靜態初始化實例不會引起任何問題。這種做法與同步化的方法同樣可行，只是對熟悉標準模式的開發者來說，這種做法可能比較陌生。

使用雙重檢查鎖：

因為我們沒有性能方面的顧慮，所以使用雙重檢查鎖是多餘的，更何況採取這種做法的話，我們一定要用 Java 5 以上的版本來執行。

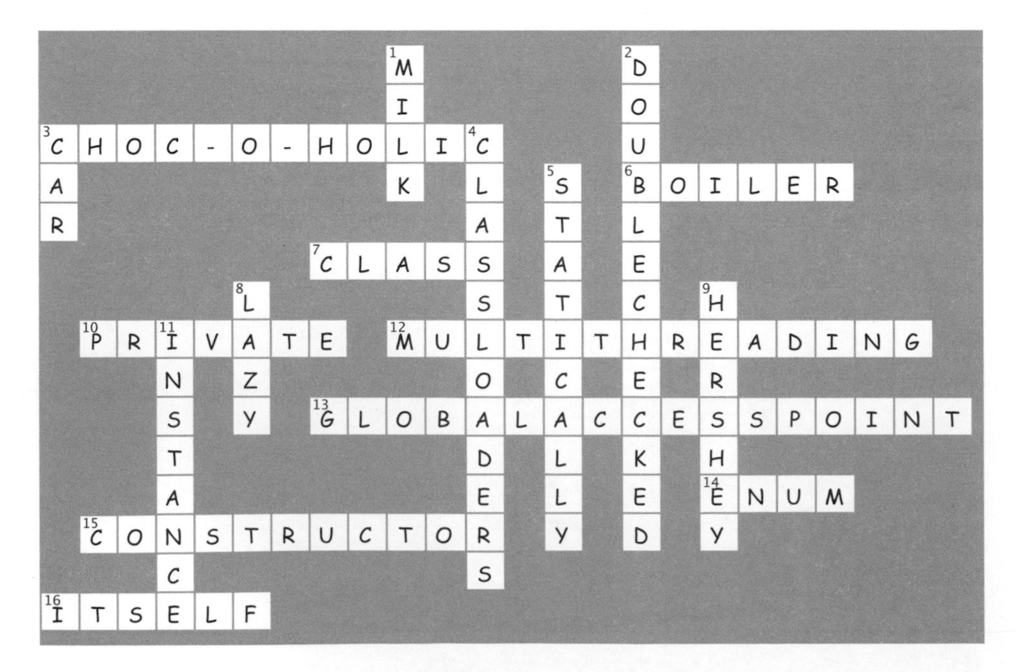

設計模式填字遊戲解答

6 命令模式

封裝呼叫

這是在特務界掀起一場革命的機密文件投遞箱，只要我把需求丟進去，就會讓一個人消失，或是讓一個政府在一夜之間被推翻，甚至連我的衣物都可以完成乾洗。不管需求是何時、何處或如何完成的，反正它就是會完成！

在這一章，我們要將封裝提升至全新的境界：將方法的呼叫（invoke）封裝起來。沒錯，藉著封裝方法的呼叫，我們可以將計算程式包裝成形，讓呼叫那個計算的物件不必理會工作如何進行，只要使用成形的方法即可。這些封裝成形的方法呼叫也可以做一些聰明的事情，例如做記錄（logging），或是藉著重複使用它來進行復原（undo）。

巴斯特家電自動化公司
依利諾州
未來城工業路 1221 號

您好！

最近 Weather-O-Rama 的 CEO，Johnny Hurricane 向我展示他的新氣象站，他的軟體架構真的讓我印象深刻，所以我想邀請你為我們的家電自動化遙控器設計 API。為了感謝你的服務，我們將支付你巴斯特家電自動化公司的股票選擇權。

你應該已經收到創新遙控器的雛形了，這個遙控器有七個可程式化位置（分別可以設定不同的家電）以及對應的開關。這個遙控器也有一顆全域復原按鈕。

這封 email 的附件也有一組 Java 類別，它們是由多家廠商開發出來的，可以用來控制家電自動化設備，那些家電包括電燈、吊扇、熱水浴缸、音響設備，以及其他類似的可控制設備。

我們希望你製作 API 來編寫遙控器的程式，讓每一個位置都可以被設定成控制一個或一組設備。請注意，我們想要控制目前的所有設備，以及廠商將來提供的任何設備，這一點至關重要。

從你幫 Weather-O-Rama 工作站設計的作品來看，我們相信你可以做出很棒的遙控器設計！

期待看到你的設計。

真摯的

Billy Thompson

Bill Thompson, CEO

讓硬體解脫！我們來看一下這個遙控器…

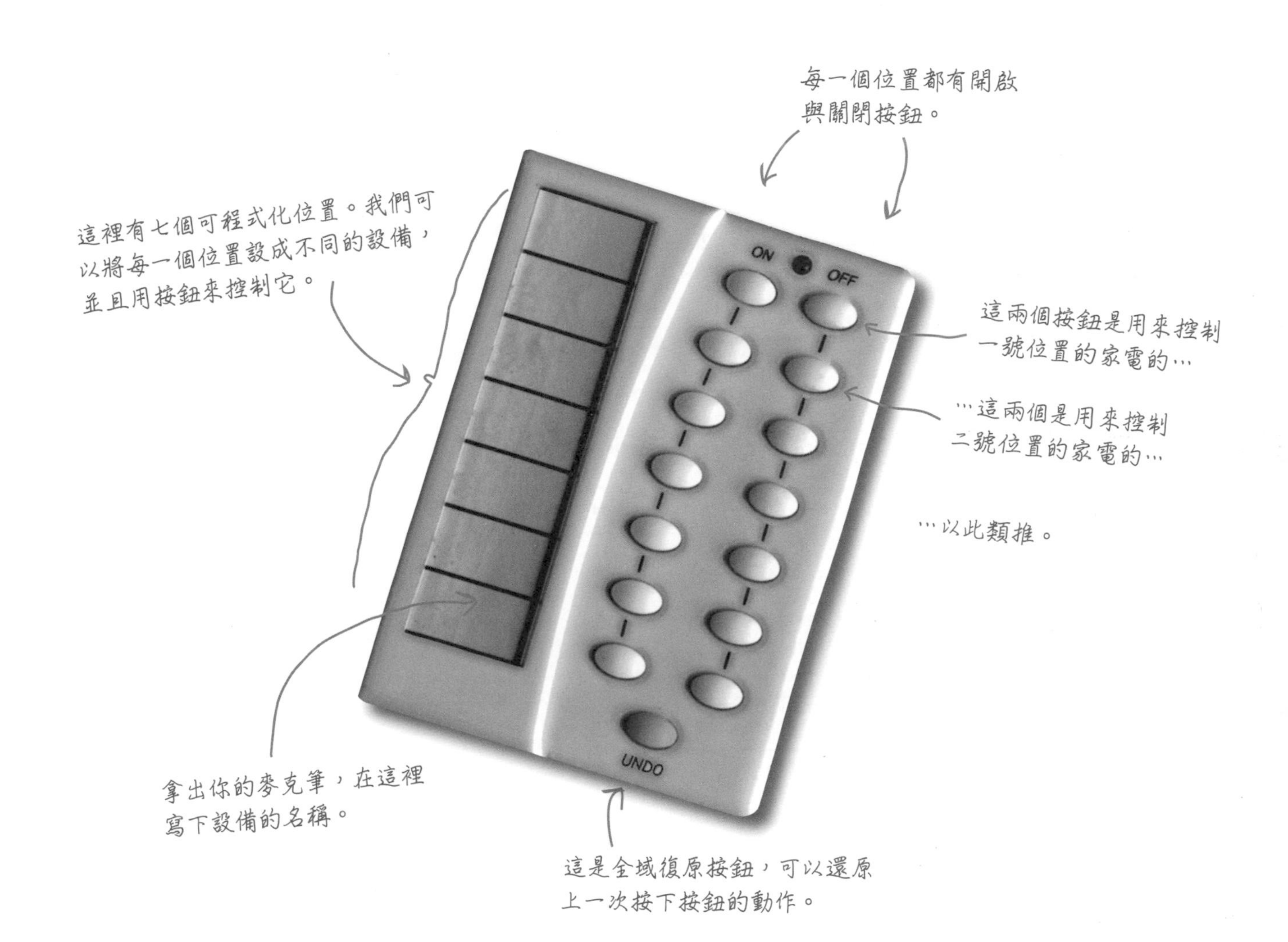

這是廠商類別

我們來看一下 CEO 用 email 寄過來的廠商類別。它們應該可以讓你對物件的介面有一些概念。

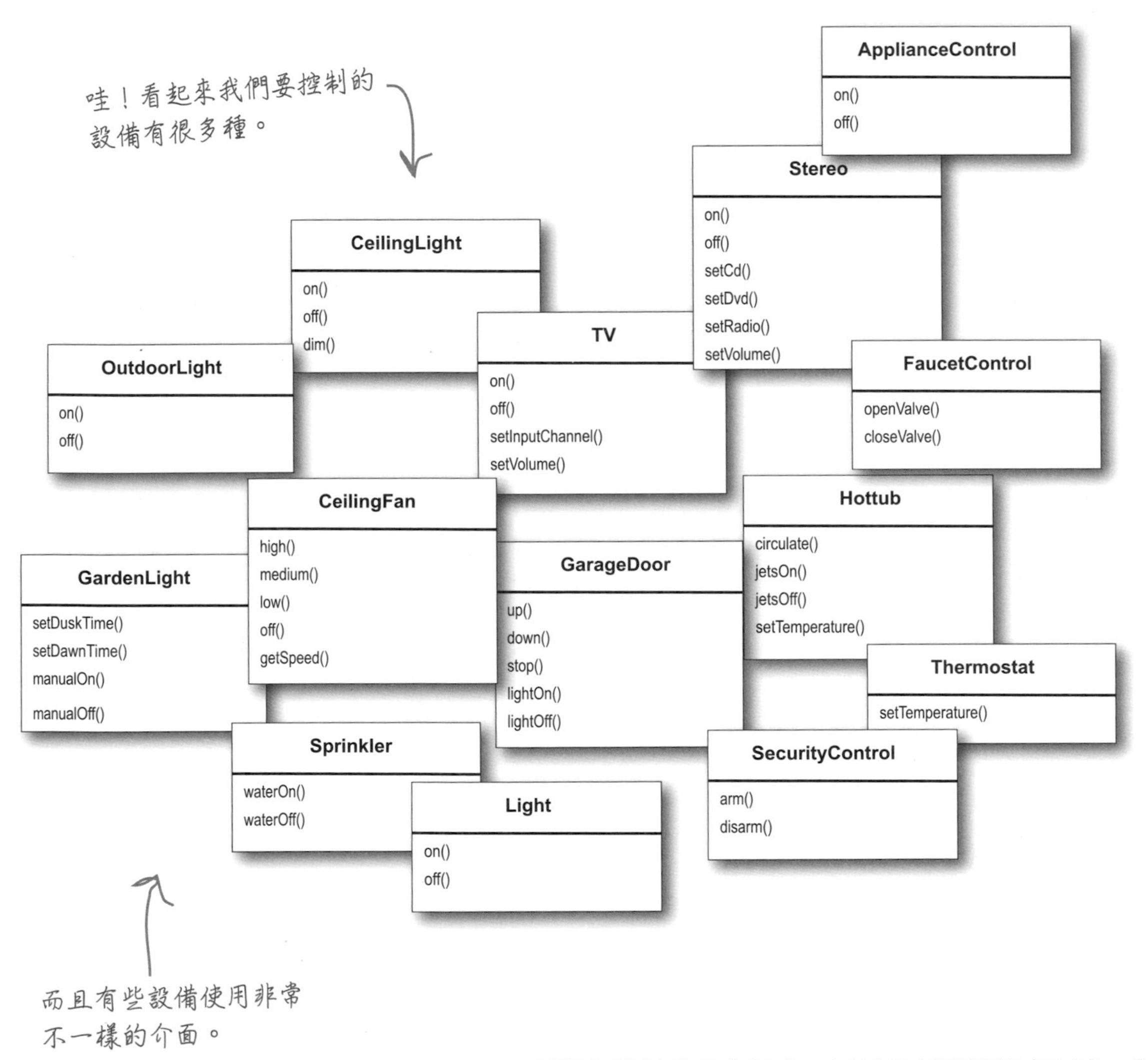

類別的數量看起來不少，而且這個產業沒有制定一組共用的介面，不僅如此，將來我們還會遇到更多這種類別。設計遙控 API 是一項有趣的工作，讓我們開始動手設計吧！

在辦公室隔間的談話

你的同事已經開始討論如何設計遙控 API 了…

Sue

我們要開始進行新的設計了，看起來，我們有一個簡單的遙控器，裡面有許多開關按鈕，還有一堆五花八門的供應商類別。

Mary：對啊，很多類別有 on() 與 off() 方法，但是也有 dim()、setTemperature()、setVolume()、setInputChannel()、waterOn()…等方法。

Sue：不只如此，聽說以後還會有其他的廠商類別，它們的方法也是五花八門的。

Mary：我認為用分離關注點來思考非常重要。

Sue：什麼意思？

Mary：我的意思是，遙控器必須知道如何解讀按鈕被按下的動作，並發出正確的請求，但是遙控器不需要知道太多關於家電自動化或如何打開熱水浴缸的細節。

Sue：但是，如果遙控器那麼笨，只會發出一般性的請求，如何設計出可以呼叫某個動作的遙控器？例如打開電燈或車庫門？

Mary：這方面我還不知道，但是我們不必讓遙控器知道廠商類別的細節。

Sue：什麼意思？

Mary：我們不想讓遙控器裡面有一大堆 if 陳述式，例如「if slot1 == Light, then light.on(), else if slot1 == Hottub then hottub.jetsOn()」，大家都知道這是糟糕的設計。

Sue：同意，只要有新的廠商類別出現，我們就要修改程式，可能會寫出 bug，而且這個工作會沒完沒了！

嘿！我無意間聽到你們的談話，我從第 1 章開始就很努力地學習設計模式，有一種模式稱為「命令模式」，可能對你們有幫助。

Joe

Mary：是嗎？多說一些。

Joe：命令模式可以將一項操作的要求者和實際執行該項操作的物件解耦合，在這個例子中，要求者是遙控器，執行操作的物件是廠商類別的實例。

Sue：怎麼可能？怎麼讓它們解耦合？畢竟當我按下按鈕時，遙控器就必須打開電燈啊？

Joe：你可以在設計中使用命令物件。命令物件可以用特定的物件（例如客廳電燈物件）來封裝做某件事的請求（例如打開電燈）。所以，如果我們幫每一個按鈕指定一個命令物件，當按鈕被按下時，我們只要叫命令物件做某項工作即可，遙控器不必知道工作的任何細節，只要有一個知道如何聯繫電燈物件來完成工作的命令物件就可以了。你看，這樣就解開遙控器與電燈物件之間的耦合了！

Sue：聽起來的確是正確的方向。

Mary：但我還是不了解這個模式怎麼運作。

Joe：由於物件之間的耦合如此之鬆，所以這個模式的運作方式不太容易說明。

Mary：聽一下我的理解是否正確。使用這個模式時，我們可以建立一個 API，在裡面將這些命令物件載入按鈕位置，讓遙控器的程式保持非常簡單。命令物件封裝了一項家電自動化工作的執行方式，以及做那件事的物件。

Joe：對，我認同，我認為這種模式也可以協助你完成那個復原按鈕，但是我還沒有研究這個部分。

Mary：真令人振奮，但是我可能要先好好學習，才能真正理解這個模式。

Sue：我也是。

與此同時，我們回到美式餐廳…
我是說，回到命令模式的簡介

正如 Joe 所說的，我們很難藉由聆聽命令模式的敘述來了解它，但是別害怕，有一些朋友可以幫助我們：還記得第 1 章的美式餐廳嗎？我們有一陣子沒有和 Alice、Flo 和快餐廚師碰面了，但是現在有很好的理由回去那裡（除了那裡的食物和很棒的對話之外）：那家美式餐廳可以幫助我們了解命令模式。

所以，讓我們回去那家美式餐廳，研究顧客、女服務生、訂單、快餐廚師之間的互動，透過這些互動，你將了解命令模式的相關物件，以及解耦合是怎麼做到的。了解命令模式之後，我們會開始設計遙控器 API。

進入物件村美式餐廳…

OK，我們都知道這家美式餐廳是怎麼運作的：

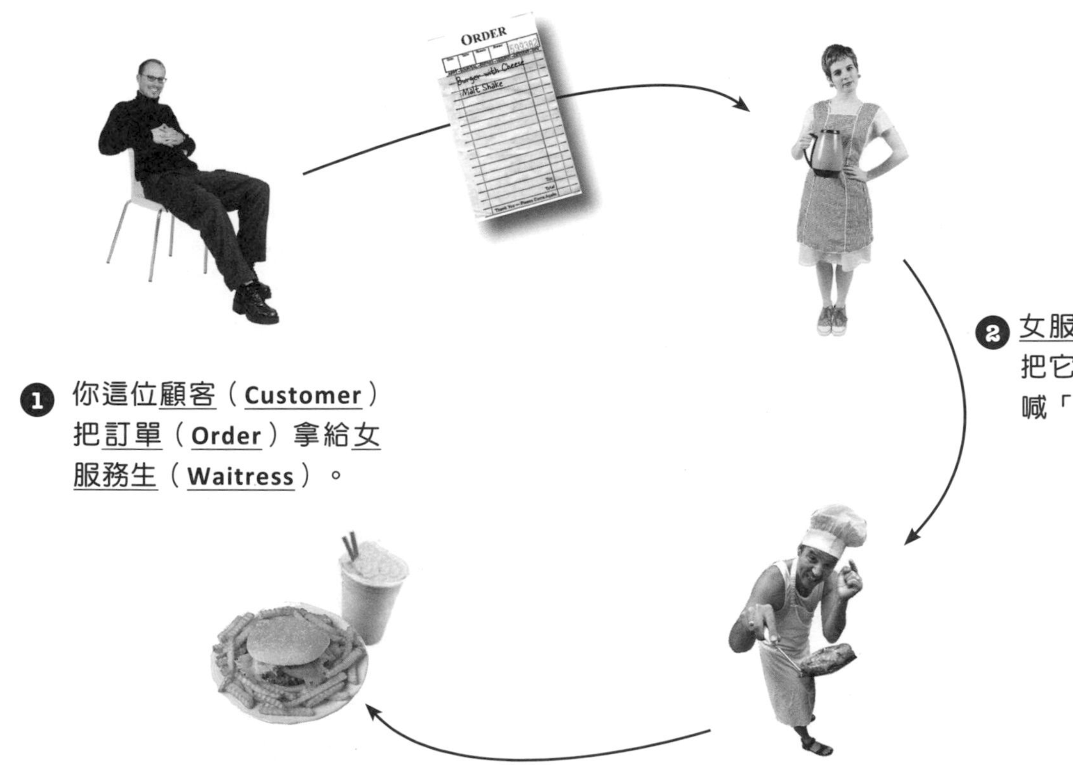

1. 你這位顧客（**Customer**）把訂單（**Order**）拿給女服務生（**Waitress**）。
2. 女服務生收下訂單，把它放在櫃檯，大聲喊「單子來了！」。
3. 快餐廚師（**Short-Order Cook**）根據訂單準備餐點。

更仔細地研究他們的互動…

…因為這一家美式餐廳在物件村裡面，所以我們也來了解一下裡面的物件與方法呼叫！

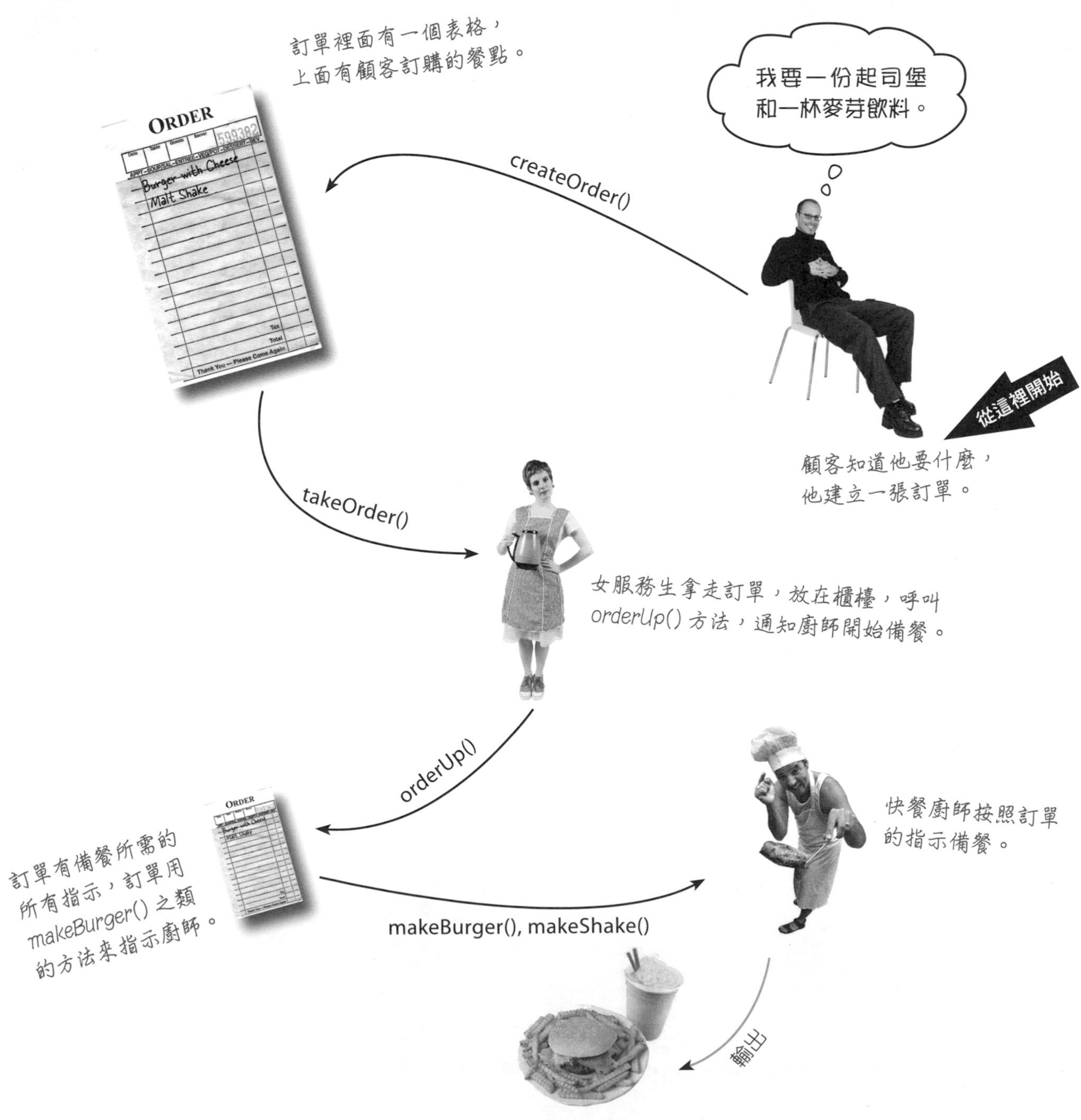

物件村美式餐廳的角色與責任

一張訂單封裝了一個備餐的請求。

你可以將訂單想成請求備餐的物件。如同任何物件，訂單物件可以傳遞，從女服務生傳到櫃檯，或是傳到下一班的女服務生。它有一個介面，那個介面只有一個方法，orderUp()，該方法封裝了備餐的所有動作。它也有一個參考，指向負責準備它的物件（在這個例子裡，就是快餐廚師）。因為它被封裝起來了，所以女服務生不需要知道訂單裡面有什麼，甚至備餐的人是誰，她只要將訂單放在櫃檯，並且說一聲「單子來了」即可。

好啦，在現實世界裡，女服務生必須關心訂單的內容，也要知道廚師是誰，但是這裡是物件村…先按照我們說的吧！

女服務生的工作是收取訂單，並呼叫它們的 orderUp() 方法。

女服務生的工作很簡單：向顧客收取訂單，繼續服務下一位顧客，回到櫃檯，然後呼叫 orderUp() 方法來叫人備餐。之前說過，在物件村，女服務生不需要關心訂單裡面有什麼，或是誰負責準備它，她只知道訂單有個 orderUp() 方法可以讓她呼叫來完成工作。

在一個工作天裡面，女服務生的 takeOrder() 方法會用參數來接收不同的客人傳入的訂單，但是她不會手忙腳亂，因為她知道所有的訂單都有 orderUp() 方法，每次她需要請人備餐時，就可以呼叫 orderUp()。

快餐廚師有備餐所需的知識。

快餐廚師是真正知道如何備餐的物件。當女服務生呼叫 orderUp() 方法之後，快餐廚師就會接手，並且實作「製作餐點所需的所有方法」。注意，女服務生與廚師是完全解耦合的：女服務生的訂單封裝了餐點的細節，她只要呼叫訂單的一個方法，就可以叫人準備餐點了。類似地，廚師會從訂單獲得指示，他不需要和女服務生直接溝通。

好，這家美式餐廳的女服務生透過訂單與快餐廚師解耦合了，那又如何？快說重點！

快了，有耐心一點…

你可以把這間美式餐廳想成一個物件導向設計模式，它可以讓我們把「發出請求的物件」與「接收並執行請求的物件」分開。例如，在遙控器 API 裡，我們要將「按下按鈕時呼叫的程式碼」和「執行請求的廠商類別物件」分開。如果遙控器的每一個位置都保存一個物件，而且那個物件類似美式餐廳的訂單物件呢？如此一來，當按鈕被按下時，我們就可以呼叫那個物件裡面，相當於 orderUp() 的方法，來打開電燈，遙控器不需要知道如何做這件事，或這件事是哪些物件做的。

現在，我們稍微轉換一下，把所有的美式餐廳對話對映到命令模式…

動動腦

在繼續閱讀之前，花一些時間研究兩頁之前的這張圖，和美式餐廳的角色和職責，以了解物件村美式餐廳的物件及其關係。研究完成之後，你就可以把注意力集中在命令模式上了！

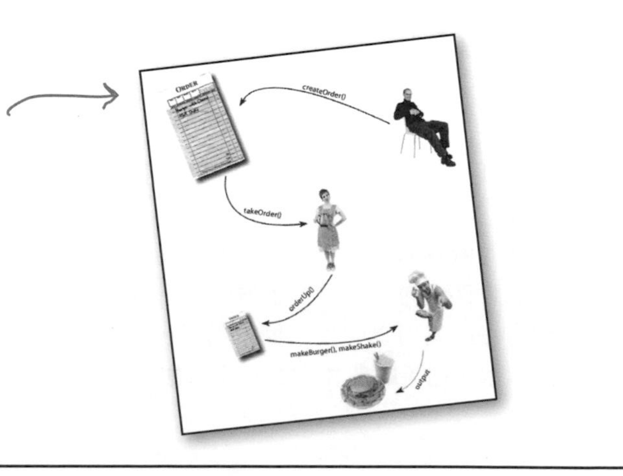

從美式餐廳到命令模式

好了，我們已經用很多時間來討論物件村美式餐廳，也知道各種角色的特性和責任了。現在要根據命令模式來修改美式餐廳流程圖。你會看到，所有角色都是一樣的，只不過使用不一樣的名稱。

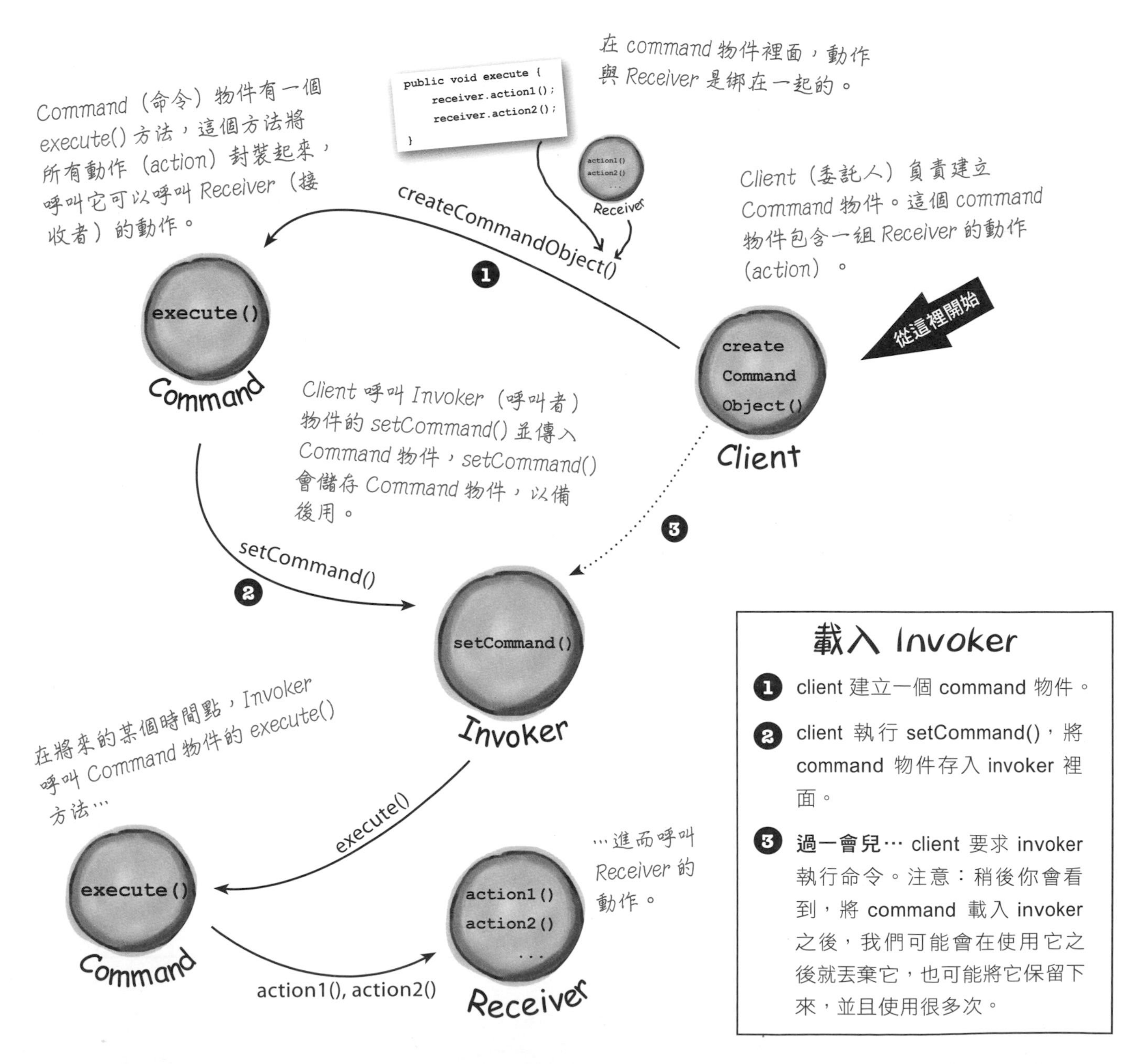

載入 Invoker

1. client 建立一個 command 物件。
2. client 執行 setCommand()，將 command 物件存入 invoker 裡面。
3. **過一會兒…** client 要求 invoker 執行命令。注意：稍後你會看到，將 command 載入 invoker 之後，我們可能會在使用它之後就丟棄它，也可能將它保留下來，並且使用很多次。

將美式餐廳的物件和方法連到對應的命令模式名稱。

美式餐廳	命令模式
女服務生	Command
快餐廚師	execute()
orderUp()	Client
訂單	Invoker
顧客	Receiver
takeOrder()	setCommand()

我們的第一個 command 物件

是時候建立第一個 command 物件了，現在我們要寫一些遙控器程式。雖然我們還沒有釐清如何設計遙控器 API，但由下而上建構一些東西也許是有幫助的…

實作 Command 介面

首先，所有的 command 物件都實作同一個介面，那個介面有一個方法。在美式餐廳的例子中，該方法稱為 orderUp()，但是，我們通常使用 execute() 這個名稱。

這是 Command 介面：

```
public interface Command {
    public void execute();
}
```

很簡單，只需要一個 execute() 方法。

實作一個 command 來開燈

接下來，假設你想要實作一個打開電燈的 command，從廠商提供的類別可以看到，Light 類別有兩個方法：on() 與 off()。這是將它實作成 command 的寫法：

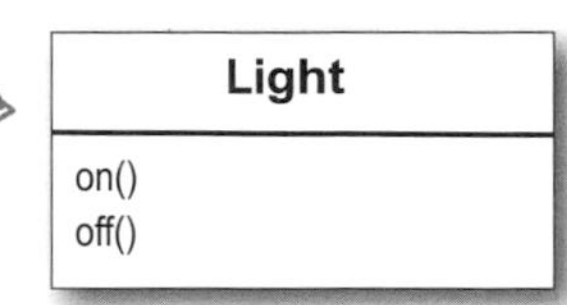

這是一個 command，所以我們要實作 Command 介面。

```
public class LightOnCommand implements Command {
    Light light;

    public LightOnCommand(Light light) {
        this.light = light;
    }

    public void execute() {
        light.on();
    }
}
```

讓建構式接收這個 command 將要控制的電燈，假設是客廳電燈，並將它存入實例變數 light 裡面。當 execute 被呼叫時，接收請求的就是這個 light 物件。

execute() 方法呼叫接收者物件的 on() 方法，接收者物件就是我們要控制的電燈。

完成 LightOnCommand 類別之後，我們來看看如何使用它…

使用 command 物件

好，我們把工作簡化一下：假如我們的遙控器只有一個按鈕及其對應的位置，那個位置可以保存被控制的設備：

```
public class SimpleRemoteControl {
    Command slot;
    public SimpleRemoteControl() {}

    public void setCommand(Command command) {
        slot = command;
    }
    public void buttonWasPressed() {
        slot.execute();
    }
}
```

用一個位置來保存 command，它將控制一個設備。

用一個方法來設定 slot（位置）將要控制的 command。如果這段程式的 client 想要改變遙控器按鈕的行為，這個方法可能被呼叫不止一次。

這個方法會在按鈕被按下時執行。我們的做法是呼叫被指派給 slot 的 command 的 execute() 方法。

編寫簡單的測試程式來使用遙控器

下面是測試遙控器的程式碼，我們來看看它和命令模式圖的對應關係：

```
public class RemoteControlTest {
    public static void main(String[] args) {
        SimpleRemoteControl remote = new SimpleRemoteControl();
        Light light = new Light();
        LightOnCommand lightOn = new LightOnCommand(light);

        remote.setCommand(lightOn);
        remote.buttonWasPressed();
    }
}
```

這是命令模式中的 Client。

遙控器是 Invoker，它會收到一個 command 物件，那個 command 物件可以用來發出請求。

建立 Light 物件，它是接受請求的 Receiver。

在這裡建立一個 command，並將 Receiver 傳給它。

將 command 傳給 Invoker。

然後模擬按鈕被按下。

這是執行測試程式的輸出。

```
File Edit Window Help DinerFoodYum
%java RemoteControlTest
Light is On
%
```

削尖你的鉛筆

接下來要讓你實作 GarageDoorOpenCommand 類別了。 先根據 GarageDoor 的類別圖寫出下面這個類別的程式。

GarageDoor
up() down() stop() lightOn() lightOff()

```
public class GarageDoorOpenCommand
        implements Command {



}
```

把程式寫在這裡。

完成類別之後，下面這段程式的輸出是什麼？（提示：GarageDoor 的 up() 方法會在完成時印出「Garage Door is Open」。）

```
public class RemoteControlTest {
    public static void main(String[] args) {
        SimpleRemoteControl remote = new SimpleRemoteControl();
        Light light = new Light();
        GarageDoor garageDoor = new GarageDoor();
        LightOnCommand lightOn = new LightOnCommand(light);
        GarageDoorOpenCommand garageOpen =
            new GarageDoorOpenCommand(garageDoor);

        remote.setCommand(lightOn);
        remote.buttonWasPressed();
        remote.setCommand(garageOpen);
        remote.buttonWasPressed();
    }
}
```

這是輸出。

File Edit Window Help GreenEggs&Ham

```
%java RemoteControlTest
```

定義命令模式

你已經完成物件村美式餐廳的實習、寫好一部分的遙控器 API，在過程中，你也充分理解命令模式的類別和物件如何互動了。現在我們要來定義命令模式，並確認所有的細節。

我們從它的官方定義開始看起：

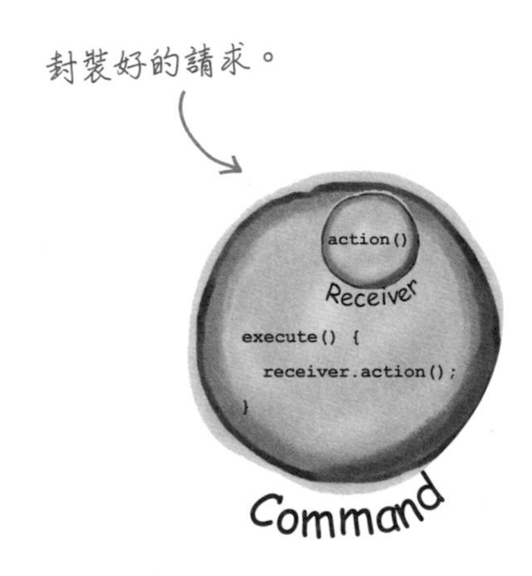

> **命令模式**可將請求封裝成物件，讓你可以將請求、佇列或紀錄等物件參數化，並支援可復原的操作。

我們來解釋這個定義。我們知道，command 物件藉著將準備送給 receiver 的一組行動綁在一起，來封裝請求。command 物件將動作和 receiver 都包在它裡面，並且只公開一個方法，execute()。當你呼叫 execute() 時，就會呼叫 receiver 的動作。在外面，其他的物件都不知道哪個 receiver 執行什麼動作，它們只知道呼叫 execute() 方法之後，它們的請求就會被處理。

我們已經看了幾個使用 command 來將物件參數化的例子了。回到美式餐廳，女服務生會在一整個工作天裡面，透過參數收到許多訂單。在簡單遙控器裡，我們先將「light on」command 載入按鈕位置（slot），然後將它換成「garage door open」command。遙控器位置和女服務生一樣，不在乎它得到什麼 command 物件，只要該物件有實作 Command 介面即可。

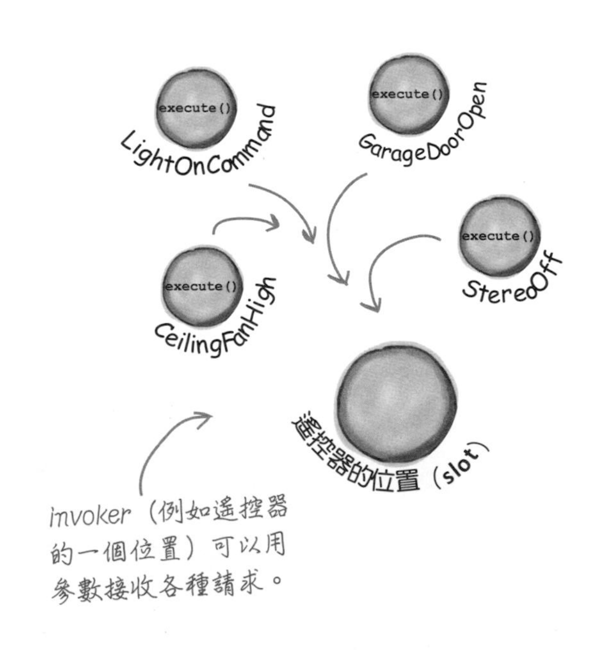

我們還沒有使用 command 來實作佇列與 *log*，以及提供復原操作。別擔心，它們只是在基本的命令模式之上擴展的功能，我們很快就會介紹它們。了解命令模式的基本知識之後，我們也可以輕鬆地提供所謂的 Meta Command Pattern。Meta Command Pattern 可以讓你建立 command 的巨集（macro），以便一次執行多個 command。

命令模式的定義：類別圖

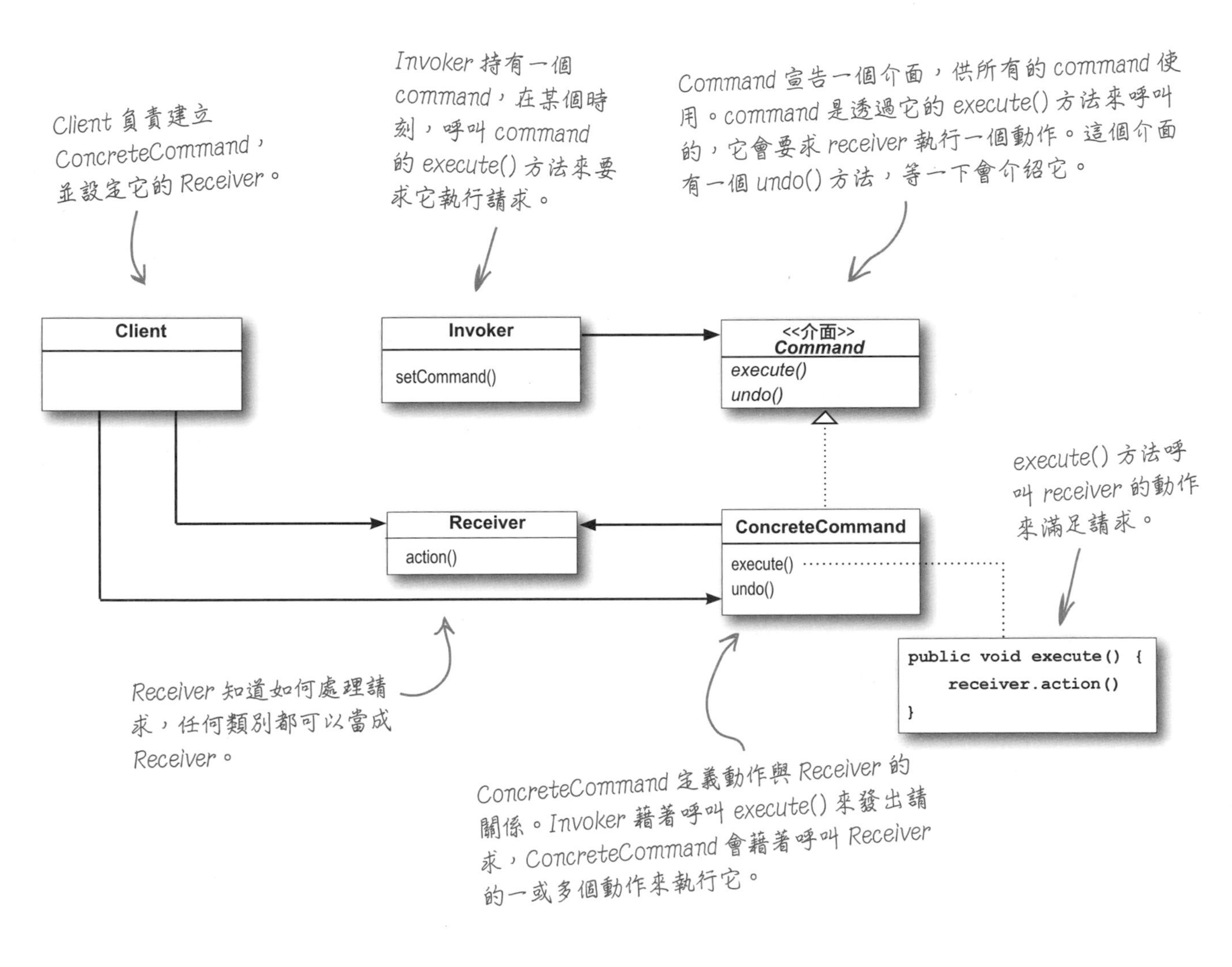

動動腦

命令模式的設計如何讓請求的 invoker 與請求的 receiver 解耦合？

Mary：我也覺得如此。我們該從何做起？

Sue：就像處理 SimpleRemote 那樣，我們要提供一種將 command 指派給位置的做法。這個案例有七個位置，每一個位置都有「開」與「關」按鈕，所以我們可以用這種方式，將 command 指派給遙控器：

```
onCommands[0] = onCommand;
offCommands[0] = offCommand;
```

七個 command 位置都使用同一種做法。

Mary：有道理，但是 Light 物件怎麼辦？遙控器該怎麼分辨客廳和廚房的電燈？

Sue：你說到重點了一它無法分辨！當按鈕被按下時，遙控器只要知道如何呼叫按鈕對應的 command 物件的 execute()，不必知道任何其他事情。

Mary：我知道，但是在實作裡，如何確保正確的物件打開與關閉正確的設備？

Sue：當我們建立將被載入遙控器的 command 時，我們會建立一個客廳電燈物件的 LightCommand，建立另一個廚房電燈物件的 LightCommand。別忘了，請求的 receiver 與封裝它的 command 是綁定的。所以，當按鈕被按下時，沒有人在乎電燈是哪一個，當 execute() 方法被呼叫時，對的事情就會發生。

Mary：我應該懂了，我們來實作遙控器吧，事情會越來越清楚！

Sue：聽起來很棒，開工了…

將 Command 指派給位置

我們的計畫是這樣的：我們打算將 command 指派給遙控器的每一個位置，讓遙控器成為 *invoker*。當按鈕被按下時，我們就呼叫對應的 command 的 execute() 方法，進而呼叫 receiver（例如電燈、吊扇、音響）的動作。

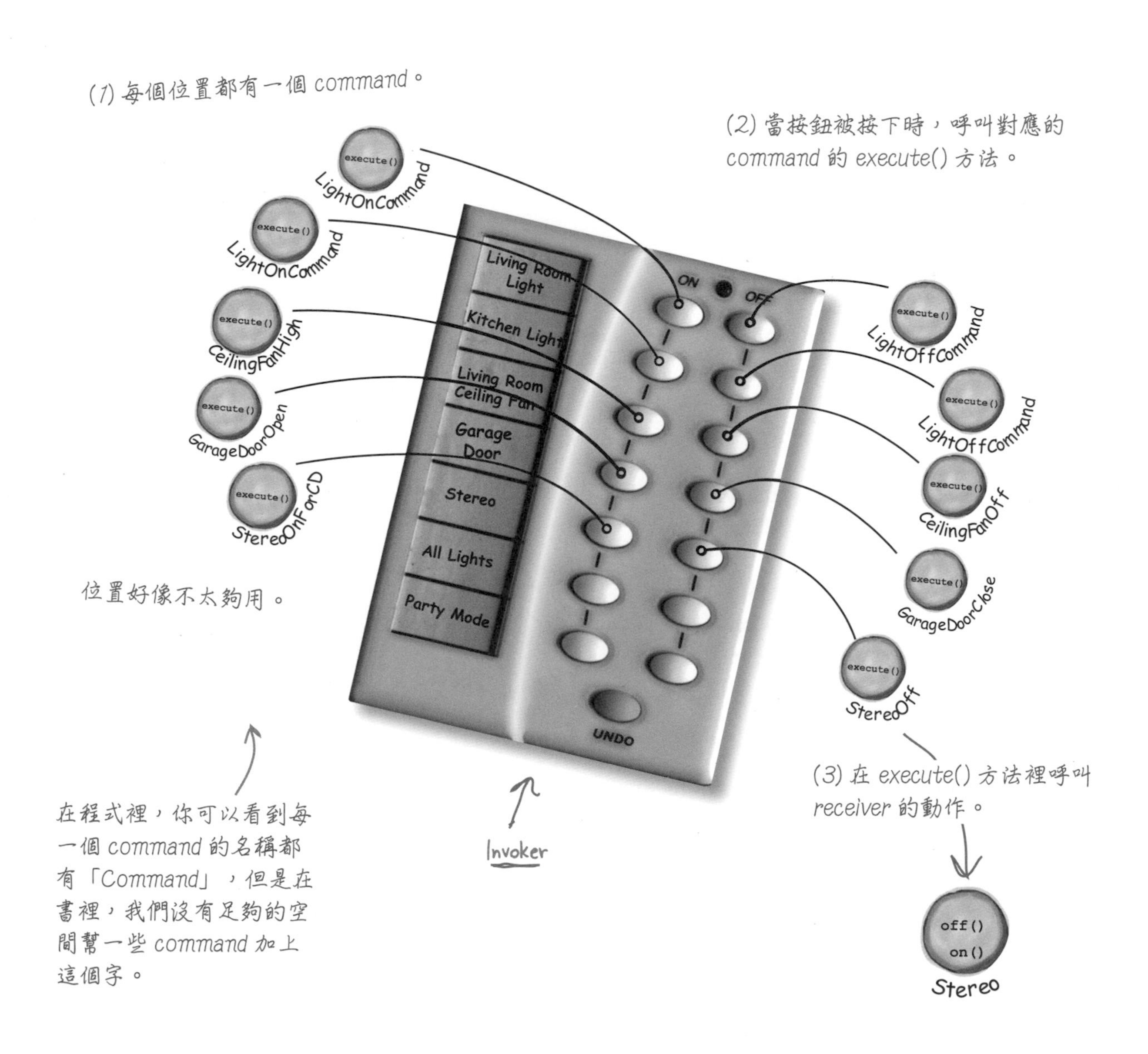

實作遙控器

```
public class RemoteControl {
    Command[] onCommands;
    Command[] offCommands;

    public RemoteControl() {
        onCommands = new Command[7];
        offCommands = new Command[7];

        Command noCommand = new NoCommand();
        for (int i = 0; i < 7; i++) {
            onCommands[i] = noCommand;
            offCommands[i] = noCommand;
        }
    }

    public void setCommand(int slot, Command onCommand, Command offCommand) {
        onCommands[slot] = onCommand;
        offCommands[slot] = offCommand;
    }

    public void onButtonWasPushed(int slot) {
        onCommands[slot].execute();
    }

    public void offButtonWasPushed(int slot) {
        offCommands[slot].execute();
    }

    public String toString() {
        StringBuffer stringBuff = new StringBuffer();
        stringBuff.append("\n------ Remote Control -------\n");
        for (int i = 0; i < onCommands.length; i++) {
            stringBuff.append("[slot " + i + "] " + onCommands[i].getClass().getName()
                + "    " + offCommands[i].getClass().getName() + "\n");
        }
        return stringBuff.toString();
    }
}
```

這一次，遙控器會處理七個 On 與 Off command，我們將用相應的陣列來保存它們。

在建構式裡，我們只要實例化與初始化 On 與 Off 陣列即可。

setCommand() 方法接收位置，以及要存入那個位置的 On 與 Off command。

它將這些 command 放入 On 與 Off 陣列，以備後用。

當 On 或 Off 按鈕被按下時，由硬體負責呼叫對應的方法 onButtonWasPushed() 或 offButtonWasPushed()。

覆寫 toString() 來印出每一個位置及其 command。我們會在測試遙控器時使用它。

實作 Command

我們已經幫 SimpleRemoteControl 寫好 LightOnCommand 了，在這裡使用相同的程式碼就可以讓一切順利地運作。Off command 沒有什麼不同，事實上，LightOffCommand 命令長這樣：

```
public class LightOffCommand implements Command {
    Light light;

    public LightOffCommand(Light light) {
        this.light = light;
    }

    public void execute() {
        light.off();
    }
}
```

LightOffCommand 的運作方式與 LightOnCommand 差不多，只是讓 receiver 做不同的動作：off() 方法。

Stereo
on() off() setCd() setDvd() setRadio() setVolume()

我們來提高挑戰性，為 Stereo（音響）編寫 on 與 off command。off 很簡單，我們只要在 StereoOffCommand 裡面執行 Stereo 的 off() 方法即可。on 比較複雜，假如我們要寫一個 StereoOnWithCDCommand…

```
public class StereoOnWithCDCommand implements Command {
    Stereo stereo;

    public StereoOnWithCDCommand(Stereo stereo) {
        this.stereo = stereo;
    }

    public void execute() {
        stereo.on();
        stereo.setCD();
        stereo.setVolume(11);
    }
}
```

與 LightOnCommand 一樣，我們接收將要控制的 stereo 實例，並將它存入實例變數。

為了執行這個請求，我們要呼叫 stereo 的三個方法：先將它打開，再設定成播放 CD，最後將音量設成 11。為什麼是 11？因為它就是比 10 好，可以嗎？

看起來還不錯，環視其餘的廠商類別，現在你絕對能夠完成它們的 Command 類別了。

逐步測試遙控器

我們的遙控器設計工作快要完成了，接下來只要再執行一些測試，並且寫出一些說明 API 的文件即可。我們一定會讓 Home Automation or Bust 公司印象深刻，你覺得呢？我們已經想出了一個設計，可以讓他們生產易於維護的遙控器，而且可讓他們毫不費力地說服電器廠商提供簡單的類別，因為那些類別很容易寫出來。

我們來測試這段程式吧！

```
public class RemoteLoader {

    public static void main(String[] args) {
        RemoteControl remoteControl = new RemoteControl();

        Light livingRoomLight = new Light("Living Room");
        Light kitchenLight = new Light("Kitchen");
        CeilingFan ceilingFan = new CeilingFan("Living Room");
        GarageDoor garageDoor = new GarageDoor("Garage");
        Stereo stereo = new Stereo("Living Room");

        LightOnCommand livingRoomLightOn =
                new LightOnCommand(livingRoomLight);
        LightOffCommand livingRoomLightOff =
                new LightOffCommand(livingRoomLight);
        LightOnCommand kitchenLightOn =
                new LightOnCommand(kitchenLight);
        LightOffCommand kitchenLightOff =
                new LightOffCommand(kitchenLight);

        CeilingFanOnCommand ceilingFanOn =
                new CeilingFanOnCommand(ceilingFan);
        CeilingFanOffCommand ceilingFanOff =
                new CeilingFanOffCommand(ceilingFan);

        GarageDoorUpCommand garageDoorUp =
                new GarageDoorUpCommand(garageDoor);
        GarageDoorDownCommand garageDoorDown =
                new GarageDoorDownCommand(garageDoor);

        StereoOnWithCDCommand stereoOnWithCD =
                new StereoOnWithCDCommand(stereo);
        StereoOffCommand stereoOff =
                new StereoOffCommand(stereo);
```

在合適的位置建立所有的設備。

建立所有的 Light Command 物件。

建立吊扇的 On 與 Off。

建立車庫的 Up 與 Down command。

建立音響的 On 與 Off command。

```
        remoteControl.setCommand(0, livingRoomLightOn, livingRoomLightOff);
        remoteControl.setCommand(1, kitchenLightOn, kitchenLightOff);
        remoteControl.setCommand(2, ceilingFanOn, ceilingFanOff);
        remoteControl.setCommand(3, stereoOnWithCD, stereoOff);

        System.out.println(remoteControl);

        remoteControl.onButtonWasPushed(0);
        remoteControl.offButtonWasPushed(0);
        remoteControl.onButtonWasPushed(1);
        remoteControl.offButtonWasPushed(1);
        remoteControl.onButtonWasPushed(2);
        remoteControl.offButtonWasPushed(2);
        remoteControl.onButtonWasPushed(3);
        remoteControl.offButtonWasPushed(3);
    }
}
```

完成所有 command 之後，將它們載入遙控器的位置。

用 toString() 方法來印出每一個遙控器位置，以及指派給它的 command（注意，這裡會自動呼叫 toString()，所以我們不必明確地呼叫 toString()）。

好了，一切就緒！逐步按下每一個位置的 On 與 Off 按鈕。

看一下遙控器的測試結果…

```
File Edit Window Help CommandsGetThingsDone

% java RemoteLoader
------ Remote Control -------
[slot 0] LightOnCommand           LightOffCommand
[slot 1] LightOnCommand           LightOffCommand
[slot 2] CeilingFanOnCommand      CeilingFanOffCommand
[slot 3] StereoOnWithCDCommand    StereoOffCommand
[slot 4] NoCommand                NoCommand
[slot 5] NoCommand                NoCommand
[slot 6] NoCommand                NoCommand

Living Room light is on
Living Room light is off
Kitchen light is on
Kitchen light is off
Living Room ceiling fan is on high
Living Room ceiling fan is off
Living Room stereo is on
Living Room stereo is set for CD input
Living Room stereo volume set to 11
Living Room stereo is off
%
```

開啟位置　關閉位置

這是 command 的執行結果！別忘了，每一個設備的輸出都是廠商的類別提供的。例如，當 light 物件被開啟時，它會印出「Living Room light is on」。

妳真細心！我們確實要了一些小手段。在遙控器裡，我們不想要在每次引用位置時都檢查它有沒有載入 command。例如，在 onButtonWasPushed() 方法裡面，我們必須寫這種程式：

```
public void onButtonWasPushed(int slot) {
    if (onCommands[slot] != null) {
        onCommands[slot].execute();
    }
}
```

該怎麼避免它？答案是寫一個不做任何事情的 command！

```
public class NoCommand implements Command {
    public void execute() { }
}
```

然後，在 RemoteControl 建構式裡面，將 NoCommand 預先指派給每一個位置，如此一來，每一個位置就一定有一個 command 可以呼叫了。

```
Command noCommand = new NoCommand();
for (int i = 0; i < 7; i++) {
    onCommands[i] = noCommand;
    offCommands[i] = noCommand;
}
```

所以，在測試程式的輸出中，你只會看到已經被指派預設的 NoCommand 物件之外的 command 的位置，它們是在 RemoteControl 建構式指派的。

深入淺出榮譽模式獎

NoCommand 是一種 *null* 物件。null 物件很適合在你無法回傳有意義的物件，而且不想讓用戶端處理**沒有東西可用的（null）**的情況時使用。舉例來說，我們無法在遙控器剛出廠時，為每一個位置指定有意義的物件，所以用 NoCommand 來取代，當它的 execute() 方法被呼叫時，它不做任何事情。

你以後會發現很多設計模式都有 Null 物件，甚至有人將「Null Object」視為一種設計模式。

寫文件的時刻到了…

為 Home Automation or Bust 公司設計的遙控器 API

很高興為您展示貴公司的家電自動化遙控器設計和 API 介面，我們的主要目標是讓遙控器程式越簡單越好，如此一來，一旦有新廠商類別出現，你就不需要修改程式。因此，我們用命令模式在邏輯上解開 RemoteControl 類別與廠商類別之間的耦合。我們相信這個設計可以降低遙控器的生產成本，也可以大幅減少你們的維護費用。

下面的類別圖是這個設計的概要：

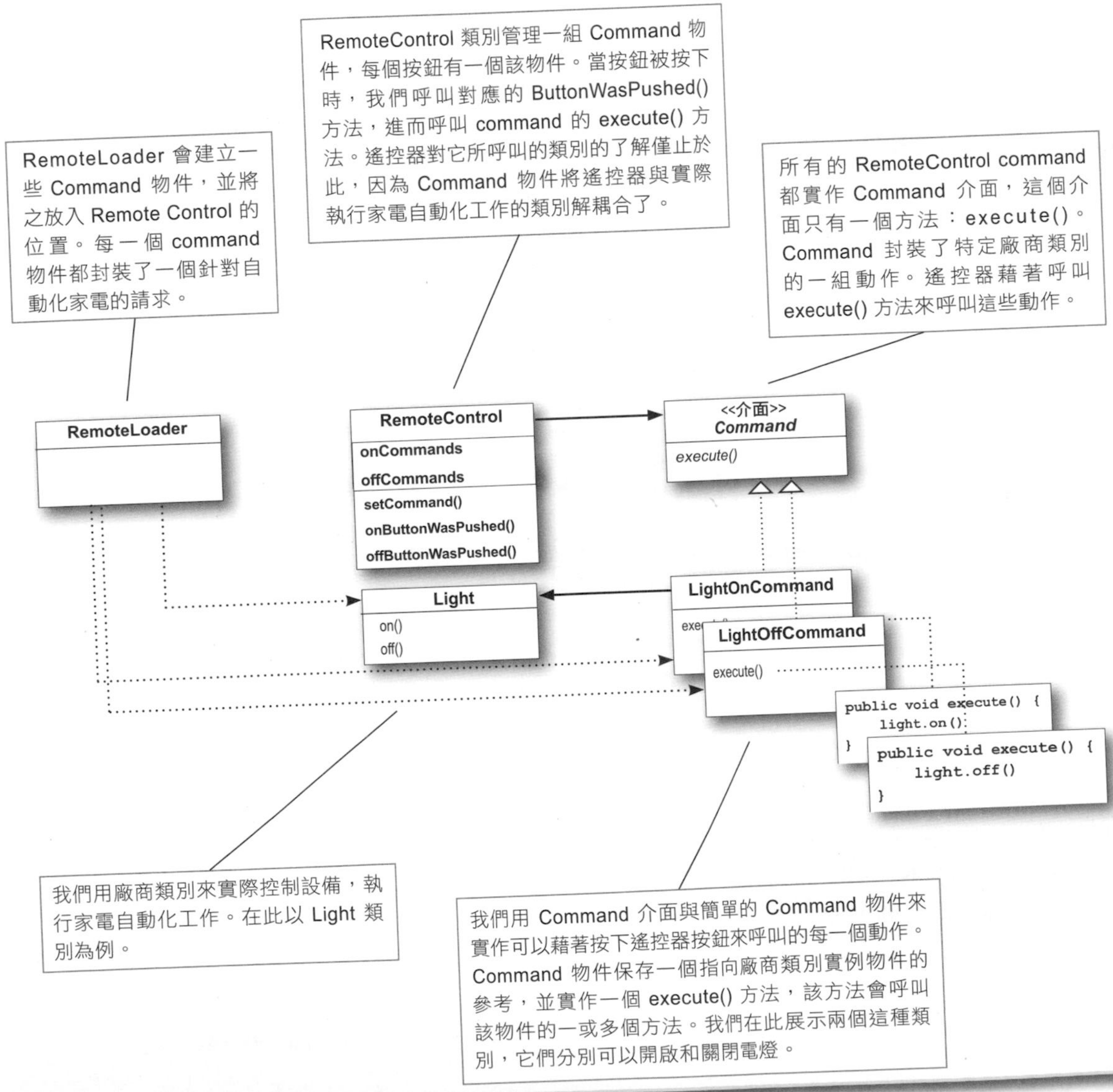

RemoteLoader 會建立一些 Command 物件，並將之放入 Remote Control 的位置。每一個 command 物件都封裝了一個針對自動化家電的請求。

RemoteControl 類別管理一組 Command 物件，每個按鈕有一個該物件。當按鈕被按下時，我們呼叫對應的 ButtonWasPushed() 方法，進而呼叫 command 的 execute() 方法。遙控器對它所呼叫的類別的了解僅止於此，因為 Command 物件將遙控器與實際執行家電自動化工作的類別解耦合了。

所有的 RemoteControl command 都實作 Command 介面，這個介面只有一個方法：execute()。Command 封裝了特定廠商類別的一組動作。遙控器藉著呼叫 execute() 方法來呼叫這些動作。

RemoteLoader

RemoteControl
onCommands
offCommands
setCommand()
onButtonWasPushed()
offButtonWasPushed()

<<介面>>
Command
execute()

Light
on()
off()

LightOnCommand
execute()

LightOffCommand
execute()

```
public void execute() {
    light.on()
}
```

```
public void execute() {
    light.off()
}
```

我們用廠商類別來實際控制設備，執行家電自動化工作。在此以 Light 類別為例。

我們用 Command 介面與簡單的 Command 物件來實作可以藉著按下遙控器按鈕來呼叫的每一個動作。Command 物件保存一個指向廠商類別實例物件的參考，並實作一個 execute() 方法，該方法會呼叫該物件的一或多個方法。我們在此展示兩個這種類別，它們分別可以開啟和關閉電燈。

認真地寫程式

想不想讓你的命令模式技術提升到下一個境界？你可以使用 Java 的 lambda 運算式來省略所有的具體 command 物件建立步驟。使用 lambda 運算式的話，你可以用函式物件來取代具體 command 物件，而不需要實例化 command 物件，也就是說，你可以將函式物件當成 *command* 來使用，採取這種做法也可以刪除所有的 Command 具體類別。

我們來看一下如何將 lambda 運算式當成 command 來使用，以簡化之前的程式：

使用 lambda 運算式的新程式：

```
public class RemoteLoader {

    public static void main(String[] args) {
        RemoteControl remoteControl = new RemoteControl();

        Light livingRoomLight = new Light("Living Room");
        ...
        LightOnCommand livingRoomLightOn =
                            new LightOnCommand(livingRoomLight);
        LightOffCommand livingRoomLightOff =
                            new LightOffCommand(livingRoomLight);

        ...
        remoteControl.setCommand(0,() -> livingRoomLight.on(),
                                   () -> livingRoomLight.off());

        ...
    }
}
```

與平常一樣建立 Light 物件⋯

但是我們可以移除具體的 *LightOnCommand* 與 *LightOffCommand* 物件。

我們將具體 *command* 寫成 *lambda* 運算式，用它來做具體 *command* 的 *execute()* 方法所做的事情，也就是將電燈開啟或關閉。

稍後，當你按下其中一個遙控器按鈕時，遙控器會呼叫那個按鈕的位置的 *command* 物件的 *execute()* 方法，這個動作是用這個 *lambda* 運算式來表示的。

將具體 command 換成 lambda 運算式之後，我們就可以刪除所有 command 類別了（LightOnCommand、LightOffCommand、HottubOnCommand、HottubOffCommand⋯等）。如果你幫每一個具體 command 做這件事，你可以將遙控器程式的類別數量從 22 個減為 9 個。

注意，這種做法只能在 Command 介面只有一個抽象方法時使用，一旦你加在第二個抽象方法，lambda 簡寫就無法使用了。

如果你喜歡這項技術，你可以在你最喜歡的 Java 參考書裡更深入了解 lambda 運算式。

做得好，看起來你想出一個了不起的設計，不過，你是不是忘了顧客要求的一件事情？比**如說，復原按鈕？**

哎呀！我們差點忘了…幸好完成基本的 Command 類別之後，加入復原功能就很容易了。讓我們一步步將復原加入 command，以及遙控器裡…

我們要怎麼做？

OK，我們要加入遙控器的復原按鈕的功能，它是這樣運作的：假設客廳的電燈是關閉的，當你按下遙控器的 on 按鈕時，電燈當然會開啟。接下來，當你按下復原按鈕時，上一個動作會被復原，在這個例子裡，電燈會關閉。在討論更複雜的範例之前，我們先讓復原按鈕能夠處理電燈：

1. 要讓 command 支援復原，它們必須有一個與 execute() 方法對映的 undo() 方法。無論 execute() 上一次做了什麼，undo() 都可以將它復原。所以，我們要先在 Command 介面中加入 undo()，才能將 undo 加入 command。

```
public interface Command {
    public void execute();
    public void undo();
}
```

這是新的 undo() 方法。

這件事很簡單。

接下來，我們來了解 Light command，並實作 undo() 方法。

❷ 我們先處理 LightOnCommand：如果 LightOnCommand 的 execute() 方法曾經被呼叫，那麼 on() 就是上一次被呼叫的方法。我們知道 undo() 必須呼叫 off() 方法來做相反的事情。

```
public class LightOnCommand implements Command {
    Light light;

    public LightOnCommand(Light light) {
        this.light = light;
    }

    public void execute() {
        light.on();
    }

    public void undo() {
        light.off();
    }
}
```

execute() 會將電燈開啟，所以 undo() 只要將電燈關閉即可。

就是這麼簡單！接下來要處理 LightOffCommand。undo() 方法只需要呼叫 Light 的 on() 方法。

```
public class LightOffCommand implements Command {
    Light light;

    public LightOffCommand(Light light) {
        this.light = light;
    }

    public void execute() {
        light.off();
    }

    public void undo() {
        light.on();
    }
}
```

在這裡，undo() 將電燈開啟。

真是有夠簡單！但是事情還沒完，我們還要讓遙控器追蹤上一次被按下的按鈕以及 undo 按鈕。

❸ 我們只要稍微修改 Remote Control 類別，就可以支援 undo 按鈕了。我們的做法是：加入一個新的實例變數來記錄上一個呼叫的 command，接下來，當 undo 按鈕被按下時，讀取那個 command，並呼叫它的 undo() 方法。

```
public class RemoteControlWithUndo {
    Command[] onCommands;
    Command[] offCommands;
    Command undoCommand;

    public RemoteControlWithUndo() {
        onCommands = new Command[7];
        offCommands = new Command[7];

        Command noCommand = new NoCommand();
        for(int i=0;i<7;i++) {
            onCommands[i] = noCommand;
            offCommands[i] = noCommand;
        }
        undoCommand = noCommand;
    }

    public void setCommand(int slot, Command onCommand, Command offCommand) {
        onCommands[slot] = onCommand;
        offCommands[slot] = offCommand;
    }

    public void onButtonWasPushed(int slot) {
        onCommands[slot].execute();
        undoCommand = onCommands[slot];
    }

    public void offButtonWasPushed(int slot) {
        offCommands[slot].execute();
        undoCommand = offCommands[slot];
    }

    public void undoButtonWasPushed() {
        undoCommand.undo();
    }

    public String toString() {
        // 在此這裡寫 toString 程式碼…
    }
}
```

將上一次執行的 command 存在這裡，讓 undo 按鈕使用。

undo 與其他的位置一樣，在一開始被設為 noCommand，所以在按下任何其他按鈕之前按下 undo 不會做任何事情。

有按鈕被按下時，取出 command 並執行它，然後將它的參考存入 undoCommand 實例變數。我們幫各個 command 和 off command 做這件事。

當 undo 按鈕被按下時，我們呼叫 undoCommand 所儲存的 command 的 undo() 方法。它會復原上一次執行的 command 的動作。

修改並加入 undoCommand。

是時候測試那個 Undo 按鈕了！

OK，我們來改寫一下測試程式，用它來測試 undo 按鈕：

```
public class RemoteLoader {

    public static void main(String[] args) {
        RemoteControlWithUndo remoteControl = new RemoteControlWithUndo();

        Light livingRoomLight = new Light("Living Room");

        LightOnCommand livingRoomLightOn =
                new LightOnCommand(livingRoomLight);
        LightOffCommand livingRoomLightOff =
                new LightOffCommand(livingRoomLight);

        remoteControl.setCommand(0, livingRoomLightOn, livingRoomLightOff);

        remoteControl.onButtonWasPushed(0);
        remoteControl.offButtonWasPushed(0);
        System.out.println(remoteControl);
        remoteControl.undoButtonWasPushed();
        remoteControl.offButtonWasPushed(0);
        remoteControl.onButtonWasPushed(0);
        System.out.println(remoteControl);
        remoteControl.undoButtonWasPushed();
    }
}
```

建立 Light，以及讓新的 undo() 使用的 Light On 和 Off Command。

將電燈 Command 加入遙控器的第 0 位置。

開啟電燈，然後關閉，然後復原。

接著關閉電燈，再開啟，然後復原。

這是測試結果…

```
File Edit Window Help UndoCommandsDefyEntropy
% java RemoteLoader
Light is on
Light is off

------ Remote Control -------
[slot 0] LightOnCommand       LightOffCommand
[slot 1] NoCommand            NoCommand
[slot 2] NoCommand            NoCommand
[slot 3] NoCommand            NoCommand
[slot 4] NoCommand            NoCommand
[slot 5] NoCommand            NoCommand
[slot 6] NoCommand            NoCommand
[undo] LightOffCommand

Light is on

Light is off
Light is on

------ Remote Control -------
[slot 0] LightOnCommand       LightOffCommand
[slot 1] NoCommand            NoCommand
[slot 2] NoCommand            NoCommand
[slot 3] NoCommand            NoCommand
[slot 4] NoCommand            NoCommand
[slot 5] NoCommand            NoCommand
[slot 6] NoCommand            NoCommand
[undo] LightOnCommand

Light is off
```

開啟電燈，然後關閉。

這是 Light command。

現在 undo 保存 LightOffCommand，它是上一次呼叫的 command。

Undo 被按下…LightOffCommand undo() 將電燈重新開啟。

然後關閉電燈再開啟。

現在 undo 保存上一次呼叫的 command，LightOnCommand。

Undo 被按下，所以電燈又關閉了。

使用狀態來實作復原

OK，雖然復原 Light 的程式有教學效果，但是它太簡單了。一般來說，當我們實作復原時，必須管理一些狀態。我們來嘗試一些比較有趣的事情，例如廠商類別 CeilingFan。CeilingFan 類別可以設定一些速度，也有一個 off 方法。

CeilingFan
high() medium() low() off() getSpeed()

這是 CeilingFan 類別的原始碼：

```
public class CeilingFan {
    public static final int HIGH = 3;
    public static final int MEDIUM = 2;
    public static final int LOW = 1;
    public static final int OFF = 0;
    String location;
    int speed;

    public CeilingFan(String location) {
        this.location = location;
        speed = OFF;
    }

    public void high() {
        speed = HIGH;
        // 將吊扇速度調到「高」的程式
    }

    public void medium() {
        speed = MEDIUM;
        // 將吊扇速度調到「中」的程式
    }

    public void low() {
        speed = LOW;
        // 將吊扇速度調到「低」的程式
    }

    public void off() {
        speed = OFF;
        // 關閉吊扇速度的程式
    }

    public int getSpeed() {
        return speed;
    }
}
```

注意，CeilingFan 類別保存一些區域狀態，它們代表吊扇的速度。

這些方法是用來設定吊扇的速度的。

我們可以用 getSpeed() 來取得吊扇目前速度。

嗯，所以為了正確地製作復原，我必須考慮吊扇上一次的速度…

為吊扇的 command 加入復原功能

接下來要為各種吊扇（Ceiling Fan）command 加入 undo。為此，我們要記錄吊扇之前的速度設定，在 undo() 方法被呼叫時，將吊扇復原成之前的設定。這是 CeilingFanHighCommand 的程式碼：

```
public class CeilingFanHighCommand implements Command {
    CeilingFan ceilingFan;
    int prevSpeed;

    public CeilingFanHighCommand(CeilingFan ceilingFan) {
        this.ceilingFan = ceilingFan;
    }

    public void execute() {
        prevSpeed = ceilingFan.getSpeed();
        ceilingFan.high();
    }

    public void undo() {
        if (prevSpeed == CeilingFan.HIGH) {
            ceilingFan.high();
        } else if (prevSpeed == CeilingFan.MEDIUM) {
            ceilingFan.medium();
        } else if (prevSpeed == CeilingFan.LOW) {
            ceilingFan.low();
        } else if (prevSpeed == CeilingFan.OFF) {
            ceilingFan.off();
        }
    }
}
```

加入區域狀態來記錄吊扇上一次的速度。

在 execute() 裡面，在改變吊扇的速度之前，先記錄它之前的狀態，在復原的時候使用。

在復原時，將吊扇的速度設回去它之前的速度。

我們還有三個吊扇 command 要完成：low、medium 與 off。你知道怎麼寫出它們嗎？

準備測試吊扇

是時候將吊扇 command 載入遙控器了，我們將第 0 位置的 on 按鈕設成吊扇的中速，第 1 位置設成高速。將它們的 off 按鈕都設成吊扇的 off command。

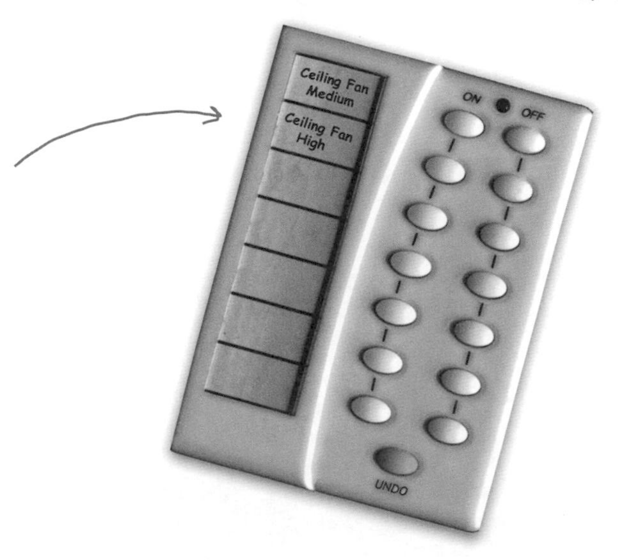

我們的測試腳本是：

```
public class RemoteLoader {

    public static void main(String[] args) {
        RemoteControlWithUndo remoteControl = new RemoteControlWithUndo();

        CeilingFan ceilingFan = new CeilingFan("Living Room");

        CeilingFanMediumCommand ceilingFanMedium =
                new CeilingFanMediumCommand(ceilingFan);
        CeilingFanHighCommand ceilingFanHigh =
                new CeilingFanHighCommand(ceilingFan);
        CeilingFanOffCommand ceilingFanOff =
                new CeilingFanOffCommand(ceilingFan);

        remoteControl.setCommand(0, ceilingFanMedium, ceilingFanOff);
        remoteControl.setCommand(1, ceilingFanHigh, ceilingFanOff);

        remoteControl.onButtonWasPushed(0);
        remoteControl.offButtonWasPushed(0);
        System.out.println(remoteControl);
        remoteControl.undoButtonWasPushed();

        remoteControl.onButtonWasPushed(1);
        System.out.println(remoteControl);
        remoteControl.undoButtonWasPushed();
    }
}
```

在這裡實例化三個 command：medium、high 與 off。

將 medium 放入第 0 位置，將 high 放入第 1 位置。我們也載入 off command。

先將吊扇開到中速。

然後將它關閉。

復原！它應該回到中速才對…

這一次將它開到高速。

再復原一次，它應該回到中速。

測試吊扇…

OK，我們開始執行遙控器，載入 command，並按下一些按鈕！

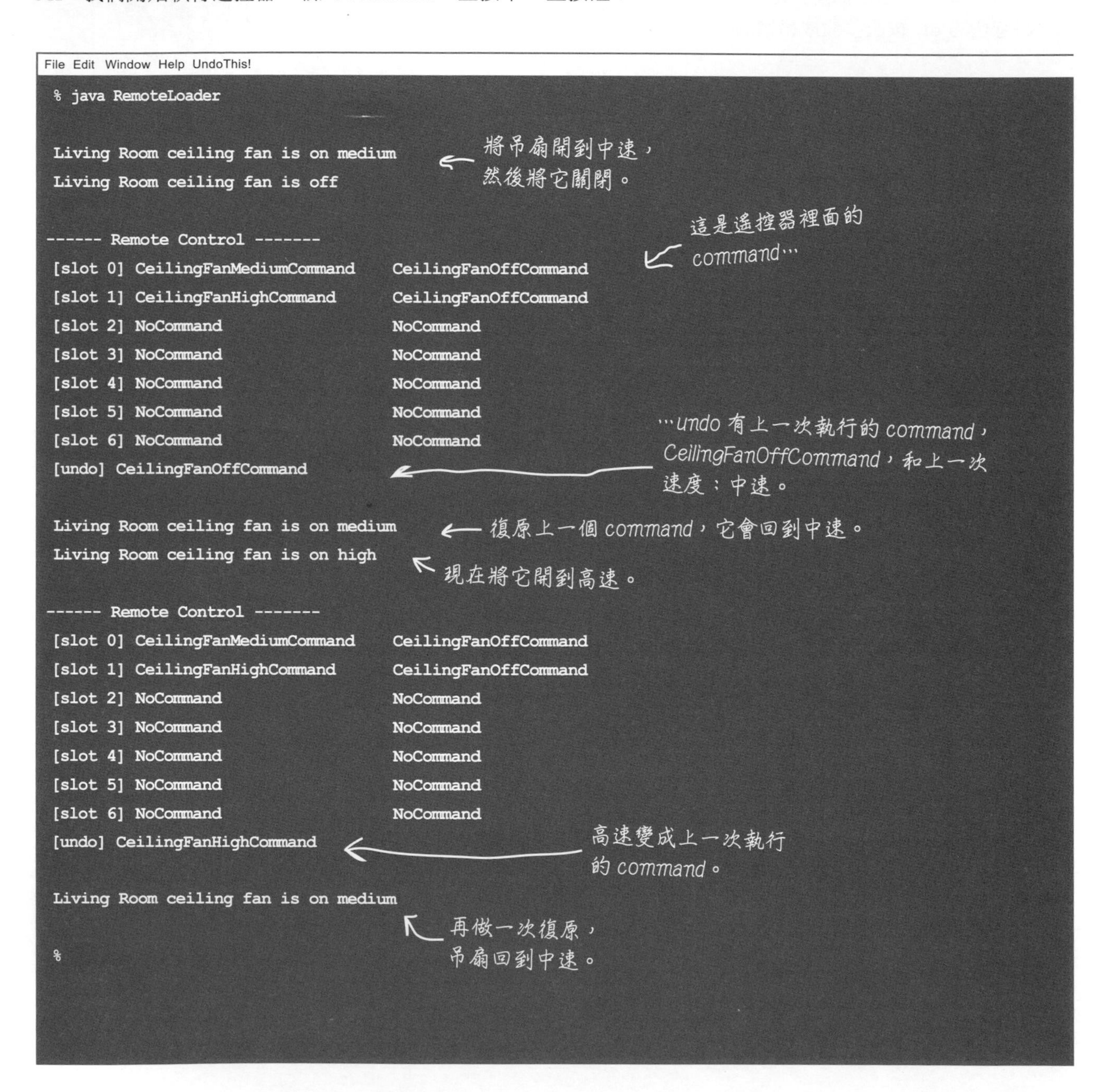

每一個遙控器都需要派對模式！

如果遙控器無法讓你用一顆按鈕同時調暗燈光、打開音響和電視、讓熱水浴缸開始加溫，那麼使用它就沒有太大意義了！

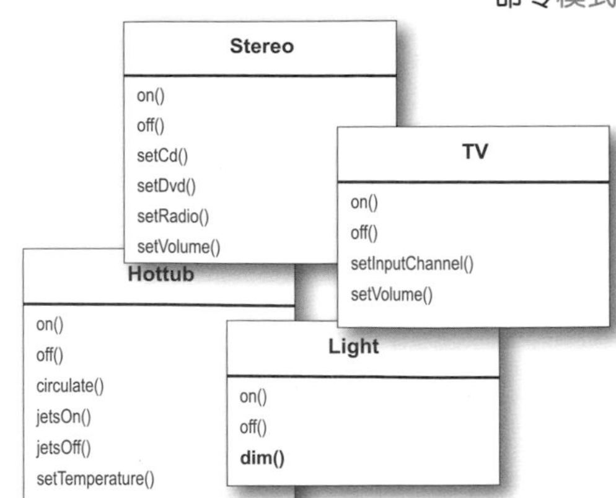

嗯，我們的遙控器為每一個設備配置一顆按鈕，所以這件事做不到。

等一下，Sue，那可不一定，我認為這件事可以做到，而且完全不需要改變遙控器！

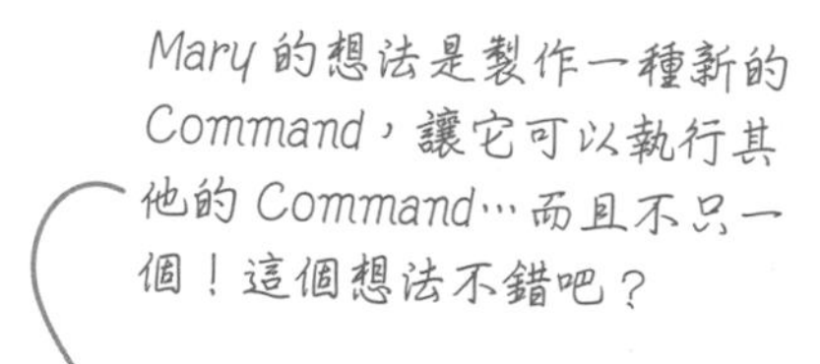


```
public class MacroCommand implements Command {
    Command[] commands;

    public MacroCommand(Command[] commands) {
        this.commands = commands;
    }

    public void execute() {
        for (int i = 0; i < commands.length; i++) {
            commands[i].execute();
        }
    }
}
```

接收一個 Command 陣列，將它存入 MacroCommand。

當遙控器執行巨集時，一次執行這些 command。

使用巨集 command

我們來逐步了解如何使用巨集 command：

1. 先建立一組將要放入巨集的 command：

```
Light light = new Light("Living Room");
TV tv = new TV("Living Room");
Stereo stereo = new Stereo("Living Room");
Hottub hottub = new Hottub();

LightOnCommand lightOn = new LightOnCommand(light);
StereoOnCommand stereoOn = new StereoOnCommand(stereo);
TVOnCommand tvOn = new TVOnCommand(tv);
HottubOnCommand hottubOn = new HottubOnCommand(hottub);
```

建立所有的設備：電燈、電視、音響與熱水浴缸

建立所有的 On command 來控制它們。

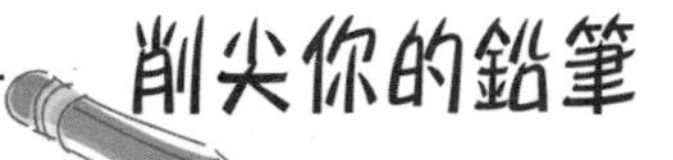

我們也需要 off 按鈕的 command，在這裡寫下它們的程式：

2. 接著建立兩個陣列，一個供 On command 使用，另一個供 Off command 使用，並放入對應的 command：

```
Command[] partyOn = { lightOn, stereoOn, tvOn, hottubOn};
Command[] partyOff = { lightOff, stereoOff, tvOff, hottubOff};

MacroCommand partyOnMacro = new MacroCommand(partyOn);
MacroCommand partyOffMacro = new MacroCommand(partyOff);
```

建立 On command 的陣列，以及 Off command 的陣列…

…並建立兩個對應的巨集來保存它們。

3. 然後將 MacroCommand 指派給一個按鈕，和之前一樣：

```
remoteControl.setCommand(0, partyOnMacro, partyOffMacro);
```

將巨集 command 指派給按鈕，和處理任何 command 一樣。

❹ 最後，按下一些按鈕，看看有沒有效。

```
System.out.println(remoteControl);
System.out.println("--- Pushing Macro On---");
remoteControl.onButtonWasPushed(0);
System.out.println("--- Pushing Macro Off---");
remoteControl.offButtonWasPushed(0);
```

這是輸出。

```
File Edit Window Help You Can'tBeatABabka
% java RemoteLoader
------ Remote Control -------
[slot 0] MacroCommand    MacroCommand
[slot 1] NoCommand       NoCommand
[slot 2] NoCommand       NoCommand
[slot 3] NoCommand       NoCommand
[slot 4] NoCommand       NoCommand
[slot 5] NoCommand       NoCommand
[slot 6] NoCommand       NoCommand
[undo] NoCommand

--- Pushing Macro On---
Light is on
Living Room stereo is on
Living Room TV is on
Living Room TV channel is set for DVD
Hottub is heating to a steaming 104 degrees
Hottub is bubbling!

--- Pushing Macro Off---
Light is off
Living Room stereo is off
Living Room TV is off
Hottub is cooling to 98 degrees
```

這是兩個巨集 command。

在巨集裡面的 Command 都會在我們呼叫巨集時執行…

…當我們呼叫 off 巨集時，看起來也沒問題。

現在 MacroCommand 缺少的東西只剩下它的復原功能，如果你在執行巨集 command 之後按下 undo 按鈕，在巨集裡面呼叫的所有 command 都必須撤銷它們的上一個的動作。這是 MacroCommand 的程式碼，請完成 undo() 方法：

```
public class MacroCommand implements Command {
    Command[] commands;

    public MacroCommand(Command[] commands) {
        this.commands = commands;
    }

    public void execute() {
        for (int i = 0; i < commands.length; i++) {
            commands[i].execute();
        }
    }

    public void undo() {
        
    }
}
```

沒有蠢問題

問：一定要使用 receiver 嗎？為何不讓 command 物件實作 execute() 方法的細節？

答：通常我們會盡量設計只知道如何呼叫 receiver 的動作的「笨」command 物件，但是，你也會看到很多「聰明」的 command 物件，它們實作了執行請求所需的大部分（甚至全部的）邏輯。你當然可以那樣做，只不過，如此一來，invoker 與 receiver 之間的解耦合程度就沒有那麼好了，你也無法將 receiver 當成參數傳給 command。

問：怎麼做出復原操作的歷史紀錄？我想讓 undo 按鈕可以按下很多次。

答：問得好！其實這件事很簡單，你可以用一個堆疊來保存執行過的所有 command，而不是只保存上一次執行的 command 的參考。接下來，當 undo 被按下時，讓 invoker 從堆疊 pop 出第一個項目，並呼叫它的 undo() 方法。

問：我可以將派對模式寫成 Command 嗎？我想要建立一個 PartyCommand，並將執行其他 Command 的呼叫式都放在 PartyCommand 的 execute() 方法裡面。

答：可以，但是這樣就將派對模式「寫死」在 PartyCommand 裡面了，何必如此麻煩？使用 MacroCommand 的話，你可以動態決定要在 PartyCommand 裡面放入哪些 Command，所以使用 MacroCommand 更靈活。一般來說，MacroCommand 是比較優雅的解決方案，需要寫的程式碼也比較少。

命令模式的其他用途：將請求佇列化

command 可以讓我們將一個運算（一個 receiver 和一組動作）包裝起來，讓你將它當成一級（first-class）物件到處傳遞。那些計算可能在 client 應用程式建立 command 物件很久之後才被呼叫，事實上，它甚至可被不同的執行緒呼叫，我們可以利用這種特性來實作許多應用，例如排程器、執行緒池、工作佇列…等。

想像有一個工作佇列：你在佇列的一端加入 command，在佇列的另一端有一堆執行緒。執行緒會執行這個程序：從佇列移出一個 command，呼叫它的 execute() 方法，等待呼叫完成，然後丟棄 command 物件，再取出新的一個。

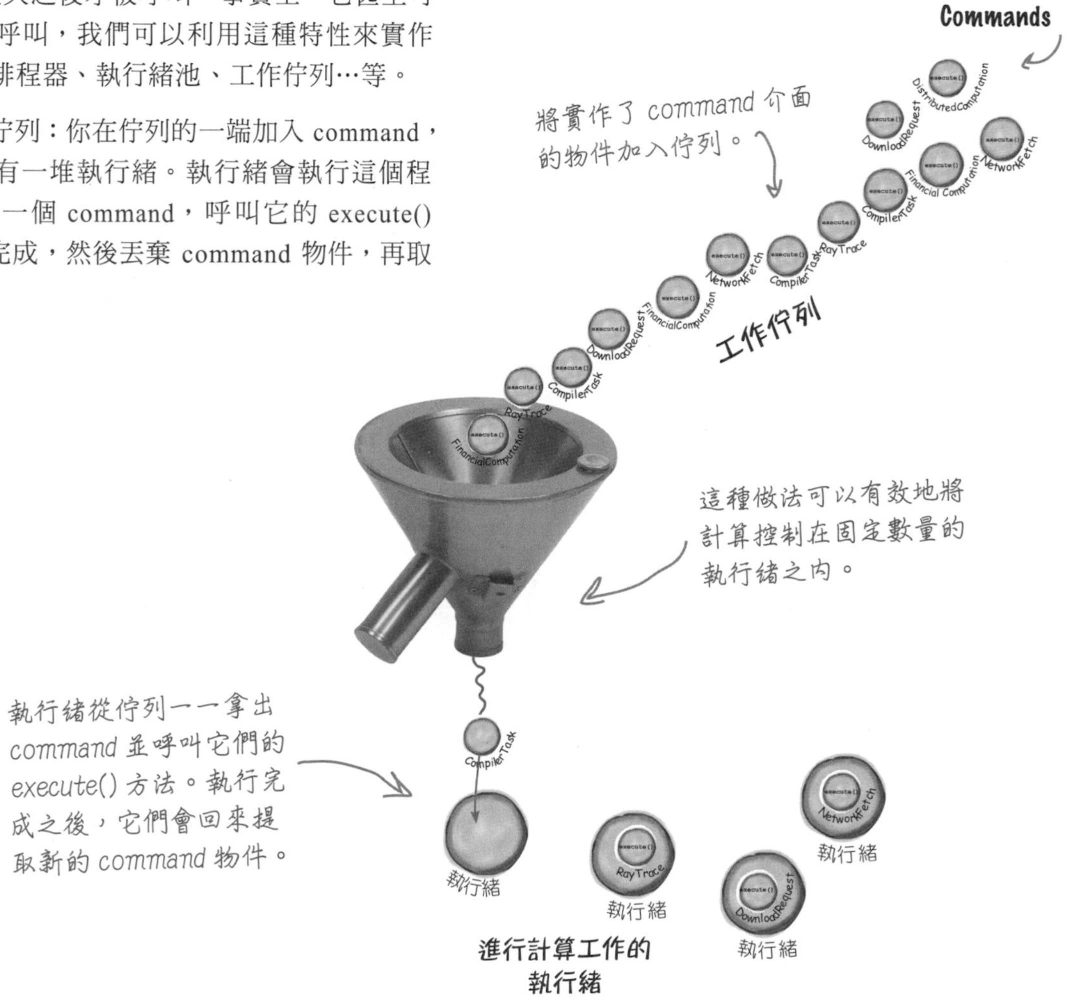

Commands

將實作了 command 介面的物件加入佇列。

工作佇列

這種做法可以有效地將計算控制在固定數量的執行緒之內。

執行緒從佇列一一拿出 command 並呼叫它們的 execute() 方法。執行完成之後，它們會回來提取新的 command 物件。

執行緒

執行緒

執行緒

執行緒

進行計算工作的執行緒

注意，工作佇列類別與進行計算的物件是完全不耦合的。執行緒可能在這一分鐘做金融運算，在下一分鐘從網路擷取某個東西。佇列物件不在乎它們做什麼工作，它們只懂得提取 command 並呼叫 execute()。類似地，只要你將實作了命令模式的物件放入佇列，它的 execute() 方法就會在有執行緒可用時被呼叫。

動動腦

網路伺服器如何使用這種佇列？你能想到其他的應用嗎？

命令模式的其他用途：記錄請求

有些應用程式的語義（semantic）要求我們記錄所有的動作，並且在當機時，藉著重新呼叫那些動作來復原。命令模式可讓我們藉著加入 store() 與 load() 方法來支援這種語義。在 Java 裡，雖然我們可以用物件序列化來實作這些方法，但是用序列化來進行持久保存時需要注意的事情依然存在。

怎麼做出這種功能？在執行 command 時，我們將它們的歷史紀錄存入磁碟，在當機時，我們重新載入 command 物件，並依序呼叫它們的 execute()。

雖然遙控器不適合使用這種記錄方式，但是有許多應用程式都會呼叫動作（action）來處理大型的資料結構，所以無法在每次發生變動時，就快速地進行儲存。藉著使用記錄（logging），我們可以將上一個檢查點之後的所有動作存起來，並且在系統故障時，將這些動作應用在那個檢查點上面。以試算表為例，為了從故障中復原，我們記錄用戶在試算表上面執行的動作，而不是在每次改變時，就將試算表的副本寫入磁碟。在更高階的應用程式中，我們可以擴展這些技術，用交易（transactional）機制來執行好幾組動作，要嘛，完成所有動作，要嘛，一個都不完成。

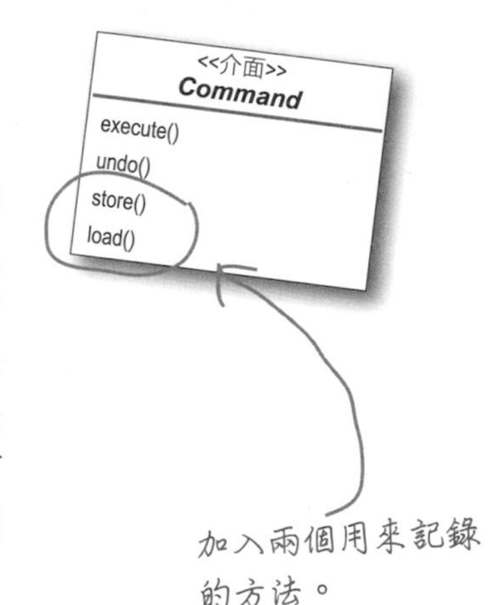

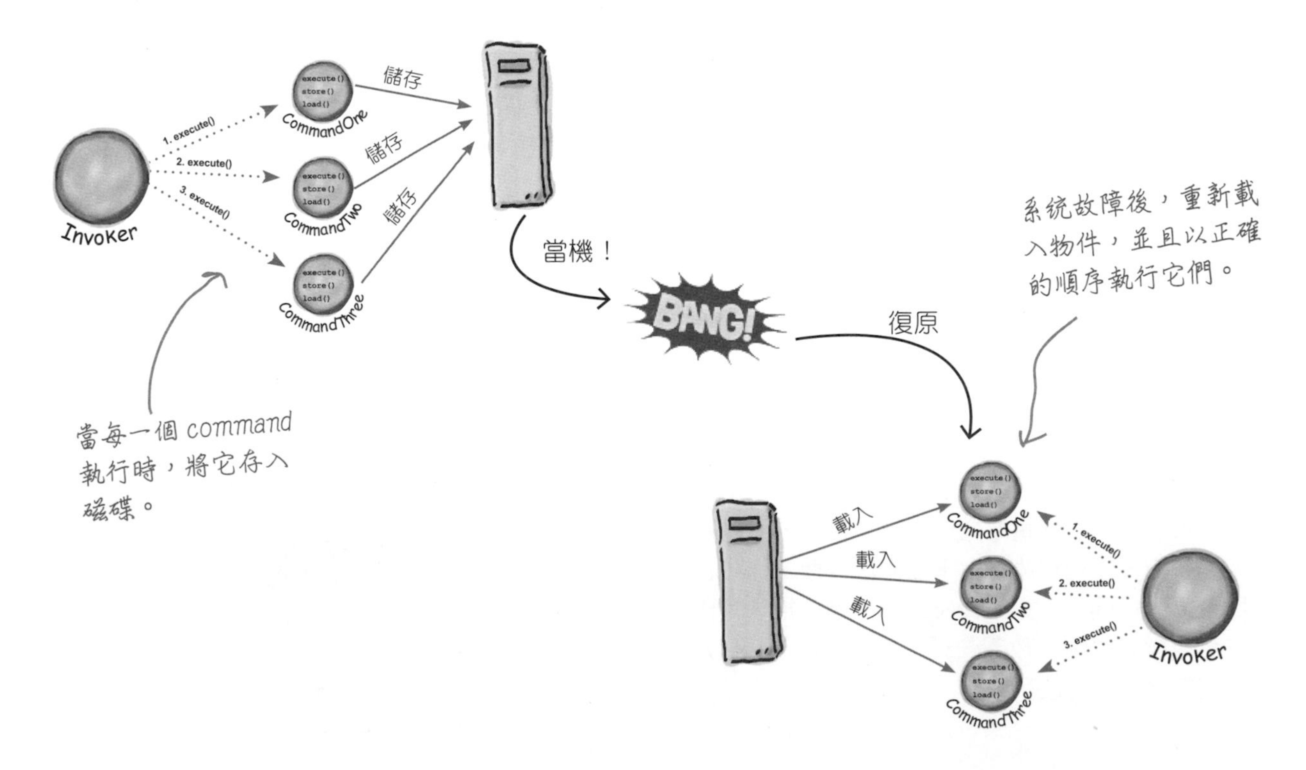

在真實世界裡的命令模式

還記得第 2 章那個改變人生的小 app 嗎？在那一章，我們看到 Java 的 Swing 程式庫有許多 ActionListener 形式的 Observer 可以監聽（或觀察）使用者介面元件的事件。

事實上，ActionListener 不但是 Observer 介面，也是 Command 介面，而且 AngelListener 與 DevilListener 類別不僅是 Observer，也是具體的 Command。沒錯，我們在一個範例裡面使用兩種設計模式！

削尖你的鉛筆

這是第 2 章的改變人生的小 app 的程式碼（只有重要的部分啦！）。看看你能不能認出誰是 Client，誰是 Command，誰是 Invoker，誰是 Receiver。

```
public class SwingObserverExample {
      // 設定…
       JButton button = new JButton("Should I do it?");
       button.addActionListener(new AngelListener());
       button.addActionListener(new DevilListener());
       // 在這裡設定框架的屬性
    }
    class AngelListener implements ActionListener {
        public void actionPerformed(ActionEvent event) {
            System.out.println("Don't do it, you might regret it!");
        }
    }
    class DevilListener implements ActionListener {
        public void actionPerformed(ActionEvent event) {
            System.out.println("Come on, do it!");
        }
    }
}
```

削尖你的鉛筆 解答

這是第 2 章的改變人生的小 app 的程式碼（只有重要的部分啦！）。看看你能不能認出誰是 Client，誰是 Command，誰是 Invoker，誰是 Receiver。

這是我們的答案。

```
public class SwingObserverExample {
    // 設定…

        JButton button = new JButton("Should I do it?");
        button.addActionListener(new AngelListener());
        button.addActionListener(new DevilListener());

        // 在這裡設定框架的屬性
    }

    class AngelListener implements ActionListener {
        public void actionPerformed(ActionEvent event) {
            System.out.println("Don't do it, you might regret it!");
        }
    }

    class DevilListener implements ActionListener {
        public void actionPerformed(ActionEvent event) {
            System.out.println("Come on, do it!");
        }
    }
}
```

按鈕是 Invoker。當你按下按鈕時，按鈕會呼叫 command（ActionListeners）裡面的 actionPerformed()（相當於 execute()）方法。

Client 是設定 Swing 元件以及 Invoker（Button）裡面的 command（AngelListener 與 DevilListener）的類別。

ActionListener 是 Command 介面，它有相當於 execute() 的方法：actionPerformed()，這個方法會在 command 被呼叫時執行。

AngelListener 與 DevilListener 是具體 Command。它們實作了 command 介面（在這個例子是 ActionListener）。

在這個例子裡，Receiver 是 System 物件。別忘了，呼叫 command 會執行 Receiver 的動作。在典型的 Swing 應用程式中，它會導致 UI 的其他元件的動作被呼叫。

設計工具箱裡面的工具

你的工具箱越來越重了！這一章加入可以將方法封裝在 Command 物件裡面的模式，你可以儲存那些物件、傳遞它們、在需要時呼叫它們。

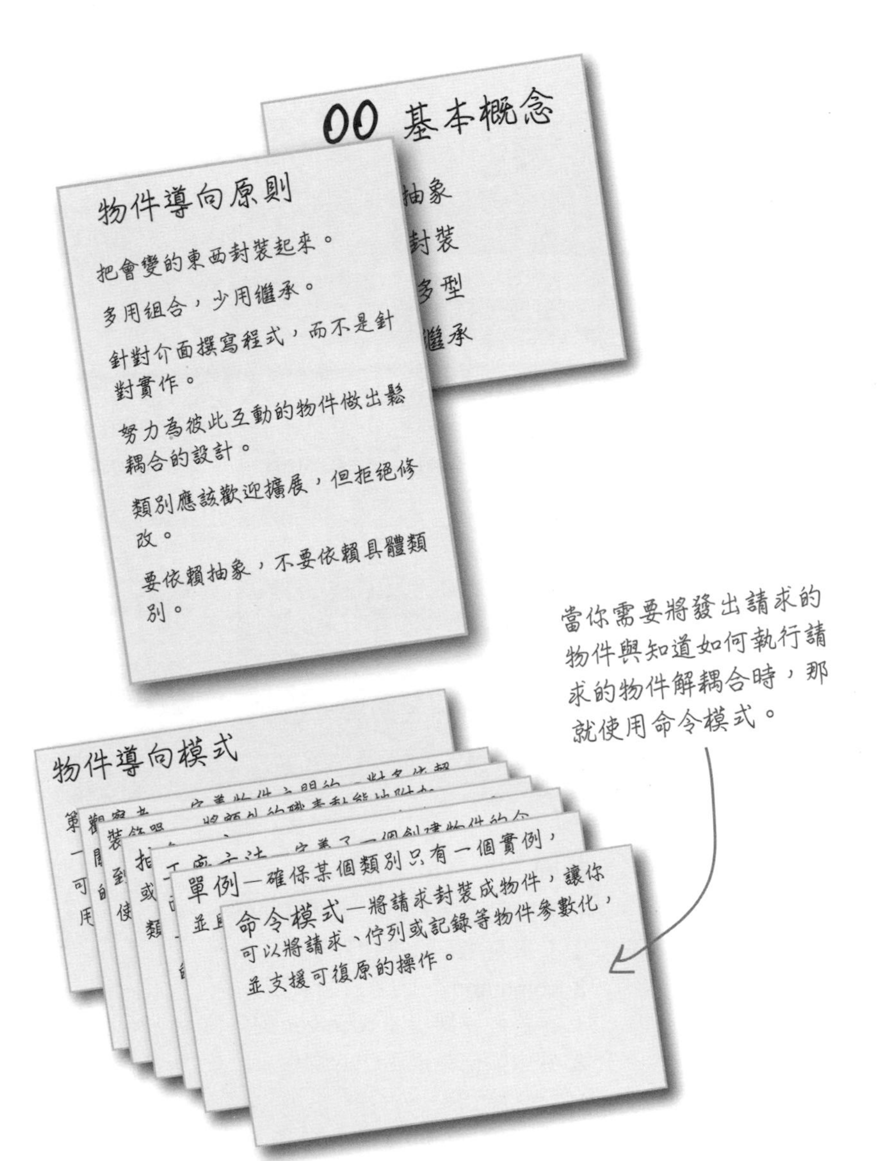

重點提示

- 命令模式可以將發出請求的物件和知道如何執行它的物件解耦合。
- Command 物件是解耦合的主角，它用動作（或一組動作）來封裝 receiver。
- invoker 藉著呼叫 Command 物件的 execute() 方法來發出請求，進而呼叫 receiver 的動作。
- invoker 可以接收 command 參數，甚至在執行期動態地接收它們。
- Command 可以支援復原功能，做法是實作一個 undo() 方法，來將物件復原至 execute() 方法上一次被呼叫之前的狀態。
- MacroCommands 是命令模式的擴展版本，可讓你呼叫多個 command。類似地，MacroCommands 可以輕鬆地支援 undo()。
- 在實務上，通常我們不會使用「聰明的」Command 物件來自行實作請求，而是將請求委託給 receiver。
- 命令模式可以用來實作記錄和交易系統。

設計模式填字遊戲

是時候喘口氣，好好沉澱一下心情了。這是另一個填字遊戲，所有的解答都是本章用過的單字。

橫向

5. 我們最喜歡的城市。
6. 讓我們得以創造口碑的公司。
7. 在命令模式裡，顧客的角色。
9. 知道動作與 receiver 的物件。
12. invoker 與 receiver 都是 ________。
15. 女服務生是命令模式裡的 ________。
16. Seuss 博士的晚餐食物（四個單字）。
17. command 可以做的另一件事。

縱向

1. 廚師與這個人絕對是沒有關係的。
2. 女服務生不會做這件事。
3. command 封裝了這個東西。
4. 在遙控器裡扮演 receiver 的角色（兩個英文單字）。
8. 知道如何完成工作的物件。
10. 執行請求。
11. 所有的 command 都有它。
13. 我們的第一個 command 物件控制它。
14. command 將一組動作和 receiver ________。

將美式餐廳的物件和方法連到對應的命令模式名稱。

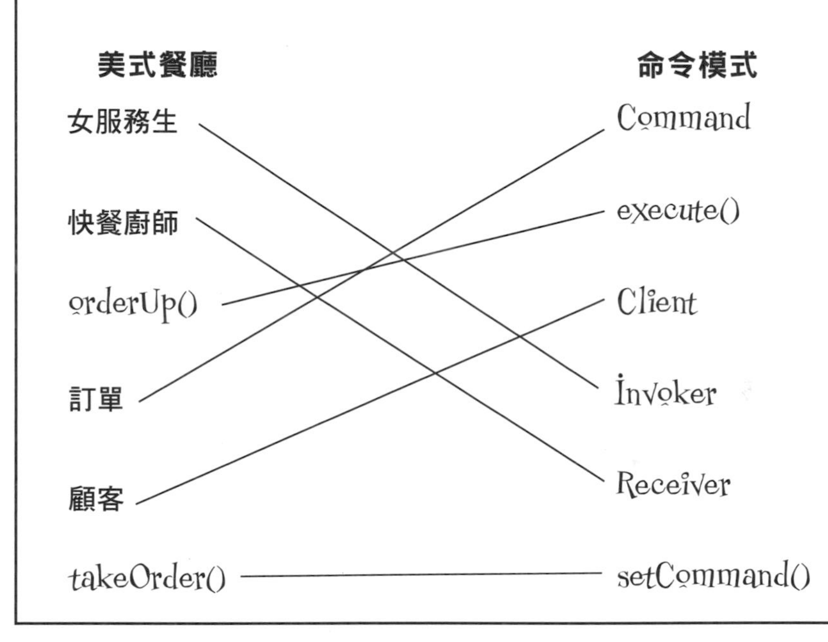

削尖你的鉛筆 解答

這是 GarageDoorOpenCommand 類別的程式。

```
public class GarageDoorOpenCommand implements Command {
    GarageDoor garageDoor;

    public GarageDoorOpenCommand(GarageDoor garageDoor) {
        this.garageDoor = garageDoor;
    }
    public void execute() {
        garageDoor.up();
    }
}
```

這是輸出：

```
File Edit Window Help GreenEggs&Ham
%java RemoteControlTest

Light is on
Garage Door is Open
%
```

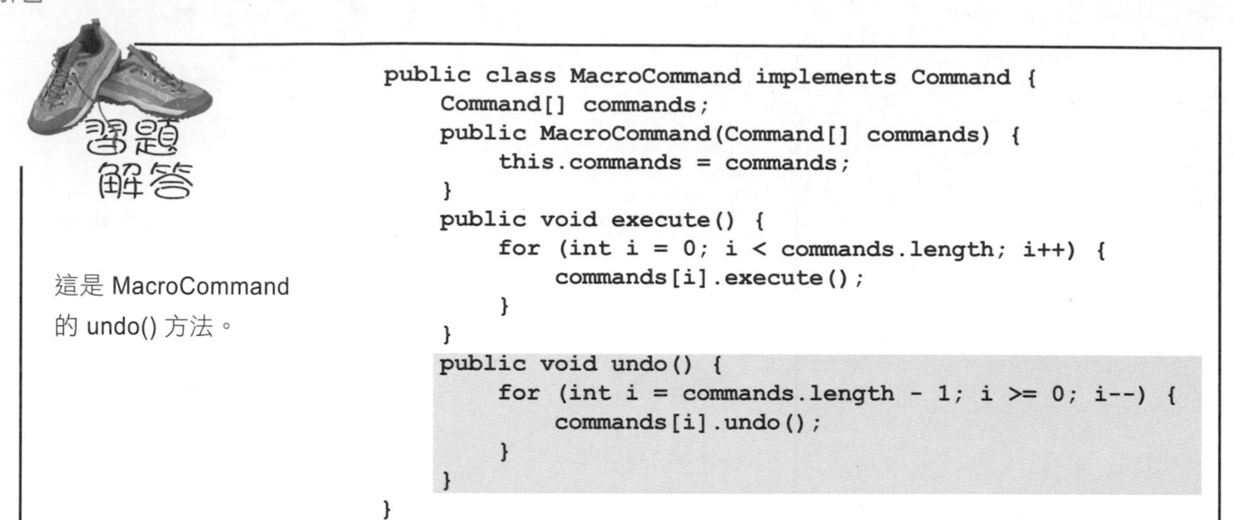

這是 MacroCommand 的 undo() 方法。

```
public class MacroCommand implements Command {
    Command[] commands;
    public MacroCommand(Command[] commands) {
        this.commands = commands;
    }
    public void execute() {
        for (int i = 0; i < commands.length; i++) {
            commands[i].execute();
        }
    }
    public void undo() {
        for (int i = commands.length - 1; i >= 0; i--) {
            commands[i].undo();
        }
    }
}
```

削尖你的鉛筆 解答

這是為 off 按鈕建立 command 的程式碼。

```
LightOffCommand lightOff = new LightOffCommand(light);
StereoOffCommand stereoOff = new StereoOffCommand(stereo);
TVOffCommand tvOff = new TVOffCommand(tv);
HottubOffCommand hottubOff = new HottubOffCommand(hottub);
```

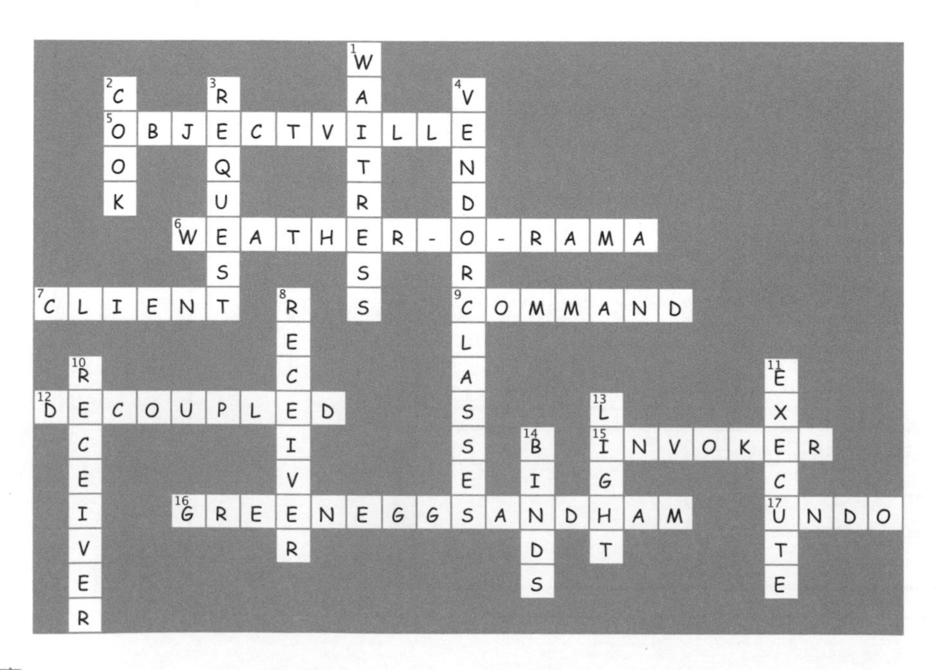

隨機應變

在這一章，我們要做一些不可能的任務，簡直就像是將方塊放入圓洞那麼難。 聽起來難如登天？設計模式可以幫助我們。還記得裝飾器模式嗎？當時，我們**將物件包裝起來**是為了賦予它們新的職責，但是現在是為了不一樣的目的而包裝它們：讓它們的介面看起來與原本的不一樣，為什麼要這樣做？因為如此一來，我們就可以調整原本針對某個介面設計出來的東西，讓它可以和實作了不同介面的類別對接，不僅如此，我們也要探討另一種模式，它可以將物件包裝起來，以簡化其介面。

我們身邊的轉接器

了解物件導向的轉接器（adapter）並不難，因為它們在現實世界裡很常見。例如：你有沒有在英國使用美製筆電的經驗？如果有，那你應該會使用交流電轉接器…

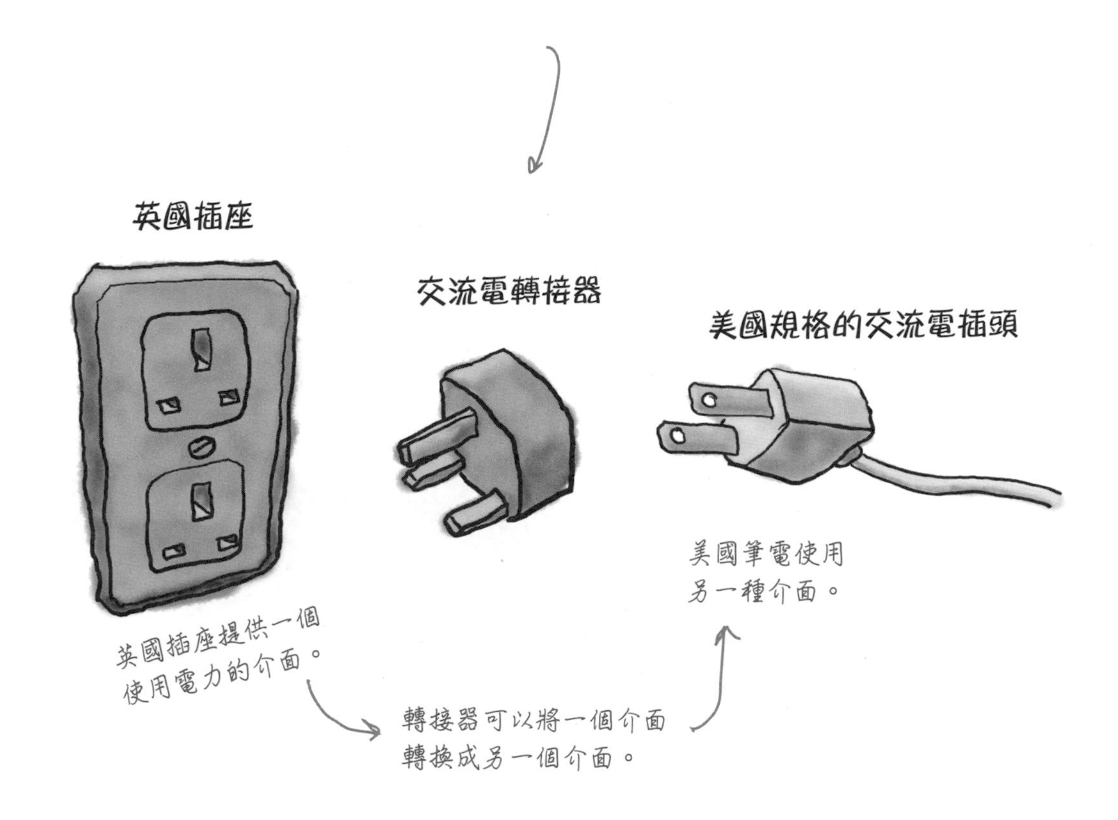

你應該知道轉接器的用途：你要將它接在筆電插頭與英國交流電插座之間，它的功能是調整（adapt）英國的插座，讓筆電可以插入並使用電源。你也可以換一個角度看待它：轉接器可以將插座的介面變成筆電預期的插座。

你可以說出幾種真的轉接器？

有些交流電轉接器很簡單，只負責改變插座的外形，讓它與插頭相符，直接讓交流電經過它，但是有些轉接器的內部比較複雜，或許會將電壓升高或降低，讓設備可以用電。

OK，那是真實世界的情況，那物件導向的轉接器呢？其實，物件導向的轉接器與真實世界的對應物扮演相同的角色：它們也將一個介面轉換成另一個介面，以滿足用戶端的需求。

物件導向轉接器

假如你有一個既有的軟體系統，現在必須將新廠商的類別庫整合進去，但是新廠商所設計的介面與上一家廠商不一樣：

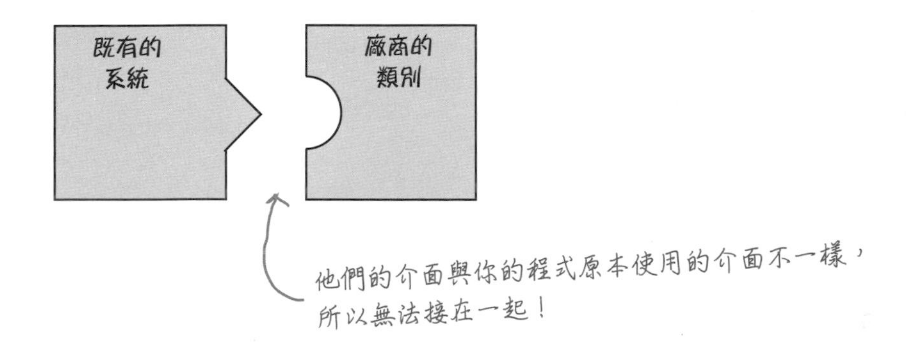

OK，你不想要為了解決這個問題而修改程式碼（而且你無法修改廠商的程式碼），該怎麼辦？你可以寫一個類別，將新廠商的介面改成原本期望的介面。

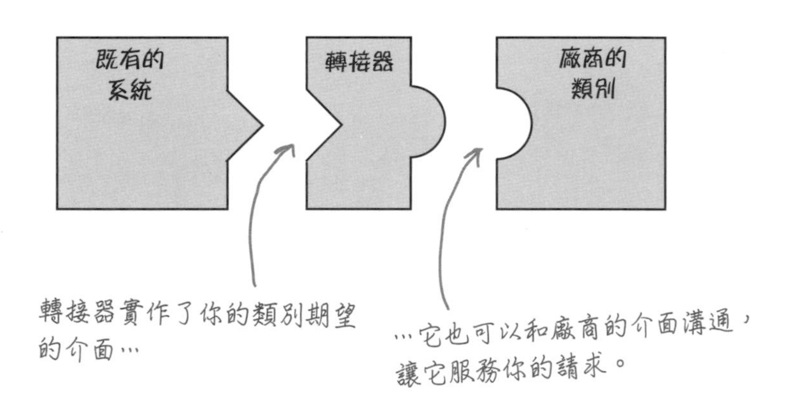

轉接器扮演中間人的角色，從用戶端接收請求，並將它們轉換成廠商類別可以理解的請求。

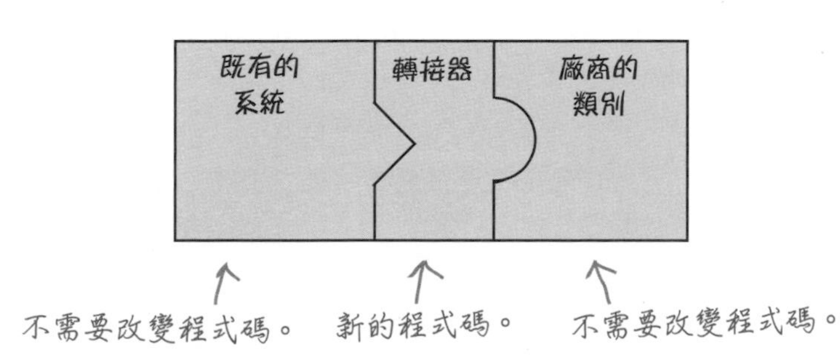

想想看，有沒有其他的解決方案可以讓**你**不需要編寫**任何**額外的程式碼，就可以將新廠商的類別整合進來？讓廠商自行提供轉接器類別怎麼樣？

如果牠走路的樣子像鴨子，叫起來也像鴨子，那麼牠~~一定是~~應該是一隻包著鴨子轉接器的~~鴨子~~火雞…

我們來看看轉接器如何運作。還記得第 1 章的鴨子們嗎？這是簡化版的 Duck 介面與類別：

```
public interface Duck {
    public void quack();
    public void fly();
}
```

這一次，我們的鴨子實作了 Duck 介面，該介面可讓 Duck 鳴叫與飛行。

這是 Duck 的子類別，稱為 MallardDuck：

```
public class MallardDuck implements Duck {
    public void quack() {
        System.out.println("Quack");
    }

    public void fly() {
        System.out.println("I'm flying");
    }
}
```

簡單的實作：MallardDuck 只會印出它在做什麼。

讓我們歡迎新的家禽：

```
public interface Turkey {
    public void gobble();
    public void fly();
}
```

Turkey（火雞）不會嘎嘎叫，只會咯咯（gobble）叫。

火雞會飛，只是牠們飛行的距離很短。

```
public class WildTurkey implements Turkey {
    public void gobble() {
        System.out.println("Gobble gobble");
    }

    public void fly() {
        System.out.println("I'm flying a short distance");
    }
}
```

這是 Turkey 的具體實作，與 MallardDuck 一樣，它只會印出它的動作。

現在，假設你已經沒有 Duck 物件可用了，想要用一些 Turkey 物件來頂替它們。顯然你不能直接使用火雞，因為它們的介面不一樣。

所以我們來寫一個 Adapter（轉接器）：

程式碼探究

你想要轉換成哪個型態？先 implement 那個型態的介面。它是你的用戶端期望看到的介面。

```
public class TurkeyAdapter implements Duck {
    Turkey turkey;

    public TurkeyAdapter(Turkey turkey) {
        this.turkey = turkey;
    }

    public void quack() {
        turkey.gobble();
    }

    public void fly() {
        for(int i=0; i < 5; i++) {
            turkey.fly();
        }
    }
}
```

接著取得想要轉換的物件的參考，我們用建構式來取得。

然後實作介面的所有方法，轉換類別的 quack() 很簡單，只要呼叫 gobble() 方法即可。

雖然這兩個介面都有 fly() 方法，但是 Turkey 的飛行距離很短，無法像鴨子一樣長距離飛行，為了將 Duck 的 fly() 方法對應到 Turkey 的，我們要呼叫 Turkey 的 fly() 方法五次來補足距離。

測試轉接器

現在我們要用一些程式來測試轉接器：

```
public class DuckTestDrive {
    public static void main(String[] args) {
        Duck duck = new MallardDuck();

        Turkey turkey = new WildTurkey();
        Duck turkeyAdapter = new TurkeyAdapter(turkey);

        System.out.println("The Turkey says...");
        turkey.gobble();
        turkey.fly();

        System.out.println("\nThe Duck says...");
        testDuck(duck);

        System.out.println("\nThe TurkeyAdapter says...");
        testDuck(turkeyAdapter);
    }

    static void testDuck(Duck duck) {
        duck.quack();
        duck.fly();
    }
}
```

建立一個 Duck…

…與一個 Turkey。

然後將 turkey 包在 TurkeyAdapter 裡面，TurkeyAdapter 會讓它看起來像 Duck。

接著測試 Turkey：讓它咯咯叫，還有讓它飛。

呼叫 testDuck() 方法來測試鴨子，testDuck() 期望收到 Duck 物件。

重要的測試來了：我們試著將火雞當成鴨子傳入…

這是 testDuck() 方法，它會接收一隻鴨子，並呼叫它的 quack() 與 fly() 方法。

執行測試

```
File Edit Window Help Don'tForgetToDuck
%java DuckTestDrive
The Turkey says...
Gobble gobble
I'm flying a short distance

The Duck says...
Quack
I'm flying

The TurkeyAdapter says...
Gobble gobble
I'm flying a short distance
I'm flying a short distance
I'm flying a short distance
I'm flying a short distance
I'm flying a short distance
```

Turkey 會咯咯叫，而且飛行距離很短。

Duck 會嘎嘎叫，而且飛行的方式和你想的一樣。

adapter 會在 quack() 被呼叫時咯咯叫，在 fly() 被呼叫時，飛好幾次。testDuck() 方法不知道它是假扮成鴨子的火雞！

解釋轉接器模式

我們已經知道什麼是轉接器了，讓我們後退一步，看看所有元素之間的關係。

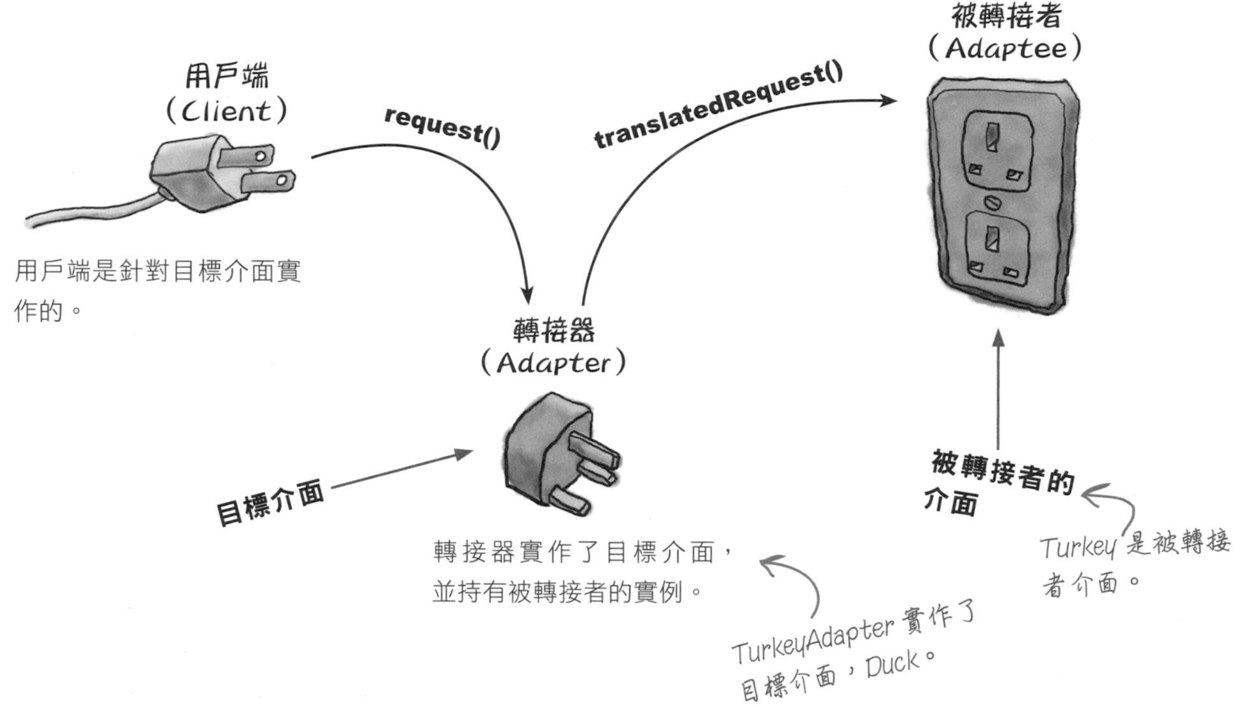

這是 Client 使用 Adapter 的方式

1. 用戶端使用目標介面來呼叫轉接器的一個方法，來對著轉接器發出一個請求。

2. 轉接器使用被轉接者的介面，將請求轉換成一個或多個針對被轉接者的呼叫。

3. 用戶端接收呼叫的結果，但是它不知道有個轉接器在過程中進行轉換。

請注意，用戶端與被轉接者是不耦合的，它們互不認識。

假設你也需要用轉接器來將鴨子轉換成火雞，我們將那個轉接器稱為 DuckAdapter。寫下那個類別：

你會如何處理 fly() 方法（畢竟，我們都知道鴨子飛得比火雞更遠）？解答在本章的結尾。
你有想出更好的做法嗎？

沒有蠢問題

問：轉接器需要做多少「轉換」工作？如果我需要製作巨大的目標介面，似乎有一大堆工作要做？

答：當然如此。製作轉接器的工作量與目標介面的大小成正比，但是你也要想一下採取其他的做法會怎樣，你可能要修改用戶端向介面發出去的每一個呼叫，這需要做大量的檢查和改寫工作。相較之下，在這個模式中，你可以用一個簡潔的類別，將所有的修改都封裝在那個類別裡面。

問：轉接器一定只包裝一個類別嗎？

答：轉接器模式的功能是將一個介面轉換成另一個。雖然轉接器模式的範例通常會用一個轉接器包著一個被轉接者，但是我們知道，事情通常沒那麼簡單，或許你也會用一個轉接器來包裝兩個或更多個轉接者，來實作目標介面。

這種情況與另一種模式有關—門面模式，很多人會將兩者混為一談。稍後討論門面模式時，別忘了提醒我們回來討論這個問題。

問：如果我的系統同時有舊的和新的部分，舊的部分使用舊廠商介面，但是在新的部分裡，我已經寫好使用新廠商介面的程式了，讓舊的部分使用轉接器，讓新的部分使用未包裝的介面很奇怪，在這種情況下，是不是乾脆忘了轉接器比較好？

答：不盡然，你可以製作一個雙向轉接器（Two Way Adapter）來支援兩種介面，你只要實作那兩個介面，讓轉接器既可以扮演舊介面，也可以扮演新介面即可。

轉接器模式的定義

我們已經看了夠多鴨子、火雞和交流電轉接器了，讓我們回到現實世界，看一下轉接器模式的官方定義：

> **轉接器模式**可以將一個類別的介面轉換成用戶端預期的另一個介面。轉接器可以讓介面不相容的類別合作無間。

我們可以用這個模式來建立一個進行轉換的 Adapter（轉接器），來讓用戶端使用不相容的介面。轉接器可以解開用戶端和已經實作好的介面之間的耦合關係，當我們知道介面可能隨時改變時，可以用轉接器來封裝那個改變，這樣就不需要在面對不同的介面時修改用戶端。

我們已經看過這種模式的執行期行為了，接著來看一下它的類別圖：

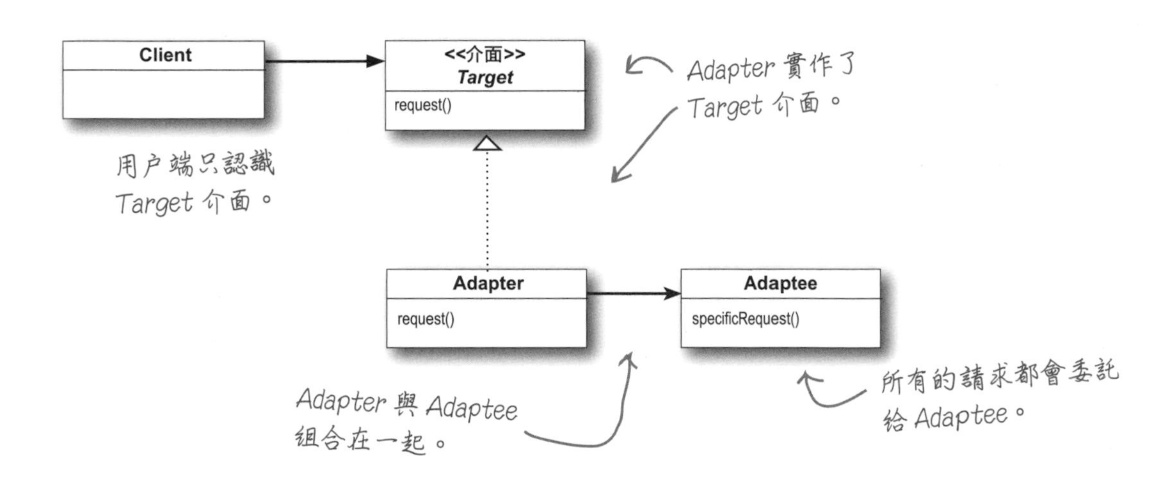

轉接器模式有很多優良的物件導向設計原則，你可以看一下如何使用物件組合，來將被轉接者與修改後的介面包起來。這種做法還有一種優點：轉接器可以處理被轉接者的任何一個子類別。

你也可以看一下這個模式如何將用戶端接到介面，而不是實作；我們可以使用多個轉接器來轉換不同的後端類別集合。我們也可以在事後加入新的實作，只要它們都符合 Target 介面即可。

物件與類別轉接器

雖然我們已經定義這個模式了，但是有些事情還沒有讓你知道。轉接器有兩種：物件轉接器與類別轉接器。本章已經介紹物件轉接器了，上一頁是物件轉接器的類別圖。

那麼，什麼是類別轉接器，還有，為什麼我們還沒有介紹它？因為你必須使用多重繼承來實作它，但是 Java 不支援多重繼承。然而，將來當你使用多重繼承語言時，也可能會遇到需要使用類別轉接器的時刻！我們來看一下多重繼承的類別圖。

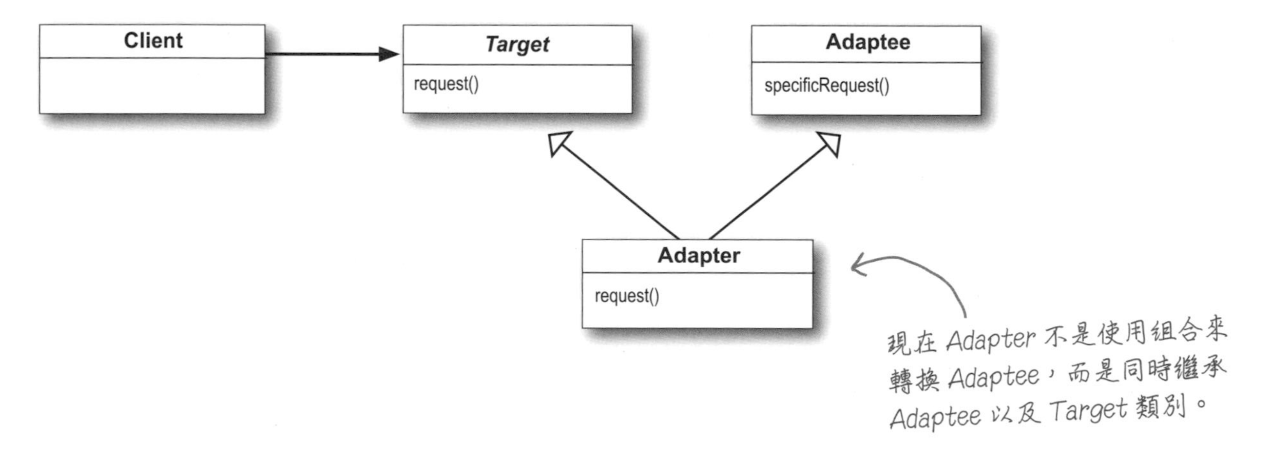

是不是很眼熟？是的，唯一的不同在於，在使用類別轉接器時，我們繼承 Target 與 Adaptee，但是在使用物件轉接器時，我們使用組合來將請求傳給 Adaptee。

動動腦

物件轉接器與類別轉接器使用不同的手段來轉換 Adaptee（組合 vs. 繼承）。不一樣的實作方式如何影響轉接器的靈活性？

鴨子磁貼

你的工作是根據之前的範例，在類別圖裡，將鴨子和火雞的磁貼放在描述那一種禽類的部分（盡量不要翻頁看答案）。然後加入你自己的註解，說明它是如何運作的。

類別轉接器

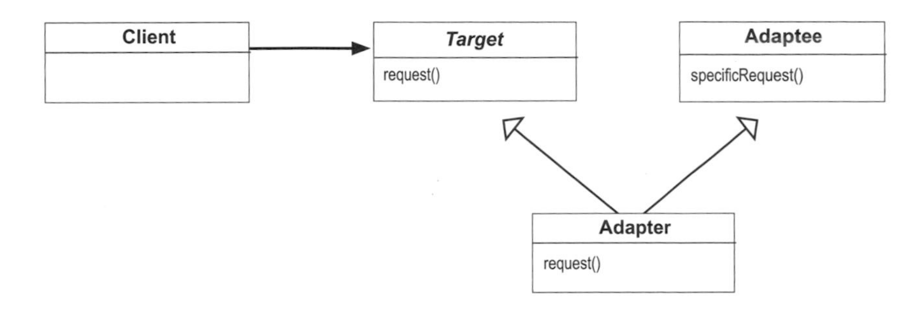

物件轉接器

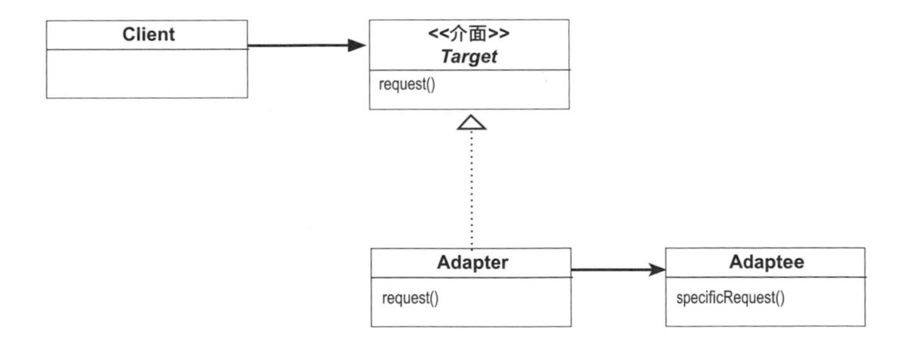

把這些磁貼在放類別圖上面，以說明圖的哪個部分代表 *Duck* 類別，哪個部分代表 *Turkey* 類別。

鴨子磁貼解答

注意：類別轉接器使用多重繼承，所以你無法用 Java 來實作它…

類別轉接器

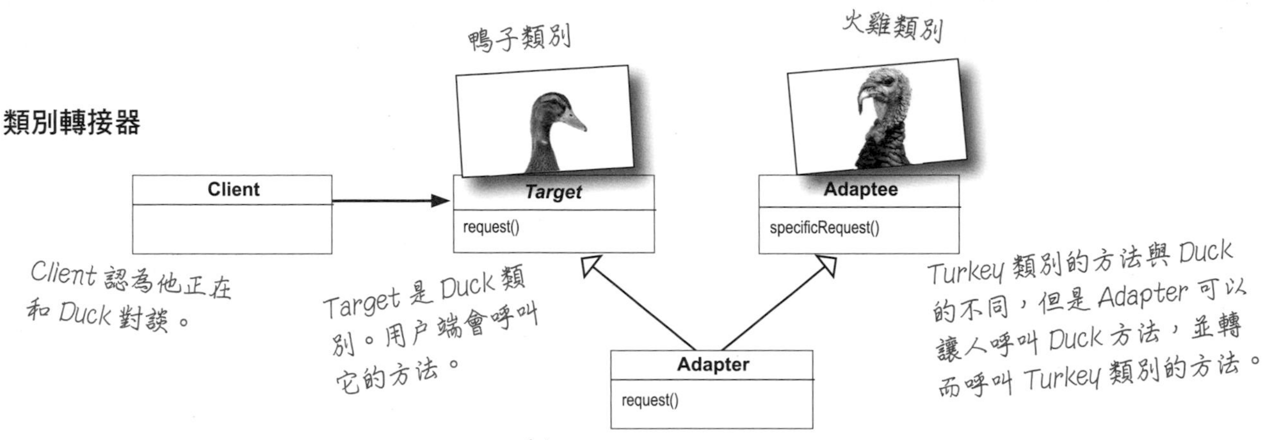

Adapter 可以藉著繼承**兩個**類別（Duck 與 Turkey），來讓 Turkey 回應針對 Duck 發出的請求。

物件轉接器

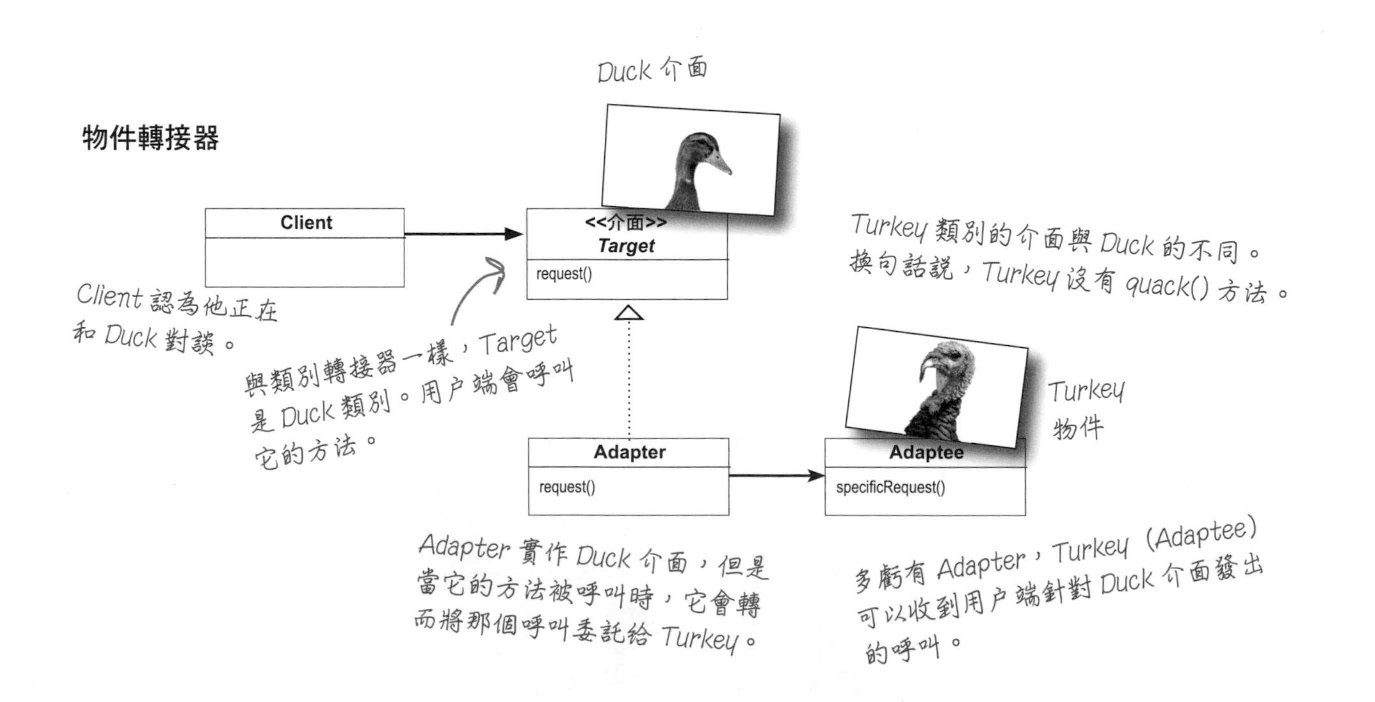

今夜話題：

物件轉接器對決類別轉接器。

物件轉接器：

因為我使用組合，所以我比你好，我不但可以轉換 adaptee（被轉接的類別），也可以轉換它的所有子類別。

類別轉接器：

沒錯，我沒辦法做到這一點，因為我只能處理特定的 adaptee，但是我有一個巨大的優勢：我不需要重新實作整個 adaptee。我也可以視情況覆寫 adaptee 的行為，因為我直接繼承它。

物件轉接器：

在我的世界裡，我們都喜歡優先使用組合，而不是繼承，雖然你可以節省幾行程式，但是我只要寫一些程式就可以將工作委託給 adaptee 了。我們喜歡讓設計更靈活。

類別轉接器：

比較靈活？也許吧，但是你有效率嗎？沒有吧？我只有一個，不像你有轉接器與 adaptee。

物件轉接器：

你竟然容不下一個小物件！雖然你可以快速地覆寫方法，但是我在轉接器加入的任何行為都可以和 adaptee 類別與它的所有子類別一起合作。

類別轉接器：

是啊，但是如果 adaptee 的子類別加入新行為呢，你會怎樣？

物件轉接器：

嘿！拜託，我只要組合子類別，就可以讓它發揮作用了！

類別轉接器：

真麻煩…

物件轉接器：

你想知道誰是真正的麻煩嗎？去照照鏡子吧！

真實世界的轉接器

我們來看看真實世界的一個簡單的轉接器（至少比鴨子更正經一些）…

Enumerator（列舉程式）

如果你已經使用 Java 一段時間了，你應該還記得最早期的集合型態（Vector、Stack、Hashtable 以及一些其他的）都實作了一個方法，elements()，它會回傳 Enumeration。Enumeration 介面可讓你遍歷集合的元素，不需要知道集合究竟是如何管理它們的。

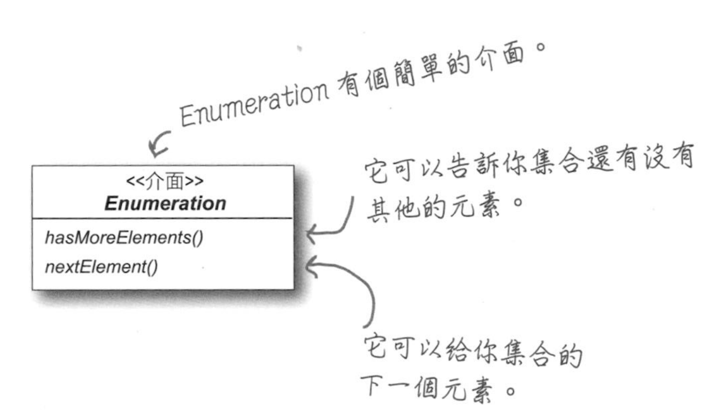

Iterator（迭代器）

最近的 Collection 類別使用 Iterator 介面，它與 Enumeration 介面一樣，可讓你遍歷集合裡的一組項目，並加入移除項目的功能。

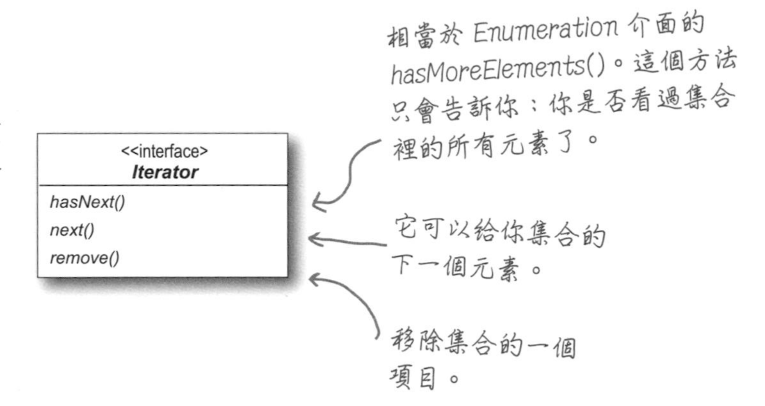

讓預期使用 Iterator 的程式使用 Enumerator

我們有時會遇到公開 Enumeration 介面的舊程式，但是在新程式中，我們只想要使用 Iterator，看起來我們需要製作轉接器。

將 Enumeration 轉換成 Iterator

我們先來看一下這兩個介面，以了解如何將一個方法對應到另一個，也就是釐清：當用戶端（client）呼叫目標（target）的一個方法時，應該要呼叫被轉接者（adaptee）的哪一個方法。

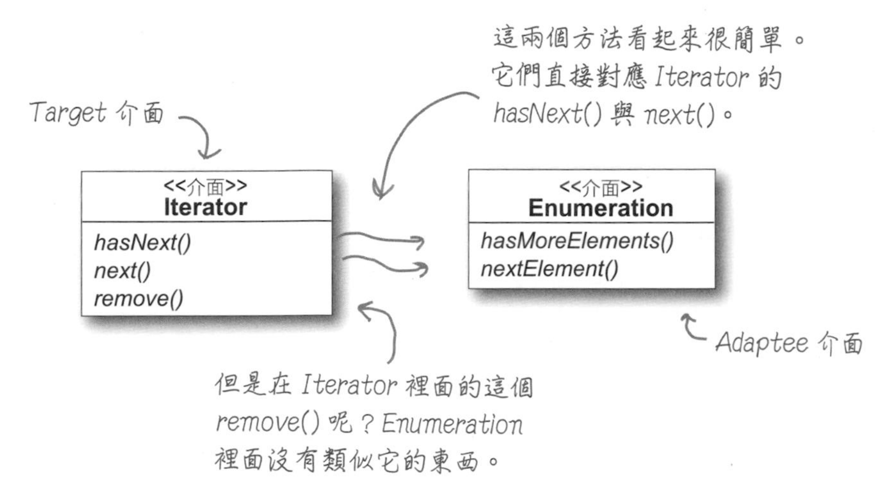

設計轉接器

這是類別該有的樣子：我們讓轉接器實作 Target 介面，並且與 adaptee 組合。hasNext() 與 next() 方法可以直接從 target 對應到 adaptee，我們會直接轉傳它們。但是該怎麼處理 remove()？先稍微想一下這個問題（我們將在下一頁處理它）。現在先看一下這個類別圖：

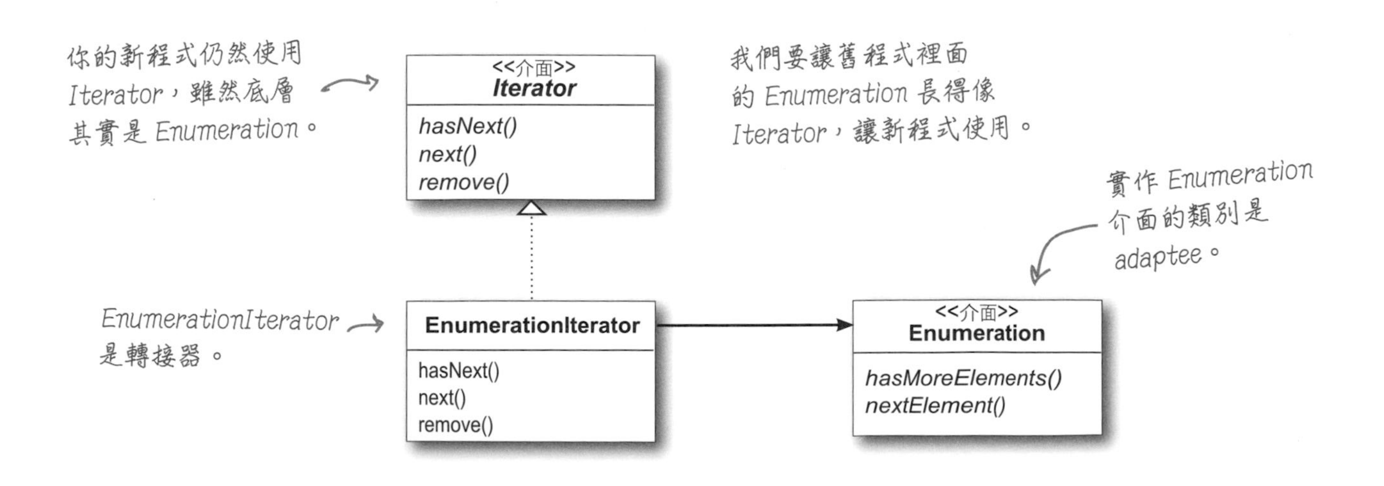

處理 remove() 方法

我們已經知道 Enumeration 不支援 remove() 了，它是「唯讀」的介面。我們無法在轉接器實作具備完整功能的 remove() 方法。最好的做法是丟出執行期例外。幸運的是，Iterator 介面的設計者已經預料到這個需求，所以將 remove() 定義成可以丟出 UnsupportedOperationException。

在這個例子中，轉接器並不完美，用戶端必須注意可能出現的例外，但是只要用戶端夠謹慎，而且轉接器有完整的文件，這個解決方案就是完全合理的。

編寫 EnumerationIterator 轉接器

這段簡單且有效的程式可讓產生 Enumeration 的舊類別使用：

因為我們將 Enumeration 轉成 Iterator，所以這個 Adapter 實作 Iterator 介面…它必須長得像 Iterator。

```
public class EnumerationIterator implements Iterator<Object> {
    Enumeration<?> enumeration;

    public EnumerationIterator(Enumeration<?> enumeration) {
        this.enumeration = enumeration;
    }

    public boolean hasNext() {
        return enumeration.hasMoreElements();
    }

    public Object next() {
        return enumeration.nextElement();
    }

    public void remove() {
        throw new UnsupportedOperationException();
    }
}
```

這是我們要轉換的 Enumeration。因為我們使用組合，所以將它存入實例變數。

將 Iterator 的 hasNext() 方法委託給 Enumeration 的 hasMoreElements() 方法…

…並且將 Iterator 的 next() 方法委託給 Enumeration 的 nextElement() 方法。

遺憾的是，我們無法支援 Iterator 的 remove() 方法，所以我們只能放棄，直接丟出例外。

雖然 Java 朝著使用 Iterator 介面的方向發展，但是目前仍然有舊的用戶端程式使用 Enumeration 介面，所以將 Iterator 轉換成 Enumeration 的轉接器仍然很好用。

寫一個轉接器來將 Iterator 轉換成 Enumeration。你可以藉著轉換 ArrayList 來測試程式。ArrayList 類別支援 Iterator 介面，但是不支援 Enumeration。

動動腦

有些交流電轉接器不是只有改變介面而已，它們也有其他的功能，例如突波保護、指示燈，以及其他的附加功能。

如果你要實作這種功能，你應該使用哪一種模式？

圍爐夜話

今夜主題：

裝飾器模式與轉接器模式正在談論彼此的差異。

裝飾器：

我非常重要，我的工作全部都與職責有關，你知道的，當你使用裝飾器時，你就在設計裡面加入一些新職責或新行為。

轉接器：

你們這些裝飾器只是在做表面功夫，但是我們轉接器都在底層做沒人想做的髒活，也就是轉換介面。雖然我們的工作不光采，但是用戶端都真心感謝我們讓他們更輕鬆。

裝飾器：

也許吧，但是你也不能說我們沒有努力工作，裝飾龐大的介面可是需要大量程式碼的。

轉接器：

你要不要來扮演一下裝飾器，看看將許多類別整合起來，並且提供用戶端所期望的介面有多麻煩？但是我們有一種說法：「解耦合的用戶端才是快樂的用戶端」。

裝飾器：

真俏皮！但是，請不要認為我們獨占了所有的目光，有時我只是一個被不知道多少個其他裝飾器包起來的裝飾器。當其他程式將方法呼叫委託給我時，你不知道有多少裝飾器已經處理過它了，你也不知道你會不會因為努力處理這個請求而獲得別人的關注。

轉接器：

喂！當轉接器盡職地完成工作時，用戶端也不知道我們的存在啊！這是吃力不討好的工作。

裝飾器：

轉接器：

但是我們轉接器有一個好處：我們可以讓用戶端使用新的程式庫與子集合，而且不需要修改任何程式碼，它們可以直接讓我們為它們進行轉換。雖然這是小眾市場，但是我們很擅長做這件事。

裝飾器：這種事我們裝飾器也可以做到，而且我們可以在類別中加入新行為，卻又不必修改既有的程式碼。我還是認為轉接器只是一種花俏的裝飾器，我的意思是，你根本只是包裝一個物件，和我們一樣。

轉接器：不！不！不！才不是這樣！我們一定會轉換被我們包起來的介面，但是你們絕對不會。我反而想說，裝飾器就像轉接器，只是你們不會改變介面！

裝飾器：不！我們的工作是擴展被包起來的物件的行為或職責，我們不會把燙手山芋直接丟出去。

轉接器：客氣點！你說誰把燙手山芋丟出去？來，轉換一下介面，看看你可以堅持多久！

裝飾器：也許我們應該正視彼此間的差異。雖然我們表面上看起來有點像，但是我們的目的顯然有很大的不同。

轉接器：你總算說幾句人話了！

我們來看一個不一樣的東西…

這一章還要介紹一種模式。

你已經知道，轉接器模式可以將類別的介面轉換成用戶端期望的介面，你也知道，在 Java 裡，這種模式就是用一個實作了正確介面的物件來包裝一個介面不相容的物件。

我們接下來要看一個同樣修改介面的模式，不過它的目的不一樣：為了簡化介面。這種模式被巧妙地稱為門面模式（Facade Pattern），因為這種模式可以用一個乾淨、明亮的門面，將一或多個類別的複雜性隱藏起來。

找出每一種模式的目的：

模式	目的
裝飾器	將一個介面轉換成另一個
轉接器	不修改介面，但是會加入職責
門面	讓介面更簡單

甜蜜家庭劇院

在探討門面模式的細節之前，我們來看一件越來越流行的事情：打造聲光效果絕佳的家庭劇院，一口氣追完所有的影集和電影。

你已經做了很多功課，組好一套殺手級的影音系統，裡面有串流播放器、投影系統、自動螢幕、環繞音響，甚至有一台爆米花機。

這是系統的所有組件：

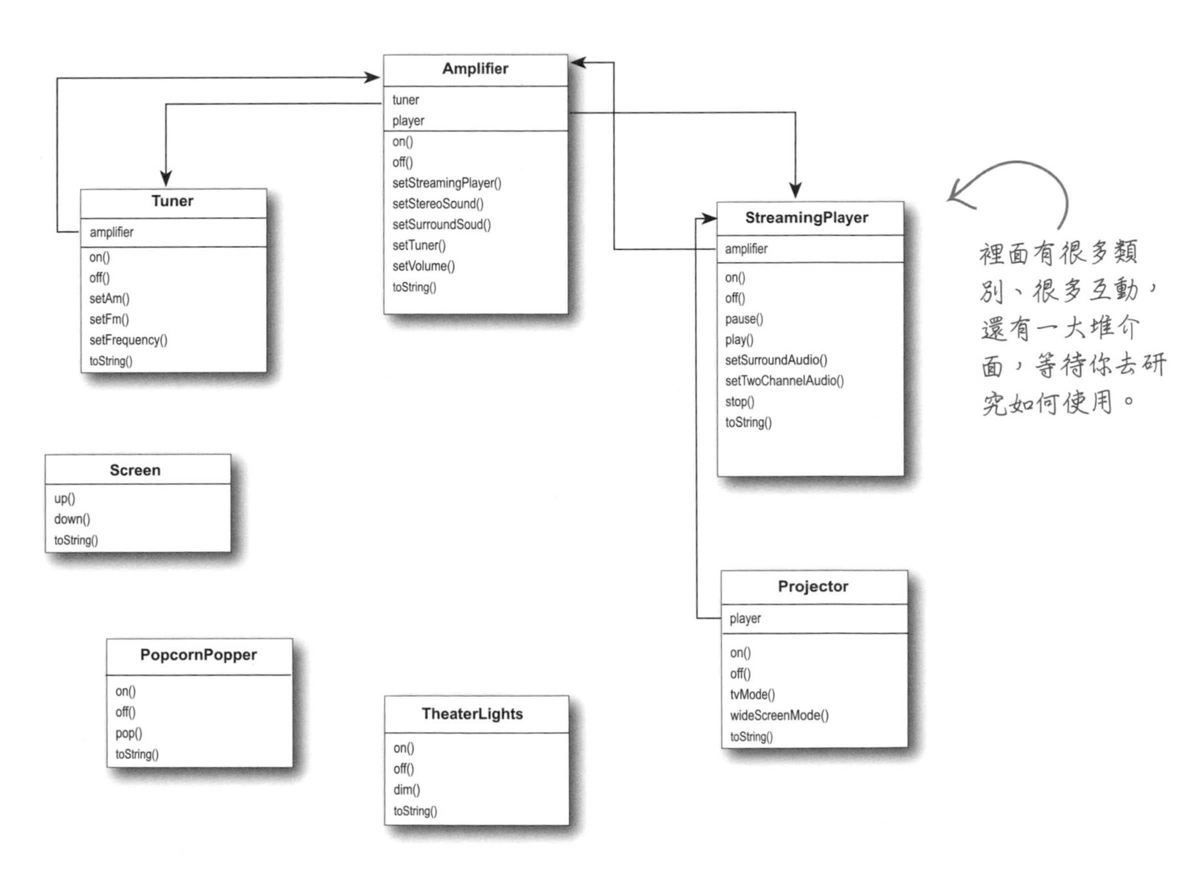

你已經花了好幾週的時間拉線、裝上投影機、連接所有設備，以及微調系統了，終於該好好享受一場電影了…

觀賞電影（困難的做法）

挑一部電影，放鬆心情，好好享受電影的魅力。哎呀！忘了一件事，你還要做一些事才能看電影：

1. 打開爆米花機
2. 開始爆玉米
3. 調暗電燈
4. 把螢幕拉下來
5. 打開投影機
6. 將投影機的輸入設成串流播放器
7. 將投影機設成寬螢幕模式
8. 打開擴音機
9. 將擴音機設成串流播放器輸入
10. 將擴音機設成環繞音效
11. 將擴音機的音量調到 5
12. 開啟串流播放器
13. 開始放電影

我們用類別以及執行工作的方法呼叫式來展示那些工作：

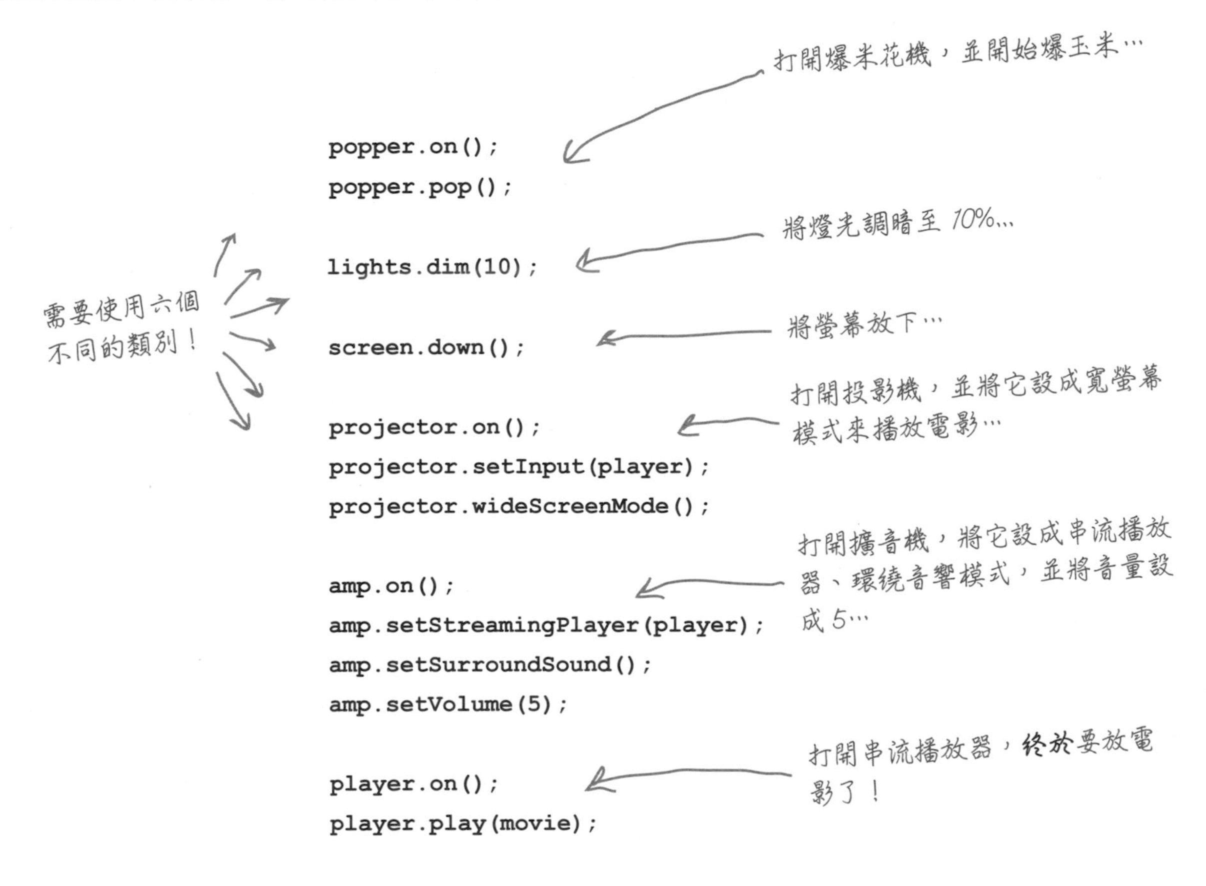


```
popper.on();
popper.pop();

lights.dim(10);

screen.down();

projector.on();
projector.setInput(player);
projector.wideScreenMode();

amp.on();
amp.setStreamingPlayer(player);
amp.setSurroundSound();
amp.setVolume(5);

player.on();
player.play(movie);
```

但是還有其他事情要做…

- 看完電影之後，該怎麼把所有設備關閉？難道要反向做一次所有的事情嗎？
- 如果你只想聽音樂，也要這麼麻煩嗎？
- 如果你要升級系統，你可能要重新學習一套操作流程。

怎麼辦？家庭劇院用起來這麼複雜！

我們來看看門面模式如何解決這團混亂，讓你可以輕鬆地觀賞電影…

燈光、相機、門面！

你需要的正是一個門面。使用門面模式的話，你可以製作一個門面類別來提供更合理的介面，讓複雜的系統更容易使用。別擔心，當你需要使用子系統的複雜功能時，你仍然可以使用它，但是如果你只需要一個簡單的介面，門面是很好的選擇。

我們來看一下門面是如何運作的：

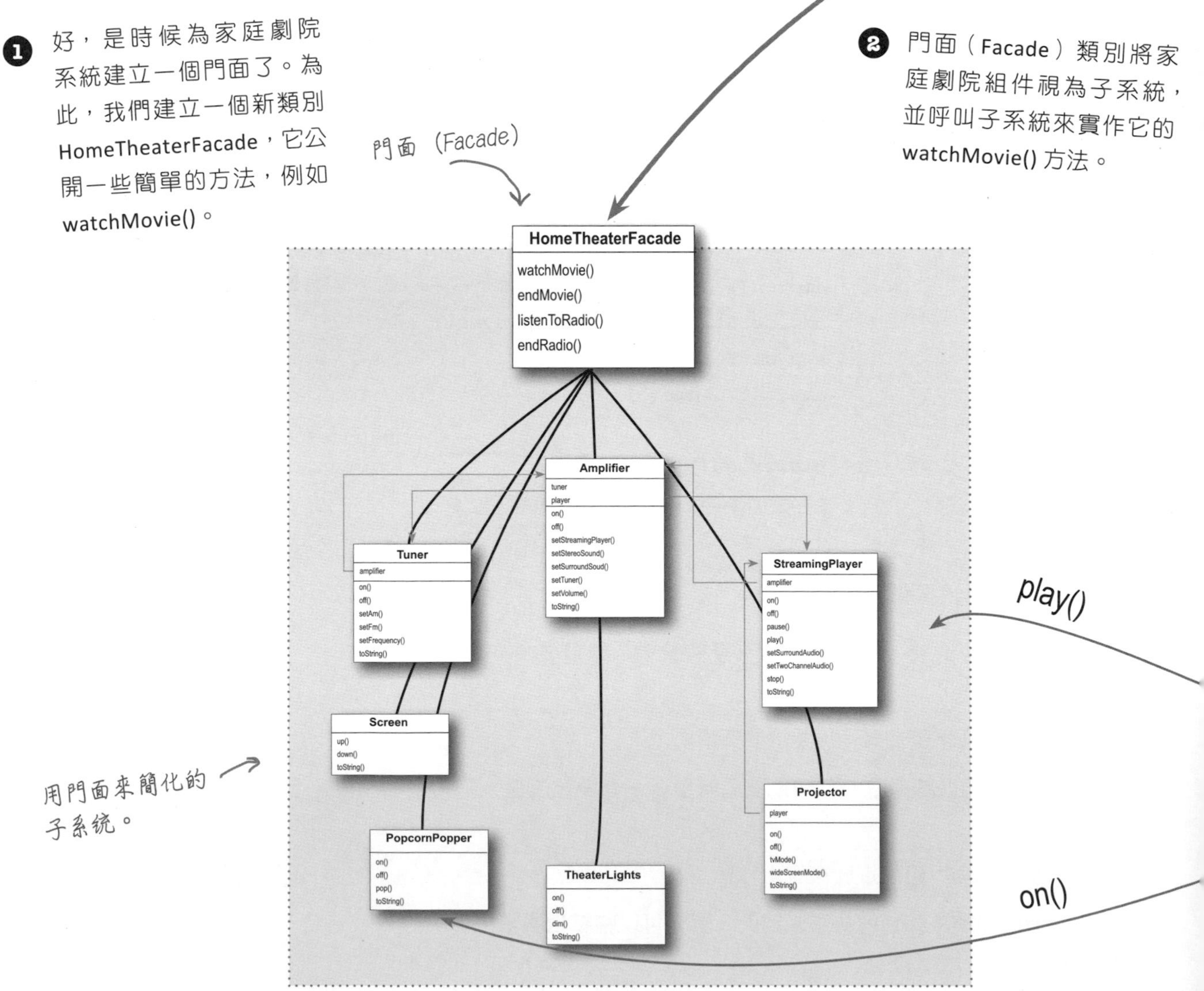

1. 好，是時候為家庭劇院系統建立一個門面了。為此，我們建立一個新類別 HomeTheaterFacade，它公開一些簡單的方法，例如 watchMovie()。

2. 門面（Facade）類別將家庭劇院組件視為子系統，並呼叫子系統來實作它的 watchMovie() 方法。

門面（Facade）

用門面來簡化的子系統。

play()

on()

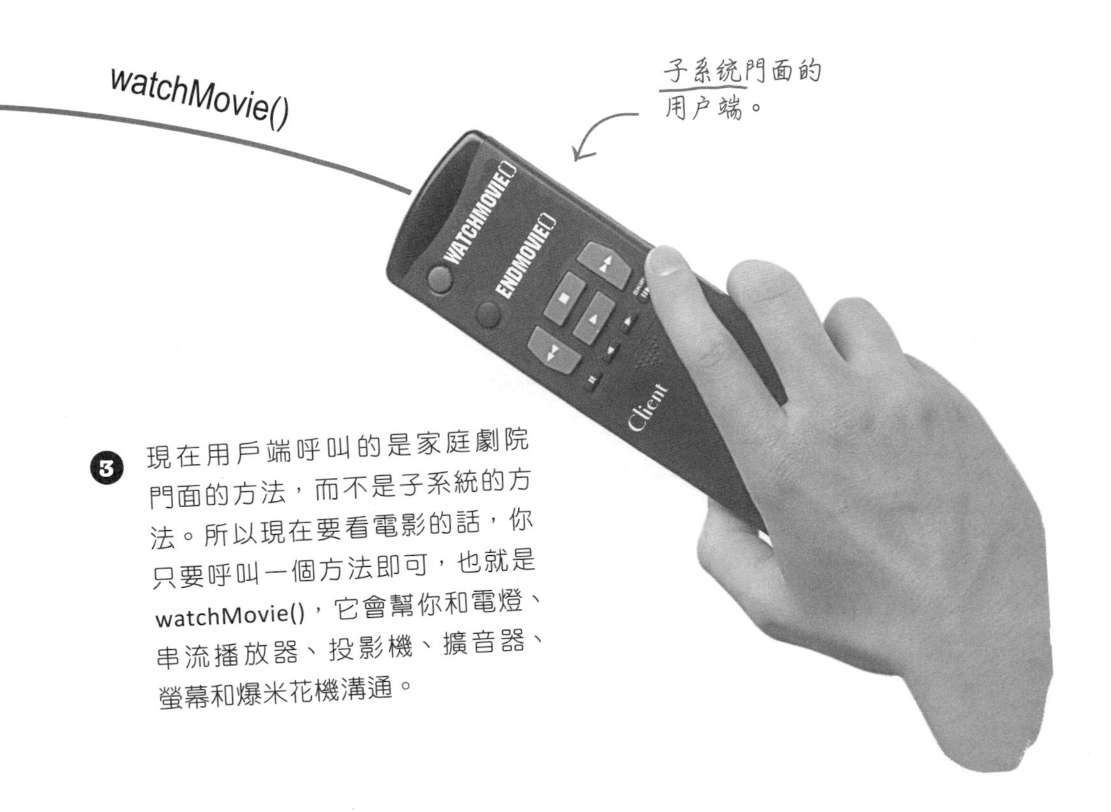

❸ 現在用戶端呼叫的是家庭劇院門面的方法，而不是子系統的方法。所以現在要看電影的話，你只要呼叫一個方法即可，也就是 watchMovie()，它會幫你和電燈、串流播放器、投影機、擴音器、螢幕和爆米花機溝通。

❹ 使用門面模式時，子系統仍然是可用的，所以你可以直接使用它。如果你需要子系統類別的進階功能，你仍然可以使用它們。

問：**門面將子系統類別封裝起來了，需要使用低階功能的用戶端該怎麼使用它們？**

答：門面並未「封裝」子系統的類別，它只是提供一個簡化的介面，來讓你使用子系統的功能。想要使用特定介面的用戶端仍然可以直接使用子系統的類別。這也是門面模式很棒的特性之一：雖然它提供了一種簡化的介面，但是它仍然公開系統的所有功能，讓需要的人使用。

問：**門面有加入任何功能嗎，還是它只是將請求轉傳給子系統？**

答：門面除了使用子系統之外，也可以隨意加入它自己的「智慧」。例如，雖然家庭劇院門面沒有實作任何新行為，但是它有足夠的智慧，可以在開始爆玉米之前，知道爆米花機是不是已經打開了（以及打開並準備播放電影的細節）。

問：**每個子系統只能有一個門面嗎？**

答：不盡然，你可以用這個模式為特定的子系統建立任何數量的門面。

問：**門面除了提供更簡單的介面之外還有什麼好處？**

答：門面模式可以讓用戶端的實作與任何一個子系統脫鉤。假如你獲得大幅度的加薪，決定升級家庭劇院，而且所有的新組件都有不同的介面，如果你讓用戶端使用門面，而不是子系統，你就不需要修改用戶端程式，只需要修改門面（希望廠商支援它！）。

問：**這麼說來，轉接器模式與門面模式之間的差異在於：轉接器包裝一個類別，而門面可能代表許多類別嗎？**

答：不是！別忘了，轉接器模式可以將一或多個類別的介面轉換成用戶端期望使用的介面。雖然在大部分的教科書範例裡，轉接器都只轉換一個類別，但是有時你也需要轉換許多類別，來提供用戶端想使用的介面。門面也許也會幫一個介面複雜的類別提供簡化的介面。

這兩種模式的差異不是它們「包裝」的類別有多少個，而是它們的目的。轉接器模式的目的是修改一個介面，讓它符合用戶端期望使用的介面，門面模式的目的是幫子系統提供一個簡化的介面。

門面不僅簡化一個介面，也解開用戶端與子系統組件之間的耦合。

門面與轉接器可以包裝多個類別，但是門面的目的是簡化，而轉接器的目的是將介面轉換成不同的東西。

建構家庭劇院門面

我們來逐步建構 HomeTheaterFacade 類別。第一步是使用組合，讓門面使用子系統的所有組件：

```
public class HomeTheaterFacade {
    Amplifier amp;
    Tuner tuner;
    StreamingPlayer player;
    Projector projector;
    TheaterLights lights;
    Screen screen;
    PopcornPopper popper;

    public HomeTheaterFacade(Amplifier amp,
                 Tuner tuner,
                 StreamingPlayer player;
                 Projector projector,
                 Screen screen,
                 TheaterLights lights,
                 PopcornPopper popper) {

        this.amp = amp;
        this.tuner = tuner;
        this.player = player;
        this.projector = projector;
        this.screen = screen;
        this.lights = lights;
        this.popper = popper;
    }

        // 其他的方法

}
```

在這裡使用組合，它們是我們將使用的所有子系統組件。

門面的建構式接收外界傳來的子系統組件的參考，然後將各個組件指派給對應的實例變數。

等一下會完成這些程式…

實作簡化的介面

接下來，我們要將子系統的組件整合成統一的介面。我們來實作 watchMovie() 與 endMovie() 方法：

```
public void watchMovie(String movie) {
    System.out.println("Get ready to watch a movie...");
    popper.on();
    popper.pop();
    lights.dim(10);
    screen.down();
    projector.on();
    projector.wideScreenMode();
    amp.on();
    amp.setStreamingPlayer(player);
    amp.setSurroundSound();
    amp.setVolume(5);
    player.on();
    player.play(movie);
}

public void endMovie() {
    System.out.println("Shutting movie theater down...");
    popper.off();
    lights.on();
    screen.up();
    projector.off();
    amp.off();
    player.stop();
    player.off();
}
```

watchMovie() 可以執行以前必須親力親為的流程，將它包成一個方便的方法，來完成所有的工作。注意，我們將每一項工作的職責都委託給子系統裡相應的組件。

endMovie() 負責為我們關閉所有設備，同樣將每一項工作委託給適當的子系統組件。

想一下你在 Java API 裡看過哪些門面。你希望在哪裡加入新的門面？

我們要來看電影了（用簡單的方式）

好戲上映！

```
public class HomeTheaterTestDrive {
    public static void main(String[] args) {
        // 將組件實例化

        HomeTheaterFacade homeTheater =
                new HomeTheaterFacade(amp, tuner, player,
                        projector, screen, lights, popper);

        homeTheater.watchMovie("Raiders of the Lost Ark");
        homeTheater.endMovie();
    }

}
```

我們在這裡建立組件來測試，通常用户端會收到門面，它不需要自己建構一個。

先用子系統的所有組件來實例化門面。

使用簡化的介面來播電影，然後將它關閉。

```
File Edit Window Help SnakesWhy'dItHaveToBeSnakes?
%java HomeTheaterTestDrive
Get ready to watch a movie...
Popcorn Popper on
Popcorn Popper popping popcorn!
Theater Ceiling Lights dimming to 10%
Theater Screen going down
Projector on
Projector in widescreen mode (16x9 aspect ratio)
Amplifier on
Amplifier setting Streaming player to Streaming Player
Amplifier surround sound on (5 speakers, 1 subwoofer)
Amplifier setting volume to 5
Streaming Player on
Streaming Player playing "Raiders of the Lost Ark"
Shutting movie theater down...
Popcorn Popper off
Theater Ceiling Lights on
Theater Screen going up
Projector off
Amplifier off
Streaming Player stopped "Raiders of the Lost Ark"
Streaming Player off
%
```

這是輸出。

呼叫門面的 watchMovie() 來為我們完成這些工作…

…在這裡，電影看完了，所以呼叫 endMovie() 來把所有設備關閉。

門面模式的定義

為了使用門面模式，我們要建立一個類別，來統一並簡化一組屬於某些子系統的複雜類別。與許多模式不同的是，門面非常簡單，沒有令人費解的抽象，但是這無損於它的威力：門面模式可以避免用戶端與子系統之間的緊密耦合，你很快就會看到，它也可以幫助你遵守一條新的物件導向原則。

在介紹那條新原則之前，我們先來看一下這個模式的官方定義：

> **門面模式**為一個子系統裡面的一組介面提供一個統一的介面。門面定義了高階的介面，可讓子系統更容易使用。

這裡沒有你還不知道的事情，但是你一定要記住這個模式的目的，這個定義明確地告訴我們，門面的目的是透過簡化的介面來讓子系統更容易使用。你可以在這個模式的類別圖看到這一點：

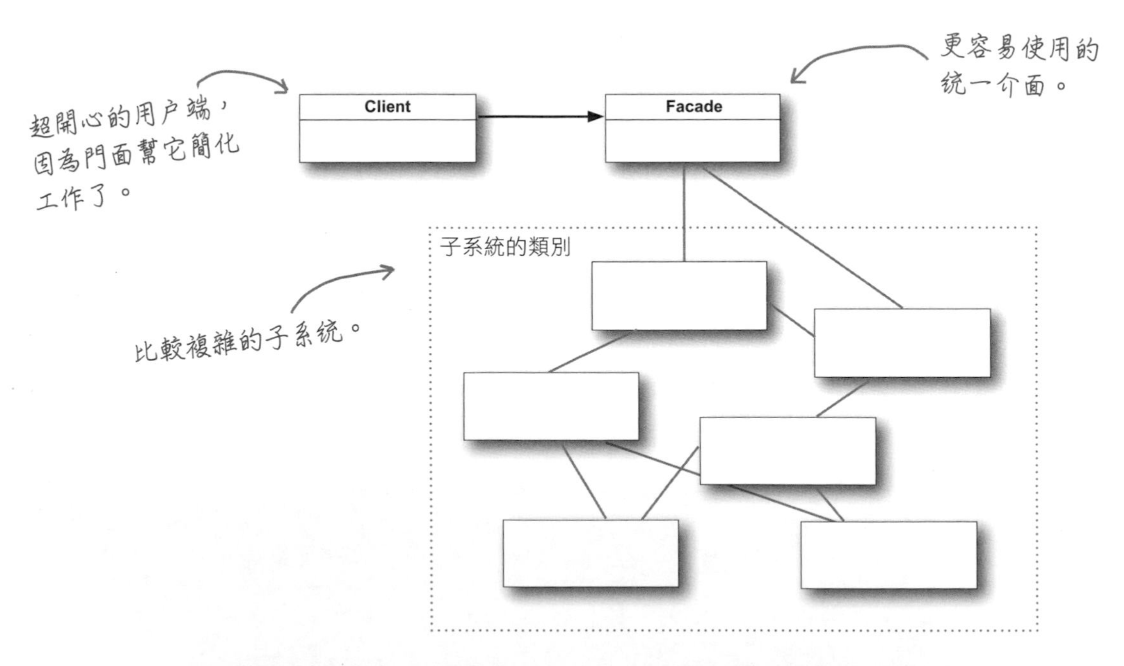

這個模式的內容就這樣，你又學會一種模式了！我們來看那一條新的物件導向原則。請注意，這一條原則可能會顛覆你的一些假設！

最少知識原則

最少知識原則告訴我們要減少物件之間的互動，只留下幾個「死黨」。這條原則通常是這樣說的：

設計原則

最少知識原則：只與最接近的朋友交談。

這到底是什麼意思？它的意思是，在設計系統時，你要注意每一個物件與多少個類別互動，以及它是怎麼和那些類別互動的。

這條原則可以防止你讓大量的類別耦合在一起，導致你在系統的某個部分進行的修改影響其他的部分。當你讓許多類別之間有大量的依賴關係時，它就是一個脆弱的系統，需要花很多成本來維護，而且會因為過度複雜而讓人難以理解。

這段程式與多少類別耦合？

```
public float getTemp() {
    return station.getThermometer().getTemperature();
}
```

如何不結交太多朋友和影響物件

怎麼避免做出這種系統？這條原則提供一些方針：在任何物件的任何方法裡，你都只能呼叫屬於這些東西的方法：

- 該物件本身
- 用參數傳給該方法的物件
- 該方法建立的或實例化的任何物件
- 該物件的任何組件

注意，這些方針告訴我們，如果我們呼叫其他的方法而收到一個物件，不要直接對著那個物件呼叫它的方法。

你可以將「組件」想成被實例變數參考的任何物件。也就是說，你可以將它想成 HAS-A 關係。

看起來很嚴格對不對？呼叫其他的方法而收到一個物件之後，呼叫該物件的方法會造成什麼傷害？如果這樣做，那就等於對另一個物件的組件發出請求（而且增加我們直接認識的物件數量）。在這種情況下，這條原則強迫我們要求該物件為我們發出請求，如此一來，我們就不需要認識它的組件物件了（並且將朋友圈維持在最小狀態）。例如：

不遵守這條原則

```
public float getTemp() {
    Thermometer thermometer = station.getThermometer();
    return thermometer.getTemperature();
}
```

從 station 取得 thermometer 物件，然後自行呼叫 getTemperature() 方法。

遵守這條原則

```
public float getTemp() {
    return station.getTemperature();
}
```

遵守這條原則的做法，是在 Station 類別裡面加入一個方法，來為我們向 thermometer 發出請求。這可以減少我們依賴的類別的數量。

控制呼叫方法的數量…

這個 Car 類別告訴你在呼叫方法的同時，遵守最少知識原則的各種做法：

```
public class Car {
    Engine engine;
    // 其他的實例變數

    public Car() {
        // 將引擎初始化等工作。
    }

    public void start(Key key) {
        Doors doors = new Doors();
        boolean authorized = key.turns();
        if (authorized) {
            engine.start();
            updateDashboardDisplay();
            doors.lock();
        }
    }

    public void updateDashboardDisplay() {
        // 更新螢幕
    }
}
```

這是這個類別的組件，我們可以呼叫它的方法。

我們在此建立一個新物件，它的方法是可呼叫的。

你可以呼叫被當成參數傳進來的物件的方法。

你可以呼叫物件的組件的方法。

你可以呼叫物件裡面的區域方法。

你可以呼叫你建立或實例化的物件的方法。

沒有蠢問題

問：我聽過另一條原則，稱為得墨忒耳定律（Law of Demeter），它們有什麼關係？

答：它們是同一條原則，有人會混合使用它們。基於兩個原因，我們比較喜歡使用「最少知識原則」：(1) 這個名稱比較直接，(2)「定律」暗示我們一定要遵守這條原則，但是事實上，原則都不是定律，所有原則都應該在它們有用的時機和地方使用。所有的設計都涉及權衡取捨（抽象 vs. 速度、空間 vs. 時間…等），雖然原則提供了一個方向，但是你仍然要先考慮所有因素，再使用它們。

問：遵守最少知識原則有任何缺點嗎？

答：有，雖然這條原則可以減少物件之間的依賴關係，而且有一些研究指出它可以減少軟體的維護成本，但是遵守這條原則會讓你寫出更多「包裝」類別，來呼叫其他組件的方法。這可能會增加複雜度與開發時間，並降低執行期性能。

削尖你的鉛筆

這些類別有沒有違反最少知識原則？為什麼有？為什麼沒有？

```
public House {
    WeatherStation station;

    // 其他的方法與建構式

    public float getTemp() {
        return station.getThermometer().getTemperature();
    }
}
public House {
    WeatherStation station;

    // 其他的方法與建構式

    public float getTemp() {
        Thermometer thermometer = station.getThermometer();
        return getTempHelper(thermometer);
    }

    public float getTempHelper(Thermometer thermometer) {
        return thermometer.getTemperature();
    }
}
```

施工區！
小心掉落物

動動腦

有哪些常見的 Java 用法違反最少知識原則？

你應該在乎它們嗎？

解答：你覺得 System.out.println() 如何？

門面模式與最少知識原則

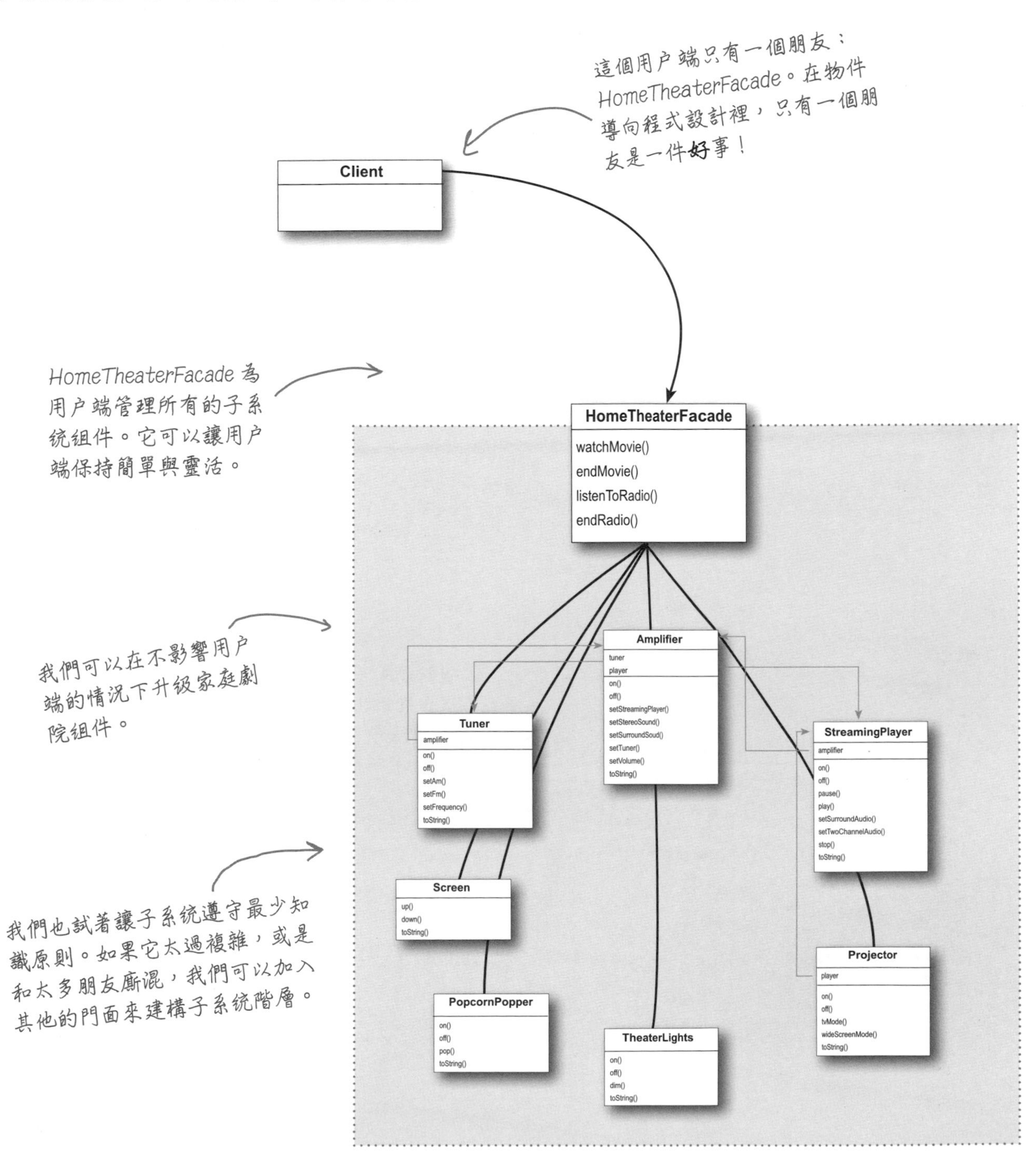

設計工具箱裡面的工具

你的工具箱越來越重了！這一章加入兩個模式，它們可以讓我們修改介面，以及降低用戶端與它們所使用的系統之間的耦合程度。

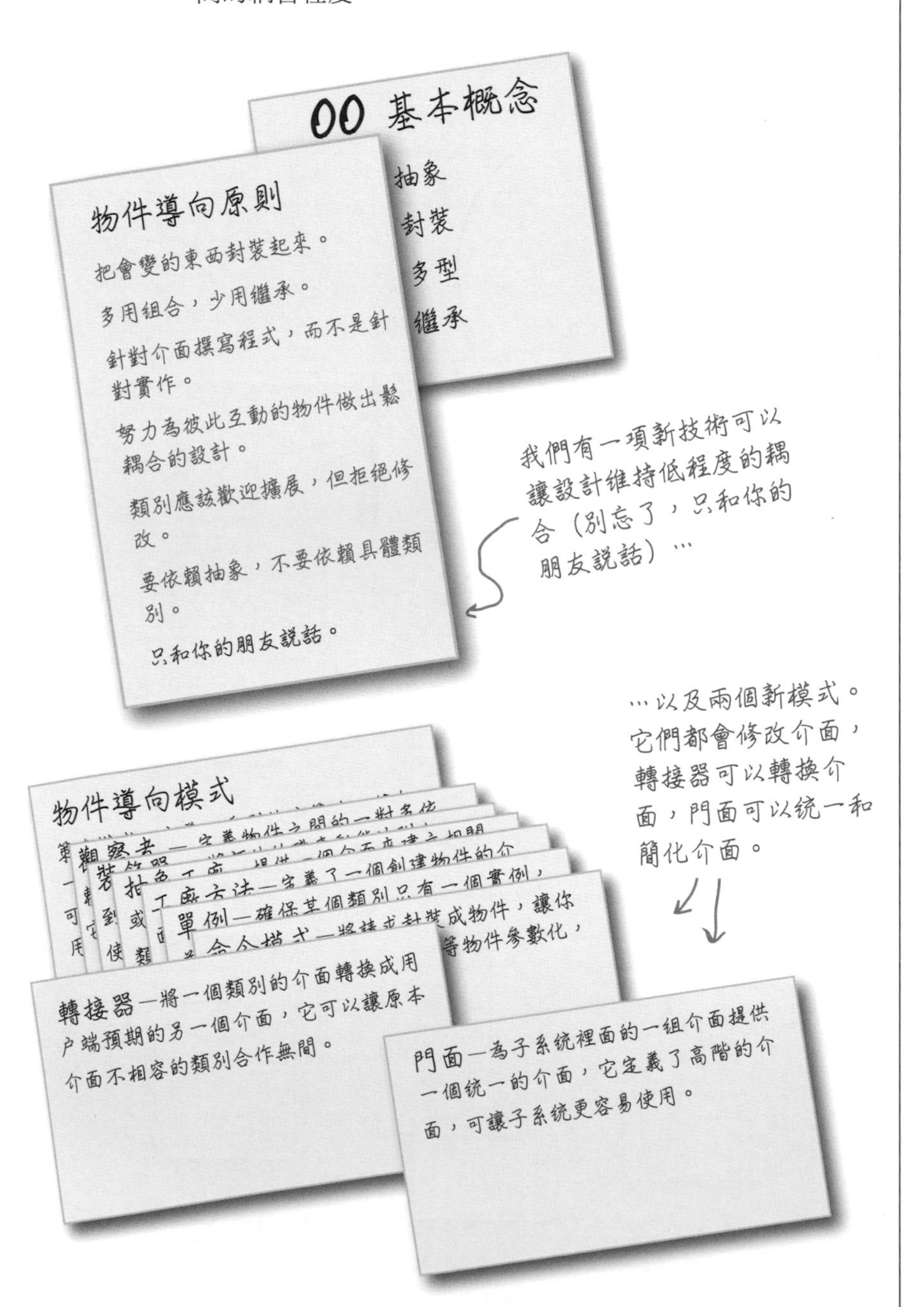

重點提示

- 如果你需要使用既有的類別，但是它的介面不是你需要的，那就使用轉接器。
- 當你需要統一與簡化一個大型的介面或一組複雜的介面時，那就使用門面。
- 轉換器可以將一個介面轉換成用戶端期望使用的介面。
- 門面可以解開用戶端與複雜子系統之間的耦合。
- 製作轉接器可能只需要少量的工作，也可能需要大量的工作，這取決於目標（target）介面的大小與複雜度。
- 製作門面需要將門面與它的子系統組合起來，並使用委託來執行門面的工作。
- 轉接器模式有兩種：物件轉接器與類別轉接器。類別轉接器需要使用多重繼承。
- 你可以為一個子系統實作不只一個門面。
- 轉換器藉著包裝物件來改變它的介面，裝飾器藉著包裝物件來加入新行為與職責，門面藉著「包裝」一組物件來簡化工作。

設計模式填字遊戲

是的，另一個填字遊戲。所有的單字都來自這一章。

橫向

1. 轉接器只能包裝一個物件，對（true）還是錯（false）？
5. 轉接器 __________ 一個介面。
6. 我們看過的電影（五個字）。
10. 在英國，你可能需要什麼東西（兩個字）。
11. 扮演兩個角色的轉接器（兩個單字）。
14. 門面仍然 ________ 低階操作。
15. 鴨子比火雞更擅長 ________ 。
16. 最少知識原則的缺點：太多 __________ 。
17. __________ 可以簡化介面。
19. 新的流行（兩個單字）。

縱向

2. 裝飾器說轉接器只是做什麼工作（三個字）。
3. 門面的優點之一。
4. 比表面上更複雜的原則（兩個字）。
7. __________ 可以加入新行為。
8. 誰偽裝成鴨子。
9. 違反最少知識原則的例子：System.out.__________ 。
12. 看電影的必備零嘴。
13. 轉接器的用戶端使用 __________ 介面。
18. 我們可以說轉接器與裝飾器 ________ 一個物件。

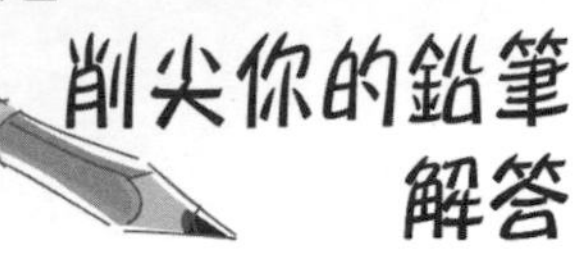

削尖你的鉛筆 解答

假設你也需要用轉接器來將鴨子轉換成火雞，我們將那個轉接器稱為 DuckAdapter。這是我們的答案：

```
public class DuckAdapter implements Turkey {
    Duck duck;
    Random rand;
    public DuckAdapter(Duck duck) {
        this.duck = duck;
        rand = new Random();
    }
    public void gobble() {
        duck.quack();
    }
    public void fly() {
        if (rand.nextInt(5) == 0) {
            duck.fly();
        }
    }
}
```

我們要將 Turkey 轉換成 Duck，所以 implement Turkey 介面。

保存我們所轉換的 Duck 的參考。

建立一個隨機物件，你可以在 fly() 方法看到它的用途。

將咯咯叫變成嘎嘎叫。

因為 Duck 飛得比 Turkey 更遠，我們決定讓 Duck 平均每五次只飛一次。

削尖你的鉛筆 解答

這些類別有沒有違反最少知識原則？為什麼有？為什麼沒有？

```
public House {
    WeatherStation station;
    // 其他的方法與建構式
    public float getTemp() {
        return station.getThermometer().getTemperature();
    }
}
```

違反最少知識原則了！你在呼叫另一個呼叫式所回傳的物件的方法。

```
public House {
    WeatherStation station;
    // 其他的方法與建構式
    public float getTemp() {
        Thermometer thermometer = station.getThermometer();
        return getTempHelper(thermometer);
    }

    public float getTempHelper(Thermometer thermometer) {
        return thermometer.getTemperature();
    }
}
```

沒有違反最少知識原則！但是這看起來是用不優雅的手法繞過原則，我們只是將呼叫的動作移到另一個方法，這會改變任何事情嗎？

你已經知道怎麼用轉接器來將 Enumeration 轉換成 Iterator 了，現在寫一個轉接器來將 Iterator 轉換成 Enumeration。

```
public class IteratorEnumeration implements Enumeration<Object> {
    Iterator<?> iterator;

    public IteratorEnumeration(Iterator<?> iterator) {
        this.iterator = iterator;
    }

    public boolean hasMoreElements() {
        return iterator.hasNext();
    }

    public Object nextElement() {
        return iterator.next();
    }
}
```

注意，我們使用泛型的型態參數，所以它可以處理任何型態的物件。

解答

找出每一種模式的目的：

模式	目的
裝飾器	將一個介面轉換成另一個
轉接器	不修改介面，但是會加入職責
門面	讓介面更簡單

（連線：裝飾器 → 不修改介面，但是會加入職責；轉接器 → 將一個介面轉換成另一個；門面 → 讓介面更簡單）

設計模式填字遊戲解答

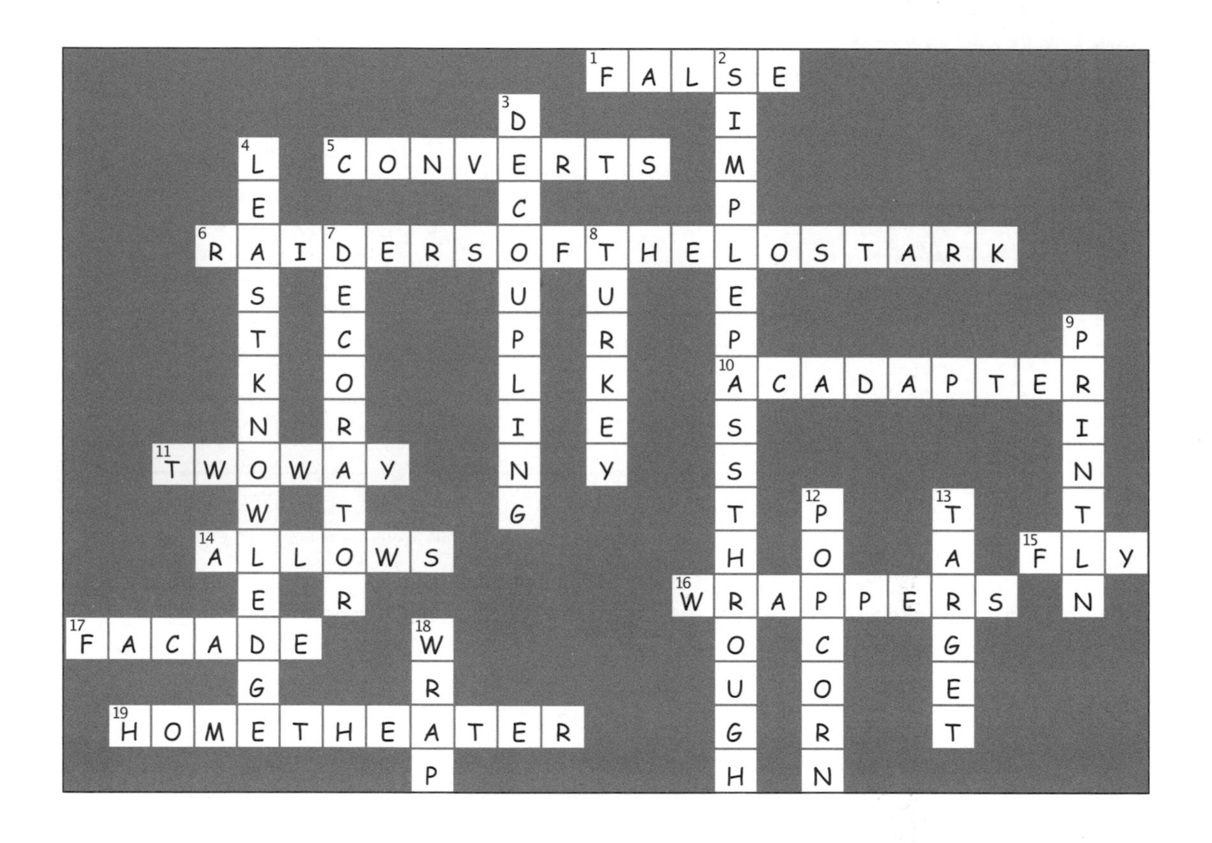
1 FALSE
2 SIMPLEPASSTHROUGH
3 DECOUPLING
4 LEASTKNOWLEDGE
5 CONVERTS
6 RAIDERSOFTHELOSTARK
7 DECORATOR
8 TURKEY
9 PRINTLN
10 ACADAPTER
11 TWOWAY
12 POPCORN
13 TARGET
14 ALLOWS
15 FLY
16 WRAPPERS
17 FACADE
18 WRAP
19 HOMETHEATER

8 樣板方法模式

封裝演算法

我們之前的主題都圍繞著封裝，我們已經封裝了物件的建立、方法的呼叫、複雜的介面、鴨子、披薩…接下來要封裝什麼？我們要深入研究如何封裝演算法元素，好讓子類別可以隨時將自己掛接至運算的流程中。你也會在這一章學會一條被好萊塢啟發的設計原則。讓我們看下去…

來點咖啡因吧

有些人沒有咖啡就活不下去，有些人則離不開茶，咖啡和茶有什麼共同的成分？當然是咖啡因囉！

但是不只如此，茶與咖啡的沖泡方式非常相似，不信你瞧瞧：

星巴茲咖啡師訓練手冊

各位咖啡師！在準備星巴茲飲料時，請確實遵守以下的沖泡流程！

星巴茲沖咖啡流程

(1) 把水煮沸
(2) 用沸水沖泡咖啡
(3) 將咖啡倒入杯子
(4) 加糖和牛奶

星巴茲泡茶流程

(1) 把水煮沸
(2) 用沸水浸泡茶葉
(3) 將茶倒入杯子
(4) 加檸檬

所有的沖泡流程都是星巴茲咖啡的商業機密，嚴禁外洩。

咖啡和茶的沖泡流程大致相同，不是嗎？

撰寫一些咖啡和茶的類別（用 Java）

我們來扮演「程式咖啡師」，寫一些程式來沖泡咖啡與茶。

這是咖啡的程式：

這是煮咖啡的 Coffee 類別。

這是沖咖啡的流程，完全來自訓練手冊。

將每一個步驟都寫成獨立的方法。

每一個方法都實作演算法（algorithm）的一個步驟。裡面有煮開水、沖咖啡、將咖啡倒入杯子，以及加入糖和牛奶的方法。

```
public class Coffee {

    void prepareRecipe() {
        boilWater();
        brewCoffeeGrinds();
        pourInCup();
        addSugarAndMilk();
    }

    public void boilWater() {
        System.out.println("Boiling water");
    }

    public void brewCoffeeGrinds() {
        System.out.println("Dripping Coffee through filter");
    }

    public void pourInCup() {
        System.out.println("Pouring into cup");
    }

    public void addSugarAndMilk() {
        System.out.println("Adding Sugar and Milk");
    }
}
```

接下來是茶的程式…

```
public class Tea {

    void prepareRecipe() {
        boilWater();
        steepTeaBag();
        pourInCup();
        addLemon();
    }

    public void boilWater() {
        System.out.println("Boiling water");
    }

    public void steepTeaBag() {
        System.out.println("Steeping the tea");
    }

    public void addLemon() {
        System.out.println("Adding Lemon");
    }

    public void pourInCup() {
        System.out.println("Pouring into cup");
    }
}
```

這些程式很像 Coffee 的寫法，雖然它的第二步和第四步是不同的，但基本上它們是同一個流程。

這兩個方法是 Tea 獨有的。

注意，這兩個方法與 Coffee 裡面的一模一樣！所以我們一定有一些重複的程式碼。

重複的程式碼是明顯的訊號，代表我們要整理一下設計了，因為咖啡與茶如此相似，我們好像應該把相同的程式碼抽象化，放到基底類別裡面。

設計謎題

你已經看到 Coffee 與 Tea 類別有一些重複的程式碼了，研究一下 Coffee 與 Tea 類別，用類別圖來展示如何重新設計這兩個類別，來移除重複的程式碼：

我們來將 Coffee 與 Tea 抽象化

這個 Coffee 與 Tea 類別的練習相當簡單，你的第一版修改應該很像這張圖：

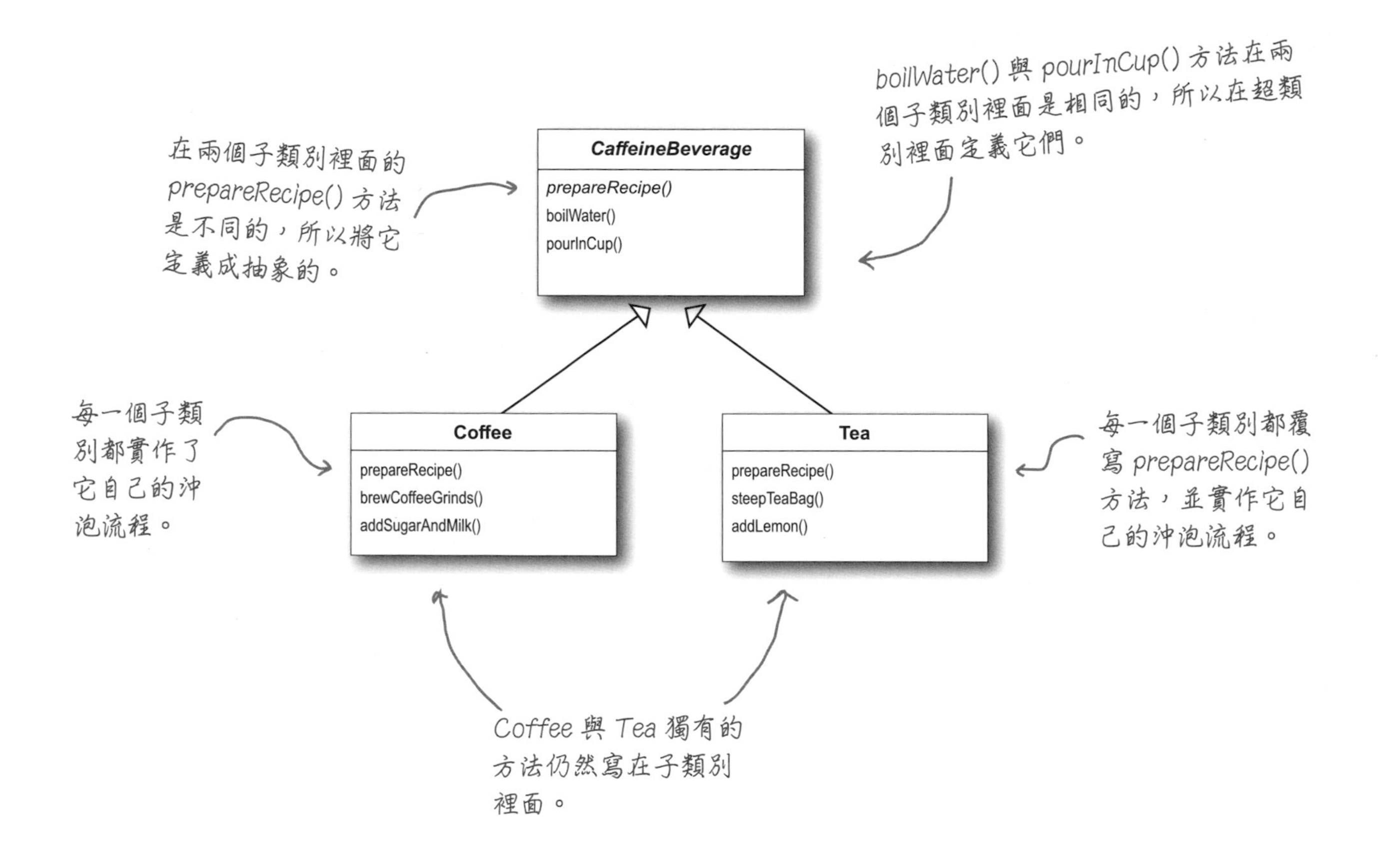

動動腦

這個新設計怎麼樣？嗯，再仔細看一下，我們是不是忽略了其他的共同點？ Coffee 與 Tea 還有哪些地方是相似的？

更進一步的設計…

Coffee 與 Tea 還有什麼共同點？我們從沖泡流程下手。

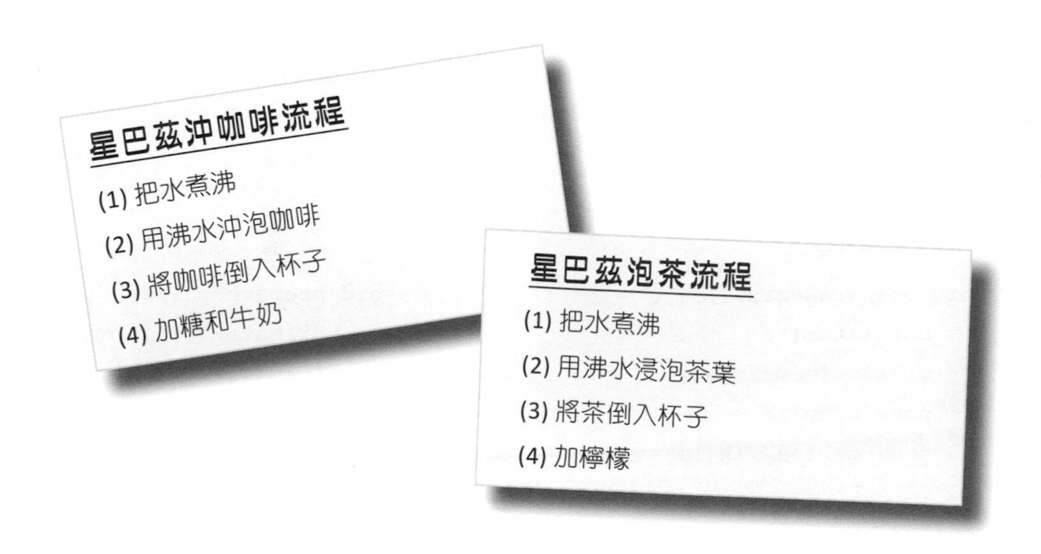

請注意，這兩種沖泡流程都採用同一種演算法：

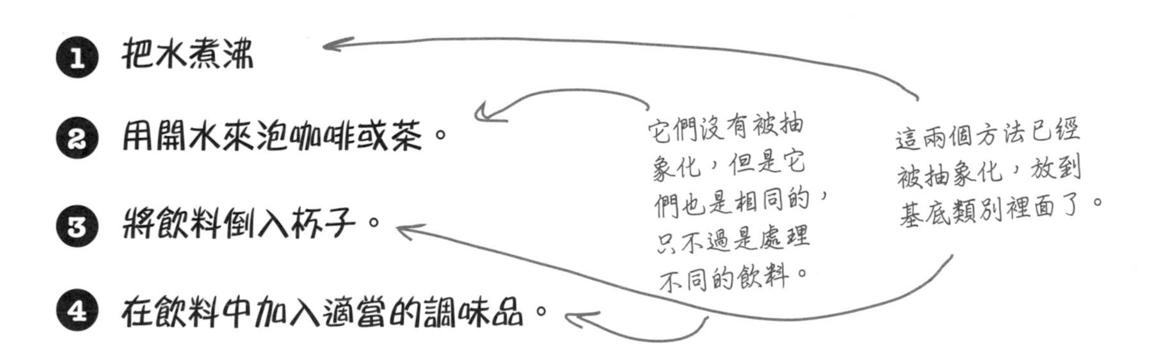

那麼，有沒有辦法也將 prepareRecipe() 抽象化？有！我們來看看怎麼做…

將 prepareRecipe() 抽象化

我們來逐步將兩個子類別（即 Coffee 與 Tea 類別）的 prepareRecipe() 抽象化…

1. 我們的第一個問題是，Coffee 使用 brewCoffeeGrinds() 與 addSugarAndMilk() 方法，但是 Tea 使用 steepTeaBag() 與 addLemon() 方法。

Coffee

```
void prepareRecipe() {
    boilWater();
    brewCoffeeGrinds();
    pourInCup();
    addSugarAndMilk();
}
```

茶

```
void prepareRecipe() {
    boilWater();
    steepTeaBag();
    pourInCup();
    addLemon();
}
```

仔細想想，浸泡（steep）與沖泡（brew）的差異其實不大，所以我們使用新的方法名稱，brew()，無論是沖咖啡還是泡茶，我們都用同一個名稱。

加糖和加奶與加檸檬也很相似，它們都是在飲料裡面加入調味品。所以我們也採取新的方法名稱 addCondiments() 來處理它。所以，新的 prepareRecipe() 方法長這樣：

```
void prepareRecipe() {
    boilWater();
    brew();
    pourInCup();
    addCondiments();
}
```

2. 我們有新的 prepareRecipe() 方法了，但是也要把它放入程式， 所以我們從 CaffeineBeverage 超類別開始處理：

（程式在下一頁。）

CaffeineBeverage 是抽象的，和類別設計圖一樣。

現在我們用同一個 prepareRecipe() 來泡 Tea 和 Coffee。將 prepareRecipe() 宣告成 final 是因為我們不想讓子類別覆寫這個方法並改變流程！我們將第 2 步與第 4 步寫成通用的 brew() 與 addCondiments()。

因為 Coffee 與 Tea 會用不同的方式來處理這兩個方法，所以將它們宣告成抽象的，讓子類別自己處理它們！

別忘了，我們將它們移入 CaffeineBeverage 類別了（在類別圖裡）。

```
public abstract class CaffeineBeverage {

    final void prepareRecipe() {
        boilWater();
        brew();
        pourInCup();
        addCondiments();
    }

    abstract void brew();

    abstract void addCondiments();

    void boilWater() {
        System.out.println("Boiling water");
    }

    void pourInCup() {
        System.out.println("Pouring into cup");
    }
}
```

3. 最後，我們要處理 Coffee 與 Tea 類別。現在它們都依靠 CaffeineBeverage 來處理流程，所以它們只要處理 brew（沖泡）和 condiment（調味品）即可：

與我們的設計一樣，現在 Tea 與 Coffee 都繼承 CaffeineBeverage。

Tea 必須定義 brew() 與 addCondiments()，它們是來自 CaffeineBeverage 的抽象方法。

Coffee 也一樣，不過 Coffee 處理咖啡，使用糖與奶，而不是茶包與檸檬。

```
public class Tea extends CaffeineBeverage {
    public void brew() {
        System.out.println("Steeping the tea");
    }
    public void addCondiments() {
        System.out.println("Adding Lemon");
    }
}

public class Coffee extends CaffeineBeverage {
    public void brew() {
        System.out.println("Dripping Coffee through filter");
    }
    public void addCondiments() {
        System.out.println("Adding Sugar and Milk");
    }
}
```

我們已經將 prepareRecipe() 的實作移入 CaffeineBeverage 類別了，請畫出新的類別圖：

我們做了什麼？

我們發現這兩個流程其實是相同的，只是有些步驟需要使用不同的實作。所以我們把流程改成通用的，並將它放在基底類別裡面。

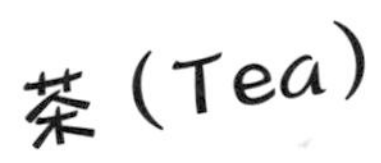

1. 把水煮沸
2. 把茶包泡在水中
3. 把茶倒入杯中
4. 加檸檬

1. 把水煮沸
2. 沖泡咖啡粉
3. 把咖啡倒入杯中
4. 加糖和奶

改成通用的

改成通用的

咖啡因飲料（Caffeine Beverage）

1. 把水煮沸
2. 沖泡
3. 把飲料倒入杯中
4. 加入調味品

有些步驟依靠子類別

有些步驟依靠子類別

Tea 子類別

2. 把茶包泡在水中
4. 加檸檬

Coffee 子類別

2. 沖泡咖啡粉
4. 加糖和奶

Caffeine Beverage 知道並控制流程的步驟，它會自己執行第 1 步與第 3 步，但是依靠 Tea 或 Coffee 執行第 2 步與第 4 步。

認識樣板方法

我們剛才已經實作基本的樣板方法模式（Template Method Pattern）了。那是什麼？
看一下 CaffeineBeverage 類別的結構，它裡面有實際的「樣板方法」：

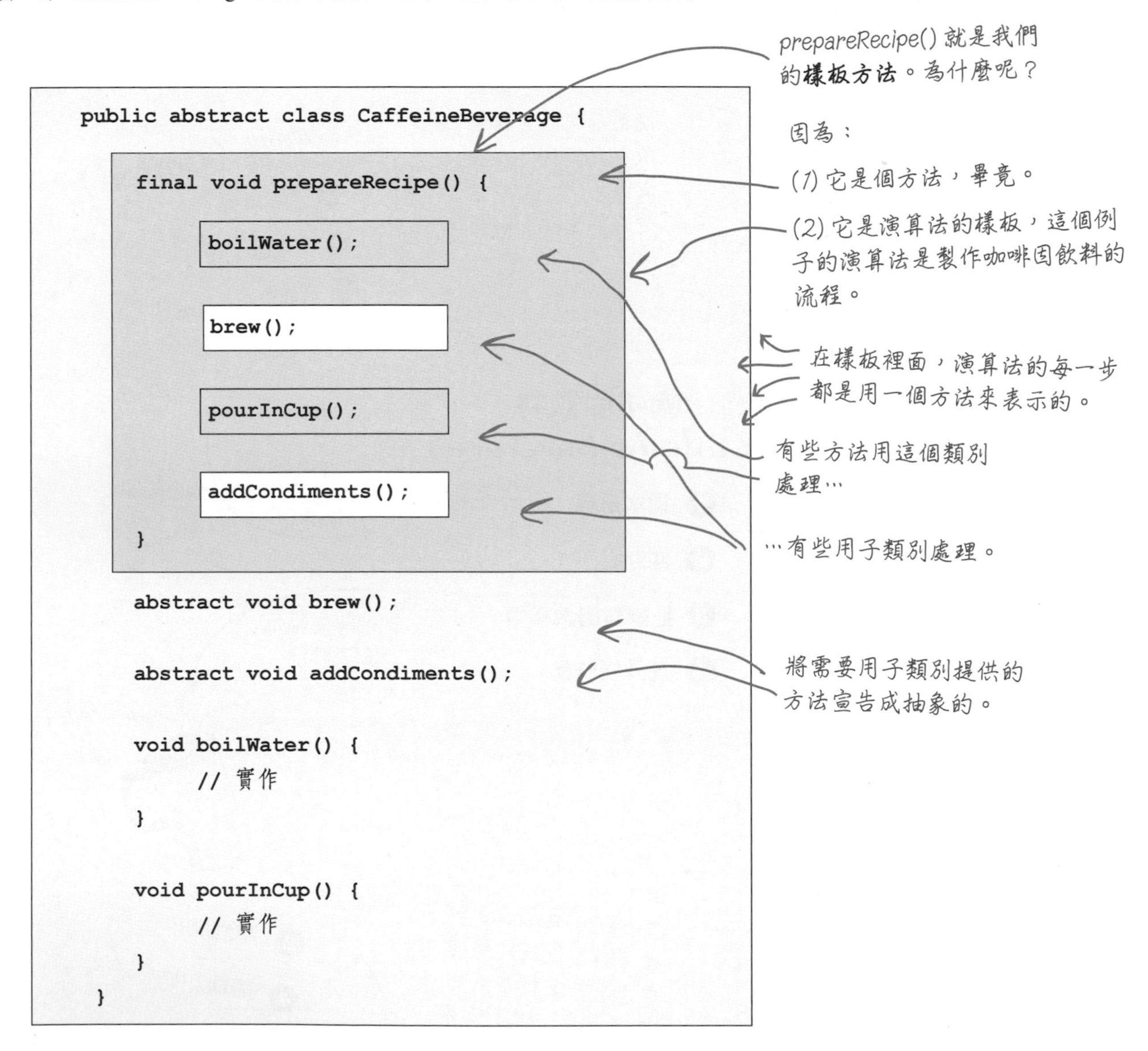

樣板方法定義了演算法的步驟，可以讓子類別提供一或多個步驟的實作。

走，泡茶去…

我們來逐步泡茶，並追蹤這個樣板方法如何運作，你將看到，樣板方法控制了演算法，在演算法的一些地方，樣板方法會讓子類別提供步驟的實作…

```
boilWater();
brew();
pourInCup();
addCondiments();
```

prepareRecipe() 方法控制了演算法。沒有人可以改變它，而且它會讓子類別提供一些或所有的實作。

1. OK，首先，我們需要 Tea 物件…

```
Tea myTea = new Tea();
```

2. 然後呼叫樣板方法：

```
myTea.prepareRecipe();
```

它遵循沖泡咖啡因飲料的演算法…

3. 先把水煮沸：

```
boilWater();
```

這件事是在 CaffeineBeverage 裡面做的。

4. 接下來是泡茶，子類別才知道該怎麼做：

```
brew();
```

5. 把茶倒入杯子，所有飲料的這個步驟都一樣，所以在 CaffeineBeverage 裡面做：

```
pourInCup();
```

6. 最後加入調味品，它是各種飲料獨有的，所以讓子類別實作：

```
addCondiments();
```

CaffeineBeverage
prepareRecipe() boilWater() pourInCup()

Tea
brew() addCondiments();

樣板方法模式帶給我們什麼？

低效率的 Tea & Coffee 實作法	用樣板方法模式來強化、時髦新穎的 CaffeineBeverage
Coffee 與 Tea 主導一切，並掌控演算法。	CaffeineBeverage 主導一切，它擁有演算法並保護它。
在 Coffee 與 Tea 之間有很多重複的程式碼。	CaffeineBeverage 類別可讓子類別盡量重複使用程式碼。
如果需要修改演算法，你要打開子類別，並且修改很多地方。	將演算法放在一個地方，若要進行修改，只要修改那裡即可。
因為類別的結構很死板，所以加入新的咖啡因飲料需要做很多事情。	樣板方法模式提供一個框架，讓你可以插入其他的咖啡因飲料。新的咖啡因飲料只需要實作一些方法即可。
演算法的知識和實作它的方式分散在很多類別之中。	CaffeineBeverage 類別將關於演算法的知識集中在一處，並依靠子類別提供完整的實作。

樣板方法模式的定義

從 Tea 與 Coffee 範例中，我們已經知道樣板方法模式是如何運作的，接下來，我們來看一下它的正式定義，以及所有的細節：

> **樣板方法模式**可在方法裡面定義演算法的骨架，並將一些步驟推遲至子類別處理。樣板方法可讓子類別重新定義演算法的某些步驟，而且不會改變演算法的結構。

這種模式的目的完全是為了幫演算法建立一個樣板。什麼是樣板？如你所見，樣板就是一個方法，更具體地說，它是將演算法定義成一組步驟的方法。它會將一或多個步驟定義成抽象的，讓子類別實作。這可以確保演算法的結構維持不變，又可以讓子類別提供某些部分的實作。

我們來看一下它的類別圖：

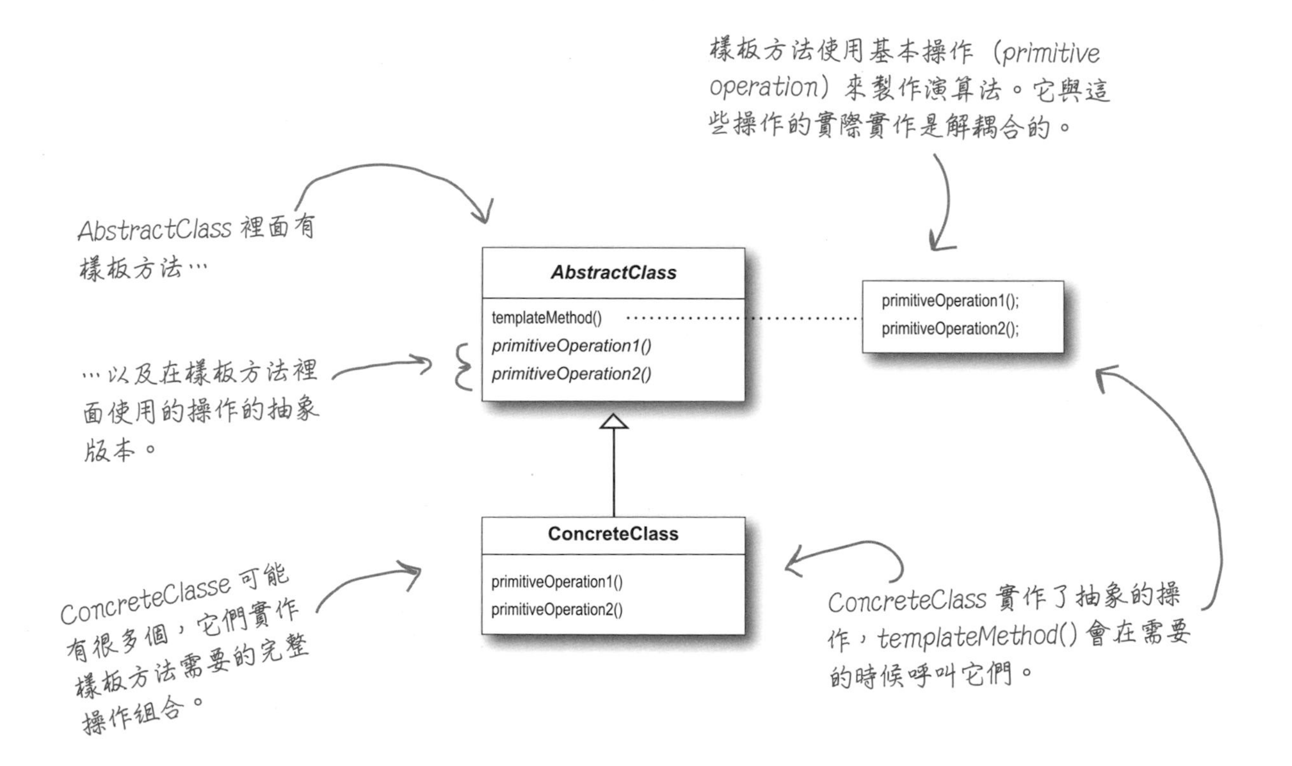

程式碼探究

讓我們更仔細地研究 AbstractClass 是怎麼定義的，包括樣板方法與基本操作。

這是我們的抽象類別，它被宣告成 abstract，目的是讓子類別繼承，進而提供操作的實作。

這是樣板方法。它被宣告成 final，以防止子類別修改演算法的步驟順序。

```
abstract class AbstractClass {

    final void templateMethod() {
        primitiveOperation1();
        primitiveOperation2();
        concreteOperation();
    }

    abstract void primitiveOperation1();

    abstract void primitiveOperation2();

    void concreteOperation() {
        // 在此實作
    }
}
```

樣板方法定義了步驟的順序，每一個步驟都被表示成方法。

在這個例子裡，有兩個基本操作必須由具體子類別實作。

我們也在抽象類別裡面定義具體操作。它可以被子類別覆寫，你也可以將 concreteOperation() 宣告成 final 來防止它被覆寫，等一下會再說明這個部分…

寫法探究

讓我們來進一步研究可以放入抽象類別裡面的方法類型：

我們修改 *templateMethod()*，加入一個新的方法呼叫式。

```
abstract class AbstractClass {

    final void templateMethod() {
        primitiveOperation1();
        primitiveOperation2();
        concreteOperation();
        hook();
    }

    abstract void primitiveOperation1();

    abstract void primitiveOperation2();

    final void concreteOperation() {
        // 在此實作
    }

    void hook() {}

}
```

我們仍然有基本操作方法，它們是抽象的，將由具體子類別實作。

具體操作是在抽象類別裡面定義的。將它宣告成 *final*，以防止子類別覆寫。它可以在樣板方法裡面直接使用，或是讓子類別使用。

這是具體方法，但是不做任何事！

我們也可以加入不做任何事情的預設具體方法，這種方法稱為「*hook*（掛鉤）」。子類別可以自由地覆寫它們，但也可以不理它。下一頁會說明它的用途。

掛在樣板方法上面

掛鉤（hook）是在抽象類別裡面宣告的方法，但是只提供空的或預設的實作，它可以讓子類別「掛入」演算法裡面的各種地方，子類別也可以忽略掛鉤。

掛鉤有好幾種用途，我們先介紹其中一種，等一下還會介紹一些其他的用途：

```
public abstract class CaffeineBeverageWithHook {

    final void prepareRecipe() {
        boilWater();
        brew();
        pourInCup();
        if (customerWantsCondiments()) {
            addCondiments();
        }
    }

    abstract void brew();

    abstract void addCondiments();

    void boilWater() {
        System.out.println("Boiling water");
    }

    void pourInCup() {
        System.out.println("Pouring into cup");
    }

    boolean customerWantsCondiments() {
        return true;
    }
}
```

我們加入一個簡單的條件陳述式，條件是否成立取決於具體方法 customerWantsCondiments()。當顧客**想要**調味品時，我們才會呼叫 addCondiments()。

我們定義一個方法，它的實作（幾乎）是空的。這個方法除了回傳 true 之外，不做任何事情。

這是個**掛鉤**，因為子類別可以覆寫這個方法，但它們也可以不理它。

使用掛鉤

使用掛鉤的做法是在子類別裡覆寫它。在這裡，我們用掛鉤來控制是否讓 CaffeineBeverage 類別執行演算法的某個部分，也就是說，要不要讓它在飲料裡面加入調味品。

怎麼知道顧客要不要加調味品？問他們就好了啊！

```
public class CoffeeWithHook extends CaffeineBeverageWithHook {

    public void brew() {
        System.out.println("Dripping Coffee through filter");
    }

    public void addCondiments() {
        System.out.println("Adding Sugar and Milk");
    }

    public boolean customerWantsCondiments() {

        String answer = getUserInput();

        if (answer.toLowerCase().startsWith("y")) {
            return true;
        } else {
            return false;
        }
    }

    private String getUserInput() {
        String answer = null;

        System.out.print("Would you like milk and sugar with your coffee (y/n)? ");

        BufferedReader in = new BufferedReader(new InputStreamReader(System.in));
        try {
            answer = in.readLine();
        } catch (IOException ioe) {
            System.err.println("IO error trying to read your answer");
        }
        if (answer == null) {
            return "no";
        }
        return answer;
    }
}
```

在這裡覆寫掛鉤，並提供你自己的功能。

讓使用者輸入是否使用調味品，並根據輸入回傳 true 或 false。

用這段程式來詢問使用者要不要加奶與糖，並從命令列取得輸入。

我們來執行測試

好了，水滾了…在這段測試程式裡，我們建立一份熱茶與一份熱咖啡。

```
public class BeverageTestDrive {
    public static void main(String[] args) {

        TeaWithHook teaHook = new TeaWithHook();
        CoffeeWithHook coffeeHook = new CoffeeWithHook();

        System.out.println("\nMaking tea...");
        teaHook.prepareRecipe();

        System.out.println("\nMaking coffee...");
        coffeeHook.prepareRecipe();
    }
}
```

建立茶

建立咖啡

並且對它們呼叫 prepareRecipe()！

我們執行它…

```
File Edit Window Help send-more-honesttea
%java BeverageTestDrive
Making tea...
Boiling water
Steeping the tea
Pouring into cup
Would you like lemon with your tea (y/n)? y
Adding Lemon

Making coffee...
Boiling water
Dripping Coffee through filter
Pouring into cup
Would you like milk and sugar with your coffee (y/n)? n
%
```

一杯熱騰騰的茶，加檸檬是一定要的！

一杯熱騰騰的咖啡，但是我們拒絕讓腰圍增加的調味品！

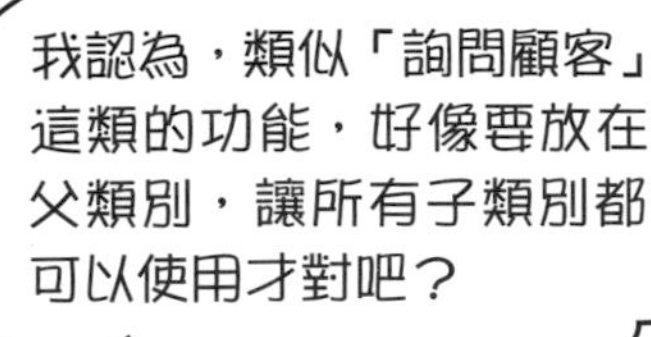

你猜怎麼著？我們同意你的看法。但是話說回來，你應該也同意這是個超酷的範例，因為它用掛鉤和條件式來控制抽象類別裡面的演算法流程，對吧！

我們相信你一定可以在你自己的程式裡面，找到可以使用樣板方法與掛鉤的其他場景。

問：在建立樣板方法時，怎麼知道何時該使用抽象方法，何時該使用掛鉤？

答：你可以在子類別**必須**提供方法的實作或演算法的步驟時，使用抽象方法；在演算法的一個部分是選擇性的時候使用掛鉤。使用掛鉤的話，子類別可以實作那個掛鉤，但也可以不理它。

問：掛鉤真正的目的是什麼？

答：掛鉤有幾個用途。如前所述，掛鉤可以讓子類別實作演算法裡面的選擇性的部分，如果它對子類別的實作來說不重要，子類別可以置之不理。掛鉤的另一個用途是讓子類別可以針對樣板方法中將要發生或剛剛發生的某個步驟做出反應。例如，justReorderedList() 這種掛鉤方法可讓子類別在內部的清單（list）重新排序之後執行一些動作（例如在螢幕上重新顯示資料）。剛才你已經看過，掛鉤也可以讓子類別用來為抽象類別做出決定。

問：子類別一定要實作 AbstractClass 的所有抽象方法嗎？

答：是的，每一個具體子類別都必須定義所有的抽象方法，並且為樣板方法的演算法未定義的步驟提供完整的實作。

問：看起來好像我應該讓抽象方法越少越好，否則，在子類別實作它們是很繁重的工作。

答：當你編寫樣板方法時，這是必須注意的地方。有時不把演算法的步驟設計得太細可以減少抽象方法的數量。但是這是一種權衡取捨，越不細就越不靈活。

還有，有些步驟是選擇性的，所以你可以把它們寫成掛鉤而不是抽象方法，幫抽象類別的子類別減少一些負擔。

好萊塢原則

接下來要介紹另一條設計原則，它叫做好萊塢原則：

好萊塢原則

別打給我們，我們會打給你。

很好記吧？但是它與物件導向設計有什麼關係？

好萊塢原則可以避免「依賴腐敗」。依賴腐敗會在高階組件依賴一些低階組件，那些低階組件依賴一些高階組件，那些高階組件依賴一些旁系組件，那些旁系組件又依賴低階組件時發生。當腐敗發生時，全世界都看不懂系統是怎麼設計的。

採取好萊塢原則的做法是讓低階組件將自己掛入系統，由高階組件決定何時使用它們，以及如何使用它們。換句話說，高階組件對待低階組件的方法就是「別打給（呼叫）我們，我們會打給（呼叫）你」。

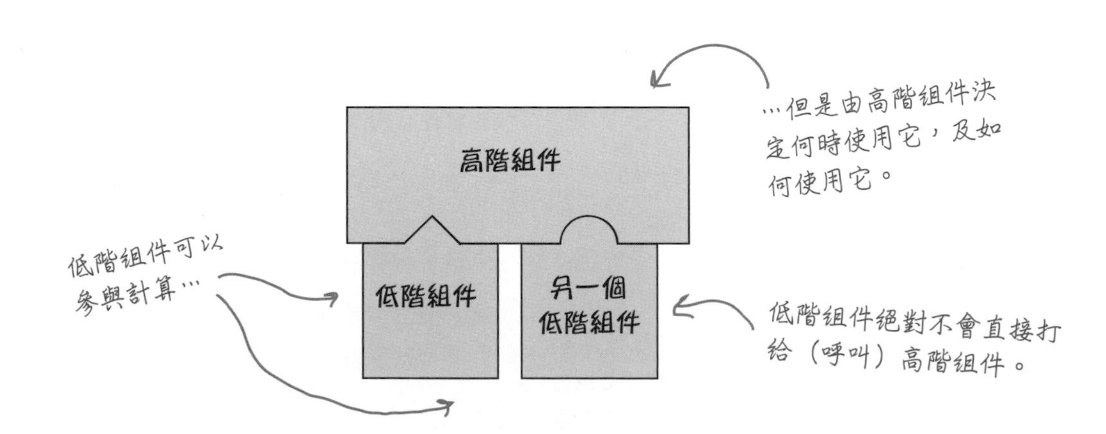

好萊塢原則與樣板方法

好萊塢原則與樣板方法模式之間的關係應該很明顯：當我們採取樣板方法模式時，我們就是在告訴子類別：「別打給我們，我們會打給你」。為什麼？我們再來看一下 CaffeineBeverage 的設計：

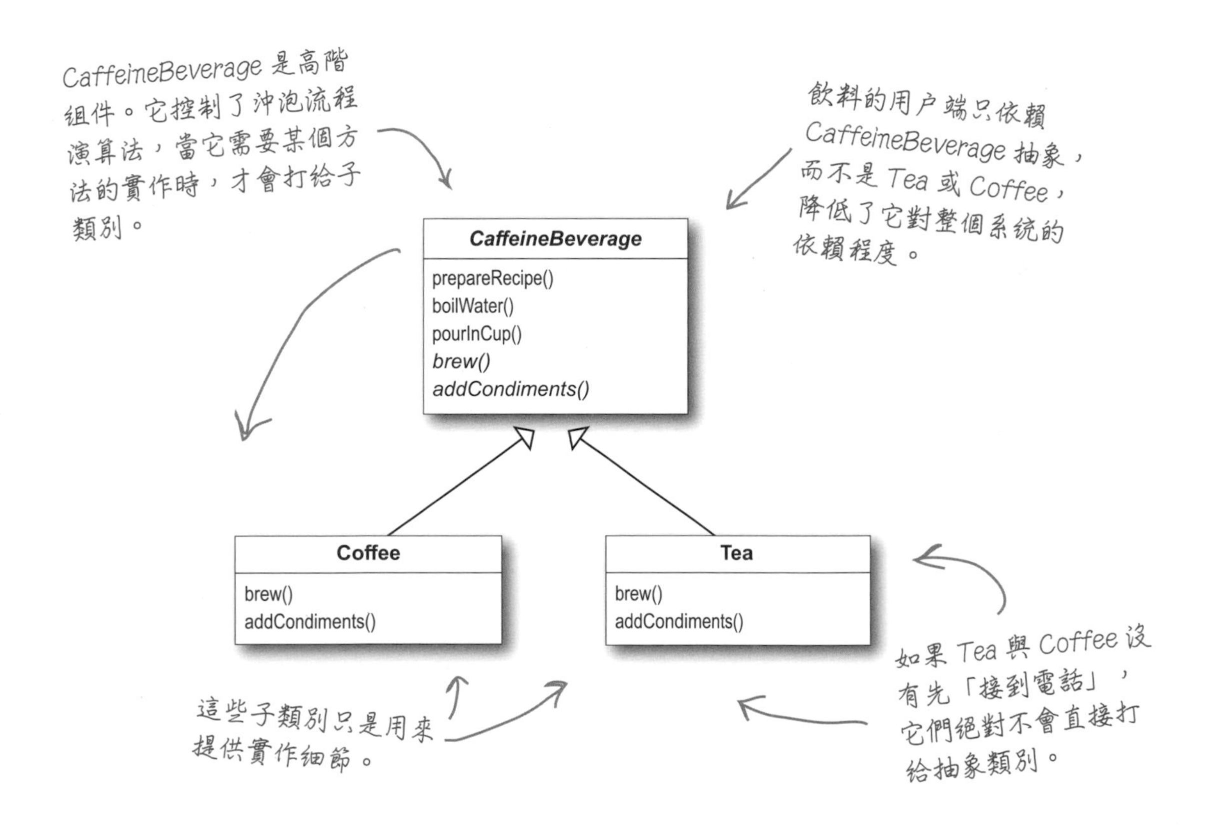

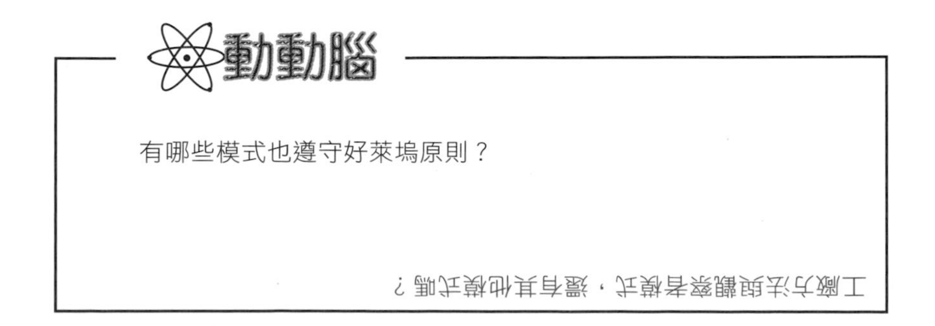

問：**好萊塢原則與前幾章的依賴反轉原則有什麼關係？**

答：依賴反轉原則要求我們避免使用具體類別，盡量使用抽象。好萊塢原則是建構框架或組件的技巧，它可以將低階組件掛入計算流程，但是又不會在低階組件和高階階層之間建立依賴關係。所以，它們的目的都是解耦合，但是依賴反轉原則更廣義地強調如何在設計中避免依賴關係。

好萊塢原則提供一種設計技巧，可讓低階結構參與合作，同時又能防止其他類別過度依賴它們。

問：**低階組件不能呼叫高階組件的方法嗎？**

答：不一定，事實上，低階組件經常透過繼承來呼叫在繼承階層的上面定義的方法。但是我們想要避免低階組件與高階組件有明顯的相互依賴關係。

將每一個模式連到它的敘述：

模式	**敘述**
樣板方法	將可互換的行為封裝起來，並使用委託來決定要使用的行為。
策略	用子類別來決定如何實作演算法的步驟。
工廠方法	用子類別來決定要實例化哪個具體類別。

野外的樣板方法

樣板方法模式是一種很常見的模式，在野外經常可以發現它們的蹤跡。儘管如此，你必須有一雙敏銳的眼睛才能發現，因為很多樣板方法的寫法不太像教科書裡面的模式設計。

這種模式之所以經常出現，是因為它很適合用來製作框架，因為有時框架不但要控制如何完成某件事，也要讓你（框架的使用者）實際指定演算法的每一個步驟的細節。

我們來冒險一下，看看野外的一些用法吧（好啦，野外其實是指 Java API）…

在練功時，我們學的是經典的模式，但是，當你進入世間時，你必須知道怎麼從周遭環境認出各種模式。你也要認識各種模式的變體，因為在世間，正方形的洞不一定真的是正方形。

用樣板方法來排序

我們經常用陣列來做什麼事？排序它們！

因此，Java Arrays 的設計者提供一種方便的樣板方法來進行排序。我們來看一下這個方法是怎麼運作的：

為了方便說明，我們稍微簡化這段程式。如果你想要看完整的程式，可以自行取得 Java 原始碼…

這裡其實有兩個方法，它們互相合作來提供排序功能。

第一個方法 sort() 是一個輔助方法，它會建立一個陣列副本，並將它當成目標陣列，傳給 mergeSort() 方法，同時傳遞陣列的長度，並指定從第一個元素開始排序。

```
public static void sort(Object[] a) {
    Object aux[] = (Object[])a.clone();
    mergeSort(aux, a, 0, a.length, 0);
}
```

mergeSort() 方法裡面有排序演算法，它依賴 compareTo() 方法的實作來完成該演算法。如果你想知道排序的過程，請查看 Java 原始碼。

你可以將它視為**樣板方法**。

```
private static void mergeSort(Object src[], Object dest[],
            int low, int high, int off)
{
    // 這裡有許多其他的程式
    for (int i=low; i<high; i++){
        for (int j=i; j>low &&
              ((Comparable)dest[j-1]).compareTo((Comparable)dest[j])>0; j--)
        {
            swap(dest, j, j-1);
        }
    }
    // 這裡也有許多其他的程式
}
```

我們必須實作 compareTo() 方法，來「填寫」樣板方法。

這是具體的方法，已經在 Arrays 類別裡面定義好了。

我們來排序鴨子吧…

假如你有一個鴨子陣列需要排序，該怎麼做？在 Arrays 裡面的 sort() 樣板方法提供了演算法，但是你必須告訴它如何比較鴨子，所以你要實作 compareTo() 方法…你覺得合理嗎？

很好的觀點！事情是這樣的：sort() 的設計者希望它可以讓所有陣列使用，所以他們必須將 sort() 做成靜態方法，讓你可以在任何地方使用它。但是這種做法是可行的，因為它的工作方式幾乎與它在超類別時一樣。再告訴你一個細節：因為 sort() 方法不是在超類別裡面定義的，所以它必須知道你已經實作了 compareTo() 方法，否則你就缺少完成排序演算法的一塊拼圖了。

為此，設計者使用 Comparable 介面，它有一個方法（給你一個驚奇）：compareTo()，你只要實作這個介面即可。

什麼是 compareTo()？

compareTo() 方法可以比較兩個物件，並回傳其中一個究竟是小於、大於還是等於另一個。
sort() 用它來比較陣列裡面的物件。

比較鴨子

OK，你已經知道，當你想要排序鴨子時，你就要實作這個 compareTo() 方法，如此一來，Arrays 類別即可取得它需要的元素，以完成演算法並排序你的鴨子。

這是鴨子的實作：

別忘了，我們必須實作 Comparable 介面，因為我們不是採取繼承的方式。

```
public class Duck implements Comparable<Duck> {
    String name;
    int weight;

    public Duck(String name, int weight) {
        this.name = name;
        this.weight = weight;
    }

    public String toString() {
        return name + " weighs " + weight;
    }


    public int compareTo(Duck otherDuck) {

        if (this.weight < otherDuck.weight) {
            return -1;
        } else if (this.weight == otherDuck.weight) {
            return 0;
        } else { // this.weight > otherDuck.weight
            return 1;
        }
    }
}
```

鴨子有名字與體重。

我們簡單一點，讓 Duck 都只要印出它們的名字與體重就好！

OK，這就是 sort() 需要的東西…

compareTo() 接收另一隻 Duck 來比較**這一隻鴨子**。

我們在這裡指定如何比較 Duck。如果**這一隻鴨子**的體重比 otherDuck 輕，我們回傳 -1，如果它們一樣重，我們回傳 0，如果**這一隻鴨子**比較重，則回傳 1。

排序鴨子

測試一下排序 Duck 的效果…

```
public class DuckSortTestDrive {

    public static void main(String[] args) {
        Duck[] ducks = {
                            new Duck("Daffy", 8),
                            new Duck("Dewey", 2),
                            new Duck("Howard", 7),
                            new Duck("Louie", 2),
                            new Duck("Donald", 10),
                            new Duck("Huey", 2)
         };

        System.out.println("Before sorting:");
        display(ducks);

        Arrays.sort(ducks);

        System.out.println("\nAfter sorting:");
        display(ducks);
    }

    public static void display(Duck[] ducks) {
        for (Duck d : ducks) {
            System.out.println(d);
        }
    }
}
```

我們需要一個 Duck 陣列，這些看起來不錯。

印出它們，來查看它們的名字與體重。

注意，我們呼叫 Array 的靜態方法 sort()，並將 Duck 傳給它。

開始排序！

再次印出它們，來看一下它們的名字與體重。

執行結果！

```
File Edit Window Help DonaldNeedsToGoOnADiet
%java DuckSortTestDrive
Before sorting:
Daffy weighs 8
Dewey weighs 2
Howard weighs 7
Louie weighs 2
Donald weighs 10
Huey weighs 2

After sorting:
Dewey weighs 2
Louie weighs 2
Huey weighs 2
Howard weighs 7
Daffy weighs 8
Donald weighs 10
%
```

未排序的鴨子

已排序的鴨子

製作鴨子排序機器

我們來追蹤 Arrays sort() 樣板方法是怎麼運作的。接下來要研究樣板方法如何控制演算法，以及演算法是如何要求 Duck 提供一個步驟的實作的…

```
for (int i=low; i<high; i++){
        ... compareTo() ...
        ... swap() ...
}
```

sort() 方法控制了演算法，沒有類別可以改變它。sort() 依靠 Comparable 類別提供 compareTo() 的實作。

1 首先，我們需要一個 Duck 陣列：

```
Duck[] ducks = {new Duck("Daffy", 8), ... };
```

2 接著呼叫 Arrays 類別的 sort() 樣板方法，並將鴨子傳給它：

```
Arrays.sort(ducks);
```

sort() 方法（與它的輔助方法 mergeSort()）會控制排序程序。

3 為了排序陣列，你必須一個接著一個比較兩個項目，直到將整個陣列排序完成為止。

sort() 方法用 Duck 的 compareTo() 方法得知如何比較兩隻鴨子。我們呼叫第一隻鴨子的 compareTo() 方法，並將想要與它比較的鴨子傳給它：

```
ducks[0].compareTo(ducks[1]);
```

第一隻鴨子　　與它比較的鴨子

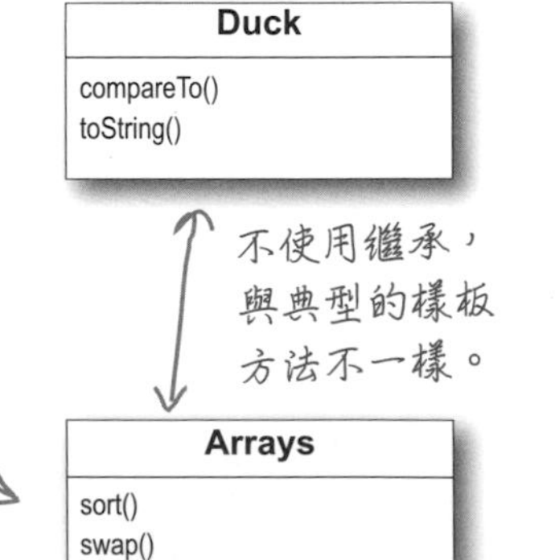

4 如果 Duck 的順序不對，那就用 Arrays 的具體方法 swap() 來對調它們：

```
swap()
```

5 sort() 方法繼續比較，並對調 Duck，直到陣列的順序正確為止！

問：這真的是樣板方法模式嗎？還是你走火入魔了？

答：這個模式的重點是實作一個演算法，並且讓子類別提供某些步驟的實作，Arrays sort() 顯然沒有這麼做！不過，我們知道，在野外的模式不一定和教科書裡的模式一模一樣，它們有時會被修改，以配合環境與實作限制。

Arrays sort() 方法的設計者也有一些限制。一般來說，你無法製作 Java 陣列的子類別，但是他們希望讓所有陣列都可以使用排序（而且每一種陣列都是不同的類別）。所以他們定義一個靜態方法，並將演算法的比較部分推遲給被排序的項目。

所以，雖然這種做法不是教科書裡的樣板方法，但是它仍然符合樣板方法模式的精神。此外，不需要製作 Arrays 子類別就可以使用演算法，讓排序更靈活且更實用。

問：這種排序實作看起來比較像策略模式，而不是樣板方法模式，為什麼我們將它視為樣板方法？

答：你應該是因為策略模式使用物件組合才這麼想。在某種程度上，你是對的，我們使用 Arrays 來排序陣列，所以它很像策略模式。但是別忘了，在策略模式中，你所組合的類別實作了整個演算法，Arrays 為 sort() 實作的演算法是不完整的，它需要某個類別補上遺漏的 compareTo() 方法。所以，從這方面看，它比較像樣板方法模式。

問：在 Java API 裡面還有其他的樣板方法案例嗎？

答：有，在一些地方可以找到它們。例如，java.io 的 InputStream 有一個 read() 方法，它的子類別必須實作那個方法，讓樣板方法 read(byte b[], int off, int len) 使用。

動動腦

我們都知道應該多用組合少用繼承，對吧？ sort() 樣板方法的實作不使用繼承，而是將 sort() 實作成靜態方法，在執行期與 Comparable 組合。這種做法有什麼優點？有什麼缺點？你怎麼處理這個問題？這件事特別麻煩是 Java 陣列造成的嗎？

動動腦 2

有一種模式是樣板方法的專門化版本，它用基本操作來建立與回傳物件，它是什麼模式？

寫一個 Swing Frame

我們進入樣板方法探險的下一站…仔細尋找 Swing 的 JFrame！

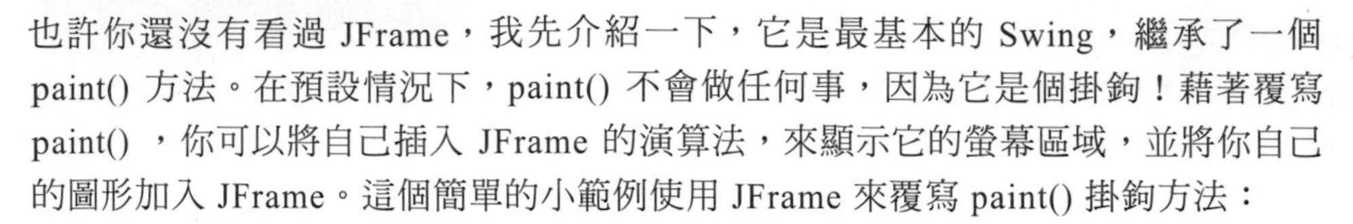

也許你還沒有看過 JFrame，我先介紹一下，它是最基本的 Swing，繼承了一個 paint() 方法。在預設情況下，paint() 不會做任何事，因為它是個掛鉤！藉著覆寫 paint()，你可以將自己插入 JFrame 的演算法，來顯示它的螢幕區域，並將你自己的圖形加入 JFrame。這個簡單的小範例使用 JFrame 來覆寫 paint() 掛鉤方法：

我們繼承 JFrame，它裡面有個 update() 方法，這個方法可以控制更新螢幕的演算法。我們可以覆寫 paint() 掛鉤方法來掛入演算法。

```
public class MyFrame extends JFrame {

    public MyFrame(String title) {
        super(title);
        this.setDefaultCloseOperation(JFrame.EXIT_ON_CLOSE);

        this.setSize(300,300);
        this.setVisible(true);
    }

    public void paint(Graphics graphics) {
        super.paint(graphics);
        String msg = "I rule!!";
        graphics.drawString(msg, 100, 100);
    }

    public static void main(String[] args) {
        MyFrame myFrame = new MyFrame("Head First Design Patterns");
    }
}
```

不要偷看幕後有什麼！這裡只是在做一些初始化…

JFrame 的 update 演算法會呼叫 paint()。在預設情況下，paint() 不會畫任何東西，因為它只是個掛鉤。覆寫 paint() 來要求 JFrame 在視窗畫出一個訊息。

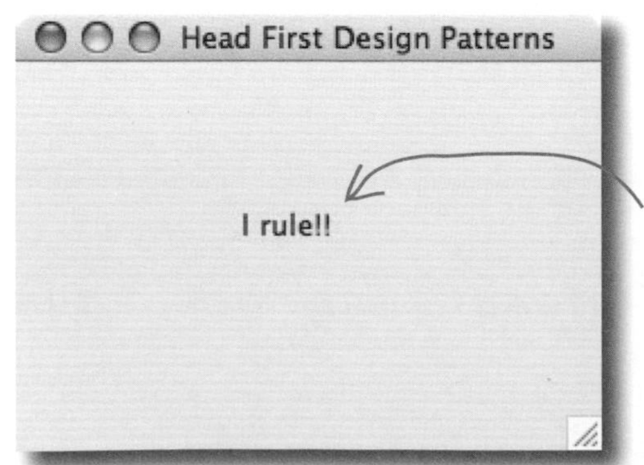

因為我們掛入 paint() 方法，所以框架顯示這個訊息。

使用 AbstractList 來自訂串列

接下來是野外探險的最後一站：AbstractList。

Java 的串列（list）集合與 ArrayList 和 LinkedList 一樣，都繼承 AbstractList 類別，這個類別提供了一些串列行為的基本實作。如果你想要自行建立串列，例如一個保存 String 的串列，你可以繼承 AbstractList 來免費取得基本的串列行為。

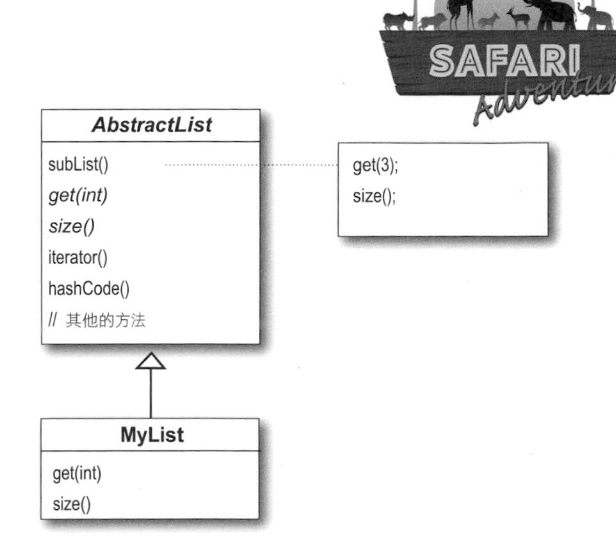

AbstractList 有一個樣板方法 subList()，它依賴兩個抽象方法，get() 與 size()。所以當你繼承 AbstractList 來建立自己的串列時，你要提供這些方法的實作。

下面是一個自訂串列的實作，它裡面只有 String 物件，並使用陣列來進行底層的實作：

```
public class MyStringList extends AbstractList<String> {
      private String[] myList;
      MyStringList(String[] strings) {
            myList = strings;
      }
      public String get(int index) {
            return myList[index];
      }
      public int size() {
            return myList.length;
      }
      public String set(int index, String item) {
            String oldString = myList[index];
            myList[index] = item;
            return oldString;
      }
}
```

我們藉著繼承 AbstractList 來建立自訂的串列。

我們必須實作 get() 與 size() 方法，它們都是要讓樣板方法 subList() 使用的。

為了修改串列，我們也實作 set() 方法。

在 MyStringList 實作裡面測試 subList() 樣板方法：

```
String[] ducks = { "Mallard Duck", "Redhead Duck", "Rubber Duck", "Decoy Duck"};
MyStringList ducksList = new MyStringList(ducks);
List ducksSubList = ducksList.subList(2, 3);
```

從索引 2 開始建立只有一個項目的子串列…當然，它是 Rubber Duck。

今夜話題：**樣板方法模式與策略模式正在比較方法。**

樣板方法模式：

嘿，策略模式，你跑來我這章幹嘛？我還以為我會遇到哪個無聊的傢伙呢，像是工廠方法。

策略模式：

不是他，是我，但是請小心，你和工廠方法的關係非同尋常，不是嗎？

樣板方法模式：

我只是在開玩笑啦！講正經的，什麼風把你吹來啦？我們已經有足足七章沒有看到你了！

策略模式：

因為我聽說你這章已經進入完稿階段了，所以特別過來看看進展如何。我們有很多共同點，所以我想，我應該可以幫助你…

樣板方法模式：

你可能要向讀者介紹一下自己，因為你消失很久了。

策略模式：

真的需要？從第 1 章開始，很多路人都問我：「你是不是那個模式…？」 所以我想，他們已經知道我是誰了。不過，如你所願：我可以定義一個演算法家族，並且讓它們可以互換。因為我將每一個演算法都封裝起來了，所以用戶端可以輕鬆地使用不同的演算法。

樣板方法模式：

嘿！聽起來好像我的工作。但是我的目的與你的稍微不同，我的工作是定義演算法的大綱，但是我讓我的子類別來做某些工作。如此一來，我就可以讓演算法的各個步驟使用不同的實作，但是我仍然可以控制演算法的結構。但是你好像必須放棄對於演算法的控制權？

策略模式：

我不確定能不能這樣說…無論如何，我不是用繼承來實作演算法，而是用物件組合來讓用戶端選擇演算法的實作方式。

樣板方法模式：

策略模式：

這我記得。但是我對演算法有更多控制權，而且不會造成重複的程式碼。事實上，如果我的演算法的差異只有一行程式，我的類別會比你的更有效率。因為重複的程式都被放入超類別了，所以子類別可以共用它。

你可能比較有效率（一點點），而且需要使用的物件比較少，並且與我的委託模型比起來，你可能比較簡單一些，但是我比較靈活，因為我使用物件組合。當用戶端使用我的時候，它們可以在執行期改變演算法，只要使用不同的策略物件就可以了。拜託，我被擺在第 1 章是有原因的！

好吧，真的替你開心，但是別忘了我是最常見的模式，為什麼？因為我提供基本的方法來讓子類別指定行為，以促進程式碼重複使用。相信你知道，這是非常適合在建立框架時使用的功能。

也許吧…但是說到依賴關係呢？你的依賴程度比我高很多。

怎麼說？我的類別是抽象的。

但是你必須依賴子類別實作的方法，因為它們是你的演算法的一部分。我不依賴任何人，而且我可以自己搞定整個演算法！

策略模式啊！就像我說的，我真的很為你開心，謝謝你來拜訪我，但是我必須把這一章的內容完成。

好啦！好啦！別那麼敏感。你就繼續工作吧，但是如果你需要我的特殊技術，一定要讓我知道，我很樂意伸出援手。

知道了。不要打給我們，我們會打給你…

設計模式填字遊戲

又到了這個時候了…

橫向

1. Huey、Louie 與 Dewey 的體重都是 ___________ 磅。
2. 樣板方法通常是在 ________ 類別裡面定義的。
4. 在這一章，我們提供更多 __________ 。
7. 在演算法裡面必須由子類別提供的步驟通常被宣告成 ___________ 。
11. 我們覆寫哪個 JFrame 掛鉤方法來印出「I rule!!」。
12. ____________ 有一個 subList() 樣板方法。
13. 在 Arrays 裡面使用的排序類型。
14. 樣板方法模式使用 ______________ 來將實作推遲至其他類別。
15. 「不要打給我們，我們會打給你」稱為 __________ 原則。

縱向

1. 咖啡與 ______ 。
3. 工廠方法是樣板方法的 ___________ 。
5. 樣板方法定義了一個 _________ 的步驟。
6. 有大頭症的模式。
8. ________ 演算法步驟是由掛鉤方法實作的。
9. 我們最喜歡的物件村咖啡店。
10. Arrays 類別將它的樣板方法實作成 _______ 方法。
15. 在抽象超類別裡面不做任何事，或提供預設行為的方法稱為 _____________ 方法。

設計工具箱裡面的工具

我們已經把樣板方法加入你的工具箱了。樣板方法可以讓你像專家一樣重複使用程式碼，同時保持對演算法的控制。

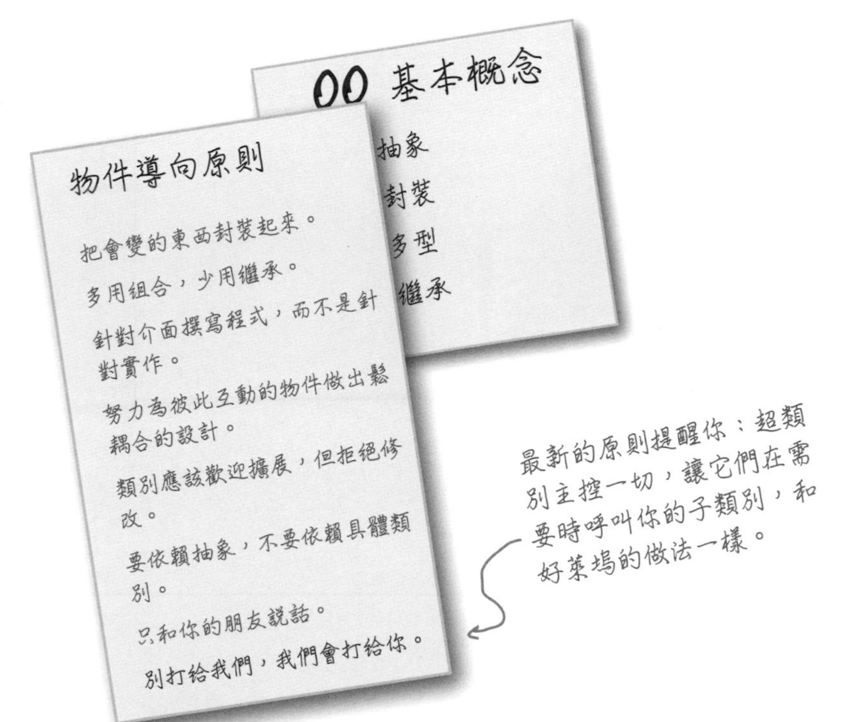

物件導向模式

觀察者—定義物件之間的一對多依...

工廠方法—定義了一個創建物件的介...

單例—確保某個類別只有一個實例，

轉接器—將一個類別的介面轉換成...

門面—為子系統裡面的一組介面提供...

樣板方法—可在方法裡面定義演算法的骨架，並將一些步驟推遲給子類別處理。樣板方法可讓子類別重新定義演算法的某些步驟，而且不會改變演算法的結構。

最新的模式可讓實作演算法的類別將一些步驟推遲給子類別實作。

重點提示

- 樣板方法定義了演算法的步驟，並將這些步驟推遲給子類別實作。
- 樣板方法模式提供重要的程式碼重複使用技術。
- 樣板方法的抽象類別可以定義具體方法、抽象方法，以及掛鉤。
- 抽象方法是由子類別實作的。
- 掛鉤是在抽象類別裡面不做事或執行預設行為的方法，它可以在子類別裡面覆寫。
- 為了防止子類別改變樣板方法裡面的演算法，請將樣板方法宣告成 final。
- 好萊塢原則告訴我們，將決策權放在高階模組裡，讓它決定如何與何時呼叫低階模組。
- 你會在真實世界的程式裡看到許多樣板方法模式，但是（與任何模式一樣）不要期望它們的設計與教科書一樣。
- 策略與樣板方法模式都封裝演算法，前者透過組合，後者透過繼承。
- 工廠方法是樣板方法的專門化版本。

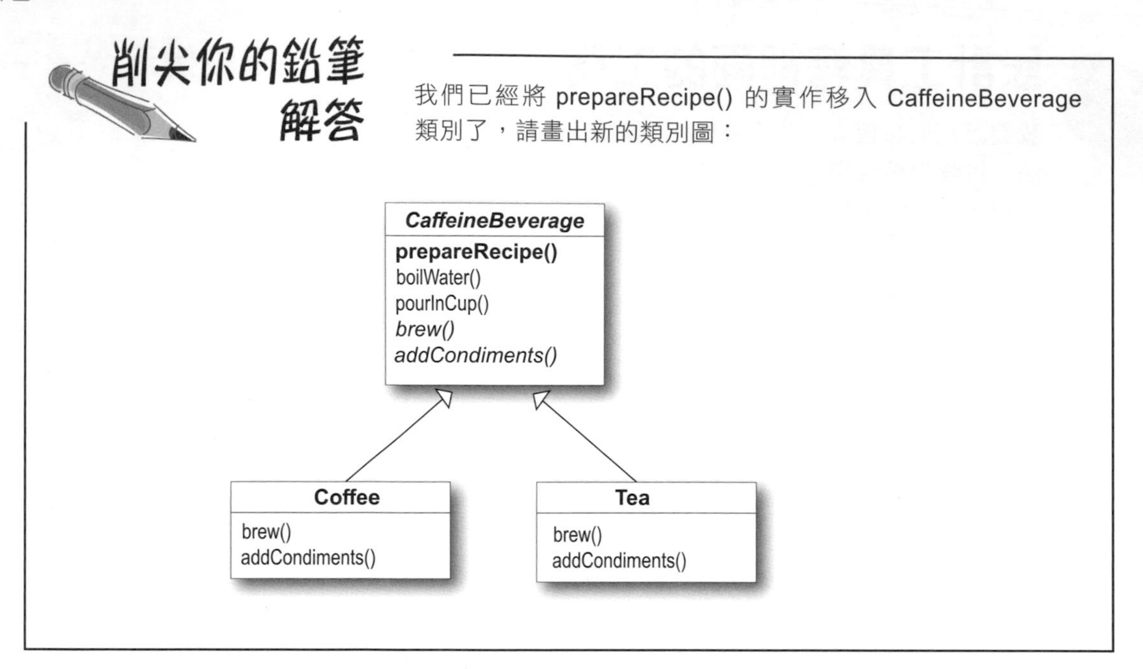
削尖你的鉛筆
解答
我們已經將 prepareRecipe() 的實作移入 CaffeineBeverage 類別了，請畫出新的類別圖：
CaffeineBeverage
prepareRecipe()
boilWater()
pourInCup()
brew()
addCondiments()
Coffee
brew()
addCondiments()
Tea
brew()
addCondiments()

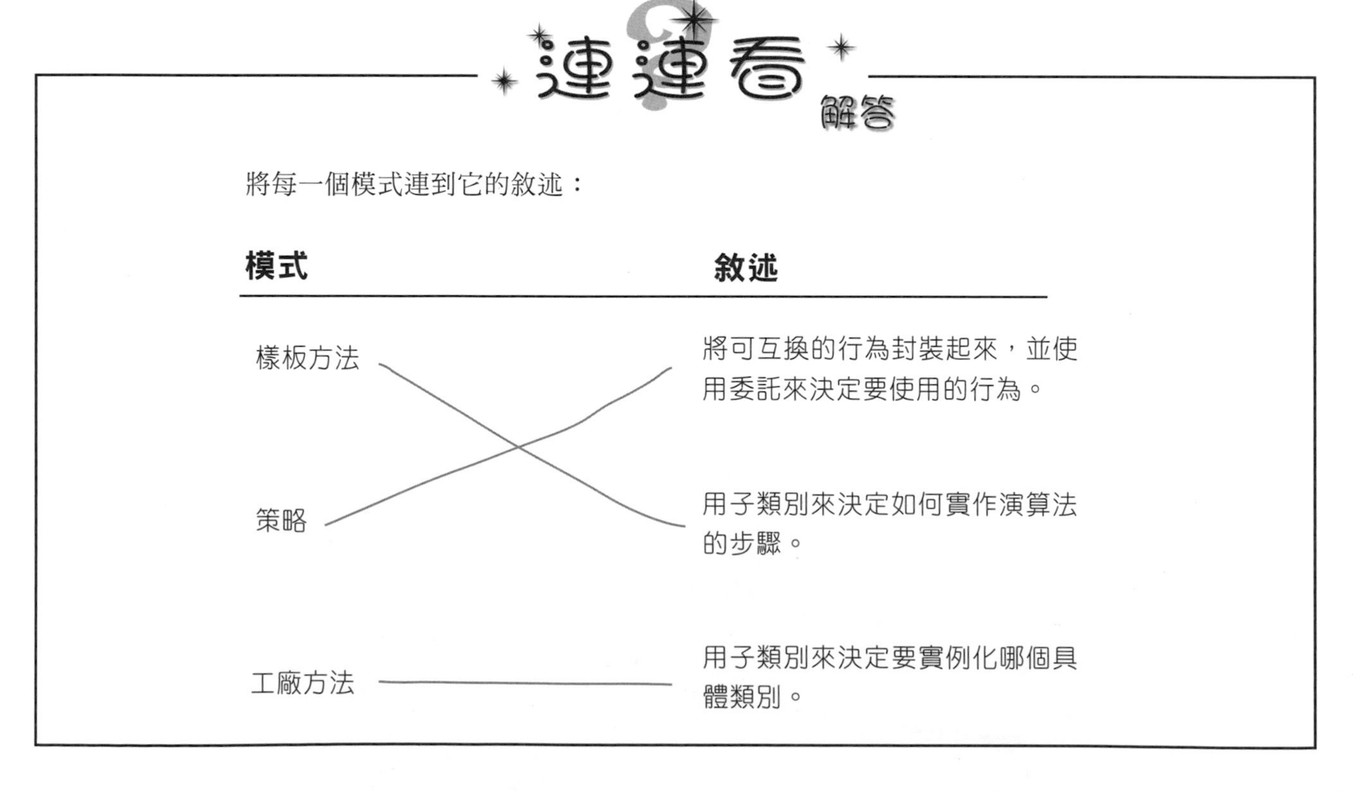
連連看
解答
將每一個模式連到它的敘述：
模式
敘述
樣板方法
策略
工廠方法
將可互換的行為封裝起來，並使用委託來決定要使用的行為。
用子類別來決定如何實作演算法的步驟。
用子類別來決定要實例化哪個具體類別。

設計模式填字遊戲解答

又到了這個時候了…

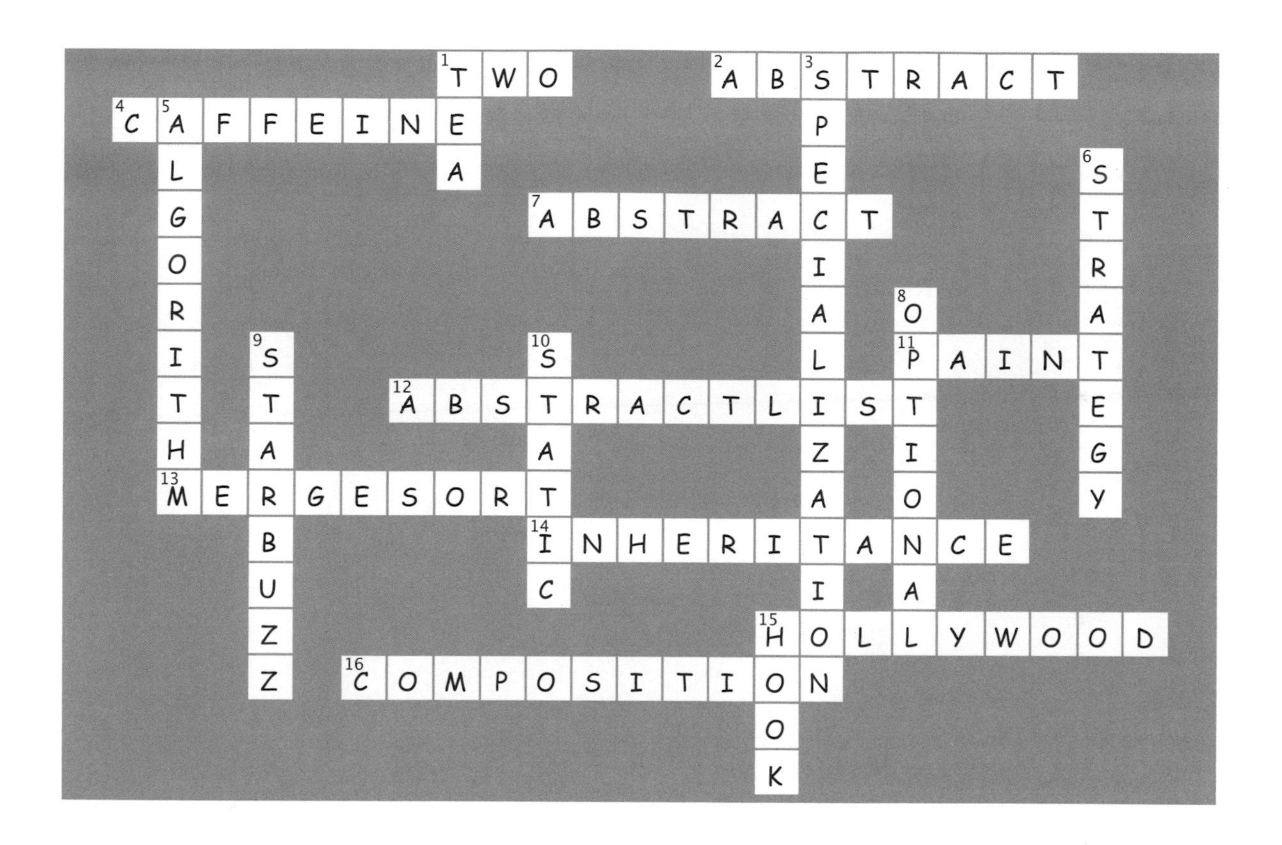

9 迭代器與組合模式

井然有序的集合

我一定會妥善地
封裝我的收藏品！

你可以用很多種方法把物件組成一個集合。例如，把它們放入陣列（Array）、堆疊（Stack）、串列（List）與雜湊表（hash map），看你想怎麼做。這些結構本身有其優缺點。但有時，用戶端想要遍歷這些物件，此時，你願意讓它們看到你的實作碼嗎？當然不！這太不專業了。沒關係，你不需要擔心丟掉工作，這一章會告訴你如何讓用戶端迭代你的物件，但是又不會將你儲存物件的手法洩漏出去。你也會學到如何建構物件的超集合，讓你一口氣跳過那些令人望而生畏的資料結構。意猶未盡嗎？你還會學到一些關於物件職責的知識。

突發新聞：物件村美式餐廳和物件村煎餅屋即將合併

這可是一條大新聞！現在我們可以在同一個地方享受美味的早餐煎餅和好吃的午餐了。但是，他們好像有一個小麻煩…

他們想要把我的煎餅屋菜單當成早餐菜單，將美式餐廳的菜單當成午餐菜單。雖然我們已經對於菜單項目的實作方式取得共識了…

…但是無法決定菜單的實作方式。那個可笑的傢伙使用 ArrayList 來保存菜單項目，但是我用 Array。我們都不願意改變實作…畢竟我們都有太多程式依賴它們了。

檢查菜單項目

至少 Lou 與 Mel 已經對於 MenuItem（菜單項目）的實作方式取得共識了。我們來看一下每一份菜單裡面的項目，並且看一下程式。

Objectville Diner

Vegetarian BLT
(Fakin') Bacon with lettu... whole wheat 2.99
BLT
Bacon with lettuce & tom...
Soup of the day
A bowl of the soup of the... a side of potato salad
Hot Dog
A hot dog, with sauerkr... topped with cheese
Steamed Veggies and Bro...
A medley of steamed veg...

Objectville Pancake House

K&B's Pancake Breakfast
Pancakes with scrambled eggs and toast 2.99
Regular Pancake Breakfast
Pancakes with fried eggs, sausage 2.99
Blueberry Pancakes
Pancakes made with fresh blueberries, and blueberry syrup 3.49
Waffles
Waffles with your choice of blueberries or strawberries 3.59

Diner（美式餐廳）的菜單有許多午餐項目，Pancake House（煎餅屋）的菜單有早餐項目。每一個菜單項目都有名稱、說明，和價格。

```
public class MenuItem {
    String name;
    String description;
    boolean vegetarian;
    double price;

    public MenuItem(String name,
                    String description,
                    boolean vegetarian,
                    double price)
    {
        this.name = name;
        this.description = description;
        this.vegetarian = vegetarian;
        this.price = price;
    }

    public String getName() {
        return name;
    }

    public String getDescription() {
        return description;
    }

    public double getPrice() {
        return price;
    }

    public boolean isVegetarian() {
        return vegetarian;
    }
}
```

MenuItem 包含名稱、說明、代表該項目是不是素食的旗標，以及價格。你要將這些值都傳給建構式來初始化 MenuItem。

這些 getter 可用來讀取菜單項目的欄位。

Lou 與 Mel 的菜單實作碼

我們來看看 Lou 與 Mel 在吵什麼。他們都花了很多時間編寫很多程式來儲存菜單項目，而且有很多其他的程式都依賴它。

我使用 ArrayList，所以我可以輕鬆地擴展菜單。

這是 Lou 的 Pancake House 菜單程式。

```
public class PancakeHouseMenu {
    List<MenuItem> menuItems;

    public PancakeHouseMenu() {
        menuItems = new ArrayList<MenuItem>();

        addItem("K&B's Pancake Breakfast",
            "Pancakes with scrambled eggs and toast",
            true,
            2.99);

        addItem("Regular Pancake Breakfast",
            "Pancakes with fried eggs, sausage",
            false,
            2.99);

        addItem("Blueberry Pancakes",
            "Pancakes made with fresh blueberries",
            true,
            3.49);

        addItem("Waffles",
            "Waffles with your choice of blueberries or strawberries",
            true,
            3.59);
    }

    public void addItem(String name, String description,
                        boolean vegetarian, double price)
    {
        MenuItem menuItem = new MenuItem(name, description, vegetarian, price);
        menuItems.add(menuItem);
    }

    public ArrayList<MenuItem> getMenuItems() {
        return menuItems;
    }

    // 其他的菜單方法
}
```

Lou 使用 ArrayList 類別來儲存菜單項目。

在建構式裡面，將每一個菜單項目加入 ArrayList。

每一個 MenuItem 都有名稱、說明、它是不是素食，以及價格。

為了加入菜單項目，Lou 建立一個新的 MenuItem 物件，傳入各個引數，然後將它加入 ArrayList。

getMenuItems() 方法可以回傳菜單項目串列。

Lou 有一大堆其他的菜單程式依賴 ArrayList 實作。他不想要重寫那些程式！

哼！ArrayList…我用的是**真正**的 Array，這樣才可以控制菜單的最大大小。

這是 Mel 的 Diner 菜單程式。

Mel 採取不同的做法，他使用 Array 類別，這樣才可以控制菜單的最大大小。

Mel 與 Lou 一樣，也是在建構式裡建構菜單項目，並使用 addItem() 輔助方法。

addItem() 接收所有必要的參數來建立並實例化一個 MenuItem。它也會做檢查，來確定菜單大小沒有到達上限。

Mel 特別堅持讓菜單維持一定的大小（可能是他不想背太多食譜）。

getMenuItems() 回傳菜單項目陣列。

Mel 與 Lou 一樣，有一大堆程式依賴 Array 菜單實作。他煮菜的時間都不夠用了，根本不想重寫這些東西。

```
public class DinerMenu {
    static final int MAX_ITEMS = 6;
    int numberOfItems = 0;
    MenuItem[] menuItems;

    public DinerMenu() {
        menuItems = new MenuItem[MAX_ITEMS];

        addItem("Vegetarian BLT",
            "(Fakin') Bacon with lettuce & tomato on whole wheat", true, 2.99);
        addItem("BLT",
            "Bacon with lettuce & tomato on whole wheat", false, 2.99);
        addItem("Soup of the day",
            "Soup of the day, with a side of potato salad", false, 3.29);
        addItem("Hotdog",
            "A hot dog, with sauerkraut, relish, onions, topped with cheese",
            false, 3.05);
        // 在這裡加入一些其他的美式餐廳菜單項目
    }

    public void addItem(String name, String description,
                         boolean vegetarian, double price)
    {
        MenuItem menuItem = new MenuItem(name, description, vegetarian, price);
        if (numberOfItems >= MAX_ITEMS) {
            System.err.println("Sorry, menu is full!  Can't add item to menu");
        } else {
            menuItems[numberOfItems] = menuItem;
            numberOfItems = numberOfItems + 1;
        }
    }

    public MenuItem[] getMenuItems() {
        return menuItems;
    }

    // 其他的菜單方法
}
```

使用兩種不同的菜單表示法有什麼問題？

為了讓你了解為何兩種不同的菜單表示法會讓事情更複雜，我們來寫一個使用這兩個菜單的用戶端。假如併購美式餐廳和煎餅屋的公司請你用 Java 來幫他們寫出女服務生（畢竟這裡是物件村），女服務生的規格規定，她可以根據顧客的需求列印一份客製化的菜單，甚至可以在不詢問廚師的情況下，告訴你某個菜單項目是不是素食，這可是一大創新！

我們來看看女服務生的規格，然後看一下如何寫出她…

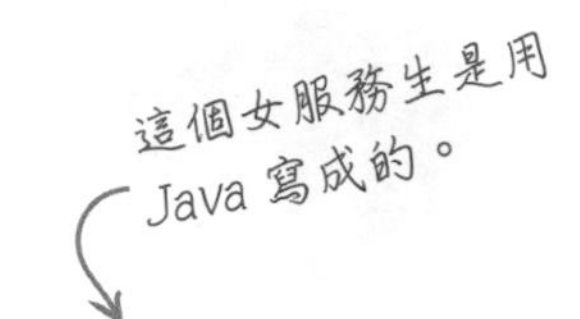

Java 女服務生的規格

Java 女服務生：代號「Alice」

printMenu()
- 印出早餐與午餐菜單的每一個項目

printBreakfastMenu()
- 只印出早餐項目

printLunchMenu()
- 只印出午餐項目

printVegetarianMenu()
- 印出所有素食菜單項目

isItemVegetarian(name)
- 傳入一個項目的名稱，如果那個項目是素食，回傳 true，否則回傳 false

女服務生的規格

實作規格：初次嘗試

我們先來逐步說明如何實作 printMenu() 方法：

1. 為了印出每一張菜單的所有項目，你必須呼叫 PancakeHouseMenu 與 DinerMenu 的 getMenuItems() 方法，來取得它們各自的菜單項目。注意，它們回傳不同的型態：

```
PancakeHouseMenu pancakeHouseMenu = new PancakeHouseMenu();
ArrayList<MenuItem> breakfastItems = pancakeHouseMenu.getMenuItems();

DinerMenu dinerMenu = new DinerMenu();
MenuItem[] lunchItems = dinerMenu.getMenuItems();
```

這些方法看起來一樣，但是它們會回傳不同的型態。

從程式中可以清楚看到，早餐項目在 ArrayList 裡面，午餐項目在 Array 裡面。

2. 為了印出 PancakeHouseMenu 的項目，我們用迴圈遍歷 breakfastItems ArrayList 的項目。為了印出 Diner 的項目，我們也用迴圈遍歷 Array。

```
for (int i = 0; i < breakfastItems.size(); i++) {
    MenuItem menuItem = breakfastItems.get(i);
    System.out.print(menuItem.getName() + " ");
    System.out.println(menuItem.getPrice() + " ");
    System.out.println(menuItem.getDescription());
}
for (int i = 0; i < lunchItems.length; i++) {
    MenuItem menuItem = lunchItems[i];
    System.out.print(menuItem.getName() + " ");
    System.out.println(menuItem.getPrice() + " ");
    System.out.println(menuItem.getDescription());
}
```

現在我們必須用兩個不同的迴圈來遍歷兩個菜單項目的實作…

…用一個迴圈來遍歷 ArrayList…

…用另一個迴圈來遍歷 Array。

3. 女服務生的其他方法也要採取類似的做法，你一定要取得兩份菜單，也要使用兩個迴圈來遍歷它們的項目。如果又有一間餐館採取不同的做法，你就要使用三個迴圈。

削尖你的鉛筆

對我們撰寫的 printMenu() 而言，下面哪些敘述為真？

- ❑ A. 我們針對 PancakeHouseMenu 與 DinerMenu 具體實作寫程式，而不是針對介面。
- ❑ B. Waitress 沒有實作 Java Waitress API，所以她沒有遵守標準。
- ❑ C. 如果我們想要將 DinerMenu 換成另一種菜單，而且那一種菜單是用雜湊表（hash table）來製作清單的，我們就必須修改 Waitress 裡面的許多程式碼。
- ❑ D. Waitress 必須知道每一種菜單如何表示其內部菜單項目，這就違反封裝原則了。
- ❑ E. 我們有重複的程式碼：printMenu() 方法必須使用兩個迴圈來迭代兩種不同的菜單。如果我們要加入第三個菜單，我們還要加入另一個迴圈。
- ❑ F. 這種寫法沒有採用 MXML（Menu XML），所以沒有達到該有的交互運作性。

怎麼辦？

Mel 與 Lou 讓我們很為難。他們不願意修改自己的程式，因為修改意味著改寫菜單類別裡面的大量程式。但是如果他們都不願意退讓，我們就要寫出難以維護和擴展的 Waitress。

要是可以讓他們為各自的菜單寫出相同的介面就好了（兩者已經很接近了，除了 getMenuItems() 方法回傳的型態之外），如此一來，我們就可以盡量減少 Waitress 裡面的具體參考的數量，並且擺脫許多遍歷菜單的迴圈。

聽起來很棒！但是該怎麼做？

我們可以把迭代封裝起來嗎？

如果這本書只教導一件事，那就是「把會變的封裝起來」。在這個例子裡，會變的東西很明顯：為了從菜單取得不同的物件集合而產生的遍歷。但是該怎麼封裝它？我們來整理一下思緒…

❶ 為了遍歷早餐項目，我們使用 **ArrayList** 的 **size()** 與 **get()** 方法：

```
for (int i = 0; i < breakfastItems.size(); i++) {
    MenuItem menuItem = breakfastItems.get(i);
}
```

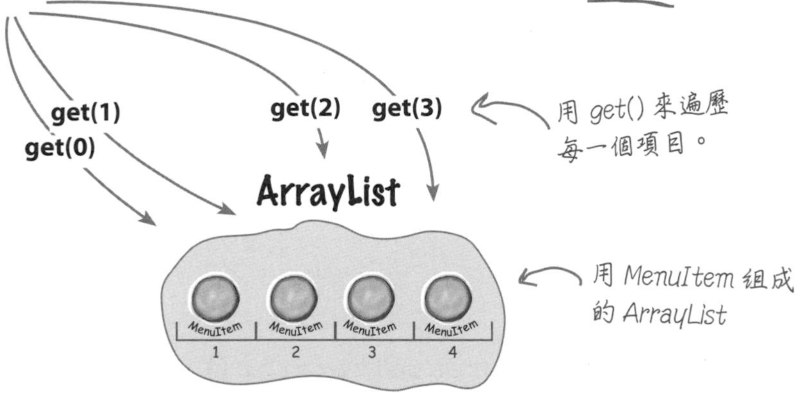

get(1)
get(0)
get(2)
get(3)

用 get() 來遍歷每一個項目。

ArrayList

MenuItem 1 MenuItem 2 MenuItem 3 MenuItem 4

用 MenuItem 組成的 ArrayList

❷ 為了遍歷午餐項目，我們使用 **Array** 的 **length** 欄位，並且對著 **MenuItem Array** 使用中括號。

```
for (int i = 0; i < lunchItems.length; i++) {
    MenuItem menuItem = lunchItems[i];
}
```

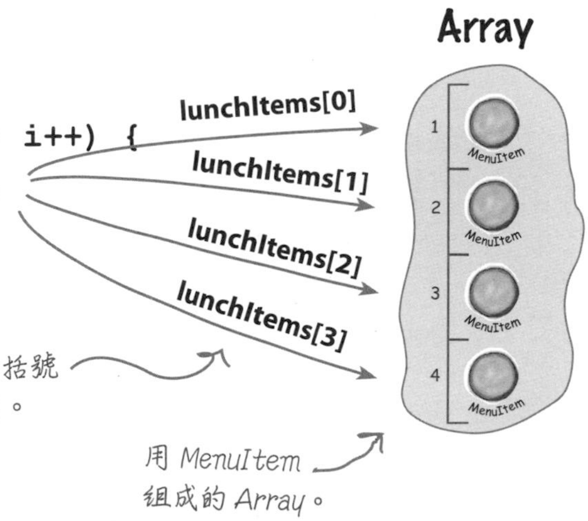

Array

lunchItems[0]
lunchItems[1]
lunchItems[2]
lunchItems[3]

1 MenuItem 2 MenuItem 3 MenuItem 4 MenuItem

我們使用中括號來遍歷項目。

用 MenuItem 組成的 Array。

3 如果我們建立一個稱為 Iterator（迭代器）的物件，來將遍歷物件集合的方式封裝起來呢？我們試著用它來處理 ArrayList：

我們要求 breakfastMenu 提供一個用來迭代它的 MenuItem 的迭代器。

```
Iterator iterator = breakfastMenu.createIterator();

while (iterator.hasNext()) {
    MenuItem menuItem = iterator.next();
}
```

如果還有其他的項目…

…那就取得下一個項目。

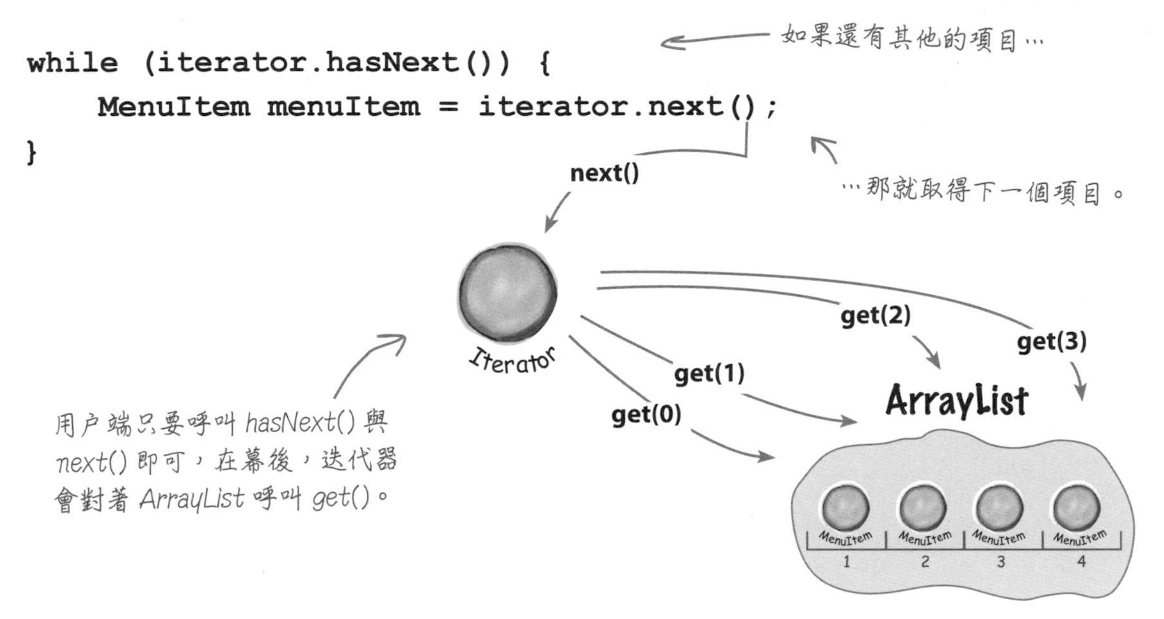

用户端只要呼叫 hasNext() 與 next() 即可，在幕後，迭代器會對著 ArrayList 呼叫 get()。

4 我們也試著用它來處理 Array：

```
Iterator iterator = lunchMenu.createIterator();

while (iterator.hasNext()) {
    MenuItem menuItem = iterator.next();
}
```

哇，這段程式與 breakfastMenu 程式幾乎一模一樣。

next()

Iterator

lunchItems[0]

lunchItems[1]

lunchItems[2]

lunchItems[3]

Array

1 MenuItem

2 MenuItem

3 MenuItem

4 MenuItem

同樣的情況：用户端只要呼叫 hasNext() 與 next() 即可，在幕後，迭代器會對著 Array 呼叫 get()。

認識迭代器模式

將迭代封裝起來的計畫似乎可行，你應該已經猜到了，它是一種設計模式，稱為迭代器模式（Iterator Pattern）。

關於迭代器模式，首先你要知道，它依靠一個稱為 Iterator 的介面。Iterator 介面可能長這樣：

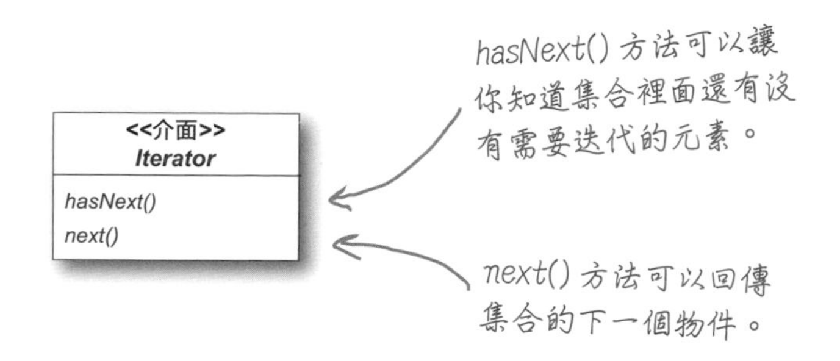

完成這個介面之後，我們就可以寫出任何一種物件集合的 Iterator 了，包括陣列、串列、雜湊表…看你想要使用哪一種集合。假如我們想要為 DinerMenu 使用的 Array 製作 Iterator。它會長得像這樣：

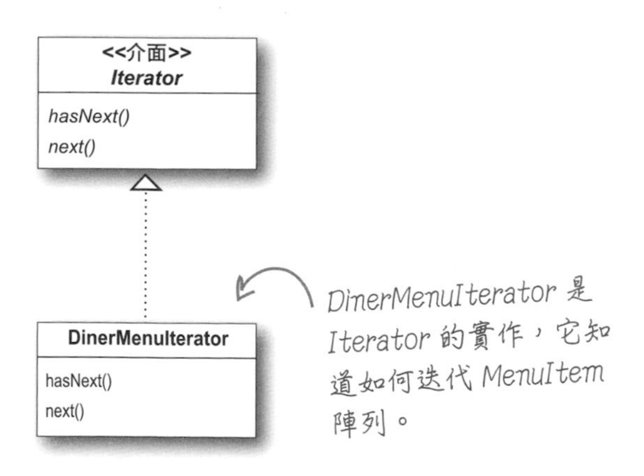

讓我們繼續實作這個 Iterator，並將它放入 DinerMenu，看看它的效果如何…

我們說的 **collection（集合）**是指一群物件，它們可能被放在各種資料結構裡面，例如串列、陣列、雜湊表，但是它們都是集合。有時它們也會被稱為 **aggregate**（在本書皆譯為「集合」）。

將 Iterator 加入 DinerMenu

為了將迭代器加入 DinerMenu，我們必須先定義 Iterator 介面：

```
public interface Iterator {
    boolean hasNext();
    MenuItem next();
}
```

這裡有兩個方法：

hasNext() 方法會回傳一個布林，代表還有沒有元素需要迭代…

…而 next() 方法會回傳下一個元素。

我們來實作具體 Iterator 來處理 Diner 菜單：

```
public class DinerMenuIterator implements Iterator {
    MenuItem[] items;
    int position = 0;

    public DinerMenuIterator(MenuItem[] items) {
        this.items = items;
    }

    public MenuItem next() {
        MenuItem menuItem = items[position];
        position = position + 1;
        return menuItem;
    }

    public boolean hasNext() {
        if (position >= items.length || items[position] == null) {
            return false;
        } else {
            return true;
        }
    }
}
```

實作 Iterator 介面。

用 position 儲存目前遍歷到陣列的哪個位置。

用建構式接收將要迭代的菜單項目陣列。

讓 next() 方法回傳陣列的下一個項目，並遞增位置。

用 hasNext() 方法來檢查是否已經看過陣列的所有元素，如果還有元素需要遍歷，就回傳 true。

因為美式餐廳廚師預先配置了最大的陣列，所以我們不僅要檢查是否到達陣列的結尾，也要檢查下一個項目是不是 null，null 代表沒有其他項目了。

用 Iterator 來改寫 DinerMenu

OK，我們有迭代器了，是時候將它整合到 DinerMenu 裡面了；我們只要加入一個方法來建立 DinerMenuIterator，並將它回傳給用戶端即可：

```
public class DinerMenu {
    static final int MAX_ITEMS = 6;
    int numberOfItems = 0;
    MenuItem[] menuItems;

    // 這裡是建構式

    // 這裡是 addItem 程式碼

    public MenuItem[] getMenuItems() {
        return menuItems;
    }

    public Iterator createIterator() {
        return new DinerMenuIterator(menuItems);
    }

    // 其他的菜單方法
}
```

我們不需要 getMenuItems() 方法了，事實上，我們根本不想要它，因為它公開了內部的實作！

這是 createIterator() 方法。它用 menuItems 建立一個 DinerMenuIterator，並將它回傳給用戶端。

我們回傳 Iterator 介面。用戶端不需要知道 DinerMenu 是如何保存 MenuItems 的，也不需要知道 DinerMenuIterator 是怎麼寫的。它只要使用迭代器來逐步檢查菜單裡的項目即可。

請繼續完成 PancakeHouseIterator，並進行必要的修改，來將它放入 PancakeHouseMenu。

修改 Waitress 程式碼

接下來要將迭代器整合到 Waitress 裡面了，在過程中，我們應該可以刪除一些多餘的程式碼。整合工作很簡單，我們先建立一個接收 Iterator 的 printMenu() 方法，然後使用各個菜單的 createIterator() 來取得 Iterator，再將 Iterator 傳給那個新方法。

用 Iterator 來改良，煥然一新的我。

```
public class Waitress {
    PancakeHouseMenu pancakeHouseMenu;
    DinerMenu dinerMenu;

    public Waitress(PancakeHouseMenu pancakeHouseMenu, DinerMenu dinerMenu) {
        this.pancakeHouseMenu = pancakeHouseMenu;
        this.dinerMenu = dinerMenu;
    }

    public void printMenu() {
        Iterator pancakeIterator = pancakeHouseMenu.createIterator();
        Iterator dinerIterator = dinerMenu.createIterator();

        System.out.println("MENU\n----\nBREAKFAST");
        printMenu(pancakeIterator);
        System.out.println("\nLUNCH");
        printMenu(dinerIterator);
    }

    private void printMenu(Iterator iterator) {
        while (iterator.hasNext()) {
            MenuItem menuItem = iterator.next();
            System.out.print(menuItem.getName() + ", ");
            System.out.print(menuItem.getPrice() + " -- ");
            System.out.println(menuItem.getDescription());
        }
    }

    // 其他的方法
}
```

在建構式裡，Waitress 類別接收兩個菜單。

現在 printMenu() 方法建立兩個迭代器，每個菜單一個…

…然後用迭代器來呼叫多載的 printMenu()。

檢查還有沒有其他項目。

取得下一個項目。

多載的 printMenu() 方法使用 Iterator 來逐一檢查菜單項目，並印出它們。

使用項目來取得名稱、價格和說明，並印出它們。

請注意，我們現在只需要一個迴圈。

測試程式

我們寫一些測試程式，看看 Waitress 的工作狀況…

```
public class MenuTestDrive {
    public static void main(String args[]) {
        PancakeHouseMenu pancakeHouseMenu = new PancakeHouseMenu();
        DinerMenu dinerMenu = new DinerMenu();

        Waitress waitress = new Waitress(pancakeHouseMenu, dinerMenu);

        waitress.printMenu();
    }
}
```

先建立新的菜單。

然後建立 Waitress，並將菜單傳給它。

然後印出它們。

執行測試…

```
File Edit Window Help
% java DinerMenuTestDrive
MENU
----
BREAKFAST
K&B's Pancake Breakfast, 2.99 -- Pancakes with scrambled eggs and toast
Regular Pancake Breakfast, 2.99 -- Pancakes with fried eggs, sausage
Blueberry Pancakes, 3.49 -- Pancakes made with fresh blueberries
Waffles, 3.59 -- Waffles with your choice of blueberries or strawberries

LUNCH
Vegetarian BLT, 2.99 -- (Fakin') Bacon with lettuce & tomato on whole wheat
BLT, 2.99 -- Bacon with lettuce & tomato on whole wheat
Soup of the day, 3.29 -- Soup of the day, with a side of potato salad
Hot Dog, 3.05 -- A hot dog, with sauerkraut, relish, onions, topped with cheese
Steamed Veggies and Brown Rice, 3.99 -- Steamed vegetables over brown rice
Pasta, 3.89 -- Spaghetti with marinara sauce, and a slice of sourdough bread

%
```

我們先迭代煎餅菜單…

…然後迭代午餐菜單，使用一模一樣的迭代程式碼。

我們做了什麼事？

首先，物件村的廚師們非常開心，我們不但幫他們解決分歧，也讓他們保留自己的做法。當我們提供 PancakeHouseMenuIterator 與 DinerMenuIterator 之後，他們只要加入一個 createIterator() 方法就完工了。

在過程中，我們也幫助自己，讓 Waitress 更容易維護與擴展了。讓我們回顧一下我們做了什麼，並且好好想一下它們造成什麼後果：

難以維護的 Waitress 實作	用迭代器來改善的全新 Waitress
Menu 沒有被妥善地封裝，讓我們可以看到美式餐廳（Diner）使用 ArrayList，煎餅屋（Pancake House）使用 Array。	將菜單的實作封裝起來。Waitress 不知道 Menu 如何保存它們的菜單項目。
我們要用兩個迴圈來迭代 MenuItems。	只需要使用一個迴圈來多型地處理任何一種項目集合，只要它實作了 Iterator 即可。
Waitress 與具體類別（MenuItem[] 與 ArrayList）耦合了。	現在 Waitress 使用介面（迭代器）。
Waitress 與兩個不同的具體 Menu 類別耦合，儘管它們的介面幾乎一模一樣。	現在 Menu 介面完全一樣，不過，我們仍然沒有一個共同的介面，也就是說，Waitress 仍然與兩個具體的 Menu 類別耦合，我們要修正它。

回顧目前的設計…

在進行清理之前，我們先來總觀目前的設計。

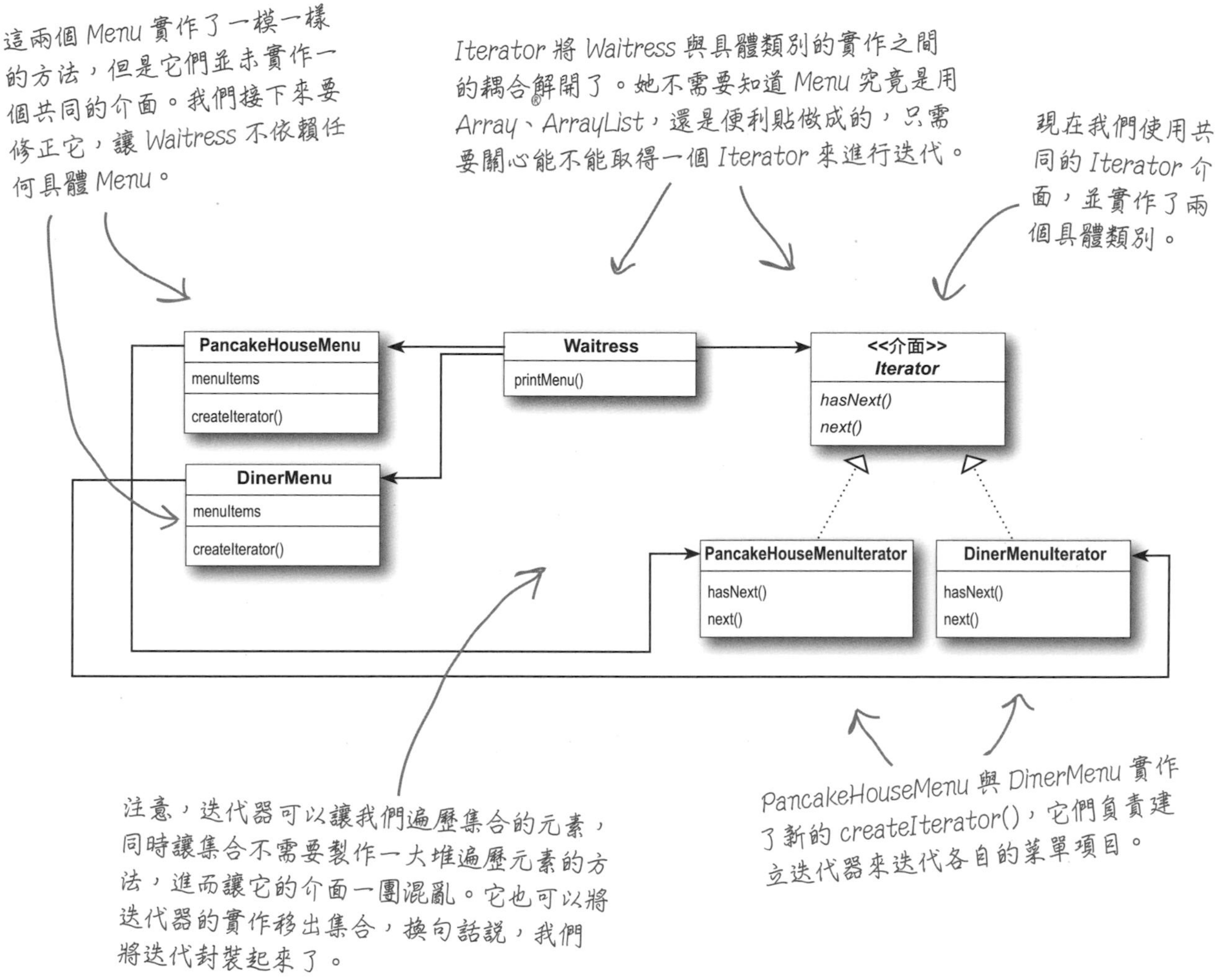

這兩個 Menu 實作了一模一樣的方法，但是它們並未實作一個共同的介面。我們接下來要修正它，讓 Waitress 不依賴任何具體 Menu。

Iterator 將 Waitress 與具體類別的實作之間的耦合解開了。她不需要知道 Menu 究竟是用 Array、ArrayList，還是便利貼做成的，只需要關心能不能取得一個 Iterator 來進行迭代。

現在我們使用共同的 Iterator 介面，並實作了兩個具體類別。

PancakeHouseMenu
menuItems
createIterator()

Waitress
printMenu()

<<介面>>
Iterator
hasNext()
next()

DinerMenu
menuItems
createIterator()

PancakeHouseMenuIterator
hasNext()
next()

DinerMenuIterator
hasNext()
next()

注意，迭代器可以讓我們遍歷集合的元素，同時讓集合不需要製作一大堆遍歷元素的方法，進而讓它的介面一團混亂。它也可以將迭代器的實作移出集合，換句話說，我們將迭代封裝起來了。

PancakeHouseMenu 與 DinerMenu 實作了新的 createIterator()，它們負責建立迭代器來迭代各自的菜單項目。

進行一些改善…

好了，我們知道 PancakeHouseMenu 與 DinerMenu 的介面一模一樣，而且我們還沒有為它們定義一個共同的介面。所以，我們接下來要做這件事，並且進一步整理 Waitress。

你也許會問：為什麼不使用 Java Iterator 介面？因為我們想讓你知道如何從零開始製作迭代器。現在這個目的已經實現了，所以我們要改成使用 Java Iterator 介面，因為直接實作它而不是自製 Iterator 介面有一些好處。什麼好處？等一下你就知道了。

首先，我們來看一下 java.util.Iterator 介面：

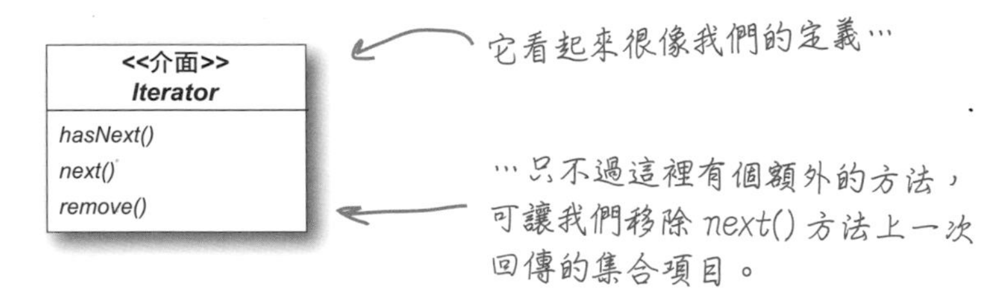

使用它再簡單不過了，我們只要修改 PancakeHouseMenuIterator 與 DinerMenuIterator 繼承的介面即可，對吧？幾乎啦…真正的用法更簡單。除了 java.util 自己的 Iterator 介面之外，ArrayList 也有一個可以回傳迭代器的 iterator()。換句話說，我們根本不需要為 ArrayList 實作自己的迭代器。但是，我們仍然要為 DinerMenu 實作迭代器，因為 DinerMenu 使用 Array，而 Array 不提供 iterator() 方法。

問：**如果我不想要讓別人移除底下的物件集合的東西呢？**

答：remove() 方法是選用的，你不一定要在裡面提供移除功能，但是你要提供這個方法，因為它是 Iterator 介面的一部分。如果你不想讓迭代器執行 remove()，你應該丟出執行期例外 java.lang.UnsupportedOperationException。Iterator API 文件提到，你可以從 remove() 丟出這個例外，良好的用戶端會在呼叫 remove() 方法時檢查這個例外。

問：**如果有很多執行緒對著同一個物件集合使用不同的迭代器，remove() 會怎麼運作？**

答：remove() 方法並未指定「集合被遍歷時發生變化」時的行為。所以如果你要用多執行緒來同時存取一個集合，你要小心地設計它。

用 java.util.Iterator 來進行整理

我們先來修改 PancakeHouseMenu。用 java.util.Iterator 來修改它很簡單，我們只要刪除 PancakeHouseMenuIterator 類別，在 PancakeHouseMenu 最上面加入 import java.util.Iterator，並修改 PancakeHouseMenu 的一行程式即可：

```
public Iterator<MenuItem> createIterator() {
    return menuItems.iterator();
}
```

現在不是建立自己的迭代器，而是呼叫 menuItems ArrayList 的 iterator() 方法（等一下會進一步解釋）。

這樣就完成 PancakeHouseMenu 了。

接下來，我們要做一些修改，來讓 DinerMenu 使用 java.util.Iterator。

```
import java.util.Iterator;

public class DinerMenuIterator implements Iterator<MenuItem> {
    MenuItem[] items;
    int position = 0;

    public DinerMenuIterator(MenuItem[] items) {
        this.items = items;
    }

    public MenuItem next() {
        //在此實作
    }

    public boolean hasNext() {
        //在此實作
    }

    public void remove() {
        throw new UnsupportedOperationException
                ("You shouldn't be trying to remove menu items.");

    }
}
```

我們先匯入 java.util.Iterator，它是我們即將實作的介面。

目前的實作都不需要修改…

別忘了，Iterator 介面的 remove() 方法不一定要實作。讓女服務生可以移除菜單項目毫無道理可言，所以當她嘗試這樣做時，我們會丟出例外。

我們快完工了…

現在我們只要提供一個共同的菜單介面，並稍微改寫 Waitress 即可。Menu 介面很簡單：以後我們可能會在裡面加入其他的方法，例如 addItem()，但是目前我們是讓廚師自己決定他們的菜單，所以暫時不把那些方法放入公用的介面裡：

```
public interface Menu {
    public Iterator<MenuItem> createIterator();
}
```

這是一個簡單的介面，它只讓用戶端取得迭代器來迭代菜單項目。

現在我們要幫 PancakeHouseMenu 與 DinerMenu 類別的定義式加上 implements Menu，並修改 Waitress 類別：

```
import java.util.Iterator;

public class Waitress {
    Menu pancakeHouseMenu;
    Menu dinerMenu;

    public Waitress(Menu pancakeHouseMenu, Menu dinerMenu) {
        this.pancakeHouseMenu = pancakeHouseMenu;
        this.dinerMenu = dinerMenu;
    }

    public void printMenu() {
        Iterator<MenuItem> pancakeIterator = pancakeHouseMenu.createIterator();
        Iterator<MenuItem> dinerIterator = dinerMenu.createIterator();
        System.out.println("MENU\n----\nBREAKFAST");
        printMenu(pancakeIterator);
        System.out.println("\nLUNCH");
        printMenu(dinerIterator);
    }

    private void printMenu(Iterator iterator) {
        while (iterator.hasNext()) {
            MenuItem menuItem = iterator.next();
            System.out.print(menuItem.getName() + ", ");
            System.out.print(menuItem.getPrice() + " -- ");
            System.out.println(menuItem.getDescription());
        }
    }

    // 其他的方法
}
```

讓 Waitress 也使用 java.util.Iterator。

將具體的 Menu 類別換成 Menu 介面。

這些地方都不需要修改。

這有什麼好處？

PancakeHouseMenu 與 DinerMenu 都實作了 Menu 介面。它可讓 Waitress 使用介面來參考各個菜單物件，而不是使用具體類別。所以，我們透過「針對介面寫程式，而不是針對實作」來減少 Waitress 與具體類別之間的依賴程度。

這可以解決 Waitress 依賴具體菜單的問題。

此外，新的 Menu 介面有一個方法 createIterator()，讓 PancakeHouseMenu 與 DinerMenu 負責實作。每一個菜單類別都有義務為內部的菜單項目實作建立適當的具體迭代器。

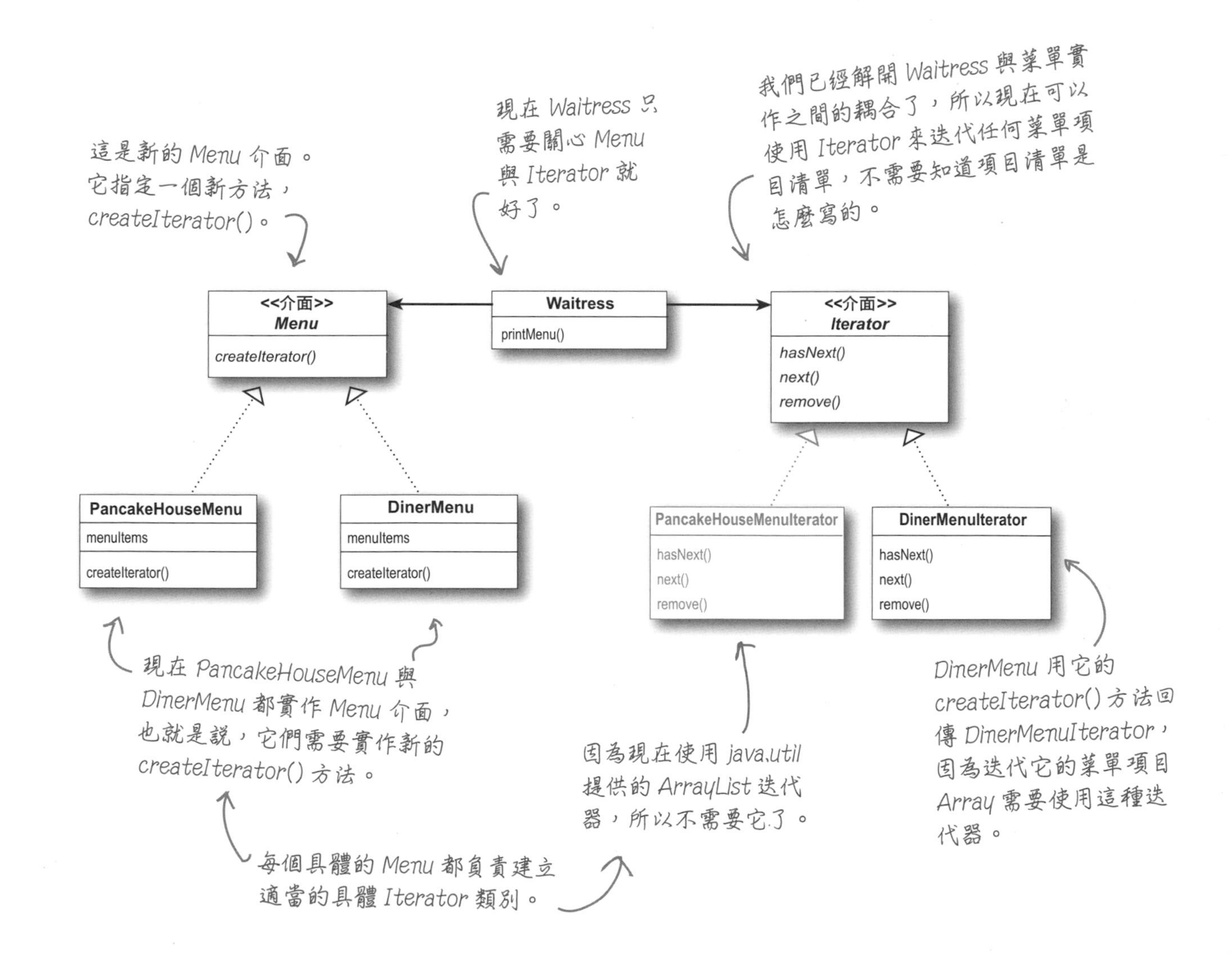

定義迭代模式

你已經知道如何使用自己的迭代器來實作迭代器模式了，你也知道 Java 的一些集合類別（ArrayList）提供了迭代器。現在是時候了解這種模式的官方定義了：

> **迭代器模式**提供一種方式來讓你依序存取物件集合的元素，而且不會公開它的底層表示法。

迭代器模式可以在不公開底層實作的情況下，讓你遍歷集合的元素。

這個定義很合理：這個模式可以讓你遍歷集合的元素，而且你不需要知道底層是如何表示的。你已經從兩個 Menu 的實作知道這件事了。但是在設計中使用迭代器的效果也很重要：一旦你可以用一致的方式來存取任何集合物件的元素，你就可以用多型來使用任何一個集合一例如 printMenu() 方法，它不需要在乎菜單項目到底是被放在 Array 裡面，還是 ArrayList 裡面（還是可以製作 Iterator 的任何其他東西），只要它可以得到 Iterator 即可。

迭代器模式對設計造成的另一項重大影響在於，迭代器模式承擔了遍歷元素的責任，並將那個責任交給迭代器物件，而不是集合物件。這不但可以讓集合介面與實作更簡單，也可以讓集合免於承擔迭代的責任，讓它可以關注它應該關注的事情（管理一堆物件），而不是迭代。

它也將遍歷的責任交給迭代器物件，而不是讓集合承擔，進而簡化集合的介面與實作，讓它做該做的事情。

迭代器模式結構

我們來看一下類別圖…

讓集合有共同的介面可讓用戶端更方便，可以解開用戶端和物件集合實作之間的耦合。

Iterator 介面提供所有迭代器都必須實作的介面，它有一組用來遍歷集合元素的方法。我們在這裡使用 java.util.Iterator。如果你不想要使用 Java 的 Iterator 介面，你也可以建立自己的迭代器。

<<介面>>
Aggregate
createIterator()

Client

<<介面>>
Iterator
hasNext()
next()
remove()

ConcreteAggregate
createIterator()

ConcreteIterator
hasNext()
next()
remove()

ConcreteAggregate 有一個物件集合，並實作一個方法來回傳它的集合的 Iterator。

每一個 ConcreteAggregate 都負責實例化一個可以迭代它的物件集合的 ConcreteIterator。

ConcreteIterator 負責管理目前迭代到哪個位置。

動動腦

迭代器模式的類別圖很像你學過的一種模式，你知道是哪一個嗎？提示：由子類別決定該建立哪一種物件。

單一責任原則

如果我們允許集合實作它們的內部集合、相關操作，**以及**迭代方法會怎樣？我們已經知道那會增加集合裡面的方法，但是那又如何？為什麼這樣不好？

好，我們來看看為什麼。首先，你必須認識到，當類別不僅要負責自己的工作（管理某種集合），也要承擔其他責任（例如迭代）時，那個類別就有兩個改變的理由。兩個？是的，兩個：它可能在集合改變時改變，也可能在迭代的方式改變時改變。所以，在另一條設計原則中，我們的老朋友，**改變**，再度站在舞台中央：

類別的每一個職責都是一個可能改變的部分。超過一個職責代表會改變的部分不只一個。

設計原則

類別只應該有一個改變的理由。

這條原則告訴我們，讓每一個類別都只有一個職責。

我們知道，我們想要避免類別裡面有任何改變，因為修改程式會創造各種機會讓問題滲透進來。如果類別有兩個改變的理由，它將來就更有機會改變，而且那個改變會影響設計的兩個層面。

該怎麼解決？這條原則告訴我們將每一個職責指派給一個類別，而且只能指派給一個類別。

沒錯，聽起來很簡單，做起來卻不然：在設計裡將職責分開是最困難的事情之一。我們的頭腦習慣一次看著一組行為，並將它們集中在一起，即使在裡面其實有兩個或更多的職責。成功的不二法門就是認真地檢查你的設計，並且在系統成長時，注意類別以超過一種方式改變的訊號。

內聚力（cohesion）是衡量一個類別或模組多麼支持單一目的或職責的指標。

如果一個模組或類別是用一組相關的功能來設計的，它就具有高內聚力，如果它是用一組彼此不相關的功能來設計的，它就是低內聚力。

內聚力是單一責任原則的廣義概念，但是它們兩者有密切的關係。與具備多個職責且低內聚力的類別相較之下，遵守這條原則的類別往往具有高內聚力，而且更容易維護。

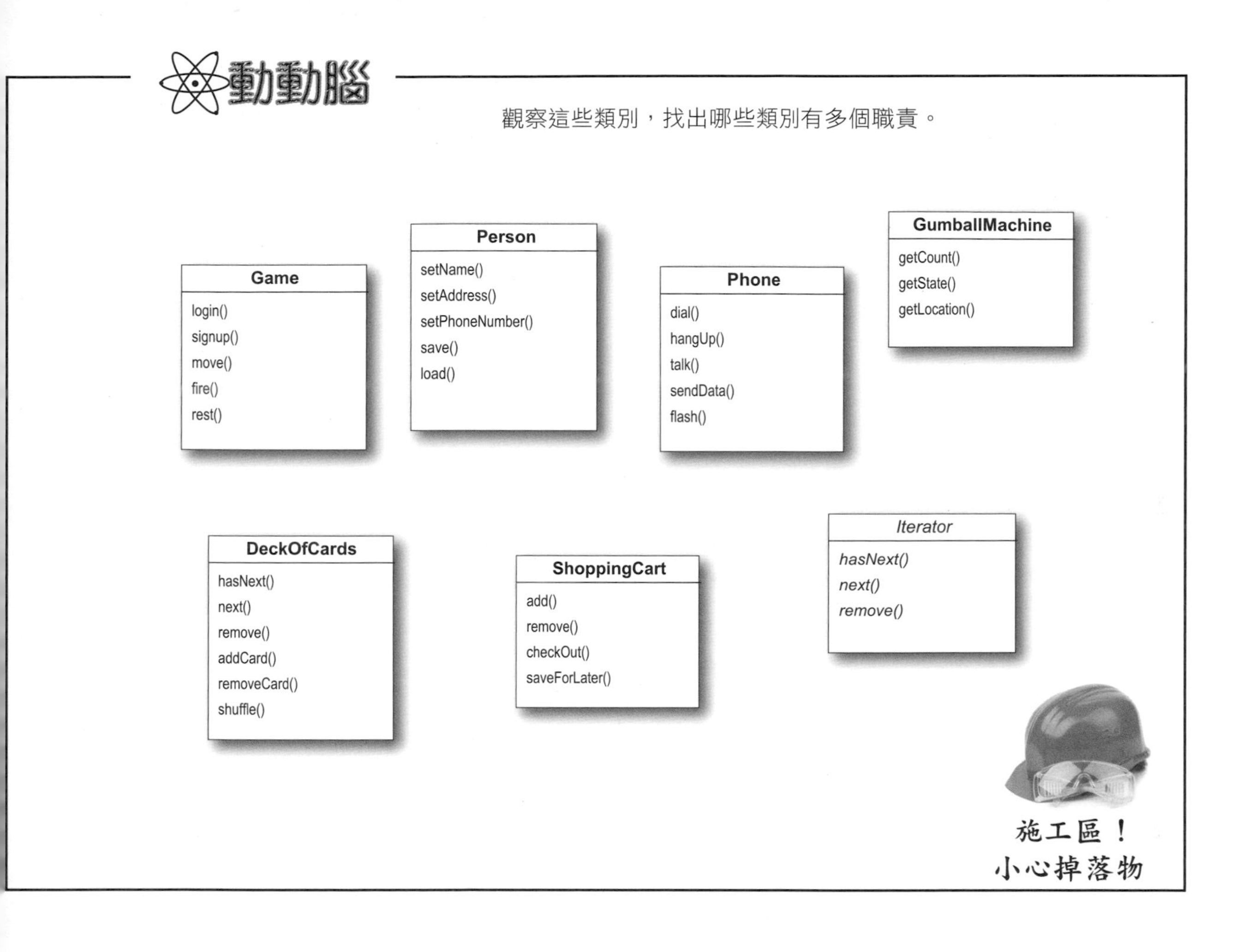
動動腦
觀察這些類別，找出哪些類別有多個職責。
Game
login()
signup()
move()
fire()
rest()
Person
setName()
setAddress()
setPhoneNumber()
save()
load()
Phone
dial()
hangUp()
talk()
sendData()
flash()
GumballMachine
getCount()
getState()
getLocation()
DeckOfCards
hasNext()
next()
remove()
addCard()
removeCard()
shuffle()
ShoppingCart
add()
remove()
checkOut()
saveForLater()
Iterator
hasNext()
next()
remove()
施工區！
小心掉落物

動動腦 2
指出這些類別具備高內聚力還是低內聚力。
Game
login()
signup()
move()
fire()
rest()
getHighScore()
getName()
GameSession
login()
signup()
PlayerActions
move()
fire()
rest()
Player
getHighScore()
getName()

問：我在其他書本裡看到 Iterator 類別圖有 first()、next()、isDone() 與 currentItem() 方法。為什麼有不一樣的方法？

答：它們是行之有年的「古典」方法名稱。這些名稱已經隨著時間而改變了，現在的 java.util.Iterator 使用 next()、hasNext() 甚至 remove()。

我們來看一下古典的方法。next() 與 currentItem() 在 java.util 裡面已經被合併成一個方法了。isDone() 方法已經變成 hasNext()，但是 first() 沒有對應的方法，因為在 Java 裡，每當我們需要遍歷時，我們往往會直接取得新的迭代器。儘管如此，你可以看到這些介面的差異不大。事實上，你可以讓迭代器具備許多行為，remove() 方法就是在 java.util.Iterator 裡面的其中一個例子。

問：我聽過「內部」迭代器與「外部」迭代器，它們是什麼？我們的範例使用哪一種？

答：我們使用外部迭代器，意思是說，用戶端可以藉著呼叫 next() 來取得下一個元素，進而控制迭代。內部迭代器是由迭代器自己控制的，此時，因為遍歷元素的是迭代器，所以你必須告訴迭代器：當它遍歷元素時，要對元素做什麼事，這意味著你要設法傳遞一項操作給迭代器。內部迭代器不如外部迭代器靈活，因為用戶端無法控制迭代，但是，有人認為它們更容易使用，因為你只要將操作傳給它們，並叫它們開始迭代，它們就會幫你完成所有工作了。

問：能不能讓 Iterator 既可以向前遍歷，也可以向後遍歷？

答：當然可以。此時，你可能要加入兩個方法，一個用來跳到上一個元素，一個在你已經到達元素集合的最前面時提示你。Java 的 Collection Framework 提供另一種迭代器介面，稱為 ListIterator。這個迭代器在標準 Iterator 介面裡面加入 previous() 與一些其他的方法。實作 List 介面的任何 Collection 都有支援它。

問：有些集合本質上是無序的，例如 Hashtable，它們的迭代順序是誰定義的？

答：迭代器不預設任何順序。因為底層的集合可能是無序的，這種情況很像在雜湊表裡面，或是在袋子裡面那樣，集合的項目甚至可能會重複，所以項目的順序與底層集合的屬性以及實作有關。一般來說，除非 Collection 文件有特別說明，否則你不應該對順序做出任何假設。

問：你說我們可以用迭代器寫出「多型的程式」，可以更詳細解釋一下嗎？

答：讓方法用參數接收 Iterator 就是在使用多型迭代，這樣做意味著我們的程式可以迭代任何集合，只要它支援 Iterator 即可。我們不需要在乎集合的實作方式，就可以寫出迭代它的程式。

問：當我用 Java 來寫程式時，我一定會使用 java.util.Iterator 介面吧？因為如此一來，我就可以同時使用我自己製作的迭代器還有已經使用 Java 迭代器的類別了。

答：或許吧。有共同的 Iterator 介面當然可以讓你更容易混搭你自己的集合以及 ArrayList 與 Vector 之類的 Java 集合。不過別忘了，如果你需要在你的 Iterator 介面加入集合功能，你始終可以繼承 Iterator 介面。

問：我在 Java 看過 Enumeration 介面，它有實作迭代器模式嗎？

答：我們曾經在轉接器模式的那一章（第 7 章）介紹它，還記得嗎？java.util.Enumeration 是比較古老的 Iterator 實作，後來被 java.util.Iterator 取代了。Enumeration 有兩個方法：對應 hasNext() 的 hasMoreElements()，以及對應 next() 的 nextElement()。但是你應該比較想使用 Iterator，而不是 Enumeration，因為支援它的 Java 類別比較多。如果你需要從其中一種轉換成另一種，你可以複習第 7 章中，為 Enumeration 與 Iterator 實作轉接器的地方。

問：Java 的強化 for 迴圈（enhanced for loop）與迭代器有關嗎？

答：好問題！有關，為了回答這個問題，我們必須了解另一種介面—Java 的 Iterable 介面。現在正是了解它的好時機…

認識 Java 的 Iterable 介面

你已經認識 Java 的 **Iterator** 介面了，但是還有一個介面是你需要知道的：**Iterable**。Java 的每一種 Collection 型態都有實作 Iterable 介面。在前面那個使用 ArrayList 的程式裡，你已經用過這個介面了，想不到吧！我們來看一下 Iterable 介面：

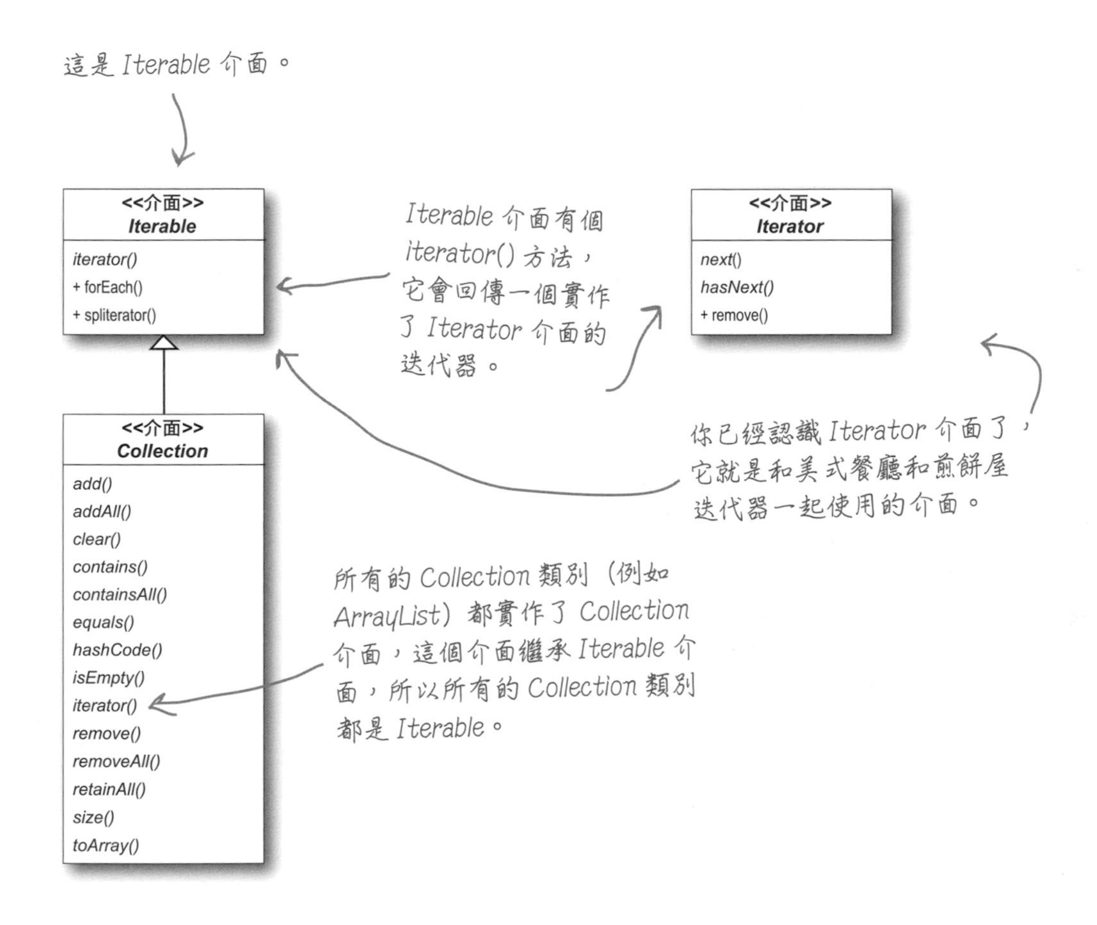

所以實作 Iterable 的類別也實作了 iterator()，該方法會回傳一個實作了 Iterator 介面的迭代器。這個介面也有一個預設的 forEach() 方法，可讓你用另一種方式來迭代集合。 除了這些方法之外，Java 甚至用強化 for 迴圈來提供很棒的迭代語法糖。我們來看看它是如何運作的。

Iterable 介面也有 spliterator() 方法，它可以讓你用更進階的方式來迭代集合。

Java 的強化 for 迴圈

我們來看一個實作了 Iterable 介面的類別的物件…它正是煎餅屋菜單項目所使用的 ArrayList 集合：

```
List<MenuItem> menuItems = new ArrayList<MenuItem>();
```

我們可以用之前的方式來迭代 ArrayList：

```
Iterator iterator = menu.iterator();
while (iterator.hasNext()) {
        MenuItem menuItem = iterator.next();
        System.out.print(menuItem.getName() + ", ");
        System.out.print(menuItem.getPrice() + " -- ");
        System.out.println(menuItem.getDescription());
}
```

這是之前迭代集合的方式，使用迭代器以及 *hasNext()* 與 *next()* 方法。

因為我們知道 ArrayList 是 Iterable，所以也可以用 Java 的強化 for 簡寫：

```
for (MenuItem item: menu) {
        System.out.print(menuItem.getName() + ", ");
        System.out.print(menuItem.getPrice() + " -- ");
        System.out.println(menuItem.getDescription());
}
```

不必明確地使用迭代器的 *hasNext()* 和 *next()* 方法。

看起來使用 Iterator 真的可以產生簡單的程式碼，我們不需要呼叫 **hasNext()** 或 **next()** 方法了。那麼，我們能不能修改 **Waitress** 來使用 **Iterable**，以及讓兩個菜單使用強化 **for** 迴圈？

還不行，Arrays 不是 Iterable

我們聽到一些壞消息：美式餐廳用 Array 來製作菜單應該是不好的決定，事實上，Array 不是 Java Collection，所以沒有實作 Iterable 介面。因此，我們無法輕鬆地將 Waitress 程式碼放入接收 Iterable 的方法裡面，並且連同煎餅屋的 breakfastItem 和美式餐廳的 lunchItem 一起使用它。如果你試著修改 Waitress 的 printMenu() 方法，讓它接收 Iterable 而不是 Iterator，並使用 for-each 迴圈，而不是 Iterator API，像這樣：

```
public void printMenu(Iterable<MenuItem> iterable) {
        for (MenuItem menuItem : iterable) {
                // 印出 menuItem
        }
}
```

這只適用於煎餅屋菜單使用的 ArrayList。

當你試著將 lunchItems 陣列傳給 printMenu() 時，你會看到編譯錯誤：

```
printMenu(lunchItems);
```

編譯器錯誤！Arrays 不是 Iterable。

因為，重述一次，Arrays 沒有實作 Iterable 介面。

如果你讓 Waitress 程式裡面有兩個迴圈，我們就回到原點了：Waitress 再次依賴儲存菜單的集合型態，而且她有重複的程式：一個處理 ArrayList 的迴圈，一個處理 Array 的迴圈。

怎麼辦？解決這個問題的方法有很多種，但是它們與重構程式一樣，不是我們的主題，畢竟，這一章的主題是迭代器模式，不是 Java 的 Iterable 介面。但是好消息是，你已經了解 Iterable 了，而且知道它與 Java 的 Iterator 介面之間的關係，還有它與迭代器模式之間的關係了。所以，讓我們繼續進行下去，因為就算我們沒有利用 Java 的 for 迴圈的小小語法糖，我們也寫出很棒的程式了。

認真地寫程式

你應該已經發現 Iterable 菜單裡面的 forEach() 方法。它是 Java 的強化 for 迴圈的基礎，但是你也可以直接和 Iterable 一起使用它。這是它的工作方式：

這是 Iterable，它是煎餅屋菜單項目的 ArrayList。

我們呼叫 forEach()…

…並傳入一個接收 menuItem 的 lambda，直接印出它。

```
breakfastItems.forEach(item -> System.out.println(item));
```

所以這段程式會印出集合的每一個項目。

現在你在學習迭代器模式真是一件好事，因為我剛才聽到物件村併購公司又完成一項交易了…我們要和物件村咖啡廳合併，並採用他們的晚餐菜單。

哇，我以為事情已經夠複雜了，現在我們又要做什麼？

樂觀一點啦！我們一定可以把它們融入迭代器模式的。

看一下咖啡廳的菜單

這是咖啡廳的菜單。將 CafeMenu 類別整合到我們的框架裡面似乎不太麻煩…我們來看看怎麼做。

CafeMenu 沒有實作我們的新 Menu 介面，但修正它很簡單。

咖啡廳用 HashMap 來儲存它們的菜單項目。它有支援 Iterator 嗎？我們很快就會知道…

與其他的菜單一樣，它在建構式裡初始化菜單項目。

我們在這裡建立新的 MenuItem，並將它加入 menuItem HashMap。

索引鍵是項目名稱。

值是 menuItem 物件。

我們以後不需要它了。

```
public class CafeMenu {
    Map<String, MenuItem> menuItems = new HashMap<String, MenuItem>();

    public CafeMenu() {
        addItem("Veggie Burger and Air Fries",
            "Veggie burger on a whole wheat bun, lettuce, tomato, and fries",
            true, 3.99);
        addItem("Soup of the day",
            "A cup of the soup of the day, with a side salad",
            false, 3.69);
        addItem("Burrito",
            "A large burrito, with whole pinto beans, salsa, guacamole",
            true, 4.29);
    }

    public void addItem(String name, String description,
                         boolean vegetarian, double price)
    {
        MenuItem menuItem = new MenuItem(name, description, vegetarian, price);
        menuItems.put(name, menuItem);
    }

    public Map<String, MenuItem> getMenuItems() {
        return menuItems;
    }
}
```

削尖你的鉛筆

在翻到下一頁之前，簡單地寫下我們必須做哪三件事才能將這段程式放入我們的框架：

1. ______

2. ______

3. ______

改寫咖啡廳菜單程式

我們來改寫 CafeMenu 程式。我們要實作 Menu 介面，也要幫 Iterator HashMap 裡面的值建立 Iterator，這裡的工作與之前處理 ArrayList 有點不同，我們來看看…

```
public class CafeMenu implements Menu {
    Map<String, MenuItem> menuItems = new HashMap<String, MenuItem>();

    public CafeMenu() {
        // 這裡是建構式程式碼
    }

    public void addItem(String name, String description,
                        boolean vegetarian, double price)
    {
        MenuItem menuItem = new MenuItem(name, description, vegetarian, price);
        menuItems.put(name, menuItem);
    }

    public Map<String, MenuItem> getMenuItems() {
        return menuItems;
    }

    public Iterator<MenuItem> createIterator() {
        return menuItems.values().iterator();
    }
}
```

CafeMenu 實作 Menu 介面，讓 Waitress 可以像使用其他兩種 Menu 一樣使用它。

我們使用 HashMap，因為它是儲存值的共同資料結構。

與之前一樣，我們移除 getItems()，避免向 Waitress 公開 menuItem 的實作細節。

在此實作 createIterator() 方法。注意，我們不是為整個 HashMap 取得 Iterator，而是為值。

程式碼探究

HashMap 比 ArrayList 複雜一些，因為它有索引鍵與值，但是我們仍然可以取得遍歷值的 Iterator（值就是 MenuItems）。

```
public Iterator<MenuItem> createIterator() {
    return menuItems.values().iterator();
}
```

我們先取得 HashMap 的值，它是 HashMap 裡面的所有物件的集合。

幸運的是，那種集合支援 iterator() 方法，該方法會回傳一個型態為 java.util.Iterator 的物件。

動動腦

這裡有沒有違反最少知識原則？我們可以怎麼做？

將咖啡廳菜單加入 Waitress

現在我們要修改 Waitress 來加入新 Menu。因為 Waitress 期望使用 Iterator，所以這件事應該很簡單：

```
public class Waitress {
    Menu pancakeHouseMenu;
    Menu dinerMenu;
    Menu cafeMenu;

    public Waitress(Menu pancakeHouseMenu, Menu dinerMenu, Menu cafeMenu) {
        this.pancakeHouseMenu = pancakeHouseMenu;
        this.dinerMenu = dinerMenu;
        this.cafeMenu = cafeMenu;
    }

    public void printMenu() {
        Iterator<MenuItem> pancakeIterator = pancakeHouseMenu.createIterator();
        Iterator<MenuItem> dinerIterator = dinerMenu.createIterator();
        Iterator<MenuItem> cafeIterator = cafeMenu.createIterator();

        System.out.println("MENU\n----\nBREAKFAST");
        printMenu(pancakeIterator);
        System.out.println("\nLUNCH");
        printMenu(dinerIterator);
        System.out.println("\nDINNER");
        printMenu(cafeIterator);
    }

    private void printMenu(Iterator iterator) {
        while (iterator.hasNext()) {
            MenuItem menuItem = iterator.next();
            System.out.print(menuItem.getName() + ", ");
            System.out.print(menuItem.getPrice() + " -- ");
            System.out.println(menuItem.getDescription());
        }
    }
}
```

將咖啡廳菜單連同其他菜單傳給 Waitress 的建構式，並將它存入一個實例變數。

將咖啡廳的菜單當成晚餐的菜單，為了將它印出來，我們只要建立迭代器，再將它傳給 printMenu() 就可以了！

這些地方都不需要修改。

早餐、午餐與晚餐

我們來修改測試程式，確保所有的修改都可以正確運作。

```
public class MenuTestDrive {
    public static void main(String args[]) {
        PancakeHouseMenu pancakeHouseMenu = new PancakeHouseMenu();
        DinerMenu dinerMenu = new DinerMenu();
        CafeMenu cafeMenu = new CafeMenu();

        Waitress waitress = new Waitress(pancakeHouseMenu, dinerMenu, cafeMenu);

        waitress.printMenu();
}
```

建立 CafeMenu…

…並將它傳給 waitress。

在列印時，我們應該看到全部的三個菜單。

這是執行測試的情況，看看咖啡廳提供的晚餐菜單！

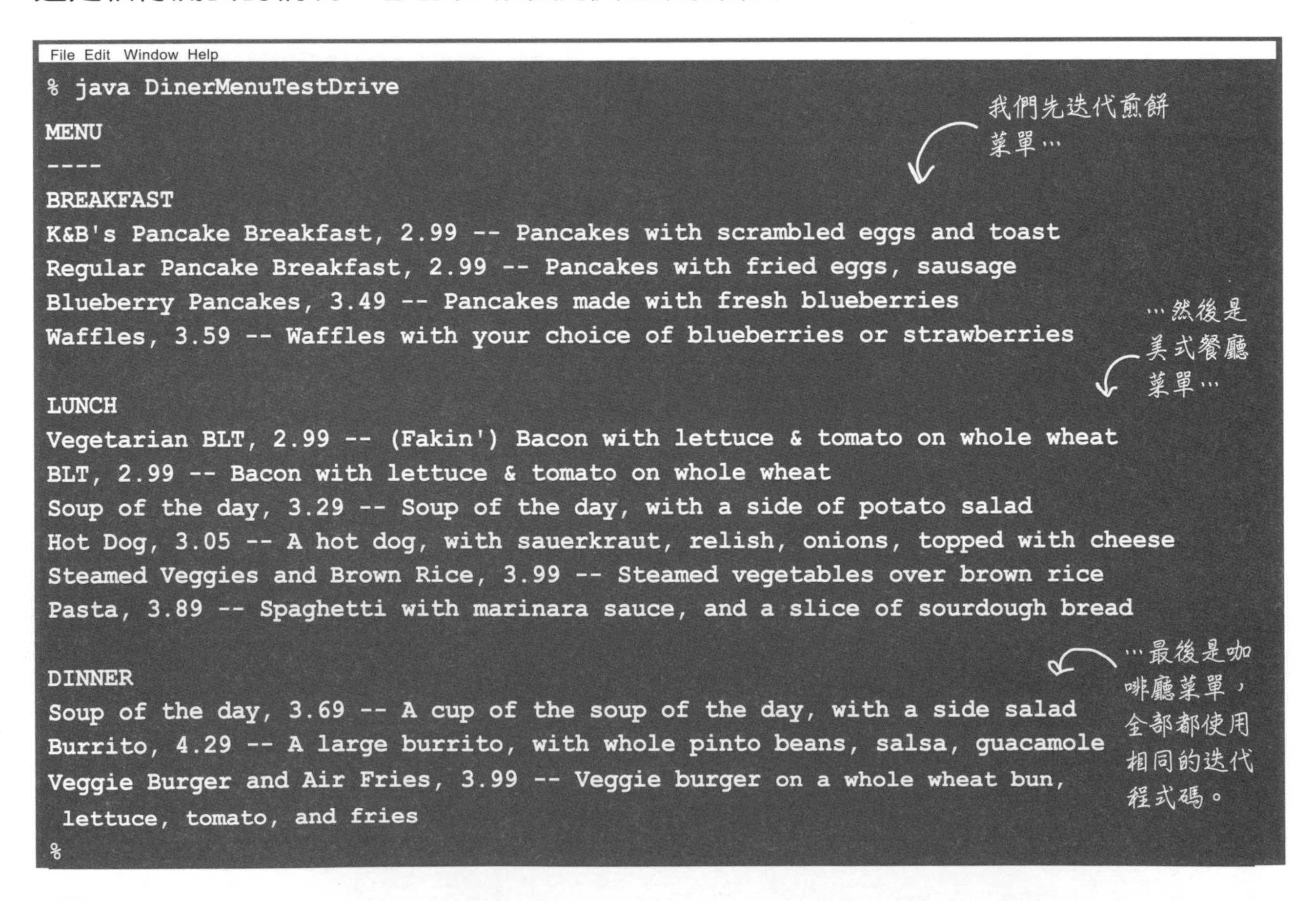

我們做了什麼？

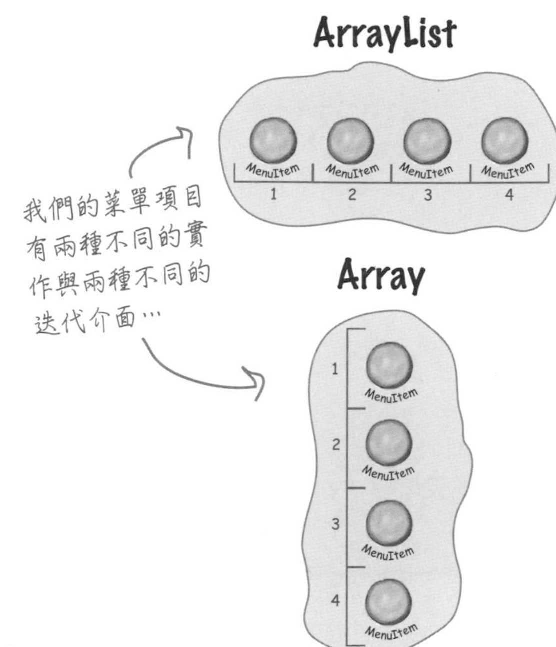

我們將 Waitress 解耦合了…

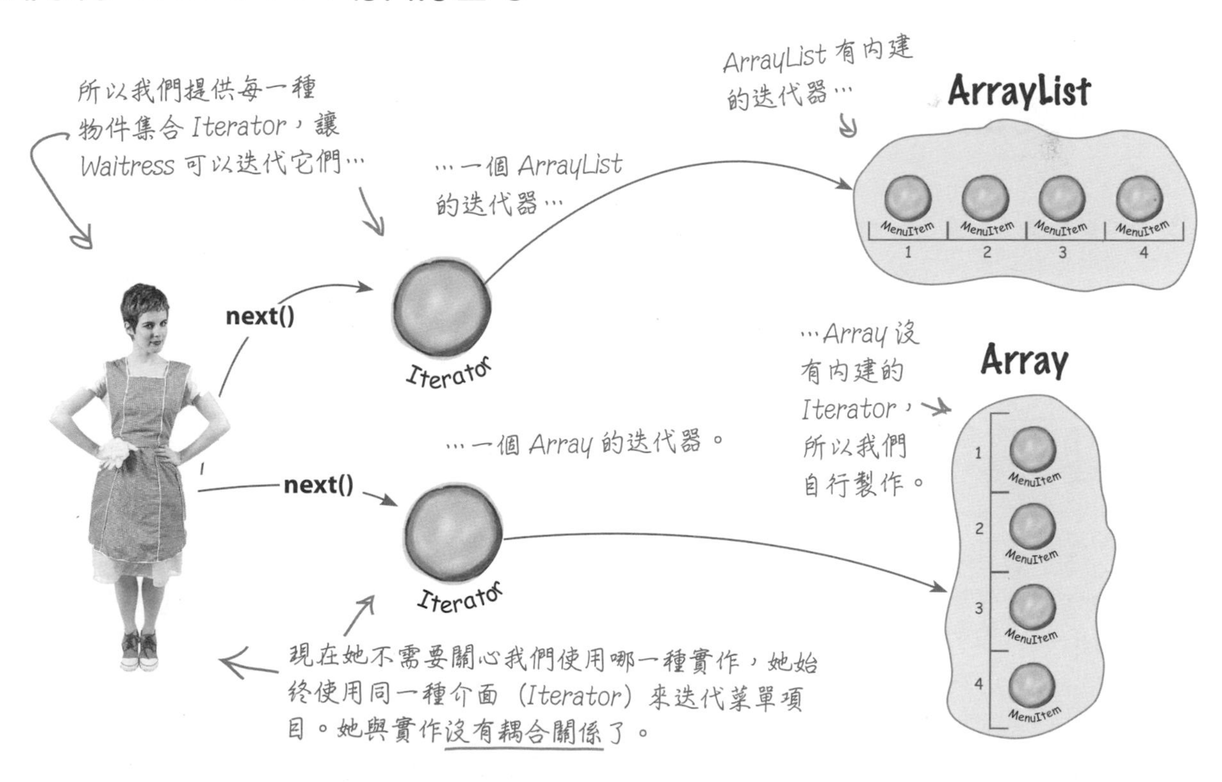

…而且我們讓 Waitress 更容易擴展

我們藉著提供 Iterator 給女服務生來解開她與菜單項目的實作之間的耦合，如此一來，需要加入新菜單時，我們就可以輕鬆地加入它們。

我們輕鬆地加入另一個菜單項目實作，因為我們提供了 Iterator，所以女服務生知道該怎麼做。

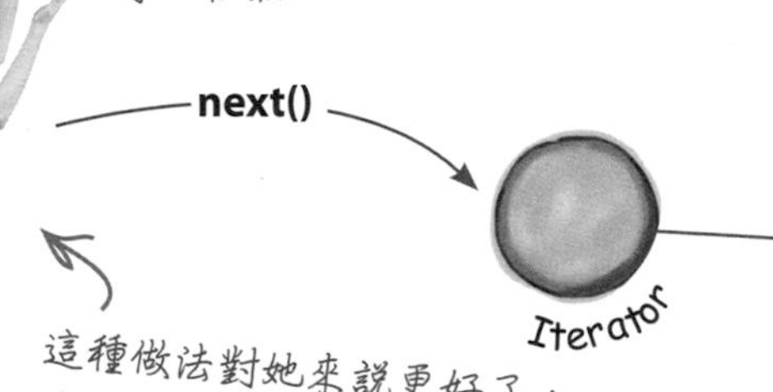

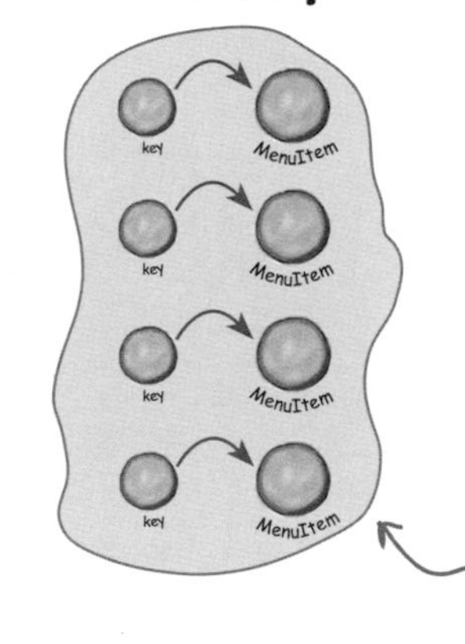

這種做法對她來說更好了，因為現在她可以用同樣的程式來迭代任何一種物件集合，這對我們來說也比較好，因為實作的細節沒有曝光。

為 HashMap 的值製作 Iterator 很簡單，呼叫 values.iterator() 就可以取得 Iterator。

而且不只如此！

Java 提供許多「集合」類別來讓你儲存和提取物件集合，例如 Vector 與 LinkedList。

它們大部分都使用不同的介面。

但是它們大部分都提供一種取得 Iterator 的手段。

Vector

MenuItem MenuItem MenuItem MenuItem

1 2 3 4

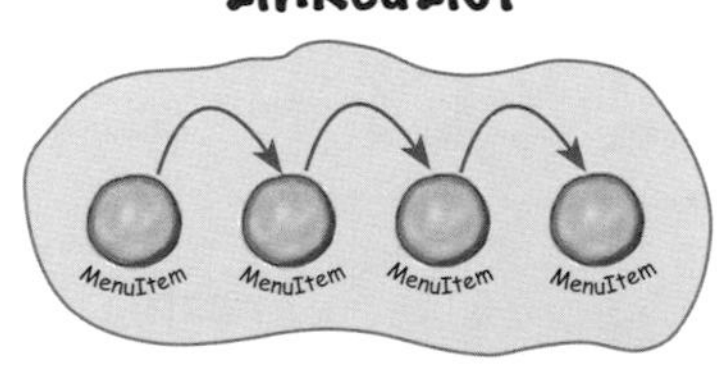

而且如果它們不提供 Iterator 也沒關係，因為你已經知道怎麼自己製作了。

…還有許多其他的！

迭代器與集合

我們已經使用了一些 Java Collections Framework 的類別了，這個「框架」其實是一組類別和介面，裡面有我們用過的 ArrayList，以及一些其他的，例如 Vector、LinkedList、Stack 與 PriorityQueue。這些類別都實作了 java.util.Collection 介面，該介面有許多實用的方法，可用來操作物件集合。

我們來快速認識一下這個介面：

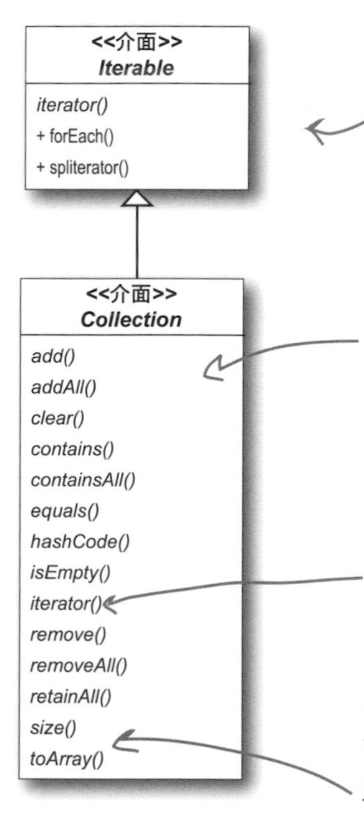

別忘了 Collection 介面實作了 Iterable 介面。

你可以看到，裡面有各種好東西，它可以讓你加入與移除集合的元素，甚至不需要知道它是怎麼實作的。

這是我們的老朋友，iterator() 方法，使用這個方法可以從任何一個實作了 Collection 介面的類別取得 Iterator。

其他方便的方法還有 size()，可以讓你取得元素的數量，以及 toArray()，可以將你的集合轉換成陣列。

照過來！

HashMap 是間接支援 Iterator 的少數類別之一。

在實作 CafeMenu 時，雖然你可以從它那裡取得 Iterator，但是你必須先取得它的 values Collection，仔細想想，這是合理的做法：在 HashMap 裡面有兩組物件：索引鍵與值。如果我們想要迭代它的值，就要先從 HashMap 取出它們，再取得迭代器。

Collection 與 Iterator 有一件很棒的事情：每一個 Collection 物件都知道如何製作它自己的 Iterator。呼叫 ArrayList 的 iterator() 可以取得一個為 ArrayList 量身打造的具體 Iterator，但你根本不需要查看或關心它使用的具體類別，只要使用 Iterator 介面即可。

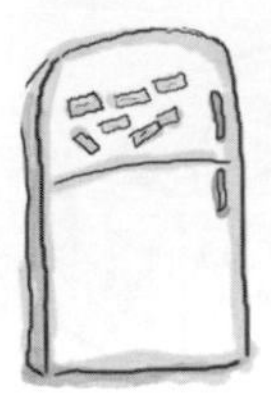

程式磁貼

廚師想要修改他的午餐菜單項目，也就是說，他們將在週一、週三、週五、週日提供某些項目，在週二、週四與週六提供另一組項目。有人已經為新的「輪替」DinerMenu Iterator 寫出一段程式，來更換菜單項目了，但是為了好玩，他把它弄亂並貼在冰箱上，你可以把它組回去嗎？有一些大括號掉到地上，因為它們太小了，所以暫時找不到，你可以視情況隨意加入它們！

```
MenuItem menuItem = items[position];
position = position + 2;
return menuItem;
```

```
import java.util.Iterator;
import java.util.Calendar;
```

```
public Object next() {
```

```
{
```

```
public AlternatingDinerMenuIterator(MenuItem[] items)
```

```
this.items = items;
position = Calendar.DAY_OF_WEEK % 2;
```

```
implements Iterator<MenuItem>
```

```
public void remove() {
```

```
MenuItem[] items;
int position;
```

```
}
```

```
public class AlternatingDinerMenuIterator
```

```
public boolean hasNext() {
```

```
throw new UnsupportedOperationException(
    "Alternating Diner Menu Iterator does not support remove()");
```

```
if (position >= items.length || items[position] == null) {
    return false;
} else {
    return true;
}
```

```
}
```

Waitress 準備好了嗎？

我們已經編寫 Waitress 一段時間了，但是你必須承認，呼叫 printMenu() 的三個地方看起來有點醜。

讓我們面對現實吧－每當我們加入一個新菜單，我們就必須打開 Waitress 程式，在裡面加入更多程式。你可以說這「違反了開放 / 封閉原則」嗎？

三個 createIterator() 呼叫式。

```
public void printMenu() {
    Iterator<MenuItem> pancakeIterator = pancakeHouseMenu.createIterator();
    Iterator<MenuItem> dinerIterator = dinerMenu.createIterator();
    Iterator<MenuItem> cafeIterator = cafeMenu.createIterator();

    System.out.println("MENU\n----\nBREAKFAST");
    printMenu(pancakeIterator);

    System.out.println("\nLUNCH");
    printMenu(dinerIterator);

    System.out.println("\nDINNER");
    printMenu(cafeIterator);
}
```

呼叫三次 printMenu。

每次需要加入或移除菜單時，我們就要打開這段程式來做一些修改。

這不是 Waitress 的錯。我們已經完成很棒的工作，將菜單的實作解耦合，並且將迭代程式提取到迭代器裡面了。但是我們仍然用多個不同的、獨立的物件來處理菜單，我們必須設法一起管理它們。

動動腦

Waitress 仍然要呼叫三次 printMenu()，每個菜單一次。你可以設法結合菜單，讓我們只需要做一次呼叫嗎？或是傳遞一個 Iterator 給 Waitress 來迭代所有的菜單？

這件事沒那麼難，我們只要把菜單包成一個 ArrayList，然後迭代各個菜單就好了。如此一來，Waitress 的程式就會變得很簡單，而且可以處理任何數量的菜單。

廚師的意見蠻有道理的。我們來試一下：

```
public class Waitress {
    List<Menu> menus;

    public Waitress(List<Menu> menus) {
       this.menus = menus;
    }

    public void printMenu() {
       Iterator<Menu> menuIterator = menus.iterator();
       while(menuIterator.hasNext()) {
              Menu menu = menuIterator.next();
              printMenu(menu.createIterator());
       }
    }

    void printMenu(Iterator<MenuItem> iterator) {
       while (iterator.hasNext()) {
              MenuItem menuItem = iterator.next();
              System.out.print(menuItem.getName() + ", ");
              System.out.print(menuItem.getPrice() + " -- ");
              System.out.println(menuItem.getDescription());
       }
    }
}
```

現在只接收一個菜單串列，而不是公開的各個菜單。

迭代菜單，將每個菜單的迭代器傳給多載的 printMenu() 方法。

不需要修改這裡的程式碼。

這段程式看起來非常好，雖然這樣會失去菜單的名稱，但我們也可以為各個菜單加上名稱。

就在我們認為這種做法很安全的時候…

現在他們想要加入甜點副菜單了。

怎麼辦？現在我們不但必須支援多份菜單，也必須支援菜單內的菜單。

要是我們可以把甜點菜單做成 DinerMenu 集合的元素就好了，但是現在不能這樣做。

我們想要做的（類似這樣）：

我剛才聽到美式餐廳即將設計一份甜點菜單，並且將它插入常規的菜單裡面。

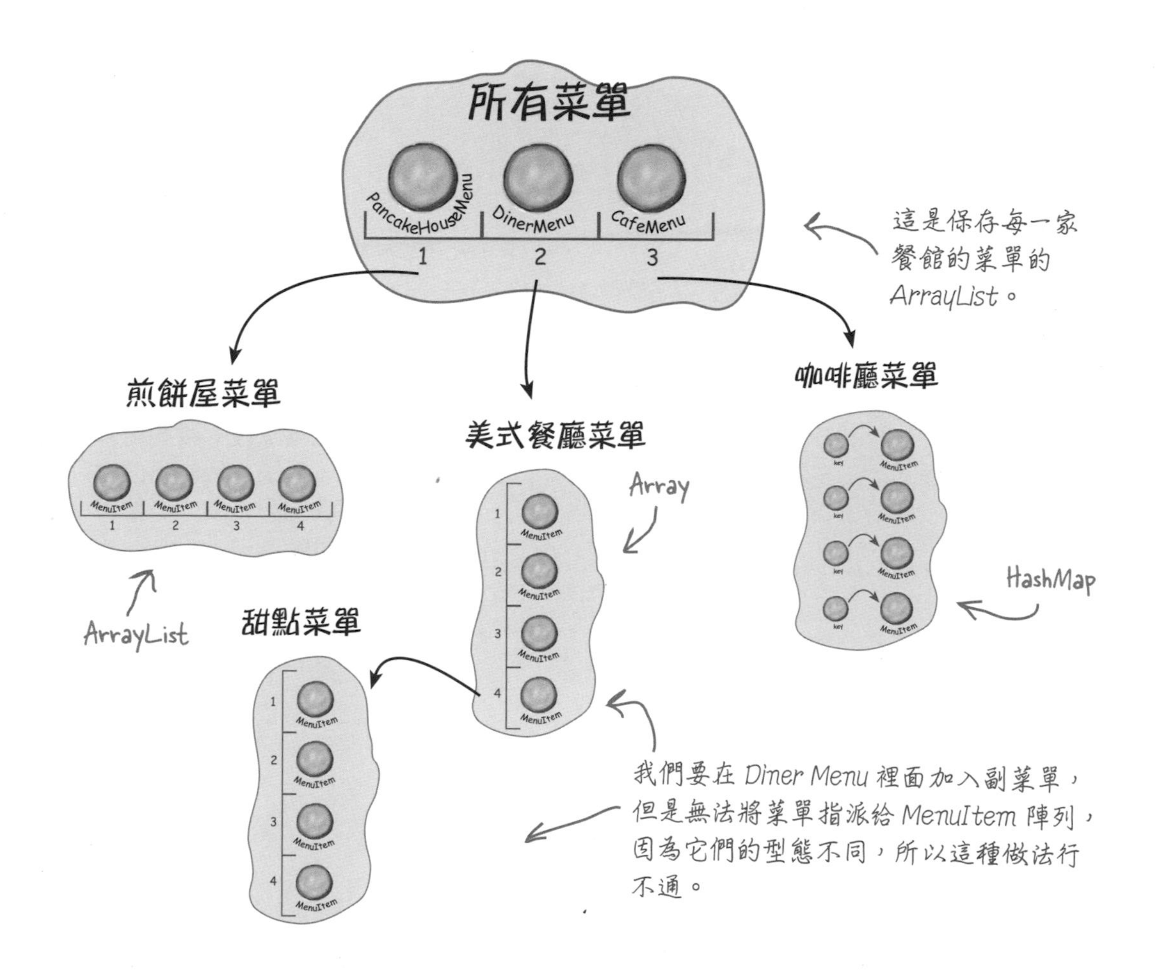

我們不能將甜點菜單指派給 MenuItem 陣列。

該修改了！

我們需要什麼？

是時候將廚師的程式改成更通用的設計，讓它可以處理所有的菜單（現在是副菜單）了。沒錯，我們會告訴廚師們，是時候重新製作他們的菜單了。

我們已經遇到相當程度的複雜性，以致於如果不重新設計，目前的架構將無法處理後續的收購，以及副菜單。

所以，我們的新設計需要什麼？

- 為了容納菜單、副菜單與菜單項目，我們需要某種樹狀結構。
- 我們必須方便地遍歷每一個菜單的項目，至少要與使用迭代器時一樣方便。
- 我們可能要用更靈活的方式來遍歷項目。例如，我們可能只需要迭代 Diner 的甜點菜單，或是只需要迭代 Diner 的整個菜單，包括甜點副菜單。

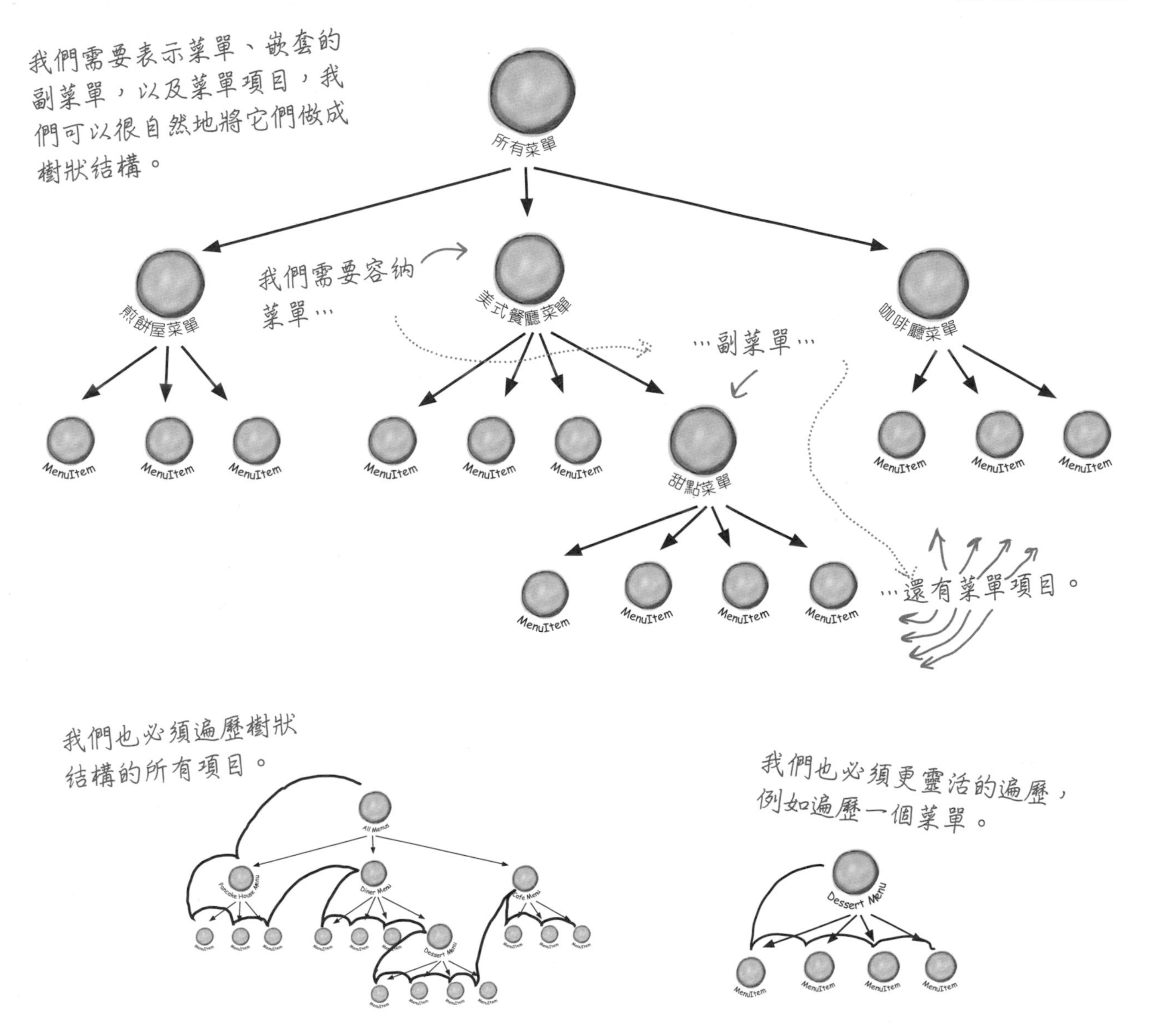

動動腦

如何處理這種新的設計需求？在翻到下一頁之前，請先仔細想一下。

組合模式的定義

沒錯，我們要介紹另一種模式，它可以解決這個問題。我們沒有放棄迭代器模式，它仍然是這個解決方案的一部分，但是管理菜單問題讓我們面臨迭代器模式無法處理的新領域。所以，我們要先後退一步，用組合模式來解決它。

我們用直球對決的風格來介紹這個模式，直接介紹它的官方定義：

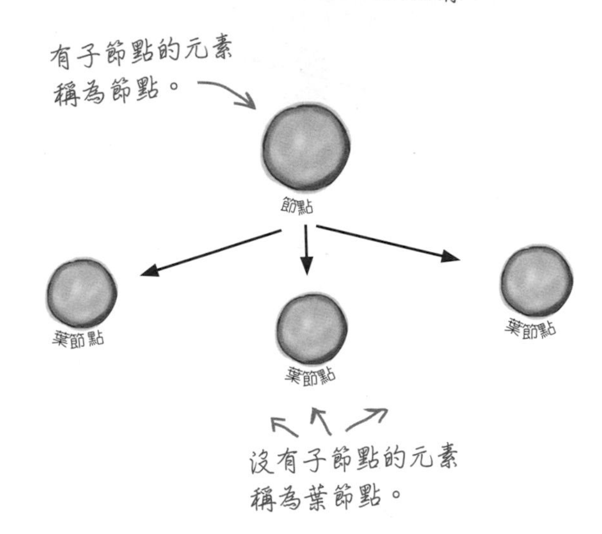

> **組合模式**可讓你將物件組合成樹狀結構，用它來代表「部分 / 整體」階層結構。組合可以讓用戶端用一致的方式來處理個別物件與物件組合。

我們用菜單來討論這個定義：這個模式可讓我們建構一個樹狀結構，並且在同一個結構裡，處理嵌套狀的菜單與菜單項目集合。將菜單與項目都放在同一個結構裡可以做出一個「部分 / 整體」階層結構，意思就是說，它是一個由各個部分（菜單與菜單項目）組成的物件樹狀結構，但是這個樹狀結構可以視為一個整體，例如一個巨大的 über 菜單。

當我們擁有 über 菜單之後，我們就可以用這個模式「以一致的方式來處理個別物件與組合」了。 這是什麼意思？意思就是說，一旦我們擁有菜單、副菜單，以及副菜單與菜單項目並列的樹狀結構之後，菜單都是一個「組合」，因為它裡面可能有其他的菜單與菜單項目。個別的物件都只是菜單項目，它們的裡面沒有其他的物件。你將看到，組合模式可以讓我們用簡單的程式來對著整個菜單結構執行同一項操作（例如列印！）。

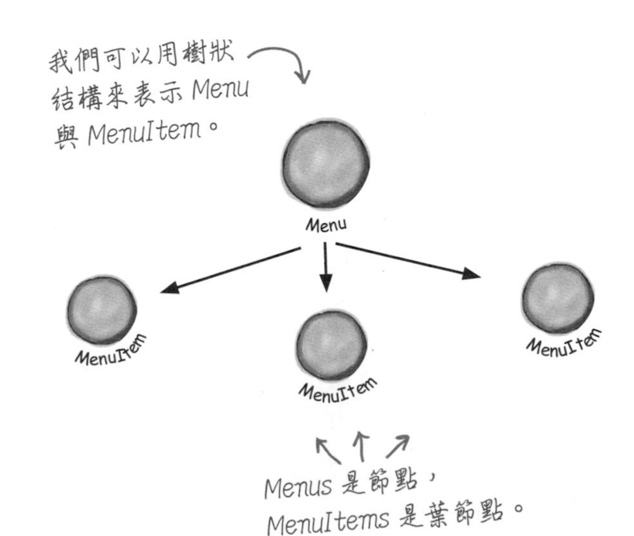

我們可以建立任何複雜度的樹狀結構。

All Menus

菜單

Pancake House Menu

Diner Menu

副菜單

Cafe Menu

Dessert Menu

菜單項目

組合模式可讓你為物件建構樹狀結構，在結構裡有物件的組合，也有作為節點的個別物件。

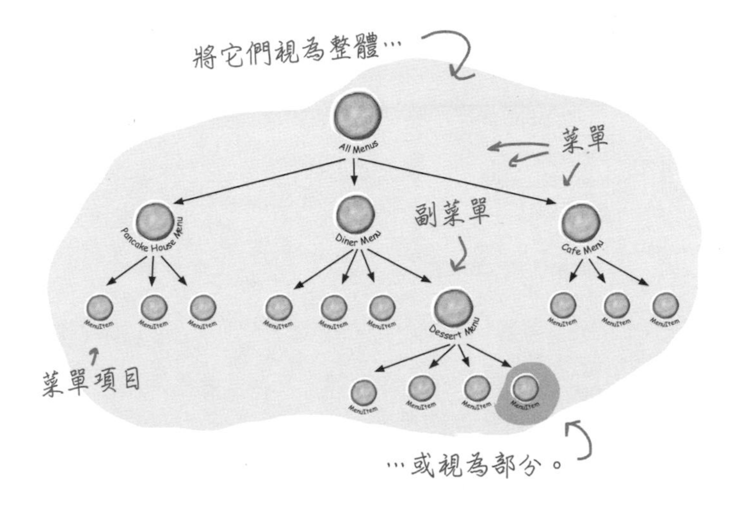

使用組合結構時，你可以對組合和個別的物件套用同一種操作。換句話說，在多數情況下，你可以忽略物件組合和個別物件之間的差異。

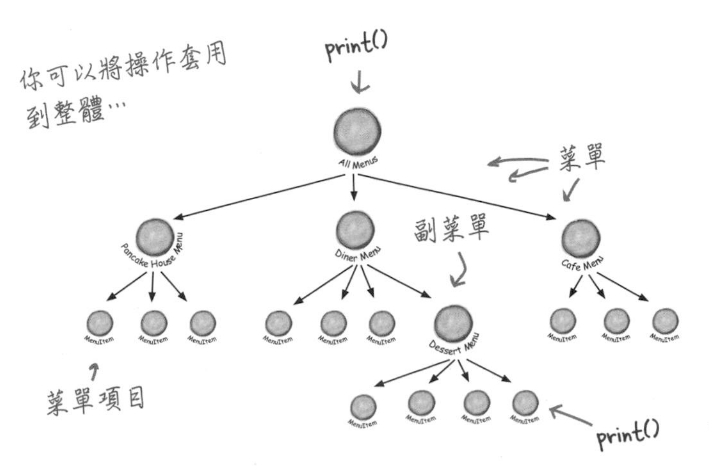

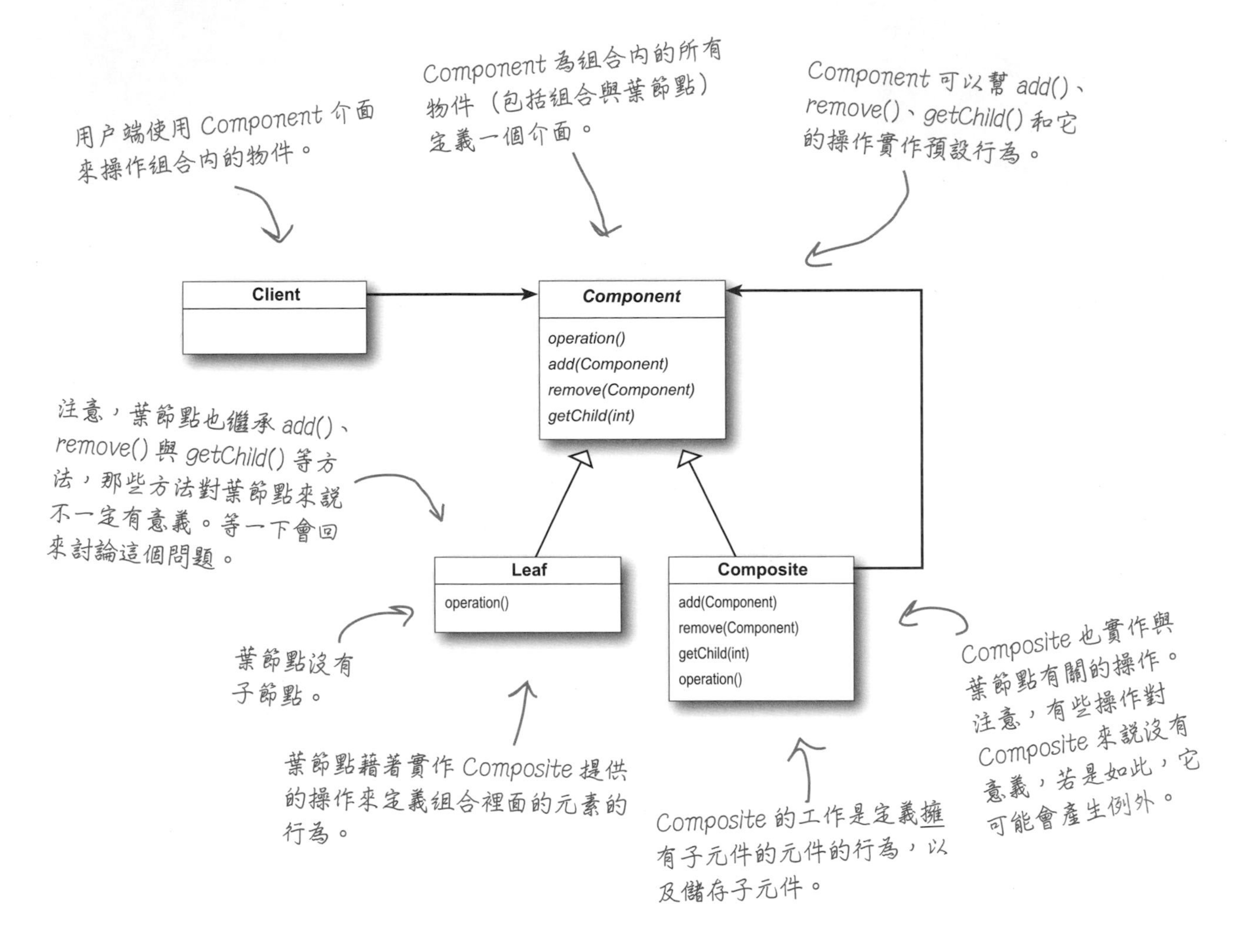

問：**Component（元件）、Composite（組合）、Tree（樹）？這些術語我們搞得一頭霧水。**

答：組合裡面有元件，元件有兩種：組合與葉節點。看起來有遞迴關係？沒錯。在組合裡面有一組子元件，那些子元件可能有其他的組合或葉節點。

如果你用這種方式來組織資料，你會做出一個樹狀結構（通常與真正的樹上下相反），它的根元素是一個組合，組合的分支一直往下延伸，直到葉節點為止。

問：**這與迭代器有什麼關係？**

答：別忘了，我們正在採取新的做法，我們要用新的解決方案（組合模式）來改寫菜單，所以不要期待有一種神奇的魔法可以將迭代器轉換成組合。話雖如此，它們很適合搭配使用，你等一下就會看到，我們可以在組合實作裡，用許多種方式來使用迭代器。

用組合模式來設計菜單

該怎麼用組合模式來設計菜單？首先，我們要建立一個元件介面，它是菜單與菜單項目的共同介面，可讓我們以一致的方式對待它們。換句話說，我們可以對著菜單和菜單項目呼叫相同的方法。

雖然目前對著菜單項目或菜單呼叫方法沒有什麼意義，但是我們可以這樣做，而且很快就會這樣做。不過我們先來看看如何將菜單放入組合模式結構：

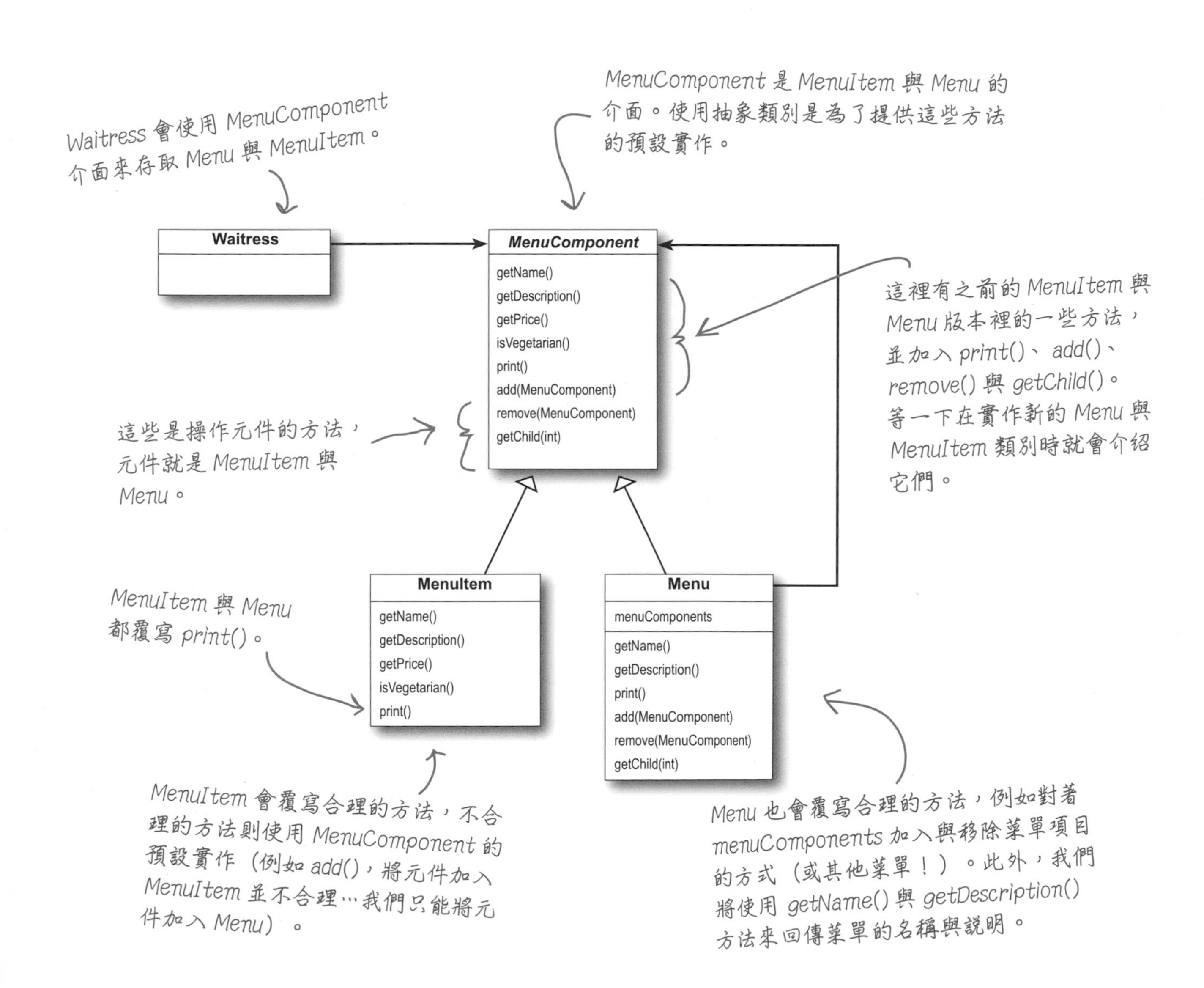

實作 MenuComponent

所有的元件都必須實作 MenuComponent 介面，但是，因為葉節點與節點扮演不同的角色，我們可能無法為各種方法定義合理的預設實作。有時最好的做法是丟出執行期例外。

OK，我們從 MenuComponent 抽象類別開始寫起，別忘了，MenuComponent 的任務就是提供一個介面，讓葉節點和組合節點使用。現在你可能想問：「這樣的話，MenuComponent 不就扮演兩種角色了嗎？」 或許吧，等一下會討論這個部分。不過，現在我們要提供方法的預設實作，如此一來，當 MenuItem（葉節點）或 Menu（組合）不想要實作一些方法時（例如葉節點的 getChild()），它就可以直接使用基本行為：

MenuComponent 提供每一種方法的預設實作。

因為有些方法只適用於 MenuItem，有些只適用於 Menu，所以預設的實作是 UnsupportedOperationException。如此一來，如果 MenuItem 或 Menu 沒有支援一項操作，它就不需要做任何事情，可以直接繼承預設的實作。

```
public abstract class MenuComponent {

    public void add(MenuComponent menuComponent) {
        throw new UnsupportedOperationException();
    }
    public void remove(MenuComponent menuComponent) {
        throw new UnsupportedOperationException();
    }
    public MenuComponent getChild(int i) {
        throw new UnsupportedOperationException();
    }

    public String getName() {
        throw new UnsupportedOperationException();
    }
    public String getDescription() {
        throw new UnsupportedOperationException();
    }
    public double getPrice() {
        throw new UnsupportedOperationException();
    }
    public boolean isVegetarian() {
        throw new UnsupportedOperationException();
    }

    public void print() {
        throw new UnsupportedOperationException();
    }
}
```

我們將「組合」方法放在一起，也就是加入、移除與取得 MenuComponent 的方法。

這是「操作」方法，它們是讓 MenuItem 使用的，不過，我們也可以在 Menu 裡面使用其中的一些方法，你可以在幾頁之後介紹 Menu 程式時看到。

print() 是 Menu 與 MenuItem 都會實作的一種「操作」方法，但是我們在這裡提供預設的實作。

實作 MenuItem

OK，我們來看一下 MenuItem 類別，別忘了，它是在組合模式圖裡面的葉節點，而且它實作了組合的元素的行為。

很開心我們朝著這個方向走，這應該可以提供足夠的彈性，來讓我製作一直想做的可麗餅菜單。

```
public class MenuItem extends MenuComponent {
    String name;
    String description;
    boolean vegetarian;
    double price;

    public MenuItem(String name,
                    String description,
                    boolean vegetarian,
                    double price)
    {
        this.name = name;
        this.description = description;
        this.vegetarian = vegetarian;
        this.price = price;
    }

    public String getName() {
        return name;
    }

    public String getDescription() {
        return description;
    }

    public double getPrice() {
        return price;
    }

    public boolean isVegetarian() {
        return vegetarian;
    }

    public void print() {
        System.out.print("  " + getName());
        if (isVegetarian()) {
            System.out.print("(v)");
        }
        System.out.println(", " + getPrice());
        System.out.println("     -- " + getDescription());
    }
}
```

首先，我們要繼承 MenuComponent 介面。

建構式只接收名稱、說明…等，並且保存指向它們的參考，很像舊的 MenuItem 實作。

這是 getter 方法，與之前的實作一樣。

這與之前的實作不同，我們在這裡覆寫 MenuComponent 類別裡面的 print() 方法，MenuItem 的這個方法會印出完整的菜單項目：名稱、說明、價格，以及它是不是素食。

實作組合菜單

有了 MenuItem 之後，我們還需要組合類別，我們將它稱為 Menu。別忘了，組合類別可以保存 MenuItem 或其他 Menu。這個類別不實作 MenuComponent 的 getPrice() 與 isVegetarian() 方法，因為它們對 Menu 來說沒有意義。

Menu 與 MenuItem 一樣，也是 MenuComponent。

Menu 可以擁有任何數量的 MenuComponent 型態的子節點。我們使用內部的 ArrayList 來保存它們。

```
public class Menu extends MenuComponent {
    List<MenuComponent> menuComponents = new ArrayList<MenuComponent>();
    String name;
    String description;

    public Menu(String name, String description) {
        this.name = name;
        this.description = description;
    }

    public void add(MenuComponent menuComponent) {
        menuComponents.add(menuComponent);
    }

    public void remove(MenuComponent menuComponent) {
        menuComponents.remove(menuComponent);
    }

    public MenuComponent getChild(int i) {
        return menuComponents.get(i);
    }

    public String getName() {
        return name;
    }

    public String getDescription() {
        return description;
    }

    public void print() {
        System.out.print("\n" + getName());
        System.out.println(", " + getDescription());
        System.out.println("---------------------");
    }
}
```

這裡和舊的寫法不一樣：我們讓每個 Menu 有一個名稱與一個說明。在此之前，我們是讓每一個菜單使用不同的類別。

這裡是將 MenuItem 或其他 Menu 加入 Menu 的做法。因為 MenuItem 與 Menu 都是 MenuComponent，所以只需要用一個方法來加入它們。

你也可以移除 MenuComponent 或是取得 MenuComponent。

這是取得名稱與說明的 getter。

注意，我們沒有覆寫 getPrice() 與 isVegetarian()，因為這些方法對 Menu 來說不合理（雖然你可能認為 isVegetarian() 也是合理的）。如果人試著呼叫 Menu 的這些方法，他們會得到 UnsupportedOperationException。

在印出 Menu 時，我們會印出它的名稱與說明。

你的直覺很敏銳！因為 Menu 是組合，裡面有 MenuItem 與其他的 Menu，它的 print() 方法應該要印出它裡面的所有東西才對，如果不能，我們就要自己迭代整個組合並印出每一個項目，這就違背使用組合結構的目的了。

你即將看到，正確地實作 print() 很簡單，因為我們可以利用「每一個元件都能夠印出它自己」這件事。這種遞迴方式簡直美妙極了，看吧：

修正 print() 方法

```
public class Menu extends MenuComponent {
    List<MenuComponent> menuComponents = new ArrayList<MenuComponent>();
    String name;
    String description;

    // 這裡是建構式程式碼

    // 其他的方法

    public void print() {
       System.out.print("\n" + getName());
       System.out.println(", " + getDescription());
       System.out.println("---------------------");

       for (MenuComponent menuComponent : menuComponents) {
           menuComponent.print();
       }
    }
}
```

我們只要修改 print() 來讓它不只印出這個 Menu 的資訊，也印出這個 Menu 的所有元件，也就是其他的 Menu 與 MenuItem。

看！我們在強化 for 迴圈的背後使用 Iterator，來遍歷 Menu 的所有元件，裡面可能有其他的 Menu，或是 MenuItem。

因為 Menu 與 MenuItem 都實作 print()，我們只要呼叫 print()，把其他工作都交給它們。

注意：如果在迭代過程中，我們遇到另一個 Menu 物件，它的 print() 會開始另一個迭代，以此類推。

準備測試一下…

該來測試一下這段程式了，但是在那之前，我們要先修改 Waitress 程式，畢竟，她是這段程式的主要用戶端：

```
public class Waitress {
    MenuComponent allMenus;

    public Waitress(MenuComponent allMenus) {
        this.allMenus = allMenus;
    }

    public void printMenu() {
        allMenus.print();
    }
}
```

沒錯！Waitress 真的這麼簡單。現在只要將頂層的菜單元件傳給她即可，也就是包含所有其他菜單的元件，我們將它稱為 allMenus。

她只要呼叫頂層菜單的 print()，就可以印出整個菜單階層，包含所有菜單與所有菜單項目了。

我們的 Waitress 將會非常開心。

OK，在撰寫測試程式之前，我們還有最後一項工作，讓我們來看看菜單組合在執行期的樣子：

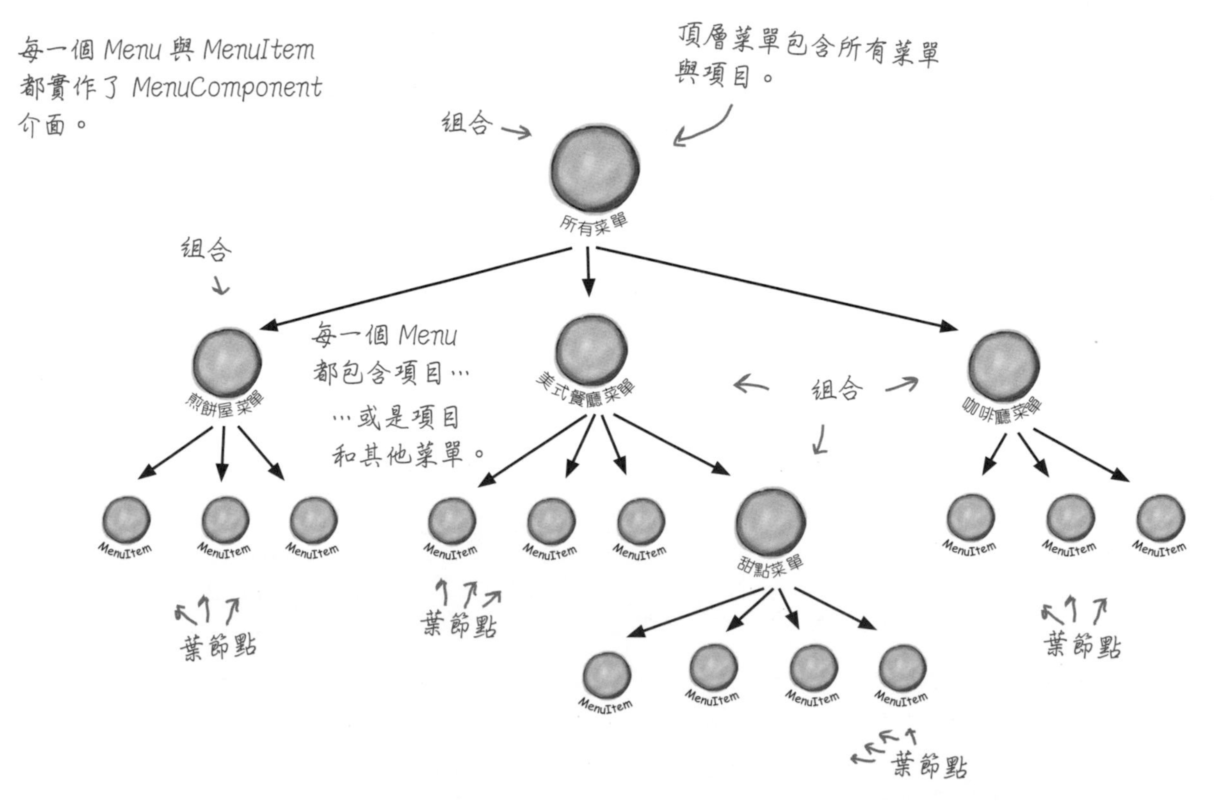

我們要測試了…

OK，現在我們要來測試了，與之前的版本不同的是，我們要在測試程式中建立所有的菜單。雖然我們也可以要求每一位廚師提供他們的新菜單，不過我們還是要先測試一下。這是我們的程式：

```
public class MenuTestDrive {
    public static void main(String args[]) {
        MenuComponent pancakeHouseMenu =
            new Menu("PANCAKE HOUSE MENU", "Breakfast");
        MenuComponent dinerMenu =
            new Menu("DINER MENU", "Lunch");
        MenuComponent cafeMenu =
            new Menu("CAFE MENU", "Dinner");
        MenuComponent dessertMenu =
            new Menu("DESSERT MENU", "Dessert of course!");

        MenuComponent allMenus = new Menu("ALL MENUS", "All menus combined");

        allMenus.add(pancakeHouseMenu);
        allMenus.add(dinerMenu);
        allMenus.add(cafeMenu);

        // 在這裡加入菜單項目

        dinerMenu.add(new MenuItem(
            "Pasta",
            "Spaghetti with Marinara Sauce, and a slice of sourdough bread",
            true,
            3.89));

        dinerMenu.add(dessertMenu);

        dessertMenu.add(new MenuItem(
            "Apple Pie",
            "Apple pie with a flakey crust, topped with vanilla ice cream",
            true,
            1.59));

        // 在這裡加入其他菜單項目

        Waitress waitress = new Waitress(allMenus);

        waitress.printMenu();
    }
}
```

先建立所有的菜單物件。

我們也需要一個頂層的菜單，將它稱為 allMenus。

我們使用組合（Composite）的 add() 方法來將每一個菜單加入頂層菜單 allMenus。

現在我們要加入所有的菜單項目。這是其中一個範例，其餘的範例請參考完整的原始碼。

我們也將菜單加入另一個菜單，dinerMenu 只在乎它裡面的所有東西都是 MenuComponent，無論它是菜單項目還是菜單。

在甜點菜單加入一些蘋果派…

用階層的方式來建構整個菜單之後，我們把它傳給 Waitress，你可以看到，讓女服務生印出全部的菜單就像吃一塊蘋果派那麼簡單。

測試結果…

注意：這個輸出是執行完整的原始碼產生的。

File Edit Window Help

```
% java MenuTestDrive

ALL MENUS, All menus combined
---------------------

PANCAKE HOUSE MENU, Breakfast
---------------------
  K&B's Pancake Breakfast(v), 2.99
     -- Pancakes with scrambled eggs and toast
  Regular Pancake Breakfast, 2.99
     -- Pancakes with fried eggs, sausage
  Blueberry Pancakes(v), 3.49
     -- Pancakes made with fresh blueberries, and blueberry syrup
  Waffles(v), 3.59
     -- Waffles with your choice of blueberries or strawberries

DINER MENU, Lunch
---------------------
  Vegetarian BLT(v), 2.99
     -- (Fakin') Bacon with lettuce & tomato on whole wheat
  BLT, 2.99
     -- Bacon with lettuce & tomato on whole wheat
  Soup of the day, 3.29
     -- A bowl of the soup of the day, with a side of potato salad
  Hot Dog, 3.05
     -- A hot dog, with sauerkraut, relish, onions, topped with cheese
  Steamed Veggies and Brown Rice(v), 3.99
     -- Steamed vegetables over brown rice
  Pasta(v), 3.89
     -- Spaghetti with marinara sauce, and a slice of sourdough bread

DESSERT MENU, Dessert of course!
---------------------
  Apple Pie(v), 1.59
     -- Apple pie with a flakey crust, topped with vanilla ice cream
  Cheesecake(v), 1.99
     -- Creamy New York cheesecake, with a chocolate graham crust
  Sorbet(v), 1.89
     -- A scoop of raspberry and a scoop of lime

CAFE MENU, Dinner
---------------------
  Veggie Burger and Air Fries(v), 3.99
     -- Veggie burger on a whole wheat bun, lettuce, tomato, and fries
  Soup of the day, 3.69
     -- A cup of the soup of the day, with a side salad
  Burrito(v), 4.29
     -- A large burrito, with whole pinto beans, salsa, guacamole
%
```

這是我們的所有菜單…只要對著頂層的菜單呼叫 print() 就可以印出它們。

新的甜點菜單會在我們印出所有 Diner 菜單元件時印出來。

現在是怎樣？你本來告訴我們：「一個類別，一個職責」，現在卻在這個模式裡面讓一個類別有兩個職責。組合模式不僅管理一個階層，也執行與 Menu 有關的操作。

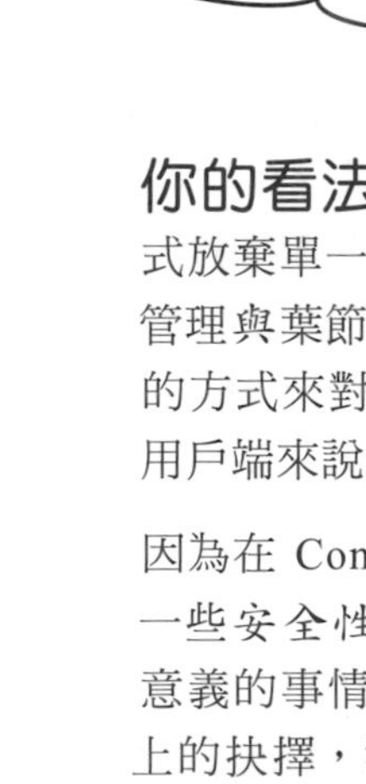

你的看法在某方面來說是對的，我們可以說，組合模式放棄單一責任原則來換取透明度。什麼是透明度？將子元件管理與葉節點操作放入 Component 介面，可以讓用戶端以一致的方式來對待組合與葉節點，無論元素是組合還是葉節點，對用戶端來說都是透明的（可以無視的）。

因為在 Component 類別裡面有兩種操作類型，所以我們會失去一些安全性，因為用戶端可能會試著對元素做一些不洽當或無意義的事情（例如試著將菜單加入一個菜單項目）。這是設計上的抉擇，我們也可以採取另一種設計，將不同的責任分到不同的介面裡面，這可以做出安全的設計，因為對著元素發出的不洽當呼叫可以在編譯期或執行期抓到，但是這會失去透明度，而且讓你必須使用條件式與 instanceof 運算子。

所以，回到你的問題，這是個典型的權衡取捨。雖然我們將設計原則當成方針，但是我們一定要觀察它們對我們的設計造成什麼影響。有時我們會故意做一些看起來違反原則的事情，但是，有時這只是從不同的觀點看事情，例如，在葉節點加入管理子元素的操作看起來是不對的（例如 add()、remove() 與 getChild()），但是你也可以隨時切換觀點，將葉節點視為沒有子節點的節點。

台灣念真情—模式訪談

本週嘉賓：

組合模式，探討實作問題

深入淺出主持人：我們今晚將訪問組合模式，稍微介紹一下你自己吧，組合模式？

組合模式：沒問題…如果你有一個物件集合，它們有部分 / 整體關係，而且你想要用一致的方式來對待那些物件時，你就要使用我這種模式。

深入淺出主持人：好的，我們開始今天的訪問吧…你說的「部分 / 整體關係」是什麼意思？

組合模式：在圖形使用者介面（GUI）裡面，你通常會找到頂層元件，例如 Frame（框架）或 Panel（面板），在它們裡面有其他的元件，例如選單、文字窗格、捲軸、按鈕…等。所以 GUI 是由許多部分組成的，但是當你顯示它時，通常你會將它視為整體。你會告訴頂層元件進行顯示，並且讓那個元件顯示它的所有組件。我們將包含其他元件的元件稱為組合物件，將不包含其他元件的元件稱為葉物件。

深入淺出主持人：這就是你說的「以一致的方式對待物件」嗎？也就是說，讓你可以對著組合與葉物件呼叫同一組方法？

組合模式：對，我可以要求組合物件進行顯示，或是要求葉物件進行顯示，它們都會做正確的事情。組合物件會要求它的所有元件顯示它自己。

深入淺出主持人：這意味著每一個物件都要使用相同的介面，如果你的組合裡面有物件做不同的事情呢？

組合模式：為了讓組合對用戶端來說是透明運作的，你必須讓組合裡面的所有物件都實作相同的介面，否則用戶端就要關心各個物件實作了哪一種介面，這就違背我的目的了。當然，實作相同的介面有時會讓一些物件的方法呼叫是沒有意義的。

深入淺出主持人：你怎麼處理這種情況？

組合模式：我會用幾種方式來處理它，有時你可以直接不做任何事情，或回傳 null 或 false，看哪一種做法在你的應用程式中比較合理。有時你會更主動地丟出例外，當然，如此一來，用戶端就要做一些工作，來確保方法呼叫不會發生意外的事情。

深入淺出主持人：但是如果用戶端不知道它們處理的是哪一種物件，它們該怎麼在不檢查型態的情況下，知道該呼叫什麼？

組合模式：你可以發揮一點創意，讓方法的預設實作做一些有意義的事情。例如，用戶端對著組合呼叫 getChild() 是合理的，這件事對葉節點來說也是合理的，如果你把葉節點想成沒有子節點的物件的話。

深入淺出主持人：呃…夠聰明。但是我聽說有些用戶端擔心這個問題，所以讓不同的物件使用不同的介面，以免發出沒意義的方法呼叫，這樣還是組合模式嗎？

組合模式：還是組合模式，這是安全很多的版本，但是如此一來，為了正確地使用物件，用戶端就要在發出呼叫之前先確認每一個物件的型態。

深入淺出主持人：能不能進一步解釋這些組合與葉物件的結構？

組合模式：通常它是樹狀結構，這是一種階層結構，它的根是最頂層的組合，根的子節點不是組合就是葉物件。

深入淺出主持人：子節點會指回去它們的父節點嗎？

組合模式：會，我們可以讓元件擁有指向父節點的指標，以便輕鬆地遍歷結構。如果你有一個指向子節點的參考，而且想要刪除那個子節點，你就要移到父節點來移除它。擁有父節點的參考可以更輕鬆地完成這件事。

深入淺出主持人：你的實作有許多需要考慮的地方，在實作組合模式時，還有其他需要考慮的問題嗎？

組合模式：有，其中一個是子節點的順序。如果組合要求子節點按照特定的順序排列，該怎麼辦？此時，你就要用比較複雜的管理方案來加入與移除子節點，而且你必須注意如何遍歷階層結構。

深入淺出主持人：這一點我倒沒想到。

組合模式：你有沒有想過快取的問題？

深入淺出主持人：快取？

組合模式：沒錯，快取。有時，如果組合結構很複雜，或遍歷的成本太高，使用組合節點的快取是很有幫助的，例如，如果你經常遍歷一個組合與它的所有子節點來計算某個結果，你可以實作快取來暫時儲存結果，這樣就不需要遍歷了。

深入淺出主持人：組合模式比我想像的還要深奧許多。在結束訪問之前，我還有最後一個問題：你認為自己最大的優點是什麼？

組合模式：我認為答案一定是幫用戶端簡化他們的生活。我的用戶端不需要關心他們處理的究竟是組合物件還是葉物件，所以他們不需要只為了確定是否針對正確的物件呼叫正確的方法而使用一堆 if 陳述式。通常他們可以發出一個方法呼叫，來對整個結構執行同一項操作。

深入淺出主持人：這聽起來的確是很重要的好處。毫無疑問，在需要收集與管理物件時，你是很好用的模式。好了，節目的時間到了，感謝你的參與，希望很快就可以在模式訪談節目中再次與你見面。

設計模式填字遊戲

動動腦，完成這個組合填字遊戲。

橫向

1. Collection 與 Iterator 都在這個程式包裡。
3. 這個類別間接提供 Iterator。
8. Iterator 通常是用這種模式建構的（兩個英文單字）。
12. 類別只能有一個理由做這件事。
13. 我們封裝它。
15. 使用者介面程式包通常使用這個模式來處理它們的元件。
16. 指出每個類別只能有一個責任的原則（兩個英文單字）。
17. 這個菜單讓我們必須修改整個實作。

縱向

2. 沒有子節點。
4. 與 Diner（餐廳）合併（兩個英文單字）。
5. 迭代器模式解開用戶端與集合的 ________ 之間的耦合。
6. 可以遍歷集合的獨立物件。
7. HashMap 的值與 ArrayList 都實作這個介面。
9. 我們用 Java 來寫出她。
10. 元件可以是組合或是這個東西。
11. 組合的裡面有它們。
12. 被併購的第三家公司。
14. 我們刪除 PancakeHouseMenuIterator，因為這個類別已經有提供迭代器了。

將每一個模式連到它的敘述：

模式	敘述
策略	讓用戶端用一致的方式來對待物件集合與個別物件
轉接器	提供一種方式來遍歷物件集合，而且不會公開集合的實作
迭代器	簡化一群類別的介面
門面	改變一或多個類別的介面
組合	讓一群物件在某個狀態改變時收到通知
觀察者	封裝可互換的行為，並使用委託來決定該使用哪一個

設計工具箱裡面的工具

你的工具箱又加入兩種新模式了，它們都是處理物件集合的好方法。

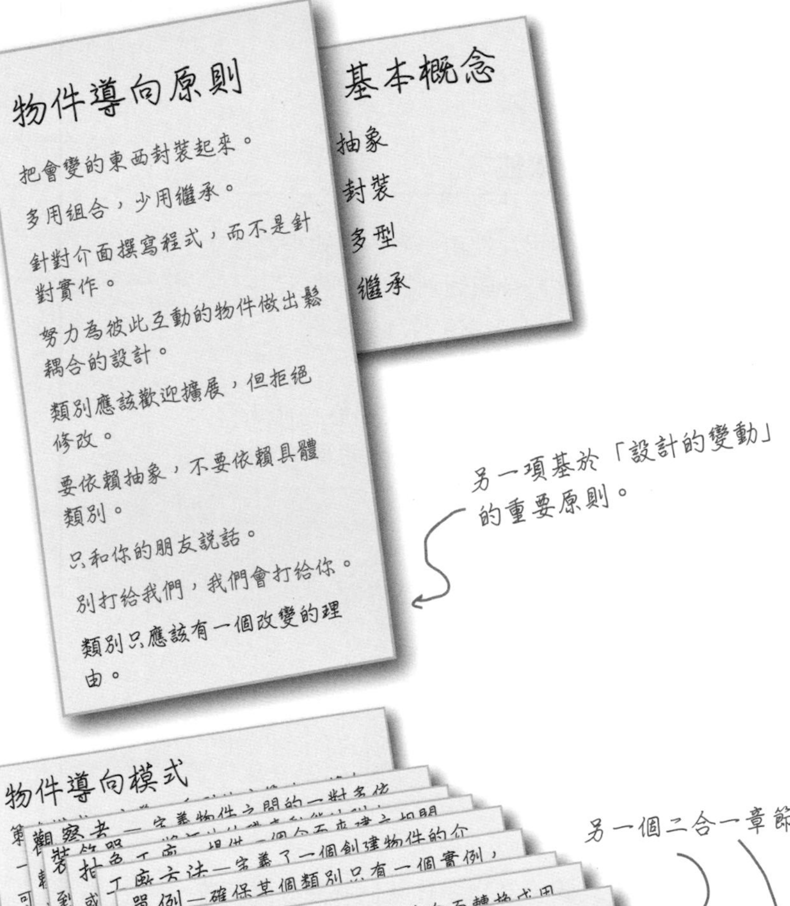

重點提示

- 迭代器可讓你接觸集合的元素，同時又不公開它的內部結構。
- 迭代器可接受「迭代一個集合」的工作，並將它封裝在另一個物件裡。
- 在使用迭代器時，我們讓集合負責提供遍歷其資料的操作。
- 迭代器提供共同的介面來遍歷集合的項目，可讓你在寫程式時，利用多型來使用集合的項目。
- Iterable 介面提供取得迭代器的手段，它是 Java 的強化 for 迴圈的基礎。
- 我們應該盡力讓每一個類別都只有一個責任。
- 組合模式可讓用戶端以一致的方式對待組合與個別的物件。
- 元件是組合結構裡面的任何物件。元件可能是其他組合，或葉節點。
- 在實作組合時，有許多設計面的權衡取捨。你必須視你的需求，在透明度與安全性之間的取得平衡。

對我們撰寫的 printMenu() 而言，下面哪些敘述為真？

- ☑ A. 我們針對 PancakeHouseMenu 與 DinerMenu 具體實作寫程式，而不是針對介面。
- ☐ B. Waitress 沒有實作 Java Waitress API，所以她沒有遵守標準。
- ☑ C. 如果我們想要將 DinerMenu 換成另一種菜單，而且那一種菜單是用雜湊表（hash table）來實作清單的，我們就必須修改 Waitress 裡面的許多程式碼。
- ☑ D. Waitress 必須知道每一種菜單如何表示其內部菜單項目，這就違反封裝原則了。
- ☑ E. 我們有重複的程式碼：printMenu() 方法必須使用兩個迴圈來迭代兩種不同的菜單。如果我們要加入第三個菜單，我們還要加入另一個迴圈。
- ☐ F. 這種寫法沒有採用 MXML（Menu XML），所以沒有達到該有的交互運作性。

在翻到下一頁之前，簡單地寫下我們必須做哪三件事才能將這段程式放入我們的框架：

1. 實作 Menu 介面
2. 擺脫 getItems()
3. 加入 createIterator() 並回傳一個可以遍歷 HashMap 值的迭代器

程式磁貼解答

組成「另一種」DinerMenu 迭代器。

```
import java.util.Iterator;
import java.util.Calendar;

public class AlternatingDinerMenuIterator implements Iterator<MenuItem> {
    MenuItem[] items;
    int position;

    public AlternatingDinerMenuIterator(MenuItem[] items) {
        this.items = items;
        position = Calendar.DAY_OF_WEEK % 2;
    }
    public boolean hasNext() {
        if (position >= items.length || items[position] == null) {
            return false;
        } else {
            return true;
        }
    }
    public MenuItem next() {
        MenuItem menuItem = items[position];
        position = position + 2;
        return menuItem;
    }
    public void remove() {
        throw new UnsupportedOperationException(
            "Alternating Diner Menu Iterator does not support remove()");
    }
}
```

注意，這個 Iterator 實作不支援 remove()。

連連看
解答

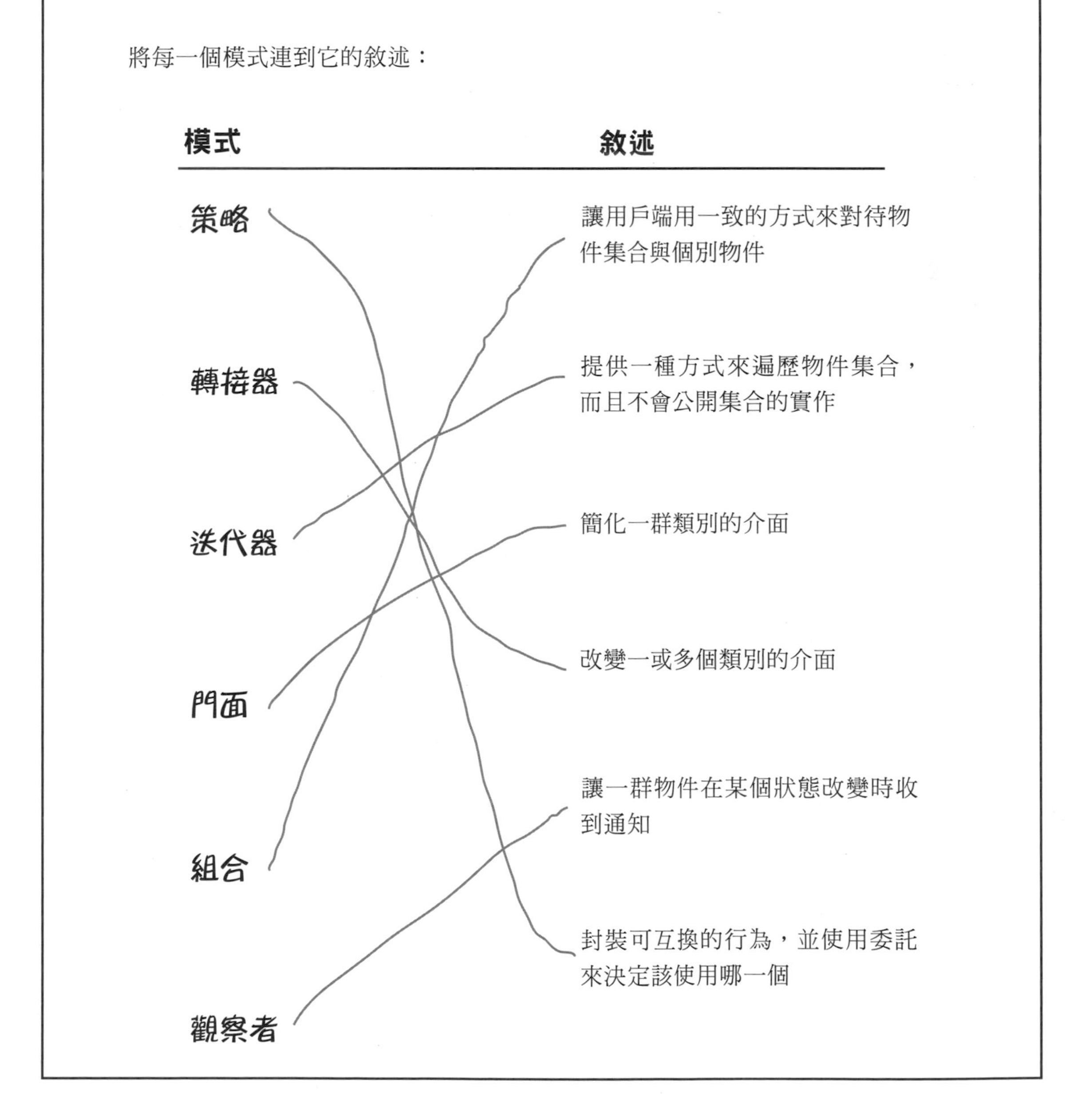
將每一個模式連到它的敘述：
模式
敘述
策略
轉接器
迭代器
門面
組合
觀察者
讓用戶端用一致的方式來對待物件集合與個別物件
提供一種方式來遍歷物件集合，而且不會公開集合的實作
簡化一群類別的介面
改變一或多個類別的介面
讓一群物件在某個狀態改變時收到通知
封裝可互換的行為，並使用委託來決定該使用哪一個

設計模式填字遊戲解答

動動腦，完成這個組合填字遊戲。這是我們的答案。

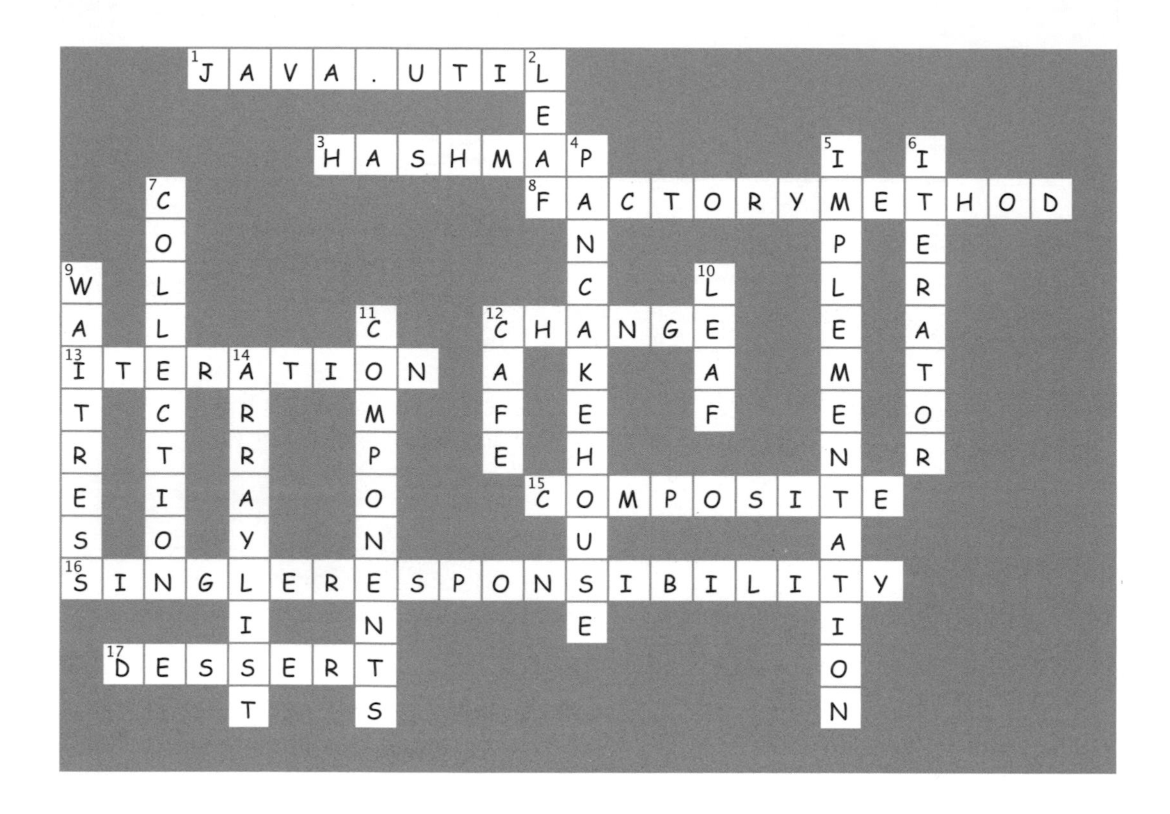

事物的狀態

告訴你一條八卦：策略模式與狀態模式是剛出生就各分東西的雙胞胎。你可能以為它們過著相似的生活，但策略（Strategy）模式是透過可以調換的演算法開創成功的事業，狀態（State）則是選擇比較高尚的方式，藉著改變物件的內部狀態，來幫助物件控制自己的行為。儘管它們選擇不一樣的做法，但是，在它們的背後，你可以發現幾乎一模一樣的設計。那ㄟ安捏？你將看到，Strategy 與 State 的目的有很大的差異。我們會先研究狀態模式到底是怎麼一回事，在本章結束時，再回來探索它們之間的關係。

爪蛙糖果機

（「蛙」上方標註「哇」）

糖果機已經變成一種高科技設備了，沒錯，有些大型的製造商發現，將 CPU 放入糖果機可以增加銷售量、可讓他們透過網路檢查庫存，也可以更準確地評估顧客的滿意度。

但是那些製造商雖然是糖果機器專家，卻不是軟體開發者，所以他們需要你的協助：

這是他們單方面的說法—我認為他們只是厭倦了 19 世紀的技術，想要讓工作更刺激一些。

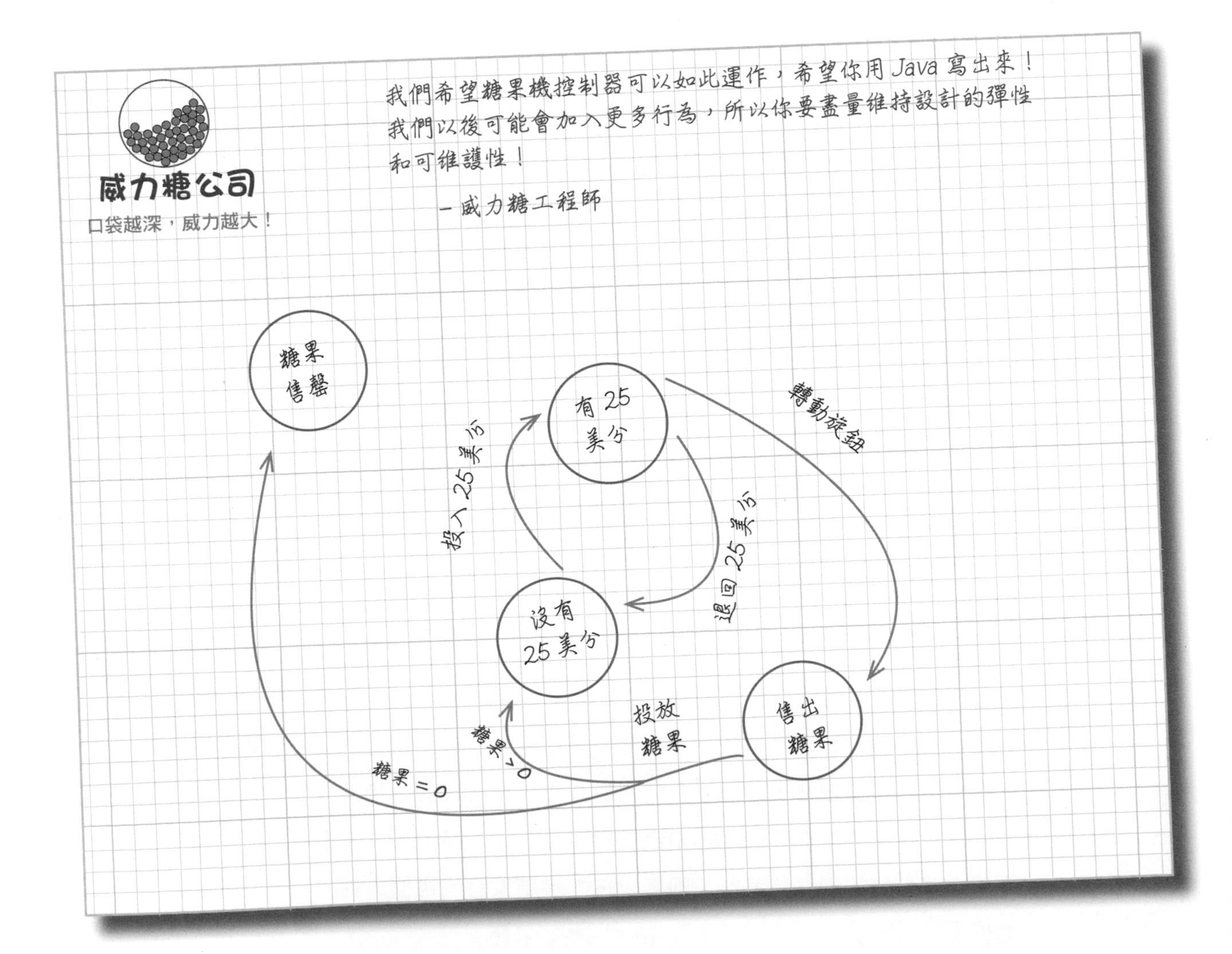

在辦公室隔間的談話

Judy：這張圖看起來很像狀態圖。

Joe：沒錯，每一個圓圈都是狀態…

Judy：…而且每一個箭頭都是狀態的轉換。

Frank：等一下，兩位，我已經好久沒有接觸狀態圖了，可以說一下它是什麼嗎？

Judy：當然可以，這些圓圈是狀態。「沒有 25 美分」應該是糖果機的開始狀態，因為它們被擺在路邊，等你投入 25 美分。每一個狀態都是讓機器展現不同行為的內部設定，你要採取一些行動，才能讓它從一個狀態轉換到下一個狀態。

Joe：對，你看，為了變成另一個狀態，你要做一些事情，例如把 25 美分投入機器。有沒有看到從「沒有 25 美分」指向「有 25 美分」的箭頭？

Frank：有…

Joe：它的意思是，如果糖果機的狀態是「沒有 25 美分」，當你投入 25 美分時，它會變成「有 25 美分」狀態。這就是狀態的轉換。

Frank：噢，我懂了！所以，如果我在「有 25 美分」狀態，我就可以轉動旋鈕，變成「售出糖果」狀態，或是退回 25 美分，變回去「沒有 25 美分」狀態。

Judy：沒錯！

Frank：這個狀態圖看起來並不難，顯然這裡有 4 個狀態，我們也有 4 個動作：「投入 25 美分」、「退回 25 美分」、「轉動旋鈕」與「投放」。 但是…在投放糖果時，我們要在「售出糖果」狀態確認還有沒有糖果，然後轉換成「糖果售罄」或「沒有 25 美分 」狀態。所以我們有 5 個狀態轉換。

Judy：為了測試還有沒有糖果，我們必須監視糖果的數量，當機器投放糖果時，它可能是最後一個，如果是，我們就要轉換成「糖果售罄」狀態。

Joe：此外，別忘了，你也有可能做出不合理的事情，例如試著在機器處於「沒有 25 美分」狀態時退出 25 美分，或投入兩個 25 美分硬幣。

Frank：噢，我倒沒想到這件事，我們也要注意這個部分。

Joe：針對每一種可能的動作，我們都要檢查目前處於哪個狀態，並採取適當的動作。這不成問題！讓我們將狀態圖轉換成程式碼吧…

狀態機 101

該怎麼將狀態圖轉換成實際的程式碼？下面簡單地介紹如何實作狀態機：

1. 首先，找出你的狀態：

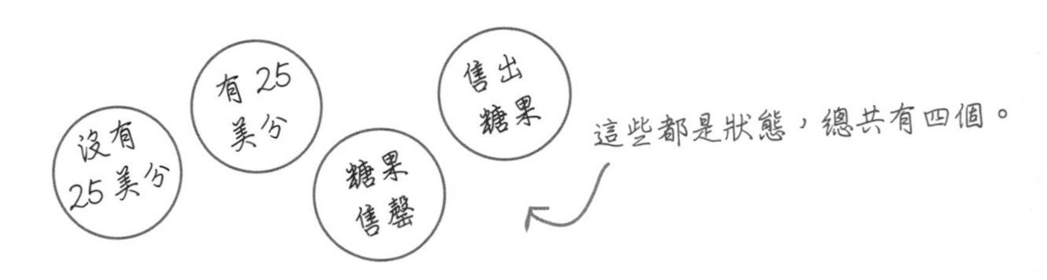

2. 接下來，建立一個實例變數來保存目前的狀態，並且定義各個狀態的值：

為了簡化，我們將「糖果售罄」稱為「Sold Out」。

```
final static int SOLD_OUT = 0;
final static int NO_QUARTER = 1;
final static int HAS_QUARTER = 2;
final static int SOLD = 3;

int state = SOLD_OUT;
```

我們用不同的整數來表示各個狀態…

…並且用這個實例變數來保存目前的狀態。我們將它設為「Sold Out」，因為新機器從紙箱拿出來並啟動時，它裡面是沒有糖果的。

3. 整理系統中可能發生的所有動作：

投入 25 美分　　轉動旋鈕

退回 25 美分

投放

這些動作是糖果機的介面，也就是你可以對著它做的事情。

看一下狀態圖，呼叫任何一個動作都會造成狀態轉移。

投放糖果是機器對著自己呼叫的內部動作。

4 現在我們要建立一個充當狀態機的類別了。我們為每一個動作建立一個方法，在方法裡面使用條件式來確認在每一個狀態下什麼行為是合適的。例如，我們為「投入 25 美分」動作設計這個方法：

```
public void insertQuarter() {

    if (state == HAS_QUARTER) {

        System.out.println("You can't insert another quarter");

    } else if (state == NO_QUARTER) {

        state = HAS_QUARTER;
        System.out.println("You inserted a quarter");

    } else if (state == SOLD_OUT) {

        System.out.println("You can't insert a quarter, the machine is sold out");

    } else if (state == SOLD) {

        System.out.println("Please wait, we're already giving you a gumball");

    }
}
```

用條件式來檢查每一種可能的狀態…

…並且展示在每一種狀態的合適行為…

…但是也可以轉換成其他狀態，正如同狀態圖所畫的。

我們在這裡討論的是通用的技巧：建立一個實例變數來保存狀態值，並且在方法裡面編寫條件式來處理各種狀態，在物件裡面建立狀態的模型。

大致了解之後，我們要開始實作糖果機了！

編寫程式

我們要實作糖果機了。我們會用一個實例變數來保存目前的狀態，接下來，我們只要處理可能發生的所有動作、行為與狀態轉移即可。就動作而言，我們要實作投入 25 美分、退出 25 美分、轉動旋鈕、投放糖果，我們也要實作糖果機售罄條件。

這裡有四個狀態，按照威力糖公司的狀態圖。

用這個實例變數來記錄目前處於哪個狀態。我們從 SOLD_OUT 狀態開始。

用第二個實例變數來記錄機器裡的糖果數量。

用建構式來接收最初的糖果庫存量。如果庫存量不是零，就讓機器進入 NO_QUARTER 狀態，代表它正在等待有人投入 25 美分，否則，它會停在 SOLD_OUT 狀態。

現在我們開始將動作寫成方法…

```
public class GumballMachine {

    final static int SOLD_OUT = 0;
    final static int NO_QUARTER = 1;
    final static int HAS_QUARTER = 2;
    final static int SOLD = 3;

    int state = SOLD_OUT;
    int count = 0;

    public GumballMachine(int count) {
        this.count = count;
        if (count > 0) {
            state = NO_QUARTER;
        }
    }

    public void insertQuarter() {
        if (state == HAS_QUARTER) {
            System.out.println("You can't insert another quarter");
        } else if (state == NO_QUARTER) {
            state = HAS_QUARTER;
            System.out.println("You inserted a quarter");
        } else if (state == SOLD_OUT) {
            System.out.println("You can't insert a quarter, the machine is sold out");
        } else if (state == SOLD) {
            System.out.println("Please wait, we're already giving you a gumball");
        }
    }
```

有人投入 25 美分時…

…如果已經投入 25 美分了，我們告訴顧客…

…否則，我們接受 25 美分，並轉換成 HAS_QUARTER 狀態。

在機器售罄時退出 25 美分。

如果有顧客在剛剛買了糖果，他必須等待轉換完成，才能投入 25 美分。

```
    public void ejectQuarter() {
        if (state == HAS_QUARTER) {
            System.out.println("Quarter returned");
            state = NO_QUARTER;
        } else if (state == NO_QUARTER) {
            System.out.println("You haven't inserted a quarter");
        } else if (state == SOLD) {
            System.out.println("Sorry, you already turned the crank");
        } else if (state == SOLD_OUT) {
            System.out.println("You can't eject, you haven't inserted a quarter yet");
        }
    }
```

接下來，如果顧客試著退出 25 美分⋯

⋯如果機器裡面有 25 美分，我們將錢退給他，並回到 NO_QUARTER 狀態⋯

⋯否則，沒有 25 美分就不能退錢。

顧客轉動旋鈕之後不能退錢，因為他已經拿到糖果了！

你不能在售罄時退款，因為此時它已經不接受 25 美分了！

顧客試著轉動旋鈕⋯

```
    public void turnCrank() {
        if (state == SOLD) {
            System.out.println("Turning twice doesn't get you another gumball!");
        } else if (state == NO_QUARTER) {
            System.out.println("You turned but there's no quarter");
        } else if (state == SOLD_OUT) {
            System.out.println("You turned, but there are no gumballs");
        } else if (state == HAS_QUARTER) {
            System.out.println("You turned...");
            state = SOLD;
            dispense();
        }
    }
```

有時他們會試著欺騙機器。

我們要先收到 25 美分才行。

我們不能提供糖果，因為已經沒有了。

成功！他們拿到糖果了。將狀態改成 SOLD，並呼叫機器的 dispense() 方法。

呼叫它來投放糖果。

```
    public void dispense() {
        if (state == SOLD) {
            System.out.println("A gumball comes rolling out the slot");
            count = count - 1;
            if (count == 0) {
                System.out.println("Oops, out of gumballs!");
                state = SOLD_OUT;
            } else {
                state = NO_QUARTER;
            }
        } else if (state == NO_QUARTER) {
            System.out.println("You need to pay first");
        } else if (state == SOLD_OUT) {
            System.out.println("No gumball dispensed");
        } else if (state == HAS_QUARTER) {
            System.out.println("You need to turn the crank");
        }
    }

    // 這裡有其他的方法，例如 toString() 與 refill()
}
```

我們正處於 SOLD 狀態，給他糖果！

在這裡處理「糖果售罄」狀況：如果糖果是最後一顆，我們將機器的狀態設為 SOLD_OUT，否則回到 NO_QUARTER 狀態。

這些狀態都不應該發生，但是如果它們發生了，我們就顯示錯誤訊息，而不是提供糖果。

內部測試

看起來是個深思熟慮、牢不可破的設計，不是嗎？在將程式交給威力糖公司載入真正的糖果機之前，我們先做一些內部測試。這是我們的測試程式：

```
public class GumballMachineTestDrive {

    public static void main(String[] args) {
        GumballMachine gumballMachine = new GumballMachine(5);

        System.out.println(gumballMachine);

        gumballMachine.insertQuarter();
        gumballMachine.turnCrank();

        System.out.println(gumballMachine);

        gumballMachine.insertQuarter();
        gumballMachine.ejectQuarter();
        gumballMachine.turnCrank();

        System.out.println(gumballMachine);

        gumballMachine.insertQuarter();
        gumballMachine.turnCrank();
        gumballMachine.insertQuarter();
        gumballMachine.turnCrank();
        gumballMachine.ejectQuarter();

        System.out.println(gumballMachine);

        gumballMachine.insertQuarter();
        gumballMachine.insertQuarter();
        gumballMachine.turnCrank();
        gumballMachine.insertQuarter();
        gumballMachine.turnCrank();
        gumballMachine.insertQuarter();
        gumballMachine.turnCrank();

        System.out.println(gumballMachine);
    }
}
```

裝入五顆糖果。

印出機器的狀態。

投入 25 美分…

轉動旋鈕，我們應該會得到糖果。

再次印出機器的狀態。

投入 25 美分…

叫機器退錢。

轉動旋鈕，我們不應該得到糖果。

再次印出機器的狀態。

投入 25 美分…

轉動旋鈕，我們應該會得到糖果。

投入 25 美分…

轉動旋鈕，我們應該會得到糖果。

要求機器退還沒有投入的 25 美分。

再次印出機器的狀態。

投入兩個 25 美分硬幣…

轉動旋鈕，我們應該會得到糖果。

現在做壓力測試… ☺

再度印出機器狀態。

```
File Edit Window Help mightygumball.com
%java GumballMachineTestDrive
Mighty Gumball, Inc.
Java-enabled Standing Gumball Model #2004
Inventory: 5 gumballs
Machine is waiting for quarter

You inserted a quarter
You turned...
A gumball comes rolling out the slot

Mighty Gumball, Inc.
Java-enabled Standing Gumball Model #2004
Inventory: 4 gumballs
Machine is waiting for quarter

You inserted a quarter
Quarter returned
You turned but there's no quarter

Mighty Gumball, Inc.
Java-enabled Standing Gumball Model #2004
Inventory: 4 gumballs
Machine is waiting for quarter

You inserted a quarter
You turned...
A gumball comes rolling out the slot
You inserted a quarter
You turned...
A gumball comes rolling out the slot
You haven't inserted a quarter

Mighty Gumball, Inc.
Java-enabled Standing Gumball Model #2004
Inventory: 2 gumballs
Machine is waiting for quarter

You inserted a quarter
You can't insert another quarter
You turned...
A gumball comes rolling out the slot
You inserted a quarter
You turned...
A gumball comes rolling out the slot
Oops, out of gumballs!
You can't insert a quarter, the machine is sold out
You turned, but there are no gumballs

Mighty Gumball, Inc.
Java-enabled Standing Gumball Model #2004
Inventory: 0 gumballs
Machine is sold out
```

該來的遲早會來…他們想要修改程式！

威力糖公司將你的程式放入最新的機器，叫他們的品保專家進行測試，到目前為止，一切都很順利。

事實上，因為進度實在太順利了，所以他們想要更上一層樓…

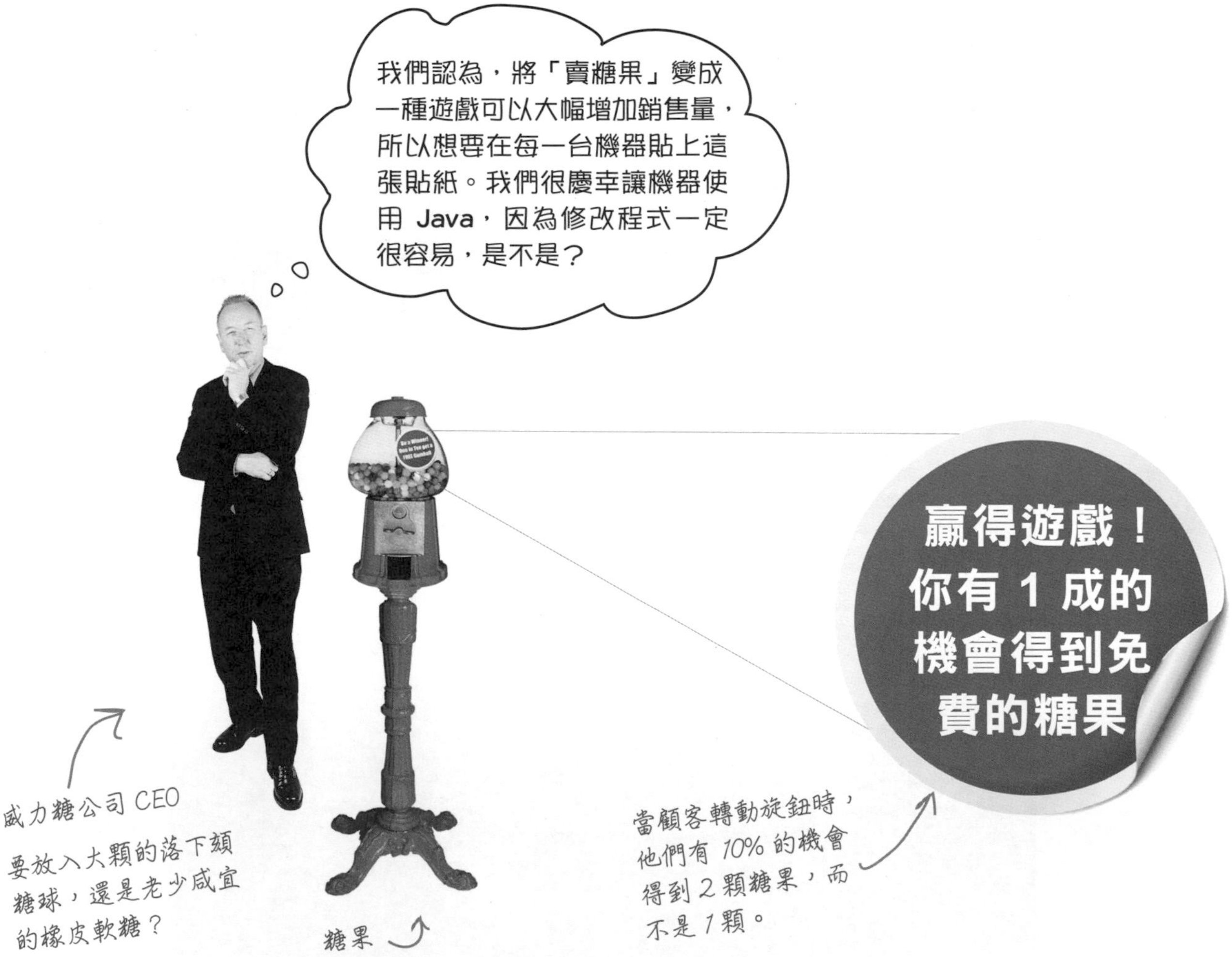

我們認為，將「賣糖果」變成一種遊戲可以大幅增加銷售量，所以想要在每一台機器貼上這張貼紙。我們很慶幸讓機器使用 Java，因為修改程式一定很容易，是不是？

贏得遊戲！你有 1 成的機會得到免費的糖果

威力糖公司 CEO

要放入大顆的落下頦糖球，還是老少咸宜的橡皮軟糖？

糖果

當顧客轉動旋鈕時，他們有 10% 的機會得到 2 顆糖果，而不是 1 顆。

設計謎題

畫出一個能夠處理 10% 機率遊戲的糖果機狀態圖。在這場遊戲中，Sold 狀態有 10% 的機率投放兩顆糖果，而不是一顆。拿你的答案與我們的比對（在本章結尾），確保你的看法和我們一致，再繼續閱讀…

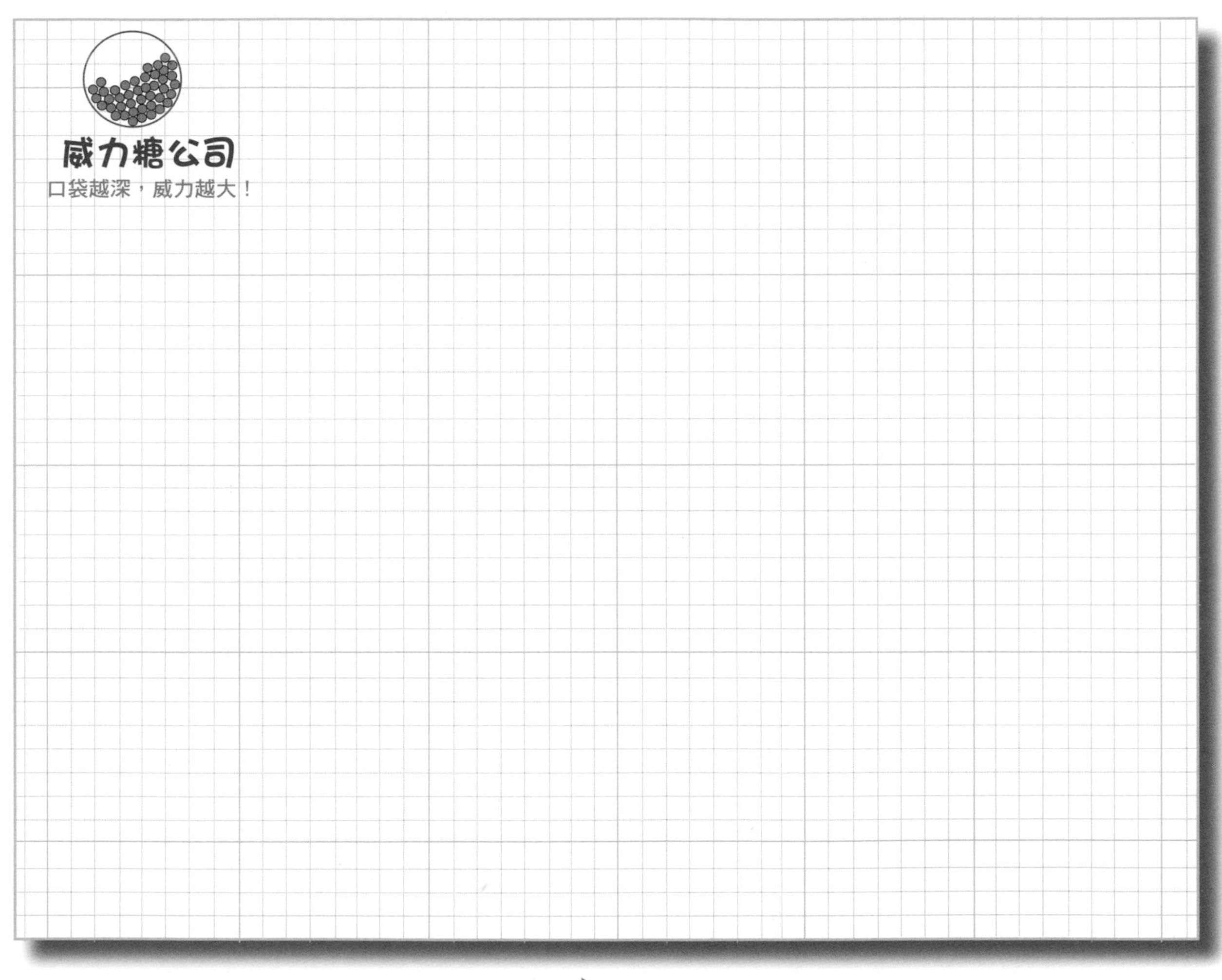

在威力糖公司的便條紙上畫出你的狀態圖。

混亂的狀態…

雖然你精心設計了糖果機器，但是這不一定代表它很容易擴展。事實上，回去看一下程式，想一下該怎樣修改…

```
final static int SOLD_OUT = 0;
final static int NO_QUARTER = 1;
final static int HAS_QUARTER = 2;
final static int SOLD = 3;

public void insertQuarter() {
    // 投入 25 美分的程式
}

public void ejectQuarter() {
    // 退還 25 美分的程式
}

public void turnCrank() {
    // 轉動旋鈕的程式
}

public void dispense() {
    // 投放糖果的程式
}
```

首先，你必須加入新的 WINNER（中獎）狀態。這還不是最麻煩的…

…然後呢？為了處理 WINNER 狀態，你必須在每一個方法裡面加入新的條件式，這需要修改很多地方。

turnCrank() 將特別混亂，因為你必須加入程式來檢查有沒有中獎，然後切換到 WINNER 狀態或是 SOLD 狀態。

削尖你的鉛筆

下面的哪些敘述符合我們的程式的狀態？（多選題）

- ❑ A. 這段程式絕對沒有遵守開放 / 封閉原則。
- ❑ B. 這段程式會讓 FORTRAN 程式員覺得他們的選擇是對的。
- ❑ C. 這個設計根本不是物件導向設計。
- ❑ D. 狀態轉換並不明確，它們被埋在一堆條件陳述式的中間。
- ❑ E. 我們沒有封裝任何會變的東西。
- ❑ F. 以後加入程式可能會讓原本正常運作的程式出現 bug。

Frank：你說得對！我們要重構程式，讓它方便維護與修改。

Judy：我們應該將各個狀態的行為區域化（localize），如此一來，當我們對一個狀態進行修改時，就不會讓其他的程式一團亂。

Frank：沒錯，換句話說，我們要遵守「把會變的封裝起來」原則。

Judy：是的。

Frank：如果我們把每一個狀態的行為都放入它自己的類別，那麼每一個狀態都只要實作它自己的動作就可以了。

Judy：對，而且威力糖也許可以將動作委託給代表目前狀態的狀態物件。

Frank：哇！你真行，這正是「多用組合」…我們運用更多原則了。

Judy：呵呵，我無法百分之百確定這種做法有沒有效，但是我們應該已經往正確的方向前進了。

Frank：不知道這樣會不會讓我們更容易加入新的狀態？

Judy：我認為可以…雖然我們依然得修改程式，但是修改的範圍十分有限，因為加入新狀態時，我們只要加入新類別，也許再修改一些轉換就可以了。

Frank：聽起來不錯。我們開始做新的設計吧！

新的設計

這是我們的新計畫：我們不想繼續維護既有的程式，而是改寫它，將狀態物件封裝在它們自己的類別裡面，然後在動作發生時，將動作委託給目前的狀態。

因為我們遵守設計原則，所以應該可以設計出更容易維護的程式。我們的做法是：

1. **首先，定義一個 State 介面，在裡面，糖果機器的每一個動作都有一個方法。**

2. **接下來，為機器的每一個狀態實作一個 State 類別。當機器處於對應的狀態時，讓那些類別處理機器的行為。**

3. **最後，移除所有的條件程式，改成將動作委託給 State 類別。**

我們不但遵守設計原則，你將看到，我們其實也實作了狀態模式。我們會在改寫程式之後，介紹狀態模式的正式定義…

定義 State 介面與類別

我們先建立 State 的介面，準備讓所有的狀態實作：

這是讓所有狀態實作的介面。裡面的方法直接對應糖果機可能發生的動作（這些方法與之前的程式裡面的一樣）。

然後將我們的設計裡面的每一個狀態都封裝在一個實作了 State 介面的類別裡面。

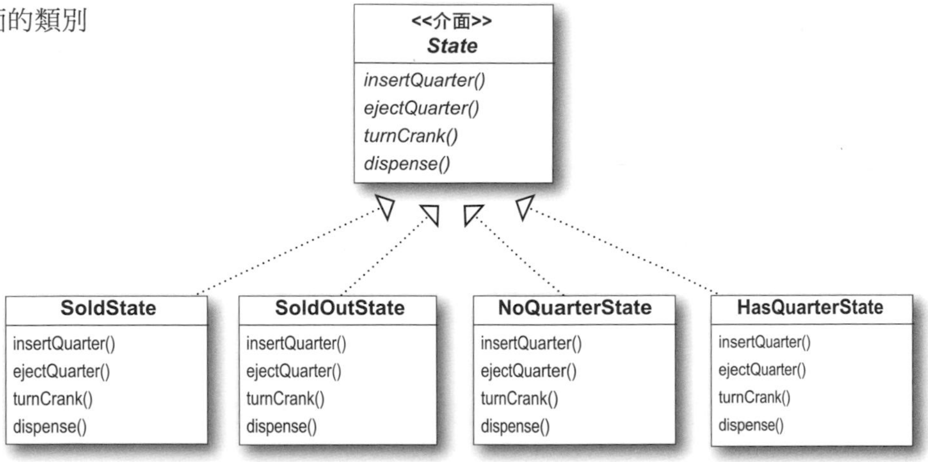

<<介面>>
State
insertQuarter()
ejectQuarter()
turnCrank()
dispense()

SoldState	SoldOutState	NoQuarterState	HasQuarterState
insertQuarter()	insertQuarter()	insertQuarter()	insertQuarter()
ejectQuarter()	ejectQuarter()	ejectQuarter()	ejectQuarter()
turnCrank()	turnCrank()	turnCrank()	turnCrank()
dispense()	dispense()	dispense()	dispense()

回顧一下之前的程式，確認我們需要哪些狀態…

```
public class GumballMachine {

    final static int SOLD_OUT = 0;
    final static int NO_QUARTER = 1;
    final static int HAS_QUARTER = 2;
    final static int SOLD = 3;

    int state = SOLD_OUT;
    int count = 0;
```

…我們將每個狀態直接對應到一個類別。

別忘了，我們也需要新的「winner」狀態，並讓它實作 State 介面。我們會在改寫第一版的糖果機之後回來討論它。

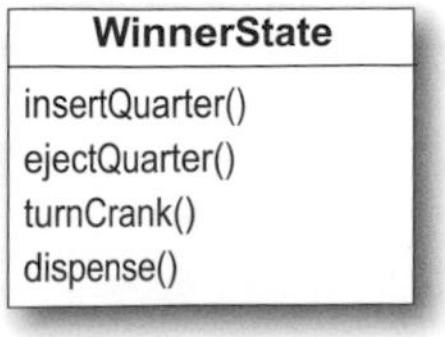

WinnerState
insertQuarter()
ejectQuarter()
turnCrank()
dispense()

削尖你的鉛筆

在實作狀態時，我們要先指定類別在每一個動作被呼叫時的行為。在下圖中，寫上每個類別裡面的每個動作的行為，我們已經幫你寫下幾個答案了。

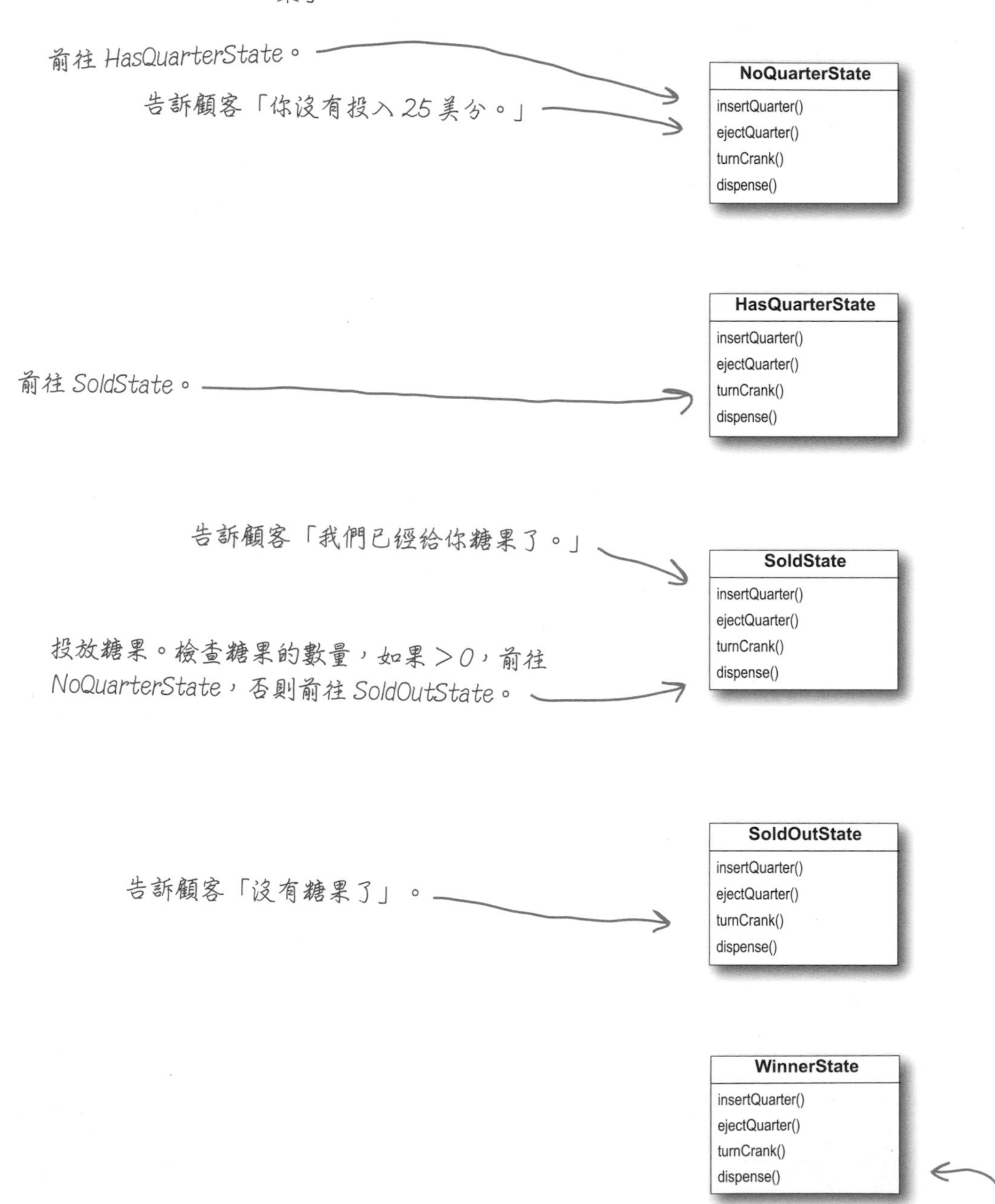

實作 State 類別

我們要實作狀態了。我們已經知道需要哪些行為了，接下來只要將它寫成程式即可。我們打算完全依循之前寫好的狀態機程式，但是這一次會將所有東西都放入不同的類別。

從 NoQuarterState 開始處理：

先實作 State 介面。

用建構式接收指向 GumballMachine（糖果機）的參考。將它存入實例變數。

```
public class NoQuarterState implements State {
    GumballMachine gumballMachine;

    public NoQuarterState(GumballMachine gumballMachine) {
        this.gumballMachine = gumballMachine;
    }

    public void insertQuarter() {
        System.out.println("You inserted a quarter");
        gumballMachine.setState(gumballMachine.getHasQuarterState());
    }

    public void ejectQuarter() {
        System.out.println("You haven't inserted a quarter");
    }

    public void turnCrank() {
        System.out.println("You turned, but there's no quarter");
     }

    public void dispense() {
        System.out.println("You need to pay first");
    }
}
```

有人投入 25 美分時，印出一個訊息，指示我們收到 25 美分，然後將機器的狀態改成 HasQuarterState。

你很快就會看到它們是怎麼運作的…

沒有投錢就無法退錢！

沒有投錢也無法獲得糖果。

如果顧客沒有投錢，我們就不投放糖果。

我們的工作就是實作適合當下狀態的行為。在某些情況下，這個行為包括將糖果機移到新狀態。

改寫糖果機

在完成 State 類別之前，我們要來改寫糖果機，這樣你就可以看到所有元素是如何組在一起的。我們先處理與狀態有關的實例變數，將程式從使用整數改成使用狀態物件：

```
public class GumballMachine {

    final static int SOLD_OUT = 0;
    final static int NO_QUARTER = 1;
    final static int HAS_QUARTER = 2;
    final static int SOLD = 3;

    int state = SOLD_OUT;
    int count = 0;
```

舊程式

在 GumballMachine 裡，我們將程式改成使用新類別，而不是靜態整數。這兩段程式很相似，只是一個類別使用整數，在另一個類別使用物件…

```
public class GumballMachine {

    State soldOutState;
    State noQuarterState;
    State hasQuarterState;
    State soldState;

    State state = soldOutState;
    int count = 0;
```

新程式

在建構式裡建立與指派所有的 State 物件。

現在它保存一個 State 物件，不是整數。

接著，我們來看完整的 GumballMachine 類別…

```
public class GumballMachine {

    State soldOutState;
    State noQuarterState;
    State hasQuarterState;
    State soldState;

    State state;
    int count = 0;

    public GumballMachine(int numberGumballs) {
        soldOutState = new SoldOutState(this);
        noQuarterState = new NoQuarterState(this);
        hasQuarterState = new HasQuarterState(this);
        soldState = new SoldState(this);

        this.count = numberGumballs;
        if (numberGumballs > 0) {
            state = noQuarterState;
        } else {
            state = soldOutState;
        }
    }

    public void insertQuarter() {
        state.insertQuarter();
    }
    public void ejectQuarter() {
        state.ejectQuarter();
    }
    public void turnCrank() {
        state.turnCrank();
        state.dispense();
    }

    void setState(State state) {
        this.state = state;
    }

    void releaseBall() {
        System.out.println("A gumball comes rolling out the slot...");
        if (count > 0) {
            count = count - 1;
        }
    }
    // 這裡還有其他的方法，包括各個 State 的 getter…
}
```

這是所有的 State…

…與 State 實例變數。

count 實例變數保存糖果的數量—最初機器是空的。

建構式接收最初的糖果數量，並將它存入實例變數。

它也為每一個狀態建立一個 State 實例。

如果糖果超過 0 個，將狀態設成 NoQuarterState，否則，從 SoldOutState 開始。

接下來要處理動作了，現在它們**很容易**寫，只要將動作委託給目前的狀態即可。

注意，在 GumballMachine 裡不需要 dispense() 動作方法，因為它只是內部動作，用户不能直接要求機器投放糖果。但是我們會在 turnCrank() 方法裡面呼叫 State 物件的 dispense()。

這個方法可讓其他的物件（例如我們的 State 物件）將機器轉換到不同的狀態。

機器提供 releaseBall() 輔助方法，它可以送出糖果，並遞減 count 實例變數。

這包含用來取得各個狀態物件的 getNoQuarterState()，以及用來取得糖果數量的 getCount() 等方法。

實作其他狀態

現在你已經開始知道糖果機與狀態如何搭配了，我們接下來要實作 HasQuarterState 與 SoldState 類別…

```
public class HasQuarterState implements State {
    GumballMachine gumballMachine;

    public HasQuarterState(GumballMachine gumballMachine) {
        this.gumballMachine = gumballMachine;
    }

    public void insertQuarter() {
        System.out.println("You can't insert another quarter");
    }

    public void ejectQuarter() {
        System.out.println("Quarter returned");
        gumballMachine.setState(gumballMachine.getNoQuarterState());
    }

    public void turnCrank() {
        System.out.println("You turned...");
        gumballMachine.setState(gumballMachine.getSoldState());
    }

    public void dispense() {
        System.out.println("No gumball dispensed");
    }
}
```

在實例化狀態時，將 GumballMachine 的參考傳給它。我們用它來將機器轉換成不同狀態。

在這個狀態中不適當的動作。

回傳顧客的 25 美分，並轉換回去 NoQuarterState。

當顧客轉動旋鈕時，呼叫機器的 setState() 方法，並將 SoldState 物件傳給它，來將機器轉換成 SoldState 狀態。使用 getSoldState() getter 可以取得 SoldState 物件（每一個狀態都有一個這種 getter）。

在這個狀態中不合適的動作。

接著，我們來檢查 SoldState 類別…

```
public class SoldState implements State {
    //這裡是建構式與實例變數

    public void insertQuarter() {
        System.out.println("Please wait, we're already giving you a gumball");
    }

    public void ejectQuarter() {
        System.out.println("Sorry, you already turned the crank");
    }

    public void turnCrank() {
        System.out.println("Turning twice doesn't get you another gumball!");
    }

    public void dispense() {
        gumballMachine.releaseBall();
        if (gumballMachine.getCount() > 0) {
            gumballMachine.setState(gumballMachine.getNoQuarterState());
        } else {
            System.out.println("Oops, out of gumballs!");
            gumballMachine.setState(gumballMachine.getSoldOutState());
        }
    }
}
```

這些是在這個狀態中不合適的動作。

這是真正開始工作的地方…

我們位於 SoldState，也就是顧客已經投錢了。所以，我們先要求機器掉出糖果。

然後詢問機器糖果還有幾顆，接著轉換成 NoQuarterState 或 SoldOutState。

動動腦

回去看一下 GumballMachine 的實作，如果顧客轉動旋鈕，而且沒有成功（假如顧客沒有先投入 25 美分），我們仍然會呼叫 dispense()，即使它是多餘的，該怎麼修改？

削尖你的鉛筆

我們還有一個類別還沒實作：SoldOutState。何不試著實作它？在實作時，仔細想想糖果機在每一種情況下的表現。先檢查你的答案，再繼續閱讀…

```
public class SoldOutState implements ______________  {
    GumballMachine gumballMachine;

    public SoldOutState(GumballMachine gumballMachine) {


    }

    public void insertQuarter() {



    }

    public void ejectQuarter() {



    }

    public void turnCrank() {




    }

    public void dispense() {




    }
}
```

我們來回顧一下目前完成的程式…

你現在有一個糖果機實作，雖然它的結構與第一版全然不同，但是功能是完全一樣的。藉著改變實作的結構，你已經：

- 將各個狀態的行為區域化，放入它自己的類別。
- 移除所有難以維護的 if 陳述式。
- 讓每一個狀態拒絕修改，同時讓糖果機歡迎擴展—你可以藉著加入新的狀態類別來擴展它（我們等一下就會做這件事）。
- 做出一個更符合威力糖狀態圖的基礎程式與類別結構，而且更容易閱讀與了解。

接下來，讓我們更仔細地看一下目前完成的功能層面：

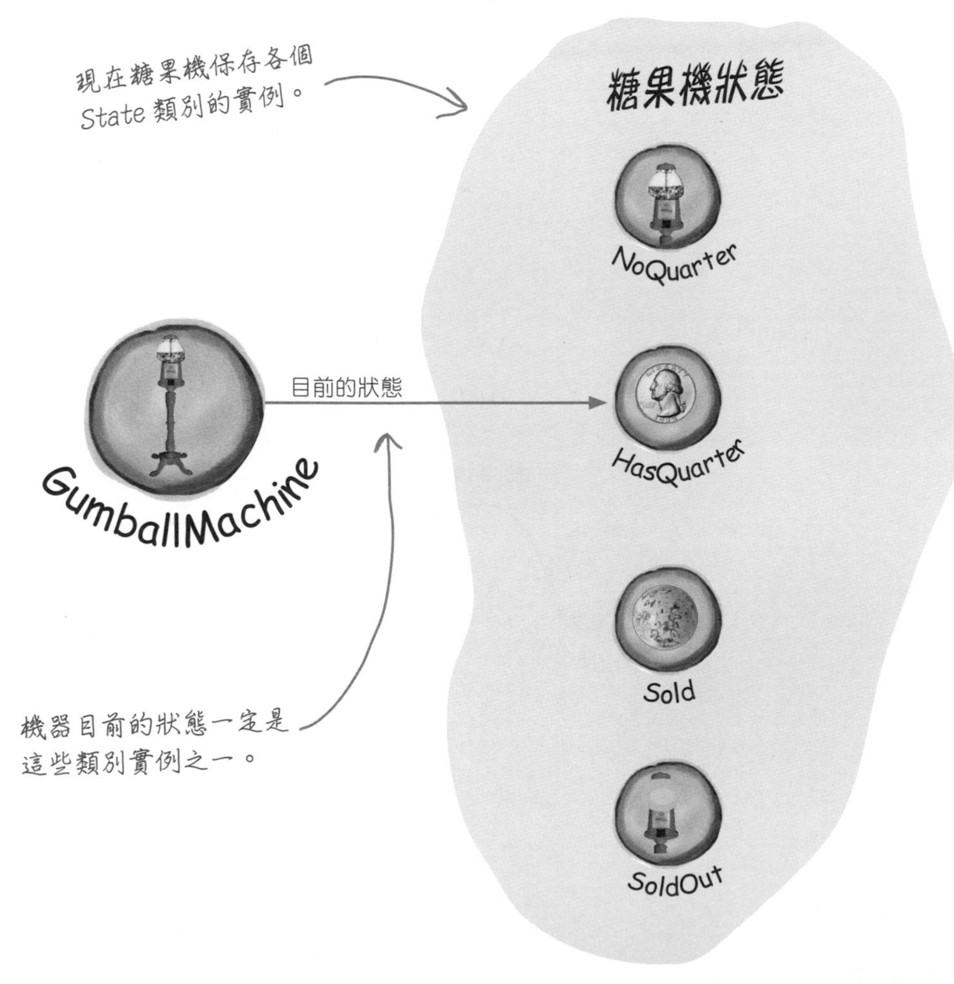

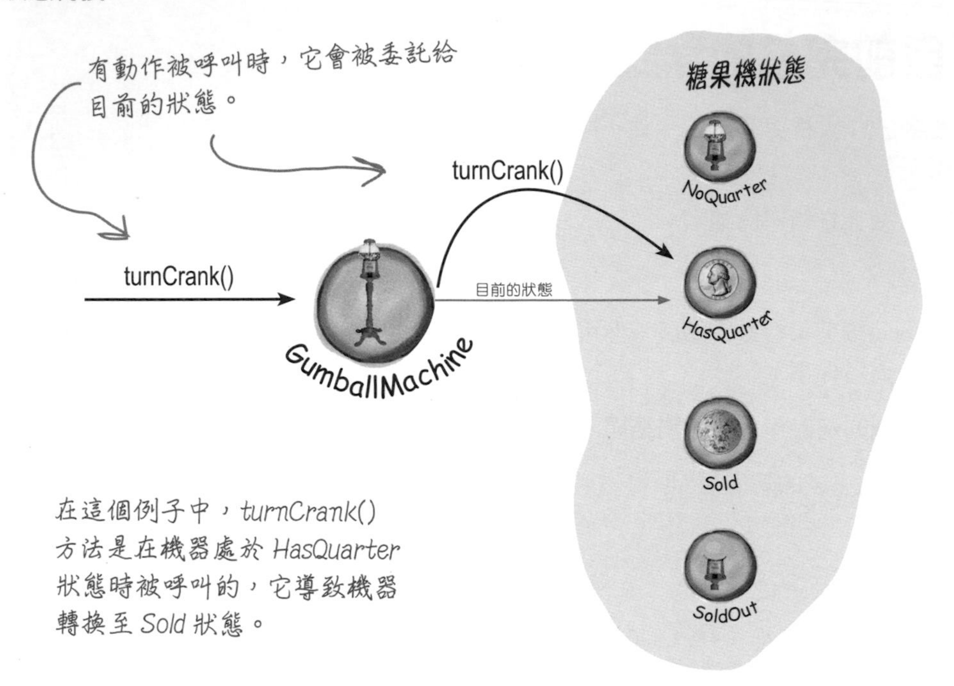

有動作被呼叫時，它會被委託給目前的狀態。
糖果機狀態
turnCrank()
NoQuarter
turnCrank()
目前的狀態
HasQuarter
GumballMachine
Sold
SoldOut
在這個例子中，turnCrank() 方法是在機器處於 HasQuarter 狀態時被呼叫的，它導致機器轉換至 Sold 狀態。

轉換成 SOLD 狀態

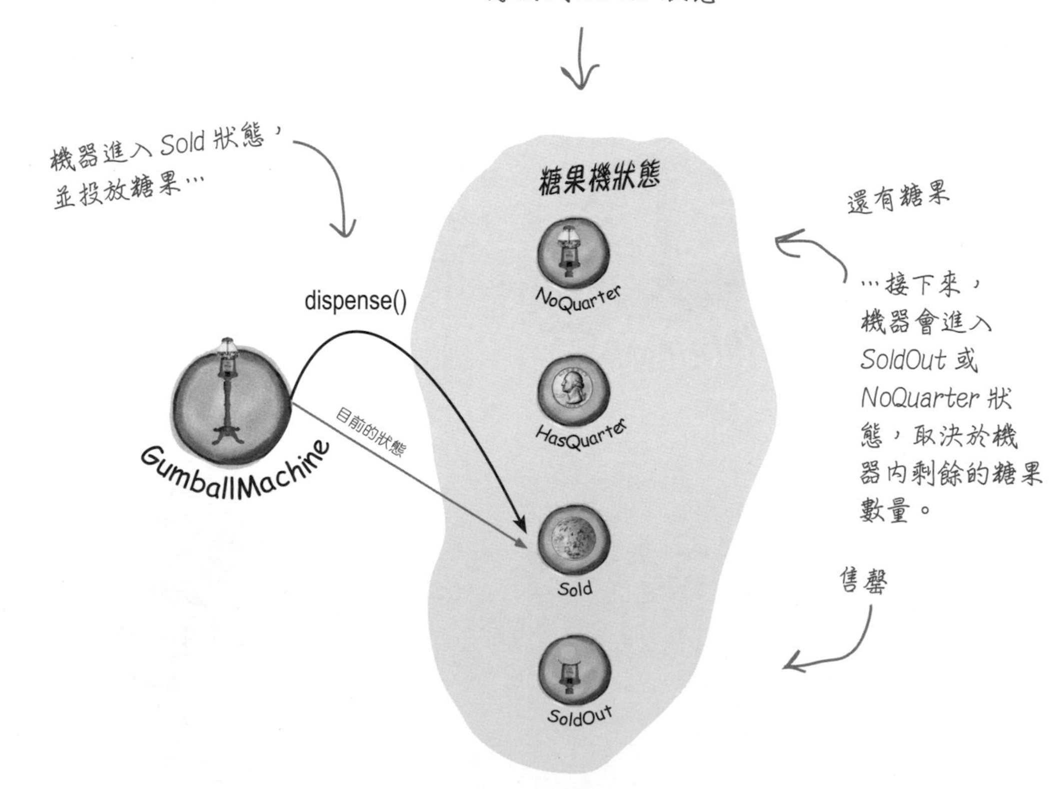

機器進入 Sold 狀態，並投放糖果…
糖果機狀態
還有糖果
NoQuarter
dispense()
…接下來，機器會進入 SoldOut 或 NoQuarter 狀態，取決於機器內剩餘的糖果數量。
HasQuarter
目前的狀態
GumballMachine
Sold
售罄
SoldOut

從 NoQuarter 狀態開始，逐步追蹤糖果機的狀態，並且在圖中標注動作與機器的輸出。在這個練習中，我們假設機器裡面還有許多糖果。

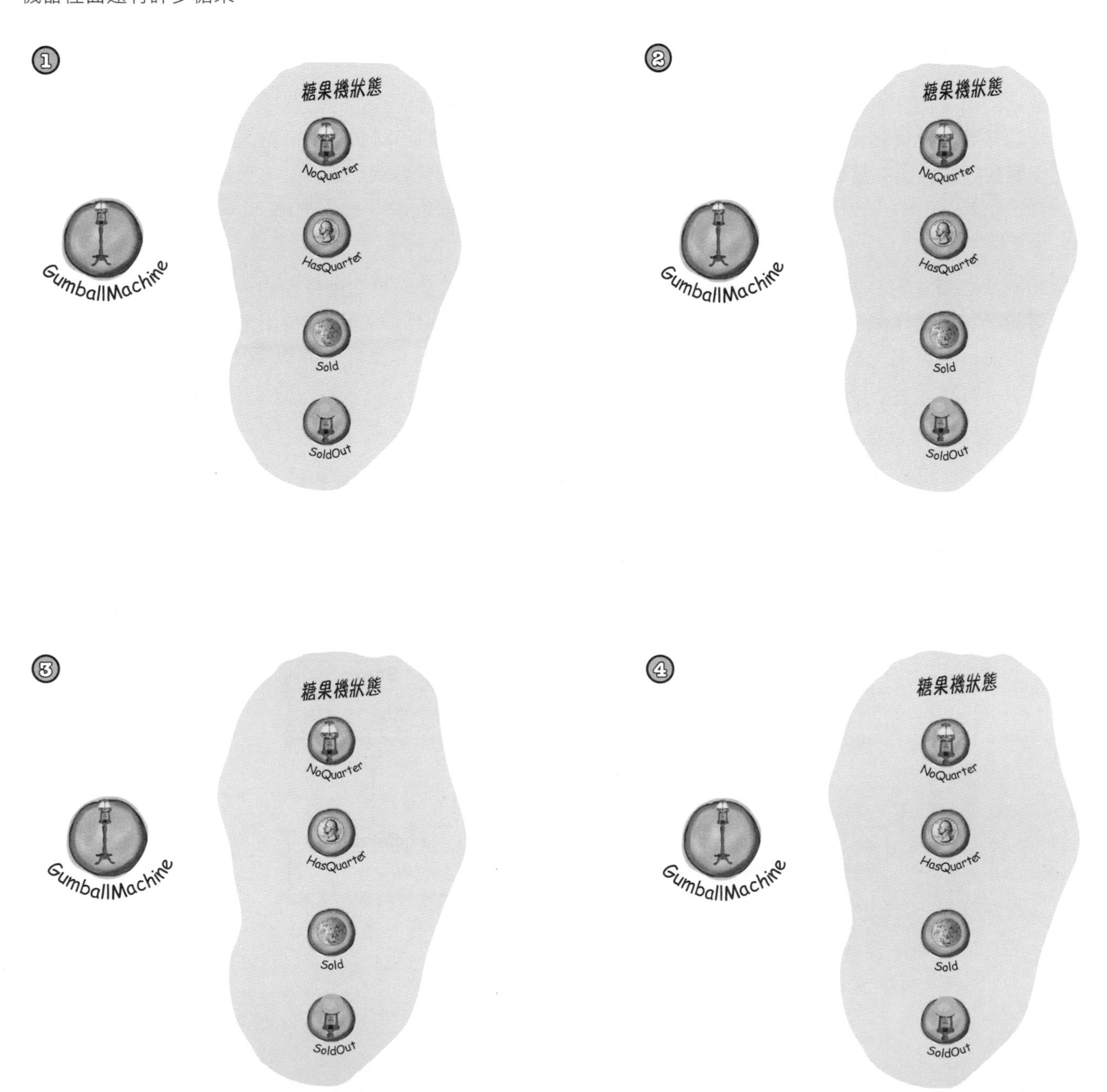

定義狀態模式

沒錯，我們剛才已經實作狀態模式了！我們來看一下它是怎麼回事：

> **狀態模式**可讓物件在內部狀態改變時改變其行為。讓物件彷彿變成另一個類別。

這個敘述的第一部分看起來很合理，對吧？因為這個模式將狀態封裝到不同的類別裡面，並且將動作委託給代表目前狀態的物件，所以行為會隨著內部狀態的不同而改變。糖果機就是一個很好的例子：當糖果機處於 NoQuarterState 且被投入 25 美分時展現的行為（機器接受 25 美分），與它在 HasQuarterState 且被投入 25 美分時展現的行為（機器拒絕 25 美分）不一樣。

那定義的第二部分呢？「讓物件彷彿變成另一個類別」是什麼意思？你要從用戶端的角度來看這句話：當物件完全改變行為時，在你眼中，那個物件彷彿是用另一個類別做出來的實例。但是，事實上，我們是藉著使用組合並參考不同的狀態物件，來呈現「變更類別」的表象。

OK，我們來看一下狀態模式的類別圖：

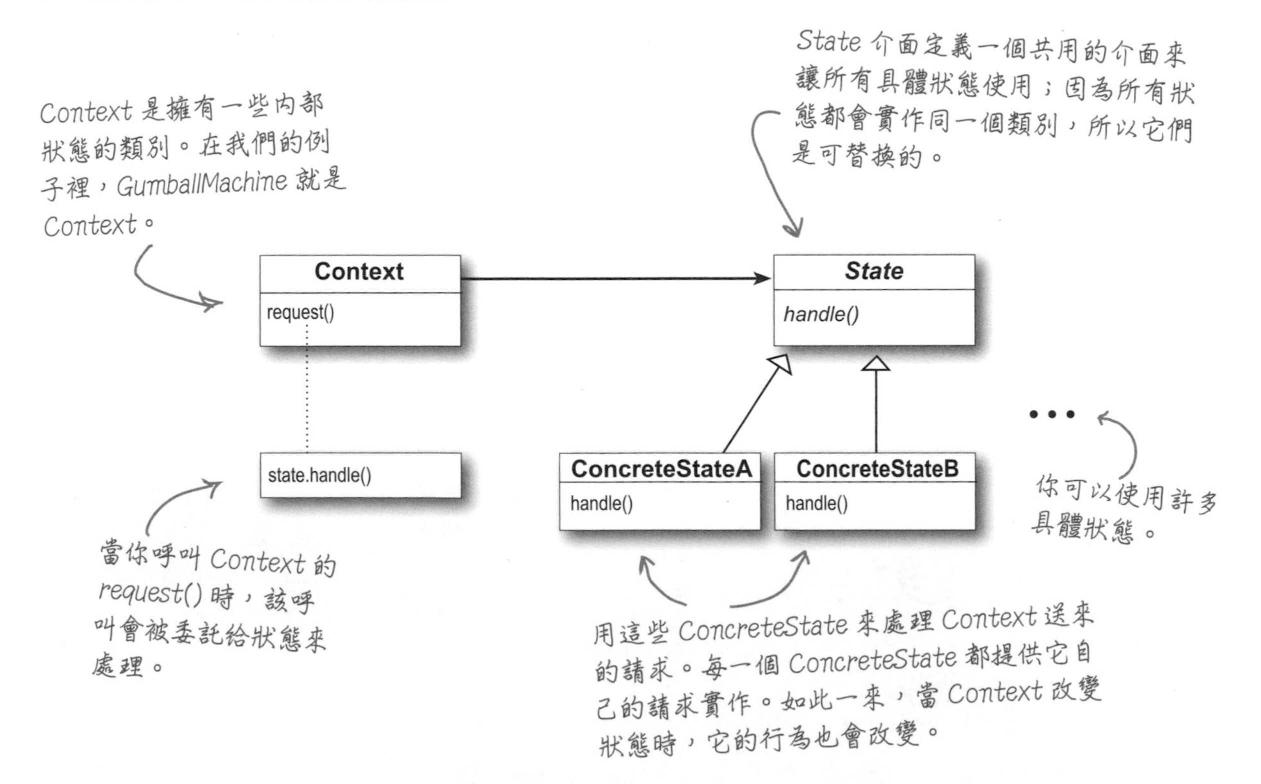

好眼光（不過，你是不是從本章開頭的簡介得知的？）！沒錯，這兩種模式的類別圖基本上是相同的，但是它們的目的不一樣。

在狀態模式裡，我們將一組行為封裝在狀態物件中，無論何時，context 都會將動作委託給其中一個狀態。隨著時間過去，當下的狀態會在這一組狀態物件之間變換，以反應 context 的內部狀態，所以 context 的行為也會隨著時間而改變。用戶端通常不太了解狀態物件，甚至完全不知道它們。

在策略模式中，用戶端通常會指定和 context 組合的策略物件。雖然這種模式可以在執行期靈活地改變策略物件，但是通常有一種策略物件最適合 context 物件。例如，在第 1 章，有些鴨子被設定成典型的飛行行為（例如綠頭鴨（mallard duck）），有些鴨子被設定成待在地面（例如橡皮鴨與誘餌鴨）。

通常，策略模式可以視為「製作子類別（subclassing）」的靈活替代方案，當你使用繼承來定義類別的行為時，你就會被它約束，即使你需要改變它。使用策略模式的話，你可以藉著組合不同的物件來改變行為。

你可以將狀態模式視為避免在 context 裡放入大量條件式的替代方案；用狀態物件來封裝行為之後，你只要在 context 裡改變狀態物件就可以改變它的行為。

問：在 GumballMachine 裡，狀態類別決定了下一個狀態是什麼，接下來要切換成哪個狀態一定由 ConcreteState 決定嗎？

答：不一定如此，另一種做法是讓 Context 決定狀態轉換流程。

一般來說，如果狀態的轉換是固定的，它們比較適合放在 Context 裡面，但是，如果狀態的轉換比較動態，通常要放在狀態類別本身（例如，在 GumballMachine 裡，究竟要轉換成 NoQuarter 還是 SoldOut 取決於糖果的執行期數量）。

將狀態的轉換放入狀態類別的缺點是在狀態類別之間建立依賴關係。在 GumballMachine 裡，我們藉著在 Context 裡面使用 getter 而不是將明確的狀態類別寫成程式，來將這個依賴關係最小化。

注意，做出這個決定相當於決定哪些類別在系統演進的過程中是拒絕修改的（Context 還是狀態類別）。

問：用戶端會直接與狀態類別互動嗎？

答：不會，狀態類別是 Context 用來表示它的內部狀態與行為的，所以狀態類別收到的請求都來自 Context。用戶端不會直接改變 Context 的狀態。Context 的狀態是由它自己監控的，你通常不想要讓用戶端在 Context 不知情的情況下改變它的狀態。

問：如果我的應用程式裡有許多 Context 實例，能不能讓它們共用狀態物件？

答：當然可以，事實上，這是很常見的情況。唯一的要求是，你的狀態物件不能保存它自己的內部 context，否則，你就要為每一個 context 建立一個獨立的實例。

為了共用狀態物件，通常你要將各個狀態物件指派給一個靜態實例變數。如果你的狀態物件需要使用 Context 裡面的方法或實例變數，你也要在每個 handler() 方法裡面，提供 Context 的參考給它們。

問：使用狀態模式似乎都會增加類別的數量，看看 GumballMachine 的類別數量比原始的設計多了多少！

答：沒錯，將狀態行為封裝在個別的狀態類別裡面絕對會產生更多類別，這通常是彈性的代價。除非你的程式是某種「一次性」的作品，而且你會直接捨棄它（沒錯，毫不留情地），否則用更多類別來建構它會讓你在過程中感謝你自己。注意，你公開給用戶端的類別數量才是重要的因素，你可以用各種方式隱藏那些額外的類別不讓用戶端看到（例如，將它們宣告成 package private）。

試想另一種做法：如果你的應用程式有許多狀態，而且你不想要使用很多物件，你就會做出非常龐大、單塊的條件陳述式，讓程式難以維護與了解。使用物件可以清楚地表示狀態，並減少了解與維護程式所需的精力。

問：在狀態模式類別圖裡面，State 是一個抽象類別。你卻在糖果機的狀態實作裡面使用介面？

答：對，因為我們沒有共用的功能需要放入抽象類別，所以使用介面。你或許會在自己的程式裡面使用抽象類別。使用抽象類別的好處是，以後你可以在抽象類別裡面加入方法，並且不會破壞具體狀態實作。

我們還是要完成糖果的一成機率遊戲…

別忘了，工作還沒有完成，我們還要製作一個遊戲，但是我們已經完成狀態模式了，所以這件事應該易如反掌。我們先在 GumballMachine 類別裡面加入一個狀態：

```
public class GumballMachine {

    State soldOutState;
    State noQuarterState;
    State hasQuarterState;
    State soldState;
    State winnerState;

    State state = soldOutState;
    int count = 0;
    // 其他的方法
}
```

在這裡只要加入新的 WinnerState，並且在建構式裡將它初始化即可。

別忘了，你也要加入 WinnerState 的 getter。

接著實作 WinnerState 類別，它很像 SoldState 類別：

```
public class WinnerState implements State {

    // 實例變數與建構式
    // insertQuarter 錯誤訊息
    // ejectQuarter 錯誤訊息
    // turnCrank 錯誤訊息

    public void dispense() {
        gumballMachine.releaseBall();
        if (gumballMachine.getCount() == 0) {
            gumballMachine.setState(gumballMachine.getSoldOutState());
        } else {
            gumballMachine.releaseBall();
            System.out.println("YOU'RE A WINNER! You got two gumballs for your quarter");
            if (gumballMachine.getCount() > 0) {
                gumballMachine.setState(gumballMachine.getNoQuarterState());
            } else {
                System.out.println("Oops, out of gumballs!");
                gumballMachine.setState(gumballMachine.getSoldOutState());
            }
        }
    }
}
```

與 SoldState 一樣。

在這裡投放兩顆糖果，然後轉換成 NoQuarterState 或是 SoldOutState。

如果有第二顆糖果，那就投放它。

如果可以投放兩顆糖果，就通知顧客中獎了。

完成遊戲

我們只需要再改一個地方即可：實作一個隨機的遊戲，並且加入一個變成 WinnerState 的轉換。我們會將這兩個部分加入 HasQuarterState，因為它是顧客轉動旋鈕的地方：

```
public class HasQuarterState implements State {
    Random randomWinner = new Random(System.currentTimeMillis());
    GumballMachine gumballMachine;

    public HasQuarterState(GumballMachine gumballMachine) {
        this.gumballMachine = gumballMachine;
    }

    public void insertQuarter() {
        System.out.println("You can't insert another quarter");
    }

    public void ejectQuarter() {
        System.out.println("Quarter returned");
        gumballMachine.setState(gumballMachine.getNoQuarterState());
    }

    public void turnCrank() {
        System.out.println("You turned...");
        int winner = randomWinner.nextInt(10);
        if ((winner == 0) && (gumballMachine.getCount() > 1)) {
            gumballMachine.setState(gumballMachine.getWinnerState());
        } else {
            gumballMachine.setState(gumballMachine.getSoldState());
        }
    }

    public void dispense() {
        System.out.println("No gumball dispensed");
    }
}
```

先加入一個亂數產生器，來產生 10% 的中獎機率…

…然後確定顧客是否中獎。

如果他們中獎，而且有足夠的糖果可以給他們兩顆，我們就前往 WinnerState，否則前往 SoldState（與之前一樣）。

哇！寫起來真的很簡單！我們只要在 GumballMachine 裡面加入一個新狀態，然後實作它即可。接下來，我們只要實作隨機遊戲，並轉換到正確的狀態。看起來新的寫法帶來回報了…

提供給威力糖公司 CEO 的展示程式

威力糖的 CEO 來我們的公司，想要看一下威力糖遊戲的展示程式。希望這些狀態可以依序轉換！我們讓這個展示程式簡潔有力（眾所周知，CEO 的專注時間不長），但又希望它跑得夠久，至少可以中獎一次。

這段程式其實完全沒有改變，我們只是將它縮短一些。

```
public class GumballMachineTestDrive {

    public static void main(String[] args) {
        GumballMachine gumballMachine = new GumballMachine(5);

        System.out.println(gumballMachine);

        gumballMachine.insertQuarter();
        gumballMachine.turnCrank();

        System.out.println(gumballMachine);

        gumballMachine.insertQuarter();
        gumballMachine.turnCrank();
        gumballMachine.insertQuarter();
        gumballMachine.turnCrank();

        System.out.println(gumballMachine);
    }
}
```

同樣在一開始讓糖果機有 5 顆糖果。

我們想要進入中獎狀態，所以不斷投入 25 美分並轉動旋鈕，並且印出糖果機的每一個狀態…

整個開發團隊都在會議室外面屏息以待，想知道用狀態模式做出來的新設計是否成功！！

```
File Edit Window Help Whenisagumballajawbreaker?
%java GumballMachineTestDrive
Mighty Gumball, Inc.
Java-enabled Standing Gumball Model #2004
Inventory: 5 gumballs
Machine is waiting for quarter

You inserted a quarter
You turned...
A gumball comes rolling out the slot...
A gumball comes rolling out the slot...
YOU'RE A WINNER! You got two gumballs for your quarter

Mighty Gumball, Inc.
Java-enabled Standing Gumball Model #2004
Inventory: 3 gumballs
Machine is waiting for quarter

You inserted a quarter
You turned...
A gumball comes rolling out the slot...
You inserted a quarter
You turned...
A gumball comes rolling out the slot...
A gumball comes rolling out the slot...
YOU'RE A WINNER! You got two gumballs for your quarter
Oops, out of gumballs!

Mighty Gumball, Inc.
Java-enabled Standing Gumball Model #2004
Inventory: 0 gumballs
Machine is sold out
%
```

問：**為什麼要加入 WinnerState？難道不能直接讓 SoldState 投放兩顆糖果嗎？**

答：很棒的問題。SoldState 與 WinnerState 幾乎一模一樣，但是 WinnerState 會投放兩顆糖果，而不是一顆。你當然可以將投放兩顆糖果的程式放入 SoldState，但是，這樣做的缺點是，如此一來，你就用一個 State 類別來表示**兩個**狀態，包括中獎狀態，與未中獎狀態。所以為了移除重複的程式碼，你犧牲了 State 類別的明確性。你也必須考慮一條之前學過的原則：單一責任原則。把 WinnerState 的職責放入 SoldState 就會讓 SoldState 承擔**兩個**責任，在促銷活動結束時，你該怎麼辦？或者，遊戲的獎項改變了呢？所以，這是基於設計決策的取捨。

幹得好！小伙子們，新遊戲讓我們的業績一飛衝天，你知道嗎，我們也有汽水機，我想在機器旁邊裝上吃角子老虎手把，把它也變成遊戲機。我們已經用糖果機幫四歲小孩設計出賭博遊戲了，何不再接再厲？

合理性檢驗…

威力糖的 CEO 的確應該檢查一下腦袋，但是這個標題不是指這件事，在發表黃金版本之前，我們先來看看 GumballMachine 還有哪些需要改善的層面：

- 在 Sold 與 Winning 狀態裡面有一些重複的程式碼，我們想要清理它們。該怎麼做？我們可以把 State 放入抽象類別，並且在裡面為方法寫一些預設的行為，畢竟，我們不能讓顧客看到「你已經投入 25 美分」之類的錯誤訊息。所以，「錯誤回應」行為都可以做成通用的，並且從抽象的 State 類別繼承。

可惡，Jim，我不是電腦，只是一台糖果機！

- dispense() 方法一定會被呼叫，即使顧客沒有投入 25 美分並轉動旋鈕也是如此。雖然機器可以正確地運作，在不正確的狀態下，絕不會投放糖果，但是我們可以讓 turnCrank() 回傳布林或產生例外，來輕鬆地修改它。你能不能想出更好的解決方案？

- 狀態轉換的邏輯都被寫在 State 類別裡面，這會導致哪些問題？我們要不要把那些邏輯移入 GumballMachine？這樣做有什麼好處？有什麼壞處？

- 你會實例化許多 GumballMachine 物件嗎？如果會，你可能要將狀態實例移入靜態實例變數來共享。這需要對 GumballMachine 與 State 做哪些修改？

今夜話題：**策略與狀態模式聯袂參加節目。**

策略模式：

嘿，兄弟，你知道我已經在第 1 章亮相過了嗎？

狀態模式：

知道啊，這個世界沒有秘密可言。

策略模式：

我是為了挽救那群樣板方法，他們需要我的協助才能完成那一章。話說回來，我尊敬的老兄近來如何？

狀態模式：

和平常一樣一幫助類別在不同的狀態之下呈現不同的行為。

策略模式：

很奇怪耶，你其實只是複製我的工作，只是用不一樣的字眼來描述它。你想想：我可以讓物件透過組合與委託來擁有不同的行為或演算法，你根本在複製我。

狀態模式：

的確，我們做的事情一定有關係，但是我的目的與你完全不同。而且我教導用戶端使用組合與委託的方式也完全不同。

策略模式：

是嗎？怎麼說？我不太懂，

狀態模式：

只要你不要只注意你自己，你應該會懂。想一下你是怎麼工作的：你有一個用來實例化的類別，通常會給它一個實作了某個行為的策略物件。例如，在第 1 章，你提供鳴叫行為，不是嗎？真正的鴨子發出真正的嘎嘎叫，橡皮鴨的叫聲是啾啾聲。

策略模式：

是啊，這可不是一件簡單的工作…你一定可以看到它比繼承行為更厲害吧？

狀態模式：

是啊，現在想一下我的工作方式，它與你的完全不同。

策略模式：

抱歉，我需要你的解釋。

策略模式：

狀態模式：

OK，當我的 Context 物件被建立出來時，我要告訴它們最初的狀態是什麼，但是接下來，它們可以隨著時間改變它們自己的狀態。

嘿！拜託，我也可以在執行期改變行為，那不就是使用組合的目的嗎？

確實如此，但是我的工作方式是圍繞著分散的狀態建構的，我的 Context 物件可以根據一些定義好的狀態轉換，隨著時間改變狀態。換句話說，我就是為了改變行為而生的，那就是我的工作方式！

好吧，我認同，但我不會鼓勵物件定義一組狀態轉換。事實上，我喜歡規定物件應該使用哪種策略。

看吧，我已經說了，雖然我們的結構相似，但是我們的工作目的完全不同。面對現實吧，這個世界需要我們兩位。

是啊，有夢最美，兄弟，你裝得和我一樣是一種偉大的模式，但是事實上，我在第 1 章就隆重登場了，他們卻把你排在第 10 章，多少人會真的讀到這裡？

開什麼玩笑？這是深入淺出系列，這個系列的讀者超優質的，他們一定會看到第 10 章！

兄弟，你就是這麼愛作夢。

我們差點忘了！

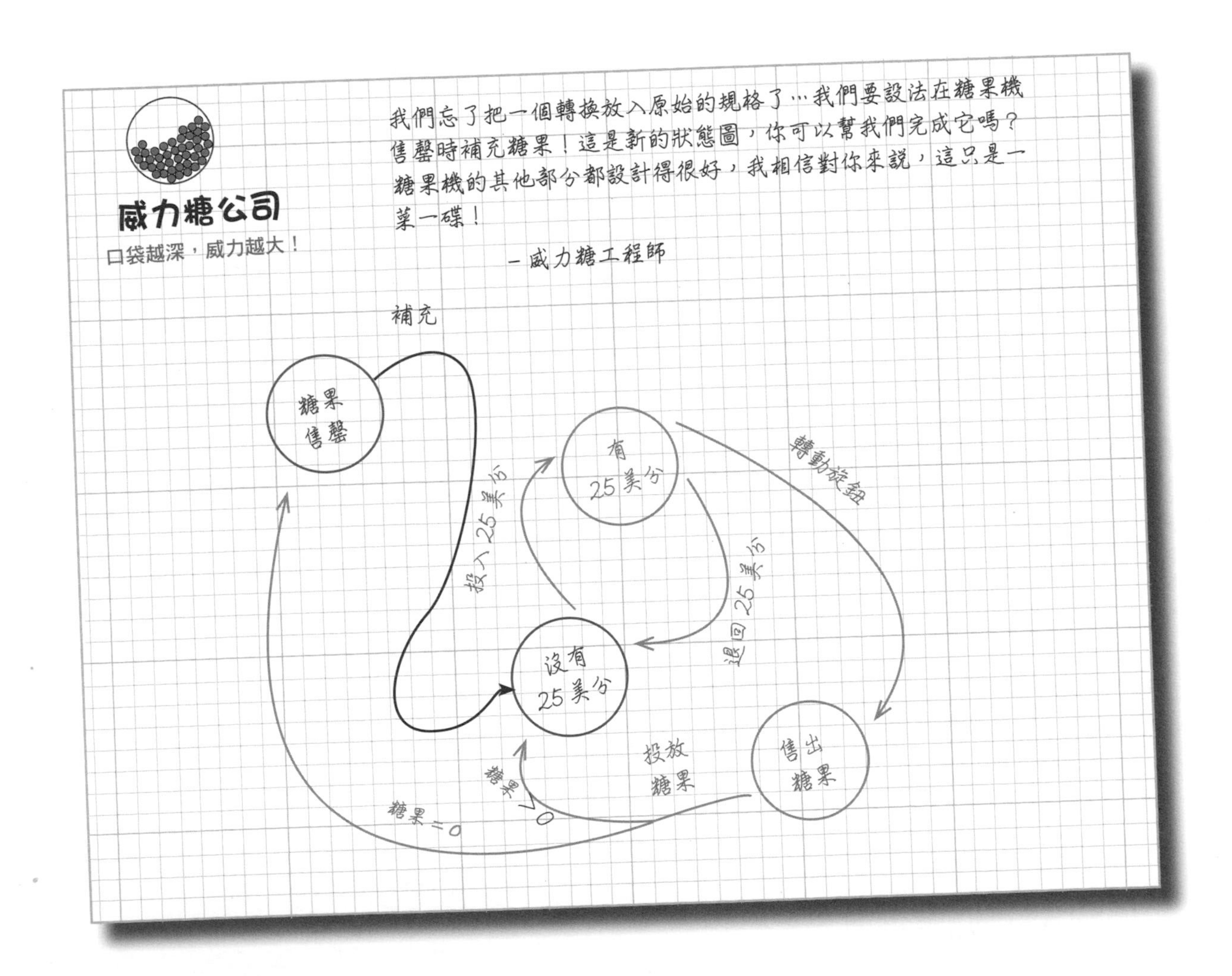
威力糖公司
口袋越深，威力越大！
我們忘了把一個轉換放入原始的規格了…我們要設法在糖果機售罄時補充糖果！這是新的狀態圖，你可以幫我們完成它嗎？糖果機的其他部分都設計得很好，我相信對你來說，這只是一菜一碟！
－威力糖工程師
補充
糖果售罄
有 25美分
沒有 25美分
售出糖果
投入25美分
退回25美分
轉動旋鈕
投放糖果
糖果 = 0
糖果 > 0

我們想請你為糖果機撰寫 refill() 方法，它有一個引數－要加入機器的糖果數量。你也必須更新糖果機的數量，並重設機器的狀態。

你寫出來的程式太了不起了！我有一些震撼糖果產業的想法，想要請你實作它們。噓！下一章再告訴你這些想法。

將每一個模式連到它的敘述：

模式	敘述
狀態	將可互換的行為封裝起來，並使用委託來決定要使用的行為。
策略	用子類別來決定如何實作演算法的步驟。
樣板方法	將與狀態有關的行為封裝起來，並將行為委託給目前的狀態。

設計工具箱裡面的工具

我們又完成一章了，你學到的模式已經可以讓你輕鬆地通過任何面試了！

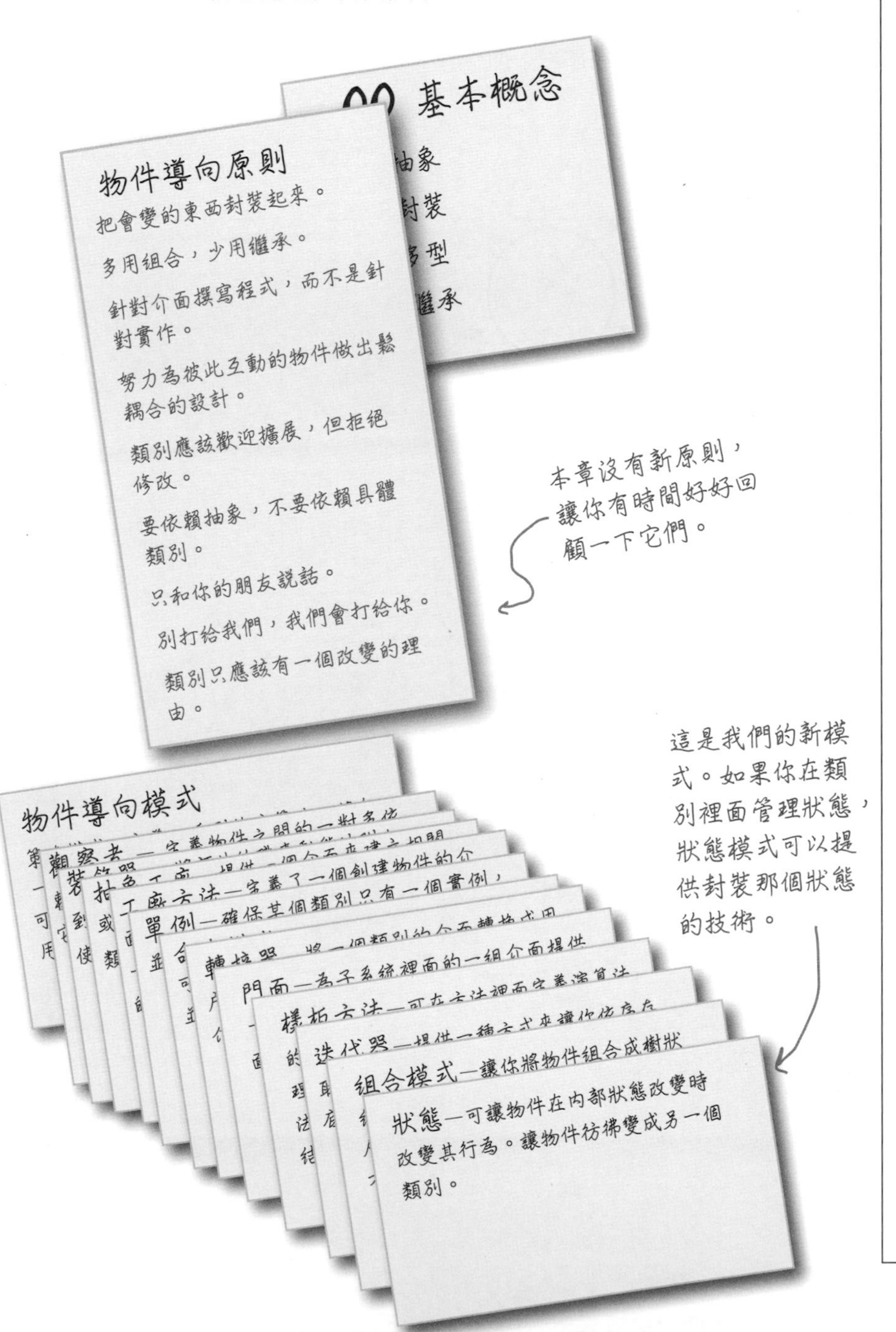

重點提示

- 狀態模式可以讓物件根據它的內部狀態改變許多行為。
- 狀態模式與程序狀態機不一樣，它用完整的類別來表示每一個狀態。
- 與狀態物件組合在一起的 Context 藉著委託給目前的狀態物件來取得它的行為。
- 藉著將每一個狀態封裝在類別裡面，我們可以將以後的任何改變區域化。
- 狀態模式與策略模式的類別圖相同，但是它們的目的不同。
- 策略模式通常指定 Context 類別該表現出哪種行為或使用哪種演算法 。
- 狀態模式可讓 Context 隨著狀態的改變而改變行為。
- 狀態的轉換可以用 State 類別或 Context 類別來控制。
- 使用狀態模式通常會讓你的設計增加許多類別。
- 許多不同的 Context 實例可以共用一組 State 類別。

設計謎題解答

畫出一個能夠處理 10% 機率遊戲的糖果機狀態圖。在這場遊戲中，Sold 狀態有 10% 的機率投放兩顆糖果，而不是一顆。這是我們的答案。

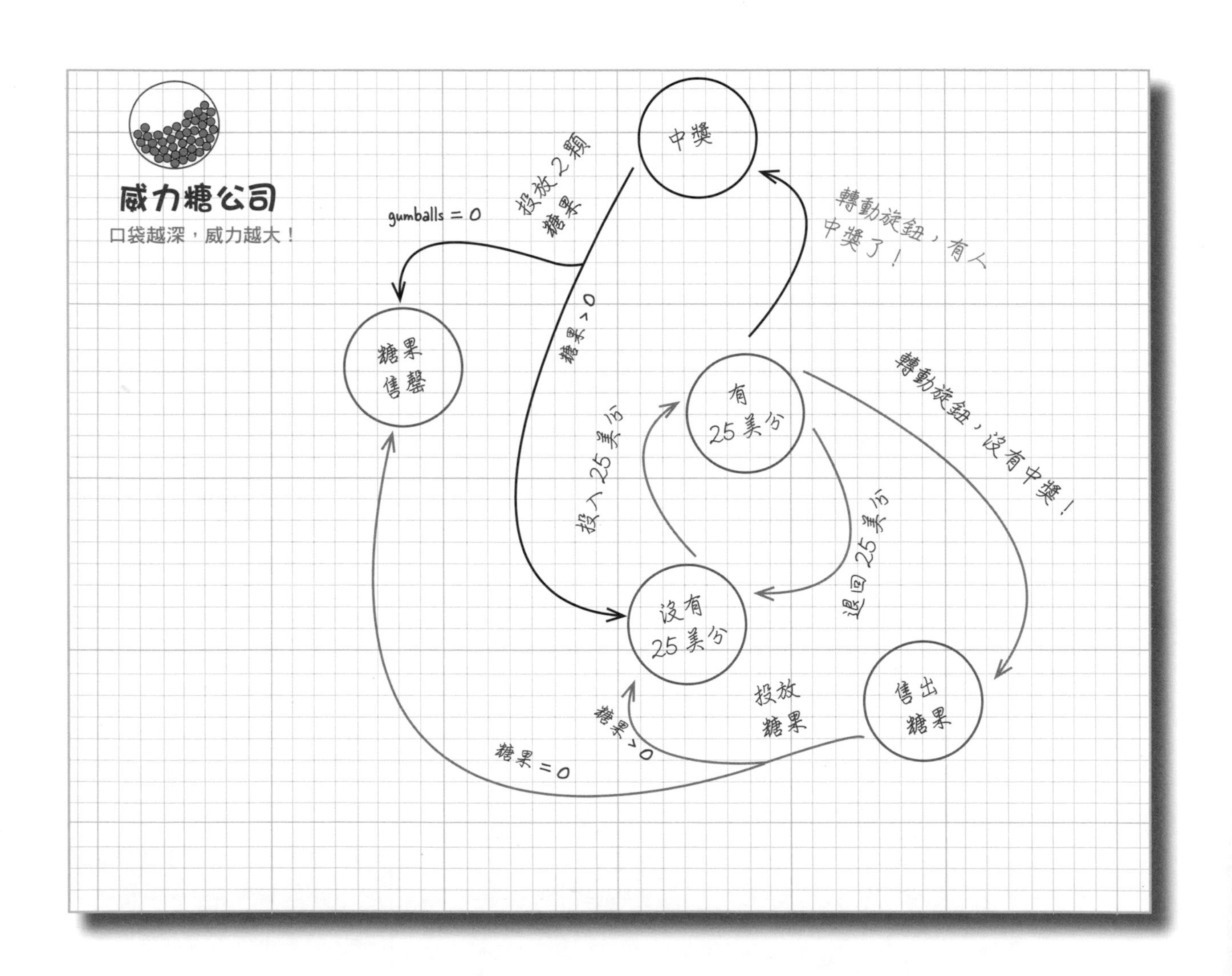

削尖你的鉛筆 解答

下面的哪些敘述符合我們的程式的狀態？（多選題）這是我們的答案。

- ☑ A. 這段程式絕對沒有遵守開放 / 封閉原則。
- ☑ B. 這段程式會讓 FORTRAN 程式員覺得他們的選擇是對的。
- ☑ C. 這個設計根本不是物件導向設計。
- ☑ D. 狀態轉換並不明確，它們被埋在一堆條件陳述式的中間。
- ☑ E. 我們沒有封裝任何會變的東西。
- ☑ F. 以後加入程式可能會讓原本正常運作的程式出現 bug。

削尖你的鉛筆 解答

我們還有一個類別還沒實作：SoldOutState。何不試著實作它？在實作時，仔細想想糖果機在每一種情況下的表現。這是我們的答案。

```
public class SoldOutState implements State {
    GumballMachine gumballMachine;

    public SoldOutState(GumballMachine gumballMachine) {
        this.gumballMachine = gumballMachine;
    }

    public void insertQuarter() {
        System.out.println("You can't insert a quarter, the machine is sold out");
    }

    public void ejectQuarter() {
        System.out.println("You can't eject, you haven't inserted a quarter yet");
    }

    public void turnCrank() {
        System.out.println("You turned, but there are no gumballs");
    }

    public void dispense() {
        System.out.println("No gumball dispensed");
    }
}
```

在 Sold Out（售罄）狀態中，除非有人補充糖果機，否則我們無法做任何事情。

削尖你的鉛筆 解答

為了實作狀態，我們要先定義當對應的動作被呼叫時的行為。在下圖中，寫上每個類別裡面的每個動作的行為。

NoQuarterState

- insertQuarter() ← 前往 HasQuarterState。
- ejectQuarter() ← 告訴顧客「你沒有投入 25 美分。」
- turnCrank() ← 告訴顧客「雖然你轉動旋鈕，但是你沒有投入 25 美分。」
- dispense() ← 告訴顧客「你要先付錢。」

HasQuarterState

- insertQuarter() ← 告訴顧客「你不能投入另一個 25 美分。」
- ejectQuarter() ← 退還 25 美分，前往 NoQuarter 狀態。
- turnCrank() ← 前往 SoldState。
- dispense() ← 告訴顧客「沒有糖果可以投放。」

SoldState

- insertQuarter() ← 告訴顧客「我們已經給你糖果了。」
- ejectQuarter() ← 告訴顧客「抱歉，你已經轉過旋鈕了。」
- turnCrank() ← 告訴顧客「轉動兩次不會再得到一顆糖果。」
- dispense() ← 投放糖果。檢查糖果的數量，如果 >0，前往 NoQuarter 狀態，否則前往 SoldOut 狀態。

SoldOutState

- insertQuarter() ← 告訴顧客「機器已售罄。」
- ejectQuarter() ← 告訴顧客「你還沒有投入 25 美分。」
- turnCrank() ← 告訴顧客「沒有糖果了」。
- dispense() ← 告訴顧客「沒有糖果可以投放。」

WinnerState

- insertQuarter() ← 告訴顧客「我們已經給你糖果了。」
- ejectQuarter() ← 告訴顧客「抱歉，你已經轉過旋鈕了。」
- turnCrank() ← 告訴顧客「轉動兩次不會再得到一顆糖果。」
- dispense() ← 投放兩顆糖果。檢查糖果的數量，如果 >0，前往 NoQuarterState，否則前往 SoldOutState。

幕後花絮：自由行解答

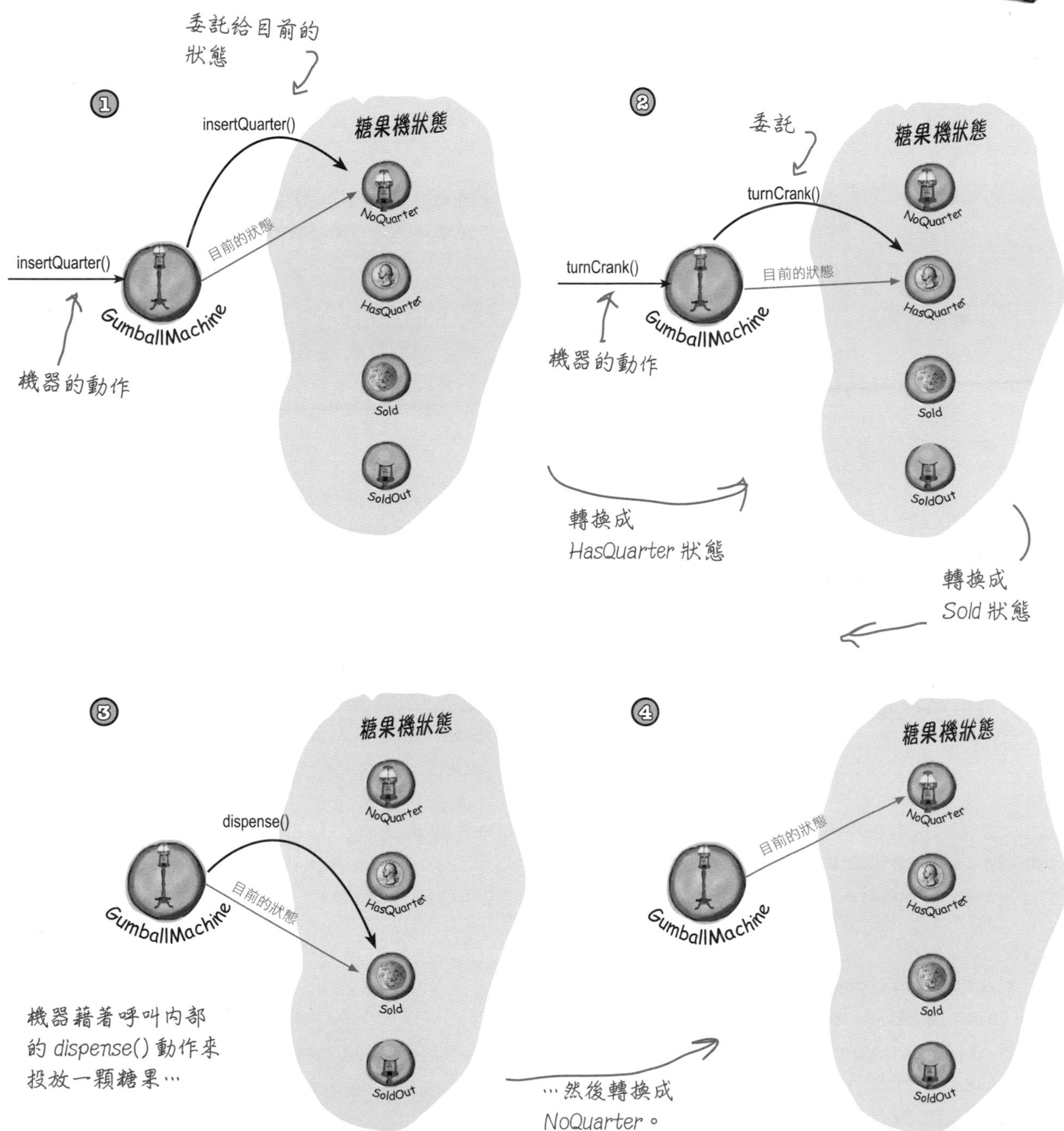
委託給目前的狀態
1
insertQuarter()
糖果機狀態
NoQuarter
目前的狀態
insertQuarter()
GumballMachine
HasQuarter
機器的動作
Sold
SoldOut
2
委託
糖果機狀態
turnCrank()
NoQuarter
turnCrank()
目前的狀態
HasQuarter
GumballMachine
機器的動作
Sold
SoldOut
轉換成
HasQuarter 狀態
轉換成
Sold 狀態
3
糖果機狀態
NoQuarter
dispense()
HasQuarter
目前的狀態
GumballMachine
Sold
機器藉著呼叫內部
的 dispense() 動作來
投放一顆糖果…
SoldOut
…然後轉換成
NoQuarter。
4
糖果機狀態
NoQuarter
目前的狀態
HasQuarter
GumballMachine
Sold
SoldOut

將每一個模式連到它的敘述：

模式 | **敘述**

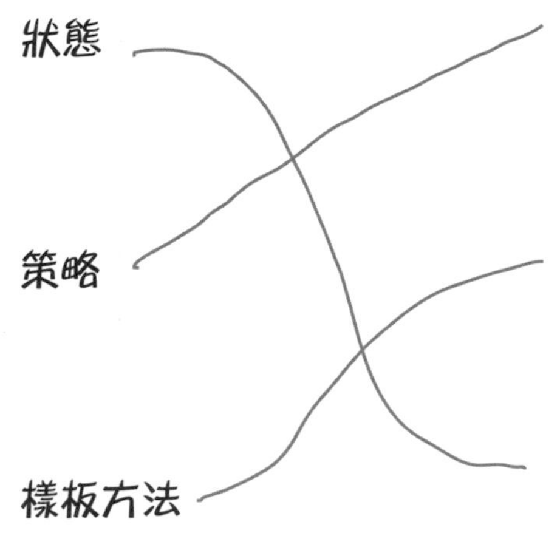

將可互換的行為封裝起來，並使用委託來決定要使用的行為。

用子類別來決定如何實作演算法的步驟。

將與狀態有關的行為封裝起來，並將行為委託給目前的狀態。

削尖你的鉛筆 解答

為了填補糖果機，我們在 State 介面加入 refill() 方法，每一個 State 都必須實作它。這個方法在 SoldOutState 之外的每一個狀態都不做任何事。在 SoldOutState 裡，refill() 會轉換成 NoQuarterState。我們也在 GumballMachine 裡面加入 refill() 方法，它會增加糖果的數量，然後呼叫目前狀態的 refill() 方法。

```
public void refill() {
    gumballMachine.setState(gumballMachine.getNoQuarterState());
}
```

← 我們在 *SoldOutState* 加入這個方法…

```
void refill(int count) {
    this.count += count;
    System.out.println("The gumball machine was just refilled; its new count is: " + this.count);
    state.refill();
}
```

← …也在 *GumballMachine* 類別裡加入這個方法。

11 代理模式

控制與物件的接觸

有你當我的代理，我就可以向朋友索取三倍的午餐錢了！

玩過扮白臉、扮黑臉的遊戲嗎？你是白臉，提供優質且友善的服務，但你不想讓所有人都可以要求你服務，所以用黑臉來限制他們的接觸，這正是代理的作用：控制與管理接觸。你將看到，代理可以用很多種方式來頂替它們所代表的物件。在網際網路上面，代理可以為它們所代表的物件執行整個方法的呼叫，也可以代替懶惰的物件做一些事情。

聽起來很簡單。你應該還記得，糖果機程式已經有一個 getCount() 方法可以取得糖果數量，也有一個 getState() 可以取得機器目前狀態了。

我們只要建立一個報告，讓它可以被列印並送回去給 CEO 即可。嗯，我們也要在每一台糖果機裡面加入一個位置欄位，如此一來，CEO 就可以充分掌握機器了。

讓我們立刻動手編寫程式，以迅雷不及掩耳的速度讓 CEO 留下深刻的印象。

編寫監視程式

我們先在 GumballMachine 類別裡面加入程式，讓它可以處理地區：

```
public class GumballMachine {
    // 其他的實例變數
    String location;

    public GumballMachine(String location, int count) {
        // 其他的建構式程式
        this.location = location;
    }

    public String getLocation() {
        return location;
    }

    // 其他的方法
}
```

位置只是一個 String。

位置會被傳入建構式，並存入實例變數。

我們也加入 getter，在需要時用來抓取位置。

接著建立另一個類別 GumballMonitor，用它來取得機器的位置、糖果的庫存，以及機器目前的狀態，並且用精美的報告印出它們：

```
public class GumballMonitor {
    GumballMachine machine;

    public GumballMonitor(GumballMachine machine) {
        this.machine = machine;
    }

    public void report() {
        System.out.println("Gumball Machine: " + machine.getLocation());
        System.out.println("Current inventory: " + machine.getCount() + " gumballs");
        System.out.println("Current state: " + machine.getState());
    }
}
```

監視類別用建構式來接收機器，並將它指派給 machine 實例變數。

report() 方法會直接印出報告，上面有位置、庫存與機器狀態。

測試監視程式

我們瞬間就完成程式了，CEO 一定會被我們的開發技術嚇到，並感到振奮。

現在我們只要實例化 GumballMonitor 並提供一台機器讓它監視即可：

```
public class GumballMachineTestDrive {

    public static void main(String[] args) {
        int count = 0;

        if (args.length < 2) {
            System.out.println("GumballMachine <name> <inventory>");
            System.exit(1);
        }

        count = Integer.parseInt(args[1]);
        GumballMachine gumballMachine = new GumballMachine(args[0], count);

        GumballMonitor monitor = new GumballMonitor(gumballMachine);


        // 其餘的程式

        monitor.report();
    }
}
```

在命令列傳入位置與初始糖果數量。

別忘了將位置與數量傳給建構式…

…並且實例化一個監視器，並將用來產生報告的機器傳給它。

呼叫 report() 方法來取得機器的報告。

```
File Edit Window Help FlyingFish
%java GumballMachineTestDrive Austin 112
Gumball Machine: Austin
Current Inventory: 112 gumballs
Current State: waiting for quarter
```

這就是輸出！

監視器的輸出看起來很棒，但是我可能沒有把需求講清楚，我想要**遠端**監視糖果機！事實上，我們已經拉好監視網路線了，你們不是所謂的網路世代嗎？小朋友們。

Frank：遠端什麼？

Joe：遠端代理。你想想，我們已經寫好監視器程式了吧？我們將機器的參考傳給 GumballMonitor 類別之後，它會給我們報告，問題在於，監視器與糖果機是在同一個 JVM 裡面運行的，CEO 想要在他的辦公桌前面，以遠端的方式監視機器！所以如果我們讓 GumballMonitor 類別維持不變，但是將一個遠端物件的代理傳給它呢？

Frank：我不太明白。

Jim：我也是。

Joe：我們從頭說起好了，代理是一個真正的物件的代表，在這個例子裡，代理的行為就彷彿它是一個糖果機物件，但是在幕後，它是透過網路來與真正的、遠端的 GumballMachine 進行溝通的。

Jim：所以你的意思是，我們要讓程式維持原樣，並將代理版本的 GumballMachine 的參考傳給監視器…

Frank：而且讓代理假裝它是真正的物件，但是它其實只是透過網路與真正的物件溝通。

Joe：是的，大概是這樣。

Frank：聽起來簡單，做起來不一定如此。

Joe：或許吧，但是我覺得沒那麼難。我們必須確定糖果機可以扮演一項服務，並且透過網路來接收請求；我們也要讓監視器可以取得代理物件的參考，但是 Java 已經有一些很棒的工具可以協助我們了。讓我們先進一步討論遠端代理…

「遠端代理」的角色

遠端代理是遠端物件的本地代表。什麼是「遠端物件」？它是待在不同的 JVM 的 heap 裡面的物件（或更廣泛地說，它是在不同的位址空間運行的物件）。什麼是「本地代表」？這種物件可以讓你呼叫它的本地方法，它會將你的呼叫轉傳給遠端物件。

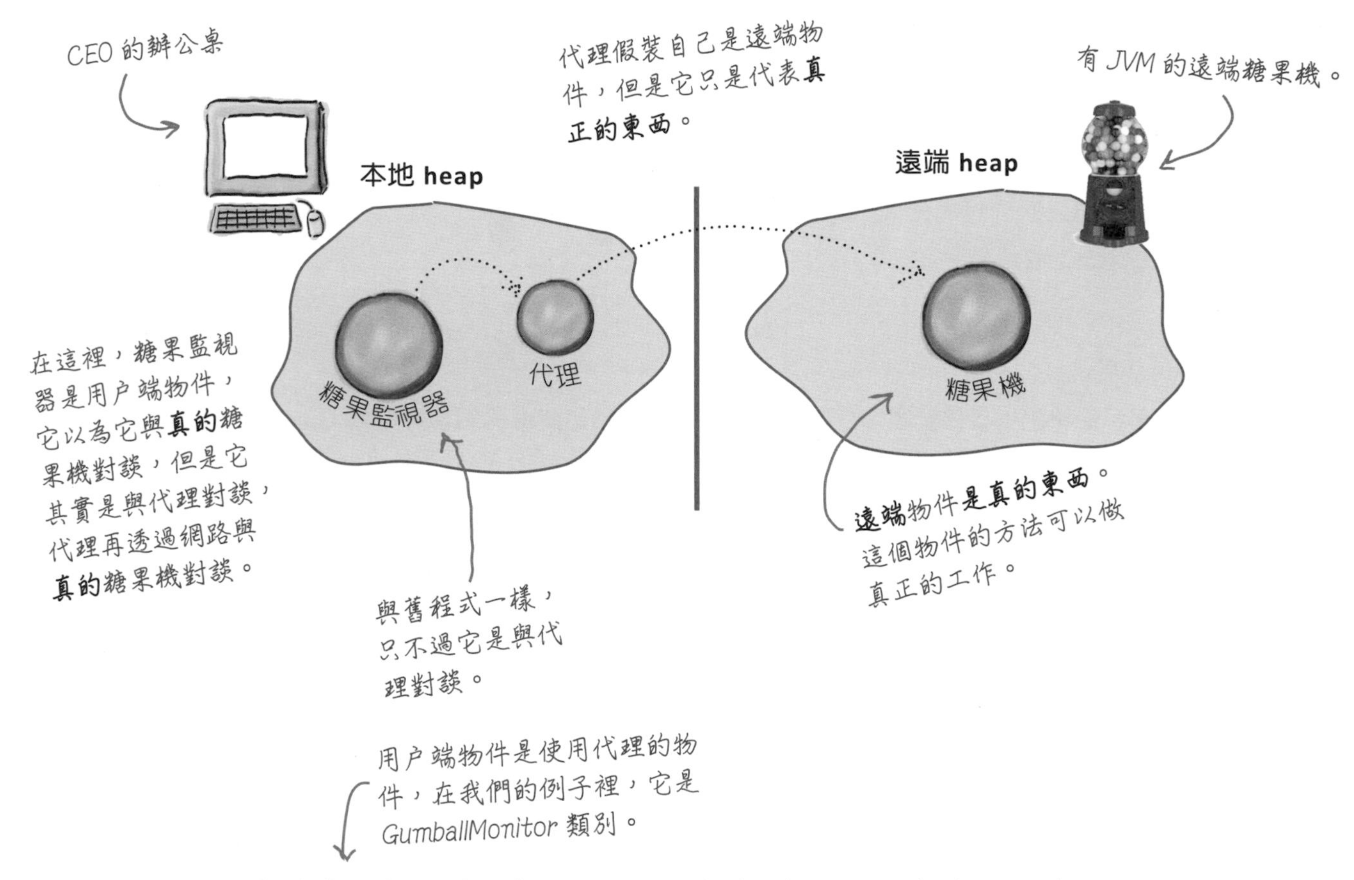

用戶端物件的行為彷彿是對遠端方法發出呼叫。但是它其實是呼叫本地 heap 的「代理」物件的方法，該物件可處理網路通訊的所有低階細節。

這個想法太妙了！我們要寫一些程式，讓它接收方法的呼叫，用某種方式透過網路傳遞它，然後對著遠端物件呼叫同一個方法。然後，我猜，當呼叫完成時，我們也要用網路將結果送回去給用戶端。但是這種程式似乎很難寫。

等等，我們不打算自己寫程式碼，基本上，Java 的遠端呼叫功能（remote invocation functionality，RMI） 已經內建它了。我們只要改善程式碼，讓它能夠利用 RMI 就好了。

動動腦

在進一步閱讀之前，先想一下怎麼設計一個系統來啟用 RMI。如何幫助開發者，讓他不需要寫太多程式碼？如何讓遠端呼叫像本地呼叫一樣無縫？

動動腦²

我們應該把遠端呼叫做成完全透明的嗎？這種做法好嗎？這種做法可能有什麼問題？

在糖果機監視程式中加入遠端代理

我們的紙上談兵計畫看起來不錯，但是怎麼做出一個代理，讓它知道如何呼叫另一個 JVM 內的物件的方法？

嗯。這個嘛，你無法取得位於另一個 heap 的東西的參考，對吧？換句話說，你不能這樣做：

```
Duck d = < 在另一個 heap 裡面的物件 >
```

變數 d 參考的對象必須與執行這個陳述式的程式碼位於同一個 heap 空間，怎麼做到？這就是使用 Java 的 RMI 的時機…RMI 可讓我們找到遠端 JVM 裡面的物件，並且讓我們呼叫它們的方法。

現在你可以拿出你最喜歡的 Java 參考書來複習一下 RMI，或是先看一下 RMI 巡禮單元，在為糖果機程式加入代理之前，我們會先告訴你 RMI 的概要。

我們打算這麼做：

❶ 首先，我們要進行 RMI 巡禮，並探索 RMI。如果你已經很熟悉 RMI 了，你也可以跟著我們欣賞周圍的風景。

❷ 接著我們要把糖果機改成遠端服務，讓它提供一組可以遠端呼叫的方法呼叫。

如果你還不認識 *RMI*，你可以在接下來幾頁中，和我們一起認識它，否則，你也可以快速地瀏覽這幾頁來複習 *RMI*。如果你想要了解一下遠端代理的重點，並且直接繼續進行專案，你也可以跳過這個巡禮。

❸ 最後，我們要建立一個代理，讓它可以和遠端的糖果機交談，同樣使用 RMI，並將監視系統組合起來，讓 CEO 可以監視任何數量的遠端機器。

關於遠端方法的二、三事

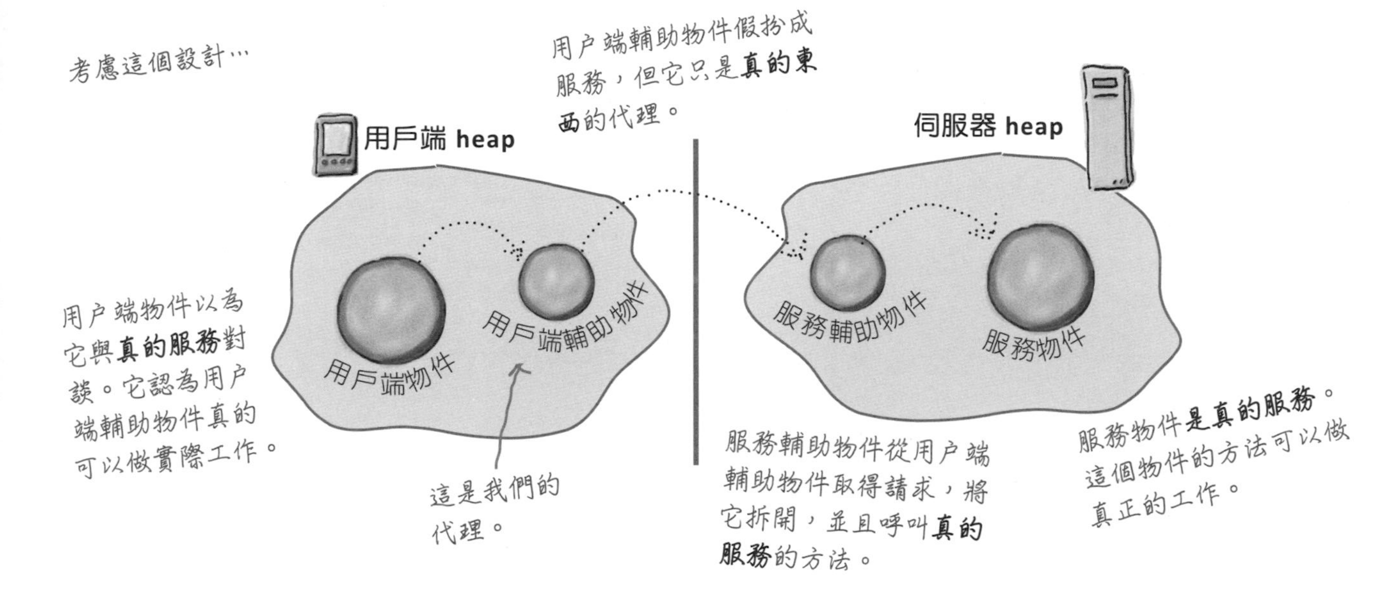

帶你認識這個設計

假如我們想要設計一個系統，以便呼叫一個本地物件，並讓它將每一個請求都轉傳給遠端物件，該怎麼設計它？我們需要一些輔助物件來為我們進行溝通。輔助物件可以讓用戶端以為它對著一個本地物件呼叫方法（事實上也是如此）。用戶端會呼叫用戶端輔助物件的方法，彷彿用戶端輔助物件是真正的服務一般。用戶端輔助方法會幫我們轉傳請求。

換句話說，用戶端物件以為它是對著遠端服務呼叫方法，因為用戶端輔助物件假裝自己是服務物件，也就是假裝自己擁有用戶端想要呼叫的方法。

但是用戶端輔助物件其實不是遠端服務。雖然用戶端輔助物件的行為很像它（因為它擁有服務公開的同一個方法），但是用戶端輔助物件沒有用戶端想要使用的方法的邏輯。用戶端輔助物件會聯絡伺服器，傳送關於方法呼叫的資訊（例如方法的名稱、引數…等），並且等待伺服器的回傳。

在伺服器端，伺服器輔助程式接收用戶端輔助物件傳來的請求（透過 Socket 連結），將關於呼叫的資訊取出來，然後對著真正的服務物件呼叫真正的方法。所以，對服務物件來說，呼叫是本地的。它來自服務輔助物件，不是遠端用戶端。

服務輔助物件得到服務回傳的值之後，將它包裝起來，並傳回去（透過 Socket 的輸出串流）給用戶端輔助物件。用戶端輔助物件將資訊拆開，將值回傳給用戶端物件。

為了讓你更明白，讓我們從頭到尾介紹這個流程…

方法呼叫是怎麼發生的

① 用戶端物件呼叫用戶端輔助物件的 **doBigThing()**

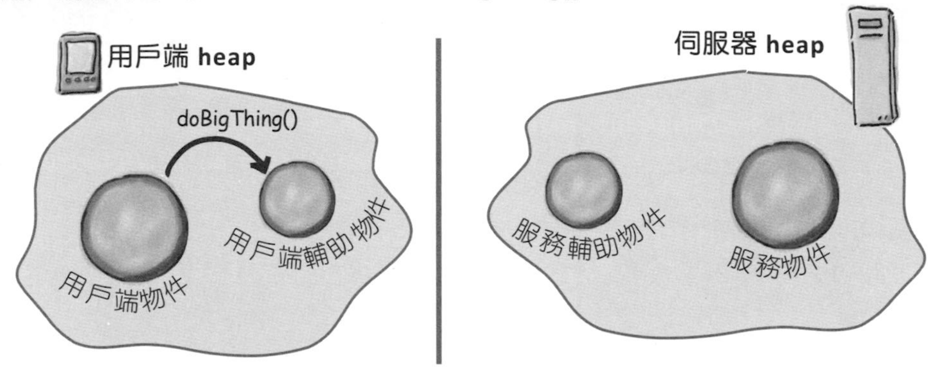

② 用戶端輔助物件將關於呼叫的資訊（引數、方法名稱…等）包裝起來，透過網路傳給服務輔助物件。

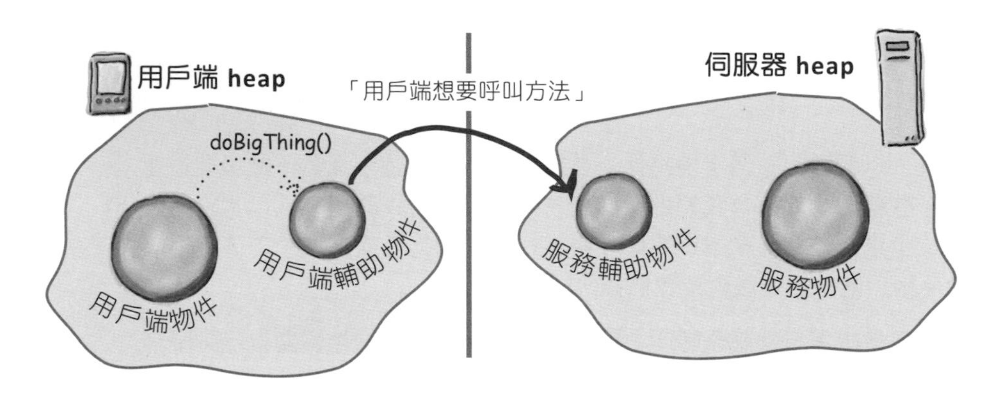

③ 服務輔助物件解開用戶端輔助物件傳過來的資訊，找出它想呼叫什麼方法（以及哪個物件的），並且呼叫真的服務物件的真的方法。

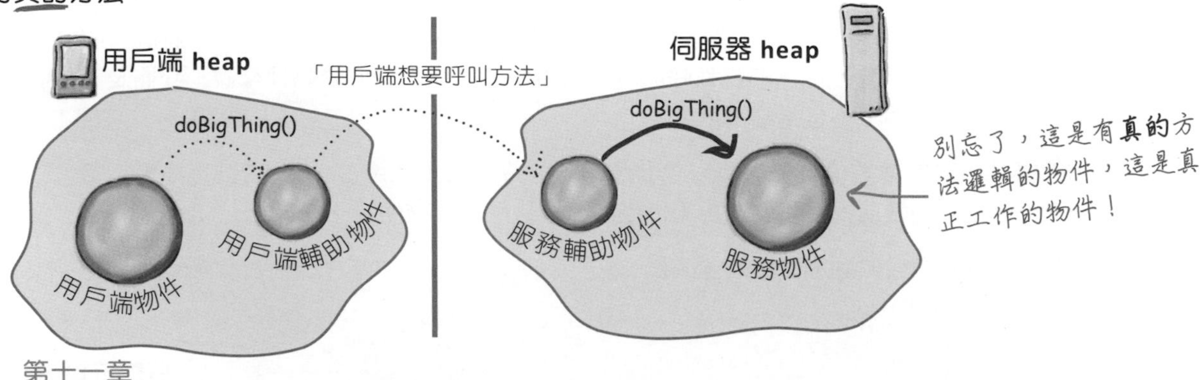

④ 呼叫服務物件的方法，該方法會將結果回傳給服務輔助物件。

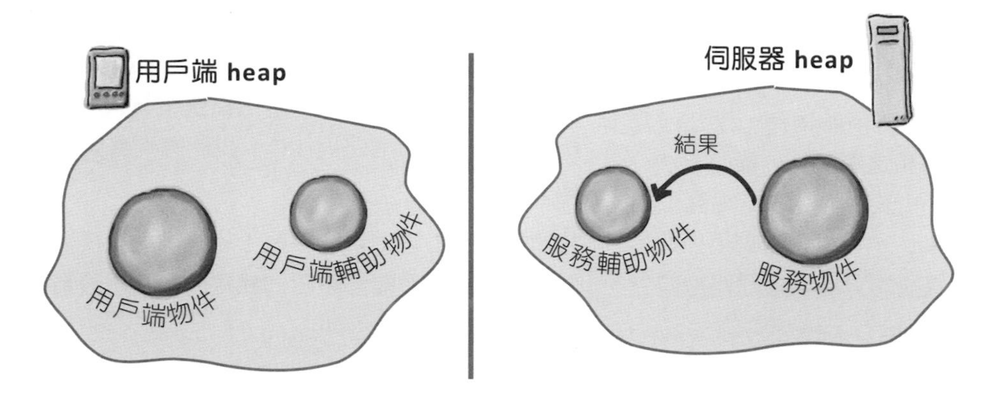

⑤ 服務輔助物件將呼叫後回傳的資訊包裝起來，並且透過網路送回去給用戶端輔助物件。

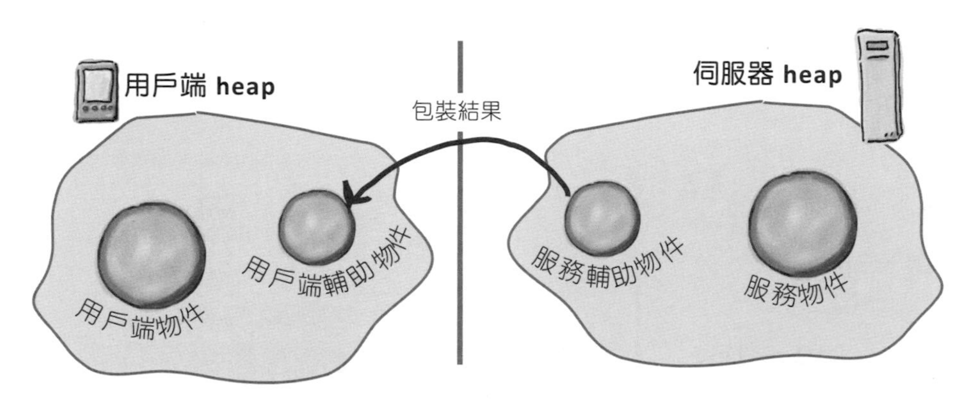

⑥ 用戶端輔助物件拆開回傳的值，將它們回傳給用戶端物件。用戶端物件完全不知道這些事情。

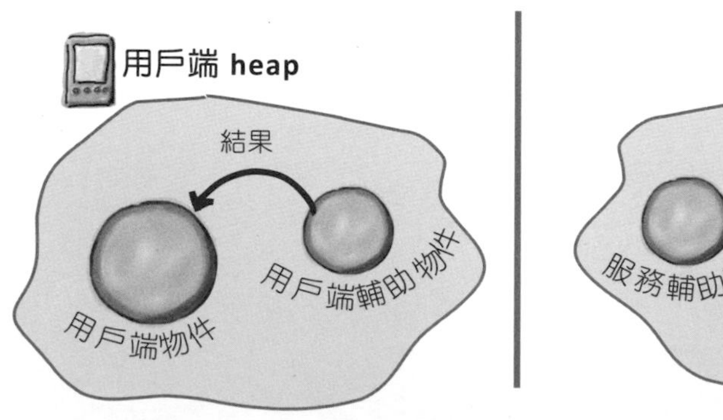

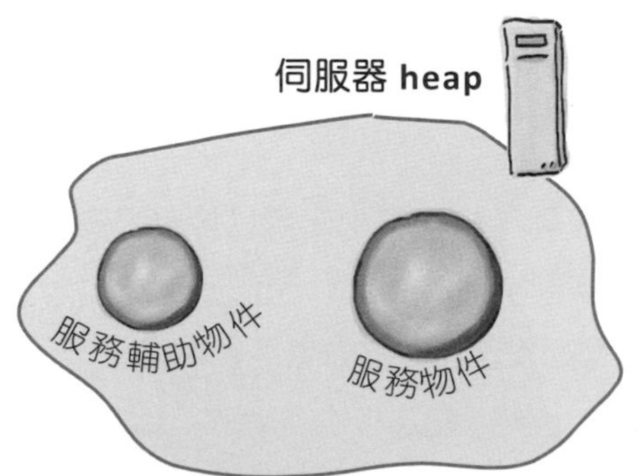

Java RMI 概觀

OK，你已經大概知道遠端方法如何運作了，接下來只要了解如何使用 RMI 即可。

RMI 會幫你建構用戶端與服務輔助物件，以及建立用戶端輔助物件，讓它具備和遠端服務一樣的方法。RMI 很棒的地方在於，它可讓你不必自己編寫任何網路或 I/O 程式。在用戶端，你可以像對著用戶端本地 JVM 裡面的物件呼叫普通的方法一般呼叫遠端方法（也就是**真正的服務**的方法）。

RMI 也提供所有執行期基礎架構來支援所有過程，包括可讓用戶端尋找並接觸遠端物件的查詢服務。

「RMI 呼叫」與「本地（一般的）方法呼叫」有一項差異，雖然在用戶端看來，方法呼叫是在本地執行的，但是用戶端輔助物件是用網路來傳遞方法呼叫，所以我們要使用網路與 I/O。我們對網路與 I/O 的方法了解多少？

它們很危險！它們可能失敗！而且它們會到處丟出例外。因此，用戶端必須認知風險的存在，幾頁之後會告訴你怎麼做。

RMI 術語：在 RMI，用戶端輔助物件稱為「stub」，伺服器端輔助物件稱為「skeleton」。

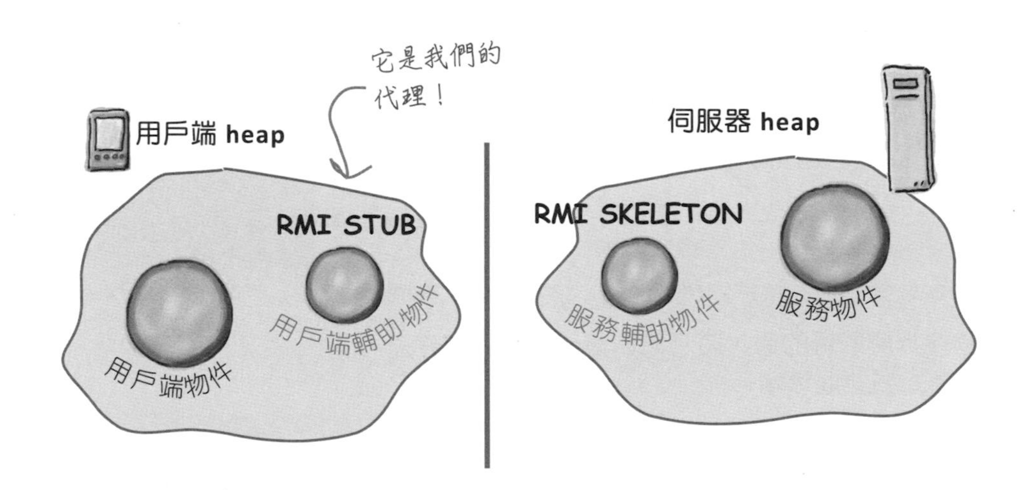

接下來，我們要完成所有步驟，讓一個物件可以接收遠端呼叫，以及讓用戶端發出遠端呼叫。

接下來有很多步驟，請先繫好安全帶，但你也不必太擔心，我們會一步一步來。

製作遠端服務

在這個**概要**裡，我們用五個步驟來製作遠端服務，換句話說，我們要將一個普通的物件變成可以讓遠端的用戶端呼叫的物件。稍後我們也會對糖果機做這件事。我們先逐步執行這些步驟，並詳細解釋它們。

第一步：

製作 Remote（遠端）介面

遠端介面定義了用戶端可以遠端呼叫的方法。用戶端將它當成你的服務的類別型態來使用。Stub 與實際的服務都會實作它。

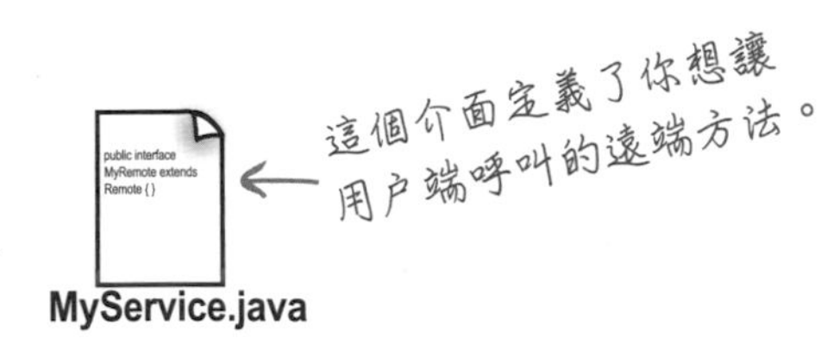

第二步：

製作 Remote 實作

這是**真正做事**的類別，它有遠端介面所定義的遠端方法的實作。它是持有用戶端想要呼叫的方法的物件（例如 GumballMachine）。

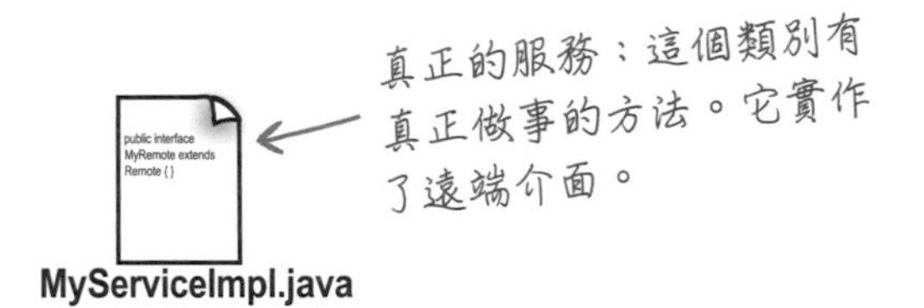

第三步：

啟動 RMI registry（rmiregistry）

rmiregistry 就像電話簿的白頁（列出個人電話的部分）。這是用戶端取得代理（用戶端的 stub / 輔助物件）的地方。

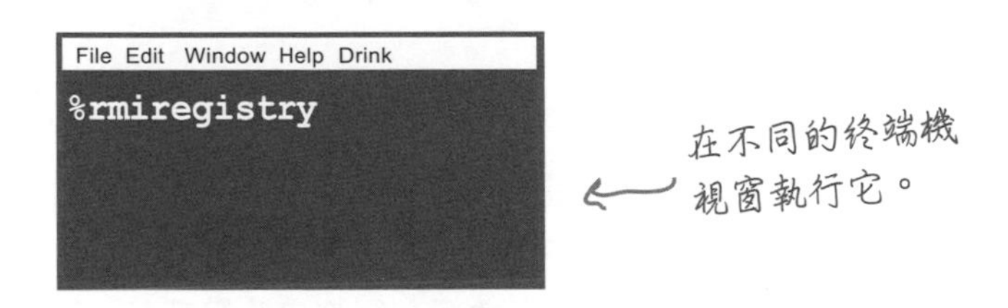

第四步：

啟動遠端服務

你必須啟動服務物件，讓服務實作類別實例化一個服務的實例，並且向 RMI registry 註冊它。註冊它才可以讓用戶端使用服務。

第一步：製作 Remote 介面

① **繼承 java.rmi.Remote**

Remote 是一種「標記」介面，意思是它沒有方法。但是它對 RMI 有特殊意義，所以你必須遵守這個規則。注意，我們在這裡使用「extends」，介面可以 *extend* 其他的介面。

```
public interface MyRemote extends Remote {
```

它告訴我們，這個介面會被用來支援遠端呼叫。

② **宣告所有方法都會丟出 RemoteException**

用戶端會將遠端介面當成服務型態來使用，換句話說，用戶端會呼叫實作了遠端介面的物件的方法。當然，那個物件就是 stub，因為 stub 會做網路連接與 I/O 等工作，所以各種不好的事情都有可能發生。用戶端必須意識到風險的存在，必須處理或宣告遠端的例外。如果介面的方法宣告了例外，那麼對著那個介面型態的參考呼叫方法的任何程式都必須處理或宣告那些例外。

```
import java.rmi.*;

public interface MyRemote extends Remote {
    public String sayHello() throws RemoteException;
}
```

Remote 介面在 java.rmi 裡面。

每一個遠端方法呼叫都是「危險的」，在每一個方法宣告 RemoteException 可以強迫用戶端注意並意識到事情可能無法順利執行。

③ **確保引數與回傳值是基本型態或 Serializable**

遠端方法的引數與回傳型態必須是基本型態或 Serializable。這不難理解，遠端方法的任何引數都必須被包裝起來，並透過網路傳送，這是透過序列化來完成的，回傳值也一樣。使用基本型態 String 和 API 的主流型態（包括陣列與集合）都不會有問題，但是如果你要傳遞自己的型態，你就要讓類別實作 Serializable。

如果你忘記 Serializable 怎麼使用了，請拿出你最喜歡的 Java 參考書，好好複習一下。

```
public String sayHello() throws RemoteException;
```

伺服器會透過網路，將這個回傳值送回去給用戶端，所以它必須是 Serializable，這就是將引數與回傳值包裝起來和傳送的方式。

第二步：實作 Remote

① **實作 Remote 介面**

你的服務必須實作遠端介面，這個介面有你的用戶端將要呼叫的方法。

```
public class MyRemoteImpl extends UnicastRemoteObject implements MyRemote {
    public String sayHello() {
        return "Server says, 'Hey'";
    }
    // 類別裡的其他程式
}
```

編譯器會確保你實作了介面的所有方法。在這個例子裡，方法只有一個。

② **繼承 UnicastRemoteObject**

為了成為遠端服務物件，你的物件必須擁有「成為遠端物件」的相關功能。最簡單的方式是繼承 UnicastRemoteObject（從 java.rmi.server package），並讓那個類別（你的超類別）為你完成工作。

```
public class MyRemoteImpl extends UnicastRemoteObject implements MyRemote {
    private static final long serialVersionUID = 1L;
```

UnicastRemoteObject 實作了 Serializable，所以需要 serialVersionUID 欄位。

③ **編寫無引數建構式，並宣告 RemoteException**

UnicastRemoteObject 超類別有一個小問題，它的建構式要丟出 RemoteException。為了處理它，你只能為遠端實作宣告一個建構式，如此一來，你才有地方可以宣告 RemoteException。別忘了，當你實例化一個類別時，它的超類別建構式一定會被呼叫。如果超類別建構式會丟出例外，你就只能宣告你的建構式也會丟出例外。

```
public MyRemoteImpl() throws RemoteException { }
```

你不需要在建構式裡面放入任何東西，這只是為了宣告你的超類別建構式會丟出例外。

④ **向 RMI registry 註冊服務**

完成遠端服務之後，你要讓遠端用戶端可以使用它，所以要將它實例化，並將它放到 RMI registry（它必須是正在執行的，否則這行程式會失敗）。當你註冊實作物件時，RMI 系統其實會在 registry 裡放入 *stub*，因為它才是用戶端需要的東西。請使用 java.rmi.Naming 類別的靜態方法 rebind() 來註冊你的服務。

```
try {
    MyRemote service = new MyRemoteImpl();
    Naming.rebind("RemoteHello", service);
} catch(Exception ex) {...}
```

為你的服務取一個名稱（讓用戶端可以在 registry 裡面查詢的），並且向 RMI registry 註冊它。綁定服務物件之後，RMI 會將服務換成 stub，並將 stub 放入 registry。

第三步：執行 rmiregistry

① **打開終端機並啟動 rmiregistry。**

務必在可以使用你的類別的目錄裡面啟動它。最簡單的方式是在你的類別目錄裡面啟動它。

第四步：啓動服務

① **打開另一個終端機，並啟動服務**

在遠端實作類別的 main() 方法裡面啟動，或是在不同的啟動類別裡啟動。在這個簡單的例子裡，我們將啟動程式寫在實作類別裡面，也就是在實例化物件並且向 RMI registry 註冊它的主方法裡面。

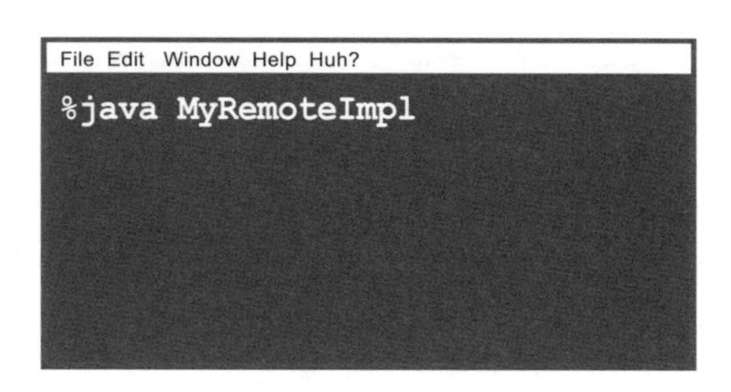

問：為什麼你在 RMI 程式的示意圖裡面使用 stub 與 skeleton？我以為早就不需要這些東西了。

答：你說得對，就 skeleton 而言，RMI runtime 可以使用 reflection（映射）來將用戶端的呼叫直接發送給遠端服務，而 stub 是用 Dynamic Proxy（本章稍後會詳細介紹）來動態產生的。遠端物件的 stub 是 java.lang.reflect.Proxy 實例（有個呼叫處理常式（invocation handler）），它是自動產生的，可以處理所有細節，將用戶端發出的本地呼叫送到遠端物件，但是我們喜歡展示 stub 與 skeleton，因為在概念上，它們可以協助你了解底層有些東西可以實現用戶端的 stub 與遠端的服務之間的溝通。

伺服器端的完整程式

我們來看一下伺服器端的所有程式：

Remote 介面：

```
import java.rmi.*;

public interface MyRemote extends Remote {

    public String sayHello() throws RemoteException;
}
```

RemoteException 與 Remote 介面都在 java.rmi 程式包裡面。

你的介面**必須**繼承 java.rmi.Remote。

所有的遠端方法都必須宣告 RemoteException。

遠端服務（實作）：

```
import java.rmi.*;
import java.rmi.server.*;

public class MyRemoteImpl extends UnicastRemoteObject implements MyRemote {
    private static final long serialVersionUID = 1L;

    public String sayHello() {
        return "Server says, 'Hey'";
    }


    public MyRemoteImpl() throws RemoteException { }


    public static void main (String[] args) {
        try {
            MyRemote service = new MyRemoteImpl();
            Naming.rebind("RemoteHello", service);
        } catch(Exception ex) {
            ex.printStackTrace();
        }
    }
}
```

UnicastRemoteObject 在 java.rmi.server 程式包裡面。

繼承 UnicastRemoteObject 是製作遠端物件最簡單的做法。

你**必須**實作遠端介面！

當然，你必須實作所有的介面方法。但是，請注意，你**不需要**宣告 RemoteException。

你的超類別建構式（UnicastRemoteObject 的）有宣告一個例外，所以**你**必須寫一個建構式，因為這意味著你的建構式正在呼叫有風險的程式（它的超建構式）。

製作遠端物件，然後使用靜態的 Naming.rebind() 來將它「綁」到 rmiregistry。你所註冊的名稱就是用戶端在 RMI registry 裡面用來查詢它的名稱。

這就是 RMI registry 的功用。

而且，你是對的，用戶端必須得到 stub 物件（我們的代理），因為它就是用戶端呼叫方法的對象。為此，用戶端會進行「查詢」，很像在電話簿裡面查詢白頁（white page），實質上就是告訴它「名字在這裡，我想要得到叫做這個名字的 stub」。

我們來看一下用來查詢與取出 stub 物件的程式碼。

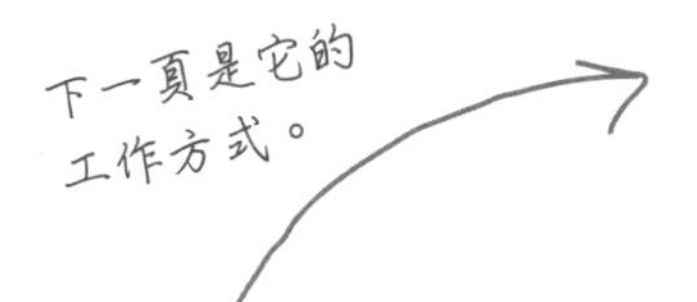

程式碼探究

用户端使用的服務型態一定是遠端介面。事實上，用户端根本不需要知道遠端服務真正的類別名稱。

lookup() 是 Naming 類別的靜態方法。

這必須使用註冊服務時使用的名稱。

```
MyRemote service =
    (MyRemote) Naming.lookup("rmi://127.0.0.1/RemoteHello");
```

你必須將它轉型成介面，因為 lookup 方法回傳的型態是 Object。

服務在哪個主機名稱或 IP 位址上運行（127.0.0.1 是 localhost）。

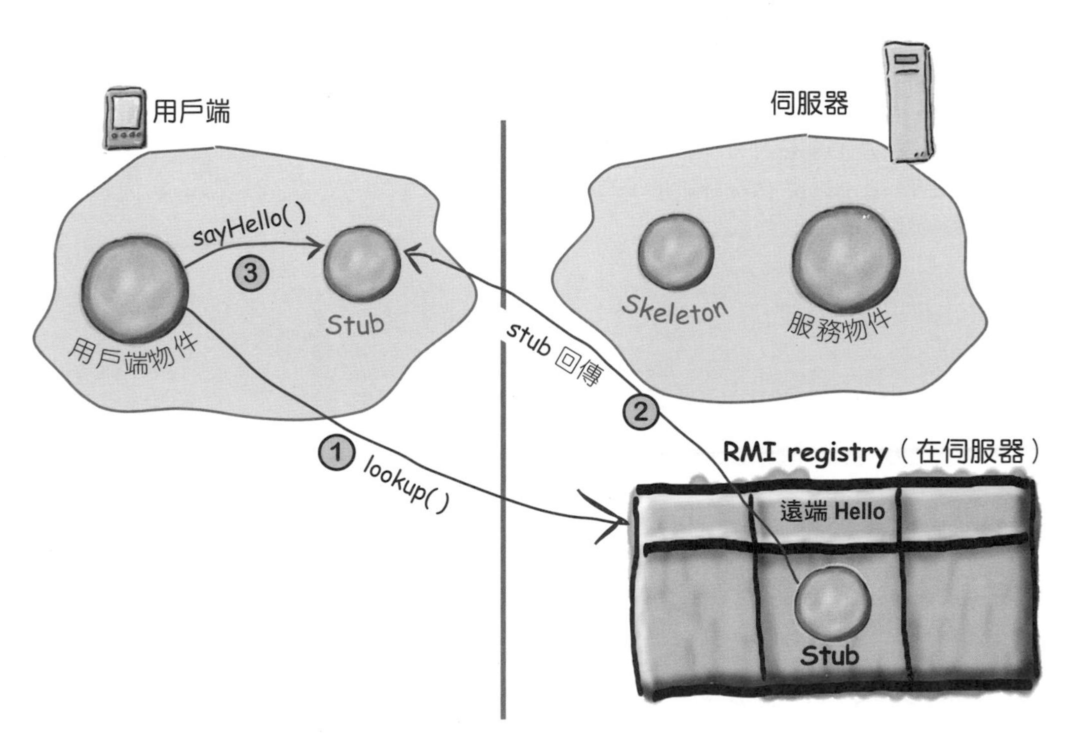

運作方式…

① **用戶端在 RMI registry 查詢**

```
Naming.lookup("rmi://127.0.0.1/RemoteHello");
```

② **RMI registry 回傳 stub 物件**

（lookup 方法的回傳值），而且 RMI 會自動解序列化 stub。

③ **用戶端呼叫 stub 的方法，彷彿 sutb 是真正的服務一般**

用戶端的完整程式

我們來看一下用戶端的所有程式：

```
import java.rmi.*;

public class MyRemoteClient {
   public static void main (String[] args) {
        new MyRemoteClient().go();
   }

   public void go() {

     try {
        MyRemote service = (MyRemote) Naming.lookup("rmi://127.0.0.1/RemoteHello");

        String s = service.sayHello();

        System.out.println(s);
      } catch(Exception ex) {
         ex.printStackTrace();
      }
   }
}
```

Naming 類別（用來做 rmiregistry 查詢）在 java.rmi 程式包裡面。

從 registry 拿出來時是 Object 型態，所以別忘了轉型。

你要用 IP 位址或主機名稱…

…以及用來綁定 / 重新綁定服務的名稱。

這看起來就像普通的方法呼叫！（不過它必須認識 RemoteException。）

照過來！

程式員誤用 RMI 的情況包括：

1. 忘了先啟動 rmiregistry 再啟動遠端服務（當你用 Naming.rebind() 來註冊服務時，rmiregistry 必須正在運行！）。
2. 忘了讓引數與回傳型態是可序列化的（這在執行期之前無法知道，編譯器無法偵測這件事）。

回到 GumballMachine 遠端代理

OK，現在你已經知道 RMI 的基本知識，並且擁有實作糖果機遠端代理所需的工具了。我們來看一下如何將 GumballMachine 放入這個框架：

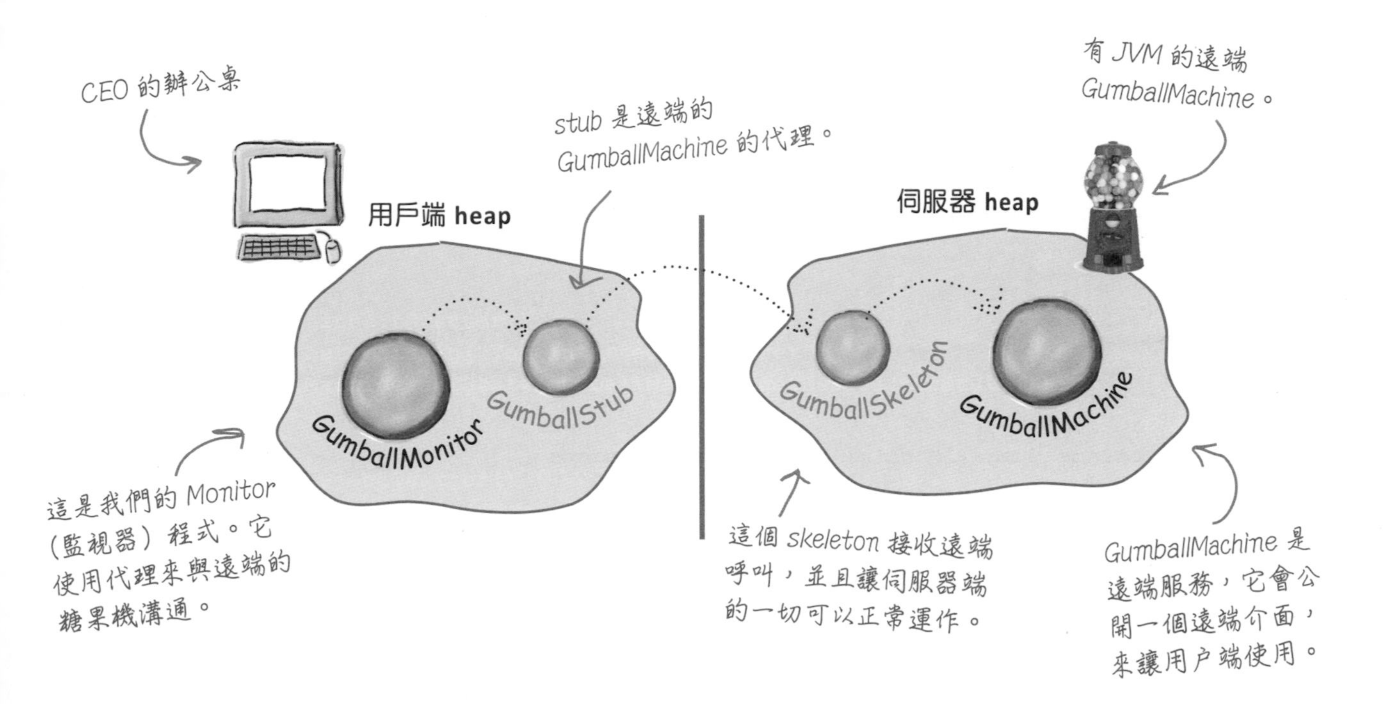

動動腦

暫停一下，想想如何修改糖果機程式，來使用遠端代理。在這裡寫下需要修改的地方，以及它與上一個版本有什麼差異。

讓 GumballMachine 準備成為遠端服務

要使用遠端代理，第一步要讓 GumballMachine 可以服務用戶端傳來的遠端請求。換句話說，我們要把它做成服務，做法是：

1. 為 GumballMachine 建立 Remote 介面，該介面提供一組可以遠端呼叫的方法。
2. 確保介面裡面的回傳型態都是 Serializable 。
3. 在具體類別裡面實作介面。

我們從遠端（remote）介面開始寫起：

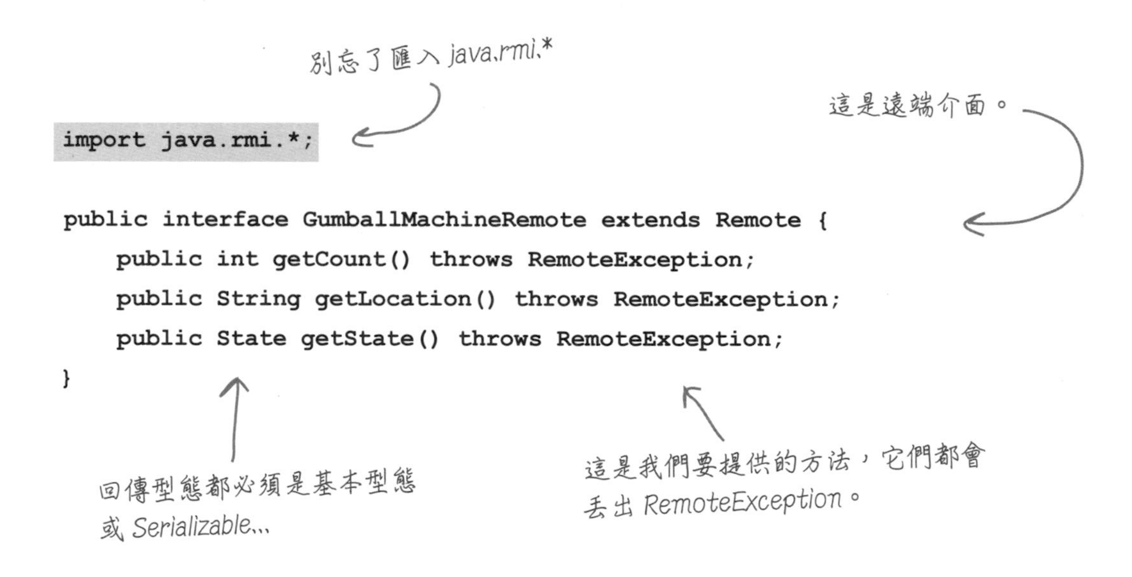


```
import java.rmi.*;

public interface GumballMachineRemote extends Remote {
    public int getCount() throws RemoteException;
    public String getLocation() throws RemoteException;
    public State getState() throws RemoteException;
}
```

我們有一個非 Serializable 的回傳型態：State 類別。讓我們修改它…

```
import java.io.*;

public interface State extends Serializable {
    public void insertQuarter();
    public void ejectQuarter();
    public void turnCrank();
    public void dispense();
}
```

Serializable 在 java.io 程式包裡面。

然後我們只要繼承 Serializable 介面即可（它裡面沒有方法）。現在，在所有子類別裡面的 State 都可以透過網路傳遞了。

其實我們還沒有完成 Serializable，State 還有一個問題。你應該記得，每一個 State 物件都有一個指向糖果機的參考，用來呼叫糖果機的方法和改變它的狀態。我們不想將整個糖果機序列化並將它連同 State 物件一起傳遞。有一種簡單的方式可以修正這個問題：

```
public class NoQuarterState implements State {
    private static final long serialVersionUID = 2L;
    transient GumballMachine gumballMachine;
    // 所有其他的方法
}
```

在每一個 State 的實作裡面加入 serialVersionUID，並且幫 GumballMachine 實例變數加上 transient 關鍵字。transient 關鍵字可以告訴 JVM 不要將這個欄位序列化。注意，在物件被序列化或傳輸之後存取這個欄位有點危險。

GumballMachine 寫好了，但是我們要確保它可以扮演服務，並且可以處理透過網路傳來的請求。為此，我們必須確保 GumballMachine 實作 GumballMachineRemote 介面。

你已經從 RMI 巡禮知道，這件事很簡單，我們只要加入幾個東西即可…

先匯入 RMI 程式包。

讓 GumballMachine 繼承 UnicastRemoteObject，這可以讓它扮演遠端服務的角色。

GumballMachine 也需要實作遠端介面…

```
import java.rmi.*;
import java.rmi.server.*;

public class GumballMachine
        extends UnicastRemoteObject implements GumballMachineRemote
{
    private static final long serialVersionUID = 2L;
    // 其他的實例變數

    public GumballMachine(String location, int numberGumballs) throws RemoteException {
        // 這裡有程式碼
    }

    public int getCount() {
        return count;
    }

    public State getState() {
        return state;
    }

    public String getLocation() {
        return location;
    }
    // 其他的方法
}
```

…建構式需要丟出遠端例外，因為超類別也是如此。

這樣就好了！這裡完全不需要修改！

向 RMI registry 註冊…

我們已經完成糖果機服務了。現在我們要啟動它，讓它可以開始接收請求。
首先，我們要向 RMI registry 註冊它，讓用戶端可以找到它。

在測試程式裡面加入一些程式來幫我們做這件事：

```
public class GumballMachineTestDrive {

    public static void main(String[] args) {
        GumballMachineRemote gumballMachine = null;
        int count;

        if (args.length < 2) {
            System.out.println("GumballMachine <name> <inventory>");
            System.exit(1);
        }

        try {
            count = Integer.parseInt(args[1]);

            gumballMachine = new GumballMachine(args[0], count);
            Naming.rebind("//" + args[0] + "/gumballmachine", gumballMachine);
        } catch (Exception e) {
            e.printStackTrace();
        }
    }
}
```

先幫糖果實例化程式加上 try/catch 區塊，因為現在建構式可能會丟出例外。

我們也加入 Naming.rebind 呼叫式，它會用 gumballmachine 這個名稱來公布 GumballMachine stub。

讓我們執行這段程式…

先執行它。

它會啟動 RMI registry 服務。

使用「官方」的威力糖機器，你可以換成你自己的機器名稱，或使用「localhost」。

```
File Edit Window Help Huh?
% rmiregistry
```

```
File Edit Window Help Huh?
% java GumballMachineTestDrive austin.mightygumball.com 100
```

再執行它。

這會啟動 GumballMachine 並且向 RMI registry 註冊它。

接著完成 GumballMonitor 用戶端…

還記得 GumballMonitor 嗎？我們希望在重複使用它的同時，不必為了透過網路來運作而改寫它。所以我們要做一些小修改。

```
import java.rmi.*;

public class GumballMonitor {
    GumballMachineRemote machine;

    public GumballMonitor(GumballMachineRemote machine) {
        this.machine = machine;
    }

    public void report() {
        try {
            System.out.println("Gumball Machine: " + machine.getLocation());
            System.out.println("Current inventory: " + machine.getCount() + " gumballs");
            System.out.println("Current state: " + machine.getState());
        } catch (RemoteException e) {
            e.printStackTrace();
        }
    }
}
```

我們必須匯入 RMI 程式包，因為現在要使用 RemoteException 類別…

現在使用遠端介面，而不是具體的 GumballMachine 類別。

當我們試著呼叫在網路的另一端執行的方法時，必須捕捉可能發生的任何一種遠端例外。

Joe 說得對，這種做法確實可行！

編寫監視器測試程式

我們已經完成所有元素了，接下來要寫一些程式，來讓 CEO 可以監視許多糖果機：

這是監視器測試程式。我們會讓 CEO 執行它！

```
import java.rmi.*;

public class GumballMonitorTestDrive {

    public static void main(String[] args) {
        String[] location = {"rmi://santafe.mightygumball.com/gumballmachine",
                             "rmi://boulder.mightygumball.com/gumballmachine",
                             "rmi://austin.mightygumball.com/gumballmachine"};

        GumballMonitor[] monitor = new GumballMonitor[location.length];

        for (int i=0; i < location.length; i++) {
            try {
                GumballMachineRemote machine =
                        (GumballMachineRemote) Naming.lookup(location[i]);
                monitor[i] = new GumballMonitor(machine);
                System.out.println(monitor[i]);
            } catch (Exception e) {
                e.printStackTrace();
            }
        }

        for (int i=0; i < monitor.length; i++) {
            monitor[i].report();
        }
    }
}
```

這是我們要監視的所有位置。

我們建立一個位置陣列，每一台機器一個。

我們也建立一個監視器陣列。

為每個遠端機器取得一個代理。

遍歷每一台機器，並印出它的報告。

程式碼探究

它會回傳一個遠端糖果機的代理（或是在無法找到它時丟出例外）。

別忘了，Naming.lookup() 是 RMI 程式包的一個靜態方法，它接收位置與服務名稱，並且在那個位置的 rmiregistry 裡面查詢它。

```
try {
    GumballMachineRemote machine =
            (GumballMachineRemote) Naming.lookup(location[i]);

    monitor[i] = new GumballMonitor(machine);

} catch (Exception e) {
    e.printStackTrace();
}
```

取得遠端機器的代理之後，我們建立新的 GumballMonitor，並將想要監視的機器傳給它。

給威力糖 CEO 的另一個展示程式…

OK，讓我們將所有程式組合起來，提供另一個展示品。首先，我們要讓一些糖果機執行新的程式：

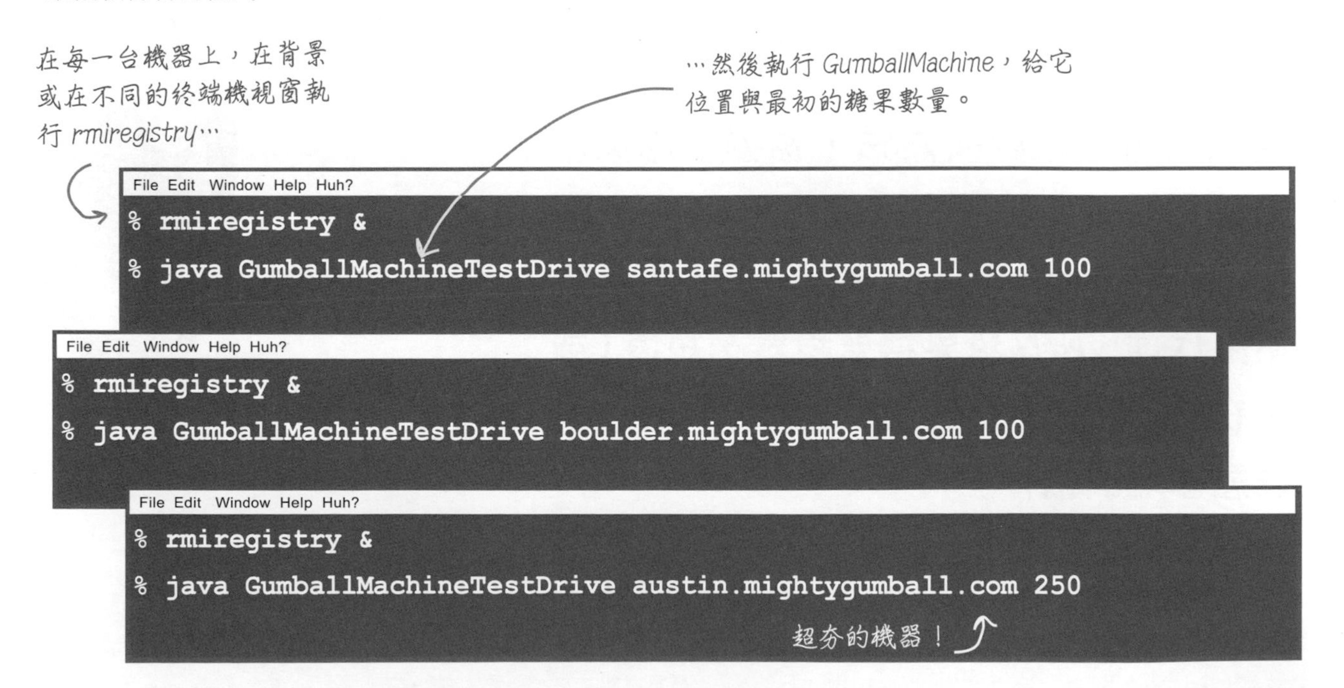

讓我們將監視器交給 CEO，希望這一次他會喜歡它：

```
File Edit Window Help GumballsAndBeyond
% java GumballMonitorTestDrive
Gumball Machine: santafe.mightygumball.com
Current inventory: 99 gumballs
Current state: waiting for quarter

Gumball Machine: boulder.mightygumball.com
Current inventory: 44 gumballs
Current state: waiting for turn of crank

Gumball Machine: austin.mightygumball.com
Current inventory: 187 gumballs
Current state: waiting for quarter
%
```

監視器會迭代每一台遠端機器，並呼叫它的 getLocation()、getCount() 與 getState() 方法。

真了不起！它會讓我的業績一飛沖天，把競爭對手打得落花流水！

我們對著代理呼叫方法，透過網路來發出遠端呼叫，並取回一個 String、一個整數，與一個 State 物件。因為我們使用代理，所以糖果機監視器不知道（或不在乎）那些呼叫是遠端的（不過它要注意遠端的例外）。

1. **CEO** 執行監視器，它先抓取遠端糖果機的代理，然後對每一個代理呼叫 **getState()**（以及 **getCount()** 與 **getLocation()**）。

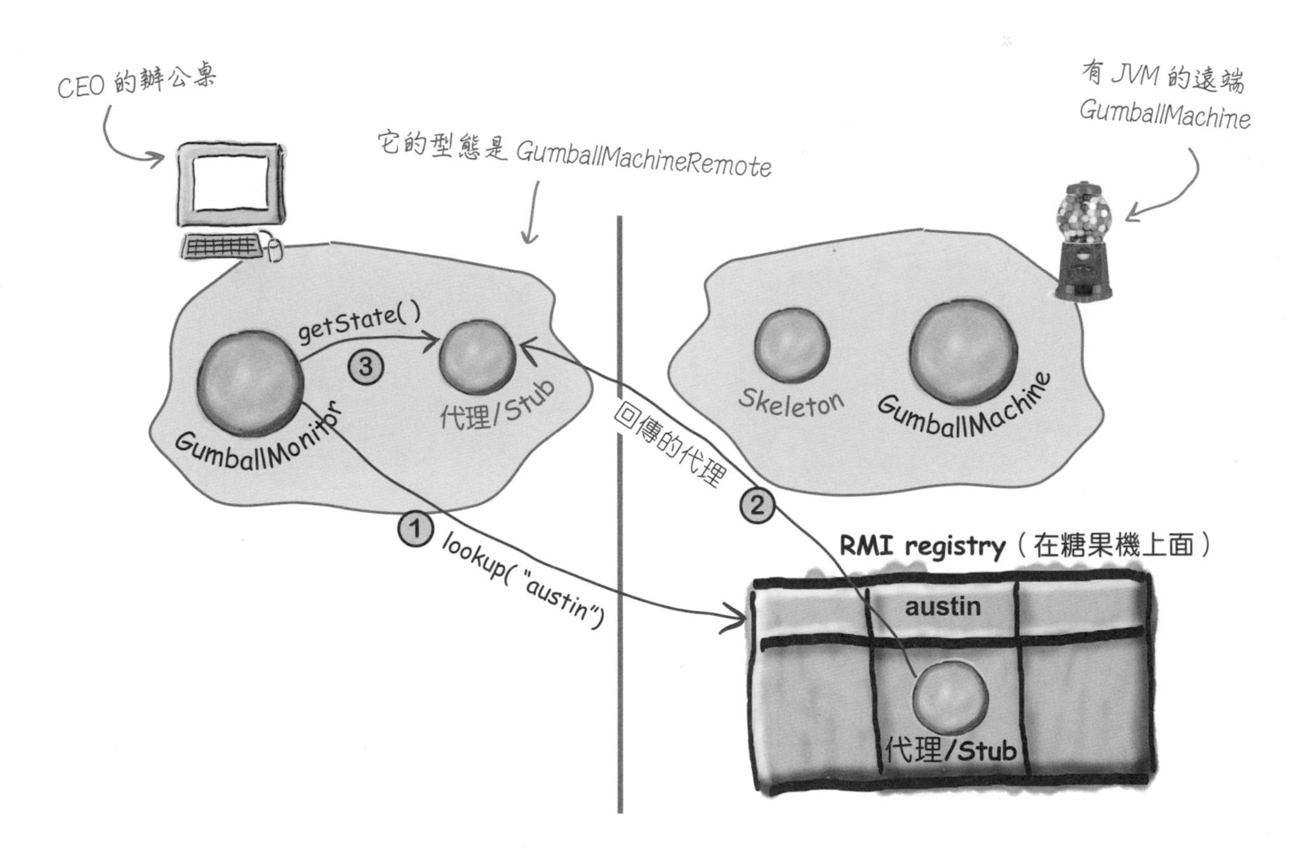

❷ 對著代理呼叫 **getState()**，代理會將呼叫轉傳給遠端服務。**skeleton** 收到請求，然後將它轉傳給 **GumballMachine**。

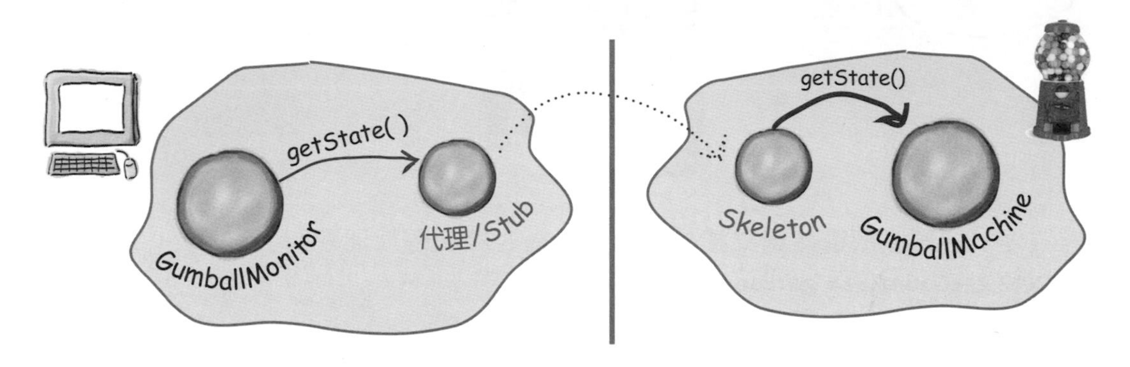

❸ **GumballMachine** 將狀態回傳給 **skeleton**，**skeleton** 將它序列化，用網路回傳給代理，代理會將它還原，並以物件的形式回傳給監視器。

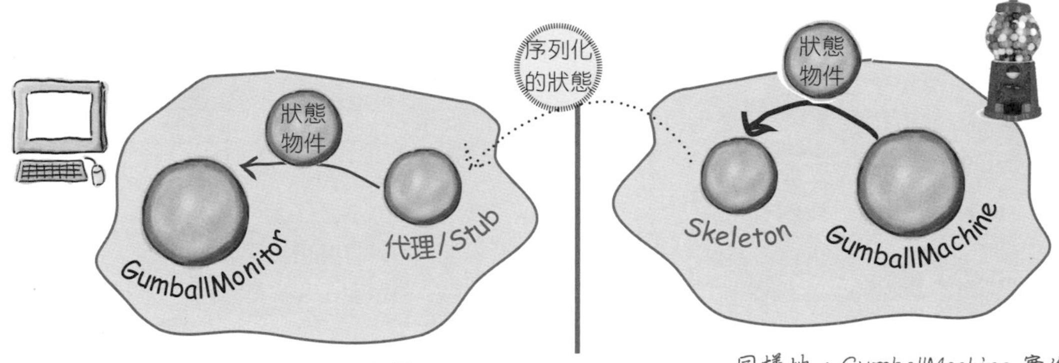

監視器完全不需要修改，不過它必須知道：它可能會遇到遠端例外。它也使用 GumballMachineRemote 介面，而不是具體實作。

同樣地，GumballMachine 實作另一個介面，它的建構式裡也有可能丟出遠端例外，但除此之外，程式都維持不變。

我們也寫一些註冊程式，並使用 RMI registry 找到 stub。但是，無論如何，當我們編寫一些透過網路來運作的程式時，就需要某種定位服務。

代理模式的定義

本章已經用了很多篇幅，你可以看到，遠端代理解釋起來很複雜。儘管如此，代理模式的定義與類別圖其實非常簡單。請注意，遠端代理模式是一般的代理模式的做法之一，這個模式其實有很多版本，稍後我們會討論它們。我們先來了解一般模式的細節。

這是代理模式的定義：

> **代理模式**可為物件提供一個代表或替身，藉以控制外界與它的接觸。

代理模式可以建立代表物件，用來控制對另一個物件的接觸，另一個物件可能在遠端、或建造成本高昂，或需要做安全控管。

好，我們已經看過代理模式如何提供物件的代理或替身了，我們也說過，代理是另一個物件的「代表」。

但是代理如何控制接觸？這聽起來有點奇怪，其實，在糖果機案例中，你只要想成「代理控制了外界對遠端物件的接觸」即可。之所以用代理來控制接觸，是因為用戶端（監視器）不知道怎麼和遠端物件交談。所以在某種意義上，遠端代理控制了外界對它的接觸，如此一來，它就可以為我們處理網路的細節。我們說過，代理模式有很多版本，各種版本通常是圍繞著代理「控制接觸」的方式而演變的。我們等一下會進一步討論這個部分，現在先介紹一些控制接觸的方式：

- 我們知道，遠端代理可控制外界對於遠端物件的接觸。
- 虛擬代理可以控制外界對製作成本高昂的資源的接觸。
- 保護代理可以根據權限來控制外界對資源的接觸。

知道一般模式的要點之後，我們來看一下類別圖…

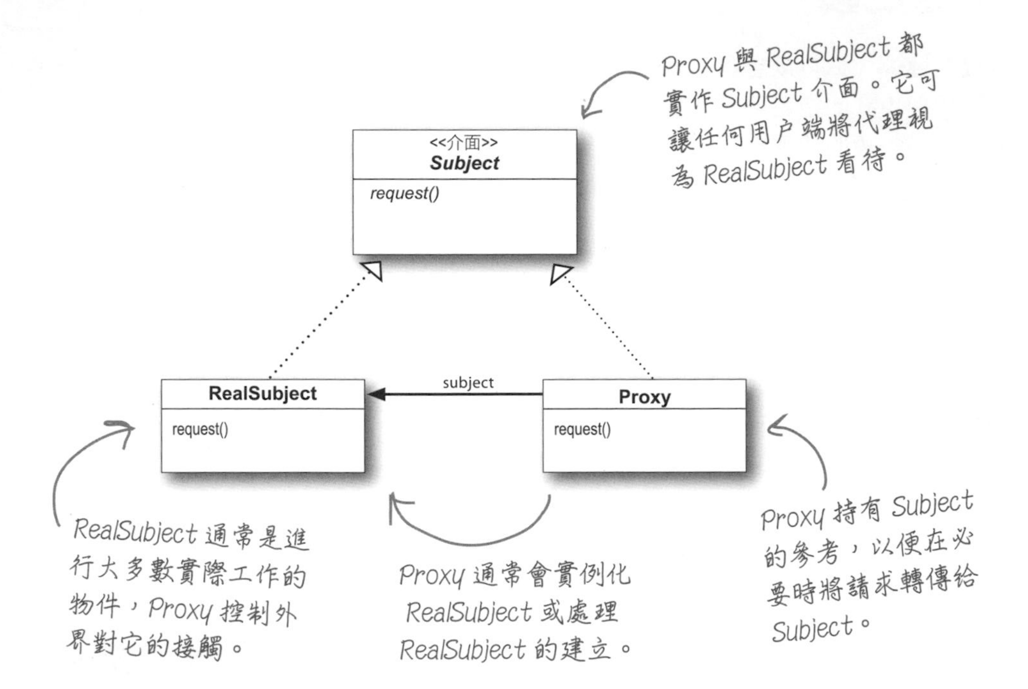

我們來討論一下這張圖…

首先是 Subject，它是讓 RealSubject 與 Proxy 使用的介面。因為 Proxy 與 RealSubject 實作了一樣的介面，所以 Proxy 可以在 RealSubject 出現的地方取代它。

RealSubject 是真正做事的物件，被 Proxy 代表並控制接觸的物件就是它。

Proxy 持有 RealSubject 的參考，有時，Proxy 會負責建立與銷毀 RealSubject。用戶端會透過 Proxy 來與 RealSubject 互動。因為 Proxy 與 RealSubject 實作了同一個介面（Subject），所以 Proxy 可以在任何一個使用 Subject 的地方取代它。Proxy 也控制了外界對於 RealSubject 的接觸；如果 Subject 是在遠端機器運行的、或是 Subject 的建立成本很昂貴、或是我們必須用某種方式來保護外界與 Subject 的接觸，我們就要採用這種控制機制。

了解一般的模式之後，我們來看一下除了遠端代理之外，代理還有哪些用戶端方式…

準備認識虛擬代理

OK，到目前為止，你已經知道代理模式的定義，也看過一個具體的例子（遠端代理）了。接下來要介紹一種不一樣的代理：虛擬代理。你將發現，代理模式有很多種面貌，但它們大致上都遵循一般的代理設計。為什麼有這麼多種形式？因為代理模式可以在許多不同的使用案例裡面應用。我們來看一下虛擬代理，並比較它與遠端代理的異同：

遠端代理

在遠端代理模式中，代理是位於另一個 JVM 的物件的本地代表。當你呼叫代理的方法之後，該呼叫會經由網路傳到遠方，進行遠端呼叫，呼叫的結果會被回傳給代理，再回傳給用戶端。

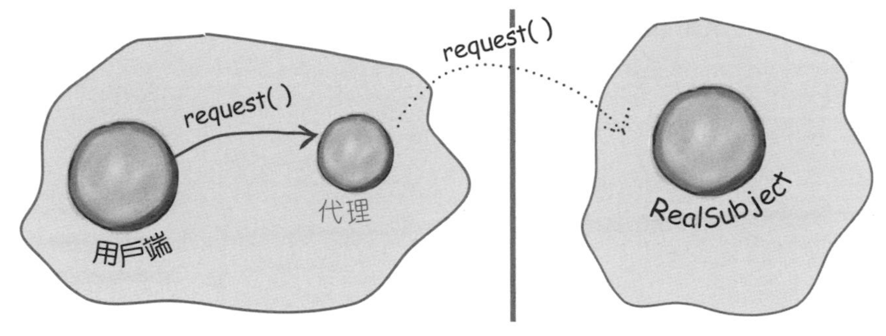

我們已經很熟悉這張圖了…

虛擬代理

虛理代理是「製作成本昂貴」的物件的代表。虛擬代理通常會推遲物件的建立，直到真的有必要才進行；虛擬代理也是物件被建立之前和物件正在建立時的代表，物件被建立出來之後，代理會將請求直接委託給 RealSubject。

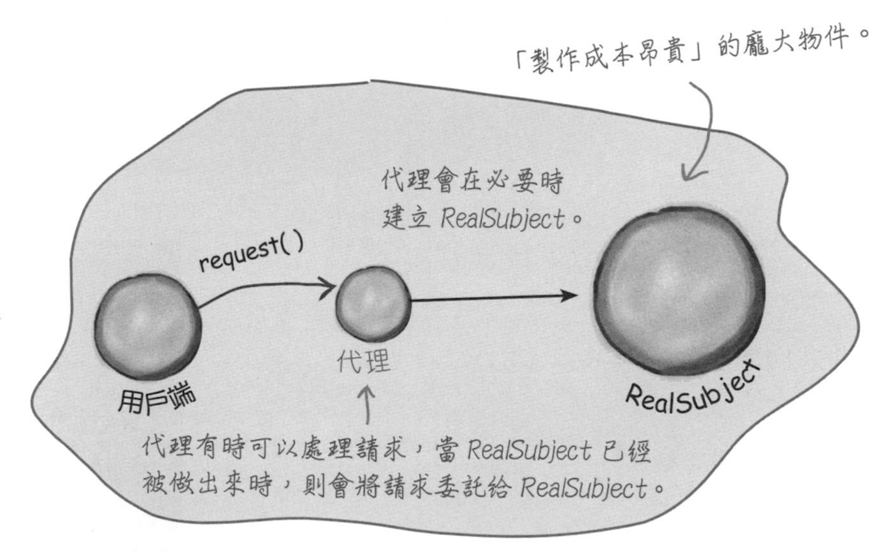

顯示專輯封面

假設你想寫一個程式來顯示你喜歡的專輯的封面，你會建立專輯名稱選單，然後從 Amazon.com 等線上服務抓取圖像，如果你使用 Swing，或許你會建立一個 Icon，並讓它從網路載入圖像。唯一的問題在於，由於網路負載與連線頻寬等因素，抓取專輯封面可能要花一點時間，所以應用程式在等待圖像載入時要顯示某個東西。我們也不想要在應用程式等待圖像時讓它空等。當圖像被載入時，我們應該讓訊息消失，並顯示圖像。

這種效果很容易用虛擬代理做出來。虛擬代理可以代表 Icon，管理幕後的載入，並在網路圖像還沒有完全取得時，顯示「Loading album cover, please wait...」。當圖像載入時，代理就將顯示委託給 Icon。

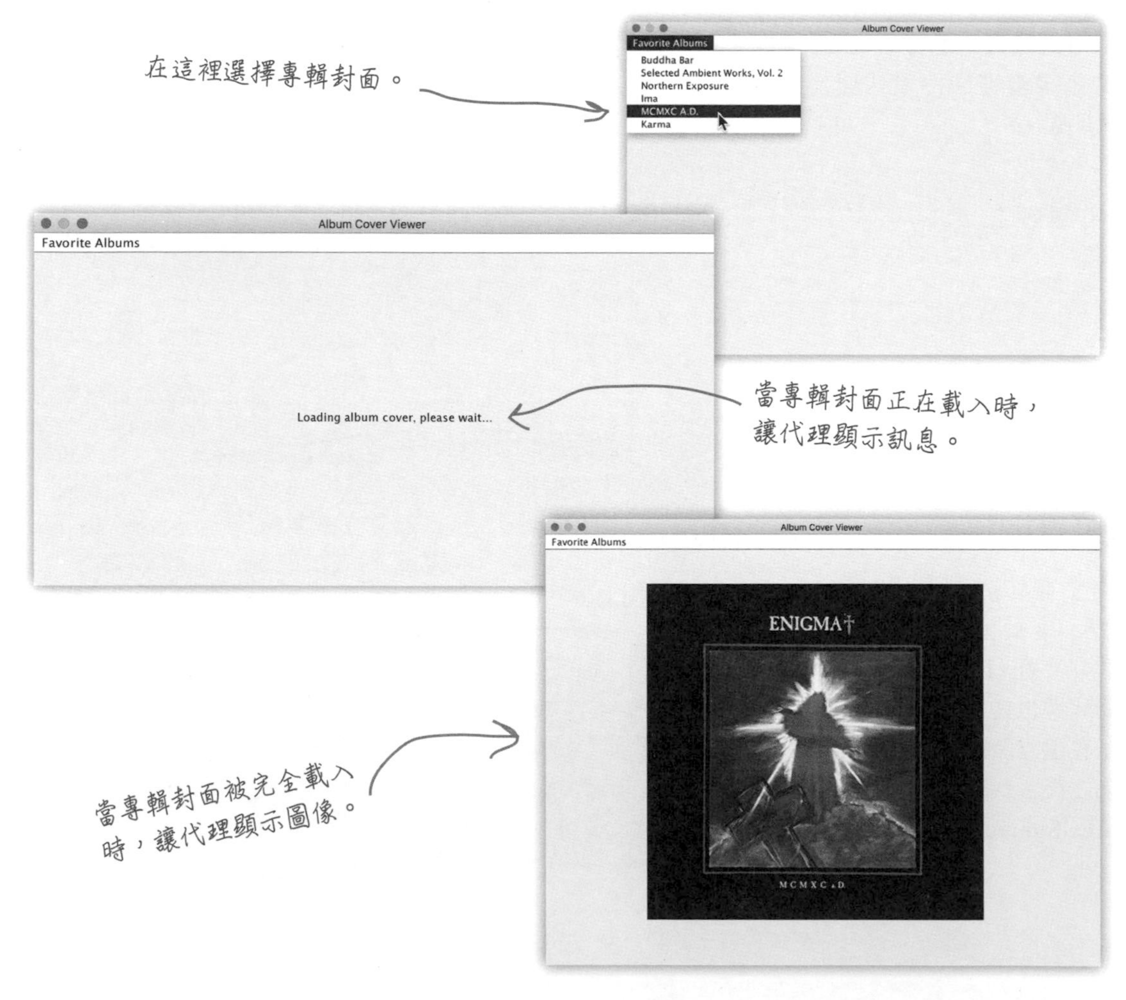

設計專輯封面虛擬代理

在撰寫專輯封面顯示程式之前，我們先來看一下類別圖。你可以看到，它長得很像遠端代理的類別圖，但是這個代理是用來隱藏一個建立成本昂貴的物件（因為我們要透過網路取得 Icon 的資料），而不是用來隱藏在網路的另一端的物件。

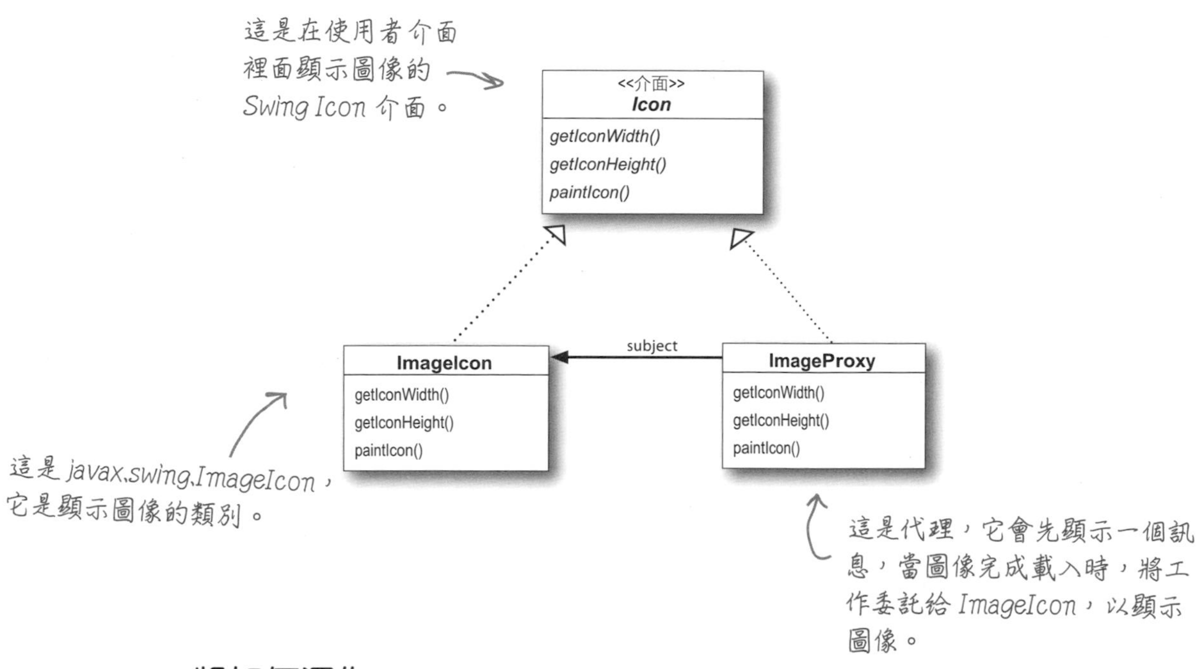

ImageProxy 將如何運作：

1. ImageProxy 先建立一個 ImageIcon 並開始從網路 URL 載入它。

2. 在取得圖像的位元組時，ImageProxy 顯示「Loading album cover, please wait...」。

3. 當圖像被完全載入時，ImageProxy 將所有方法呼叫都委託給 ImageIcon，包括 paintIcon()、getIconWidth() 與 getIconHeight()。

4. 如果用戶請求新圖像，我們會建立一個新的代理，並重新執行整個程序。

編寫圖像代理

ImageProxy 實作了 Icon 介面。


```
class ImageProxy implements Icon {
    volatile ImageIcon imageIcon;
    final URL imageURL;
    Thread retrievalThread;
    boolean retrieving = false;

    public ImageProxy(URL url) { imageURL = url; }
    public int getIconWidth() {
        if (imageIcon != null) {
            return imageIcon.getIconWidth();
        } else {
            return 800;
        }
    }
    public int getIconHeight() {
        if (imageIcon != null) {
            return imageIcon.getIconHeight();
        } else {
            return 600;
        }
    }

    synchronized void setImageIcon(ImageIcon imageIcon) {
        this.imageIcon = imageIcon;
    }

    public void paintIcon(final Component c, Graphics  g, int x,  int y) {
        if (imageIcon != null) {
            imageIcon.paintIcon(c, g, x, y);
        } else {
            g.drawString("Loading album cover, please wait...", x+300, y+190);
            if (!retrieving) {
                retrieving = true;

                retrievalThread = new Thread(new Runnable() {
                    public void run() {
                        try {
                            setImageIcon(new ImageIcon(imageURL, "Album Cover"));
                            c.repaint();
                        } catch (Exception e) {
                            e.printStackTrace();
                        }
                    }
                });
                retrievalThread.start();
            }
        }
    }
}
```

imageIcon 是**真正**的圖示，我們會在它被載入時顯示它。

將圖像的 URL 傳給建構式。它是在完成載入時顯示的圖像！

在 imageIcon 完全載入之前回傳預設的寬與高。

imageIcon 會被兩個不同的執行緒使用，所以除了將變數宣告成 volatile（以保護讀取）之外，我們也使用 synchronized setter（以保護寫入）。

有趣的來了。這段程式會在螢幕上畫出圖示（藉著委託給 imageIcon）。但是，如果我們沒有完全做好的 imageIcon，我們會建立一個，見下一頁的說明。

程式碼探究

需要在畫面上畫出 icon 時，就呼叫這個方法。

```
public void paintIcon(final Component c, Graphics  g, int x,  int y) {
    if (imageIcon != null) {

        imageIcon.paintIcon(c, g, x, y);

    } else {

        g.drawString("Loading album cover, please wait...", x+300, y+190);
        if (!retrieving) {

            retrieving = true;
            retrievalThread = new Thread(new Runnable() {
                public void run() {
                    try {
                        setImageIcon(new ImageIcon(imageURL, "Album Cover"));
                        c.repaint();
                    } catch (Exception e) {
                        e.printStackTrace();
                    }
                }
            });

            retrievalThread.start();
        }
    }
}
```

如果已經取得 icon 了，我們就讓它印出自己。

否則顯示「loading」訊息。

我們在這裡載入**真的** icon 圖像。注意，用 IconImage 來載入圖像是同步的：IconImage 建構式在圖像被載入之後才會 return。我們沒有太多機會更新螢幕和顯示訊息，所以要用非同步的方式處理它。詳情見下一頁的「程式碼探究」…

程式碼探究

如果我們還沒有試著抓取圖像…

…那就開始抓取它（因為只有一個執行緒會呼叫繪圖（paint）方法，所以就執行緒安全而言，這樣寫是沒問題的）。

我們不想讓整個使用者介面停擺，所以使用另一個執行緒來抓取圖像。

```
if (!retrieving) {
    retrieving = true;

    retrievalThread = new Thread(new Runnable() {
        public void run() {
            try {
                setImageIcon(new ImageIcon(imageURL, "Album Cover"));
                c.repaint();
            } catch (Exception e) {
                e.printStackTrace();
            }
        }
    });
    retrievalThread.start();
}
```

取得圖像之後，要求 Swing 重新繪製。

在執行緒裡實例化 Icon 物件。它的建構式在圖像被載入之前不會 return。

所以，螢幕會在 *ImageIcon* 實例化之後才會再次繪圖，此時 *paintIcon()* 方法會繪出圖像，而不是載入訊息。

設計謎題

ImageProxy 類別用條件陳述式來控制兩個狀態。你認為這段程式可以用哪一種模式來整理？如何重新設計 ImageProxy ？

```
class ImageProxy implements Icon {
    // 這裡是實例變數與建構式

    public int getIconWidth() {
        if (imageIcon != null) {
            return imageIcon.getIconWidth();
        } else {
            return 800;
        }
    }

    public int getIconHeight() {
        if (imageIcon != null) {
            return imageIcon.getIconHeight();
        } else {
            return 600;
        }
    }

    public void paintIcon(final Component c, Graphics  g, int x,  int y) {
        if (imageIcon != null) {
            imageIcon.paintIcon(c, g, x, y);
        } else {
            g.drawString("Loading album cover, please wait...", x+300, y+190);
            // 其他程式
        }
    }
}
```

兩個狀態

兩個狀態

兩個狀態

測試專輯封面顯示程式

OK，讓我們來測試這個很棒的虛擬代理。我們已經寫好一個 ImageProxyTestDrive，它會設定視窗、建立框架、安裝選單，以及建立代理。我們不在此研究程式的所有細節，你可以自行抓取程式碼並閱讀它，在本章的結尾也有虛擬代理的所有原始碼。

這是部分的測試程式：

```
public class ImageProxyTestDrive {
    ImageComponent imageComponent;
    public static void main (String[] args) throws Exception {
        ImageProxyTestDrive testDrive = new ImageProxyTestDrive();
    }

    public ImageProxyTestDrive() throws Exception {

        // 設定框架與選單

        Icon icon = new ImageProxy(initialURL);
        imageComponent = new ImageComponent(icon);
        frame.getContentPane().add(imageComponent);
    }
}
```

我們在這裡建立一個圖像代理，並將它設成初始 URL。每當你在 Album 選單進行選擇，你就會得到新的圖像代理。

接著將代理包在一個 component 裡面，以便加入框架。component 會處理代理的寬、高與其他類似的細節。

最後將代理加入框架，藉以顯示它。

我們來執行測試程式：

```
File Edit Window Help JustSomeOfTheAlbumsThatGotUsThroughThisBook
% java ImageProxyTestDrive
```

執行 ImageProxyTestDrive 之後，你可以看到這個視窗：

試著做這些事…

1. 使用選單來載入不同的專輯封面，確認代理顯示「loading」，直到抓到圖像為止。
2. 在顯示「loading」訊息時，改變視窗的尺寸。注意，代理可以處理載入，並且不會讓 Swing 視窗停擺。
3. 在 ImageProxyTestDrive 加入你喜歡的專輯。

我們做了什麼？

❶ 我們建立了一個 **ImageProxy** 類別，用來顯示圖像。我們呼叫 **paintIcon()** 方法，讓 **ImageProxy** 啟動一個執行緒來抓取圖像與建立 **ImageIcon**。

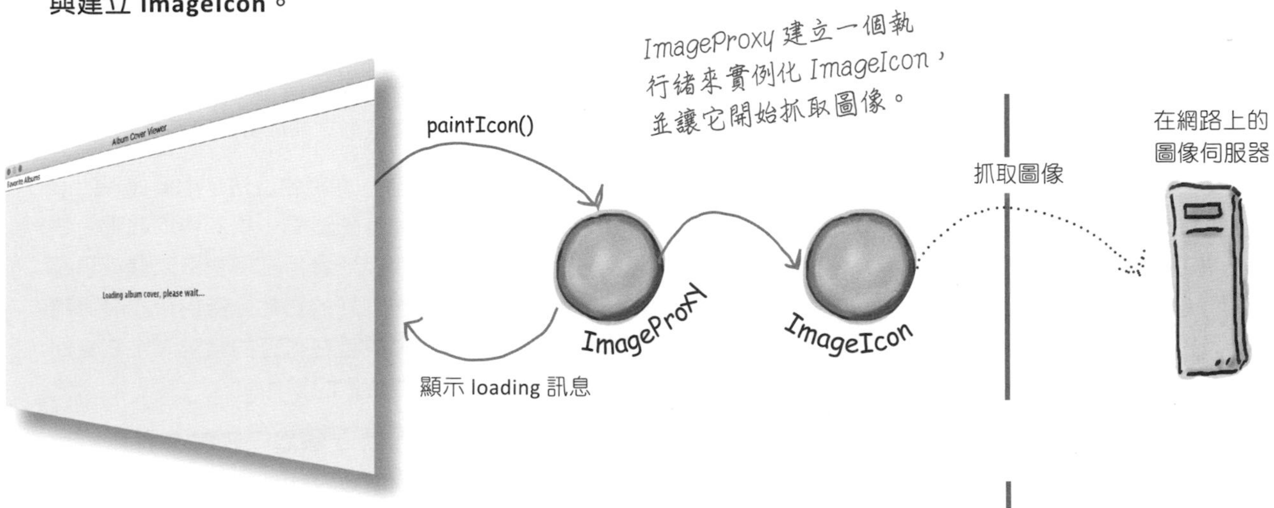

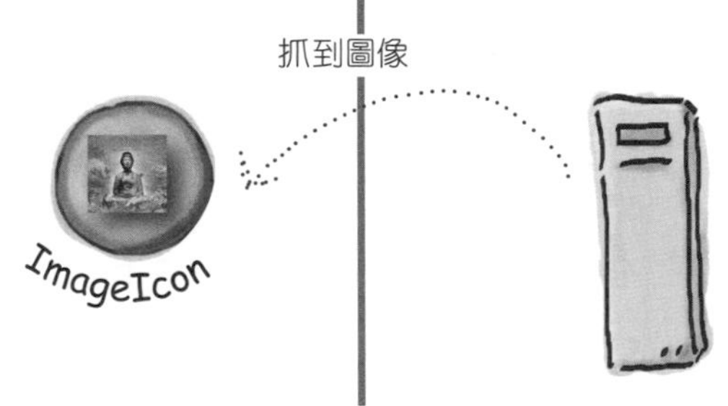

❷ 圖像在某個時間被傳回來，而且 **ImageIcon** 被完整實例化。

❸ 建立 **ImageIcon** 之後，下一次有人呼叫 **paintIcon()** 時，代理會將那個呼叫委託給 **ImageIcon**。

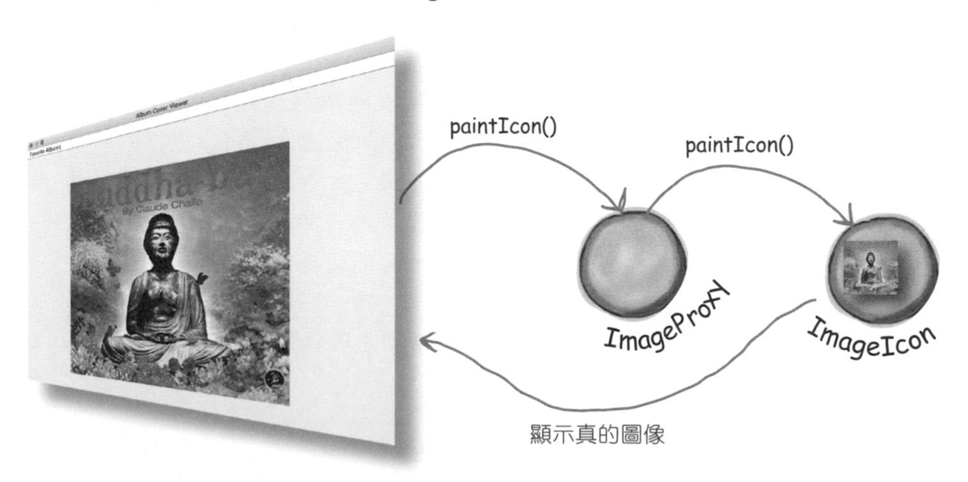

問：我覺得遠端代理與虛擬代理很不一樣，它們真的是同一種模式嗎？

答：你將來會在現實世界裡發現代理模式的許多變體，它們的共同之處在於，它們會攔截用戶端對一個對象（subject）發出的方法呼叫，這個間接層可以讓你做很多事情，包括將請求轉發給遠端對象、在昂貴的對象還沒建立時提供它的代表，或是，等一下你會看到，提供某種等級的保護，可以決定哪些用戶端可以呼叫哪些方法。這只是開端，一般的代理模式有很多種應用方式，我們將在本章結束時介紹一些其他的方式。

問：我認為 ImageProxy 看起來很像裝飾器，我是說，我們基本上是將一個物件包在另一個裡面，然後將呼叫委託給 ImageIcon，我是不是遺漏了什麼？

答：有時代理與裝飾器長得很像，但是它們有不同的目的：裝飾器是為了幫類別添加行為，代理是為了控制外界與它的接觸。你可能會問「載入訊息不也是添加行為嗎？」從某方面來說確實如此，但是更重要的是，ImageProxy 的目的是控制外界針對 ImageIcon 的接觸。它是怎麼控制接觸的？你可以這樣想：代理讓用戶端與 ImageIcon 沒有耦合關係，如果它們耦合，用戶端就必須等待圖像被抓到，才可以畫出整個介面。因為代理控制了外界對於 ImageIcon 的接觸，所以在 ImageIcon 完全建立好之前，代理可以提供另一個畫面。一旦 ImageIcon 建立好，代理就可以讓外界接觸它了。

問：我怎麼讓用戶端使用代理，而不是使用真正對象（Real Subject）？

答：好問題。有一種常見的技巧是提供一個工廠來實例化對象並回傳它。因為這件事是在工廠方法裡發生的，所以我們可以先將對象包在代理裡面，再將它回傳。用戶端不知道或不必在乎它正在使用代理，而不是真的對象。

問：我在 ImageProxy 範例裡面發現，你總是建立新的 ImageIcon 來取得圖像，即使已經抓取過圖像了也是如此，你可以實作類似 ImageProxy 的東西來快取之前取得的東西嗎？

答：你說的做法是虛擬代理的一種特殊形式，稱為快取代理。快取代理會用一個快取來儲存已經建立好的物件，當用戶端發出請求並且在可行的情況下，它會回傳快取的物件。

在本章結尾，我們會介紹這種模式以及代理模式的其他幾種變體。

問：我已經知道裝飾器與代理之間的關係了，但是轉接器呢？轉接器看起來也很像。

答：代理與轉接器都是在其他物件的前面將請求轉傳給它們。別忘了，轉接器會改變被它轉接的物件的介面，代理則是實作相同的介面。

轉接器與保護代理還有一個相似處。保護代理可以根據用戶端的角色，決定是否讓用戶端接觸物件內的特定方法，所以保護代理可能只提供部分的介面給用戶端，這一點與一些轉接器很像。幾頁之後會介紹保護代理。

今夜話題：**代理與裝飾器。**

代理：

你好啊，裝飾器。我猜，你會來是因為有時我們會被搞混？

裝飾器：

哼，我認為大家把我們搞混是因為你到處假扮成不同的模式，但事實上，你是裝飾器扮成的，你實在不應該抄襲我的想法。

代理：

我抄襲你的想法？哩嘛幫幫忙！我可以控制別人對物件的接觸，你只不過是裝飾它們，我的工作比你的重要多了，我可不是隨便玩玩。

裝飾器：

「只不過」是裝飾？你認為裝飾是一種浮誇的、不重要的模式？兄弟，跟你說，我可以添加行為，也就是它們所做的事情，對物件來說，這就是最重要的事情！

代理：

好吧，這麼說來，你不完全是浮誇的東西…但是我還是不懂，為什麼你認為我抄襲你的想法？我完全是為了代表我的對象，不是為了裝飾它們。

裝飾器：

你當然可以稱之為「代表」，但是如果它看起來像鴨子，走路的樣子也像鴨子…我想說的是，看看你的虛擬代理，它其實只是用另一種方式，在某個龐大且昂貴的物件正在載入時，添加行為來做某些事情而已，而且你的遠端代理是與遠端物件交談，讓用戶端不必煩惱這些事情的一種手段。就像我說的，那都與行為有關。

代理：

裝飾器，我覺得你根本在狀況外，我代表我的對象，而且我沒有添加行為。用戶端將我當成真正的對象的代理，因為我可以避免外人沒必要地接觸它們，或是在它們等待巨型物件載入時，讓 GUI 停擺，或是隱瞞它們的對象在遠端機器運作這件事。我必須說，我的目的與你的全然不同！

裝飾器：

隨便你怎麼說，我與被我包住的物件實作了同一個介面，你也是這樣。

代理：

OK，你說你會包住一個物件，雖然有時我們會非正式地說：「代理包著它的對象」，但是這其實不是準確的說法。

裝飾器：

是嗎？為什麼不是？

代理：

想一下遠端代理…我包了什麼？被我代表的、控制接觸的物件在另一台機器上！這些事你做得到嗎？

裝飾器：

OK，但是我們都知道，遠端代理是特立獨行的怪咖，要不要舉第二個例子？你應該舉不出來吧？

代理：

當然可以，例如虛擬代理…想一下專輯封面範例，當用戶端第一次將我當成代理來使用時，對象根本不存在！這樣的話，我包住什麼了？

裝飾器：

喔喔！該不會你接下來要說：「你其實會建立物件」吧？

代理：

我不知道裝飾器那麼蠢！當然，我有時會建立物件。你以為虛擬代理是怎麼取得它的對象的？OK，你剛才指出我們之間最大的不同了：你知我知，裝飾器只是在窗戶添加點綴，它們永遠不會實例化任何東西。

裝飾器：

是嗎？實例化這個吧！

代理：

和你討論之後，我可以確定你只是個愚蠢的代理！

裝飾器：

愚蠢的代理？我倒想看看你能不能用 10 個裝飾器反覆包住一個物件，同時保持頭腦清醒。

代理：

你應該不會看到代理包裝一個對象好幾次，事實上，如果你需要包裝某個東西 10 幾次，你最好檢查一下你的設計。

裝飾器：

你們代理就是這樣，表面工夫一流，其實你們只不過是站在真正工作的物件前面搶走它們的風頭，可憐吶。

使用 Java API 的代理來建立保護代理

Java 用它的 java.lang.reflect 程式包來支援代理，它可以讓你動態地建立一個代理類別，並且讓它實作一個或多個介面，可將方法呼叫轉傳給你指定的類別。因為實際的代理類別是在執行期建立的，所以我們將這種 Java 技術稱為動態代理。

我們接下來要使用 Java 的動態代理來實作下一種代理（保護代理），但是在那之前，我們先來簡單地看一下類別圖，了解動態代理是怎麼組合在一起的。如同現實世界的大多數事物，動態代理和這種模式的典型定義略有不同：

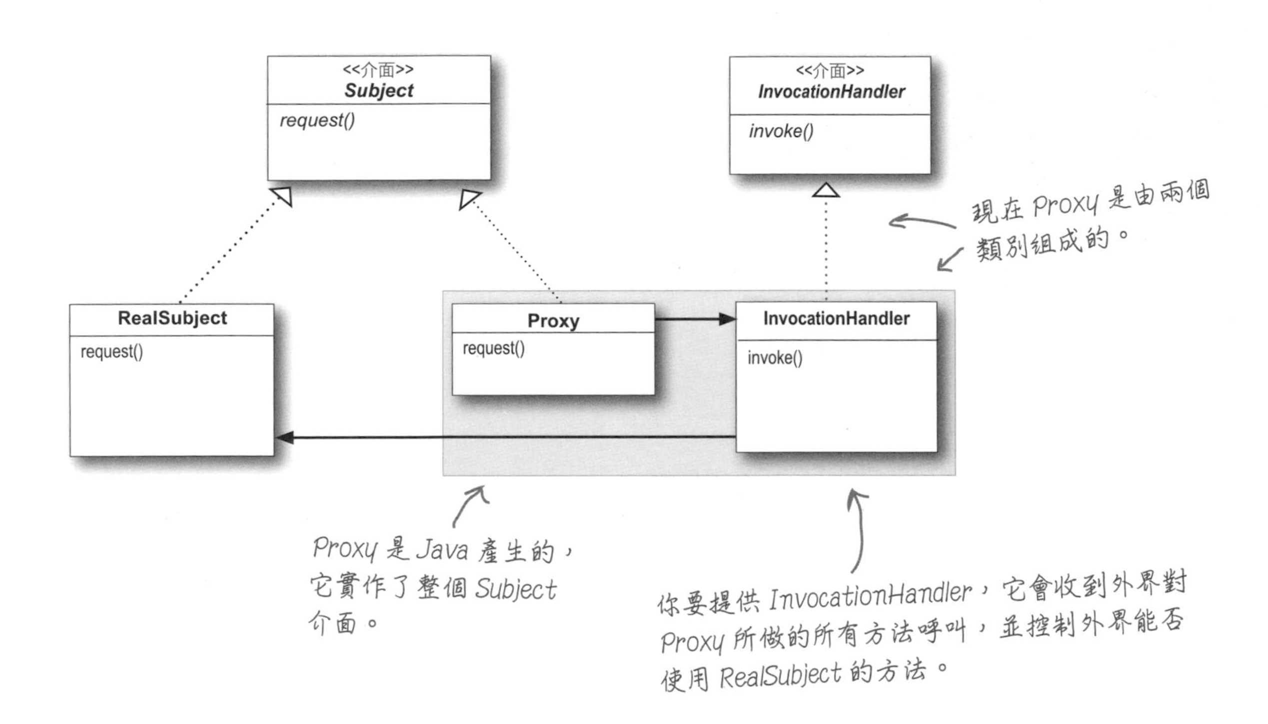

因為 Java 為你建立 Proxy 類別，所以你要告訴 Proxy 類別它的工作是什麼，但是你不能像之前一樣將那些程式碼放在 Proxy 類別裡面，因為你不是要直接實作它，那要放在哪裡？放在 InvocationHandler 裡面。InvocationHandler 的工作是回應用戶端針對代理發出的任何方法呼叫，你可以這樣看：當 Proxy 收到方法呼叫之後，它會要求 InvocationHandler 進行所有實際的工作。

OK，我們來逐步講解如何使用動態代理…

物件村的極客媒合

每一個城鎮都需要媒合服務，對吧？你已經承接了一項工作，幫物件村寫好一個約會服務了。你也試著發揮創意，加入一個「極客評分」功能，讓參與者可以為彼此評價極客分數（越高越好），你認為它會讓顧客更有參與感，可以找出潛在的伴侶，也可以增加樂趣。

你的服務以 Person 介面為中心，這個介面可以讓你設定與取得一個人的資訊：

這是介面，我們等一下就會實作它…

它們可以用來取得一個人的名字、姓名、興趣與極客分數（1–10）。

```
public interface Person {

    String getName();
    String getGender();
    String getInterests();
    int getGeekRating();

    void setName(String name);
    void setGender(String gender);
    void setInterests(String interests);
    void setGeekRating(int rating);

}
```

我們也用對應的方法來設定同一組資訊。

setGeekRating() 接收一個整數，並將它加入那個人的累積平均。

我們來看一下實作…

Person 實作

PersonImpl 實作了 Person 介面。

```
public class PersonImpl implements Person {
    String name;
    String gender;
    String interests;
    int rating;
    int ratingCount = 0;

    public String getName() {
        return name;
    }

    public String getGender() {
        return gender;
    }

    public String getInterests() {
        return interests;
    }

    public int getGeekRating() {
        if (ratingCount == 0) return 0;
        return (rating/ratingCount);
    }


    public void setName(String name) {
        this.name = name;
    }

    public void setGender(String gender) {
        this.gender = gender;
    }

    public void setInterests(String interests) {
        this.interests = interests;
    }

    public void setGeekRating(int rating) {
        this.rating += rating;
        ratingCount++;
    }
}
```

實例變數。

所有的 getter，它們都回傳適當的實例變數…

…除了 getGeekRating() 之外，它會將評分除以 ratingCount 來計算平均分數。

這是所有的 setter，它們會設定對應的實例變數。

最後，setGeekRating() 方法會遞增總 ratingCount，並將評分加入累積總計。

我沒辦法找到約會對象，後來我發現有人修改我的興趣，也有很多人幫自己的極客分數灌水。系統不應該允許任何人修改別人的興趣，或是幫自己打分數！

Elroy

雖然我們懷疑 Elroy 找不到約會對象另有原因，但是他說的也沒錯：你不能夠幫自己打分數，或是修改其他顧客的資料。Person 的定義可讓任何用戶端呼叫任何方法。

這是使用保護代理的完美案例。什麼是保護代理？這種代理可以根據接觸權限，來控制外界針對一個物件的接觸。例如，如果我們有一個員工物件，保護代理可以讓員工呼叫物件的某些方法，讓經理可以呼叫額外的方法（例如設定薪水的 setSalary()），人力資源員工可以呼叫物件的任何方法。

在約會服務中，我們想讓顧客設定他自己的資訊，同時防止別人修改它。我們也想讓極客分數只能被對方評定：我們希望其他的顧客可以設定評分，但是那一位顧客不行。Person 還有一些 getter，因為它們回傳的都不是私人資訊，所以任何顧客都可以呼叫它們。

五分鐘短劇：保護對象

網路泡沫似乎已經成為遙遠的回憶了，在那段日子裡，只要在對街就可以找到錢多事少的工作。就連軟體開發經濟人都趕上這股風潮…

全貌：為 Person 建立動態代理

我們有一些問題需要修正：我們不能讓顧客修改他們自己的極客分數，而且不能讓顧客修改別人的個人資訊。為了修正這些問題，我們要建立兩個代理：一個用來接觸你自己的 Person 物件，一個用來接觸其他顧客的 Person 物件。如此一來，代理就可以在不同的情況下允許不同的請求。

我們要使用幾頁之前的 Java API 的動態代理來建立這些代理。Java 會幫我們建立兩個代理，我們只需要提供 handler（處理常式），並讓 handler 知道：當用戶端對著代理呼叫方法時該做什麼。

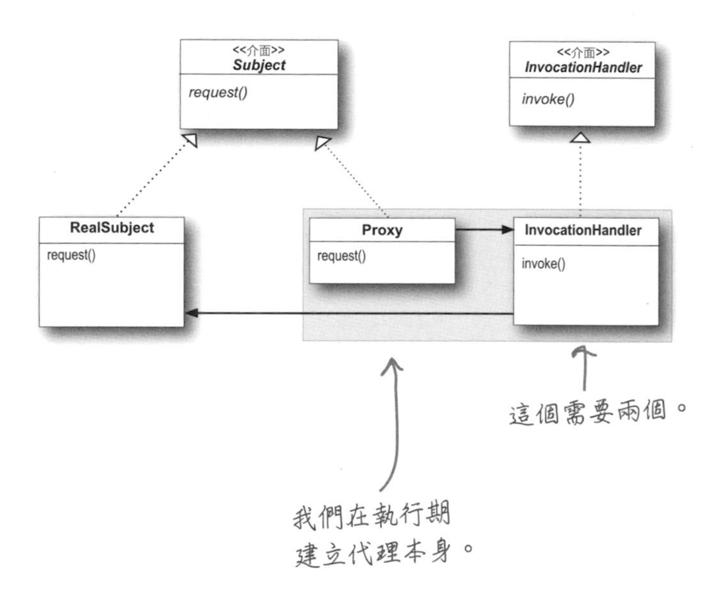

第一步：

建立兩個 InvocationHandler。

InvocationHandlers 實作了代理的行為。你將看到，Java 會負責建立實際的代理類別與物件，我們只要提供一個 handler，讓 handler 知道當用戶端對著它呼叫方法時該做什麼。

第二步：

編寫建立動態代理的程式。

我們要寫一些程式來產生代理（proxy）類別，並將它實例化。等一下會逐步講解這段程式。

第三步：

用適當的代理將任何 Person 物件都包起來。

當我們需要使用 Person 物件時，無論它是顧客自己的物件（在這個例子中，我們稱之為「owner」），還是顧客正在查看的另一位用戶的物件（在這個例子中，我們稱之為「non-owner」）。

我們都會幫 Person 建立適當的代理。

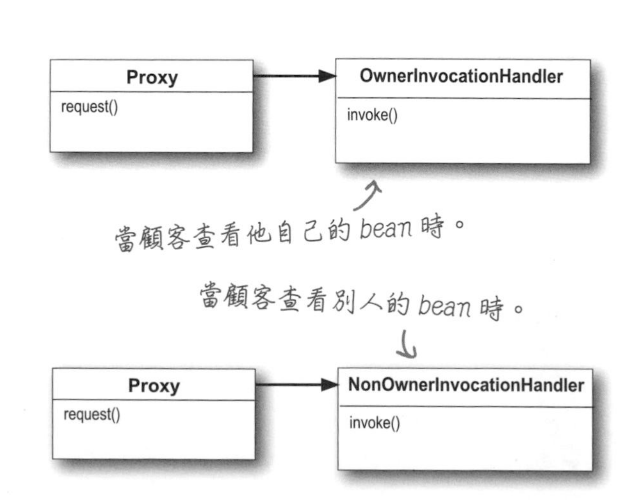

第一步：建立 InvocationHandler

我們要寫兩個呼叫處理常式（invocation handler），一個是 owner 的，另一個是 non-owner 的。不過，到底什麼是呼叫處理常式？你可以這樣看待它們：當用戶端對著代理呼叫方法時，代理會將那個呼叫轉傳給呼叫處理常式，但不是藉著呼叫 handler 的對應方法，那呼叫什麼？看一下 InvocationHandler 介面：

<<介面>> *InvocationHandler*
invoke()

裡面只有一個方法，invoke()，無論用戶端呼叫代理的哪個方法，代理都會呼叫 handler 的 invoke()。我們來看看它是如何運作的：

① 假設用戶端對著代理呼叫 **setGeekRating()** 方法。

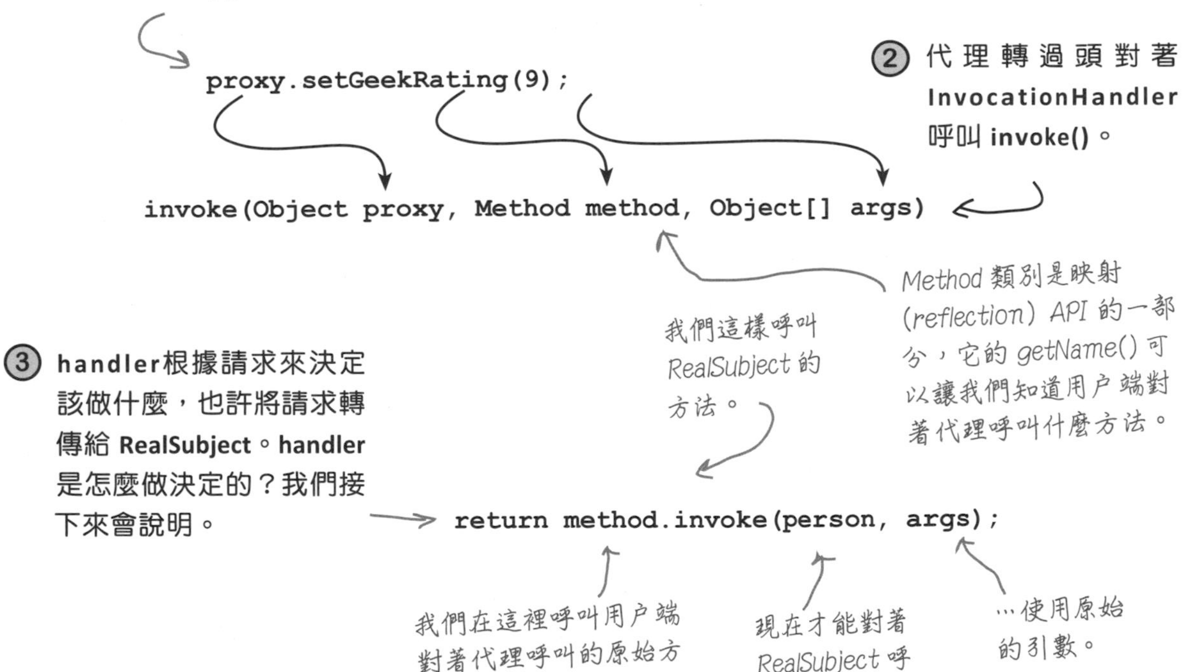

建立 InvocationHandler，續…

當 invoke() 被代理呼叫時，你怎麼知道該如何處理那一個呼叫？一般來說，你會檢查用戶端呼叫代理的哪一個方法，並根據方法的名稱（有時會根據引數），來做決定。我們來實作 OwnerInvocationHandler，看看這是怎麼運作的：

InvocationHandler 是 java.lang.reflect 程式包的一部分，所以我們要匯入它。

所有的呼叫處理常式都實作了 InvocationHandler 介面。

```
import java.lang.reflect.*;

public class OwnerInvocationHandler implements InvocationHandler {
    Person person;

    public OwnerInvocationHandler(Person person) {
        this.person = person;
    }

    public Object invoke(Object proxy, Method method, Object[] args)
            throws IllegalAccessException {

        try {
            if (method.getName().startsWith("get")) {
                return method.invoke(person, args);
            } else if (method.getName().equals("setGeekRating")) {
                throw new IllegalAccessException();
            } else if (method.getName().startsWith("set")) {
                return method.invoke(person, args);
            }
        } catch (InvocationTargetException e) {
            e.printStackTrace();
        }
        return null;
    }
}
```

將 RealSubject 傳入建構式，並保存它的參考。

每次用戶端對代理呼叫方法時，這個 invoke() 方法就會被呼叫。

如果方法是 getter，我們就對著 real subject 呼叫它。

否則，如果它是 setGeekRating() 方法，我們就拒絕它，丟出 IllegalAccessException。

因為我們是 owner，所以允許任何其他的 set 方法，所以我們對著 real subject 呼叫它。

這會在 real subject 丟出例外時發生。

如果有任何其他方法被呼叫，我們斷然回傳 null。

NonOwnerInvocationHandler 的工作方式很像 OwnerInvocationHandler，只是它允許呼叫 setGeekRating()，而且不允許呼叫任何其他的 set 方法。請自行寫出這個處理常式：

第二步：建立 Proxy 類別，並實例化 Proxy 物件

接下來我們只要動態建立 Proxy 類別，並實例化代理物件即可。我們先寫出一個方法，讓它可以接收 Person 物件，並且為它建立 owner 代理。也就是說，我們要建立一個代理，當外界呼叫它的方法時，它會將該呼叫轉傳給 OwnerInvocationHandler。這是我們的程式：

這個方法接收 Person 物件（real subject），並回傳該物件的代理。因為代理與 subject 有一樣的介面，所以回傳 Person。

這是建立代理的程式，因為這段程式非常醜陋，所以我們來仔細地講解它。

```
Person getOwnerProxy(Person person) {

    return (Person) Proxy.newProxyInstance(
            person.getClass().getClassLoader(),
            person.getClass().getInterfaces(),
            new OwnerInvocationHandler(person));
}
```

我們用 Proxy 類別的靜態 newProxyInstance() 方法來建立代理。

將對象的類別載入器（class loader）傳給它…

…以及代理需要實作的介面…

…以及一個呼叫處理常式，在這個例子就是 OwnerInvocationHandler。

我們將 real subject 傳給呼叫處理常式的建構式。你可以在兩頁之前看到，這就是處理常式接觸 real subject 的方式。

削尖你的鉛筆

建立動態代理的程式有點複雜，但是它並不長，試著寫出 getNonOwnerProxy()，讓它回傳 NonOwnerInvocationHandler 的代理：

能否再往前一步，寫出一個稱為 getProxy() 的方法，讓它接收處理常式與 person，並回傳使用那個處理常式的代理？

測試媒合服務

讓我們測試一下媒合服務，看看它能否根據所使用的代理來控制能否使用 setter 方法。

```
public class MatchMakingTestDrive {
    // 實例變數

    public static void main(String[] args) {
        MatchMakingTestDrive test = new MatchMakingTestDrive();
        test.drive();
    }

    public MatchMakingTestDrive() {
        initializeDatabase();
    }

    public void drive() {
        Person joe = getPersonFromDatabase("Joe Javabean");
        Person ownerProxy = getOwnerProxy(joe);
        System.out.println("Name is " + ownerProxy.getName());
        ownerProxy.setInterests("bowling, Go");
        System.out.println("Interests set from owner proxy");
        try {
            ownerProxy.setGeekRating(10);
        } catch (Exception e) {
            System.out.println("Can't set rating from owner proxy");
        }
        System.out.println("Rating is " + ownerProxy.getGeekRating());

        Person nonOwnerProxy = getNonOwnerProxy(joe);
        System.out.println("Name is " + nonOwnerProxy.getName());
        try {
            nonOwnerProxy.setInterests("bowling, Go");
        } catch (Exception e) {
            System.out.println("Can't set interests from non owner proxy");
        }
        nonOwnerProxy.setGeekRating(3);
        System.out.println("Rating set from non owner proxy");
        System.out.println("Rating is " + nonOwnerProxy.getGeekRating());
    }

    // getOwnerProxy 與 getNonOwnerProxy 等其他方法
}
```

用 main() 方法來建立測試程式，並呼叫它的 drive() 方法來執行。

用建構式來將媒合服務的會員資料庫初始化。

從資料庫取出一個人…

…並建立 owner 代理。

呼叫 getter…

…然後 setter。

然後試著修改評分，

這應該會被拒絕！

建立 nonowner 代理…

…呼叫 getter…

…然後呼叫 setter。

這應該會被拒絕！

試著設定評分。

這應該可以！

執行程式…

```
File Edit Window Help Born2BDynamic
% java MatchMakingTestDrive
Name is Joe Javabean
Interests set from owner proxy
Can't set rating from owner proxy
Rating is 7

Name is Joe Javabean
Can't set interests from non owner proxy
Rating set from non owner proxy
Rating is 5
%
```

Owner 代理允許讀取和寫入，但不允許設定極客評分。

NonOwner 代理只允許讀取，但是也允許設定極客評分。

新的分數是上一次的分數 7 與 NonOwner 設定的 3 的平均值。

問：**動態代理到底哪裡「動態」？難道是指將代理實例化，並在執行期為它指定一個處理常式嗎？**

答：不是，這種代理之所以是動態，是因為它的類別是在執行期建立的。你想想，在你的程式執行之前，代理類別並不存在，它是用你傳給它的一組介面來動態建立的。

問：**我的 InvocationHandler 看起來是非常奇怪的代理，它沒有實作它所代理的類別的任何一個方法。**

答：那是因為 InvocationHandler 不是代理，它是被代理指派，負責處理方法呼叫的類別。代理本身是由靜態的 Proxy.newProxyInstance() 方法在執行期動態建立的。

問：**有沒有辦法確認一個類別是不是 Proxy 類別？**

答：有。Proxy 有個靜態方法 isProxyClass()，如果你的類別是動態代理類別，用它來呼叫這個方法會得到 true。如果不採取這種做法，代理類別的行為很像實作了一組特定介面的其他類別。

問：**我是不是只能傳遞特定型態的介面給 newProxyInstance()？**

答：的確有一些限制。首先，值得一提的是，你一定只能傳遞一個介面陣列給 newProxyInstance()，裡面只有介面，不能有類別。主要的限制在於，所有非公用的介面都必須來自同一個程式包。介面的方法名稱也不能互相衝突（也就是在不同的介面裡面，有特徵標記（signature）相同的方法）。此外還有一些細微的限制，所以有時你可能要在 javadoc 裡查閱動態代理的資料。

將每一個模式連到它的敘述：

模式	敘述
裝飾器	包裝另一個物件，並為它提供不同的介面。
門面	包裝另一個物件，並為它提供額外的行為。
代理	包裝另一個物件來控制針對它的接觸。
轉接器	包裝一堆物件來簡化它們的介面。

代理動物園

歡迎蒞臨物件村動物園！

現在你已經知道遠端、虛擬和保護代理了，但是在野外，你也會看到這種模式的許多變種。在動物園的 Proxy 區裡，我們展示許多野外的代理模式，它們都是為了進行學術研究而捕捉的。

我們的工作已經完成了；相信你會在真實的世界看到更多這種模式的變體，所以，幫我們一個忙，為其他的代理進行分類。我們來看一下目前展覽的代理有哪些：

防火牆代理
（Firewall Proxy）
控制外界對一組網路資源的接觸，防止對象被「不良的」用戶端接觸。

棲息地：經常在公司的防火牆系統出沒。

幫助找到它的棲息地

____

____

____

____

____

智慧參考代理
（Smart Reference Proxy）
當對象被參考時，提供額外的動作，例如計算指向某個物件的參考的數量。

快取代理（Caching Proxy）
為昂貴的計算結果提供臨時性的儲存空間。它也可以讓多個用戶端共享結果，以減少計算量或網路延遲。

棲息地：經常在網路伺服器代理與內容管理和發布系統中出沒。

同步代理（Synchronization Proxy）可讓多個執行緒安全地接觸同一個對象。

經常在 Collections 出沒，它會在那裡的多執行緒環境裡，控制外界與底層物件集合的同步接觸。

幫助找到它的棲息地

____

____

____

____

____

複雜性隱藏代理（Complexity Hiding Proxy）可隱藏一組類別的複雜性，並控制外界與它們的接觸。出於無需解釋的原因，有時它也被稱為門面代理。複雜性隱藏代理與門面模式是不一樣的，因為這個代理的目的是控制接觸，而門面模式只是提供一個替代介面。

寫入時複製代理（Copy-On-Write Proxy）可以控制外界對於一個物件的複製，它會推遲外界對物件的複製，直到用戶端真的需要時才執行。它是虛擬代理的變體。

棲息地：曾經在 Java 的 CopyOnWriteArrayList 附近被目擊。

注意：請將你在野外發現的其他代理寫在這裡：

____

____

____

____

____

設計模式填字遊戲

這真是好長的一章！在完成這一章之前，何不放鬆一下，玩一場填字遊戲？

橫向

5. 我們顯示的第一張專輯封面的樂團（兩個字）。
7. 經常在網路服務使用的代理（兩個字）。
8. 在 RMI 裡面，在伺服器端接收網路請求的物件。
11. 避免未經授權的呼叫方進行方法呼叫的代理。
13. MCMXC a.D. 專輯的樂團。
14. ________ 代理類別是在執行期建立的。
15. 學習許多代理變體的地方。
16. 顯示專輯封面的程式使用這一種代理。
17. 在 RMI 裡，我們用這個名稱來稱呼代理。
18. 我們用這個單元來學習 RMI。
19. 為何 Elroy 無法約到對象？

縱向

1. 物件村媒合服務的對象是 ________ 。
2. Java 的動態代理會將所有的請求轉傳給它（兩個字）。
3. 這個工具程式是 RMI 的查詢服務。
4. 代表昂貴物件的代理。
6. 我們用遠端 ______ 來實作糖果機監視器（兩個字）。
9. 軟體開發經濟人是這種代理。
10. 我們的第一項錯誤：糖果機報告不是 ______ 的。
12. 與代理類似，但是有不同的目的。

設計工具箱裡面的工具

你的設計工具箱快滿了，裡面的工具幾乎可以為你解決所有的設計問題了。

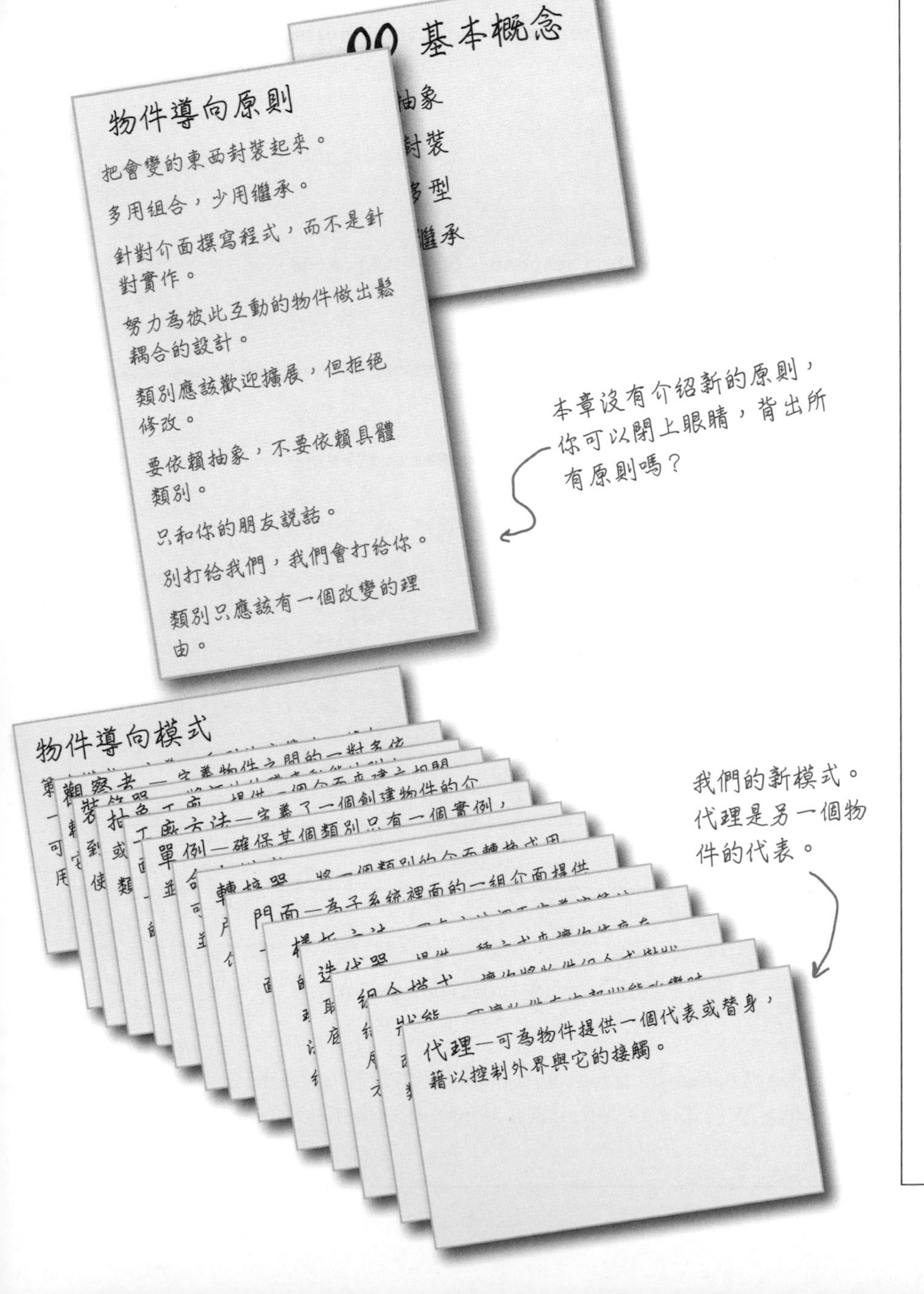

重點提示

- 代理模式提供另一個物件的代表，藉以控制用戶端與它的接觸。它可以用很多種方式來管理接觸方式。
- 遠端代理管理用戶端與遠端物件之間的互動。
- 虛擬代理控制外界與製作成本昂貴的物件的接觸。
- 保護代理可以根據呼叫方，控制它們針對某個物件的方法的接觸。
- 代理模式有許多其他的變體，包括快取代理、同步代理、防火牆代理、寫入時複製代理…等。
- 代理與裝飾器有相似的結構，但是這兩種模式有不同的目的。
- 裝飾器模式可為物件添加行為，代理則是控制接觸。
- Java 內建的代理可以動態地建立代理類別，並且將針對它的呼叫轉傳給你指定的處理常式。
- 與任何包裝程式一樣，代理會增加類別與物件的數量。

NonOwnerInvocationHandler 的工作方式很像 OwnerInvocationHandler，只是它允許呼叫 setGeekRating()，而且不允許呼叫任何其他的 set 方法。這是我們的答案：

```
import java.lang.reflect.*;

public class NonOwnerInvocationHandler implements InvocationHandler {
    Person person;

    public NonOwnerInvocationHandler(Person person) {
        this.person = person;
    }

    public Object invoke(Object proxy, Method method, Object[] args)
            throws IllegalAccessException {

        try {
            if (method.getName().startsWith("get")) {
                return method.invoke(person, args);
            } else if (method.getName().equals("setGeekRating")) {
                return method.invoke(person, args);
            } else if (method.getName().startsWith("set")) {
                throw new IllegalAccessException();
            }
        } catch (InvocationTargetException e) {
            e.printStackTrace();
        }
        return null;
    }
}
```

設計謎題解答

ImageProxy 類別用條件陳述式來控制兩個狀態。你認為這段程式可以用哪一種模式來整理？如何重新設計 ImageProxy ？

使用狀態模式：實作兩個狀態，ImageLoaded 與 ImageNotLoaded。然後將 if 陳述式的程式放入它們各自的狀態。在一開始處於 ImageNotLoaded 狀態，在取得 ImageIcon 之後，轉換成 ImageLoaded 狀態。

削尖你的鉛筆 解答

建立動態代理的程式有點複雜，但是它並不長，試著寫出 getNonOwnerProxy()，讓它回傳 NonOwnerInvocationHandler 的代理：這是我們的答案：

```
Person getNonOwnerProxy(Person person) {

    return (Person) Proxy.newProxyInstance(
            person.getClass().getClassLoader(),
            person.getClass().getInterfaces(),
            new NonOwnerInvocationHandler(person));
}
```

設計模式填字遊戲解答

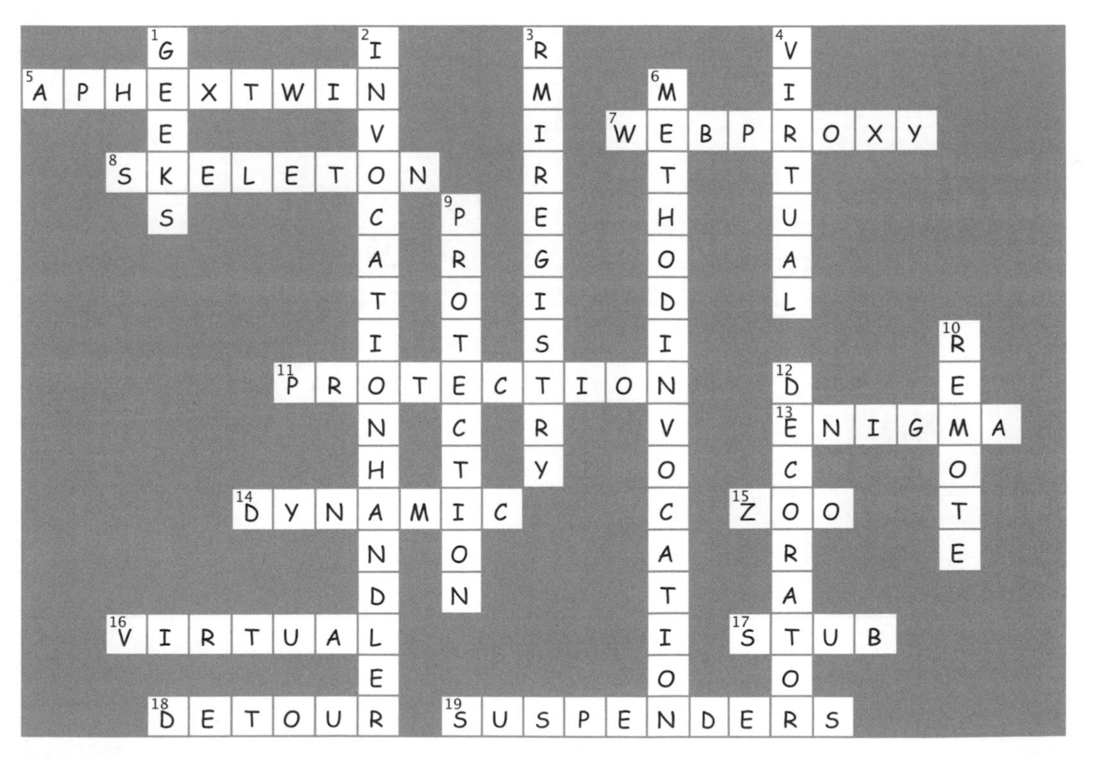

將每一個模式連到它的敘述：

模式	敘述
裝飾器	包裝另一個物件，並為它提供額外的行為。
門面	包裝一堆物件來簡化它們的介面。
代理	包裝另一個物件來控制針對它的接觸。
轉接器	包裝另一個物件，並為它提供不同的介面。

專輯封面顯示程式的程式碼（續）

```
package headfirst.designpatterns.proxy.virtualproxy;

import java.net.*;
import java.awt.*;
import java.awt.event.*;
import javax.swing.*;
import java.util.*;
public class ImageProxyTestDrive {
    ImageComponent imageComponent;
    JFrame frame = new JFrame("Album Cover Viewer");
    JMenuBar menuBar;
    JMenu menu;
    Hashtable<String, String> albums = new Hashtable<String, String>();

    public static void main (String[] args) throws Exception {
        ImageProxyTestDrive testDrive = new ImageProxyTestDrive();
    }

    public ImageProxyTestDrive() throws Exception{
        albums.put("Buddha Bar","http://images.amazon.com/images/P/B00009XBYK.01.LZZZZZZZ.
jpg");
        albums.put("Ima","http://images.amazon.com/images/P/B000005IRM.01.LZZZZZZZ.jpg");
        albums.put("Karma","http://images.amazon.com/images/P/B000005DCB.01.LZZZZZZZ.
gif");
        albums.put("MCMXC a.D.","http://images.amazon.com/images/P/B000002URV.01.LZZZZZZZ.
jpg");
        albums.put("Northern Exposure","http://images.amazon.com/images/P/B000003SFN.01.
LZZZZZZZ.jpg");
        albums.put("Selected Ambient Works, Vol. 2","http://images.amazon.com/images/P/
B000002MNZ.01.LZZZZZZZ.jpg");

        URL initialURL = new URL((String)albums.get("Selected Ambient Works, Vol. 2"));
        menuBar = new JMenuBar();
        menu = new JMenu("Favorite Albums");
        menuBar.add(menu);
```

專輯封面顯示程式的程式碼（續）

```
        frame.setJMenuBar(menuBar);

        for(Enumeration e = albums.keys(); e.hasMoreElements();) {
            String name = (String)e.nextElement();
            JMenuItem menuItem = new JMenuItem(name);
            menu.add(menuItem);
            menuItem.addActionListener(event -> {
                imageComponent.setIcon(
                     new ImageProxy(getAlbumUrl(event.getActionCommand())));
                frame.repaint();
            });
        }

        // 設定框架與選單

        Icon icon = new ImageProxy(initialURL);
        imageComponent = new ImageComponent(icon);
        frame.getContentPane().add(imageComponent);
        frame.setDefaultCloseOperation(JFrame.EXIT_ON_CLOSE);
        frame.setSize(800,600);
        frame.setVisible(true);

    }
    URL getAlbumUrl(String name) {
        try {
            return new URL((String)albums.get(name));
        } catch (MalformedURLException e) {
            e.printStackTrace();
            return null;
        }
    }
}
```

專輯封面顯示程式的程式碼（續）

```
package headfirst.designpatterns.proxy.virtualproxy;

import java.net.*;
import java.awt.*;
import javax.swing.*;

class ImageProxy implements Icon {
    volatile ImageIcon imageIcon;
    final URL imageURL;
    Thread retrievalThread;
    boolean retrieving = false;

    public ImageProxy(URL url) { imageURL = url; }

    public int getIconWidth() {
        if (imageIcon != null) {
            return imageIcon.getIconWidth();
        } else {
            return 800;
        }
    }

    public int getIconHeight() {
        if (imageIcon != null) {
            return imageIcon.getIconHeight();
        } else {
            return 600;
        }
    }

    synchronized void setImageIcon(ImageIcon imageIcon) {
        this.imageIcon = imageIcon;
    }

    public void paintIcon(final Component c, Graphics  g, int x,  int y) {
        if (imageIcon != null) {
            imageIcon.paintIcon(c, g, x, y);
        } else {
            g.drawString("Loading album cover, please wait...", x+300, y+190);
            if (!retrieving) {
                retrieving = true;
```

專輯封面顯示程式的程式碼（續）

```
                retrievalThread = new Thread(new Runnable() {
                    public void run() {
                        try {
                            setImageIcon(new ImageIcon(imageURL, "Album Cover"));
                            c.repaint();
                        } catch (Exception e) {
                            e.printStackTrace();
                        }
                    }
                });
                retrievalThread.start();
            }
        }
    }
}
```

```
package headfirst.designpatterns.proxy.virtualproxy;

import java.awt.*;
import javax.swing.*;

class ImageComponent extends JComponent {
    private Icon icon;

    public ImageComponent(Icon icon) {
        this.icon = icon;
    }

    public void setIcon(Icon icon) {
        this.icon = icon;
    }

    public void paintComponent(Graphics g) {
        super.paintComponent(g);
        int w = icon.getIconWidth();
        int h = icon.getIconHeight();
        int x = (800 - w)/2;
        int y = (600 - h)/2;
        icon.paintIcon(this, g, x, y);
    }
}
```

在模式中的模式

誰料得到，不同的模式居然可以攜手合作？你曾經目睹火爆的火線話題（其實原本還有一篇「模式殊死戰」的，但是場面實在太暴力了，所以編輯要求我們刪除它了），誰料得到，不同的模式居然可以攜手合作？信不信由你，有一些強大的 OO 設計同時使用了多種設計模式，準備將你的模式技術提升到下一個等級吧，是時候認識複合模式了！

互助合作

模式最棒的用法之一，就是將那些模式宅宅從家裡趕出來，讓它們和其他的模式互動。你使用的模式越多，你的設計就會出現越多模式。讓一組模式互相合作以解決許多問題的設計有一種特殊的名稱：複合模式。沒錯，我們要討論用模式做成的模式！

你以後會在現實世界看到許多複合模式，因為你已經認識許多模式了，所以你會看到，複合模式其實只是讓不同的模式互相合作，並且讓它們更容易理解。

在這一章，我們會先回顧 SimUDuck 鴨子模擬器裡面的鴨子們，當我們組合模式時，讓鴨子再次亮相是再合適不過了，畢竟，它們在這本書裡一直陪伴我們，它們也大方地參與許多模式。鴨子將協助你了解如何在同一個解決方案裡讓許多模式互相合作。但是，只是將許多模式結合起來的解決方案不一定有資格成為複合模式，它必須是可以用來處理許多問題的通用解決方案。所以，在這一章的後半部分，我們要介紹一個真正的複合模式：Model-View-Controller，或稱為 MVC。如果你還不知道 MVC，到時候你就會認識它了，而且你會發現它是你的設計工具箱裡，最厲害的複合模式之一。

我們通常會一起使用很多種模式，並且在同一個設計解決方案裡面結合它們。

複合模式將兩個以上的模式組成一個解決方案，以解決反覆出現的問題，或一般性的問題。

讓鴨子團圓

你聽到了，我們將再次使用鴨子。這一次，鴨子會告訴你：模式如何在同一個解決方案裡共存，甚至互助合作。

我們將從頭開始建構鴨子模擬器，並且藉著使用許多模式來賦予它一些有趣的功能。OK，我們開始吧…

① 首先，我們要建立 Quackable 介面。

我說過，我們將從頭開始做起，這一次，Duck 將實作一個 Quackable 介面，它可以讓我知道模擬器裡面的哪些東西可以 quack()（嗚叫）—例如 Mallard Duck（綠頭鴨）、Redhead Duck（美洲潛鴨）、Duck Call（鴨鳴器），我們甚至可能看到 Rubber Duck（橡皮鴨）溜回來。

```
public interface Quackable {
    public void quack();
}
```

Quackables 只需要好好地做一件事：Quack（鳴叫）！

② 現在，有些 Duck 已經實作 Quackable 了。

沒有被任何類別實作的介面有什麼用途可言？所以是時候建立一些具體鴨子了（但不是「草坪藝術」的那一種，你知道我在說什麼）。

標準的 Mallard 鴨。

```
public class MallardDuck implements Quackable {
    public void quack() {
        System.out.println("Quack");
    }
}

public class RedheadDuck implements Quackable {
    public void quack() {
        System.out.println("Quack");
    }
}
```

為了做出有趣的模擬器，我們必須加入不同的品種。

如果我們不加入其他的 Duck 就沒有什麼樂趣了。

還記得上次嗎？我們有鴨鳴器（獵人的器材，它們絕對是可以鳴叫的）與橡皮鴨。

```
public class DuckCall implements Quackable {
    public void quack() {
        System.out.println("Kwak");
    }
}
public class RubberDuck implements Quackable {
    public void quack() {
        System.out.println("Squeak");
    }
}
```

雖然 DuckCall 可以鳴叫，但是聽起來與真正的鴨叫聲有點差異。

RubberDuck 的鳴叫聲是啾啾聲。

③ **OK，完成鴨子之後，我們只剩下模擬器了。**

我們來製作一個模擬器，讓它可以建立一些鴨子，並且確保它們都會鳴叫…

```
public class DuckSimulator {
    public static void main(String[] args) {
        DuckSimulator simulator = new DuckSimulator();
        simulator.simulate();
    }

    void simulate() {
        Quackable mallardDuck = new MallardDuck();
        Quackable redheadDuck = new RedheadDuck();
        Quackable duckCall = new DuckCall();
        Quackable rubberDuck = new RubberDuck();

        System.out.println("\nDuck Simulator");

        simulate(mallardDuck);
        simulate(redheadDuck);
        simulate(duckCall);
        simulate(rubberDuck);
    }

    void simulate(Quackable duck) {
        duck.quack();
    }
}
```

這是讓所有東西動起來的 main() 方法。

我們建立一個模擬器，然後呼叫它的 simulate() 方法。

我們需要一些鴨子，所以在這裡為每一種 Quackable 建立一個…

…然後模擬它們每一個。

我們多載 simulate() 方法，只模擬一隻鴨子。

我們讓多型施展它的魔法：無論 simulate() 收到哪一種 Quackable 都會要求它鳴叫。

目前的程式沒什麼特別的，
但是我根本還沒加入模式呢！

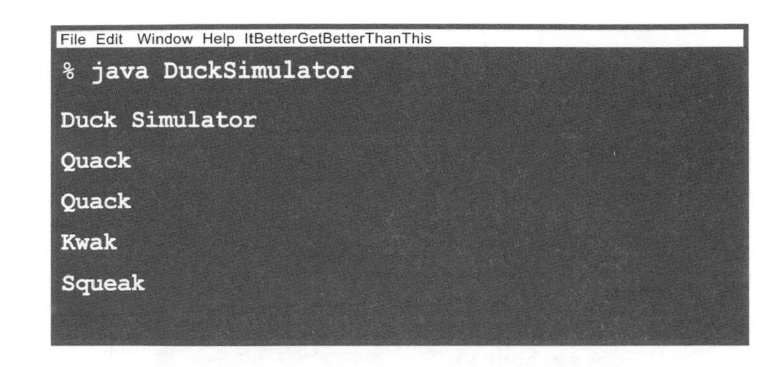

它們都實作了同一個 Quackable 介面，
但是它們的實作程式可用自己的方式
來鳴叫。

很好，目前為止看起來一切正常。

④ **當你看到鴨子時，鵝應該也在附近。**

只要是有水的地方，牠們應該都會同時出現，這是在模擬器裡出沒的 Goose 類別。

```
public class Goose {
    public void honk() {
        System.out.println("Honk");
    }
}
```

Goose 會咕嘎叫（honk），
不是嘎嘎叫。

動動腦

假如我們想要讓期望使用 Duck 的地方都可以使用 Goose，畢竟，鵝也會叫、飛、游泳。
何不也把鵝放入模擬器？

哪一種模式可以輕鬆地將鵝與鴨混在一起？

⑤ 我們需要鵝轉接器。

我們的模擬器期望看到 Quackable 介面，因為鵝不是嘎嘎叫的（而是咕嘎叫的），我們可以用轉接器來將鵝調整成鴨子。

```
public class GooseAdapter implements Quackable {
    Goose goose;

    public GooseAdapter(Goose goose) {
        this.goose = goose;
    }

    public void quack() {
        goose.honk();
    }
}
```

別忘了，Adapter 必須實作目標介面，在這個例子中，目標介面是 Quackable。

建構式接收我們想要調整的鵝。

當 quack 被呼叫時，那個呼叫會被委託給鵝的 honk() 方法。

⑥ 現在鵝應該也可以在模擬器裡面嬉戲了。

我們接下來只要建立一個 Goose，並將它包在實作了 Quackable 的轉接器裡面即可。

```
public class DuckSimulator {
    public static void main(String[] args) {
        DuckSimulator simulator = new DuckSimulator();
        simulator.simulate();
    }

    void simulate() {
        Quackable mallardDuck = new MallardDuck();
        Quackable redheadDuck = new RedheadDuck();
        Quackable duckCall = new DuckCall();
        Quackable rubberDuck = new RubberDuck();
        Quackable gooseDuck = new GooseAdapter(new Goose());

        System.out.println("\nDuck Simulator: With Goose Adapter");

        simulate(mallardDuck);
        simulate(redheadDuck);
        simulate(duckCall);
        simulate(rubberDuck);
        simulate(gooseDuck);
    }

    void simulate(Quackable duck) {
        duck.quack();
    }
}
```

我們將 Goose 包在 GooseAdapter 物件裡面，來將它的行為變成 Duck。

包裝 Goose 之後，我們就可以將它視為另一種鴨子 Quackable 物件了。

7 讓我們快速地執行一下…

這一次，當我們執行模擬器時，我們會將一連串的物件傳給 simulate() 方法，裡面包括被包在鴨子轉接器的 Goose。這會產生什麼效果？我們應該看到一些咕嘎聲（honk）！

```
File Edit Window Help GoldenEggs
% java DuckSimulator
Duck Simulator: With Goose Adapter
Quack
Quack
Kwak
Squeak
Honk
```

有鵝！現在 Goose 可以和其餘的 Duck 一起鳴叫了。

鴨鳴科學

鴨鳴科學家對 Quackable 行為的所有層面都很著迷。鴨鳴科學家有一個一直想要研究的主題：一個鴨群究竟可以發出幾次叫聲？

該如何在不修改鴨子類別的情況下加入計算鳴叫次數的功能？

你有想到哪一種模式可以幫忙嗎？

J. Brewer，國家公園巡查員兼鴨鳴科學家

⑧ 我們準備讓這些鴨鳴科學家開心，提供鳴叫的數量給它們。

怎麼做？讓我們建立一個裝飾器，將鴨子包在裝飾器物件裡面，來讓鴨子有一種新行為（計數的行為）。我們完全不需要修改 Duck 程式。

QuackCounter 是裝飾器。

與 Adapter（轉接器）一樣，我們要實作目標介面。

宣告一個實例變數，來保存被裝飾的鳴禽。

```
public class QuackCounter implements Quackable {
    Quackable duck;
    static int numberOfQuacks;

    public QuackCounter (Quackable duck) {
        this.duck = duck;
    }

    public void quack() {
        duck.quack();
        numberOfQuacks++;
    }

    public static int getQuacks() {
        return numberOfQuacks;
    }
}
```

為了計算所有叫聲，我們使用靜態變數來記錄。

在建構式裡取得我們要裝飾的 Quackable 的參考。

當 quack() 被呼叫時，將呼叫委託給我們裝飾的 Quackable…

…然後遞增叫聲數量。

在裝飾器加入另一個方法，這個 static 方法只會回傳在所有 Quackable 裡發生的鳴叫次數。

⑨ 修改模擬器，來建立被裝飾的鴨子。

接下來，我們必須將每一個被實例化的 Quackable 物件包在 QuackCounter 裝飾器裡面。如果不這樣做，我們就會讓鴨子四處遊蕩並發出沒有被算到的叫聲。

```
public class DuckSimulator {
    public static void main(String[] args) {
        DuckSimulator simulator = new DuckSimulator();
        simulator.simulate();
    }

    void simulate() {
        Quackable mallardDuck = new QuackCounter(new MallardDuck());
        Quackable redheadDuck = new QuackCounter(new RedheadDuck());
        Quackable duckCall = new QuackCounter(new DuckCall());
        Quackable rubberDuck = new QuackCounter(new RubberDuck());
        Quackable gooseDuck = new GooseAdapter(new Goose());

        System.out.println("\nDuck Simulator: With Decorator");

        simulate(mallardDuck);
        simulate(redheadDuck);
        simulate(duckCall);
        simulate(rubberDuck);
        simulate(gooseDuck);

        System.out.println("The ducks quacked " +
                           QuackCounter.getQuacks() + " times");
    }

    void simulate(Quackable duck) {
        duck.quack();
    }
}
```

每一次建立 Quackable 時，我們就將它包在新的裝飾器裡面。

公園巡查員告訴我們，他不想計算鵝的咕嘎聲，所以我們不裝飾它。

我們在這裡統計鴨鳴行為的次數，顯示給鴨鳴科學家。

這裡維持不變，被裝飾的物件仍然是 Quackable。

```
File Edit Window Help DecoratedEggs
% java DuckSimulator
Duck Simulator: With Decorator
Quack
Quack
Kwak
Squeak
Honk
The ducks quacked 4 times
%
```

這是輸出！

別忘了，鵝叫聲沒有被計算在內。

你必須裝飾物件，才能得到裝飾上去的行為。

他說的沒錯，包裝物件有這個問題：你必須確保物件有被包裝，否則它就無法得到裝飾上去的行為。

何不將建立鴨子的程式都集中在一個地方？換句話說，將建立鴨子與裝飾它的部分封裝起來。

該使用哪一種模式？

⑩ 我們要用工廠來產生鴨子！

OK，我們要做一些品質管制，以確保鴨子都有被包裝起來。我們要建構一個工廠來產生它們，這個工廠必須產生一系列的產品，包含各種不同的鴨子，所以我們要使用抽象工廠模式。

我們先定義 AbstractDuckFactory 類別：

我們定義一個抽象工廠，子類別將實作它來建立各種不同的家族。

```
public abstract class AbstractDuckFactory {

    public abstract Quackable createMallardDuck();
    public abstract Quackable createRedheadDuck();
    public abstract Quackable createDuckCall();
    public abstract Quackable createRubberDuck();
}
```

每一個方法都建立一種鴨子。

接下來建立一個工廠，讓它建立不使用裝飾器的鴨子：

```
public class DuckFactory extends AbstractDuckFactory {

    public Quackable createMallardDuck() {
        return new MallardDuck();
    }

    public Quackable createRedheadDuck() {
        return new RedheadDuck();
    }

    public Quackable createDuckCall() {
        return new DuckCall();
    }

    public Quackable createRubberDuck() {
        return new RubberDuck();
    }
}
```

DuckFactory 繼承抽象工廠。

每個方法都建立一個產品：特定種類的 Quackable。模擬器不知道實際的產品是什麼，只知道它得到一個 Quackable。

接下來建立我們真正需要的工廠，CountingDuckFactory：

CountingDuckFactory 也繼承抽象工廠。

```
public class CountingDuckFactory extends AbstractDuckFactory {

    public Quackable createMallardDuck() {
        return new QuackCounter(new MallardDuck());
    }

    public Quackable createRedheadDuck() {
        return new QuackCounter(new RedheadDuck());
    }

    public Quackable createDuckCall() {
        return new QuackCounter(new DuckCall());
    }

    public Quackable createRubberDuck() {
        return new QuackCounter(new RubberDuck());
    }
}
```

每一個方法都用叫聲計數裝飾器來包裝 Quackable。模擬器絕不知道差異，只知道它取得一個 Quackable。但是現在巡查員可以確定所有的叫聲都被計算進去了。

11 讓模擬器使用工廠。

還記得抽象工廠是怎麼運作的嗎？我們建立一個多型的方法，用它來接收工廠，並用工廠來建立物件。我們可以對它傳入不同的工廠，來取得不同的產品家族。

我們要修改 simulate() 方法，讓它接收一個工廠，並用它來建立鴨子。

```
public class DuckSimulator {
    public static void main(String[] args) {
        DuckSimulator simulator = new DuckSimulator();
        AbstractDuckFactory duckFactory = new CountingDuckFactory();

        simulator.simulate(duckFactory);
    }

    void simulate(AbstractDuckFactory duckFactory) {
        Quackable mallardDuck = duckFactory.createMallardDuck();
        Quackable redheadDuck = duckFactory.createRedheadDuck();
        Quackable duckCall = duckFactory.createDuckCall();
        Quackable rubberDuck = duckFactory.createRubberDuck();
        Quackable gooseDuck = new GooseAdapter(new Goose());

        System.out.println("\nDuck Simulator: With Abstract Factory");

        simulate(mallardDuck);
        simulate(redheadDuck);
        simulate(duckCall);
        simulate(rubberDuck);
        simulate(gooseDuck);

        System.out.println("The ducks quacked " +
                           QuackCounter.getQuacks() +
                           " times");
    }

    void simulate(Quackable duck) {
        duck.quack();
    }
}
```

先建立將要傳入 simulate() 方法的工廠。

simulate() 方法接收 AbstractDuckFactory，並用它來建立鴨子，而不是直接實例化它們。

這裡不需要修改！

這是工廠的輸出…

與上一次一樣，但是這一次我們確保鴨子都被裝飾了，因為我們使用 CountingDuckFactory。

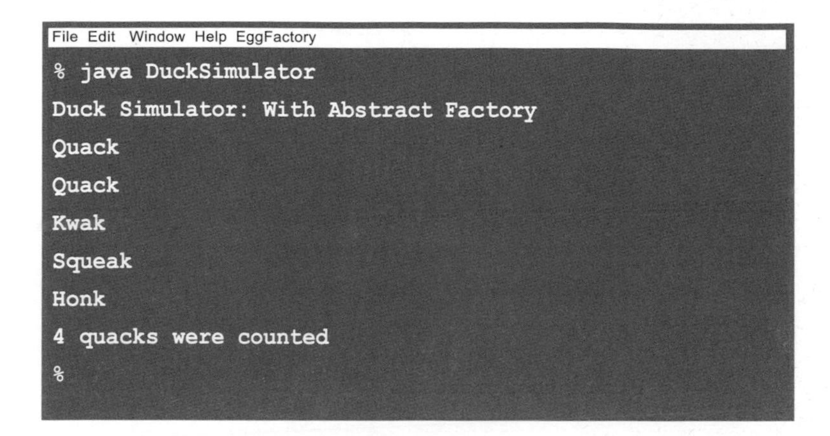

削尖你的鉛筆

我們仍然使用具體類別來直接實例化 Geese，你可以為 Geese 寫出抽象工廠嗎？怎麼讓它建立「鵝鴨（goose duck）」？

分別管理各種不同的鴨子有點困難，
你能不能幫我們一次管理所有鴨子，
甚至讓我們管理一些鴨子「家族」，
因為我們想要追蹤它們？

他想要管理一群鴨子。

巡查員 Brewer 又丟出一個問題了：為什麼我們不能分別管理鴨子？

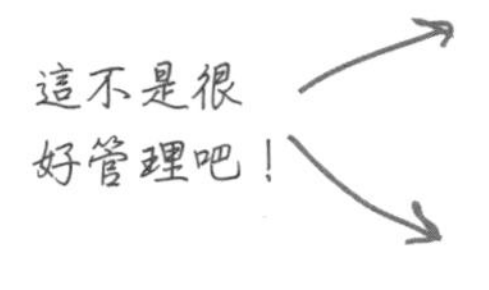


```
Quackable mallardDuck = duckFactory.createMallardDuck();
Quackable redheadDuck = duckFactory.createRedheadDuck();
Quackable duckCall = duckFactory.createDuckCall();
Quackable rubberDuck = duckFactory.createRubberDuck();
Quackable gooseDuck = new GooseAdapter(new Goose());

simulate(mallardDuck);
simulate(redheadDuck);
simulate(duckCall);
simulate(rubberDuck);
simulate(gooseDuck);
```

我們要設法將鴨子視為一個集合，甚至子集合（以滿足巡查員 Brewer 想管理鴨子家族的要求）。如果可以對著整個鴨子集合執行操作也很好。

哪種模式可以幫助我們？

12 **我們來建立一群鴨子（其實是一群 Quackable）。**

還記得組合模式可以讓我們用對待個別的物件的方式對待物件集合嗎？沒有比一群 Quackable 更適合使用組合的了！

我們來逐步講解怎麼做：

```
public class Flock implements Quackable {
    List<Quackable> quackers = new ArrayList<Quackable>();

    public void add(Quackable quacker) {
        quackers.add(quacker);
    }

    public void quack() {
        Iterator<Quackable> iterator = quackers.iterator();
        while (iterator.hasNext()) {
            Quackable quacker = iterator.next();
            quacker.quack();
        }
    }
}
```

別忘了，組合需要實作與葉節點一樣的介面。葉節點是 Quackable。

我們在每個 Flock 裡面使用 ArrayList 來保存屬於該 Flock 的 Quackable。

用 add() 方法將 Quackable 加入 Flock。

現在要處理 quack() 方法，畢竟，Flock 也是 Quackable。在 Flock 裡面的 quack() 方法必須處理整個 Flock。我們在這裡迭代 ArrayList 並呼叫每個元素的 quack()。

程式碼探究

有沒有發現我們偷偷使用另一種設計模式？

```
public void quack() {
    Iterator<Quackable> iterator = quackers.iterator();
    while (iterator.hasNext()) {
        Quackable quacker = iterator.next();
        quacker.quack();
    }
}
```

就是它！迭代器模式！

⑬ **修改模擬器。**

組合已經完成了，接下來只要用一些程式來將鴨子趕到組合結構裡面即可。

```
public class DuckSimulator {
    // 主方法

    void simulate(AbstractDuckFactory duckFactory) {
        Quackable redheadDuck = duckFactory.createRedheadDuck();
        Quackable duckCall = duckFactory.createDuckCall();
        Quackable rubberDuck = duckFactory.createRubberDuck();
        Quackable gooseDuck = new GooseAdapter(new Goose());

        System.out.println("\nDuck Simulator: With Composite - Flocks");

        Flock flockOfDucks = new Flock();

        flockOfDucks.add(redheadDuck);
        flockOfDucks.add(duckCall);
        flockOfDucks.add(rubberDuck);
        flockOfDucks.add(gooseDuck);

        Flock flockOfMallards = new Flock();

        Quackable mallardOne = duckFactory.createMallardDuck();
        Quackable mallardTwo = duckFactory.createMallardDuck();
        Quackable mallardThree = duckFactory.createMallardDuck();
        Quackable mallardFour = duckFactory.createMallardDuck();

        flockOfMallards.add(mallardOne);
        flockOfMallards.add(mallardTwo);
        flockOfMallards.add(mallardThree);
        flockOfMallards.add(mallardFour);

        flockOfDucks.add(flockOfMallards);

        System.out.println("\nDuck Simulator: Whole Flock Simulation");
        simulate(flockOfDucks);

        System.out.println("\nDuck Simulator: Mallard Flock Simulation");
        simulate(flockOfMallards);

        System.out.println("\nThe ducks quacked " +
                           QuackCounter.getQuacks() +
                           " times");
    }

    void simulate(Quackable duck) {
        duck.quack();
    }
}
```

建立所有的 Quackable，與之前一樣。

先建立 Flock，並且加入 Quackable。

然後建立新的綠頭鴨（mallard）Flock。

建立一個綠頭鴨小家族…

…然後將它們加入綠頭鴨 Flock。

然後將綠頭鴨 Flock 加入主 flock。

測試整個 Flock！

測試綠頭鴨 Flock。

最後，將資料提供給鴨鳴科學家。

這裡不需要修改，Flock 是 Quackable！

我們來執行它…

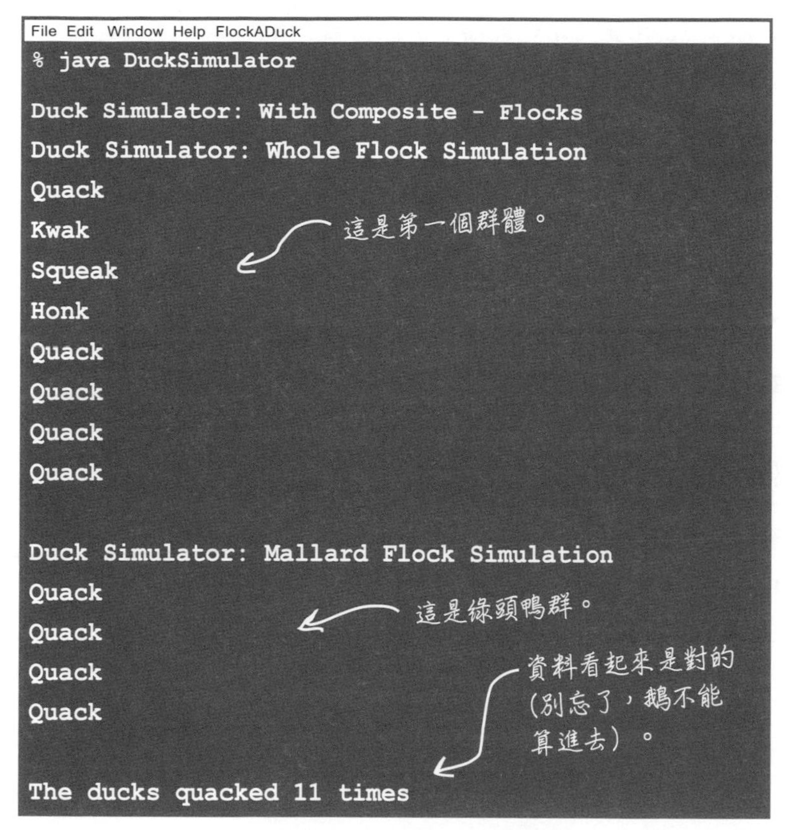

安全性 vs. 透明度

你應該還記得，在介紹組合模式的那一章，組合（Menu）與葉節點（MenuItem）有一模一樣的方法，包括 add() 方法。因為它們有相同的方法，所以我們可能對著 MenuItem 呼叫不合理的方法（例如試著呼叫 add() 來將某些東西加入 MenuItem）。這種設計的好處是葉節點與組合之間的區別是**透明的**：用戶端不需要知道它究竟是跟葉節點還是跟組合打交道，可以直接對兩者呼叫同樣的方法。

我們在這裡決定將組合的子維護方法（child maintenance method）與葉節點分開：也就是說，只有 Flock 有 add() 方法。我們知道試著在 Duck 裡加入東西並不合理，而且在這個程式中，你不能這樣做。你只能對著 Flock 執行 add()（加入）。因為你不能對著元件（component）呼叫不合理的方法，所以這種設計**比較安全**，但是也比較不透明。現在用戶端必須知道 Quackable 是 Flock，才能執行 add()。

重述一次，在進行物件導向設計時有很多權衡取捨，你必須在建立自己的組合時候考慮它們。

組合的效果很好！謝謝你！現在我們有一個相反的要求：我們也想要追蹤個別的鴨子。你能不能讓我們即時追蹤個別的鴨叫聲？

你有想到「觀察者」嗎？

似乎鴨鳴科學家想要觀察個別鴨子的行為。這讓我們想起有一種模式可以觀察物件的行為：觀察者模式。

(14) 首先，我們要為 Subject 製作一個介面。

別忘了，Subject 是被觀察的物件。我們用比較好記的名稱來稱呼它好了—Observable 如何？Observable 需要一些用來註冊與通知觀察者的方法。我們也需要一個移除觀察者的方法，但是為了保持程式的簡單，所以在此省略它。

QuackObservable 是 Quackables 應該實作的介面，如果它們想要被觀察的話。

```
public interface QuackObservable {
    public void registerObserver(Observer observer);
    public void notifyObservers();
}
```

它有一個註冊 Observer 的方法。實作 Observer 介面的任何物件都可以監聽鴨鳴聲。我們等一下就會定義 Observer 介面。

它也有一個通知觀察者的方法。

現在我們要確保所有的 Quackable 都實作了這個介面：

```
public interface Quackable extends QuackObservable {
    public void quack();
}
```

所以，我們讓 Quackable 介面繼承 QuackObserver。

不要盯著我看啦，
這樣我會很緊張！

QuackObserverable

15 **現在我們要確保實作了 Quackable 的具體類別都能好好地扮演 QuackObservable 的角色。**

雖然我們可以在每一個類別裡面使用註冊與通知來完成這件事（就像在第 2 章做過的那樣），但是這一次要採取不同的做法：我們要把註冊與通知程式封裝在另一個類別裡，將那個類別稱為 Observable，並將它與 QuackObservable 組合起來。如此一來，我們只要寫一次程式，讓 QuackObservable 將呼叫委託給輔助類別 Observable 即可。

我們先處理 Observable 輔助類別。

Observable 實作了讓 Quackable 成為可觀察者的所有功能。我只要將它插入一個類別，並且讓那個類別將呼叫委託給 Observable 即可。

Observable 必須實作 QuackObservable，因為這些都是將會被委託給它的同一組方法呼叫。

```
public class Observable implements QuackObservable {
    List<Observer> observers = new ArrayList<Observer>();
    QuackObservable duck;

    public Observable(QuackObservable duck) {
        this.duck = duck;
    }

    public void registerObserver(Observer observer) {
        observers.add(observer);
    }

    public void notifyObservers() {
        Iterator iterator = observers.iterator();
        while (iterator.hasNext()) {
            Observer observer = iterator.next();
            observer.update(duck);
        }
    }
}
```

我們在建構式接收 QuackObservable，它會用這個物件來管理它的可觀察行為。在下面的 notifyObservers() 方法裡面，你可以看到有通知出現時，Observable 會將這個物件傳出去，讓觀察者知道哪一個物件正在鳴叫。

這是註冊觀察者的程式。

這是進行通知的程式。

我們來看看 Quackable 如何使用這個輔助類別…

16 將 Observable 與 Quackable 整合起來。

這項工作應該不會太難，我們只要將 Quackable 類別與 Observable 組合起來，而且確保前者知道如何將工作委託給後者即可。接下來，它們就可以成為 Observable 了。這是 MallardDuck 的實作，其他的鴨子都一樣。

```
public class MallardDuck implements Quackable {
    Observable observable;

    public MallardDuck() {
        observable = new Observable(this);
    }

    public void quack() {
        System.out.println("Quack");
        notifyObservers();
    }

    public void registerObserver(Observer observer) {
        observable.registerObserver(observer);
    }

    public void notifyObservers() {
        observable.notifyObservers();
    }
}
```

每一個 Quackable 都有一個 Observable 實例變數。

在建構式裡，我們建立一個 Observable，並將 MallardDuck 物件的參考傳給它。

在鳴叫時，我們必須讓觀察者知道。

這是兩個 QuackObservable 方法。注意，我們只將呼叫委託給輔助類別。

削尖你的鉛筆

我們還沒有修改一種 Quackable 的實作—QuackCounter 裝飾器。我們也要將它改成 Observable，你可以自己寫出這段程式嗎？

17 我們就快完工了！接下來只要完成這個模式的 Observer 端即可。

我們已經完成 Observable 的所有東西了，現在需要一些 Observer。我們先來製作 Observer 介面：

Observer 介面只有一個方法—update()，我們會將鳴叫的 QuackObservable 傳給它。

```
public interface Observer {
    public void update(QuackObservable duck);
}
```

現在我們需要 Observer，那些鴨鳴科學家（Quackologist）在哪裡？

我們必須實作 Observer 介面，否則就不能向 QuackObservable 註冊了。

```
public class Quackologist implements Observer {

    public void update(QuackObservable duck) {
        System.out.println("Quackologist: " + duck + " just quacked.");
    }
}
```

Quackologist 很簡單，它只有一個方法—update()，該方法會顯示哪一個 Quackable 鳴叫。

如果 Quackologist 想要觀察整群鴨子呢？這意味著什麼？你可以這樣想：觀察一個組合，就是在觀察該組合裡面的所有東西，所以，當你註冊一個群體（flock）時，flock 組合會確保你註冊了它的所有子元素（在它裡面會叫的所有東西（quacker）），可能包括其他的小群。

在繼續閱讀之前，先寫出 Flock 觀察者程式。

18 我們可以觀察了。我們來修改模擬器，並試著執行它：

```
public class DuckSimulator {
    public static void main(String[] args) {
        DuckSimulator simulator = new DuckSimulator();
        AbstractDuckFactory duckFactory = new CountingDuckFactory();

        simulator.simulate(duckFactory);
    }

    void simulate(AbstractDuckFactory duckFactory) {

        // 建立鴨子工廠與鴨子

        // 建立群體

        System.out.println("\nDuck Simulator: With Observer");

        Quackologist quackologist = new Quackologist();
        flockOfDucks.registerObserver(quackologist);

        simulate(flockOfDucks);

        System.out.println("\nThe ducks quacked " +
                           QuackCounter.getQuacks() +
                           " times");
    }

    void simulate(Quackable duck) {
        duck.quack();
    }
}
```

建立 Quackologist，並將它設成群體的觀察者。

這一次我們直接模擬整個群體。

我們來試試，看它的表現如何！

終於要進入大結局了，我們同時使用了五種模式，說錯了，六種模式，來建立一個了不起的鴨子模擬器了，話不多說，讓我們以掌聲歡迎 DuckSimulator ！

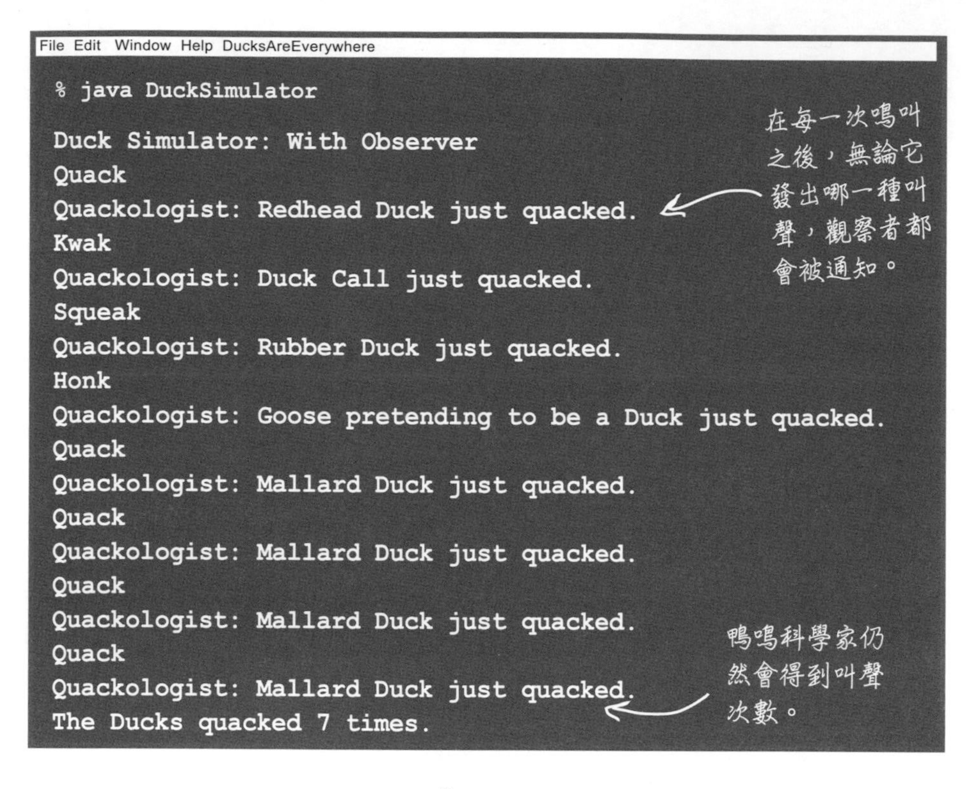

問：**所以這是一個複合模式？**

答：不是，我們只讓一組模式互相合作。結合少量的模式來解決一般性的問題才是複合模式。等一下會介紹 Model-View-Controller 複合模式，它是在許多設計方案中，不斷重複使用的模式組合。

問：**所以設計模式真正的魅力是讓我們可以對著一個問題使用各種模式，直到做出一個解決方案為止嗎？**

答：不對，這個 Duck 練習是為了告訴你各種模式*可以*同時使用，你不能真的這樣子設計。事實上，Duck Simulator 有些部分也許有其他的解決方案可用，使用模式反而是小題大做，有時我們只要使用優良的物件導向設計原則就可以妥善地解決問題了。

下一章會更詳細地討論這個部分，在那之前先提醒你，設計模式只能在合理的時機和地點使用，你絕對不能為了使用設計模式而使用它。請將 Duck Simulator 的設計視為刻意為之的做法。不過，這個程式確實很有趣，也讓我們知道怎麼將許多模式放入一個解決方案裡面。

我們做了什麼？

我們從一堆 Quackable 開始做起…

然後有一隻鵝出現，它也想要扮演 Quackable。所以我們使用轉接器模式來將鵝改成 Quackable。現在你可以對著被轉接器包起來的鵝呼叫 quack()，它會發出咕嘎聲！

然後，Quackologist 想要計算鴨叫聲。所以我們使用裝飾器模式來加入 QuackCounter 裝飾器來記錄 quack() 被呼叫的次數，然後將 quack 委託給被包起來的 Quackable。

但是 Quackologist 擔心他們忘了加入 QuackCounter 裝飾器。所以我們使用抽象工廠模式來為他們建立鴨子。現在，當他們想要鴨子時，他們會要求工廠製作一個，工廠會回傳一個裝飾好的鴨子（而且別忘了，他們也可以使用另一個鴨子工廠，如果他們想要取得未裝飾的鴨子的話！）。

這些鴨、鵝、會叫的東西造成管理問題，讓我們很難追蹤它們。所以我們使用組合模式來將 Quackable 組成 Flock。這個模式可讓 Quackologist 建立子群體來管理鴨子家族。我們也使用迭代器模式，在 ArrayList 裡面使用 java.util 的迭代器。

Quackologist 也想要在任何 Quackable 鳴叫時收到通知。所以我們使用觀察者模式來將 Quackologist 註冊為 Quackable Observer。現在每次有 Quackable 鳴叫時，他們都會收到通知。我們在這個實作裡再次使用迭代器。Quackologist 甚至可以讓組合使用觀察者模式。

好漫長的設計模式練習，建議你研究下一頁的類別圖，然後休息一下，再繼續學習 Model-View-Controller。

鳥鴨瞰圖：類別圖

我們已經將許多模式放到一個小型的鴨子模擬器了！這是作品的全貌：

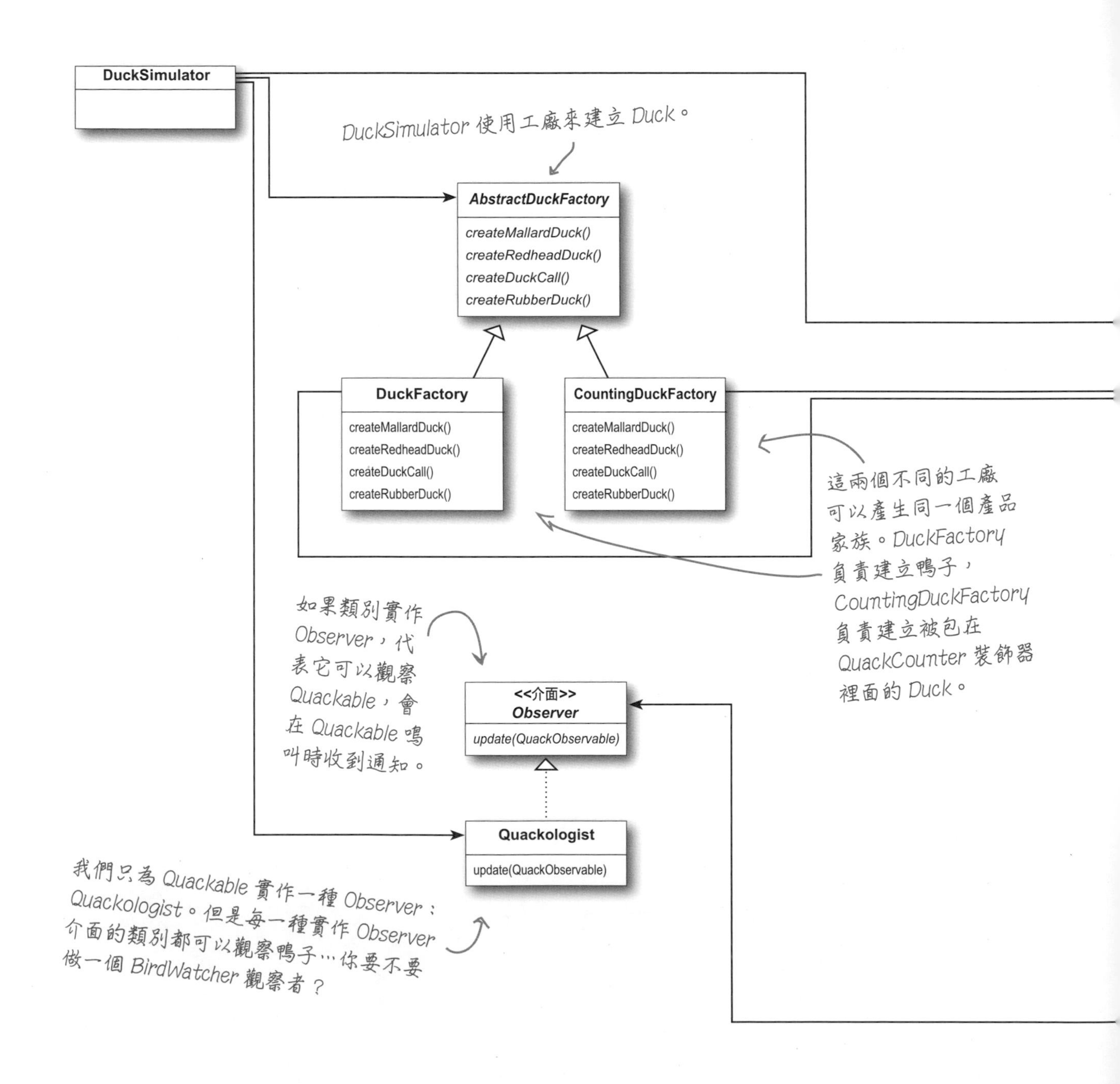

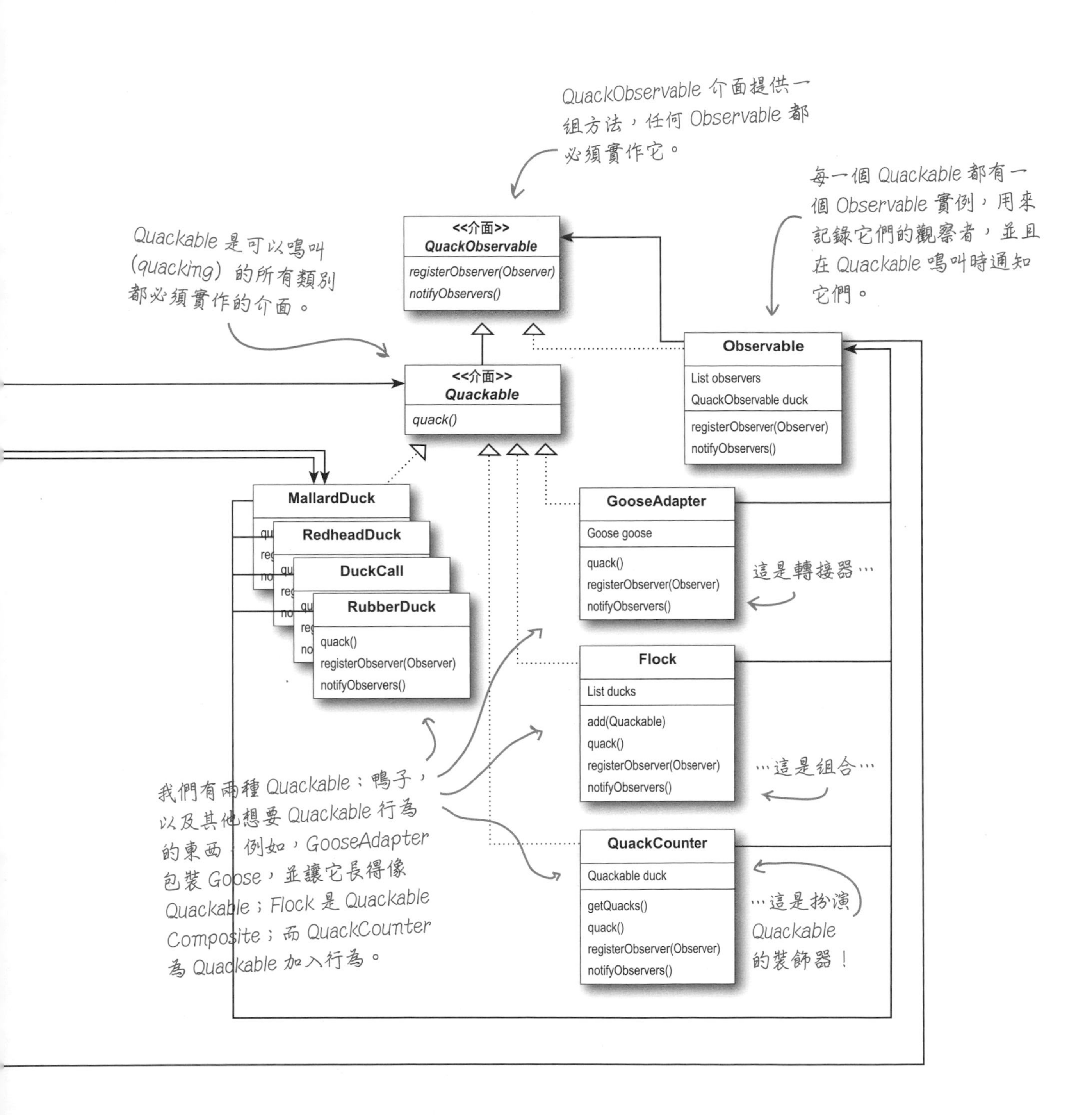
QuackObservable 介面提供一組方法，任何 Observable 都必須實作它。
每一個 Quackable 都有一個 Observable 實例，用來記錄它們的觀察者，並且在 Quackable 嗚叫時通知它們。
Quackable 是可以嗚叫 (quacking) 的所有類別都必須實作的介面。
<<介面>>
QuackObservable
registerObserver(Observer)
notifyObservers()
<<介面>>
Quackable
quack()
Observable
List observers
QuackObservable duck
registerObserver(Observer)
notifyObservers()
MallardDuck
RedheadDuck
DuckCall
RubberDuck
quack()
registerObserver(Observer)
notifyObservers()
GooseAdapter
Goose goose
quack()
registerObserver(Observer)
notifyObservers()
這是轉接器…
Flock
List ducks
add(Quackable)
quack()
registerObserver(Observer)
notifyObservers()
…這是組合…
QuackCounter
Quackable duck
getQuacks()
quack()
registerObserver(Observer)
notifyObservers()
…這是扮演 Quackable 的裝飾器！
我們有兩種 Quackable：鴨子，以及其他想要 Quackable 行為的東西，例如，GooseAdapter 包裝 Goose，並讓它長得像 Quackable；Flock 是 Quackable Composite；而 QuackCounter 為 Quackable 加入行為。

複合模式的王者

如果貓王艾維斯是複合模式，他的名稱將是 Model-View-Controller，而且他會唱這樣子的歌：

歌名：*Model, View, Controller*

作詞、作曲：*James Dempsey*。

MVC 將程式組成功能性區段，

避免大腦爆炸。

為了重複使用， 你得劃清界限，

把 *Model* 放在一邊， 把 *View* 放在另一邊，

把 *Controller* 放在中間。

Model View 與 *Oreo* 一樣有三層

Model View Controller

Model View，*Model View*，*Model View Controller*

Model 物件代表 *app* 存在的理由

它是自訂的物件，裡面有資料、邏輯…等

在 *app* 的問題領域裡，你可以建立自訂類別

藉著所有的 *View*，你可以重複使用它們

但是 *Model* 物件維持原樣

你可以模擬（*model*）節流閥與流形。

模擬兩歲的幼童

模擬上好的夏款埃酒

模擬竊竊私語

模擬水煮蛋

你可以模擬 *Hexley* 的蹣跚姿態

Model View，你可以模擬 *GQ* 的所有模特兒

Java 也是這樣！

Model View Controller

View 通常是進行顯示與編輯的控制物件

Cocoa 有很多 *View*，設計良好，頗受好評

把任何 *Unicode* 舊字串傳給 *NSTextView*

用戶可以和它互動，它可以保存幾乎所有東西

但是 *View* 不知道 *Model*

字串可能是電話號碼，也可能是亞里斯多德的著作

維持鬆耦合

可充分地重複使用

Model View 都是用漂亮的水藍色來呈現的

Model View Controller

你可能還在懷疑

你可能想知道該怎麼做

資料在 *Model* 與 *View* 之間流動

Controller 居間協調

在每一層之間，有不斷改變的狀態

為了同步兩者的資料

它會將每一個改變的值拉入與推出

Model View 是 *smalltalk* 程式員的終極武器！

Model View Controller

Model View 唸成「噢噢」不是「嗚嗚」
Model View Controller

旅程尚未結束
我們還要前進
撰寫 controller 的人
似乎沒有得到掌聲

Model 肩負重要的任務
View 有華麗的外觀
我也許很懶，但有時只是瘋了
我曾經寫過多少膠水程式
事情不會那麼悲慘
但是程式沒有那麼神奇
只是用來搬動值

我無意出言恐嚇
但是它會重複
做 Controller 做的所有事

真希望每一次
我傳送 TextField StringValue 時
都會得到小費
Model View

我們如何擺脫所有膠水程式
Model View Controller

Controller 很熟悉 Model 與 View
它們經常被寫死，因此無法重複使用
但是現在你可以將每一個 Model 鍵
連到任何 View 屬性

一旦你開始連接
原始碼就會減少

是啊，它們自動化的東西討我歡心
還有讓你免費得到的東西

當你將它掛入 IB 時
它會幫你省下許多
不需要的重複程式

使用 Swing。

Model View 也可以處理多重選擇
Model View Controller

Model View，但是我來不及使用你了
Model View Controller

賞歌時間

別只是閱讀！畢竟，這是一本深入淺出書籍，看一下這個 URL：

https://www.youtube.com/watch?v=YYvOGPMLVDo

靠上椅背，閉上眼睛，好好欣賞這首歌吧！

很有趣的歌，但是這首歌真的能教我什麼是 Model-View-Controller 嗎？我學過 MVC，但是它讓我頭昏腦脹。

設計模式是了解 MVC 的關鍵所在。

這首歌只是一道開胃菜，當你看完這一章之後，請再回來聽一次這首歌，你一定會覺得更有趣。

聽起來，你以前學習 MVC 時遇到挫折？我們大都如此。你應該聽過其他開發員說：MVC 改變了他們的人生，它甚至可以帶來世界和平。它當然是很厲害的複合模式，我們不能吹噓它可以帶來世界和平，但是一旦你了解它，它可以幫你省下很多寫程式的時間。

但是在那之前，你必須先學好它，對吧？這一次，你會有全然不同的體驗，因為現在你已經學會設計模式了！

沒錯，設計模式是 MVC 的關鍵。從上而下學會 MVC 很難，沒有多少開發者可以做到。告訴你一個學習 MVC 的秘密：它只是將一些模式擺在一起罷了。當你藉著觀察模式來學習 MVC 時，你會發現它突然變得很容易理解。

我們開始學習吧。這一次，你不會和 MVC 擦肩而過！

認識 Model-View-Controller

想像你正在使用你最喜歡的播放器，例如 iTunes。你可以使用它的介面來加入新歌、管理播放清單，以及修改曲名。播放器有一個小型的資料庫，裡面有你的歌曲，以及它們的名稱和資料。它也負責播放歌曲，在播放的過程中，使用者介面會不斷更新目前的曲名、播放時間…等。

其實，在它底下就是 Model-View-Controller...

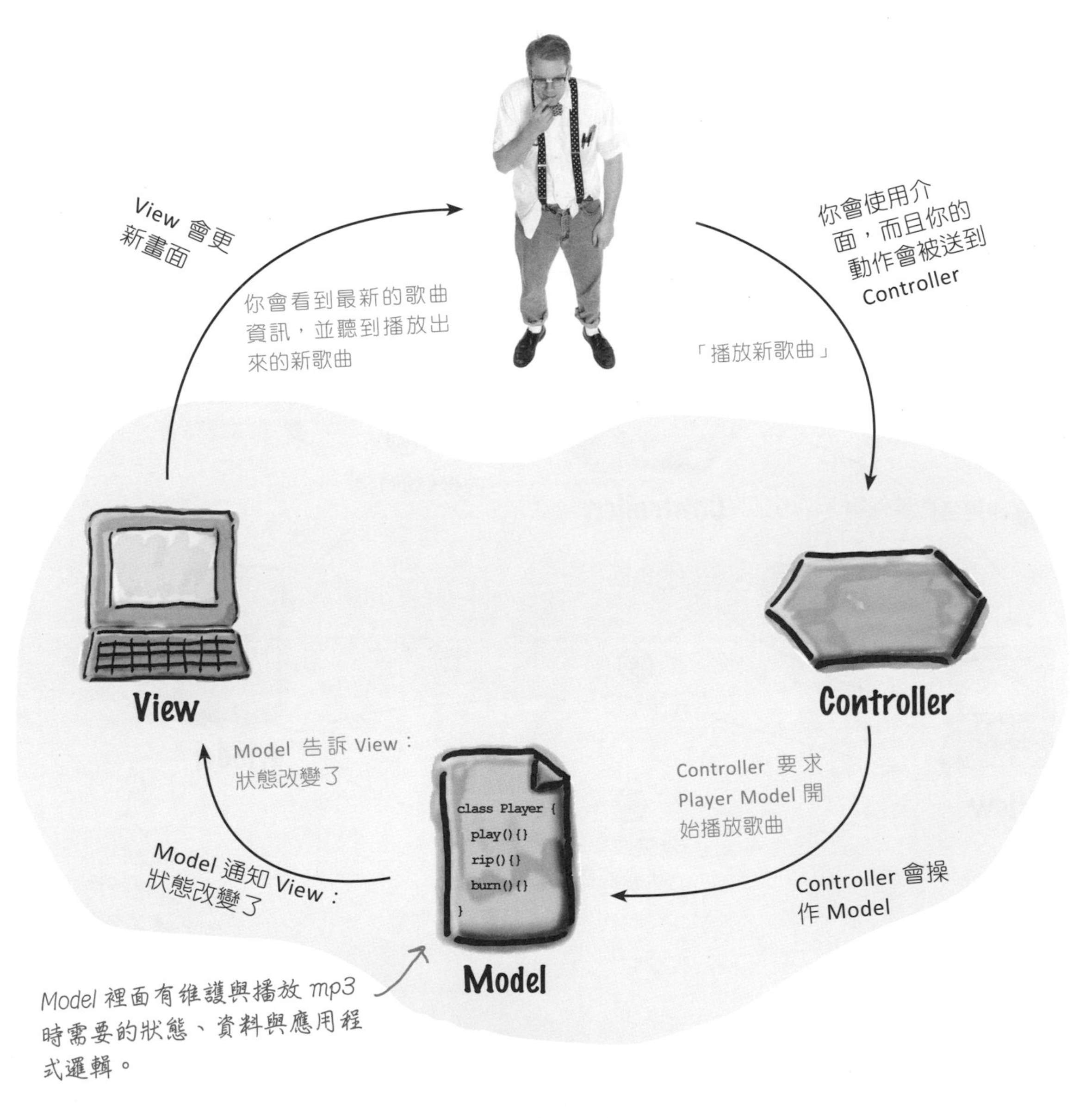

讓我們更靠近一點…

雖然上一頁的音樂播放器講解提供了 MVC 的高階樣貌，但是它無法讓你了解這個複合模式如何運作、如何自己寫出 MVC，或是為什麼 MVC 那麼好。讓我們逐步分析 Model、View 與 Controller 之間的關係，然後從設計模式的角度，進行第二次講解。

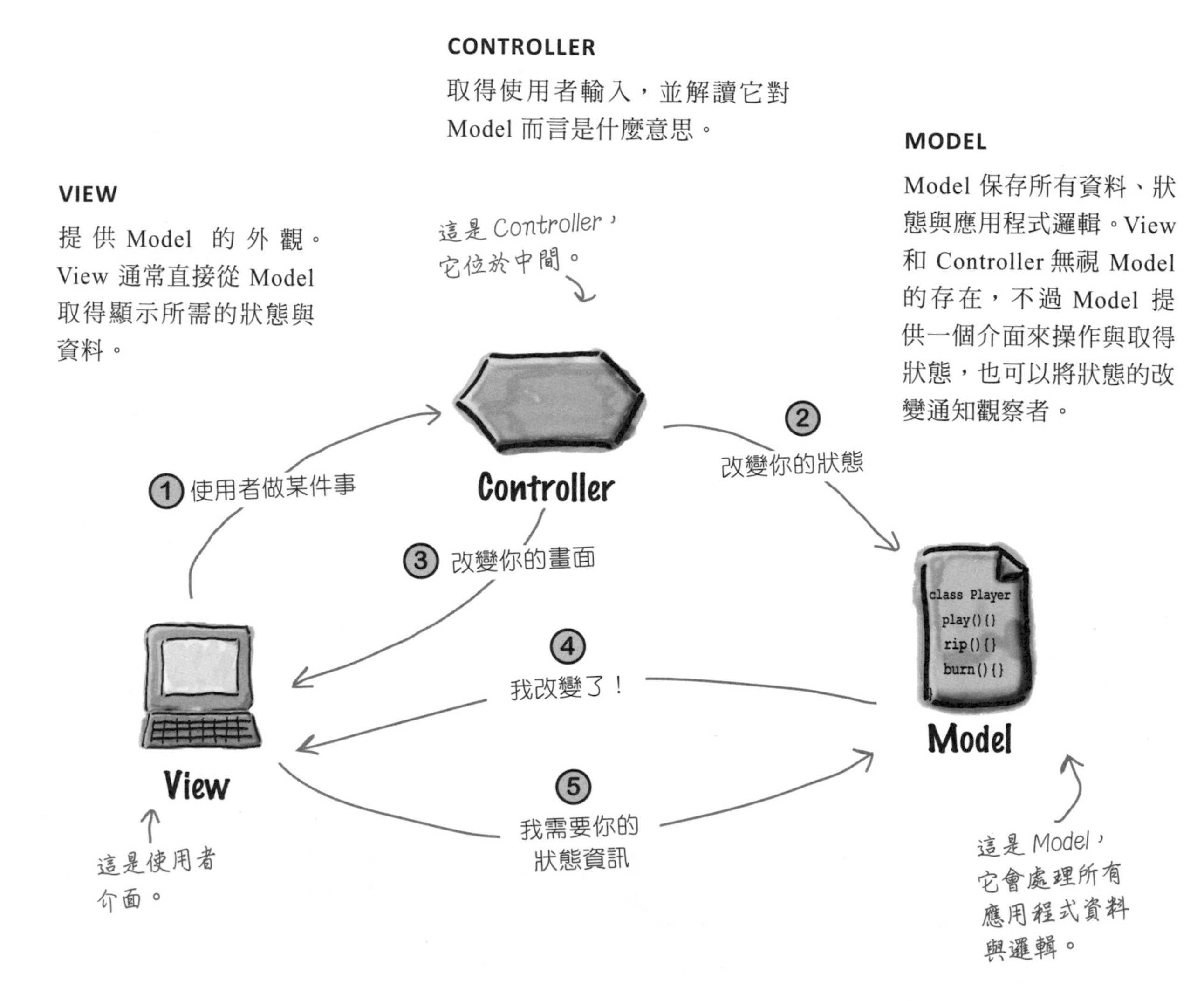

① **你是使用者—你會和 View 互動。**

View 是你和 Model 聯繫的窗口。當你對著 View 做某些事情時（例如按下 Play 按鈕），View 會告訴 Controller 你做了什麼。處理那些事情是 Controller 的工作。

② **Controller 要求 Model 改變它的狀態。**

Controller 接收你的動作，並解讀它們。當你按下按鈕時，Controller 要確認那是什麼意思，以及如何根據那個動作來操作 Model。

③ **Controller 可能也會要求 View 改變。**

當 Controller 從 View 接收動作之後，它可能會要求 View 改變。例如，Controller 可以啟用或停用介面的某些按鈕或選單項目。

④ **Model 在狀態改變時通知 View。**

當 Model 有東西改變時，根據你做的某個動作（例如按下按鈕）或其他的內部改變（例如播放清單的下一首歌開始播放了），Model 會通知 View：它的狀態已經改變了。

⑤ **View 向 Model 索取狀態。**

View 會直接向 Model 取得狀態以便顯示。例如，當 Model 通知 View 有一首新歌已經開始播放時，View 會向 Model 索取歌曲名稱，並顯示它。當 Controller 詢問 View 的改變時，View 可能也會向 Model 詢問狀態。

沒有蠢問題

問：Controller 可以做成 Model 的觀察者嗎？

答：當然可以。在一些設計中，Controller 會向 Model 註冊，在狀態改變時接收通知。當 Model 裡面有東西會直接影響使用者介面的控制項時，就有可能採取這種做法。例如，Model 的一些狀態控制了介面的項目是啟用的或停用的。若是如此，Controller 要負責要求 View 相應地更新它的畫面。

問：Controller 的工作只是從 View 取得使用者輸入，並將它傳給 Model，對吧？如果它只是做這種事情，為什麼需要它？為什麼不把它的程式都寫在 View 裡面就好了？在多數情況下，Controller 只是直接呼叫 Model 的方法，不是嗎？

答：Controller 的工作不是只有「將它傳給 Model」而已，它要負責解讀輸入，並根據那個輸入來操縱 Model。但是你要問的應該是「為什麼我不能在 View 裡面做那些事？」你可以，但是，基於兩個理由，你不應該這樣做。第一個理由，你會讓 View 程式複雜化，因為這樣它就有兩個職責了：管理使用者介面，以及處理控制 Model 的邏輯。第二個理由，你會將 View 與 Model 緊緊地綁在一起。如果你想要重複使用 View 來搭配另一個 Model 的話，想都別想。Controller 可以將控制邏輯與 View 分開，並且避免 View 與 Model 互相耦合。讓 View 與 Controller 鬆耦合可以做出更靈活、更容易擴展的設計，足以因應以後的改變。

將 MVC 視為一組模式來理解

我們說過，學習 MVC 的最佳路徑就是了解它的本質，它是讓一組模式在同一個設計裡面互相合作。

我們從 Model 開始看起：Model 使用觀察者模式來讓 View 與 Controller 根據最新的狀態進行更新。另一方面，View 與 Controller 使用策略模式。Controller 是 View 的策略，如果你想要有不同的行為，你也可以輕鬆地將它換成另一個 Controller。View 本身也在內部使用一種模式來管理視窗、按鈕與畫面的其他元件－組合模式。

讓我們仔細研究這個模式：

策略

View 與 Controller 實作了典型的策略模式：View 是被設置了策略的物件，策略是 Controller 提供的。View 只關心應用程式的視覺層面，它會將關於介面行為的決定都委託給 Controller。使用策略模式也讓 View 與 Model 不耦合，因為負責與 Model 互動來執行使用者請求的角色是 Controller。View 根本不知道那些事情是怎麼完成的。

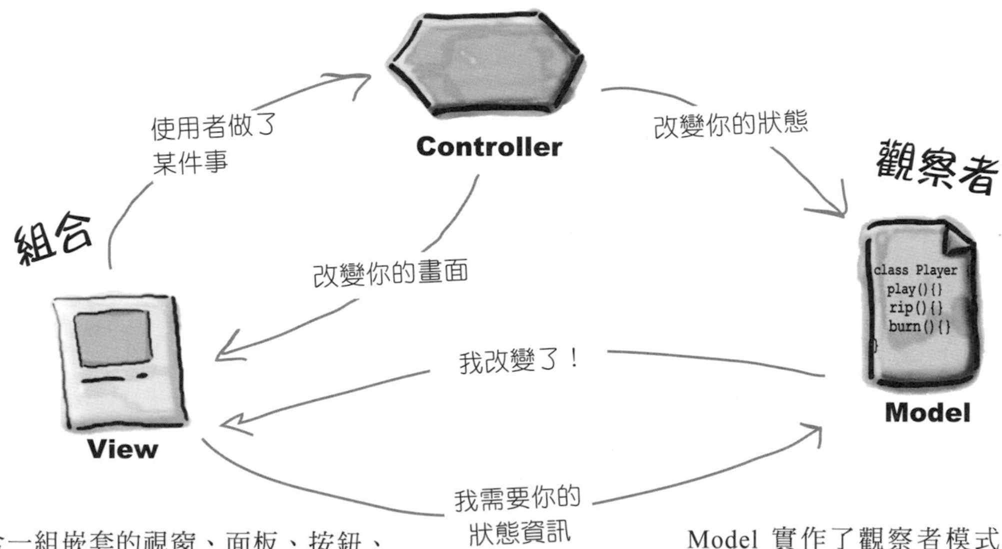

畫面包含一組嵌套的視窗、面板、按鈕、文字標籤…等。每一個畫面元件都是一個組合（例如視窗）或是葉節點（例如按鈕）。當 Controller 要求 View 更新時，它只要告訴最上面的 View 元件即可，組合（Composite）會負責其餘的工作。

Model 實作了觀察者模式，在狀態改變時，讓相關物件維持最新狀態。使用觀察者模式可以讓 Model 完全獨立於 View 和 Controller 之外。這種模式可讓我們用不同的 View 來搭配同一個 Model，甚至一次使用多個 View。

觀察者

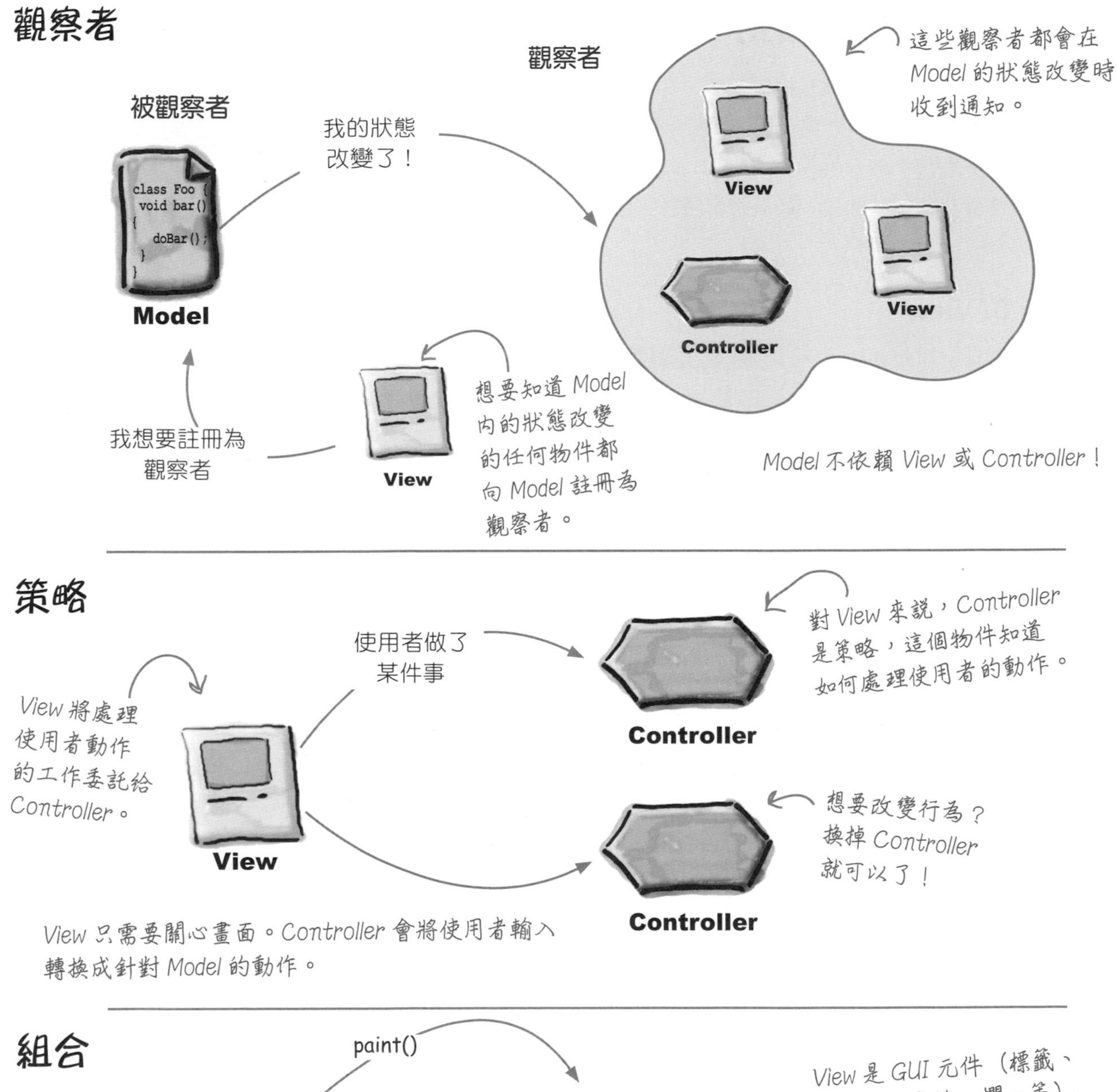

組合

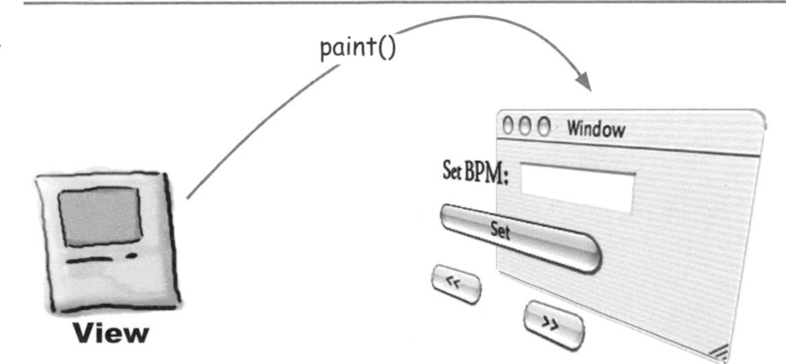

View 是 GUI 元件（標籤、按鈕、文字輸入欄…等）的組合。頂層的元件裡面有其他的元件，那些元件的裡面又有其他的元件，以此類推，直到葉節點為止。

使用 MVC 來控制節拍…

現在換你扮演 DJ。DJ 的工作就是控制節拍。你可能會先放一首每分鐘 95 拍（BPM）的慢節拍音樂，再放一首 140 BPM 的科技舞曲，讓觀眾嗨起來，最後用一首 80 BPM 的環境混音收尾。

你打算怎麼做？你必須控制節拍，並且打算設計一個工具來幫忙。

認識 Java DJ View

我們從工具的 **View** 看起。View 可以讓你產生鼓聲節拍，並且調整它的 BPM…

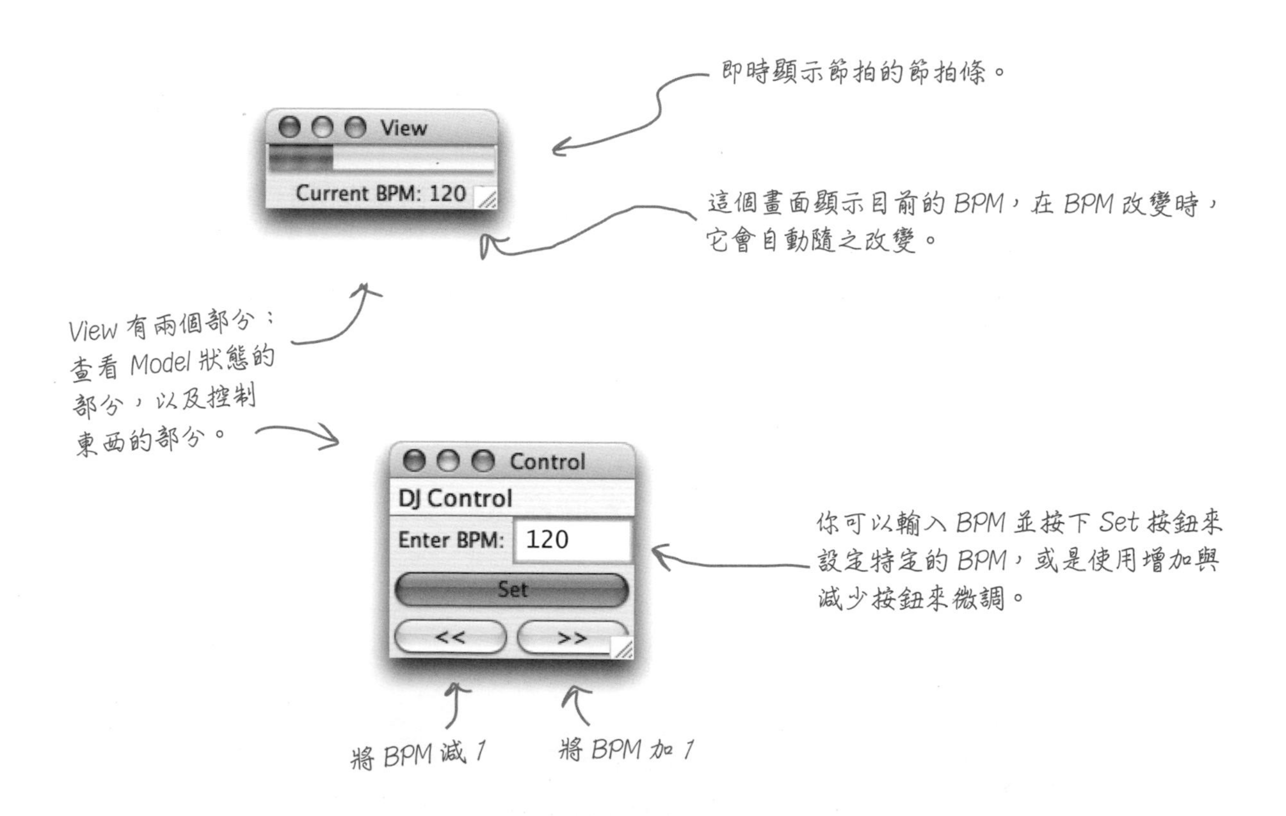

這是控制 DJ View 的幾種方式…

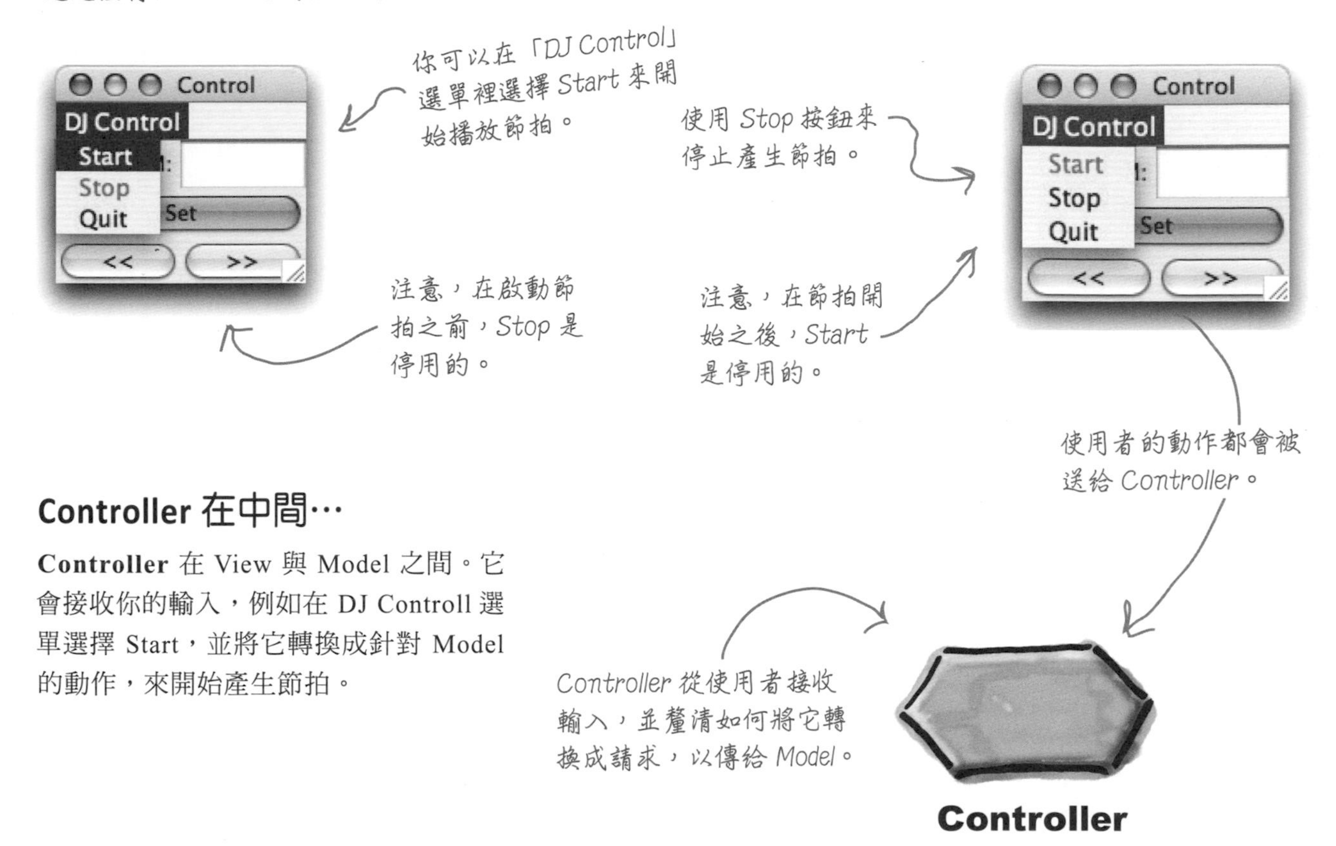

Controller 在中間…

Controller 在 View 與 Model 之間。它會接收你的輸入，例如在 DJ Controll 選單選擇 Start，並將它轉換成針對 Model 的動作，來開始產生節拍。

別忘了下面的 Model…

雖然你看不到 **Model**，卻可以聽到它。Model 在所有其他東西的下面，管理節拍與驅動喇叭。

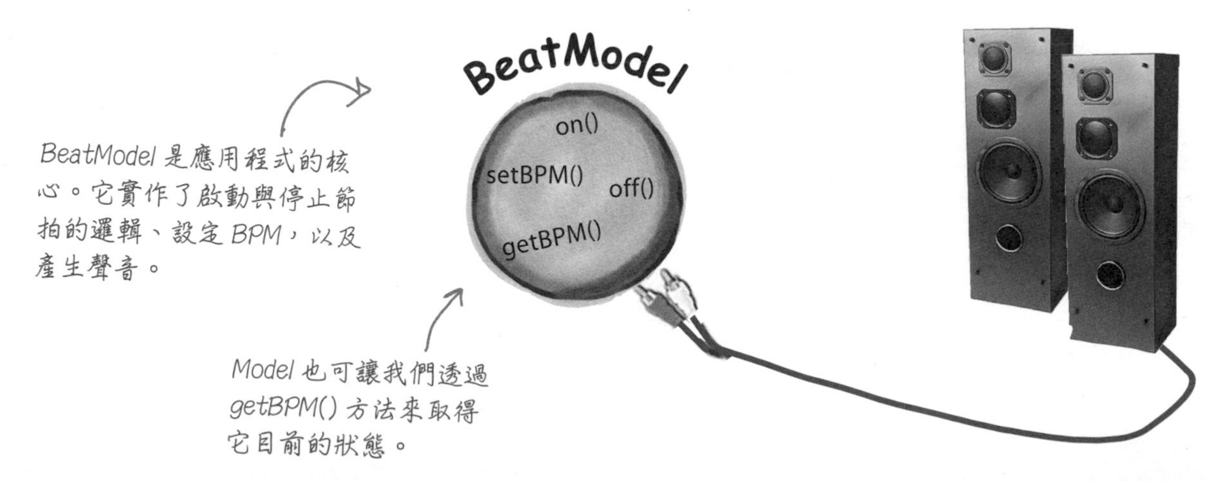

將所有元素整合起來

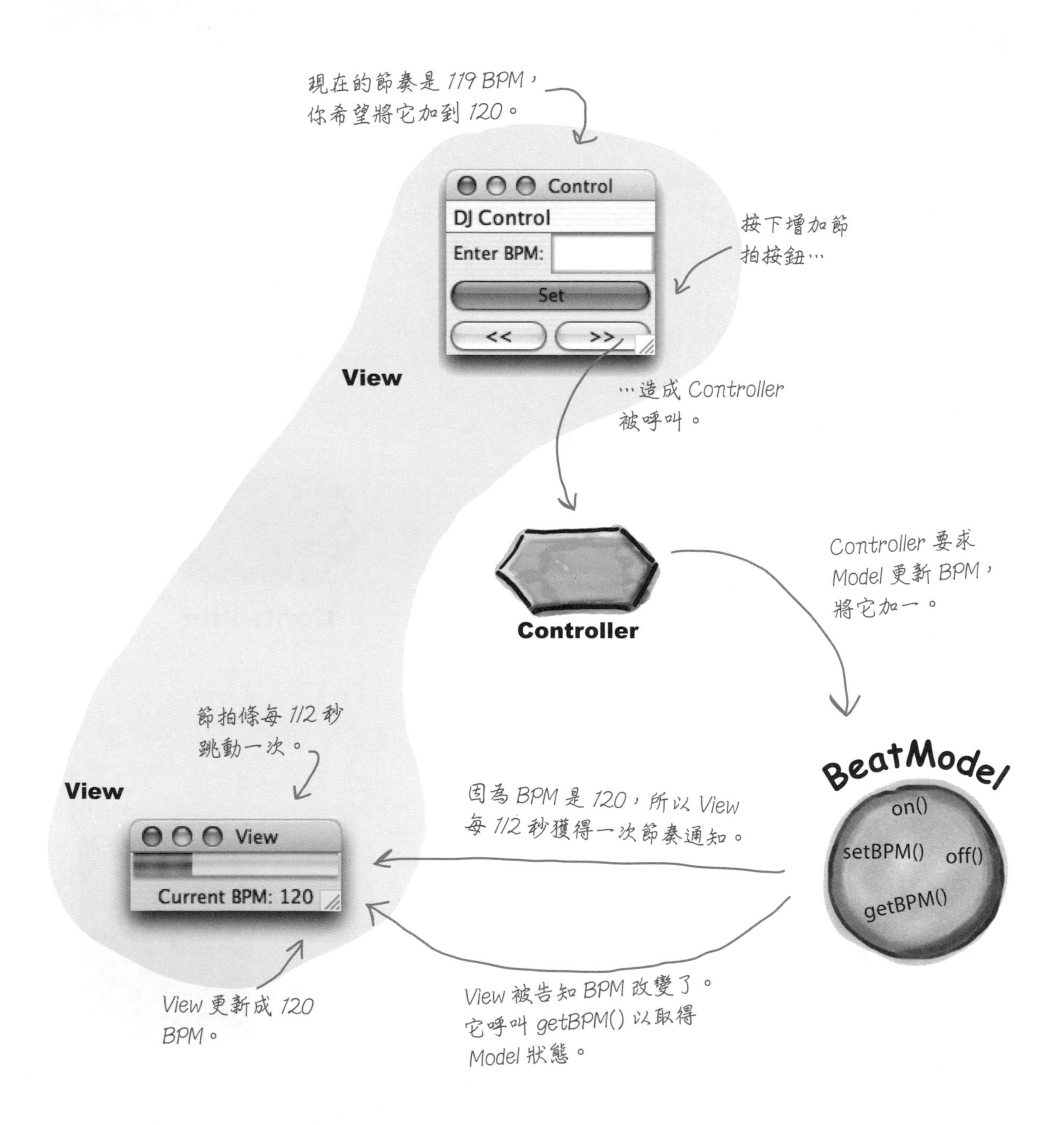

現在的節奏是 119 BPM，
你希望將它加到 120。
Control
DJ Control
Enter BPM:
Set
<<
>>
按下增加節
拍按鈕…
View
…造成 Controller
被呼叫。
Controller
Controller 要求
Model 更新 BPM，
將它加一。
節拍條每 1/2 秒
跳動一次。
View
BeatModel
on()
setBPM()
off()
getBPM()
因為 BPM 是 120，所以 View
每 1/2 秒獲得一次節奏通知。
View
Current BPM: 120
View 更新成 120
BPM。
View 被告知 BPM 改變了。
它呼叫 getBPM() 以取得
Model 狀態。

建立各個元素

你已經知道 Model 負責維護所有資料、狀態與應用程式邏輯了，那麼 BeatModel 裡面有什麼？它的主要工作是管理節拍，所以它有一個狀態，用來保存目前 BPM 的狀態，以及一些程式碼，用來播放音樂以產生節拍。它也公開一個介面，讓 Controller 操作節拍，以及讓 View 和 Controller 取得 Model 的狀態。此外，別忘了，Model 使用觀察者模式，所以我們也要用一些方法，來讓物件可以註冊為觀察者，以及送出通知。

我們先來看一下 BeatModelInterface，再進行實作：

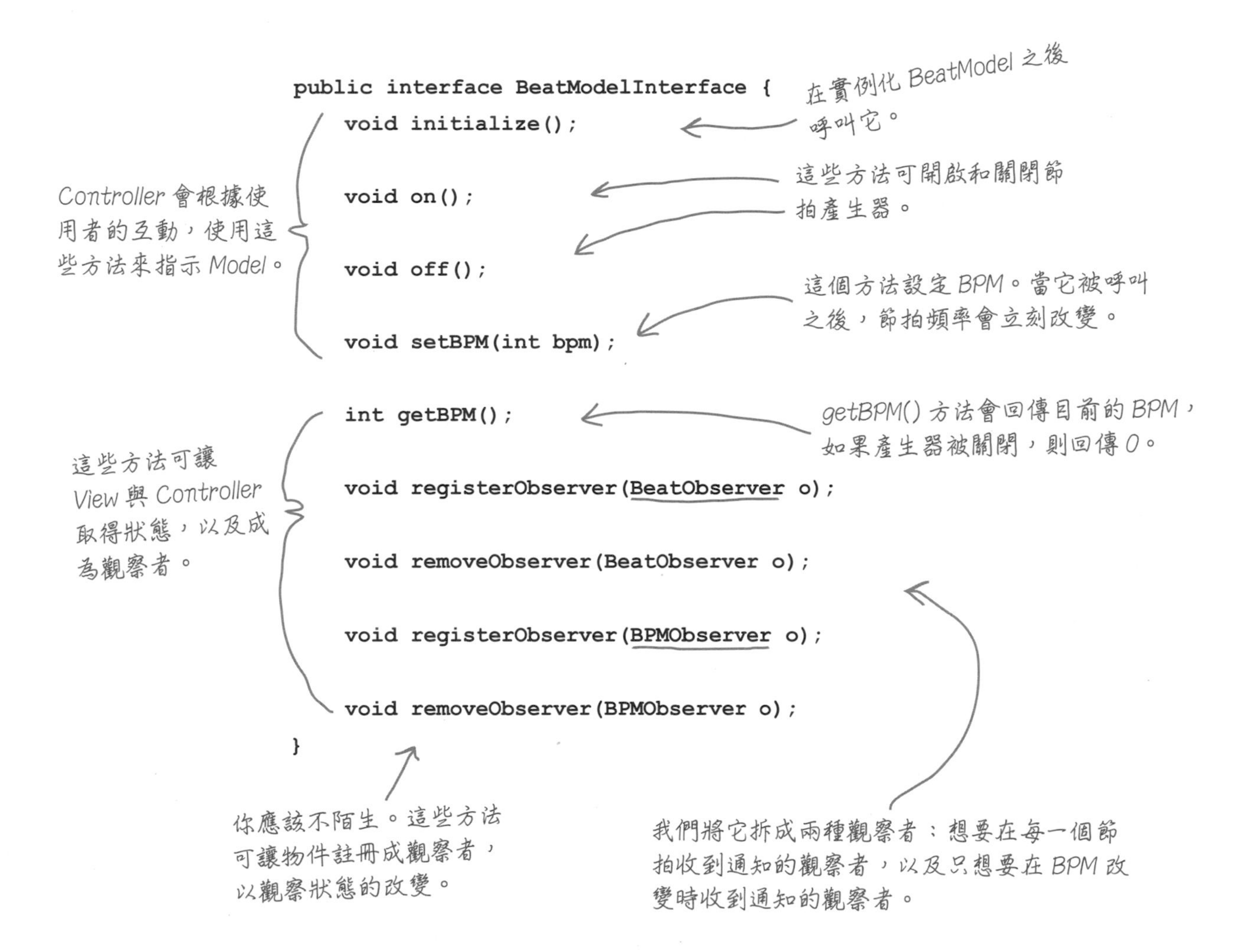

接下來是具體的 BeatModel 類別

```
public class BeatModel implements BeatModelInterface, Runnable {
    List<BeatObserver> beatObservers = new ArrayList<BeatObserver>();
    List<BPMObserver> bpmObservers = new ArrayList<BPMObserver>();
    int bpm = 90;
    Thread thread;
    boolean stop = false;
    Clip clip;

  public void initialize() {
        try {
            File resource = new File("clap.wav");
            clip = (Clip) AudioSystem.getLine(new Line.Info(Clip.class));
            clip.open(AudioSystem.getAudioInputStream(resource));
        }
        catch(Exception ex) { /* ... */}
    }
    public void on() {
        bpm = 90;
        notifyBPMObservers();
        thread = new Thread(this);
        stop = false;
        thread.start();
    }
    public void off() {
        stopBeat();
        stop = true;
    }
    public void run() {
        while (!stop) {
            playBeat();
            notifyBeatObservers();
            try {
                Thread.sleep(60000/getBPM());
            } catch (Exception e) {}
        }
    }
    public void setBPM(int bpm) {
        this.bpm = bpm;
        notifyBPMObservers();
    }
    public int getBPM() {
        return bpm;
    }

    // 註冊與通知觀察者的程式
    // 處理節拍的音訊程式
}
```

實作 BeatModelInterface 與 Runnable。

這些 List 保存兩種觀察者（Beat 與 BPM 觀察者）。

使用它們來啟動與停止節拍執行緒。

bpm 變數保存節拍的頻率，預設值是 90 BPM。

用來播放節拍的音樂段落。

這是設定節拍音軌的方法。

on() 方法將 BPM 設成預設值，並啟動執行緒來播放節拍。

off() 方法將 BPM 設成 0，並且讓執行緒停止播放節拍。

run() 方法執行節拍執行緒，根據 BPM 播放節拍，並通知節拍觀察者有節拍被播放了。當你在選單選擇 Stop 時，迴圈會終止。

setBPM() 方法是控制器用來操作節拍的方法。它會設定 bpm 變數，並通知所有 BPM 觀察者 BPM 改變了。

getBPM() 方法會回傳目前的 BPM。

即時可用的程式碼

這個 Model 使用音樂段落來產生節拍。你可以到 wickedlysmart.com 網站取得 Java 原始檔，裡面有所有 DJ 類別的完整實作，也可以閱讀本章結尾的程式碼。

View

有趣的來了，我們將結合 View，將 BeatModel 視覺化！

關於 View，首先要注意，我們在兩個不同的視窗裡面顯示它，用一個視窗來顯示目前的 BPM 與跳動，用另一個視窗顯示介面控制項。為什麼要這樣做？因為我們想要突顯「顯示 Model 的 View 的介面」和「顯示控制項的介面」之間的差異。讓我們更仔細地觀察 View 的兩個部分：

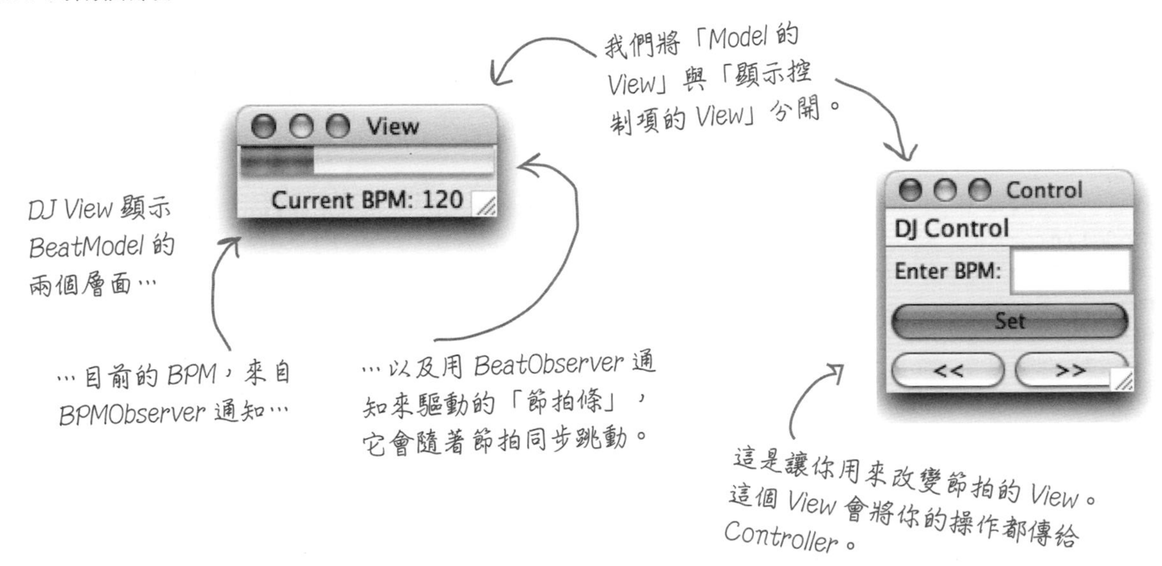

動動腦

BeatModel 對 View 不做任何假設。Model 是用觀察者模式來實作的，所以它只會在狀態改變時，通知註冊為觀察者的 View。View 使用 Model 的 API 來取得狀態。我們已經實作了一種 View；你認為還有哪些 View 可以使用 BeatModel 的通知與狀態？

隨著即時節拍一起閃爍的燈光秀

根據 BPM 顯示音樂流派文字（ambient、downbeat、techno…等）。

實作 View

我們用兩個視窗來顯示 View 的兩個部分（Model 的 View，以及使用者介面控制項的 View），但是將它們都寫在同一個 Java 類別裡面。我們先展示建立 Model 的 View 的程式，它會顯示目前的 BPM 以及節拍條。下一頁會展示建立使用者介面控制項的程式，它會顯示 BPM 文字輸入欄和按鈕。

照過來！

這兩頁的程式只是大綱！

我們只是將**一個**類別拆成**兩個**，這是為了在這一頁展示一個部分，在另一頁展示另一個部分。所有的程式其實都在**同一個**類別裡面，DJView.java。本章結尾有完整的程式碼。

DJView 是觀察即時節拍與 BPM 的改變的觀察者。

```
public class DJView implements ActionListener,  BeatObserver, BPMObserver {
    BeatModelInterface model;
    ControllerInterface controller;
    JFrame viewFrame;
    JPanel viewPanel;
    BeatBar beatBar;
    JLabel bpmOutputLabel;

    public DJView(ControllerInterface controller, BeatModelInterface model) {
        this.controller = controller;
        this.model = model;
        model.registerObserver((BeatObserver)this);
        model.registerObserver((BPMObserver)this);
    }

    public void createView() {
        // 建立所有 Swing 元件
    }

    public void updateBPM() {
        int bpm = model.getBPM();
        if (bpm == 0) {
            bpmOutputLabel.setText("offline");
        } else {
            bpmOutputLabel.setText("Current BPM: " + model.getBPM());
        }
    }

    public void updateBeat() {
        beatBar.setValue(100);
    }
}
```

這個 View 持有 Model 與 Controller 的參考。Controller 只被控制介面使用，等一下會介紹它…

在此建立一些顯示元件。

建構式接收 Controller 與 Model 的參考，並將那些參考存入實例變數。

註冊為 Model 的 BeatObserver 與 BPMObserver。

當 Model 的狀態改變時，updateBPM() 方法會被呼叫。狀態改變時，我們用目前的 BPM 來更新畫面。我們可以直接向 Model 請求取得這個值。

類似地，當 Model 開始新節拍時，updateBeat() 方法會被呼叫。此時，我們要讓節拍條跳一下，所以將它設成最大值（100），讓它自己處理動畫。

實作 View，續…

接下來，我們來看一下 View 的使用者介面控制項的程式碼，這個 View 可以讓你告訴 Controller 該做什麼，再由 Controller 告訴 Model 該做什麼，來控制 Model。別忘了，這段程式與其他的 View 程式在同一個類別檔裡面。

```
public class DJView implements ActionListener,  BeatObserver, BPMObserver {
    BeatModelInterface model;
    ControllerInterface controller;
    JLabel bpmLabel;
    JTextField bpmTextField;
    JButton setBPMButton;
    JButton increaseBPMButton;
    JButton decreaseBPMButton;
    JMenuBar menuBar;
    JMenu menu;
    JMenuItem startMenuItem;
    JMenuItem stopMenuItem;

    public void createControls() {
        // 建立所有 Swing 元件
    }

    public void enableStopMenuItem() {
        stopMenuItem.setEnabled(true);
    }

    public void disableStopMenuItem() {
        stopMenuItem.setEnabled(false);
    }

    public void enableStartMenuItem() {
        startMenuItem.setEnabled(true);
    }

    public void disableStartMenuItem() {
        startMenuItem.setEnabled(false);
    }

    public void actionPerformed(ActionEvent event) {
        if (event.getSource() == setBPMButton) {
            int bpm = Integer.parseInt(bpmTextField.getText());
            controller.setBPM(bpm);
        } else if (event.getSource() == increaseBPMButton) {
            controller.increaseBPM();
        } else if (event.getSource() == decreaseBPMButton) {
            controller.decreaseBPM();
        }
    }
}
```

Control
DJ Control
Start
Stop
Quit
Set
<<
>>

這個方法建立所有控制項，並將它們放在介面裡。它也會處理選單。當你選擇 Stop 或 Start 時，就會呼叫 Controller 的對應方法。

這些是啟用與停用選單的 Start 與 Stop 項目的方法。我們將看到 Controller 使用它們來改變介面。

這個方法會在按鈕被按下時呼叫。

如果 Set 按鈕被按下，新的 BPM 會被傳給 Controller。

同樣地，如果增加或減少按鈕被按下，這資訊會被傳給 Controller。

接下來要介紹 Controller

接下來要編寫最後一個部分了：Controller。別忘了，Controller 是用來插入 View，來賦予 View 一些智慧的策略（strategy）。

因為我們正在實作策略模式，所以要先幫可被插入 DJ View 的 Strategy 寫好介面。我們將它稱為 ControllerInterface。

這些是 View 可以對著 Controller 呼叫的方法。

```
public interface ControllerInterface {
    void start();
    void stop();
    void increaseBPM();
    void decreaseBPM();
    void setBPM(int bpm);
}
```

看過 Model 的介面之後，你應該對它們不陌生。你可以停止與開始產生節拍，以及改變 BPM。這個介面比 BeatModel 介面「更豐富」，因為你可以用增加與減少來調整 BPM。

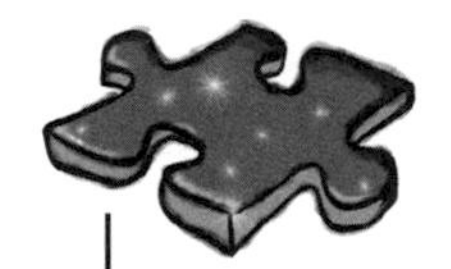

設計謎題

你已經看過 View 與 Controller 一起使用策略模式的情況了，你能不能用 View 與 Controller 來畫出類別圖，以表示這個模式？

這是 Controller 的實作：

Controller 實作了 ControllerInterface。

```
public class BeatController implements ControllerInterface {
    BeatModelInterface model;
    DJView view;

    public BeatController(BeatModelInterface model) {
        this.model = model;
        view = new DJView(this, model);
        view.createView();
        view.createControls();
        view.disableStopMenuItem();
        view.enableStartMenuItem();
        model.initialize();
    }

    public void start() {
        model.on();
        view.disableStartMenuItem();
        view.enableStopMenuItem();
    }

    public void stop() {
        model.off();
        view.disableStopMenuItem();
        view.enableStartMenuItem();
    }

    public void increaseBPM() {
        int bpm = model.getBPM();
        model.setBPM(bpm + 1);
    }

    public void decreaseBPM() {
        int bpm = model.getBPM();
        model.setBPM(bpm - 1);
    }

    public void setBPM(int bpm) {
        model.setBPM(bpm);
    }
}
```

Controller 是 MVC Oreo 餅乾的奶油夾心，所以它是與 View 和 Model 相接，將兩者黏起來的物件。

Controller 的建構式會接收 Model，然後建立 View。

當你在使用者介面選單選擇 Start 時，Controller 會打開 Model，然後修改使用者介面，停用 Start 選單項目，啟用 Stop 選單項目。

同樣的，當你在選單選擇 Stop 時，Controller 會將 Model 關閉，然後修改使用者介面，停用 Stop 選單項目，啟用 Start 選單項目。

注意：Controller 幫 View 做出聰明的決定。View 只知道如何將選單項目打開與關閉，不知道何時該停用它們。

當你按下增加按鈕時，Controller 會從 Model 取得目前的 BPM，幫它加一，然後設定新 BPM。

做類似的事情，只是這裡將目前的 BPM 減一。

最後，當你用使用者介面來隨意設定 BPM 時，Controller 會告訴 Model 設定它的 BPM。

整合在一起…

我們已經完成所有東西了，也就是一個 Model、一個 View、一個 Controller。接下來要將它們組在一起！我們將用眼睛觀看、用耳朵聆聽它們合作的成果。

接下來只要寫一些程式來啟動它們即可，程式不會太多：

```
public class DJTestDrive {

    public static void main (String[] args) {
        BeatModelInterface model = new BeatModel();
        ControllerInterface controller = new BeatController(model);
    }
}
```

先建立 Model…

…然後建立 Controller，並將 Model 傳給它。別忘了，Controller 會建立 View，所以我們不需要做這件事。

讓我們執行測試程式…

務必在程式資料夾的最上層放入一個 clip.wav 檔案！

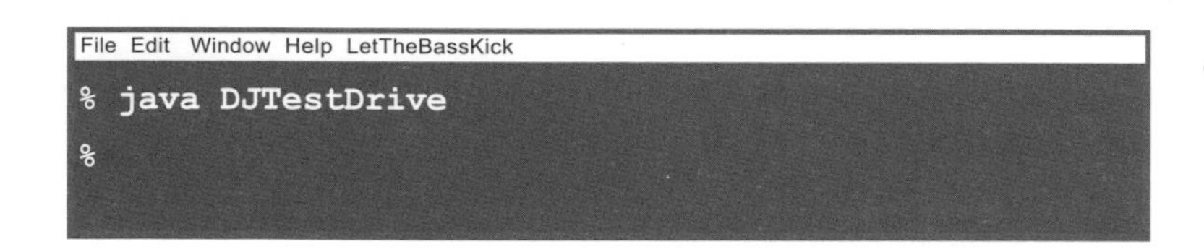

執行它…

…你會看到它們。

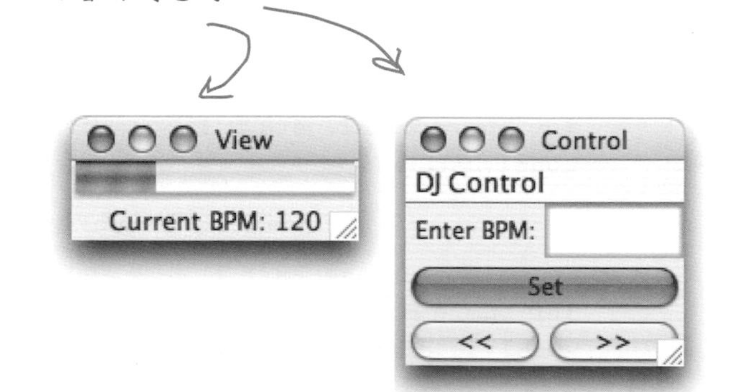

要做的事

❶ 用 Start 選單項目來開始產生節拍，注意接下來 Controller 會停用該項目。

❷ 使用文字輸入欄和增加與減少按鈕來改變 BPM。注意 View 顯示的畫面反應了你的改變，雖然它與 Controller 之間其實沒有邏輯上的連結。

❸ 注意節拍條一定與節拍同步，因為它是 Model 的觀察者。

❹ 放入你最喜歡的音樂，看看你能不能用增加與減少按鈕，來調整節拍。

❺ 停止節拍產生器，注意 Controller 會停用 Stop 選單項目，並啟用 Start 選單項目。

探索策略

讓我們更深入討論策略模式，來進一步了解它在 MVC 裡面是怎麼使用的。我們也會看到另一個友善的模式，你會經常在 MVC 三兄弟裡看到它：轉接器模式。

先想想 DJ View 的工作是什麼：顯示節拍與跳動，有沒有覺得它很像某些東西？是不是很像心跳？我們剛好有一個心跳監視類別，它的類別圖是：

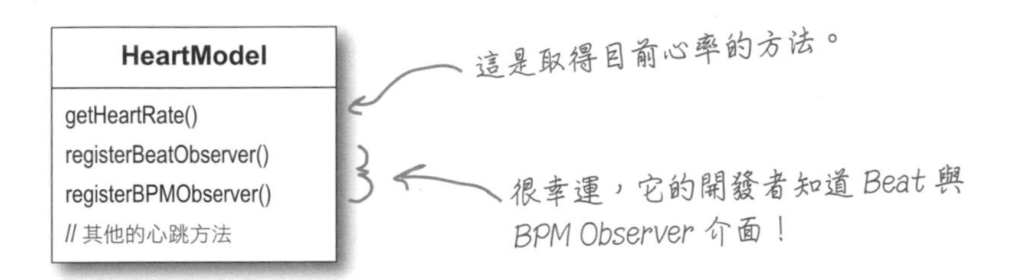

動動腦

可以重複使用目前的 View 來搭配 HeartModel 當然是件好事，但是我們需要一個配合這個 Model 的 Controller。此外，HeartModel 的介面與 View 期望的不一樣，因為它有 getHeartRate() 方法，而不是 getBPM()。如何設計一組類別來重複使用 View，讓它可以搭配新的 Model ？在下面畫出類別圖。

轉接模型

首先，我們要將 HeartModel 轉接成 BeatModel，如果不這樣做，View 就不能使用 Model，因為 View 只知道如何呼叫 getBPM()，但是與它對應的 heart Model 方法是 getHeartRate()。該怎麼做？當然是使用轉接器模式！事實上，使用轉接器來轉接 Model，讓它搭配既有的 Controller 和 View，是在使用 MVC 時常見的技巧。

這是將 HeartModel 轉接成 BeatModel 的程式：

```
public class HeartAdapter implements BeatModelInterface {
    HeartModelInterface heart;

    public HeartAdapter(HeartModelInterface heart) {
        this.heart = heart;
    }

    public void initialize() {}

    public void on() {}

    public void off() {}

    public int getBPM() {
        return heart.getHeartRate();
    }

    public void setBPM(int bpm) {}

    public void registerObserver(BeatObserver o) {
        heart.registerObserver(o);
    }

    public void removeObserver(BeatObserver o) {
        heart.removeObserver(o);
    }

    public void registerObserver(BPMObserver o) {
        heart.registerObserver(o);
    }

    public void removeObserver(BPMObserver o) {
        heart.removeObserver(o);
    }
}
```

我們要實作目標（target）介面，在這個例子中，它是 BeatModelInterface。

在此儲存 heart Model 的參考。

我們不知道這些方法會怎樣對待心臟，它們的名字看起來很恐怖，所以直接讓它們不做事。

當 getBPM() 被呼叫時，我們將它轉換成呼叫 heart Model 的 getHeartRate()。

我們不想對心臟做這件事！所以同樣讓它不做事。

這些是觀察者方法，我們直接將它們委託給 heart Model。

接下來是 HeartController

完成 HeartAdapter 之後，我們就可以建立 Controller，並且讓 View 與 HeartModel 合作了。這就是重複使用！

```
public class HeartController implements ControllerInterface {
    HeartModelInterface model;
    DJView view;

    public HeartController(HeartModelInterface model) {
        this.model = model;
        view = new DJView(this, new HeartAdapter(model));
        view.createView();
        view.createControls();
        view.disableStopMenuItem();
        view.disableStartMenuItem();
    }

    public void start() {}

    public void stop() {}

    public void increaseBPM() {}

    public void decreaseBPM() {}

    public void setBPM(int bpm) {}
}
```

HeartController 實作了 ControllerInterface，與 BeatController 一樣。

與之前一樣，Controller 建立 View，並將所有組件黏在一起。

在此修改一個地方：我們傳入 HeartModel，不是 BeatModel…

…而且，我們先將 Model 包在轉接器裡面，再將它傳給 View。

最後，HeartController 停用這些選單項目，因為不需要它們了。

這些方法沒有什麼作用，畢竟，我們不能像控制節拍機器那樣控制心跳。

大功告成！是時候測試一下了…

```
public class HeartTestDrive {

    public static void main (String[] args) {
        HeartModel heartModel = new HeartModel();
        ControllerInterface model = new HeartController(heartModel);
    }
}
```

我們只要建立 Controller，並將 heart Model 傳給它即可。

讓我們執行測試程式…

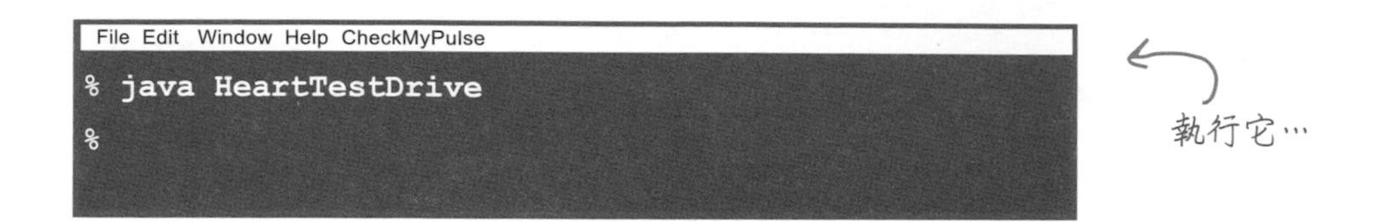

執行它…

…你會看到它們。

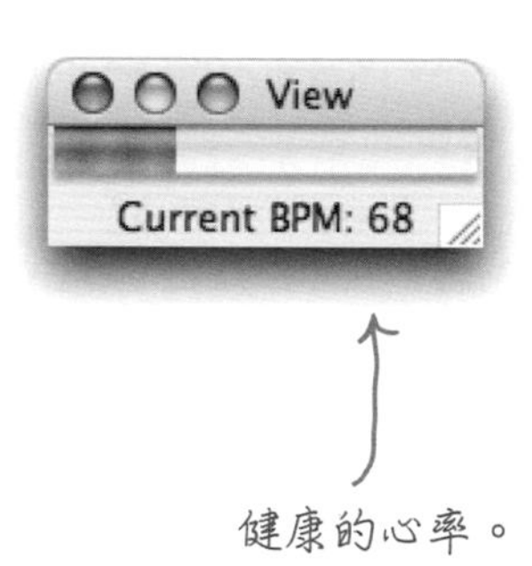

健康的心率。

要做的事

1. 注意這個畫面很適合顯示心率！節拍條看起來就像脈搏。因為 HeartModel 也提供 BPM 與支援 Beat Observer，所以我們可以得到最新的心跳，和 DJ 節拍一樣。
2. 因為心率是自然變化的，注意畫面會更新成新的 BPM。
3. 每次取得最新的 BPM 時，轉接器會將呼叫 getBPM() 轉換成呼叫 getHeartRate()。
4. 現在 Start 與 Stop 選單項目已經被停用了，因為 Controller 停用它們。
5. 其他的按鈕仍然可以按下，但是沒有效果，因為 Controller 讓它們不做事。你可以修改 View 來停用這些項目。

問：**你好像沒有提到「MVC 裡面有組合模式」這件事，裡面真的有組合模式嗎？**

答：在 MVC 裡面確實有組合模式，但是，事實上，這是一個很好的問題。當今的 GUI 程式包，例如 Swing，已經變得非常複雜，導致負責建立與更新畫面的內部結構與組合模式很難被看到。由於網頁瀏覽器可以將標記語言轉換成使用者介面，這使得它們更是難以被察覺。

當 MVC 剛發明時，建立 GUI 需要更多人為干預，所以當時在 MVC 裡面的設計模式比較明顯。

問：**Controller 有實作任何應用程式邏輯嗎？**

答：沒有，Controller 為 View 實作它的行為，Controller 會將 View 傳來的動作轉換成傳給 Model 的動作，Model 接收那些動作並實作應用程式邏輯，來決定該怎麼回應那些動作。Controller 可能要決定該呼叫 Model 的哪個方法，但是這不是「應用程式邏輯」。應用程式邏輯是管理與操作資料的程式，而且在 Model 裡面。

問：**我覺得「Model」這個字很難理解，雖然我已經知道它是應用程式的核心了，但是為什麼要用這種模糊的、難以理解的單字來描述 MVC 的這個成分？**

答：當發明者為 MVC 命名時，他們需要找一個「M」開頭的單字，否則就無法將它稱為 MVC 了。

不過坦白說，我同意你的看法，大家都會搔著腦袋，搞不懂 Model 到底是什麼。但是大家都找不出更好的單字。

問：**你經常提到 Model 的狀態，意思是裡面有狀態模式嗎？**

答：不是，我們說的是廣義的狀態。但是有些模式的確使用狀態模式來管理內部狀態。

問：**有人說 MVC 的 Controller 是介於 View 與 Model 之間的「中介者」。Controller 有實作中介者模式（Mediator Pattern）嗎？**

答：我們還沒有介紹中介者模式（你會在附錄看到這個模式的摘要），所以在此不深入說明。不過，中介者的目的，是將物件的互動方式封裝起來，並且讓兩個物件不會明確地互相引用，來促進鬆耦合。所以，在某種程度上，Controller 可以視為中介者，因為 View 不會直接設定 Model 的狀態，一定要透過 Controller。不過，別忘了，View 為了取得 Model 的狀態而持有它的參考。如果 Controller 真的是中介者，View 也要透過 Controller 來取得 Model 的狀態。

問：**View 一定要向 Model 索取它的狀態嗎？我們不能使用推送（push）Model，用更新通知來傳送 Model 的狀態嗎？**

答：Model 當然可以用通知來傳遞它的狀態，你也可以做類似 BeatModel 的事情，只傳送 View 感興趣的狀態。但是，你記不記得，在觀察者模式那一章說過，這種做法有一些缺點？如果你忘記了，請回到第 2 章複習一下。很多人將 MVC 模式修改成類似的模型，尤其是針對網路的瀏覽器 / 伺服器環境，所以你會發現很多例外。

問：**如果 View 不只一個，我一定要用不只一個 Controller 嗎？**

答：通常在執行期，每一個 View 都要有一個 Controller，但是同一個 Controller 類別也可以輕鬆地管理許多 View。

問：**雖然 View 不應該操作 Model，但是我發現在你的程式中，View 完全可以使用會改變 Model 狀態的方法，這是不是危險的事情？**

答：沒錯，我們讓 View 毫無限制地接觸 Model 的方法，這是為了保持簡單，但是有時你只想讓 View 接觸 Model 的部分 API，有一種很棒的模式可讓你修改介面，只提供它的子集合，你知道它是哪一種模式嗎？

有啊！

MVC 實在太好用了，所以它已經被修改成許多網路框架，當然，網路的運作方式與標準的應用程式不一樣，所以 MVC 模式在網路環境有幾種不同的做法。

網路應用程式有用戶端（瀏覽器）與伺服器端。因此，我們可以根據 Model、View 與 Controller 的位置，進行各種取捨。在*瘦用戶端*（*thin client*）這種做法中，大部分的 View 和 Controller 都在伺服器內，瀏覽器提供顯示 View 的方式，以及從瀏覽器取得輸入並傳給 Controller 的方式。另一種做法是*單頁應用程式*（*single page application*），它將幾乎所有 Model、View 與 Controller 都放在用戶端。這兩種做法是頻譜的兩個極端，你將發現，各種框架都以不同的比率將各種元件（Model、View 與 Controller）放在用戶端與伺服器裡，有些混合模型則是讓用戶端與伺服器共用一些元件。

目前有很多流行的網路 MVC 框架，例如 Spring Web MVC、Django、ASP.NET MVC、AngularJS、EmberJS、JavaScriptMVC、Backbone，毫無疑問，未來還會出現更多框架。在多數情況下，每一種框架都用獨特的方式在用戶端與伺服器之間配置 Model、View 與 Controller。既然你已經學會 MVC 模式了，你一定可以舉一反三，請好好了解你所選擇的框架。

設計工具箱裡面的工具

你的設計工具箱會讓所有人印象深刻！哇！看看這些原則、模式，還有最新的複合模式！

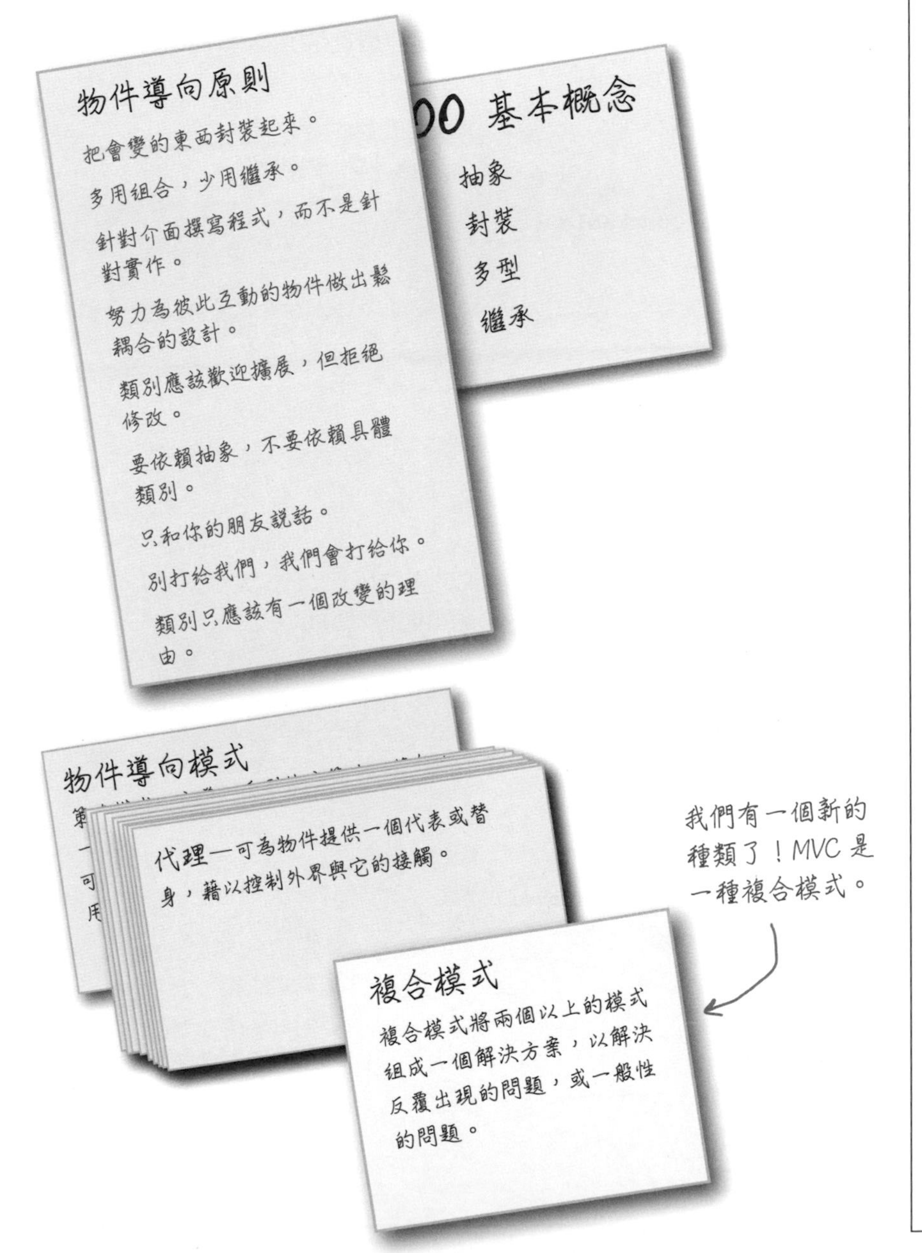

重點提示

- Model View Controller（MVC）模式是一種複合模式，它裡面有觀察者、策略與組合模式。
- Model 使用觀察者模式，所以它可以讓觀察者掌握最新狀態，同時又能和它們解耦合。
- Controller 是 View 的策略。View 可以使用不同的 Controller 實作來獲得不同的行為。
- View 使用組合模式來實作使用者介面，它通常有嵌套狀的元件，例如面板、框架與按鈕。
- 我們同時使用這些模式來將 MVC 模型的三個層面解耦合，讓設計更清晰且更靈活。
- 轉接器模式可以轉接新的 Model，讓既有的 View 與 Controller 使用。
- 為了配合網路，很多 MVC 是經過調整的。
- 許多網路 MVC 框架使用各種 MVC 模式的修改版，來配合用戶端 / 伺服器應用程式結構。

練習解答

削尖你的鉛筆 解答

QuackCounter 也是 Quackable。當我們修改 Quackable，讓它繼承 QuackObservable 時，我們也必須修改每一個實作了 Quackable 的類別，包括 QuackCounter：

QuackCounter 是 Quackable，所以現在它也是 QuackObservable。

```
public class QuackCounter implements Quackable {
    Quackable duck;
    static int numberOfQuacks;

    public QuackCounter(Quackable duck) {
        this.duck = duck;
    }

    public void quack() {
        duck.quack();
        numberOfQuacks++;
    }

    public static int getQuacks() {
        return numberOfQuacks;
    }

    public void registerObserver(Observer observer) {
        duck.registerObserver(observer);
    }

    public void notifyObservers() {
        duck.notifyObservers();
    }
}
```

這是用 QuackCounter 來裝飾的鴨子。真正需要處理 observable 方法的就是這個鴨子。

這些程式與上一版的 QuackCounter 一樣。

兩個 QuackObservable 方法，注意，我們只是將這兩種呼叫委託給被裝飾的鴨子。

削尖你的鉛筆 解答

如果 Quackologist 想要觀察整群鴨子呢？這意味著什麼？你可以這樣想：觀察一個組合，就是在觀察該組合裡面的所有東西，所以，當你註冊一個群體（flock）時，flock 組合會確保你註冊了它的所有子元素，可能包括其他的小群。

```
public class Flock implements Quackable {
    List<Quackable> quackers = new ArrayList<Quackable>();

    public void add(Quackable duck) {
        ducks.add(duck);
    }

    public void quack() {
        Iterator<Quackable> iterator = quackers.iterator();
        while (iterator.hasNext()) {
            Quackable duck = iterator.next();
            duck.quack();
        }
    }

    public void registerObserver(Observer observer) {
        Iterator<Quackable> iterator = ducks.iterator();
        while (iterator.hasNext()) {
            Quackable duck = iterator.next();
            duck.registerObserver(observer);
        }
    }

    public void notifyObservers() { }

}
```

Flock 是 Quackable，所以現在它也是 QuackObservable。

這是在 Flock 裡的 Quackable 們。

註冊為 Flock 的 Observer 就是註冊觀察群裡的每個東西，也就是每個 Quackable，無論它是鴨子，還是另一個 Flock。

迭代 Flock 裡面的所有 Quackable，並將呼叫委託給各個 Quackable。如果 Quackable 是另一個 Flock，它會做同樣的事情。

每個 Quackable 都會自行進行通知，所以 Flock 不需要關心這件事。這會在 Flock 將 quack() 委託給 Flock 裡面的每一個 Quackable 時發生。

削尖你的鉛筆 解答

我們仍然使用具體類別來直接實例化 Geese，你可以為 Geese 寫出抽象工廠嗎？它該怎麼讓它建立「鵝鴨（goose duck）」？

你可以在現有的 DuckFactory 裡面加入 createGooseDuck() 方法。或是建立一個完全獨立的 Factory 來建立 Geese 家族。

設計謎題解答

你已經看過 View 與 Controller 一起使用策略模式的情況了，你能不能用 View 與 Controller 來畫出類別圖，以表示這個模式？

View 將行為委託給 Controller。它委託的行為就是如何根據使用者的輸入來控制 Model。

DJView

controller

createView()
updateBPM()
updateBeat()
createControls()
enableStopMenuItem()
disableStopMenuItem()
enableStartMenuItem()
disableStartMenuItem()
actionPerformed()

<<介面>>
ControllerInterface

setBPM()
increaseBPM()
decreaseBPM()

ControllerInterface 是所有具體 Controller 實作的介面。它是策略介面。

Controller

setBPM()
increaseBPM()
decreaseBPM()

我們可以插入不同的 Controller，來為 View 提供不同的行為。

即時可用的程式碼

這是 DJView 的完整實作，它有產生聲音的所有 MIDI 程式碼，以及建立 View 的所有 Swing 元件。你可以到 https://www.wickedlysmart.com 下載這段程式。祝你玩得開心！

```
package headfirst.designpatterns.combined.djview;

public class DJTestDrive {

    public static void main (String[] args) {
        BeatModelInterface model = new BeatModel();
        ControllerInterface controller = new BeatController(model);
    }
}
```

Beat Model

```
package headfirst.designpatterns.combined.djview;

public interface BeatModelInterface {
    void initialize();

    void on();

    void off();

    void setBPM(int bpm);

    int getBPM();

    void registerObserver(BeatObserver o);

    void removeObserver(BeatObserver o);

    void registerObserver(BPMObserver o);

    void removeObserver(BPMObserver o);
}
```

```
package headfirst.designpatterns.combined.djview;

import java.util.*;
import javax.sound.sampled.AudioSystem;
import javax.sound.sampled.Clip;
import java.io.*;
import javax.sound.sampled.Line;

public class BeatModel implements BeatModelInterface, Runnable {
	List<BeatObserver> beatObservers = new ArrayList<BeatObserver>();
	List<BPMObserver> bpmObservers = new ArrayList<BPMObserver>();
	int bpm = 90;
	Thread thread;
	boolean stop = false;
	Clip clip;

	public void initialize() {
		try {
			File resource = new File("clap.wav");
			clip = (Clip) AudioSystem.getLine(new Line.Info(Clip.class));
			clip.open(AudioSystem.getAudioInputStream(resource));
		}
		catch(Exception ex) {
			System.out.println("Error: Can't load clip");
			System.out.println(ex);
		}
	}

	public void on() {
		bpm = 90;
		notifyBPMObservers();
		thread = new Thread(this);
		stop = false;
		thread.start();
	}

	public void off() {
		stopBeat();
		stop = true;
	}
```

```
public void run() {
        while (!stop) {
                playBeat();
                notifyBeatObservers();
                try {
                        Thread.sleep(60000/getBPM());
                } catch (Exception e) {}
        }
}

public void setBPM(int bpm) {
        this.bpm = bpm;
        notifyBPMObservers();
}

public int getBPM() {
        return bpm;
}

public void registerObserver(BeatObserver o) {
        beatObservers.add(o);
}

public void notifyBeatObservers() {
        for (int i = 0; i < beatObservers.size(); i++) {
                BeatObserver observer = (BeatObserver)beatObservers.get(i);
                observer.updateBeat();
        }
}

public void registerObserver(BPMObserver o) {
        bpmObservers.add(o);
}

public void notifyBPMObservers() {
        for (int i = 0; i < bpmObservers.size(); i++) {
                BPMObserver observer = (BPMObserver)bpmObservers.get(i);
                observer.updateBPM();
        }
}
```

```
	public void removeObserver(BeatObserver o) {
		int i = beatObservers.indexOf(o);
		if (i >= 0) {
			beatObservers.remove(i);
		}
	}

	public void removeObserver(BPMObserver o) {
		int i = bpmObservers.indexOf(o);
		if (i >= 0) {
			bpmObservers.remove(i);
		}
	}

	public void playBeat() {
		clip.setFramePosition(0);
		clip.start();
	}
	public void stopBeat() {
		clip.setFramePosition(0);
		clip.stop();
	}

}
```

View

```
package headfirst.designpatterns.combined.djview;

public interface BeatObserver {
    void updateBeat();
}

package headfirst.designpatterns.combined.djview;

public interface BPMObserver {
    void updateBPM();
}

package headfirst.designpatterns.combined.djview;

import java.awt.*;
import java.awt.event.*;
import javax.swing.*;

public class DJView implements ActionListener,  BeatObserver, BPMObserver {
    BeatModelInterface model;
    ControllerInterface controller;
    JFrame viewFrame;
    JPanel viewPanel;
    BeatBar beatBar;
    JLabel bpmOutputLabel;
    JFrame controlFrame;
    JPanel controlPanel;
    JLabel bpmLabel;
    JTextField bpmTextField;
    JButton setBPMButton;
    JButton increaseBPMButton;
    JButton decreaseBPMButton;
    JMenuBar menuBar;
    JMenu menu;
    JMenuItem startMenuItem;
    JMenuItem stopMenuItem;


    public DJView(ControllerInterface controller, BeatModelInterface model) {
        this.controller = controller;
        this.model = model;
        model.registerObserver((BeatObserver)this);
        model.registerObserver((BPMObserver)this);
    }
```

```
public void createView() {
    // 建立所有 Swing 元件
    viewPanel = new JPanel(new GridLayout(1, 2));
    viewFrame = new JFrame("View");
    viewFrame.setDefaultCloseOperation(JFrame.EXIT_ON_CLOSE);
    viewFrame.setSize(new Dimension(100, 80));
    bpmOutputLabel = new JLabel("offline", SwingConstants.CENTER);
    beatBar = new BeatBar();
    beatBar.setValue(0);
    JPanel bpmPanel = new JPanel(new GridLayout(2, 1));
    bpmPanel.add(beatBar);
    bpmPanel.add(bpmOutputLabel);
    viewPanel.add(bpmPanel);
    viewFrame.getContentPane().add(viewPanel, BorderLayout.CENTER);
    viewFrame.pack();
    viewFrame.setVisible(true);
}

public void createControls() {
    // 建立所有 Swing 元件
    JFrame.setDefaultLookAndFeelDecorated(true);
    controlFrame = new JFrame("Control");
    controlFrame.setDefaultCloseOperation(JFrame.EXIT_ON_CLOSE);
    controlFrame.setSize(new Dimension(100, 80));

    controlPanel = new JPanel(new GridLayout(1, 2));

    menuBar = new JMenuBar();
    menu = new JMenu("DJ Control");
    startMenuItem = new JMenuItem("Start");
    menu.add(startMenuItem);
    startMenuItem.addActionListener(new ActionListener() {
        public void actionPerformed(ActionEvent event) {
            controller.start();
        }
    });
    stopMenuItem = new JMenuItem("Stop");
    menu.add(stopMenuItem);
    stopMenuItem.addActionListener(new ActionListener() {
        public void actionPerformed(ActionEvent event) {
            controller.stop();
        }
    });
    JMenuItem exit = new JMenuItem("Quit");
    exit.addActionListener(new ActionListener() {
        public void actionPerformed(ActionEvent event) {
            System.exit(0);
        }
    });
```

```
        menu.add(exit);
        menuBar.add(menu);
        controlFrame.setJMenuBar(menuBar);

        bpmTextField = new JTextField(2);
        bpmLabel = new JLabel("Enter BPM:", SwingConstants.RIGHT);
        setBPMButton = new JButton("Set");
        setBPMButton.setSize(new Dimension(10,40));
        increaseBPMButton = new JButton(">>");
        decreaseBPMButton = new JButton("<<");
        setBPMButton.addActionListener(this);
        increaseBPMButton.addActionListener(this);
        decreaseBPMButton.addActionListener(this);

        JPanel buttonPanel = new JPanel(new GridLayout(1, 2));
        buttonPanel.add(decreaseBPMButton);
        buttonPanel.add(increaseBPMButton);

        JPanel enterPanel = new JPanel(new GridLayout(1, 2));
        enterPanel.add(bpmLabel);
        enterPanel.add(bpmTextField);
        JPanel insideControlPanel = new JPanel(new GridLayout(3, 1));
        insideControlPanel.add(enterPanel);
        insideControlPanel.add(setBPMButton);
        insideControlPanel.add(buttonPanel);
        controlPanel.add(insideControlPanel);

        bpmLabel.setBorder(BorderFactory.createEmptyBorder(5,5,5,5));
        bpmOutputLabel.setBorder(BorderFactory.createEmptyBorder(5,5,5,5));

        controlFrame.getRootPane().setDefaultButton(setBPMButton);
        controlFrame.getContentPane().add(controlPanel, BorderLayout.CENTER);

        controlFrame.pack();
        controlFrame.setVisible(true);
    }

    public void enableStopMenuItem() {
        stopMenuItem.setEnabled(true);
    }

    public void disableStopMenuItem() {
        stopMenuItem.setEnabled(false);
    }
```

```
    public void enableStartMenuItem() {
        startMenuItem.setEnabled(true);
    }

    public void disableStartMenuItem() {
        startMenuItem.setEnabled(false);
    }

    public void actionPerformed(ActionEvent event) {
        if (event.getSource() == setBPMButton) {
            int bpm = 90;
            String bpmText = bpmTextField.getText();
            if (bpmText == null || bpmText.contentEquals("")) {
                bpm = 90;
            } else {
                bpm = Integer.parseInt(bpmTextField.getText());
            }
            controller.setBPM(bpm);
        } else if (event.getSource() == increaseBPMButton) {
            controller.increaseBPM();
        } else if (event.getSource() == decreaseBPMButton) {
            controller.decreaseBPM();
        }
    }

    public void updateBPM() {
        int bpm = model.getBPM();
        if (bpm == 0) {
            bpmOutputLabel.setText("offline");
        } else {
            bpmOutputLabel.setText("Current BPM: " + model.getBPM());
        }
    }

    public void updateBeat() {
        beatBar.setValue(100);
    }
}
```

Controller

```
package headfirst.designpatterns.combined.djview;

public interface ControllerInterface {
    void start();
    void stop();
    void increaseBPM();
    void decreaseBPM();
    void setBPM(int bpm);
}
```

```
package headfirst.designpatterns.combined.djview;

public class BeatController implements ControllerInterface {
    BeatModelInterface model;
    DJView view;

    public BeatController(BeatModelInterface model) {
        this.model = model;
        view = new DJView(this, model);
        view.createView();
        view.createControls();
        view.disableStopMenuItem();
        view.enableStartMenuItem();
        model.initialize();
    }

    public void start() {
        model.on();
        view.disableStartMenuItem();
        view.enableStopMenuItem();
    }

    public void stop() {
        model.off();
        view.disableStopMenuItem();
        view.enableStartMenuItem();
    }

    public void increaseBPM() {
        int bpm = model.getBPM();
        model.setBPM(bpm + 1);
    }

    public void decreaseBPM() {
        int bpm = model.getBPM();
        model.setBPM(bpm - 1);
    }

    public void setBPM(int bpm) {
        model.setBPM(bpm);
    }
}
```

Heart Model

```
package headfirst.designpatterns.combined.djview;

public class HeartTestDrive {

    public static void main (String[] args) {
        HeartModel heartModel = new HeartModel();
        ControllerInterface model = new HeartController(heartModel);
    }
}
```

```
package headfirst.designpatterns.combined.djview;

public interface HeartModelInterface {
    int getHeartRate();
    void registerObserver(BeatObserver o);
    void removeObserver(BeatObserver o);
    void registerObserver(BPMObserver o);
    void removeObserver(BPMObserver o);
}
```

```
package headfirst.designpatterns.combined.djview;

import java.util.*;

public class HeartModel implements HeartModelInterface, Runnable {
    List<BeatObserver> beatObservers = new ArrayList<BeatObserver>();
    List<BPMObserver> bpmObservers = new ArrayList<BPMObserver>();
    int time = 1000;
    int bpm = 90;
    Random random = new Random(System.currentTimeMillis());
    Thread thread;

    public HeartModel() {
        thread = new Thread(this);
        thread.start();
    }

    public void run() {
        int lastrate = -1;

        for(;;) {
            int change = random.nextInt(10);
            if (random.nextInt(2) == 0) {
                change = 0 - change;
            }
            int rate = 60000/(time + change);
```

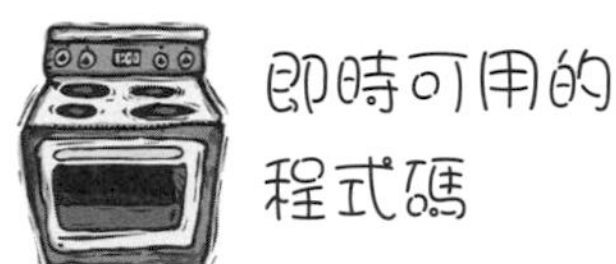


```
            if (rate < 120 && rate > 50) {
                time += change;
                notifyBeatObservers();
                if (rate != lastrate) {
                    lastrate = rate;
                    notifyBPMObservers();
                }
            }
            try {
                Thread.sleep(time);
            } catch (Exception e) {}
        }
    }
    public int getHeartRate() {
        return 60000/time;
    }

    public void registerObserver(BeatObserver o) {
        beatObservers.add(o);
    }

    public void removeObserver(BeatObserver o) {
        int i = beatObservers.indexOf(o);
        if (i >= 0) {
            beatObservers.remove(i);
        }
    }

    public void notifyBeatObservers() {
        for(int i = 0; i < beatObservers.size(); i++) {
            BeatObserver observer = (BeatObserver)beatObservers.get(i);
            observer.updateBeat();
        }
    }

    public void registerObserver(BPMObserver o) {
        bpmObservers.add(o);
    }

    public void removeObserver(BPMObserver o) {
        int i = bpmObservers.indexOf(o);
        if (i >= 0) {
            bpmObservers.remove(i);
        }
    }

    public void notifyBPMObservers() {
        for(int i = 0; i < bpmObservers.size(); i++) {
            BPMObserver observer = (BPMObserver)bpmObservers.get(i);
            observer.updateBPM();
        }
    }
}
```

Heart Adapter

```
package headfirst.designpatterns.combined.djview;

public class HeartAdapter implements BeatModelInterface {
    HeartModelInterface heart;

    public HeartAdapter(HeartModelInterface heart) {
        this.heart = heart;
    }

    public void initialize() {}

    public void on() {}

    public void off() {}

    public int getBPM() {
        return heart.getHeartRate();
    }

    public void setBPM(int bpm) {}

    public void registerObserver(BeatObserver o) {
        heart.registerObserver(o);
    }

    public void removeObserver(BeatObserver o) {
        heart.removeObserver(o);
    }

    public void registerObserver(BPMObserver o) {
        heart.registerObserver(o);
    }

    public void removeObserver(BPMObserver o) {
        heart.removeObserver(o);
    }
}
```

Controller

```
package headfirst.designpatterns.combined.djview;

public class HeartController implements ControllerInterface {
    HeartModelInterface model;
    DJView view;

    public HeartController(HeartModelInterface model) {
        this.model = model;
        view = new DJView(this, new HeartAdapter(model));
        view.createView();
        view.createControls();
        view.disableStopMenuItem();
        view.disableStartMenuItem();
    }

    public void start() {}

    public void stop() {}

    public void increaseBPM() {}

    public void decreaseBPM() {}

    public void setBPM(int bpm) {}
}
```

真實世界的模式

你已經做好準備，即將迎接一個到處都有設計模式的新世界了。但是在你打開機會大門之前，我們想讓你知道真實世界的一些細節，沒錯，外面的世界比物件村來得複雜一些。來吧，為了幫助你渡過適應期，我們將提供一些錦囊妙計…

物件村指南
與設計模式和睦共處

這個隨身指南是與真實世界的模式共處的提示與技巧，在這個指南中，你將：

- ☞ 了解「設計模式」的定義有哪些常見的誤解。
- ☞ 認識琳瑯滿目的設計模式目錄，以及為何你只需要其中的一本。
- ☞ 避免在錯誤的時機使用設計模式。
- ☞ 學會正確地幫模式分門別類。
- ☞ 「發現模式」不是大師的專利，閱讀我們的祕笈之後，你也可以寫出自己的模式。
- ☞ 揭開四人幫的神秘面紗。
- ☞ 與同儕維持同步—模式使用者必備的書籍。
- ☞ 像禪師一樣訓練思緒。
- ☞ 善用模式術語來結交朋友，並影響開發者。

設計模式的定義

看完這本書之後，你一定對設計模式有了深刻的了解，但是，我們其實還沒有告訴你設計模式的定義，你應該會對它的定義如此通用感到驚訝：

模式是處理某種情境之下的問題的解決方案。

這個定義有點含糊對不對？別擔心，我們將解釋每一個部分：情境、問題與解決方案。

例如：你有一個物件集合。

情境的意思是那一種模式應該在哪種情況下使用，該情況必須是反覆出現的。

你需要遍歷裡面的物件，但是不能曝露集合的實作。

問題是你試著在那個情境中完成的目標，它也代表在那個情境裡面的任何限制。

解決方案是你追求的東西：一種可讓大家實現目標與處理限制的通用設計。

把遍歷封裝在一個單獨的類別裡面。

這個定義需要花一點時間才能理解，但是要一步一步來。你可以這樣理解它：

「當你想要解決一個問題，那個問題的目標被一系列的限制條件影響，在面臨這種情境時，你可以運用一種設計來分解目標與限制，最終得出解決方案。」

光是釐清什麼是設計模式就要花這麼多工夫了，畢竟，你已經知道設計模式可以用來解決反覆出現的設計問題了。這麼文縐縐的定義有什麼好處？等一下你就知道，用正式的風格來定義模式可讓我們創造出一個模式目錄，這有各式各樣的好處。

你可能是對的，讓我們再想一想…我們需要一個問題、一個解決方案，與一個情境：

問題：如何準時上班？

情境：我把鑰匙鎖在車裡了。

解決方案：打破車窗，進入車內，啟動引擎，開到公司。

我們有這個定義的所有元素了，裡面有一個問題，包含準時打卡這個目標，以及時間、距離的限制，可能還有一些其他的限制。我們也有一個情境：無法拿到車內的鑰匙。我們也有一個解決方案，它可以拿到鑰匙，並解決時間與距離的限制。我們一定想出一個模式了！對吧？

動動腦

我們按照設計模式的定義，定義了問題、情境與解決方案（而且是可行的！），這是模式嗎？如果不是，為什麼？當我們定義物件導向設計模式時，也會遇到同樣的錯誤嗎？

更仔細地了解設計模式的定義

下一次有人告訴你模式是處理某個情境之下的問題的解決方案時，你只要點頭微笑就好，你已經知道那是什麼意思了，即使那個定義不足以描述真正的設計模式是什麼。

雖然我們的例子看起來符合設計模式的定義，但是它不是真正的模式。為什麼？首先，我們知道，模式是用在反覆出現的問題上的，雖然心不在焉的人經常將鑰匙鎖在車裡，但是打破車窗不是可以反覆使用的解決方案（至少在衡量目標與另一項限制一金錢之後，它是不太可能反覆使用的）。

它不是模式也有其他的原因：首先，你很難把它寫下來，交給某人，讓他用來處理他自己的獨特問題。第二，我們違反了一項重要卻簡單的模式層面：我們沒有幫它取名字！沒有名字的話，模式就無法成為開發者的共同術語。

幸運的是，模式不是單純使用簡單的問題、情境與解決方案來敘述與記錄的，我們可以用更好的方式來敘述模式，並將它們整理成模式目錄。

沒有蠢問題

問：我將來會看到別人用問題、情境與解決方案，來說明模式嗎？

答：模式目錄通常會用更清楚的方式來敘述模式。我們等一下就會詳細地介紹模式目錄，它們更仔細地描述了模式的目的、動機、用處、解決方案的設計，以及使用它的後果（包括好的和壞的）。

問：我可以稍微修改模式的結構，讓它更適合我的設計嗎？還是一定要遵守嚴格的定義？

答：當然可以修改。模式與設計原則一樣，不是定律或規則，而是指南，可以視需求修改。而且你已經看過了，許多真實的案例都不適合用典型的模式設計來處理。

但是，當你修改模式時，最好將你的模式與典型的設計有何不同寫下來，如此一來，其他的開發者就可以快速地認出你所使用的模式，以及你的模式和典型模式之間的差異。

問：模式目錄可以在哪裡拿到？

答：第一本而且最權威的模式目錄是 Gamma、Helm、Johnson 與 Vlissides 所著的《*Design Patterns: Elements of Reusable Object-Oriented Software*》（Addison Wesley），這個目錄列出 23 種基本模式。我們會在幾頁之後介紹這本書。

目前也有許多關於企業軟體、並行系統與商務系統等領域的模式目錄問世。

小錦囊

願原力與你同在

設計模式的定義說，
問題是由一個目標與
一組限制組成的。模式
大師用一個術語來稱呼它
們：原力（force）。為什麼？
我們相信他們有他們的理由，但
是如果你是星戰迷，你一定知道原
力「塑造與控制了宇宙」。類似地，
在模式定義裡面的原力塑造與控制了解
決方案。除非一項解決方案平衡了原力的
兩面（光明面：你的目標，黑暗面：限制），
否則那一種模式就沒有用途可言。

乍聽之下，「原力」可能會讓你一頭霧水，但是
你只要記住，原力有兩面（目標與限制），而且它
們必須是平衡的，才能做出模式解決方案。別讓術語
阻止你的前進，願原力與你同在！

Frank：Jim，教幾招吧，我一直以來，都只是透過零散的文章來學習設計模式。

Jim：沒問題，每一本模式目錄都有許多模式，目錄會詳細地介紹各種模式，以及它與其他模式之間的關係。

Joe：你的意思是，模式目錄不只一本？

Jim：當然，你可以找到基本設計的模式目錄，以及特定領域的模式目錄，例如企業或分散式計算模式。

Frank：你在看哪一本目錄？

Jim：這是經典的 GoF 目錄，它裡面有 23 種基本的設計模式。

Frank：GoF ？

Jim：沒錯，GoF 就是 Gang of Four（四人幫），四人幫是整理出第一本模式目錄的團體。

Joe：這本目錄裡面有什麼？

Jim：它有一組相關的模式，每一個模式都用固定的格式來說明細節，例如，每一個模式都有一個名稱。

Frank：名稱耶！好了不起的資訊喔！

Jim：Frank，別酸，名稱其實很重要。幫模式取名字可以讓我們更輕鬆地討論那種模式，你知道的，共同術語非常重要。

Frank：OK，我只是開開玩笑，繼續說下去，裡面還有什麼東西？

Jim：我說過，每一種模式都是用固定的格式來介紹的，每一種模式都有一個名稱，以及一些小節，用來說明模式的其他事項。例如，它裡面有一個 Intent 小節，說明那個模式是什麼，有點類似定義。還有 Motivation 與 Applicability 小節，說明那個模式應該在何時與何處使用。

Joe：那設計本身呢？

Jim：它用幾個小節來說明類別設計，以及組成模式的所有類別，還有那些類別的作用。它也有一個小節說明如何實作模式，通常也會用範例程式來告訴你如何撰寫。

Frank：聽起來他們把所有事情都考慮進去了。

Jim：不只如此。這本書也列出真正的系統所使用的模式範例，還有我認為最實用的一節：該模式與其他模式的關係。

Frank：噢，你的意思是，他們會說明類似「狀態與策略模式之間的差異」之類的事情？

Jim：沒錯！

Joe：那麼 Jim，你是怎麼使用目錄的？當你遇到問題時，你會在目錄裡面尋找解答嗎？

Jim：我會先熟悉所有模式與模式彼此間的關係，如此一來，當我需要模式時，我就知道或許可以使用哪一種模式了。我會看一下 Motivation 與 Applicability 小節，來確保我的想法是對的。這本書也有一個非常重要的小節：Consequences，我會看一下它，確保那個模式不會對我的設計造成意想不到的影響。

Frank：聽起來是很好的做法。當你確定一個模式是正確的選擇時，你會如何在設計裡面使用它與實作它？

Jim：這時候就要使用類別圖了。我會先閱讀 Structure 小節，來回顧一下類別圖，然後閱讀 Participant 小節，來確定我已經了解每個類別的作用。接下來，我會將它放入我的設計，進行修改，讓它融入其中。然後我會重新檢查程式，並閱讀 Sample Code 小節，來確定我已經知道所有的優良實作技術，或是可能遇到的陷阱。

Joe：我終於知道為什麼目錄可以加快使用模式的腳步了。

Frank：真的。Jim，你可以幫我們逐步介紹模式的敘述嗎？

在目錄裡面的所有模式都是從名稱開始的。名稱是很重要的部分，如果模式沒有好的名稱，它就無法成為你和其他開發者一起使用的術語。

這是模式的類別，我會在幾頁之後介紹它。

SINGLETON — Object Creational

Intent

Et aliquat, velesto ent lore feuis acillao rperci tat, quat nonsequam il ea at nim nos do enim qui eratio ex ea faci tet, sequis dion utat, volore magnisi.

Intent 用簡單幾句話說明這個模式的作用。你也可以將它當成模式的定義（就像這本書用過的定義）。

Motivation

Et aliquat, velesto ent lore feuis acillao rperci tat, quat nonsequam il ea at nim nos do enim qui eratio ex ea faci tet, sequis dion utat, volore magnisi.Rud modolore dit laoreet augiam iril el dipis dionsequis dignibh eummy nibh esequat. Duis nulputem ipisim esecte conullut wissi.

Os nisissenim et lumsandre do con el utpatuero corercipis augue doloreet luptat amet vel iuscidunt digna feugue dunt num etummy nim dui blaor sequat num vel etue magna augiat.

Aliquis nonse vel exer se minissequis do dolortis ad magnit, sim zzrillut ipsummo dolorem dignibh euguer sequam ea am quate magnim illam zzrit ad magna feu facinit delit ut

Motivation 用一個具體的場景來說明問題，以及這個解決方案如何解決問題。

Applicability

Duis nulputem ipisim esecte conullut wissiEctem ad magna aliqui blamet, conullandre dolore magna feuis nos alit ad magnim quate modolore vent lut luptat prat. Dui blaore min ea feuipit ing enit laore magnibh eniat wisissecte et, suscilla ad mincinci blam dolorpe rcilit irit, conse dolore dolore et, verci enis enit ip elesequisl ut ad esectem ing ea con eros autem diam nonullu tpatiss ismodignibh er.

Applicability 說明在哪種情況下可以使用這種模式。

Structure

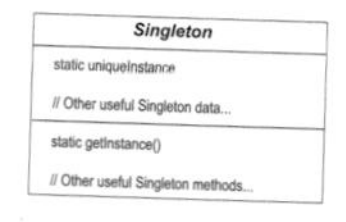

Structure 用一個圖表來說明模式裡面的類別之間的關係。

Participants

Duis nulputem ipisim esecte conullut wissiEctem ad magna aliqui blamet, conullandre dolore magna feuis nos alit ad magnim quate modolore vent lut luptat prat. Dui blaore min ea feuipit ing enit laore magnibh eniat wisissecte et, suscilla ad mincinci blam dolorpe rcilit irit, conse dolore dolore et, verci enis enit ip elesequisl ut ad esectem ing ea con eros autem diam nonullu tpatiss ismodignibh er

- A dolore dolore et, verci enis enit ip elesequisl ut ad esectem ing ea con eros autem diam nonullu tpatiss ismodignibh er
  - A feuis nos alit ad magnim quate modolore vent lut luptat prat. Dui blaore min ea feuipit ing enit laore magnibh eniat wisissec
  - Ad magnim quate modolore vent lut luptat prat. Dui blaore min ea feuipit ing enit

Participants 是這個設計裡面的類別與物件，說明它們在這個模式裡面的職責與角色。

Collaborations

- Feuipit ing enit laore magnibh eniat wisissecte et, suscilla ad mincinci blam dolorpe rcilit irit, conse dolore.

Collaborations 說明模式的參與者之間如何合作。

Consequences

Duis nulputem ipisim esecte conullut wissiEctem ad magna aliqui blamet, conullandre:

1. Dolore dolore et, verci enis enit ip elesequisl ut ad esectem ing ea con eros autem diam nonullu tpatiss ismodignibh er.
2. Modolore vent lut luptat prat. Dui blaore min ea feuipit ing enit laore magnibh eniat wisissecte et, suscilla ad mincinci blam dolorpe rcilit irit, conse dolore dolore et, verci enis enit ip elesequisl ut ad esectem.
3. Dolore dolore et, verci enis enit ip elesequisl ut ad esectem ing ea con eros autem diam nonullu tpatiss ismodignibh er.
4. Modolore vent lut luptat prat. Dui blaore min ea feuipit ing enit laore magnibh eniat wisissecte et, suscilla ad mincinci blam dolorpe rcilit irit, conse dolore dolore et, verci enis enit ip elesequisl ut ad esectem.

Consequences 說明這個模式可能造成的後果，包括好的與壞的。

Implementation/Sample Code

DuDuis nulputem ipisim esecte conullut wissiEctem ad magna aliqui blamet, conullandre dolore magna feuis nos alit ad magnim quate modolore vent lut luptat prat. Dui blaore min ea feuipit ing enit laore magnibh eniat wisissecte et, suscilla ad mincinci blam dolorpe rcilit irit, conse dolore dolore et, verci enis enit ip elesequisl ut ad esectem ing ea con eros autem diam nonullu tpatiss ismodignibh er.

```
public class Singleton {
    private static Singleton uniqueInstance;

    // other useful instance variables here

    private Singleton() {}

    public static synchronized Singleton getInstance()
{
        if (uniqueInstance == null) {
            uniqueInstance = new Singleton();
        }
        return uniqueInstance;
    }

    // other useful methods here
}
```

Nos alit ad magnim quate modolore vent lut luptat prat. Dui blaore min ea feuipit ing enit laore magnibh eniat wisissecte et, suscilla ad mincinci blam dolorpe rcilit irit, conse dolore dolore et, verci enis enit ip elesequisl ut ad esectem ing ea con eros autem diam nonullu tpatiss ismodignibh er.

Implementation 指出當你實作這個模式時需要使用的技術，以及你要注意的問題。

Sample Code 提供程式片段來協助你實作。

Known Uses

DuDuis nulputem ipisim esecte conullut wissiEctem ad magna aliqui blamet, conullandre dolore magna feuis nos alit ad magnim quate modolore vent lut luptat prat. Dui blaore min ea feuipit ing enit laore magnibh eniat wisissecte et, suscilla ad mincinci blam dolorpe rcilit irit, conse dolore dolore et, verci enis enit ip elesequisl ut ad esectem ing ea con eros autem diam nonullu tpatiss ismodignibh er.

DuDuis nulputem ipisim esecte conullut wissiEctem ad magna aliqui blamet, conullandre dolore magna feuis nos alit ad magnim quate modolore vent lut luptat prat. Dui blaore min ea feuipit ing enit laore magnibh eniat wisissecte et, suscilla ad mincinci blam dolorpe rcilit irit, conse dolore dolore et, verci enis enit ip elesequisl ut ad esectem ing ea con eros autem diam nonullu tpatiss ismodignibh er. alit ad magnim quate modolore vent lut luptat prat. Dui blaore min ea feuipit ing enit laore magnibh eniat wisissecte et, suscilla ad mincinci blam dolorpe rcilit irit, conse dolore dolore et, verci enis enit ip elesequisl ut ad esectem ing ea con eros autem diam nonullu tpatiss ismodignibh er.

Known Uses 介紹這個模式在真正的系統裡面的使用範例。

Related Patterns

Elesequisl ut ad esectem ing ea con eros autem diam nonullu tpatiss ismodignibh er. alit ad magnim quate modolore vent lut luptat prat. Dui blaore min ea feuipit ing enit laore magnibh eniat wisissecte et, suscilla ad mincinci blam dolorpe rcilit irit, conse dolore dolore et, verci enis enit ip elesequisl ut ad esectem ing ea con eros autem diam nonullu tpatiss ismodignibh er.

Related Patterns 說明這個模式與其他模式之間的關係。

問：我能做出自己的設計模式嗎？還是說，在那之前，我要先成為「模式大師」？

答：首先，請記住，模式是發現出來的，不是創造出來的，所以，每個人都可以發現設計模式，並撰寫它的說明，但是，這件事不容易發生，也不會很快或經常發生，你必須下定決心，才能成為「模式作者」。

先想想為什麼要自己發現模式一大部分的人都不會撰寫模式，他們只想使用模式。不過，也許你在專業領域工作，認為新模式有很大的幫助，或者，你已經想出一種解決方案，可以處理反覆出現的問題，或者，你只想要參與模式社群，貢獻一己之力。

問：我想加入，但該從哪裡開始？

答：如同任何一門學科，你知道得越多，成果就越好。你一定要學習既有的模式、它們的作用、它們與其他模式之間的關係，你不但可以從中熟悉模式是怎麼打造出來的，也可以避免重新發明輪子。接下來，你可以在紙上寫下你的模式，以便介紹給其他的開發者，等一下會說明如何介紹你的模式。如果你真的很有興趣，請閱讀這些 Q&A 之後的小節。

問：我怎麼知道我是不是發現一個模式了？

答：這是個好問題：除非別人已經使用你的模式，並且發現它真的有效，否則它就不是模式。一般來說，通過「三次法則」的模式才是真的模式，這條原則的內容是：除非模式已經被真實世界的解決方案使用至少三次，否則它就不能稱為模式。

你想成為設計模式巨星？

那就聽一下我的建議。

先買一本模式目錄，

花一些時間好好學習。

當你寫好說明，

而且有三位開發者完全認同，

你就可以確定它是設計模式了。

英文原文改自「So you wanna be a Rock'n'Roll Star」這首歌的歌詞。

想成為設計模式的作家嗎？

好好地完成作業。在打造新模式之前，你得精通既有的模式。許多所謂的新模式，其實都只是既有模式的變體。學習模式可以幫助你識別它們，以及了解它們與其他模式之間的關係。

花時間仔細思考與評估。你的經驗（你遇過的問題、你用過的解決方案）是讓模式點子萌芽的養分，所以花點時間反思你的經驗，並且梳理它們，看看能否找出反覆出現的新設計。別忘了，大部分的設計都是既有模式的變體，不是新模式。即使你發現了貌似新模式的設計，也有可能它的實用性太窄，所以不夠格成為真正的模式。

用別人可以理解的方式，把你的想法寫下來。如果你無法讓別人使用你的發現，那個新模式就沒有太大的用處，你必須將候選模式寫下來，讓別人可以閱讀、理解，並且在他們自己的解決方案裡面使用它們，然後向你提供回饋。幸運的是，你不需要自己發明記錄模式的方法。就像你在 GoF 的書裡的格式中看到的，很多人已經想過怎麼描述模式和它們的特性了。

讓別人嘗試你的模式，然後反覆改善。別指望你的模式剛問世就是完美的。把你的模式當成一項正在開發的作品，而且會隨著時間改善。讓其他的開發者檢查你的候選模式，試用它，然後提供回饋，把那些回饋納入你的說明，再反覆嘗試。你的說明不可能完美，但是它必須具備某種程度的可靠性，可以讓其他的開發者閱讀並了解它。

別忘了三次法則。切記，除非你的模式已經被真實世界的三個解決方案採用，否則它就不夠格稱為一種模式。這是讓別人試用你的模式的另一個原因，如此一來，你就可以讓他們試用它、提供回饋，讓你整理出一個可行的模式。

使用既有的模式撰寫格式來定義你的模式。那些格式都是經過深思熟慮的，也可以讓其他的模式使用者理解。

將每一個模式連到它的敘述：

模式	敘述
裝飾器	包裝一個物件，並為它提供不同的介面。
狀態	用子類別來決定如何實作演算法的步驟。
迭代器	用子類別來決定要建立哪個具體類別。
門面	確保只有一個物件被做出來。
策略	封裝可互換的行為，並使用委託來決定該使用哪一個。
代理	讓用戶端用一致的方式來對待物件集合與個別物件。
工廠方法	封裝基於狀態的行為，並使用委託來切換不同的行為。
轉接器	提供一種方式來遍歷物件集合，而且不會公開集合的實作。
觀察者	簡化一組類別的介面。
樣板方法	包裝物件來提供新行為。
組合	可讓用戶端建立一系列的物件，而且不需要指定它們的具體類別。
單例	讓一群物件在某個狀態改變時收到通知。
抽象工廠	包裝一個物件來控制外界與它的接觸。
命令	將請求封裝成物件。

組織設計模式

隨著越來越多設計模式被發現，我們自然會將它們分門別類，如此一來，我們就可以整理它們、將搜尋範圍縮小為設計模式的子集合，以及比較同一組模式。

大部分的目錄都用少數幾種分類系統來將模式分門別類，最著名的系統是史上第一本模式目錄使用的系統，它根據模式的目途，將它們分成三個類別：創造性（Creational）、行為性（Behavioral），與結構性（Structural）。

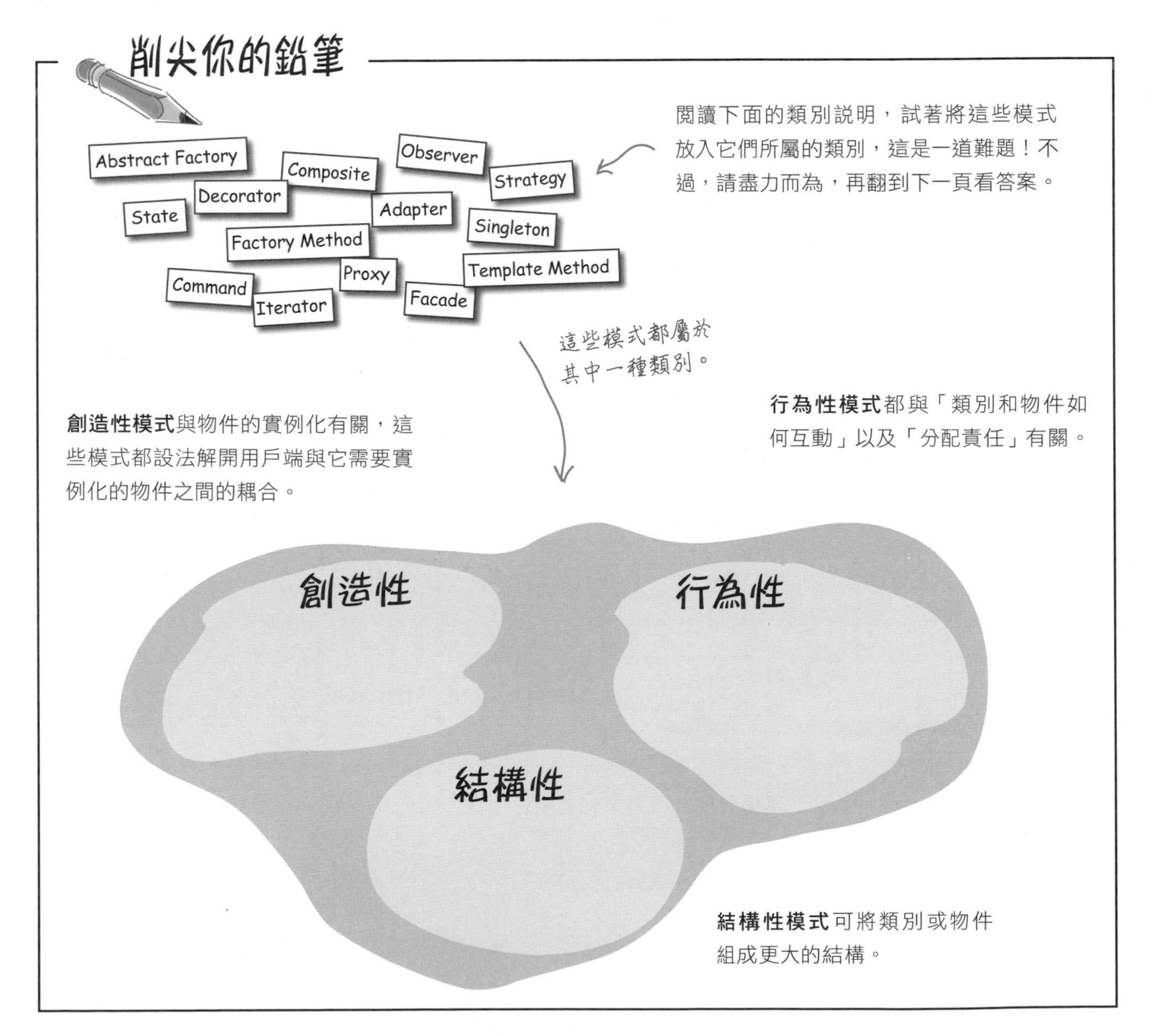

模式類別

削尖你的鉛筆 解答

這是將模式分門別類的結果。你可能會覺得這不是一個簡單的練習，因為許多模式乍看之下都可以歸類為不只一種類別。但是別擔心，所有人都無法輕鬆地說出模式的正確類別。

創造性模式與物件的實例化有關，這些模式都設法解開用戶端與它需要實例化的物件之間的耦合。

行為性模式都與「類別和物件如何互動」以及「分配責任」有關。

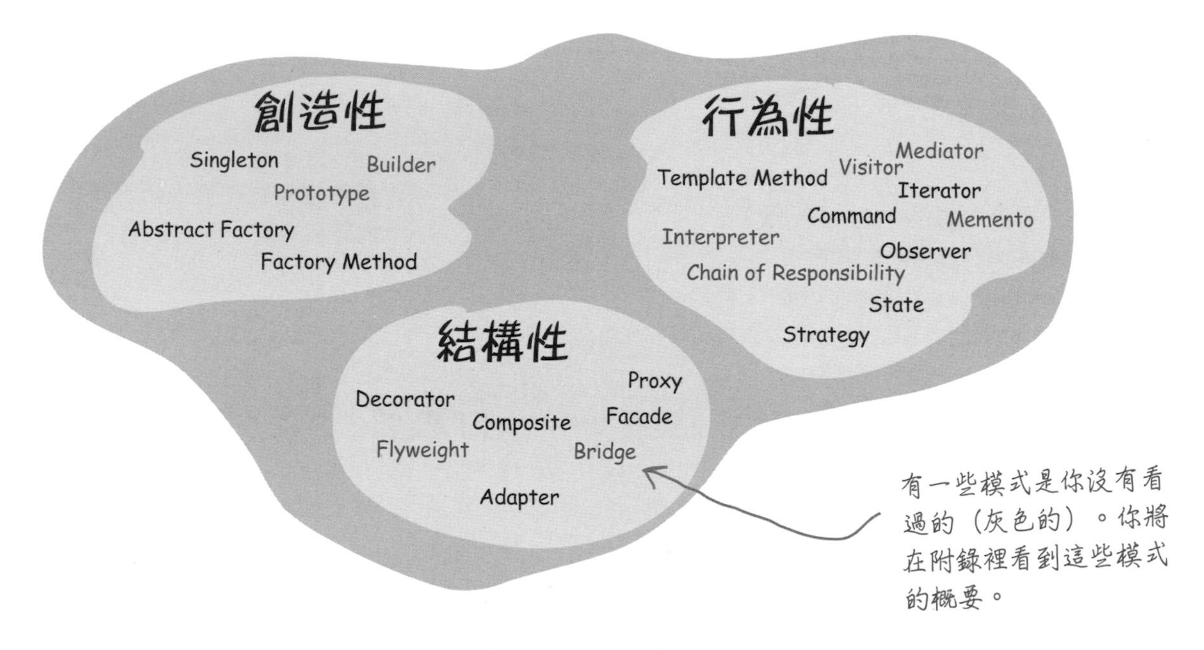

結構性模式可將類別或物件組成更大的結構。

很多人也會使用第二種屬性來分類模式：它處理的是類別，還是物件。

類別模式說明如何用繼承來定義類別之間的關係。在類別模式裡面，關係是在編譯期建立的。

物件模式說明物件之間的關係，主要是用組合來定義的。在物件模式裡面，關係通常是在執行期建立的，而且比較動態且靈活。

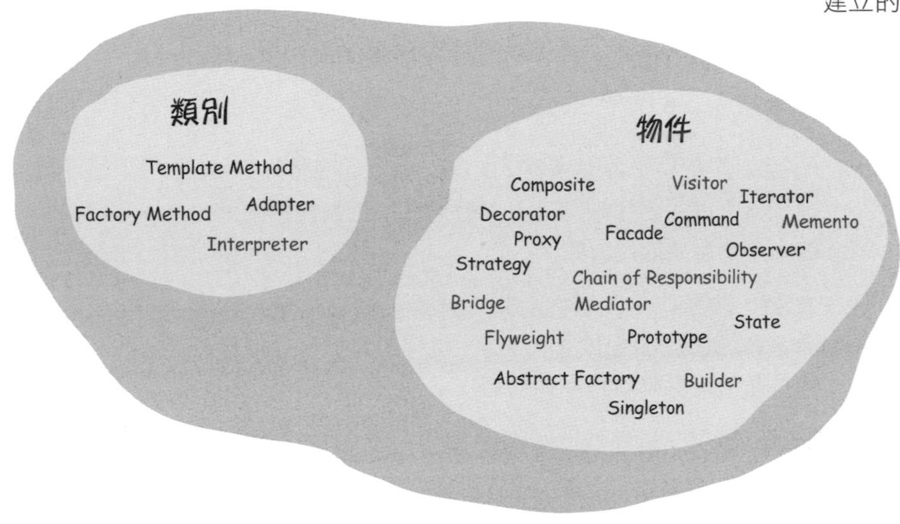

注意，物件模式的數量比類別模式多！

沒有蠢問題

問：分類系統只有你介紹的這些嗎？

答：不只，此外還有其他的系統，有些系統先將模式分成三大類，再細分出子類別，例如「解耦合模式（Decoupling Patterns）」。你應該要熟悉最常見的模式組織系統，但是你也可以自行創作系統，如果它可以幫助你更了解模式的話。

問：將模式分類真的可以幫助記憶嗎？

答：它一定可以提供一個進行比較的框架，但是「創造性、結構性、行為性」這種分類方式也讓很多人一頭霧水，因為從表面看，模式經常屬於不只一種類別。認識模式以及模式之間的關係，才是最重要的事情。當你認為分類真的有幫助的時，才使用它們！

問：為什麼裝飾器模式屬於結構性類別？我認為它是行為性模式，畢竟它可以添加行為！

答：是的，很多開發者也這樣說！四人幫是這樣想的：結構性模式說明如何將類別與物件組合起來，以建造新結構或新功能。裝飾器模式可讓你將一個物件包在另一個裡面，來組合物件，以提供新功能。所以請把注意力放在「動態地組合物件來創造功能」，而不是「物件之間的溝通與連結」，後者是行為性模式的目的。不過，切記，這些模式的目的是不同的，而目的通常是確認模式屬於哪個類別的關鍵。

大師和門徒…

大師：徒兒啊，為何愁容滿面？

門徒：師父，剛才的模式分類讓我很苦惱。

大師：說下去…

門徒：就在我學會很多模式知識之後，我聽到每一種模式都屬於三種類別之一：結構性、行為性與創造性，為什麼要如此分類？

大師：當你有一大堆物品時，無論它們是什麼，你一定會將它們分門別類，因為，這樣子可以幫你用比較抽象的層面來看待那些物品。

門徒：師父，能不能舉個例子？

大師：當然可以。以汽車為例，汽車有很多種類，我們會自然地將它們分類成經濟型汽車、跑車、SUV、卡車、豪華車。

大師：為什麼你看起來很驚訝，為師說錯了嗎？

門徒：不，師父，你說得對，但是我不知道你這麼懂車！

大師：不過我還沒有厲害到可以用蓮花和飯缽來說明**所有事情**啦！我可以繼續說了嗎？

門徒：可以，可以，抱歉打斷您，請師父繼續。

大師：當你將物品分類之後，你就可以輕鬆地討論各種不同的群體：「如果你要從矽谷開山路到聖塔克魯茲，操控性佳的跑車是最好的選項。」或者，「隨著油價的飆漲，你應該買經濟型的車子，因為它們比較省油。」

門徒：所以藉由分類，我們可以將一組模式當成一個群體來討論。我可能知道要使用創造性模式，但是不知道要使用哪一種，但我們仍然可以用創造性模式來討論。

大師：對，分類也可以讓我們拿某個類別的一個模式與該類別的其他成員進行比較，例如，「Mini 是最時髦的小型車」，或是縮小搜尋範圍，「我需要省油的車」。

門徒：我懂了，如此一來，我就可以說，若要改變物件的介面，轉接器模式是結構性模式裡面最好的一種。

大師：很好，分類也有其他的用途：探索新領域。例如，「我們想用本田車的價格買到法拉利性能的跑車。」

門徒：聽起來像是一台移動棺材。

大師：什麼？我不懂你的意思。

門徒：噢，我的意思是「我懂了」。

門徒：所以分類可以幫助我們思考模式群體之間的關係，以及在同一個群體裡面的模式之間的關係。分類也可以讓我們找出新的模式。但是為什麼要用三種類別，而不是四種、五種？

大師：類別就像天上的繁星，你想使用幾種，就可以使用幾種。三是很方便的數字，很多人認為將模式分成三類是很適當的，但是也有人提倡分成四類、五類，或更多。

用模式思考

情境、限制、原力、類別、分類…好傢伙，越來越學術性了。OK，這些東西都很重要，何況，知識就是力量。但是，我們面對現實吧，如果你了解學術知識，卻沒有實際使用模式的經驗，你的人生不會有太大的不同。

這是幫助你開始用模式來思考的快速指南，用模式來思考是什麼意思？意思是讓你一看到模式就知道它適合在哪裡使用，不適合在哪裡使用。

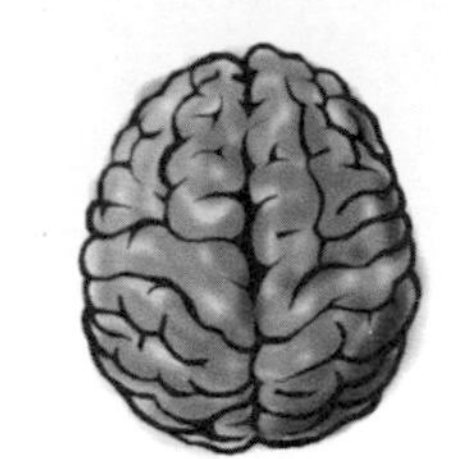

正處於思考模式的大腦

保持簡單（Keep it simple，KISS）

首先，當你進行設計時，盡量用最簡單的方式來解決問題。你應該把目標放在「簡化」上面，而不是「怎麼用模式來解決這個問題」。千萬不要認為：不使用模式來解決問題就不是頂尖的開發者。簡單的設計一定會獲得其他開發者的欣賞和欽佩。話雖如此，有時讓設計維持簡單與靈活的最佳手段就是使用模式。

設計模式不是仙丹，事實上，它們連解藥都說不上！

你知道的，模式是通用的解決方案，用來處理反覆出現的問題。模式的另一個好處是，它已經被許多開發者仔細地考驗過了。所以，當你需要它時，你可以放一百萬個心，因為許多開發者已經用類似的技術處理過許多問題了。

但是模式不是仙丹。你不能期望隨便插入一個模式，編譯程式，就可以打卡下班。在使用模式時，你也要想一下，它會對設計的其他部分造成什麼後果。

知道何時該使用模式…

啊…最重要的問題來了：何時該使用模式？在進行設計時，一旦你確定模式可以解決設計中的問題，那就使用它。如果比較簡單的解決方案應該可行，那就先考慮它，再使用設計模式。

知道何時該使用模式需要相當的經驗與知識。當你確定簡單的解決方案無法滿足需求之後，你要想一下解決方案需要處理的問題與限制—它們可以幫你的問題找到設計模式。如果你已經充分認識模式了，或許你可以立刻知道有一種模式很適合。否則，好好研究一下有機會解決問題的模式。此時，模式目錄的目的（Intent）與適用情況（Applicability）小節特別好用。當你找到應該可行的模式之後，先確認它造成的後果是你可以接受的，並且研究它會對設計的其他部分造成什麼影響，如果你認為沒什麼問題，那就使用它吧！

如果你認為系統的某些層面將會改變，即使有簡單的解決方案可用，你也要使用設計模式。我們已經知道，當你發現設計的某個部分將會改變時，通常意味著你要使用模式了。只是，你要確保你是用模式來處理真正可能發生的改變，而不是想像中的改變。

除了在進行設計的時候考慮設計模式之外，你也會在重構的時候考慮它。

重構的時候，就是使用設計模式的時候！

重構是修改程式來改善其組織方式的程序。重構的目標是改善程式的結構，但不改變它的行為。重構是檢視設計，看看使用模式會不會比較好的好時機。例如，充斥著許多條件陳述式的程式可能要使用狀態模式，或者，此時或許可以用工廠模式來清除具體依賴關係。市面上有很多介紹「如何用設計模式來進行重構」的書籍，你可以隨著技術的提升，更深入地研究這個領域。

拿掉你不需要的東西。別擔心將你的設計中的設計模式拿掉。

我們還沒有談到何時該移除模式，也許你會認為那是對設計模式的冒犯！不，我們都是成年人了，應保持開放的心態。

那麼，何時該移除模式？當系統變複雜，而且你為它規劃的彈性已經沒必要的時候，也就是說，在使用簡單的、沒有模式的解決方案比較好的時候。

目前不需要它，那就不要使用它。

設計模式有很大的威力，很容易讓你想用各種方式在目前的設計中使用它。開發者天生喜歡打造優美的架構，以對付來自四面八方的改變。

你一定要抗拒這個誘惑！如果你有實際的需求，今天就必須在設計中支援改變，那就使用設計模式來處理那個改變。但是，如果你的理由只是想像出來的，那就不要加入模式，它只會讓系統更複雜，而且可能永遠派不上用場！

大師和門徒…

大師：徒兒，你的基本訓練快要完成了，你有什麼計畫？

門徒：我想去迪士尼樂園！而且我想要用模式來撰寫許多程式！

大師：哇，別衝動，非必要別使出大絕招啊！

門徒：師父，這是什麼意思？既然我已經學會設計模式了，在所有的設計裡面使用它們，來發揮最大的威力、彈性，並且讓程式更容易管理不好嗎？

大師：非也，模式是一工具，工具只能在需要使用時使用。你曾經花很多時間來學習設計原則，你一定要先參考原則，寫出能夠完成工作的最簡程式。然而，當使用設計模式的需求浮現時，你就要使用它。

門徒：這麼說來，我不能用模式來進行設計？

大師：你不能在剛開始進行設計時，就把「使用設計模式」當成目標，而是要在設計的過程中，讓模式自然浮現。

門徒：如果模式真的這麼棒，為什麼要如此小心翼翼地使用它們？

大師：模式可能會讓設計更複雜，我們都不喜歡沒必要的複雜性。但是一旦你在真正需要時使用模式，模式就是強大的工具。如你所知，模式是經過驗證的設計經驗，可以用來避免常見的錯誤，它們也是讓別人理解設計的共同術語。

門徒：這樣啊，那我怎麼知道何時可以使用設計？

大師：當你確定必須使用設計模式來解決問題時，或是當你非常確定將來必須處理需求的改變時。

門徒：雖然我已經認識很多模式了，但我的學習似乎還沒有結束。

大師：是啊，管理軟體的複雜性和改變是一輩子都學不完的。但是既然你已經學會許多模式了，那就在必要時使用它們，並且繼續學習更多模式吧！

門徒：什麼？我還沒有學會所有的模式？

大師：徒兒啊，你已經學會基本模式了，以後你會發現更多模式，包括只在特定領域使用的，例如並行系統或企業系統。但是，既然你已經知道基本原理了，學習它們就不難了。

使用模式的思緒

初學者思緒

「我要用設計模式來寫 *Hello World*。」

初學者會到處使用設計模式。這是好事，因為初學者可以從中獲得很多經驗，以及練習使用模式。初學者認為：「使用越多模式，我的設計就越好」。初學者終究會領悟到事實並非如此，因為所有的設計都應該要盡可能地簡單。除非為了實現擴展性，否則就不該讓設計更複雜與使用設計模式。

隨著學習的進行，中階者會開始了解該在哪裡使用模式，不該在哪裡使用模式。雖然中階者仍然會嘗試將許多方形的模式放入圓形的洞裡，但是他們也會開始修改模式，來處理典型的模式不適合處理的情況。

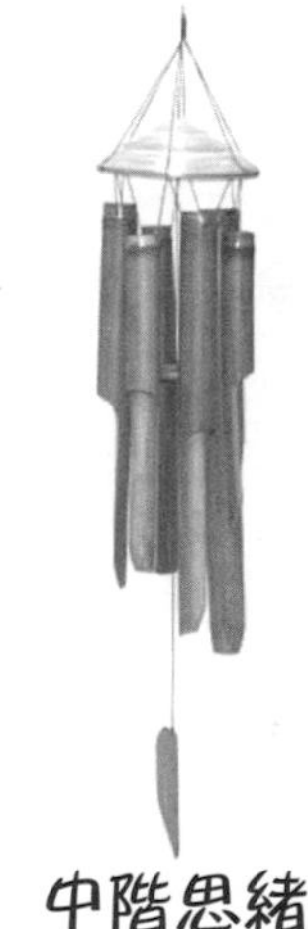

中階思緒

「也許我需要使用單例模式。」

禪境思緒

「這裡自然是使用裝飾器的地方。」

禪境思緒可以發現自然該使用某種模式的地方。禪境思緒不會被模式束縛，它會尋找能最妥善地解決問題的簡單方案。禪境思緒會站在「物件原則與它們的優劣」的角度來思考。當使用模式的需求自然地浮現時，禪境思緒就會使用它，並且知道可能要稍微修改模式。悟禪者也知道相似的模式之間的關係，並了解彼此相關模式的目的有哪些微妙的差異。禪境思緒也是初學者思緒—它不會讓設計模式的知識過度影響設計決策。

警告：濫用設計模式會導致程式碼徹底過度設計。務必採用最簡單的解決方案來完成工作，除非需求浮現，否則不使用設計模式。

我們當然希望你使用設計模式！

但是我們更希望你成為優秀的物件導向設計者。

當解決方案真的需要模式時，你可以使用已經被許多開發者長時間檢驗的方案，並從中獲益，而且那些解決方案有豐富的文件，開發者都認識它們（你們有共同的術語）。

但是，設計模式也有缺點。設計模式通常會加入更多類別與物件，可能會讓設計更複雜。設計模式也會在設計中加入更多階層，不只增加複雜度，也降低效率。

此外，有時使用設計模式完全是小題大做。很多時候，你可以回到設計原則，找出更簡單的解決方案來解決同一個問題。若是如此，不要抗拒，使用更簡單的方案。

話雖如此，不要因此退縮，正確地使用設計模式有很多好處。

別忘了共同術語的威力

本書花了很多時間討論物件導向的具體細節，很容易令人忘記設計模式的人性面一設計模式不但可以讓你認識許多解決方案，也提供了共同術語，讓你和其他的開發者溝通，千萬不要忽視共同術語的威力，它是設計模式最大的好處之一。

想想看，自從我們上次談到共同術語以來有什麼不同一你已經開始累積自己的術語數量了！更不用說，你已經學會一整套的物件導向設計原則，讓你可以輕鬆地了解將來遇到的新模式的動機與工作原理。

現在你已經掌握了設計模式的基本知識，是時候走出去，開始用術語和別人溝通了。為什麼？因為當你和同事都認識設計模式，並使用共同的術語時，你們將會做出更好的設計、進行更好的交流，最重要的是，你們可以省下大量的時間，將時間用在更酷的事情上。

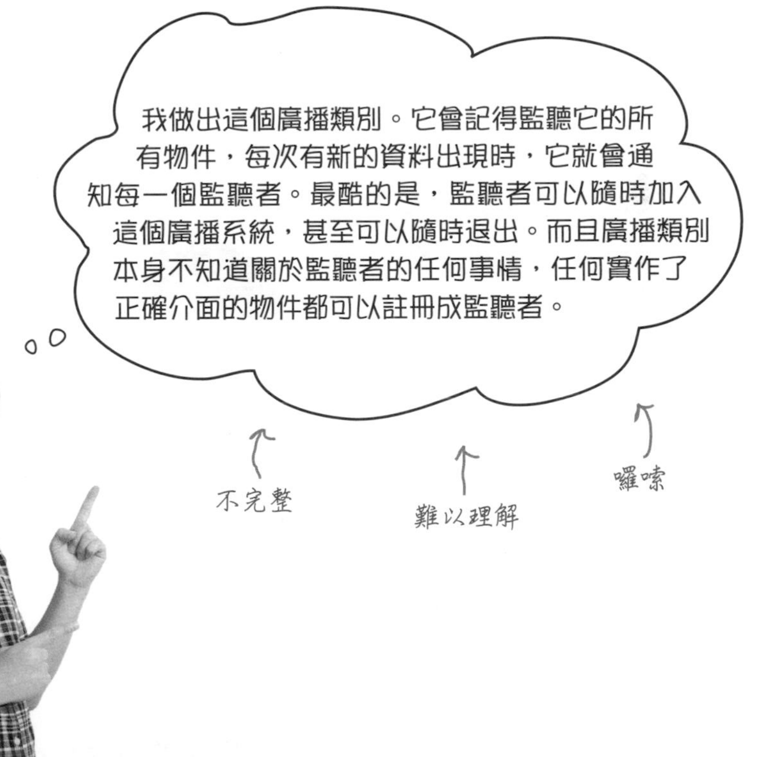

分享術語的五大方法

1. **在設計會議中：** 當你和團隊成員討論軟體設計時，使用設計模式來讓你們待在「設計中」更久一些。從設計模式與 OO 原則的角度來討論設計，可以避免團隊陷入實作細節泥沼，以及防止許多誤解。

2. **與其他的開發者：** 使用模式來與其他的開發者進行討論，這可以協助其他開發者了解新模式，以及建立社群。讓別人「恍然大悟」是分享知識時最棒的體驗。

3. **在架構文件中：** 在架構文件中使用模式可以減少文件的數量，並讓讀者更清晰地了解設計。

4. **在程式註解與命名規範裡：** 用程式註解來清楚地說明你所使用的模式。此外，用類別與方法的名稱來說明它們底下的模式。其他開發者將會感激你協助他們快速地了解程式。

5. **志同道合的開發者：** 分享你的知識，很多開發者都聽過設計模式，但是不太了解它們到底是什麼。你可以在午餐聚會或讀書會中介紹設計模式。

與四人幫一起漫遊物件村

雖然五月天不會出現在物件村裡，但是你會遇到四人幫。你應該已經發現，只要你在設計模式領域裡面待久一點，你就會遇到他們。這個神秘的幫派到底是何方神聖？

簡言之，「四人幫」的成員有 Erich Gamma、Richard Helm、Ralph Johnson 與 John Vlissides，他們是歸納出第一本模式目錄的人，他們也在過程中，帶領軟體領域往前邁進一大步。

這個名稱又是怎麼來的？這已經不可考了，反正這個稱號就這樣流傳下來了。不過仔細想一下：如果你想讓「幫派分子」在物件村裡面遊蕩，有比他們更好的人選嗎？事實上，他們打算招待我們暢遊物件村…

雖然四人幫發起了軟體模式運動，但是還有很多人做出重大的貢獻，包括 Ward Cunningham、Kent Beck、Jim Coplien、Grady Booch、Bruce Anderson、Richard Gabriel、Doug Lea、Peter Coad、Doug Schmidt，僅舉幾人。

*John Vlissides 於 2005 年過世，這對設計模式社群來說是重大的損失。

你的旅程才剛開始…

掌握設計模式之後，接下來你將更深入地研究它們，這裡有三本必須放在書架上的經典：

設計模式經典

這本 1995 年出版的書揭開了設計模式的序幕，它介紹了所有的基本模式。事實上，這本書就是《深入淺出設計模式》所介紹的模式的基礎。

這本書絕對不是最豐富的設計模式書籍，因為自從它出版以來，設計模式領域已經有了長足的發展，但是它是第一本，也是最權威的一本書。

看完《深入淺出設計模式》之後，買一本《*Design Patterns*》來研究各種模式是很棒的選擇。

《Design Patterns》的作者被暱稱為「四人幫」，簡稱 GoF。

模式是 Christopher Alexander 發明的，啟發了大家用類似的解決方案來處理軟體。

模式的經典

最早提出模式的人不是 GoF，而是 Christopher Alexander，他是柏克萊大學的建築教授，沒錯，Alexander 是建築師，不是電腦科學家。Alexander 發明了生活建築物（例如房屋、城鎮和城市）的建構模式。

下次你想要深入閱讀的時候，你可以選擇《*The Timeless Way of Building*》與《*A Pattern Language*》。你會看到設計模式真正的起源，並體會建造「生活建築物」與靈活、可擴展的軟體之間有直接的相似性。

拿起你的星巴茲咖啡，好好坐下來，享受悠閒的閱讀時光…

其他的設計模式資源

外面有一些充滿活力的、友善的模式用戶社群，他們都張開雙臂等待你的加入。下面的資源可以幫助你踏出第一步…

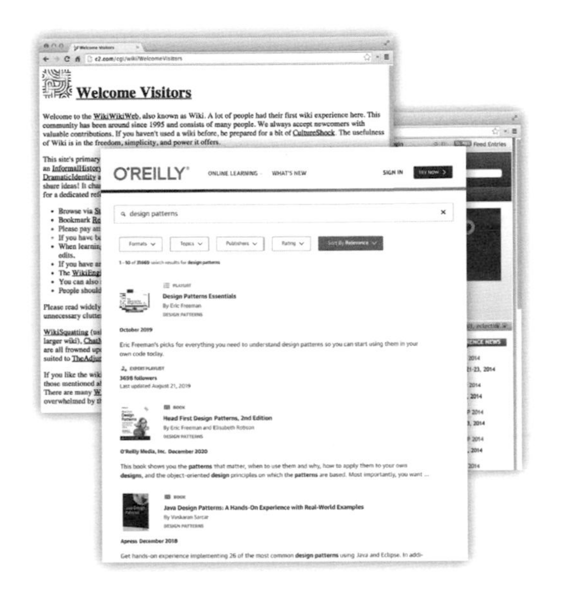

網站

The Portland Patterns Repository，由 Ward Cunningham 經營，它是專門收錄設計模式大小事的維基百科。你可以在這裡找到關於模式與物件導向系統的每一個主題的討論集。

c2.com/cgi/wiki?WelcomeVisitors

Hillside Group 可讓你學習一般的程式設計技術，與設計實踐法，它也是模式作品的中心資源。這個網站有許多模式資源的資訊，例如文章、書籍、郵件論壇，與工具。

hillside.net

O'Reilly Online Learning 提供線上設計模式書籍、課程，以及現場教學。你也可以找到採用本書的設計模式訓練營課程。

oreilly.com

會議與研討會

如果你想要與模式社群互動，請尋找各種模式會議與研討會。Hillside 網站有完整的清單。你也可以查看 Pattern Languages of Programs（PLoP）與 ACM Conference on Object-Oriented Systems, Languages and Applications（OOPSLA），現在它是 SPLASH 研討會的一部分。

其他的資源

不得不提的是，Google、Stack Overflow、Quora 與許多其他網站與服務都是發問、找答案與討論設計模式的好地方。務必再三確認你獲得的資訊，就像你對待網路上的任何東西那樣。

模式動物園

如你所見，模式的起源不是軟體，而是建築物和城鎮的結構。事實上，模式這個概念已經被應用在許多不同的領域了。現在就逛一下模式動物園，看看有哪些模式吧…

架構模式的用途是設計充滿活力的建築物、鄉鎮與城市的結構。它是模式的起源。

棲息地：你喜歡居住、欣賞與參觀的建構物裡面。

棲息地：三層結構、用戶端/伺服器系統與網路。

應用模式（Application Pattern）是用來建立系統級結構的模式。許多多層結構都屬於這一類。

野外記錄：MVC 也被視為一種應用模式。

領域專屬模式是處理特定領域的問題的模式，例如並行系統或即時系統。

請協助找到它的棲息地

企業電腦

商務程序模式描述公司、顧客與資料之間的互動，可以用來處理如何有效地制定和傳達決策之類的問題。

經常在公司的會議室與專案管理會議中出現。

請協助找到它的棲息地

請協助找到它的棲息地
開發團隊
客服團隊

組織模式描述人類組織的結構與工作。迄今為止，大多數的模式都集中在製作或支援軟體的組織上。

使用者介面設計模式處理如何設計互動性軟體的問題。

棲息地：遊戲設計師、GUI 建構者與製作人附近。

野外記錄：在這裡寫下你觀察到的模式領域：

______

______

______

______

用反模式消滅惡勢力

如果這個世界只有模式，卻沒有反模式，這個世界就不完整了，是不是？

設計模式為特定情境反覆出現的問題提供了通用的解決方案，那麼反模式提供什麼？

反模式乍看之下很像優秀的解決方案，實際上卻是糟糕的解決方案。

反模式告訴你如何將一個問題變成**糟糕**的解決方案。

你可能會問：「到底為什麼有人浪費時間記錄糟糕的解決方案？」

記錄反模式可以協助別人在實作糟糕的解決方案之前，幫助他們認出它。

你可以這樣想：如果大家在處理常見的問題時，會反覆提出糟糕的解決方案，那麼將它記錄下來可以防止別人犯下同樣的錯誤。畢竟，避免糟糕的解決方案和找到有效的解決方案同樣有價值！

我們來看一下反模式的元素有哪些：

反模式與設計模式一樣有很多種，包括開發、物件導向、組織型，與領域專屬的反模式。

反模式可以告訴你為什麼糟糕的解決方案很有吸引力。認清現實吧！如果糟糕的解決方案沒有吸引力，那就沒有人會選擇它了。反模式最主要的工作之一，就是揭露那種解決方案的誘人之處。

反模式可以告訴你，為什麼那種解決方案長期來看是不好的。要理解它為何是反模式，你必須了解它會造成哪些負面影響。反模式會說明在使用那一種解決方案時可能遇到的麻煩。

反模式會提出優良的解決方案模式。為了真正提供協助，反模式會告訴你正確的方向，提出設計優良解決方案的其他辦法。

我們來看一下反模式。

這是一個軟體開發反模式的範例。

反模式

反模式與設計模式一樣有名稱，讓我們有共同的術語可用。

名稱：金錘子（Golden Hammer）

描述問題與情境，與設計模式的說明一樣。

問題：你要選擇一些技術來進行開發，你相信必定有一種技術是主導整個架構的。

情境：你必須開發某個新系統，或是部分的軟體，但是無法很好地使用開發團隊熟悉的技術來處理。

告訴你為什麼這個解決方案很有吸引力。

推力：

- 開發團隊只想使用他們知道的技術。
- 開發團隊不熟悉其他的技術。
- 陌生的技術似乎有風險。
- 使用熟悉的技術比較容易規劃和估計開發工作。

糟糕卻有吸引力的解決方案。

自認為的解決方案：不計後果地使用熟悉的技術。濫用那種技術來處理許多問題，包括明顯不適合使用它的地方。

如何實作優秀的解決方案。

重構的解決方案：藉著教育、訓練和讀書會來開拓開發者的知識，讓開發者認識新的解決方案。

這種反模式曾經在哪裡發現。

案例：

即使有新的開放原始碼解決方案可用了，網路公司仍然繼續使用、維護自行研發的本地快取系統。

改编自 https://wiki.c2.com/?WelcomeVisitors 的 Portland Pattern Repository 維基百科，你可以在那裡找到很多反模式與討論。

設計工具箱裡面的工具

現在你已經青出於藍了，是時候走出去，自行探索其他模式了…

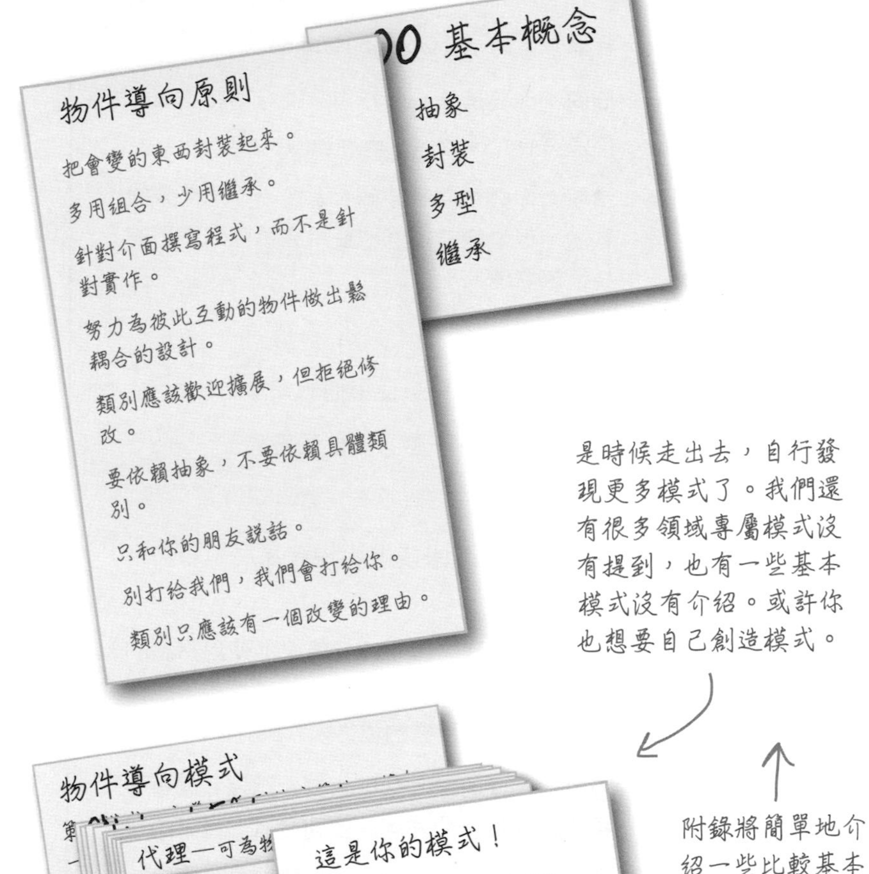

是時候走出去，自行發現更多模式了。我們還有很多領域專屬模式沒有提到，也有一些基本模式沒有介紹。或許你也想要自己創造模式。

附錄將簡單地介紹一些比較基本的模式，你可能會有興趣。

重點提示

- 讓設計模式在你的設計中浮現，不要為了使用模式，而將它硬塞進去。
- 設計模式不是一成不變的，你可以視需求調整與修改它們。
- 永遠用最簡單的解決方案來滿足你的需求，即使它裡面沒有設計模式。
- 研讀設計模式目錄來熟悉各種模式，以及它們之間的關係。
- 模式類別（或分類）可將模式分成好幾組。如果它們有幫助，那就使用它們。
- 你應該立志成為模式作者，這需要時間與耐心，以及進行大量的改善。
- 別忘了，你遇到的模式大都只是既有模式的變體，不是新模式。
- 建構團隊的共同術語。這是模式帶來的最大好處之一。
- 與任何一個社群一樣，模式社群有它自己的術語，不要為此退避三舍。看完這本書之後，你已經認識大部分的術語了。

與物件村說再見…

有你在物件村的日子真好。

我們一定會想念你的。但是別擔心一下一本「深入淺出」書籍很快就會出版了，我們歡迎你再次蒞臨。什麼？你問下一本書是什麼嗎？嗯，好問題！何不幫我們決定？請將你的意見寄到 booksuggestions@wickedlysmart.com。

將每一個模式連到它的敘述：

模式

- 裝飾器
- 狀態
- 迭代器
- 門面
- 策略
- 代理
- 工廠方法
- 轉接器
- 觀察者
- 樣板方法
- 組合
- 單例
- 抽象工廠
- 命令

敘述

- 包裝一個物件，並為它提供不同的介面。
- 用子類別來決定如何實作演算法的步驟。
- 用子類別來決定要建立哪個具體類別。
- 確保只有一個物件被做出來。
- 封裝可互換的行為，並使用委託來決定該使用哪一個。
- 讓用戶端用一致的方式來對待物件集合與個別物件。
- 封裝基於狀態的行為，並使用委託來切換不同的行為。
- 提供一種方式來遍歷物件集合，而且不會公開集合的實作。
- 簡化一組類別的介面。
- 包裝物件來提供新行為。
- 可讓用戶端建立一系列的物件，而且不需要指定它們的具體類別。
- 讓一群物件在某個狀態改變時收到通知。
- 包裝一個物件來控制外界與它的接觸。
- 將請求封裝成物件。

14 附錄

遺珠之憾

不是每一種模式都那麼熱門。25 年來，物換星移，自從《*Design Patterns: Elements of Reusable Object-Oriented Software*》問世以來，書中的模式已經被開發者運用成千上萬次了，雖然這篇附錄介紹的模式都是成熟的、典型的、四人幫的官方模式，但是它們不像我們討論過的模式那麼常用。不過這些模式也有可取之處，所以在適當的情況下，你也要毫不遲疑地使用它們。這個附錄的目的，是讓你在比較高的層次上，了解這些模式的意義。

橋接（Bridge）

使用橋接模式來修改你的實作，以及你的抽象。

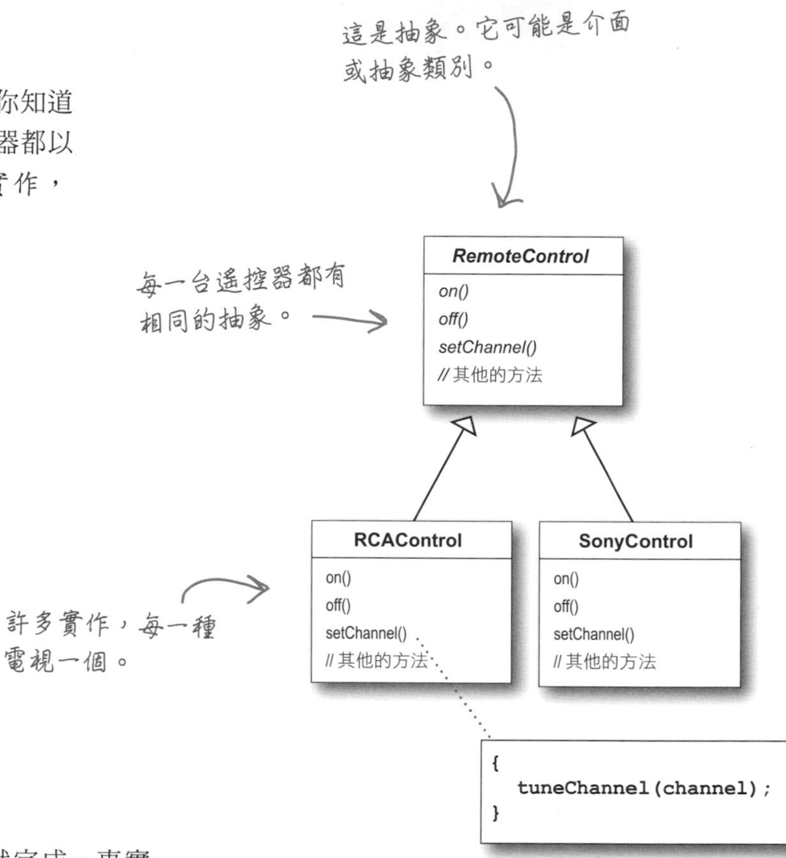

情境

你準備為一台人體工學遙控器編寫程式。你知道一定要採用物件導向技術，因為雖然遙控器都以同一個抽象為基礎，但是將來會有許多實作，每一種 TV 型號都有一個。

你的困難

你知道遙控器的使用者介面不會第一次就完成，事實上，隨著遙控器收集更多的易用性資料，你還會多次改善這個產品。

所以你的困難在於：遙控會變，電視也會變。你已經將使用者介面抽象化了，所以你可以修改許多電視的實作，但是你也需要修改抽象，因為你們會根據使用者的回饋來改善遙控器，所以抽象也會隨時改變。

如何設計出可讓你修改實作與抽象的物件導向結構？

為什麼要使用橋接模式？

橋接模式藉著將實作與抽象放在兩個不同的類別階層裡面，
來讓你可以修改兩者。

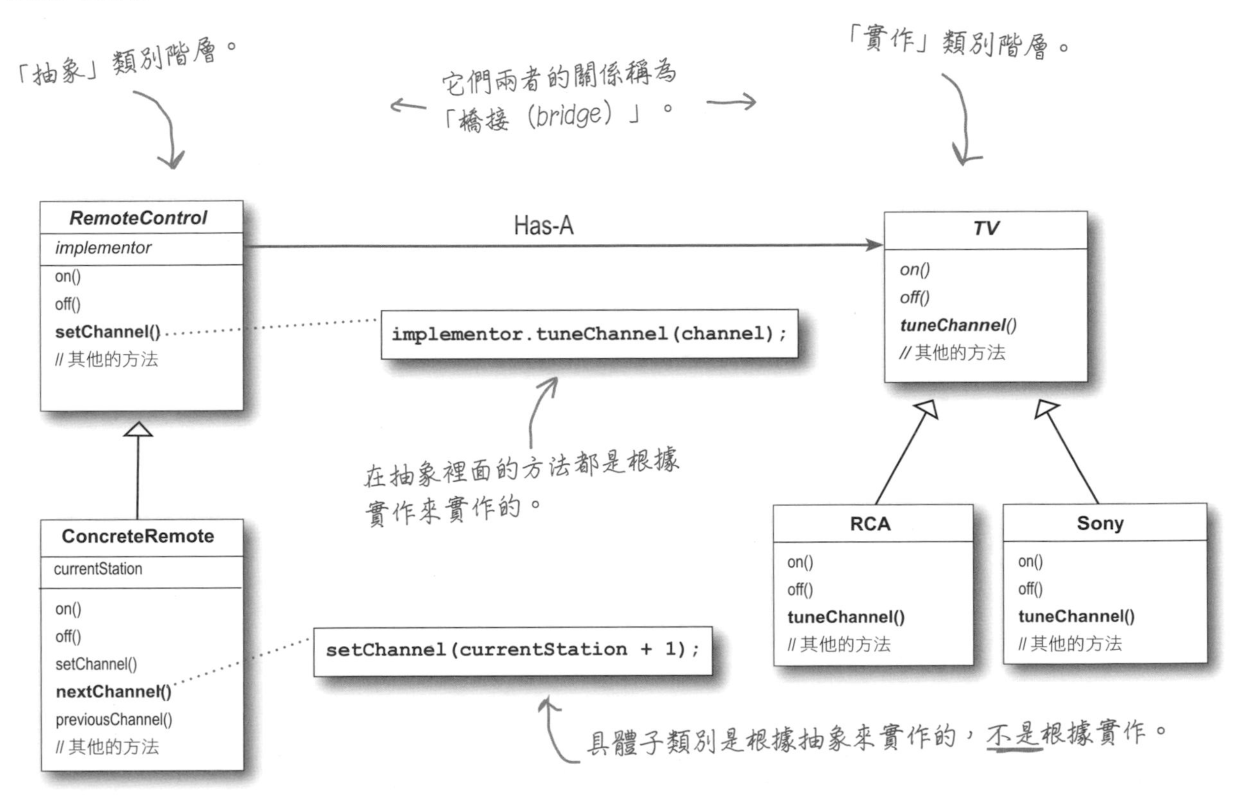

現在你有兩個階層了，一個是遙控器的階層，另一個是特定平台的電視實作的階層。
橋接可讓你單獨修改其中一個階層。

橋接的好處

- 將實作解耦合，讓它不會永遠綁定一個介面。
- 可讓你獨立地擴展抽象與實作。
- 修改具體抽象類別不會影響用戶端。

橋接的用途與缺點

- 適合在需要於多個平台上運行的圖形與視窗系統中使用。
- 適合在需要用不同的方式來修改介面與實作時使用。
- 增加複雜度。

建造者（Builder）

使用建造者模式來封裝產品的建造，並且讓產品可以用許多步驟來建造。

情境

你要幫物件村外面的模式島主題樂園設計假期規劃程式，讓遊客選擇飯店與各種類型的門票、預約餐廳，甚至預訂特別活動。為了設計假期計畫，你必須建立這種結構：

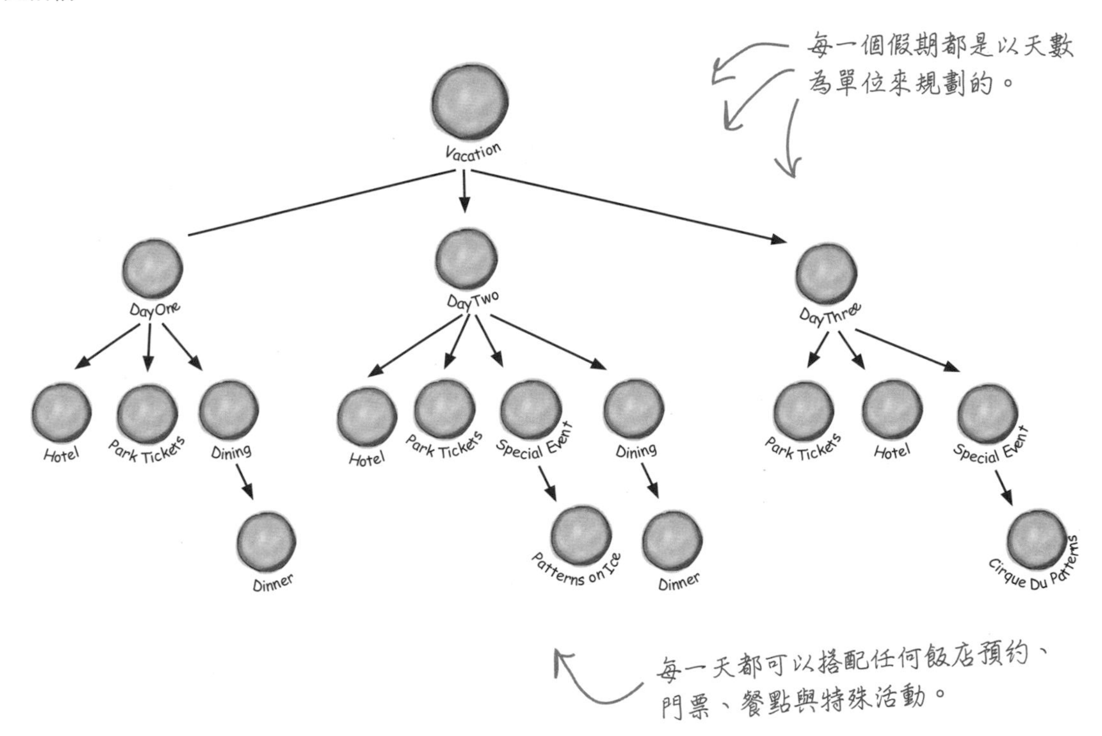

你需要靈活的設計

遊客們想要規劃的天數與活動類型都不一樣，例如，在地居民可能不需要飯店，但是想要預訂晚餐或特殊活動。搭飛機到物件村的遊客可能需要飯店、預訂晚餐與入場券。

所以，你需要用一種靈活的資料結構來表示遊客的計畫，以及計畫的各種變化，你也要按照一系列的複雜步驟來建造計畫。該怎麼做出複雜的結構，但是又不會將結構與建造它的步驟混在一起？

為何使用建造者模式

還記得迭代器嗎？我們將迭代封裝到一個單獨的物件裡，並且防止用戶端看到集合的內部表示法。這個模式採取同樣的概念：將旅遊計畫的建造封裝在物件裡（我們稱之為建造者），並且讓用戶端要求建造者建構旅遊計畫結構。

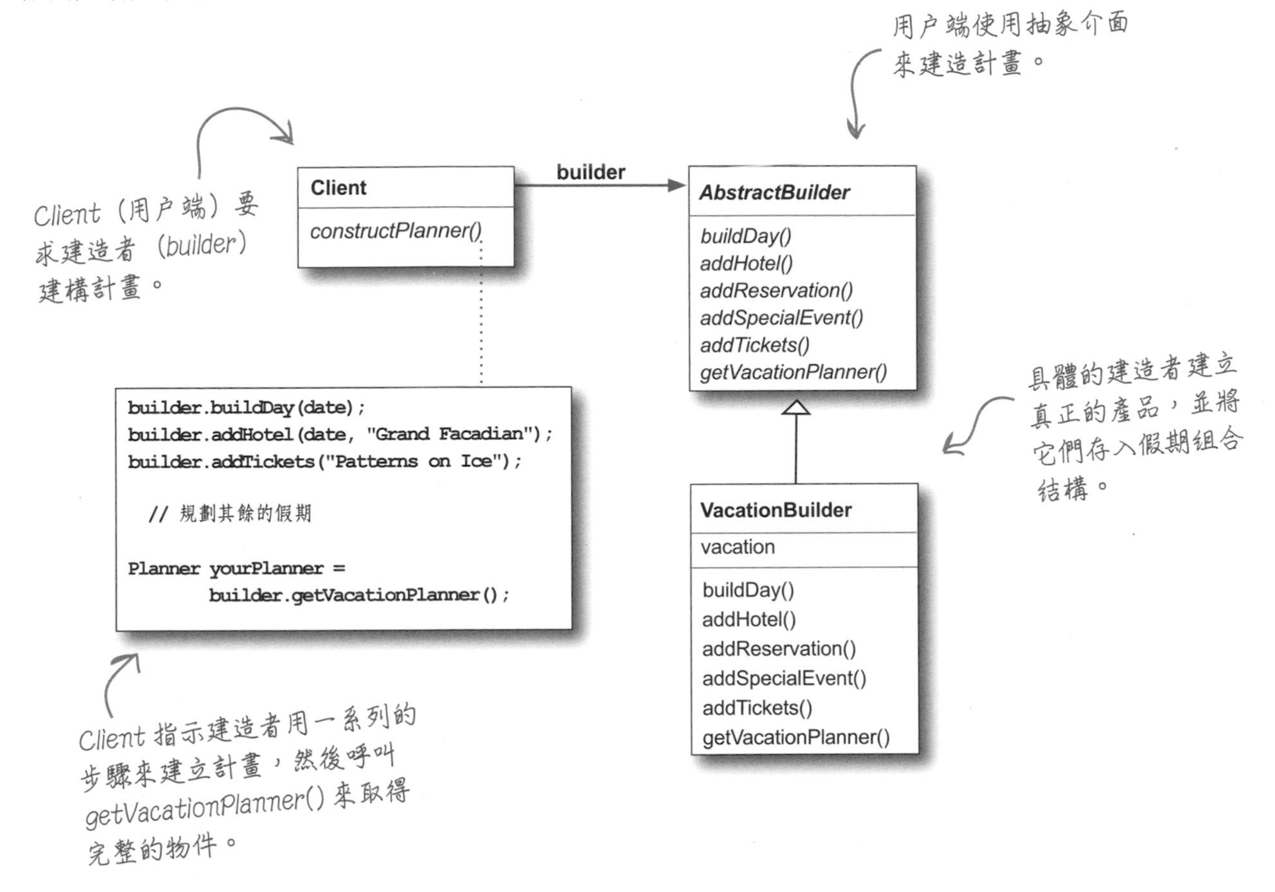

建造者的好處

- 封裝複雜物件的建造方式。
- 可以用多個步驟與可變的程序來建造物件（而不是單一步驟的工廠）。
- 防止用戶端看到產品的內部表示法。
- 可讓你調換產品實作，因為用戶端只能看到抽象介面。

建造者的用途與缺點

- 通常用來建造組合結構。
- 與工廠模式相比，建造物件需要更多關於用戶端的領域知識。

責任鏈（Chain of Responsibility）

如果你想要讓一個請求可被多個物件處理，則使用責任鏈模式。

情境

自從 Java 糖果機問世以來，威力糖公司收到的 email 數量已經超出他們可以處理範圍了。根據他們自己的分析，他們收到四種 email：喜歡 10% 遊戲的顧客寄來的粉絲郵件、孩子沉迷那種遊戲的家長寄來的抱怨、要求把糖果機放在新地點的郵件，以及相當數量的垃圾郵件。

他們想把所有的粉絲郵件寄給 CEO，把所有的抱怨寄給法律部門，把所有的新糖果機請求寄給商務部門，直接把垃圾郵件刪除。

你的工作

威力糖公司已經寫出 AI 偵測程式，可以分辨 email 究竟是垃圾郵件、粉絲郵件、抱怨，還是請求，但是他們希望你設計一個結構，使用偵測程式來處理收到的 email。

你一定要幫我們處理自從 Java 糖果機發表以來，如雪片般飛來的 email。

如何使用責任鏈模式

在使用責任鏈模式時，你會建立一串物件（物件鏈）來檢查請求，裡面物件會依序檢查一個請求，然後要嘛處理它，要嘛將它傳給下一個物件。

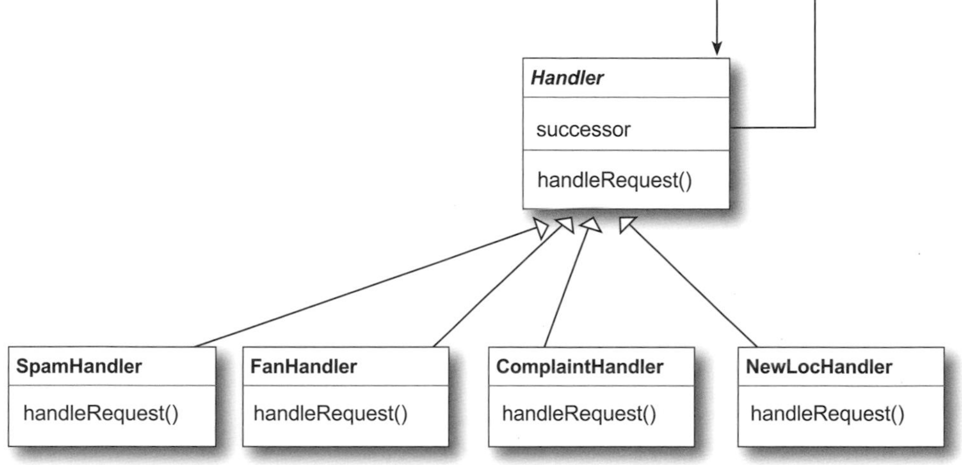

在物件鏈裡面的每一個物件都是一個處理常式，而且都有一個後續物件。如果它可以處理請求，那就處理它，否則就將請求傳給後面的物件。

收到 email 時，我們將它傳給第一個處理常式：SpamHandler。如果 SpamHandler 無法處理請求，它會將它傳給 FanHandler，以此類推…

如果 email 沒有被處理，它就會在物件鏈的尾端掉出來，但是你可以寫一個統包處理常式。

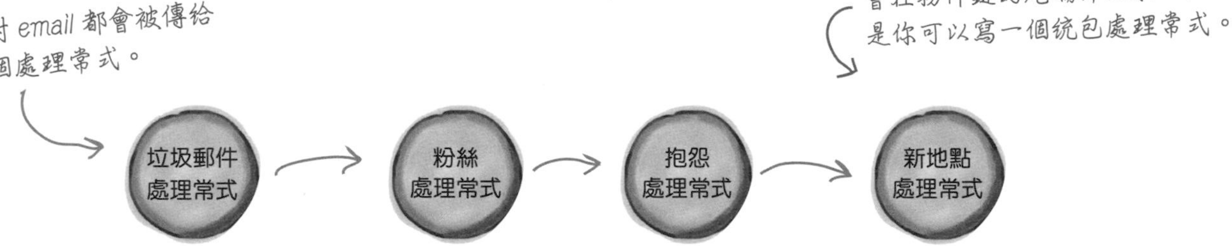

責任鏈的好處

- 讓「送出請求的人」與「它的接收者」之間不耦合。
- 簡化物件，因為它不需要知道物件鏈的結構，也不需要持有成員的直接參考。
- 可讓你修改物件鏈的成員或順序，來動態加入或移除職責。

責任鏈的用途與缺點

- 經常在視窗系統中用來處理滑鼠按鍵、鍵盤按鍵等事件。
- 請求不保證會執行，如果沒有物件處理它，它可能會從物件鏈的尾端掉出來（這有好有壞）。
- 在執行期可能難以觀察與除錯。

蠅量（Flyweight）

如果一個類別實例可以用來提供許多虛擬實例，那就使用蠅量模式。

情境

你想要在景觀設計應用程式中，用物件代表樹。在你的應用程式裡，樹沒有太多作用，它們有 X-Y 位置，而且它們可以根據自己的年齡來動態地繪製自己。問題是，用戶可能想要在自家的庭院設計裡加入很多樹。它可能長這樣：

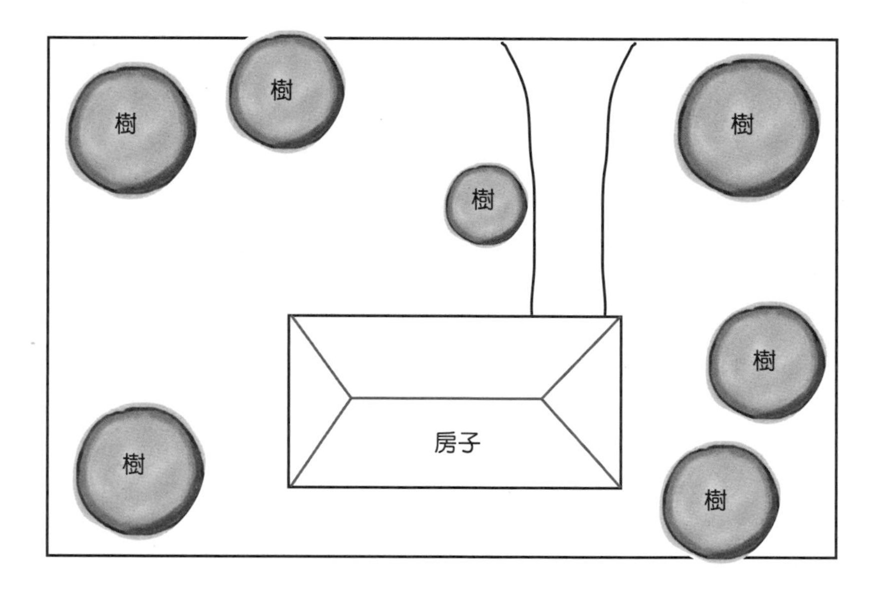

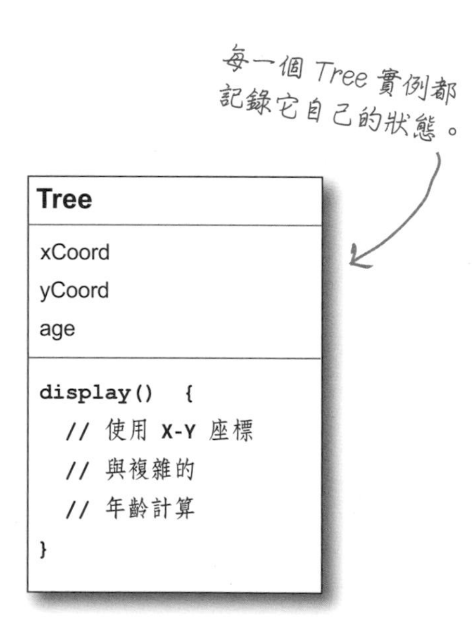

你的大客戶遇到困難

你已經向一位重要的客戶推銷這套軟體好幾個月了，他們向你購買 1,000 套軟體，並且用你的軟體來為大型社區進行景觀設計。在使用你的軟體一週之後，你的客戶抱怨說，當他們創造大片的樹林之後，程式就變得極其卡頓…

為何使用蠅量模式？

能不能不使用成千上萬個 Tree 物件，而是重新設計系統，只使用一個 Tree 實例，讓用戶端物件負責維護**每一棵**樹的狀態呢？這種做法就是蠅量模式！

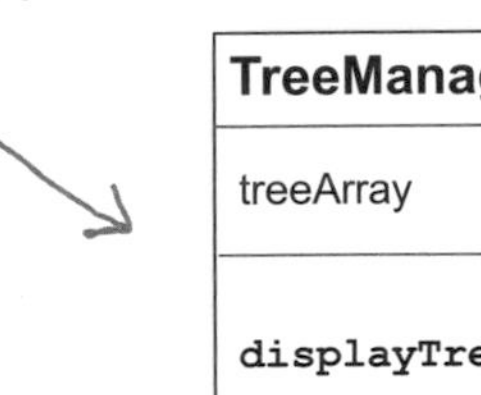


```
TreeManager
-----------
treeArray
-----------
displayTrees() {
  // 供所有的樹使用 {
    // 取得陣列
    display(x, y, age);
  }
}
```

```
Tree
-----------
display(x, y, age) {
  // 使用 X-Y 座標
  // 與複雜的
  // 年齡計算
}
```

蠅量的好處

- 減少執行期的物件數量，節省記憶體。
- 將許多「虛擬」物件的狀態集中在一個位置。

蠅量的用途與缺點

- 如果一個類別有許多實例，而且控制它們的方式是一模一樣的，你可以使用蠅量。
- 蠅量模式的缺點是，一旦你實作它，類別的每一個邏輯實例都沒辦法展現與別的實例不一樣的行為。

解譯器（Interpreter）

使用解譯器模式來為語言建立解譯器。

解譯器模式需要一些形式文法（formal grammar）的知識。

如果你沒有學過形式文法，那就大致瀏覽這個模式，你仍然可以掌握重點。

情境

還記得鴨子模擬器嗎？你覺得它也可以用來教孩子學程式，讓孩子用一種簡單的程式語言來控制鴨子。這是那一種語言的範例：

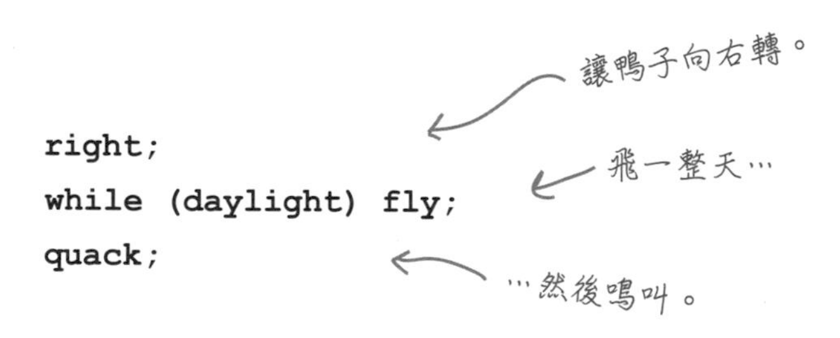


```
right;
while (daylight) fly;
quack;
```

你想起很久以前的程式入門課程教導的語法創建法，寫出這個語法：

程式就是運算式（expression），它是由指令（command）與重複（repetition）（「while」陳述式）的序列（sequence）組成的。

```
expression ::=  <command> | <sequence> | <repetition>
sequence ::= <expression> ';' <expression>
command ::= right | quack | fly
repetition ::= while '(' <variable> ')'<expression>
variable ::= [A-Z,a-z]+
```

序列是以分號隔開的一組運算式。

我們有三個指令：right、quack與fly。

while陳述式只是一個條件變數與一個運算式。

接下來呢？

有了語法之後，你要表達與解讀語法裡面的句子，讓學生觀察程式對鴨子造成的影響。

如何實作解譯器

在製作簡單的語言時，你可以使用解譯器模式來為語法定義類別表示法，以及解譯句子的解譯器。為了表示語言，你要用類別來表示該語言的每一條規則。下面是將 duck 語言轉換成類別的情況，注意，它和語法是直接對應的。

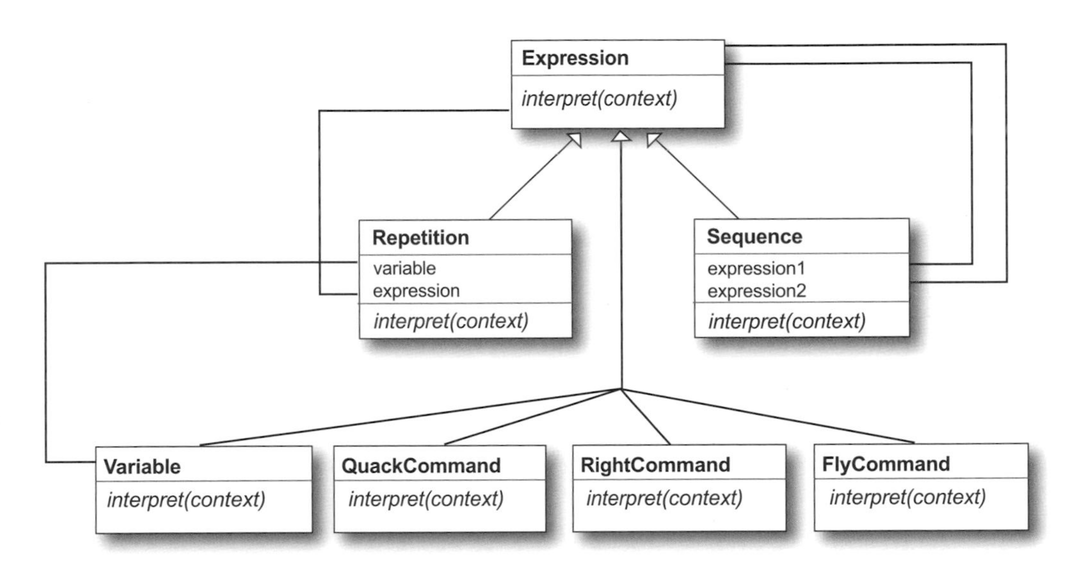

在解譯語言時，你要呼叫每一個運算式（expression）型態的 interpret() 方法，將 context（裡面有我們要解析的程式輸入串）傳給該方法，來比對輸入，以及執行它。

解譯器的好處

- 用類別來表示每一條語法規則可以讓你更容易實作語言。
- 因為語法是用類別來表示的，所以你可以輕鬆地更改或擴展語言。
- 你可以在類別結構裡面加入方法，來加入解譯之外的新行為，例如漂亮的列印，以及更精密的程式驗證。

解譯器的用途與缺點

- 當你需要製作簡單的語言時，請使用解譯器。
- 這種模式適合在語法很簡單，而且簡單性比效率更重要時使用。
- 用於腳本和程式語言。
- 當語法規則很多時，這種模式會顯得臃腫，此時，使用解析器（parser）或編譯器（compiler）產生器可能比較適合。

仲介（Mediator）

使用仲介模式來將物件之間的溝通和控制集中起來。

情境

多虧 HouseOfTheFuture 的員工，Bob 已經把他家自動化了。他的家電讓他的生活更方便，當 Bob 停止按下貪睡按鈕時，他的鬧鐘會要求咖啡機開始沖咖啡。雖然 Bob 的日子過得很愜意，但是他和其他的顧客不斷要求新功能：週末不要沖咖啡…在下雨前 15 分鐘關閉灑水器…在收垃圾的日子將鬧鐘設早一點…

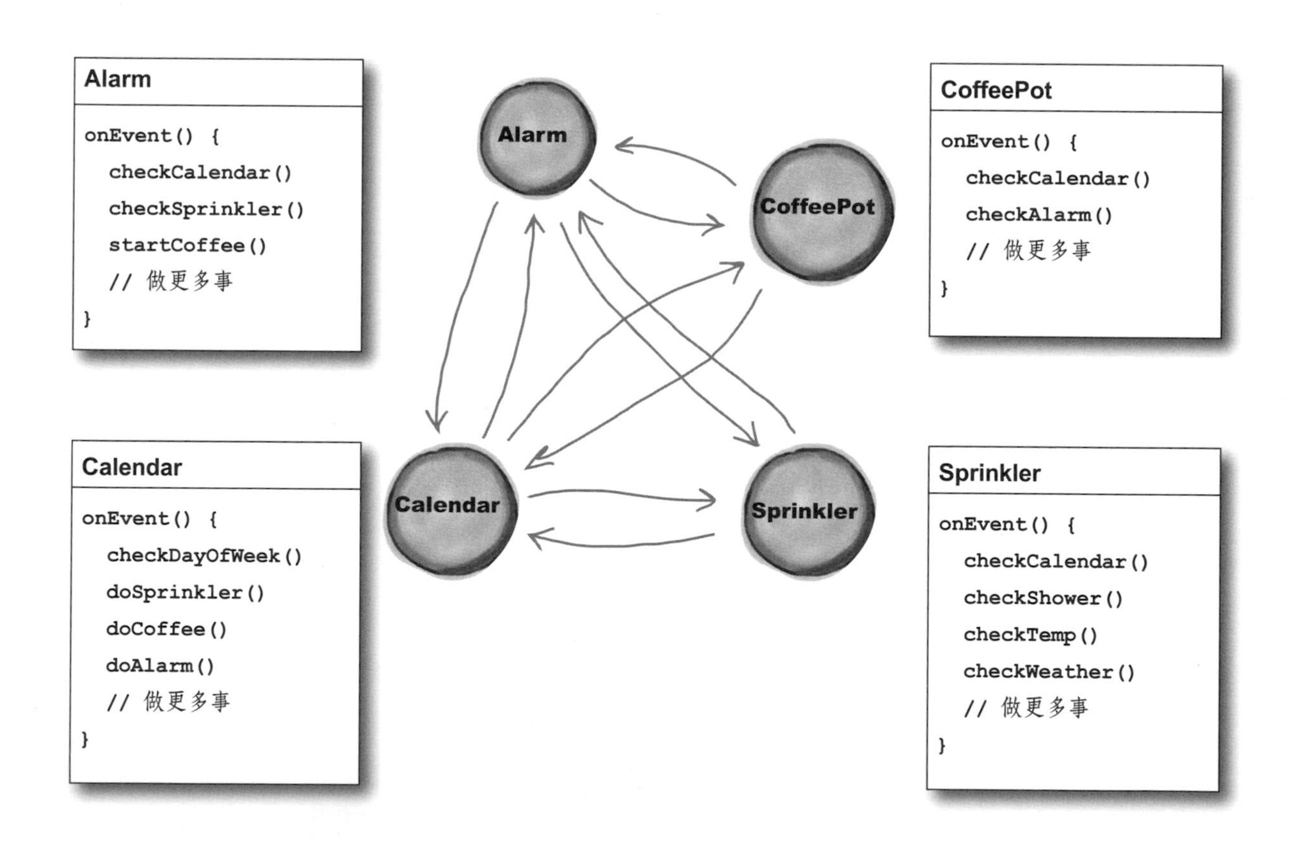

HouseOfTheFuture 的困難

我們越來越難記住哪些規則位於哪些物件裡面，以及各種物件之間的關係。

仲介的動作…

將仲介加入系統可以大幅簡化所有的家電物件：

- 家電物件可以在自己的狀態改變時告訴仲介。
- 家電物件可以回應仲介發出的請求。

在加入仲介之前，所有的家電物件都必須認識彼此，也就是說，它們都緊密地耦合。加入仲介之後，家電物件彼此間完全不耦合了。

仲介有整個系統的所有控制邏輯。當既有的家電需要新規則，或是有新家電加入系統時，必要的邏輯都會被加入仲介。

再也不需要理解 Alarm 那些挑剔的規則了，我解脫了！

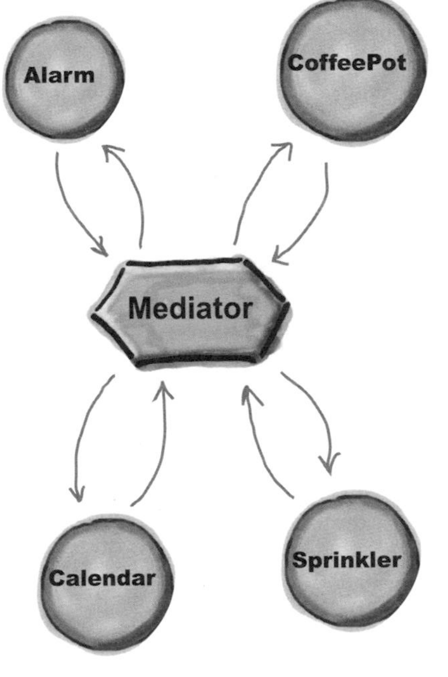

Mediator

```
if(alarmEvent){
 checkCalendar()
 checkShower()
 checkTemp()
}
if(weekend) {
 checkWeather()
 // 做更多事
}
if(trashDay) {
 resetAlarm()
 // 做更多事
}
```

仲介的好處

- 將仲介模式支援的物件與系統之間的耦合解開，可以讓它們更容易重複使用。
- 將控制邏輯集中起來，簡化系統的維護工作。
- 簡化與減少在物件之間傳遞的各種訊息。

仲介的用途與缺點

- 仲介經常被用來協調彼此相關的 GUI 元件。
- 仲介模式的缺點是如果沒有正確地設計，仲介物件本身可能會過於複雜。

備忘錄（Memento）

如果你要讓一個物件恢復成原本的狀態，那就使用備忘錄模式，例如，在使用者要求「復原」時。

情境

你的角色扮演遊戲大獲好評，吸引了大量的玩家，他們都想打到傳說中的「第 13 關」。在越困難的關卡中，遊戲結束的機率越高，玩家需要花好幾天才能進入高級的關卡，但是一旦角色死亡，他們就得重頭開始，這讓他們非常不滿，強烈要求你提供「儲存進度」功能，至少在他們的角色被殺死時，可以恢復大部分的進度。「儲存進度」功能必須恢復到上一個完成的關卡。

小心，儲存遊戲狀態可沒那麼簡單，它相當複雜，而且我不希望接觸它的人搗亂它，或是破壞任何程式碼。

備忘錄的工作方式

備忘錄有兩大目標：

- 儲存系統的關鍵物件的重要狀態
- 維持關鍵物件的封裝

謹記單一責任原則，將儲存起來的狀態與關鍵物件分開也是很好的做法。持有狀態的獨立物件叫做備忘錄物件。

GameMemento

savedGameState

Client

```
// 到達新關卡時
Object saved =
  (Object) mgo.getCurrentState();

// 要求復原時
mgo.restoreState(saved);
```

MasterGameObject

gameState

```
Object getCurrentState() {
  // 收集狀態
  return(gameState);
}

restoreState(Object savedState) {
  // 復原狀態
}

// 執行遊戲的其他事項
```

雖然這不是多麼炫麗的實作，但請注意，用戶端（Client）不能接觸備忘錄（Memento）的資料。

備忘錄的好處

- 將儲存起來的狀態放在關鍵物件的外面有助於維持內聚力。
- 讓關鍵物件的資料保持封裝。
- 提供容易實作的復原功能。

備忘錄的用途與缺點

- 備忘錄是用來儲存狀態的。
- 使用備忘錄的缺點是：儲存與復原狀態可能要花很多時間。
- 在 Java 系統中，你可以考慮使用序列化（Serialization）來儲存系統的狀態。

原型（Prototype）

當類別的實例的建立成本高昂，或建立過程複雜時，使用原型模式。

情境

在你的角色扮演遊戲中，怪物有貪得無厭的胃口。在遊戲中，當英雄穿越動態產生的地型時會遇到無數個敵人，你希望怪物的特性可以隨著地型的變化而改變，因為讓鳥形怪物跟隨英雄進入海底是很奇怪的設計。最終，你希望讓進階玩家自創怪物。

唉！光是**創造**各式各樣的怪物實例就已經夠麻煩了…把各種狀態細節放入建構式好像不太有內聚力，如果可以將所有的實例化細節都封裝在一個地方就好了…

如果可以將「處理創造怪物的**細節**」的程式與「動態建立實例」的程式解耦合，設計就會乾淨許多。

原型來拯救你了！

原型模式可讓你藉著複製既有的實例來製作新實例（在 Java，這通常會使用 clone() 方法，或是當你需要深複製時，使用反序列化（deserialization））。這個模式的重點在於，用戶端程式可以在不認識被實例化的特定類別的情況下，製作新的實例。

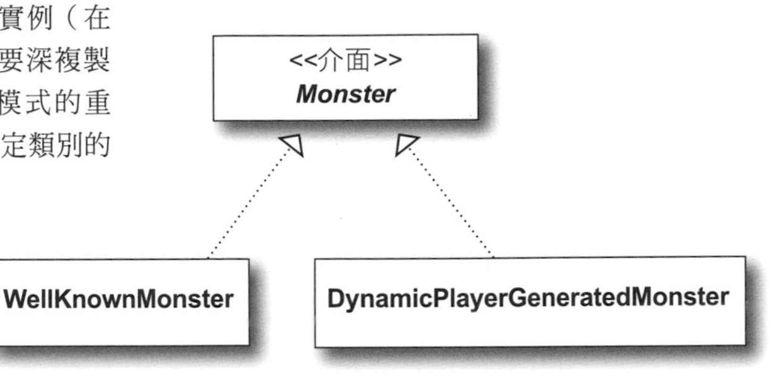

MonsterMaker

```
makeRandomMonster() {
   Monster m =
     MonsterRegistry.getMonster();
}
```

用戶端需要一個適合當前狀況的新怪物（用戶端不知道它將得到哪一種怪物）。

MonsterRegistry

```
Monster getMonster() {
  // 尋找正確的怪物
  return correctMonster.clone();
}
```

registry 負責尋找適當的怪物，製作它的複本，並回傳該複本。

原型的好處

- 將「在用戶端製作新實例」的複雜性隱藏起來。
- 提供一個選項讓用戶端產生型態未知的物件。
- 在一些情況下，複製物件可能比建立新物件更有效率。

原型的用途與缺點

- 當系統必須建立新物件，而且那些物件可能屬於一個複雜的類別階層裡面的許多型態時，你就要考慮原型模式。
- 使用原型的缺點是製作物件的複本有時很複雜。

訪問者（Visitor）

當你想要為物件組合添加功能，而且不需要在乎「封裝」時，使用訪問者模式。

情境

最近，物件村美式餐廳與物件村煎餅屋的顧客越來越有健康概念了，他們會在點餐前詢問營養資訊。因為這兩間餐廳都樂意製作特殊訂單，有些顧客甚至想要知道每一種食材的營養資訊。

Lou 提出的解決方案：

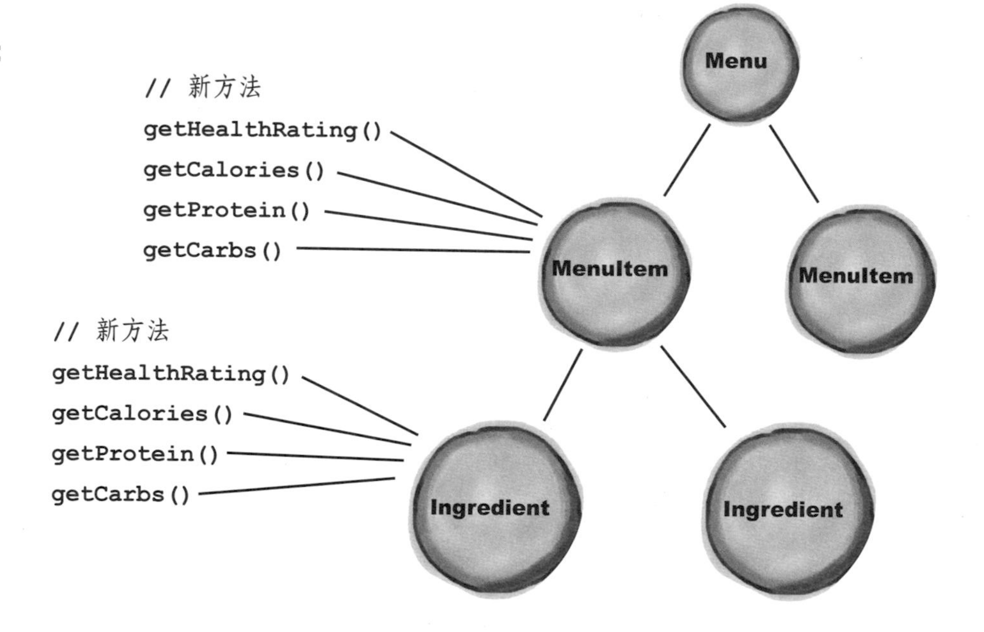

Mel 的擔憂…

「老天，這看起來就像打開了潘朵拉的盒子，天曉得接下來還要加入什麼新方法，而且每次我們加入新方法時，就必須在兩個地方做這件事，不止如此，如果我們想要用食譜類別來加強基本應用程式呢？這樣就要在三個不同的地方進行修改了…」

訪問者來訪

訪問者（Visitor）與遍歷者（Traverser）可以攜手合作。Traverser 知道如何前往組合（Composite）裡面的每一個物件。Traverser 會引導 Visitor 遍歷 Composite，讓 Visitor 可以在過程中收集狀態。收集好狀態之後，用戶端（Client）可以讓 Visitor 針對狀態執行各種操作。當你需要新功能時，只要改善 Visitor 即可。

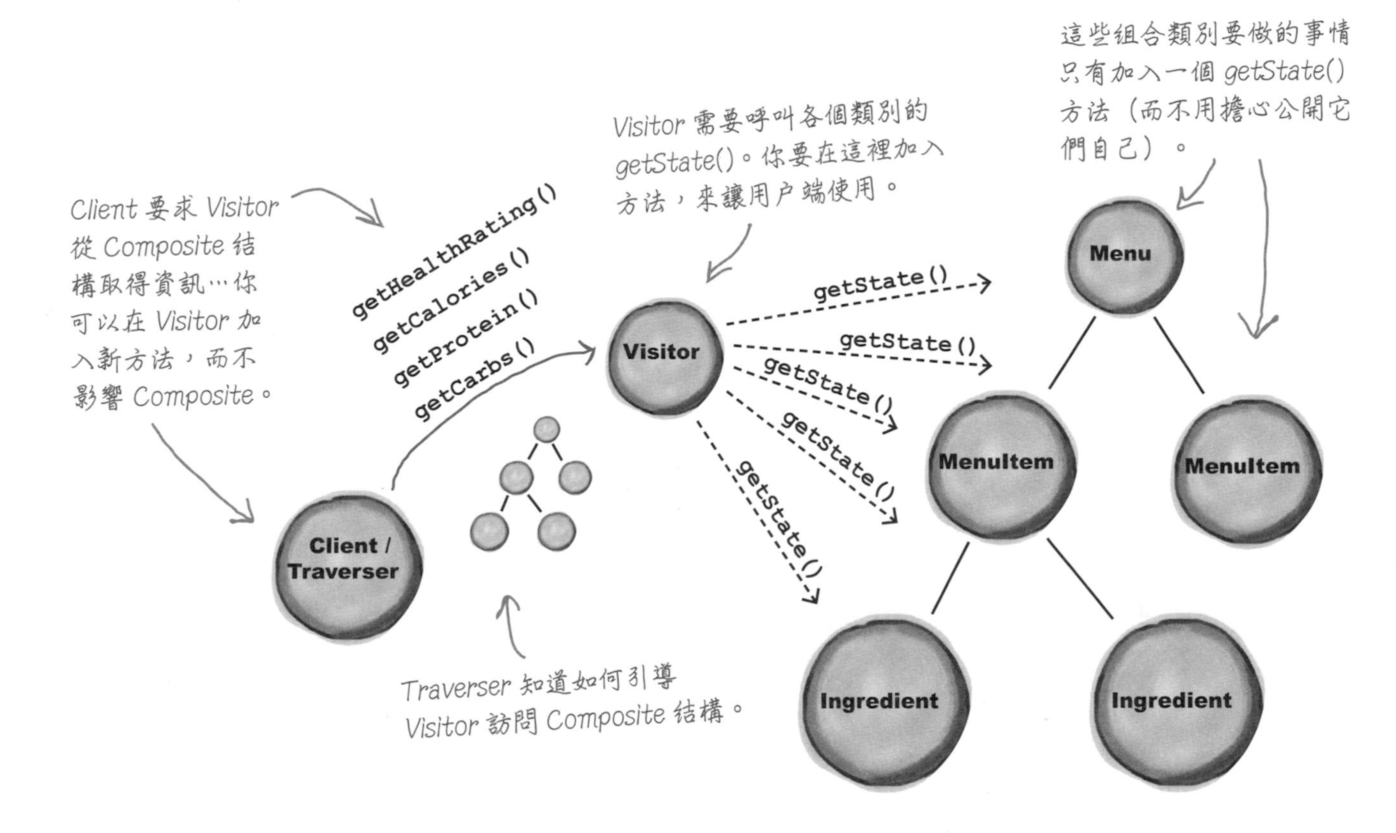

訪問者的好處

- 可讓你在 Composite 結構加入操作，而且不會改變結構本身。
- 加入新操作相對簡單。
- Visitor 執行的操作程式都被集中起來。

訪問者的缺點

- 在使用 Visitor 時，Composite 類別的封裝會被破壞。
- 因為牽涉遍歷功能，所以修改 Composite 結構比較困難。

索引

A

B

C

D

E

F

G

H

I

J

K

L

M

P

Q

R

S

T

U

V

深入淺出設計模式 第二版

作　　者：Eric Freeman, Elisabeth Robson
譯　　者：賴屹民
企劃編輯：蔡彤孟
文字編輯：詹祐甯
設計裝幀：陶相騰
發 行 人：廖文良

發 行 所：碁峰資訊股份有限公司
地　　址：台北市南港區三重路 66 號 7 樓之 6
電　　話：(02)2788-2408
傳　　真：(02)8192-4433
網　　站：www.gotop.com.tw
書　　號：A660
版　　次：2021 年 08 月初版
　　　　　2023 年 04 月初版三刷
建議售價：NT$980

國家圖書館出版品預行編目資料

深入淺出設計模式 / Eric Freeman, Elisabeth Robson 原著；賴屹民譯. -- 初版. -- 臺北市：碁峰資訊, 2021.08
面； 公分
譯自：HeadFirst design patterns : building extensible and maintainable object-oriented software, 2nd edition.
ISBN 978-986-502-936-4(平裝)
1.電腦程式設計 2.軟體研發
312.2　　110013299

讀者服務

- 感謝您購買碁峰圖書，如果您對本書的內容或表達上有不清楚的地方或其他建議，請至碁峰網站：「聯絡我們」\「圖書問題」留下您所購買之書籍及問題。(請註明購買書籍之書號及書名，以及問題頁數，以便能儘快為您處理)
http://www.gotop.com.tw
- 售後服務僅限書籍本身內容，若是軟、硬體問題，請您直接與軟、硬體廠商聯絡。
- 若於購買書籍後發現有破損、缺頁、裝訂錯誤之問題，請直接將書寄回更換，並註明您的姓名、連絡電話及地址，將有專人與您連絡補寄商品。